기출이
답이다

산업위생관리기사 필기

8개년 기출문제집

시대에듀

Always with you

사람이 길에서 우연하게 만나거나 함께 살아가는 것만이 인연은 아니라고 생각합니다.
책을 펴내는 출판사와 그 책을 읽는 독자의 만남도 소중한 인연입니다.
시대에듀는 항상 독자의 마음을 헤아리기 위해 노력하고 있습니다.
늘 독자와 함께하겠습니다.

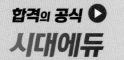

머리말

산업위생관리기사는 작업장 및 실내 환경의 쾌적한 환경 조성과 근로자의 건강 보호 · 증진을 위하여 작업장 및 실내 환경 내에서 발생되는 화학적, 물리적, 생물학적, 그리고 기타 유해요인에 관한 환경 측정, 시료분석 및 평가를 통하여 유해요인의 노출 정도를 분석 · 평가하고, 그에 따른 대책을 제시합니다. 또한, 산업 환기 점검, 보호구 관리, 공정별 유해인자 파악 및 유해 물질 관리 등을 실시하고, 보건 교육 훈련, 근로자의 보건 관리 업무를 통하여 환경 시설에 대한 보건 진단 및 개인에 대한 건강 진단 관리, 건강 증진, 개인위생 관리 업무를 수행하는 직무입니다.

최근 근로자가 안전하게 근무할 수 있는 산업환경에 대한 관심이 급증하며 산업위생관리기사 자격증에 대한 관심도 높아지고 있어 산업위생관리기사, 산업위생관리산업기사 자격 취득을 목표로 하는 분, 환경이나 안전 분야에서 직무를 하거나 취업할 계획이 있는 분과 산업위생관리에 관심을 가지고 학습하시길 원하는 분들을 위하여 다음과 같이 구성하였습니다.

이 책은 PART 01 핵심이론과 PART 02 과년도+최근 기출복원문제로 나누어 첫째, 핵심이론에서 이론을 키워드 중심으로 이해하고 학습하기 쉽도록 정리하였고, 둘째, 2017년부터 2024년까지 8개년 기출복원문제와 상세한 해설로 최대한 알기 쉽게 습득할 수 있도록 하였습니다.

산업이 발전할수록 산업위생 분야도 함께 성장하게 되므로, 산업위생 분야는 근로자의 건강이 중요해지고 있는 현재 시점에 꼭 필요합니다. 본서를 통해 산업위생관리기사 자격 취득하셔서 여러분의 앞길에 도움이 되길 바라겠습니다.

편저자 씀

시험안내

개요

산업현장에서 쾌적한 작업환경의 조성과 근로자의 건강보호 및 증진을 위하여 작업과정이나 작업장에서 발생되는 화학적·물리적·인체공학적 혹은 생물학적 유해요인을 측정·평가하여 관리, 감소 및 제거할 수 있는 고도의 전문인력 양성이 시급하게 되어 전문적인 지식을 소유한 인력을 양성하고자 자격제도를 제정하였다.

수행직무

작업장 및 실내 환경의 쾌적한 환경 조성과 근로자의 건강 보호와 증진을 위하여 작업장 및 실내 환경 내에서 발생되는 화학적·물리적·생물학적 그리고 기타 유해요인에 관한 환경 측정, 시료분석 및 평가(작업환경 및 실내 환경)를 통하여 유해요인의 노출 정도를 분석·평가하고, 그에 따른 대책을 제시하며, 산업 환기 점검, 보호구 관리, 공정별 유해인자 파악 및 유해물질 관리 등을 실시하며, 보건 교육 훈련, 근로자의 보건관리 업무를 통하여 환경 시설에 대한 보건 진단 및 개인에 대한 건강 진단 관리, 건강 증진, 개인위생 관리 업무를 수행한다.

시행처

한국산업인력공단

관련 학과

대학 및 전문대학의 보건관리학, 보건위생학 관련 학과

시험과목

① 필기 : 산업위생학 개론, 작업위생 측정 및 평가, 작업환경 관리대책, 물리적 유해인자 관리, 산업독성학
② 실기 : 작업환경관리 실무

검정방법

① 필기 : 객관식 4지 택일형, 과목당 20문항(과목당 30분)
② 실기 : 필답형(3시간, 100점)

합격기준

① 필기 : 100점을 만점으로 하여 과목당 40점 이상, 전 과목 평균 60점 이상
② 실기 : 100점을 만점으로 하여 60점 이상

수수료

① 필기 : 19,400원
② 실기 : 22,600원

검정현황

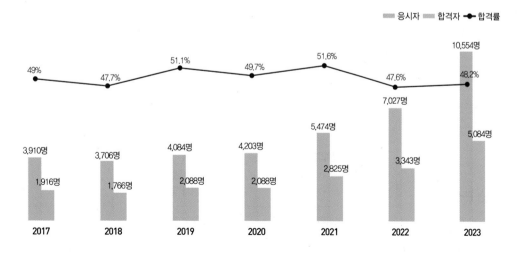

시험안내

출제기준(필기)

과목명	주요항목	세부항목
산업위생학 개론	산업위생	• 정의 및 목적 • 역사 • 산업위생 윤리강령
	인간과 작업환경	• 인간공학 • 산업 피로 • 산업심리 • 직업성 질환
	실내환경	• 실내오염의 원인 • 실내오염의 건강장해 • 실내오염 평가 및 관리
	관련 법규	• 산업안전보건법 • 산업위생 관련 고시에 관한 사항
	산업재해	• 산업재해 발생원인 및 분석 • 산업재해 대책
작업위생 측정 및 평가	측정 및 분석	• 시료채취 계획 • 시료분석 기술
	유해인자 측정	• 물리적 유해인자 측정 • 화학적 유해인자 측정 • 생물학적 유해인자 측정
	평가 및 통계	• 통계학 기본 지식 • 측정자료 평가 및 해석
작업환경 관리대책	산업환기	• 환기 원리 • 전체 환기 • 국소배기 • 환기시스템 설계 • 성능검사 및 유지관리
	작업공정 관리	• 작업공정 관리
	개인보호구	• 호흡용 보호구 • 기타 보호구

과목명	주요항목	세부항목
물리적 유해인자 관리	온열조건	• 고온 • 저온
	이상기압	• 이상기압 • 산소결핍
	소음진동	• 소음 • 진동
	방사선	• 전리방사선 • 비전리방사선 • 조명
산업독성학	입자상 물질	• 종류, 발생, 성질 • 인체 영향
	유해화학물질	• 종류, 발생, 성질 • 인체 영향
	중금속	• 종류, 발생, 성질 • 인체 영향
	인체구조 및 대사	• 인체구조 • 유해물질 대사 및 축적 • 유해물질 방어기전 • 생물학적 모니터링

목 차

PART 01   **핵심이론**

CHAPTER 01 산업위생학 개론 ···················· 003

CHAPTER 02 작업위생 측정 및 평가 ············· 040

CHAPTER 03 작업환경 관리대책 ················· 054

CHAPTER 04 물리적 유해인자 관리 ·············· 067

CHAPTER 05 산업독성학 ························ 080

PART 02   **과년도 + 최근 기출복원문제**

2017년   과년도 기출문제 ······················ 097

2018년   과년도 기출문제 ······················ 168

2019년   과년도 기출문제 ······················ 242

2020년   과년도 기출문제 ······················ 316

2021년   과년도 기출문제 ······················ 388

2022년   과년도 기출문제 ······················ 461

2023년   과년도 기출복원문제 ·················· 509

2024년   최근 기출복원문제 ···················· 558

PART

01

핵심이론

CHAPTER 01 산업위생학 개론

CHAPTER 02 작업위생 측정 및 평가

CHAPTER 03 작업환경 관리대책

CHAPTER 04 물리적 유해인자 관리

CHAPTER 05 산업독성학

산업위생관리기사

www.sdedu.co.kr

산업위생학 개론

[산업위생의 정의]

1) 미국산업위생학회(American Industrial Hygiene Association, AIHA)의 정의

근로자나 일반 대중에게 질병, 건강장애, 안녕방해, 심각한 불쾌감 및 능률저하 등을 초래하는 작업환경 요인과 스트레스를 예측·측정·평가·관리하는 과학과 기술

2) 미국산업위생학회(American Industrial Hygiene Association, AIHA) 등에서 산업위생전문가들이 채택한 산업위생 전문가들이 지켜야 할 윤리강령

① 학문적 실력 면에서 최고 수준을 유지한다.
② 자료의 해석에 객관성을 유지한다.
③ 산업위생을 학문적으로 발전시킨다.
④ 과학적 지식을 공개하고 발표한다.
⑤ 기업체의 기밀을 누설하지 않는다.
⑥ 이해관계가 있는 상황에는 개입하지 않는다.

[재해예방 4원칙]

• 손실 우연의 원칙 : 사고의 결과 생기는 손실은 우연히 발생한다.
• 예방 가능의 원칙 : 천재지변을 제외한 모든 재해는 예방 가능하다.
• 대책 선정의 원칙 : 재해는 적합한 대책이 선정되어야 한다.
• 원인 연계의 원칙 : 재해는 직접 원인과 간접 원인이 연계되어 일어난다.

[작업역]

사람이 작업할 때 사람의 발이나 손이 도달 가능한 범위를 말한다.

(1) 최대작업역

상지 전체를 뻗어서 도달할 수 있는 범위이다.

(2) 정상작업역

상지를 자연스럽게 위로 내려 뻗어서 팔뚝과 손만으로 도달할 수 있는 범위이다.

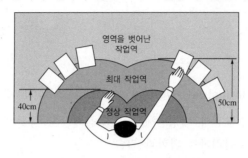

[허용기준]

1) TWA(시간가중 평균농도)

1일 8시간 주 40시간 동안의 평균농도로서 거의 모든 근로자가 평상 작업에서 반복하여 노출되더라도 건강장애를 일으키지 않는 공기 중 유해물질의 농도

$$TWA = \frac{C_1 t_1 + C_2 t_2 + \cdots + C_n t_n}{8}$$

2) STEL(단시간 노출농도)

① 근로자가 1회 15분간 유해인자에 노출되는 경우의 허용농도

② 1회 노출간격이 1시간 이상인 경우 1회 작업시간동안 4회까지 노출이 허용될 수 있는 기준

③ 근로자가 자극, 만성 또는 불가역적 조직장애, 사고유발, 응급 시 대처능력의 저하, 작업능률 저하 등을 초래할 정도의 마취를 일으키지 않고 단시간 노출될 수 있는 기준

④ 만성중독이나 고농도에서 급성중독을 초래하는 유해물질에 적용

3) 최고노출기준(Ceiling)

① 근로자가 작업시간 동안 잠시라도 노출되어서는 안 되는 농도

② 어떤 시점에서 수치를 넘어서는 안 되는 상한치를 뜻하는 것으로 항상 표시된 농도 이하를 유지해야 한다는 의미로 자극성 가스나 독작용이 빠른 물질에 적용

【 ACGIH의 기준 】

1) ACGIH(미국정부산업위생전문가협회)에서 권고하는 허용농도(TLV) 적용 주의사항

① 대기오염 평가 및 지표에 사용 불가하다.

② 24시간 노출 또는 정상작업시간을 초과한 노출에 대한 독성 평가에는 적용할 수 없다.

③ 기존의 질병이나 신체적 조건을 판단하기 위한 척도로 사용 불가하다.

④ 작업조건이 다른 나라에서 ACGIH-TLV를 그대로 사용할 수 없다.

⑤ 안전농도와 위험농도를 정확히 구분하는 경계선이 아니다.

⑥ 독성의 강도를 비교할 수 있는 지표가 아니다.

⑦ 피부로 흡수되는 양은 고려되지 않는다.

2) TLV-TWA(ACGIH)

① 하루 8시간, 주 40시간 동안에 노출되는 평균농도이다.

② 작업장의 노출기준을 평가할 때 시간가중 평균농도를 기본으로 한다.

③ 이 농도에서는 오래 작업하여도 건강장애를 일으키지 않는다는 지표로 활용된다.

④ 안전과 위험의 한계로는 해석하면 안 된다.

⑤ ACGIH에서 권고하는 사항 : TLV-TWA의 3배는 30분, 5배는 잠시라도 노출되어서는 안 된다.

3) TLV-STEL(ACGIH)

① 근로자가 자극, 만성 또는 불가역적 조직장애, 사고유발, 응급 시 대처능력의 저하 및 작업능률 저하 등을 초래할 정도의 마취를 일으키지 않고 단시간(15분) 노출될 수 있는 농도이다.

② 만성중독, 고농도에서 급성중독을 초래하는 유해물질에 적용된다.

③ 독성 작용이 빨라 근로자에게 치명적인 영향을 예방하기 위한 기준이다.

4) TLV-C(ACGIH)

① 어떠한 시점에도 넘어서는 안 되는 상한치이다.

② 항상 표시된 농도 이하를 유지하여야 하는 농도이다.

③ 노출기준에 초과되어 노출 시 즉각적으로 비가역적 반응을 나타낸다.

④ 측정은 실제로 순간 농도 측정이 불가능하며 따라서 약 15분간 측정한다.

[혼합물의 노출기준]

1) 노출지수(EI)

① 두 가지 이상의 독성이 유사한 유해화학물질이 공기 중에 공존할 때 대부분의 물질은 유해성의 상가작용을 나타내기 때문에 노출지수에 의하여 유해성을 평가한다.

$$EI = \frac{C_1}{TLV_1} + \frac{C_2}{TLV_2} + \cdots + \frac{C_n}{TLV_n}$$

② 노출지수가 1을 초과하면 노출기준을 초과한다고 평가한다.

③ 상승작용이나 상가작용이 없을 경우에는 개별적으로 노출기준 초과 여부를 결정한다.

2) 혼합물의 구성 성분을 알 때 혼합물의 노출기준

$$TLV_{mixture} = \frac{1}{\dfrac{f_1}{TLV_1} + \dfrac{f_2}{TLV_2} + \cdots + \dfrac{f_n}{TLV_n}}$$

여기서, f : 액체 혼합물에서의 각 성분 무게 중량비, TLV : 각 성분의 TLV

[산업안전보건법상 작업휴식시간비]

작업휴식시간비	작업강도		
	경작업	중등작업	중작업
계속작업	30.0℃	26.7℃	25.0℃
매시간 75%작업, 25%휴식	30.6℃	28.0℃	25.9℃
매시간 50%작업, 50%휴식	31.4℃	29.4℃	27.9℃
매시간 25%작업, 75%휴식	32.2℃	31.1℃	30.0℃

여기서, 경작업 : 200kcal/hr까지의 열량이 소요되는 작업

중등작업 : 200~350kcal/hr까지의 열량의 소요되는 작업

중작업 : 350~500kcal/hr까지의 열량이 소요되는 작업

[비정상 작업시간의 허용농도 보정]

1) OSHA 보정방법

(1) 급성중독을 일으키는 물질

$$보정된\ 노출기준 = 8시간\ 노출기준 \times \frac{8시간}{노출시간/일}$$

(2) 만성중독을 일으키는 물질

$$보정된\ 노출기준 = \frac{40시간}{작업시간/주}$$

2) Brief와 Scala의 보정방법

(1) 노출기준 보정계수(RF)

$$RF = \frac{8}{H} \times \frac{24-H}{16}$$

여기서, 16 : 휴식시간, H : 노출시간/일

$$일주일\ RF = \frac{40}{H} \times \frac{168-H}{128}$$

여기서, 128 : 일주일 휴식시간, H : 노출시간/주

(2) 보정된 노출기준

$$RF \times TLV$$

[공기 중 혼합물질의 화학적 상호작용]

1) 상가작용

두 가지 이상의 화학물질이 공기 중에서 혼합 시 그 작용이 두 가지 작용과 합한 것과 같이 나타나는 현상이다.

예 2 + 3 = 5

2) 상승작용

각각 단일물질에 노출되었을 때 독성보다 훨씬 독성이 커짐을 의미한다.

예 2 + 3 = 20

3) 잠재작용

인체에 어떠한 영향을 나타내지 않는 물질이 다른 독성물질과 복합적으로 노출될 경우 그 독성이 커지는 것이다.

예 2 + 0 = 10

4) 길항작용

두 가지 화합물이 함께 있을 때 서로의 작용을 방해하는 것을 의미한다.

예 2 + 3 = 1

[ACGIH에서 유해물질의 노출기준 설정 이론적 배경]

1) 화학구조상의 유사성과 연계하여 설정

① TLV 설정의 기초적 단계이다.

② 다른 자료가 부족할 경우 사용한다.

③ 화학구조가 비슷해도 독성의 구조가 다른 경우가 많은 것이 한계점이다.

2) 동물실험 자료를 근거로 설정

① 인체실험, 산업장 역학조사 자료가 부족할 경우 사용한다.

3) 인체실험 자료를 근거로 설정

① 인체를 대상으로 하기 때문에 제한적으로 실행한다.

② 실험에 참여하는 자는 서명으로 실험에 참여하는 것을 동의하여야 한다.

③ 영구적 신체장애를 일으킬 가능성은 없어야 한다.

④ 자발적으로 실험에 참여하는 자를 대상으로 하여야 한다.

4) 산업장 역학조사 자료를 근거로 설정

① 근로자가 대상이 된다.

② 가장 신뢰성이 높다.

③ 허용농도 설정에 있어서 가장 중요한 자료이다.

[체내흡수량(SHD, 안전흡수량)]

인간에게 안전하다고 여겨지는 양을 의미한다.

체내흡수량 $= C \times T \times V \times R$

여기서, C : 공기 중 유해물질 농도(mg/m^3)

T : 노출시간(hr)

V : 호흡률(m^3/hr)

R : 체내잔류율(보통 1.0)

[Harber의 법칙]

어떤 농도의 유해물질에 노출되었을 때 중독현상이 나타나기 위해서는 얼마나 오랜 기간 노출되어야 하는지를 나타내기 위한 법칙으로 유해물질 농도 C와 노출시간 T의 곱으로 나타내는 상수값 K로 정하고 이 상수값 K는 물질의 종류와 발현되는 중독현상의 종류에 따라 달라진다.

$$K = C \times T$$

[요통이 발생되는 주된 요인]

일반적으로 요통은 장기간 반복하여 무리한 동작보다 한 번의 과격한 충격에 의하여 발생하는 경우가 많다.

① 작업습관과 개인적인 생활태도
② 작업빈도, 물체의 위치와 무게 및 크기 등과 같은 물리적 환경요인
③ 근로자의 육체적 조건
④ 요통 및 기타 장애의 경력
⑤ 올바르지 못한 작업 방법 및 자세

[중량물 취급의 기준(NIOSH)]

① 박스인 경우는 손잡이가 있어야 하고 신발이 미끄럽지 않아야 한다.
② 작업장 내의 온도가 적절해야 한다.
③ 물체의 폭이 75cm 이하로서 두 손을 적당히 벌리고 작업할 수 있는 공간이 있어야 한다.
④ 보통 속도로 두 손으로 들어올리는 작업을 기준으로 한다.

1) NIOSH에서 제안한 중량물 취급작업의 권고치 중 감시기준(AL)

$$AL(kg) = 40\left(\frac{15}{H}\right)(1 - 0.004|V - 75|)\left(0.7 + \frac{7.5}{D}\right)\left(1 - \frac{F}{F_{max}}\right)$$

여기서, H : 대상물체의 수평거리
V : 대상물체의 수직거리
D : 대상물체의 이동거리
F : 중량물 취급작업의 빈도

2) NIOSH에서 제안한 중량물 취급작업의 권고치 중 최대허용기준(MPL)

MPL(최대허용기준) − AL(감시기준) × 3

3) NIOSH 중량물 취급작업 권고기준(RWL)

$RWL(kg) = L_c \times HM \times VM \times DM \times AM \times FM \times CM$

여기서, L_c : 중량상수(부하상수)(23kg : 최적 작업상태 권장 최대무게, 즉 모든 조건이 가장 좋지 않을 경우 허용되는 최대중량의 의미)

HM : 수평계수(몸의 수직선상의 중심에서 물체를 잡는 손의 중앙까지의 수평거리(H)를 측정하여 25/H로 구함)

VM : 수직계수(바닥에서 손까지의 수직거리(V)를 측정하여 1−(0.003|V−75|)로 구함)

DM : 물체 이동거리계수(최초의 위치에서 최종 운반 위치까지의 수직 이동거리를 의미)

AM : 비대칭각도계수(물건을 들어 올릴 때 허리의 비틀림 각도를 측정하여 1−0.0032A에 대입)

FM : 작업빈도계수

CM : 물체를 잡는 데 따른 계수

4) NIOSH 중량물 취급지수(들기지수, LI)

$$LI = \frac{물체무게(kg)}{RWL(kg)}$$

5) NIOSH 중량물 취급작업 권고치에 영향을 주는 정도

작업빈도 > 수평거리 > 수직거리 > 이동거리

[노동에 필요한 에너지원]

1) 혐기성 대사

① 근육에 저장된 화학적 에너지를 의미

② 혐기성 대사 순서(시간대별) : ATP(아데노신삼인산) → CP(크레아틴인산) → glycogen(글리코겐) or glucose(포도당)

2) 호기성 대사

① 대사과정을 거쳐 생성된 에너지를 의미

② 호기성 대사 순서 : [포도당, 단백질, 지방] + 산소 → 에너지원

[3대 영양소]

1) 탄수화물(당질)

① 포도당의 형태로 에너지원으로 이용

② 체내 연소 시 발생열량은 1g당 4.1kcal

2) 지방

① 육체적 작업을 하는 근로자가 필요로 하는 영양소 중에서 열량공급의 측면에서 가장 유리함

② 체내 연소 시 발생열량은 1g당 9.3kcal

3) 단백질

① 몸의 구성 성분이며, 활성 단백질로서도 중요함

② 체내 연소 시 발생열량은 1g당 4.1kcal

③ 단백질 영양부족 시 전신 부종과 피부에 반점 생김

[5대 영양소]

(1) 5대 영양소 = 3대 영양소 + 무기질, 비타민

① 무기질 : 신체의 생활기능을 조절하는 영양소

② 비타민 : 신체의 생활기능을 조절하는 영양소로 체내에서 합성되지 않기 때문에 식물의 성분으로 섭취

(2) 체성분을 구성하는 데 관여하는 영양소 : 단백질, 무기질, 물

(3) 여러 영양소의 영양적 작용의 매개가 되고 생활기능을 조절하는 영양소 : 비타민, 무기질, 물

[비타민 결핍증]

① 비타민 A : 야맹증, 성장장애

② 비타민 B₁ : 각기병, 신경염 – 작업 강도가 높은 근로자의 근육에 호기적 산화를 촉진시킴(노동 시 보급해야 함)

③ 비타민 B₂ : 구강염

④ 비타민 C : 괴혈병

⑤ 비타민 D : 구루병

⑥ 비타민 E : 생식기능(노화촉진)

⑦ 비타민 F : 피부병

⑧ 비타민 K : 혈액응고 지연작용

[작업 시 소비열량(작업대사량)에 따른 작업강도(ACGIH)]

① 경작업 : 200kcal/hr까지 작업

② 중등도작업 : 200~350kcal/hr까지 작업

③ 중작업(심한 작업) : 350~500kcal/hr까지 작업

[에너지 소요량에 미치는 영향인자]

연령, 성별, 체격, 운동량, 건강상태

[근골격계 질환 예방관리 프로그램을 수립, 시행하는 경우]

① 근골격계 질환으로 요양 결정을 받은 근로자가 연간 10인 이상 발생한 사업장

② 5인 이상 발생한 사업장으로서 발생비율이 그 사업장 근로자 수의 10% 이상인 경우

③ 근골격계 질환 예방과 관련하여 노사 간의 이견이 지속되는 사업장으로서 고용노동부장관이 필요하다고 인정하여 명령한 경우

④ 근골격계 질환 예방관리 프로그램을 작성, 시행할 경우에는 노사협의를 거쳐야 한다.

⑤ 근골격계 질환 예방관리 프로그램에는 유해요인조사, 작업환경개선, 교육·훈련 및 평가 등이 포함되어 있어야 한다.

⑥ 사업주는 5kg 이상의 중량물을 들어 올리는 작업에 대하여 중량과 무게중심에 대하여 안내 표시를 하여야 한다.

⑦ 근골격계 부담작업에 해당하는 새로운 작업·설비 등을 도입한 경우, 지체 없이 유해요인조사를 실시하여야 한다.

【 근골격계 질환 용어 】

① 누적외상성 질환 : 특정 신체 부위 및 근육의 과도한 사용으로 근골격계에 손상이 발생하는 질환이다.

② 근골격계 질환 : 근육, 신경, 건, 인대, 뼈와 주변 조직 등 근골격계에 발생하는 통증이나 손상을 말하고 목이나 허리, 팔, 다리 등에서 나타날 수 있다.

③ 반복성 긴장장애 : 장시간의 반복된 작업으로 인한 손상으로 컴퓨터 작업 등에서 발생한다.

④ 경견완증후군 : 반복적인 작업에서 발생하고 정신적 피로, 정서불안정 등을 수반하기도 한다.

【 피로의 3단계 】

① 보통피로(1단계) : 하룻밤을 자고 나면 완전히 회복하는 상태

② 과로(2단계) : 단기간 휴식 후 회복

③ 곤비(3단계) : 병적 상태

【 산업 피로 】

1) 대책

① 커피, 홍차, 엽차 및 비타민 B_1은 피로회복에 도움이 되므로 공급한다.

② 작업과정에 적절한 간격으로 휴식기간을 두고 충분한 영양을 취한다.

③ 작업환경을 정비·정돈한다.

④ 불필요한 동작을 피하고, 에너지 소모를 적게 한다.

⑤ 너무 정적인 작업은 동적인 작업으로 전환한다.

⑥ 작업과정에 따라 휴식시간을 가져야 한다.

⑦ 작업능력에는 개인별 차이가 있으므로 각 개인마다 작업량을 조정해야 한다.

⑧ 작업시간 중 또는 작업 전후에 간단한 체조나 오락시간을 갖는다.

⑨ 과중한 육체적 노동은 기계화하여 육체적 부담을 줄인다.

⑩ 충분한 수면은 피로예방에 효과적이다.

2) 발생기전

① 활성 에너지 요소인 영양소, 산소 등 소모(에너지 소모)

② 물질대사에 의한 노폐물인 젖산 등의 축적(중간 대사물질의 축적)으로 인한 근육, 신장 등 기능 저하

③ 체내의 향상성 상실(체내에서의 물리화학적 변조)

④ 여러 가지 신체조절기능의 저하

⑤ 크레아틴, 젖산, 초성포도당, 시스테인을 피로물질이라고 함

⑥ 근육 내 글리코겐 양의 감소

3) 기능검사

① 연속측정법

② 생리심리학적 검사법 : 역치 측정, 근력검사, 행위검사

③ 생화학적 검사법 : 혈액검사, 뇨담백검사

④ 생리적 방법 : 반응시간검사, 호흡순환기능검사, 대뇌피질활동검사

[산소부채]

① 운동이 격렬하게 진행될 때에 산소섭취량이 수요량에 미치지 못하여 일어나는 산소부족현상이다.

② 산소부채량은 원래대로 보상되어야 하므로 운동이 끝난 뒤에도 일정 시간 산소를 소비한다는 의미이다.

③ 작업강도에 따라 필요한 산소요구량과 산소공급량의 차이에 의하여 산소부채현상이 발생한다.

④ 작업 시 소비되는 산소소비량은 초기에 서서히 증가하다가 작업강도에 따라 일정한 양에 도달하고, 작업이 종료된 후 서서히 감소되어 일정시간동안 산소를 소비한다.

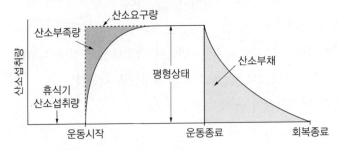

【 전신피로 정도 평가 】

전신피로의 정도를 평가하려면 작업종료 후 심박수를 측정하여 이용한다.

1) 심한 전신피로상태

HR_1이 110을 초과하고 HR_3과 HR_2의 차이가 10 미만인 경우

여기서, HR_1 : 작업종료 후 30~60초 사이의 평균 맥박수

HR_2 : 작업종료 후 60~90초 사이의 평균 맥박수

HR_3 : 작업종료 후 150~180초 사이의 평균 맥박수(모두 회복기 심박수 의미)

2) 국소피로

(1) 근소근육의 활동피로를 측정, 평가하는 데 근전도를 가장 많이 이용한다.

(2) 정상근육과 비교하여 피로한 근육에서 나타나는 EMG의 특징은 아래와 같다.

① 저주파 영역에서 전압의 증가

② 고주파 영역에서 전압의 감소

③ 평균주파수 영역에서 전압의 감소

④ 총 전압의 증가

【 피로의 측정방법 】

피로의 판정을 위해 혈액, 감각기능, 작업성적으로 판단한다.

① 연속측정법

② 생리심리학적 검사법 : 역치 측정, 근력검사, 행위검사

③ 생화학적 검사법 : 혈액검사, 뇨단백검사

④ 생리적 방법 : 반응시간검사, 호흡순환기능검사, 대뇌피질활동검사

【 산소소비량 】

① 근로자의 휴식 중 산소소비량 : 0.25L/min

② 근로자의 운동 중 산소소비량 : 5L/min

③ 산소소비량을 작업대사량으로 환산 : 산소소비량 1L ≒ 5kcal(에너지량)

【 육체적 작업능력(PWC) 】

① 젊은 남성이 일반적으로 평균 16kcal/min 정도의 작업은 피로를 느끼지 않고 하루에 4분간 계속할 수 있는 작업 강도이다.
② 하루 8시간 작업 시에는 PWC의 1/3에 해당된다. 즉 남성은 5.3kcal/min, 여성은 4kcal/min에 해당한다.
③ PWC를 결정할 수 있는 기능은 개인의 심폐기능이다.

【 PWC에 영향을 미치는 요소와 내용 】

① 정신적 요소 : 태도, 동기
② 육체적 요소 : 성별, 연령, 체격
③ 환경 요소 : 고온, 한랭, 소음, 고도, 고기압
④ 작업 특징요소 : 강도, 시간, 기술, 위치, 계획

【 피로예방의 허용작업시간 및 휴식시간 】

$\log T_{end} = 3.720 - 0.1949E$

$\log T_{end}$: 허용작업시간(min)

여기서, E : 작업대사량(kcal/min)

【 피로예방의 휴식시간비(Hertig식) 】

$$T_{rest}(\%) = \left(\frac{E_{max} - E_{task}}{E_{rest} - E_{task}} \right) \times 100$$

여기서, $T_{rest}(\%)$: 피로예방을 위한 적정 휴식시간비(60시간을 기준으로 산정)

E_{max} : 1일 8시간 작업에 적합한 작업대사량(PWC의 1/3)

E_{rest} : 휴식 중 소모대사량

E_{task} : 해당 작업의 작업대사량

[작업강도]

1) 작업강도에 영향을 미치는 요인

에너지소비량, 작업속도, 작업자세, 작업범위, 작업의 위험성 등

2) 작업강도가 커지는 경우

정밀작업 시, 작업종류가 많을 시, 작업속도가 빠를 시, 위험부담을 느낄 시, 대인접촉이나 제약조건이 빈번할 시, 작업이 복잡할 시, 열량소비가 많을 시, 판단을 요할 시 등

$$작업강도(\%MS) = \frac{RF}{MS} \times 100$$

여기서, RF : 작업 시 요구되는 힘

MS : 근로자가 가지고 있는 최대 힘

[작업시간]

1) 적정 작업시간

① 적정 작업시간(sec) $= 671.120 \times \%MS^{-2.222}$

② %MS : 작업강도(근로자의 근력에 관함)

2) 작업대사율(RMR)

① 작업할 때 소비되는 열량을 나타내기 위하여 성별, 연령별 및 체격의 크기를 고려한 지수이다.

② RMR이 클수록 작업 강도가 높음을 의미한다.

$$작업대사량(R) = \frac{작업대사량}{기초대사량} = \frac{작업 시 소요열량 - 안정 시 소요열량}{기초대사량}$$

3) 계속작업 한계시간(CMT)

$\log CMT = 3.724 - 3.25\log(RMR)$

4) 실노동률(실동률)

실노동률(%) $= 85 - (5 \times RMR)$

[교대근무제]

1) 교대근무제를 채택할 경우 고려할 사항

휴식과 수면에 중점을 두고 근무일 수, 작업시간, 교대순서, 휴일 수 등을 정해야 한다.

2) 교대작업이 생기게 된 배경

① 사회적 이유 : 산업화 및 사회 환경의 변화로 의료, 방송, 신문, 통신 등 국민 생활과 이용자들의 편의를 위한 공공사업의 증가

② 기술적 이유 : 석유정제, 석유화학 및 제철업 등과 같이 공정상 조업중단이 불가능한 산업의 증가

③ 경제적 이유 : 생산설비의 완전가동을 통해 시설투자 비용을 조속히 회수하려는 기업의 증가

3) 야간근무의 생리적 현상

① 야간작업 시 체온상승은 주간작업 시보다 낮다.

② 체중의 감소가 발생하고 주간근무에 비하여 피로가 쉽게 온다.

③ 주간수면은 효율이 좋지 않으므로 적어도 1시간 반 이상 가면 시간을 주어야 수면효과가 있다.

④ 수면 부족 및 식사시간이 불규칙하여 위장장애를 유발할 수 있다.

4) 바람직한 교대근무제

① 야간근무 종료 후 휴식은 최저 48시간 이상의 휴식시간을 갖도록 한다.

② 야간근무의 연속일수는 2~3일로 한다.

③ 2교대 시 최저 3조로 편성한다(3교대 시 최저 4조로 편성한다).

④ 각 반의 근무시간은 8시간으로 한다.

⑤ 누적피로를 회복하기 위해서는 역교대 방식보다는 정교대 방식이 좋다.

⑥ 교대작업자 특히, 야간작업자는 주간작업자보다 연간 쉬는 날이 더 많아야 한다.

⑦ 채용 후에는 정기적으로 체중, 위장증상 등을 기록하고 근로자의 체중이 3kg 이상 감량되면 정밀검사를 통해 건강관리를 한다.

⑧ 야근 교대시간은 상오 0시 이전에 하는 것이 좋다.

⑨ 상대적으로 가벼운 작업은 야간근무조에 배치하는 등 업무내용을 탄력적으로 조정해야 한다.

[직무스트레스의 조직적 관리]

조직적 접근이란 직무스트레스로 인해 스트레스반응을 보이는 개인에 대해 그 반응의 원인을 개인차에 의한 것으로 보지 않고, 개인이 소속된 집단의 문제로 인식하여 이를 해결하기 위한 방안으로 조직 내에서 지속적이고 체계적으로 관리하는 접근방법을 말한다. '문제 확인 → 개입 → 평가'의 단계로 이루어지며, 직무 재설계, 참여 의사결정, 우호적인 직장 분위기 조성 등이 조직적 대응책으로 볼 수 있다.

[적성검사]

1) 신체검사
  ① 신체적 적성검사
  ② 체격검사

2) 생리적 기능검사(생리적 적성검사)
  ① 감각기능검사(혈액, 근전도, 심박수, 민첩성, 작업성적)
  ② 심폐기능검사
  ③ 체력검사

3) 심리학적 검사(심리학적 적성검사)
  ① 지능검사(언어, 기억, 추리, 귀납 등)
  ② 지능동작검사(수족협조, 운동속도, 형태지각 등)
  ③ 인성검사(성격, 태도, 정신상태)
  ④ 기능검사(직무에 관련된 기본지식과 숙련도, 사고력)

[직업성 질환]

직업과 관련하여 발생되는 모든 건강상의 문제를 말한다. 즉 노동과정이 원인적으로 연관되어 발생하는 질환이다.

1) 직업성 질환의 특징
  ① 열악한 작업환경(가스, 분진, 소음, 진동 등) 유해성 인자가 몸에 장단기 간 침투하고 축적되어 발생하는 질환으로 보통 장기간 노출 후 발생한다.
  ② 폭로 시작과 첫 증상 발현까지 일반적으로 차이가 긴 경우가 많다.

③ 인체에 대한 영향이 확인되지 않은 새로운 물질이 많다.

④ 직업과의 인과성을 명확하게 구별해내기가 어렵다.

2) 직업성 질환의 범위

① 직업상 업무에 기인하여 1차적으로 발생하는 원발성 질환은 포함한다.

② 원발성 질환과 합병작용하여 제2의 질환을 유발하는 경우는 포함된다.

③ 합병증*이 원발성 질환과 불가분의 관계를 가지는 경우를 포함한다.

④ 원발성 질환에 떨어진 다른 부위에 같은 원인에 의한 제2의 질환을 일으키는 경우를 포함한다.

*합병증은 원발성 질환에서 떨어진 다른 부위에 같은 원인에 의해 제2의 질환을 일으키는 경우를 의미한다.

3) 직업성 질환의 대표적 예

① 근골격계 질환

② 뇌 · 심혈관 질환

③ 진폐증

④ 악성중피종

⑤ 소음성 난청

4) 작업공정에 따른 직업성 질환

① 용광로작업 : 고온장애

② 갱내 착암 작업 : 산소결핍

③ 샌드블라스팅 : 호흡기 질환

④ 축전지 제조 : 납중독

⑤ 도금 작업 : 비중격 천공

⑥ 채석, 채광 : 규폐증

⑦ 제강, 요업 : 열사병

⑧ 피혁제조, 축산, 제분 : 탄저병, 파상풍

⑨ 시계공, 정밀기계공 : 근시, 안구진탕증

5) 유해인자별 대표적 발생 직업성 질환

① 크롬 : 폐암

② 이상기압 : 폐수종

③ 고열 : 열사병

④ 방사선 : 피부염

⑤ 소음 : 소음성 난청

⑥ 수은 : 무뇨증

⑦ 망간 : 신장염

⑧ 석면 : 악성중피종

⑨ 한랭 : 동상

⑩ 조명 부족 : 근시, 안구진탕증

⑪ 진동 : 레이노현상

6) 직업성 질환의 예방

① 1차 예방 : 원인인자의 제거나 원인이 되는 손상을 막는 것, 새로운 유해인자의 통제, 잘 알려진 유해인자의 통제 및 노출관리

② 2차 예방 : 근로자가 진료를 받기 전 단계인 초기에 질병을 발견하는 것, 질병의 선별검사, 감시, 주기적 의학 검사, 법적인 의학적 검사 등

③ 3차 예방 : 치료와 재활과정, 근로자들이 더 이상 노출되지 않도록 하며 필요시 적절한 의학적 치료를 받도록 함

[건강진단]

1) 건강진단의 종류

① 일반 건강진단 : 상시 사용하는 근로자를 대상으로 건강관리를 위하여 사업주가 주기적으로 실시하는 건강진단

② 특수 건강진단 : 유해인자에 노출되는 업무종사근로자, 직업병 유소견 판정의 원인이 된 유해인자에 대한 건강진단이 필요하다는 의사의 소견이 있는 근로자를 대상으로 실시하는 건강진단

③ 배치 전 건강진단 : 특수 건강진단 대상 업무에 종사할 근로자에 대하여 배치 예정 업무에 대한 적합성 평가를 위해 실시하는 건강진단

④ 수시 건강진단 : 특수 건강진단 대상 업무로 인하여 해당 유해인자에 의한 직업성 천식·직업성 피부염, 그 밖에 건강장해를 의심하게 하는 증상을 보이거나 의학적 소견이 있는 근로자를 대상으로 실시하는 건강진단

⑤ 임시 건강진단 : 특수 건강진단 대상 유해인자 등의 중독 여부 및 원인을 확인하기 위해 지방고용노동관서장의 명령에 의해 실시되는 건강진단

2) 건강진단의 실시 시기

「산업안전보건법」 시행규칙 제197조

사업주는 상시 사용하는 근로자 중 사무직에 종사하는 근로자에 대해서는 2년에 1회 이상, 그 밖의 근로자에 대해서는 1년에 1회 이상 일반 건강진단을 실시하여야 한다. 다만, 사업주가 다음의 어느 하나에 해당하는 건강진단을 실시한 경우에는 그 건강진단을 받은 근로자는 이 규칙에 따른 일반 건강진단을 실시한 것으로 본다.

1. 「국민건강보험법」에 따른 건강검진
2. 「선원법」에 따른 신체검사
3. 「학교보건법」에 따른 건강검사
4. 「진폐의 예방과 진폐근로자의 보호 등에 관한 법률」에 따른 정기 건강진단
5. 「항공안전법」에 따른 신체검사
6. 그 밖에 일반 건강진단의 검사항목을 모두 포함하여 실시한 건강진단

3) 특수 건강진단 대상자

(1) 고용노동부령으로 정하는 유해인자에 노출되는 업무

① 화학적 인자 : 유기화합물(109종), 금속류(20종), 산 및 알칼리류(8종), 가스 상태 물질류(14종), 그 외 화학물질(12종), 금속가공유
② 분진(7종)
③ 물리적 인자 : 소음 작업, 강렬한 소음 작업 및 충격소음 작업에서 발생하는 소음, 진동, 방사선, 고기압, 저기압, 유해광선(자외선, 적외선, 마이크로파 및 라디오파)
④ 야간작업(2종)

(2) 건강진단 실시 결과 직업병 소견이 있는 근로자로 판정받아 작업 전환을 하거나 작업 장소를 변경하여 해당 판정의 원인이 된 특수 건강진단 대상 업무에 종사하지 아니하는 사람으로서 해당 유해인자에 대한 건강진단이 필요하다는 의사의 소견이 있는 근로자

【 Flex-Time 제도 】

작업장의 기계화, 생산의 조직화, 기업의 경제성을 고려하여 모든 근로자가 근무를 하지 않으면 안 되는 중추시간을 설정하고 지정된 주간 근무시간 내에서 자유 출퇴근을 인정하는 제도, 주당 40시간 내외의 근로조건하에서 자유롭게 출퇴근하는 제도이다.

【 실내오염 】

1) 실내환경오염 원인물질

① 물리적 요인 : 소음·진동, 전리방사선, 비전리방사선, 온열, 빛, 한랭, 습도, 이상기압 등
② 화학적 요인 : 악취, 일산화탄소, 이산화탄소, 질소산화물, 흡연, 분진, 석면, 포름알데하이드, 유리섬유, 오존 등
③ 생물학적 요인 : 바이러스, 세균, 진균, 벌레, 애완동물의 털, 곰팡이

2) 실내환경 관련 질환

① 빌딩증후군
② 복합화학물질 민감증후군
③ 새집증후군
④ 빌딩 관련 질병 현상
⑤ 가습기열
⑥ 과민성 폐렴

3) 실내환경오염 인자

① 산소결핍 : 공기 중 산소 농도가 정상적인 상태보다 부족한 상태(산소의 농도가 18% 미만인 상태), 10% 이하가 되면 의식상실, 경련, 혈압강하, 맥박수 감소를 초래하고 질식으로 인한 사망에 이르게 될 수 있다.
② 고온 : 높은 온도에 의한 열중증이 발생할 수 있다.
③ 알레르기 질환 : 천식, 알레르기성 비염, 아토피성 피부염이 대표적 질환이고 과민성 폐렴은 고농도의 알레르기 유발물질에 직접 노출되거나 저농도에서 지속적으로 노출될 때 발생할 수 있다.
④ 일산화탄소 : 불완전연소에 의한 일산화탄소는 혈중 헤모글로빈과 결합력이 높아 중독증상을 일으킨다.
⑤ 흡연 : 담배 중 벤조피렌, 니코틴, 페놀, 질소산화물, 암모니아, 피리딘, 일산화탄소 등의 유해물질 등은 실내공기 오염의 중요한 원인물질이다.

⑥ 석면 : 건축물의 단열재, 절연재, 흡음재로 실내 천장과 벽에 이용되며, 악성중피종, 폐암, 피부질환 등의 주원인물질이다.

⑦ 포름알데하이드 : 각종 실내 건축자재의 원료로 사용되고 눈과 상부기도를 자극하며 어지러움, 구토, 피부질환 등을 일으키는 발암성 물질이다.

⑧ 라돈 : 자연적으로는 암석이나 토양에서 발생하는 토륨, 우라늄의 붕괴로 인해 생성되는 물질이며 지표에 가깝게 존재한다. 실내공간에서는 시멘트나 벽돌 등의 건축자재에서 발생하여 폐암 등을 일으킨다.

⑨ 미생물성 물질 : 곰팡이, 박테리아, 바이러스, 꽃가루 등으로 가습기, 냉난방장치, 애완동물 등에서 발생하고 알레르기성 질환, 호흡기성 질환을 일으킨다.

[공간의 효율적 배치에 적용되는 원리]

① 기능성의 원리 : 기능적으로 관련된 구성요소들을 한데 모아서 배치한다.

② 사용 순서의 원리 : 어떤 장치나 작업을 수행할 때 발생되는 순서를 고려하여, 사용되는 구성요소들을 가까이 그리고 순차적으로 배치한다.

③ 중요도의 원리 : 구성요소를 시스템 목표의 달성에 중요한 정도를 고려하여 편리한 위치에 배치한다.

④ 사용빈도의 원리 : 사용빈도가 높은 구성요소를 편리한 위치에 둔다.

[사무실 공기관리 지침]

1) 사무실 오염물질 관리 기준

오염물질	관리기준
미세먼지(PM10)	$100g/m^3$
초미세먼지(PM2.5)	$50g/m^3$
이산화탄소(CO_2)	1,000ppm
일산화탄소(CO)	10ppm
이산화질소(NO_2)	0.1ppm
포름알데하이드(HCHO)	$100g/m^3$
총휘발성유기화합물(TVOC)	$500g/m^3$
라돈(radon)*	$148Bq/m^3$
총부유세균	$800CFU/m^3$
곰팡이	$500CFU/m^3$

*라돈은 지상 1층을 포함한 지하에 위치한 사무실에만 적용한다.

주) 관리기준 : 8시간 시간가중평균농도 기준

2) 공기정화시설을 갖춘 사무실에서 근로자 1인당 필요한 최소 외기량은 분당 $0.57m^3$ 이상이며, 환기횟수는 시간당 4회 이상으로 한다.

3) 사무실 공기질의 측정기준

오염물질	측정횟수(측정시기)	시료채취시간
미세먼지(PM10)	연 1회 이상	업무시간 동안(6시간 이상 연속측정)
초미세먼지(PM2.5)	연 1회 이상	업무시간 동안(6시간 이상 연속측정)
이산화탄소(CO_2)	연 1회 이상	업무 시작 후 2시간 전후 및 종료 전 2시간 전후(각각 10분간 측정)
일산화탄소(CO)	연 1회 이상	업무 시작 후 1시간 전후 및 종료 전 시간 전후(각각 10분간 측정)
이산화질소(NO_2)	연 1회 이상	업무 시작 후 1시간~종료 1시간 전(1시간 측정)
포름알데하이드(HCHO)	연 1회 이상 및 신축(대수선 포함)건물 입주 전	업무 시작 후 1시간~종료 1시간 전(30분간 2회 측정)
총휘발성유기화합물(TVOC)	연 1회 이상 및 신축(대수선 포함)건물 입주 전	업무 시작 후 1시간~종료 1시간 전(30분간 2회 측정)
라돈(radon)	연 1회 이상	3일 이상~3개월 이내 연속측정
총부유세균	연 1회 이상	업무 시작 후 1시간~종료 1시간 전(최고 실내온도에서 1회 측정)
곰팡이	연 1회 이상	업무 시작 후 1시간~종료 1시간 전(최고 실내온도에서 1회 측정)

4) 사무실 공기 시료채취 및 분석방법

오염물질	시료채취방법	분석방법
미세먼지(PM10)	PM10샘플러(sampler)를 장착한 고용량 시료채취기에 의한 채취	중량분석(천칭의 해독도 : $10\mu g$ 이상)
초미세먼지(PM2.5)	PM2.5샘플러(sampler)를 장착한 고용량 시료채취기에 의한 채취	중량분석(천칭의 해독도 : $10\mu g$ 이상)
이산화탄소(CO_2)	비분산적외선검출기에 의한 채취	검출기의 연속측정에 의한 직독식 분석
일산화탄소(CO)	비분산적외선검출기 또는 전기화학검출기에 의한 채취	검출기의 연속측정에 의한 직독식 분석
이산화질소(NO_2)	고체흡착관에 의한 시료채취	분광광도계로 분석
포름알데하이드(HCHO)	2,4-DNPH(2,4-dinitrophenylhydrazine)가 코팅된 실리카겔관(silicagel tube)이 장착된 시료채취기에 의한 채취	2,4-DNPH-포름알데하이드 유도체를 HPLC UVD(High Performance Liquid Chromatography-Ultra violet Detector) 또는 GC-NPD(Gas Chromatography-Nitrogen Phosphorous Detector)
총휘발성유기화합물(TVOC)	고체흡착관 또는 캐니스터(canister)로 채취	• 고체흡착열탈착법 또는 고체흡착용매추출법을 이용한 GC로 분석 • 캐니스터를 이용한 GC 분석
라돈(radon)	라돈연속검출기(자동형), 알파트랙(수동형), 충전막전리함(수동형) 측정 등	3일 이상 3개월 이내 연속측정 후 방사능감지를 통한 분석
총부유세균	충돌법을 이용한 부유세균채취기(bioair sampler)	채취·배양된 균주를 세어 공기체적당 균주수로 산출
곰팡이	충돌법을 이용한 부유진균채취기(bioair sampler)	채취·배양된 균주를 세어 공기체적당 균주수로 산출

[실내공기오염 관리 대책]

① 실내공기질 공조설비(HVAC)의 계절별로 주기적 교환 점검 실시
② 환기 횟수 증대
③ 최적 실내온도 및 습도 유지
④ 베이크 아웃 환기법 : 건축자재에서 방출되는 휘발성 유기화합물을 제거하는 방법으로 실내를 모두 닫고 온도를 올려 5시간 이상 유지한 다음 1시간 정도 환기하여 휘발성 유기화합물을 제거하는 방법

[산업안전보건법 중요내용]

1) 목적

(1) 제1조(목적)

이 법은 산업안전 및 보건에 관한 기준을 확립하고 그 책임의 소재를 명확하게 하여 산업재해를 예방하고 쾌적한 작업환경을 조성함으로써 노무를 제공하는 사람의 안전 및 보건을 유지·증진함을 목적으로 한다.

2) 용어 정의

(1) 「산업안전보건법」 제2조(정의)

① "산업재해"란 노무를 제공하는 사람이 업무에 관계되는 건설물·설비·원재료·가스·증기·분진 등에 의하거나 작업 또는 그 밖의 업무로 인하여 사망 또는 부상하거나 질병에 걸리는 것을 말한다.
② "중대재해"란 산업재해 중 사망 등 재해 정도가 심하거나 다수의 재해자가 발생한 경우로서 고용노동부령으로 정하는 재해를 말한다.
③ "사업주"란 근로자를 사용하여 사업을 하는 자를 말한다.
④ "근로자대표"란 근로자의 과반수로 조직된 노동조합이 있는 경우에는 그 노동조합을, 근로자의 과반수로 조직된 노동조합이 없는 경우에는 근로자의 과반수를 대표하는 자를 말한다.
⑤ "도급"이란 명칭에 관계없이 물건의 제조·건설·수리 또는 서비스의 제공, 그 밖의 업무를 타인에게 맡기는 계약을 말한다.
⑥ "도급인"이란 물건의 제조·건설·수리 또는 서비스의 제공, 그 밖의 업무를 도급하는 사업주를 말한다. 다만, 건설공사발주자는 제외한다.
⑦ "수급인"이란 도급인으로부터 물건의 제조·건설·수리 또는 서비스의 제공, 그 밖의 업무를 도급받은 사업주를 말한다.

⑧ "관계수급인"이란 도급이 여러 단계에 걸쳐 체결된 경우에 각 단계별로 도급받은 사업주 전부를 말한다.

⑨ "건설공사발주자"란 건설공사를 도급하는 자로서 건설공사의 시공을 주도하여 총괄·관리하지 아니하는 자를 말한다. 다만, 도급받은 건설공사를 다시 도급하는 자는 제외한다.

⑩ "안전보건진단"이란 산업재해를 예방하기 위하여 잠재적 위험성을 발견하고 그 개선대책을 수립할 목적으로 조사·평가하는 것을 말한다.

⑪ "작업환경측정"이란 작업환경 실태를 파악하기 위하여 해당 근로자 또는 작업장에 대하여 사업주가 유해인자에 대한 측정계획을 수립한 후 시료를 채취하고 분석·평가하는 것을 말한다.

(2) 「산업안전보건법」 제4조(정부의 책무)

① 산업안전 및 보건 정책의 수립 및 집행

② 산업재해 예방 지원 및 지도

③ 「근로기준법」에 따른 직장 내 괴롭힘 예방을 위한 조치기준 마련, 지도 및 지원

④ 사업주의 자율적인 산업안전 및 보건 경영체제 확립을 위한 지원

⑤ 산업안전 및 보건에 관한 의식을 북돋우기 위한 홍보·교육 등 안전문화 확산 추진

⑥ 산업안전 및 보건에 관한 기술의 연구·개발 및 시설의 설치·운영

⑦ 산업재해에 관한 조사 및 통계의 유지·관리

⑧ 산업안전 및 보건 관련 단체 등에 대한 지원 및 지도·감독

⑨ 그 밖에 노무를 제공하는 사람의 안전 및 건강의 보호·증진

(3) 「산업안전보건법」 제5조(사업주 등의 의무)

① 「산업안전보건법」과 이 법에 따른 명령으로 정하는 산업재해 예방을 위한 기준

② 근로자의 신체적 피로와 정신적 스트레스 등을 줄일 수 있는 쾌적한 작업환경의 조성 및 근로조건 개선

③ 해당 사업장의 안전 및 보건에 관한 정보를 근로자에게 제공

(4) 「산업안전보건법 시행령」 제15조(관리감독자의 업무)

① 관리감독자가 지휘·감독하는 작업과 관련된 기계·기구 또는 설비의 안전·보건 점검 및 이상 유무의 확인

② 관리감독자에게 소속된 근로자의 작업복·보호구 및 방호장치의 점검과 그 착용·사용에 관한 교육·지도

③ 해당 작업에서 발생한 산업재해에 관한 보고 및 이에 대한 응급조치

④ 해당 작업의 작업장 정리·정돈 및 통로 확보에 대한 확인·감독

⑤ 사업장의 안전관리자, 보건관리자, 안전보건관리담당자, 산업보건의의 지도·조언에 대한 협조

⑥ 위험성 평가의 유해·위험요인의 파악, 개선조치의 시행에 대한 참여에 관한 업무

(5) 「산업안전보건법 시행령」 제18조(안전관리자의 업무)

① 산업안전보건위원회 또는 안전 및 보건에 관한 노사협의체에서 심의·의결한 업무와 해당 사업장의 안전보건관리규정 및 취업규칙에서 정한 업무

② 위험성 평가에 관한 보좌 및 지도·조언

③ 안전인증대상기계 등과 법 자율안전확인대상기계 등 구입 시 적격품의 선정에 관한 보좌 및 지도·조언

④ 해당 사업장 안전교육계획의 수립 및 안전교육 실시에 관한 보좌 및 지도·조언

⑤ 사업장 순회점검, 지도 및 조치 건의

⑥ 산업재해 발생의 원인 조사·분석 및 재발 방지를 위한 기술적 보좌 및 지도·조언

⑦ 산업재해에 관한 통계의 유지·관리·분석을 위한 보좌 및 지도·조언

⑧ 법 또는 법에 따른 명령으로 정한 안전에 관한 사항의 이행에 관한 보좌 및 지도·조언

⑨ 업무 수행 내용의 기록·유지

⑩ 그 밖에 안전에 관한 사항으로서 고용노동부장관이 정하는 사항

※ 안전관리자에 대한 추가 내용

• 사업주가 안전관리자를 배치할 때에는 연장근로·야간근로 또는 휴일근로 등 해당 사업장의 작업 형태를 고려해야 한다.

• 사업주는 안전관리 업무의 원활한 수행을 위하여 외부전문가의 평가·지도를 받을 수 있다.

• 안전관리자는 업무를 수행할 때에는 보건관리자와 협력해야 한다.

(6) 「산업안전보건법 시행령」 제22조(보건관리자의 업무)

① 산업안전보건위원회 또는 노사협의체에서 심의·의결한 업무와 안전보건관리규정 및 취업규칙에서 정한 업무

② 안전인증대상기계 등과 자율안전확인대상기계 등 중 보건과 관련된 보호구(保護具) 구입 시 적격품 선정에 관한 보좌 및 지도·조언

③ 위험성 평가에 관한 보좌 및 지도·조언

④ 작성된 물질안전보건자료의 게시 또는 비치에 관한 보좌 및 지도·조언

⑤ 산업보건의의 직무(보건관리자가 [별표 6] 제2호에 해당하는 사람인 경우로 한정한다)

⑥ 해당 사업장 보건교육계획의 수립 및 보건교육 실시에 관한 보좌 및 지도·조언

⑦ 해당 사업장의 근로자를 보호하기 위한 자주 발생하는 가벼운 부상에 대한 치료, 응급처치가 필요한 사람에 대한 처치, 부상·질병의 악화를 방지하기 위한 처치, 건강진단 결과 발견된 질병자의 요양 지도 및 관리, 의료행위에 따르는 의약품의 투여의 조치에 해당하는 의료행위

⑧ 작업장 내에서 사용되는 전체 환기장치 및 국소 배기장치 등에 관한 설비의 점검과 작업방법의 공학적 개선에 관한 보좌 및 지도·조언

⑨ 사업장 순회점검, 지도 및 조치 건의

⑩ 산업재해 발생의 원인 조사·분석 및 재발 방지를 위한 기술적 보좌 및 지도·조언

⑪ 산업재해에 관한 통계의 유지·관리·분석을 위한 보좌 및 지도·조언

⑫ 법 또는 법에 따른 명령으로 정한 보건에 관한 사항의 이행에 관한 보좌 및 지도·조언

⑬ 업무 수행 내용의 기록·유지

⑭ 그 밖에 보건과 관련된 작업관리 및 작업환경관리에 관한 사항으로서 고용노동부장관이 정하는 사항

※ 보건관리자에 대한 추가 내용

- 보건관리자는 ①~⑭에 따른 업무를 수행할 때에는 안전관리자와 협력해야 한다.
- 사업주는 보건관리자가 업무를 원활하게 수행할 수 있도록 권한·시설·장비·예산, 그 밖의 업무 수행에 필요한 지원을 해야 한다.

(7) 「산업안전보건법 시행령」 [별표 4] 안전관리자의 자격

① 산업안전지도사 자격을 가진 사람

② 산업안전산업기사 이상의 자격을 취득한 사람

③ 건설안전산업기사 이상의 자격을 취득한 사람

④ 4년제 대학 이상의 학교에서 산업안전 관련 학위를 취득한 사람 또는 이와 같은 수준 이상의 학력을 가진 사람

⑤ 전문대학 또는 이와 같은 수준 이상의 학교에서 산업안전 관련 학위를 취득한 사람

⑥ 이공계 전문대학 또는 이와 같은 수준 이상의 학교에서 학위를 취득하고, 해당 사업의 관리감독자로서의 업무(건설업의 경우는 시공실무경력)를 3년(4년제 이공계 대학 학위 취득자는 1년) 이상 담당한 후 고용노동부장관이 지정하는 기관이 실시하는 교육(1998년 12월 31일까지의 교육만 해당)을 받고 정해진 시험에 합격한 사람. 다만, 관리감독자로 종사한 사업과 같은 업종의 사업장이면서, 건설업의 경우를 제외하고는 상시근로자 300명 미만인 사업장에서만 안전관리자가 될 수 있다.

⑦ 공업계 고등학교 또는 이와 같은 수준 이상의 학교를 졸업하고, 해당 사업의 관리감독자로서의 업무(건설업의 경우는 시공실무경력)를 5년 이상 담당한 후 고용노동부장관이 지정하는 기관이 실시하는 교육(1998년 12월 31일까지의 교육만 해당)을 받고 정해진 시험에 합격한 사람. 다만, 관리감독자로 종사한 사업과 같은 종류인 업종(한국표준산업분류에 따른 대분류 기준)의 사업장이면서, 건설업의 경우를 제외하고는 [별표 3] 제27호 또는 제36호의 사업을 하는 사업장(상시근로자 50명 이상 1천명 미만인 경우만 해당)에서만 안전관리자가 될 수 있다.

⑧ 다음의 어느 하나에 해당하는 사람. 다만, 해당 법령을 적용받은 사업에서만 선임될 수 있다.

　㉠ 허가를 받은 사업자 중 고압가스를 제조·저장 또는 판매하는 사업에서 선임하는 안전관리책임자

　㉡ 허가를 받은 사업자 중 액화석유가스 충전사업·액화석유가스 집단공급사업 또는 액화석유가스 판매사업에서 선임하는 안전관리책임자

　㉢ 「도시가스사업법」에 따라 선임하는 안전관리책임자

　㉣ 교통안전관리자의 자격을 취득한 후 해당 분야에 채용된 교통안전관리자

　㉤ 화약류를 제조·판매 또는 저장하는 사업에서 같은 법 제27조 및 같은 법 시행령에 따라 화약류제조보안책임자 또는 화약류관리보안책임자

　㉥ 전기사업자가 선임하는 전기안전관리자

⑨ 전담 안전관리자를 두어야 하는 사업장에서 안전 관련 업무를 10년 이상 담당한 사람

⑩ 종합공사를 시공하는 업종의 건설현장에서 안전보건관리책임자로 10년 이상 재직한 사람

⑪ 토목·건축 분야 건설기술인 중 등급이 중급 이상인 사람으로서 고용노동부장관이 지정하는 기관이 실시하는 산업안전교육(2023년 12월 31일까지의 교육만 해당)을 이수하고 정해진 시험에 합격한 사람

⑫ 토목산업기사 또는 건축산업기사 이상의 자격을 취득한 후 해당 분야에서의 실무경력이 다음의 구분에 따른 기간 이상인 사람으로서 고용노동부장관이 지정하는 기관이 실시하는 산업안전교육(2023년 12월 31일까지의 교육만 해당)을 이수하고 정해진 시험에 합격한 사람

　㉠ 토목기사 또는 건축기사 : 3년

　㉡ 토목산업기사 또는 건축산업기사 : 5년

(8) 「산업안전보건법 시행령」 [별표 6] 보건관리자의 자격

보건관리자는 다음의 어느 하나에 해당하는 사람으로 한다.

① 산업보건지도사 자격을 가진 사람

② 의사

③ 간호사

④ 산업위생관리산업기사 또는 대기환경산업기사 이상의 자격을 취득한 사람

⑤ 인간공학기사 이상의 자격을 취득한 사람

⑥ 전문대학 이상의 학교에서 산업보건 또는 산업위생 분야의 학위를 취득한 사람

(9) 「산업안전보건법」 제107조(유해인자 허용기준의 준수)

사업주는 발암성 물질 등 근로자에게 중대한 건강장해를 유발할 우려가 있는 유해인자로서 대통령령으로 정하는 유해인자는 작업장 내의 그 노출 농도를 고용노동부령으로 정하는 허용기준 이하로 유지하여야 한다.

※ 대통령령으로 정하는 유해인자

    ① 6가크롬 화합물

    ② 납 및 그 무기화합물

    ③ 니켈 화합물(불용성 무기화합물 한정)

    ④ 니켈카르보닐

    ⑤ 디메틸포름아미드

    ⑥ 디클로로메탄

    ⑦ 1,2-디클로로프로판

    ⑧ 망간 및 그 무기화합물

    ⑨ 메탄올

    ⑩ 메틸렌 비스(페닐이소시아네이트)

    ⑪ 베릴륨 및 그 화합물

    ⑫ 벤젠

    ⑬ 1,3-부타디엔

    ⑭ 2-브로모프로판

    ⑮ 브롬화 메틸

    ⑯ 산화에틸렌

    ⑰ 석면(제조·사용하는 경우만 해당)

    ⑱ 수은 및 그 무기화합물

    ⑲ 스티렌

    ⑳ 시클로헥사논

    ㉑ 아닐린

    ㉒ 아크릴로니트릴

    ㉓ 암모니아

    ㉔ 염소

    ㉕ 염화비닐

    ㉖ 이황화탄소

    ㉗ 일산화탄소

㉘ 카드뮴 및 그 화합물

㉙ 코발트 및 그 무기화합물

㉚ 콜타르피치 휘발물

㉛ 톨루엔

㉜ 톨루엔-2,4-디이소시아네이트

㉝ 톨루엔-2,6-디이소시아네이트

㉞ 트리클로로메탄

㉟ 트리클로로에틸렌

㊱ 포름알데히드

㊲ n-헥산

㊳ 황산

(10) 「산업안전보건법」제15조(안전보건관리책임자)

① 사업주는 사업장을 실질적으로 총괄하여 관리하는 사람에게 해당 사업장의 다음 업무를 총괄하여 관리하도록 하여야 한다.

㉠ 사업장의 산업재해 예방계획의 수립에 관한 사항

㉡ 안전보건관리규정의 작성 및 변경에 관한 사항

㉢ 안전보건교육에 관한 사항

㉣ 작업환경측정 등 작업환경의 점검 및 개선에 관한 사항

㉤ 근로자의 건강진단 등 건강관리에 관한 사항

㉥ 산업재해의 원인 조사 및 재발 방지대책 수립에 관한 사항

㉦ 산업재해에 관한 통계의 기록 및 유지에 관한 사항

㉧ 안전장치 및 보호구 구입 시 적격품 여부 확인에 관한 사항

㉨ 그 밖에 근로자의 유해·위험 방지조치에 관한 사항으로서 고용노동부령으로 정하는 사항

② ①의 업무를 총괄하여 관리하는 사람(안전보건관리책임자)은 안전관리자와 보건관리자를 지휘·감독한다.

③ 안전보건관리책임자를 두어야 하는 사업의 종류와 사업장의 상시근로자 수, 그 밖에 필요한 사항은 대통령령으로 정한다.

※ 안전보건관리책임자를 두어야 하는 사업의 종류 및 사업장의 상시근로자 수

사업의 종류	사업장의 상시근로자 수
1. 토사석 광업 2. 식료품 제조업, 음료 제조업 3. 목재 및 나무제품 제조업 ; 가구 제외 4. 펄프, 종이 및 종이제품 제조업 5. 코크스, 연탄 및 석유정제품 제조업 6. 화학물질 및 화학제품 제조업; 의약품 제외 7. 의료용 물질 및 의약품 제조업 8. 고무 및 플라스틱제품 제조업 9. 비금속 광물제품 제조업 10. 1차 금속 제조업 11. 금속가공제품 제조업 ; 기계 및 가구 제외 12. 전자부품, 컴퓨터, 영상, 음향 및 통신장비 제조업 13. 의료, 정밀, 광학기기 및 시계 제조업 14. 전기장비 제조업 15. 기타 기계 및 장비 제조업 16. 자동차 및 트레일러 제조업 17. 기타 운송장비 제조업 18. 가구 제조업 19. 기타 제품 제조업 20. 서적, 잡지 및 기타 인쇄물 출판업 21. 해체, 선별 및 원료 재생업 22. 자동차 종합 수리업, 자동차 전문 수리업	상시 근로자 50명 이상
23. 농업 24. 어업 25. 소프트웨어 개발 및 공급업 26. 컴퓨터 프로그래밍, 시스템 통합 및 관리업 27. 정보서비스업 28. 금융 및 보험업 29. 임대업 ; 부동산 제외 30. 전문, 과학 및 기술 서비스업(연구개발업 제외) 31. 사업지원 서비스업 32. 사회복지 서비스업	상시 근로자 300명 이상
33. 건설업	공사금액 20억원 이상
34. 제1호부터 제33호까지의 사업을 제외한 사업	상시 근로자 100명 이상

(11) 「산업안전보건법」 제51조, 제52조(작업중지)

① 제51조(사업주의 작업중지) : 사업주는 산업재해가 발생할 급박한 위험이 있을 때에는 즉시 작업을 중지시키고 근로자를 작업장소에서 대피시키는 등 안전 및 보건에 관하여 필요한 조치를 하여야 한다.

② 제52조(근로자의 작업중지)

㉠ 근로자는 산업재해가 발생할 급박한 위험이 있는 경우에는 작업을 중지하고 대피할 수 있다.

㉡ ㉠에 따라 작업을 중지하고 대피한 근로자는 지체 없이 그 사실을 관리감독자 또는 그 밖에 부서의 장에게 보고하여야 한다.

ⓒ 관리감독자 등은 ⓛ에 따른 보고를 받으면 안전 및 보건에 관하여 필요한 조치를 하여야 한다.

ⓔ 사업주는 산업재해가 발생할 급박한 위험이 있다고 근로자가 믿을 만한 합리적인 이유가 있을 때에는 ⓘ에 따라 작업을 중지하고 대피한 근로자에 대하여 해고나 그 밖의 불리한 처우를 해서는 안 된다.

(12) 「산업안전보건법」 제141조(역학조사)

① 고용노동부장관은 직업성 질환의 진단 및 예방, 발생 원인의 규명을 위하여 필요하다고 인정할 때에는 근로자의 질환과 작업장의 유해요인의 상관관계에 관한 역학조사를 할 수 있다. 이 경우 사업주 또는 근로자대표, 그 밖에 고용노동부령으로 정하는 사람이 요구할 때 고용노동부령으로 정하는 바에 따라 역학조사에 참석하게 할 수 있다.

② 사업주 및 근로자는 고용노동부장관이 역학조사를 실시하는 경우 적극 협조하여야 하며, 정당한 사유 없이 역학조사를 거부·방해하거나 기피해서는 안 된다.

③ 누구든지 역학조사 참석이 허용된 사람의 역학조사 참석을 거부하거나 방해해서는 안 된다.

④ 역학조사에 참석하는 사람은 역학조사 참석과정에서 알게 된 비밀을 누설하거나 도용해서는 안 된다.

⑤ 고용노동부장관은 역학조사를 위하여 필요하면 근로자의 건강진단 결과, 요양급여기록 및 건강검진 결과, 고용정보, 질병정보 및 사망원인 정보 등을 관련 기관에 요청할 수 있다. 이 경우 자료의 제출을 요청받은 기관은 특별한 사유가 없으면 이에 따라야 한다.

(13) 「산업안전보건법 시행규칙」 제222조(역학조사의 대상 및 절차)

① 공단은 다음의 어느 하나에 해당하는 경우에는 역학조사를 할 수 있다.

ⓘ 작업환경측정 또는 건강진단의 실시 결과만으로 직업성 질환에 걸렸는지를 판단하기 곤란한 근로자의 질병에 대하여 사업주·근로자대표·보건관리자(보건관리전문기관을 포함한다) 또는 건강진단기관의 의사가 역학조사를 요청하는 경우

ⓛ 근로복지공단이 고용노동부장관이 정하는 바에 따라 업무상 질병 여부의 결정을 위하여 역학조사를 요청하는 경우

ⓒ 공단이 직업성 질환의 예방을 위하여 필요하다고 판단하여 역학조사평가위원회의 심의를 거친 경우

ⓔ 그 밖에 직업성 질환에 걸렸는지 여부로 사회적 물의를 일으킨 질병에 대하여 작업장 내 유해요인과의 연관성 규명이 필요한 경우 등으로서 지방고용노동관서의 장이 요청하는 경우

[화학물질의 분류 · 표시 및 물질안전보건자료에 관한 기준]

(1) 「화학물질의 분류 · 표시 및 물질안전보건자료에 관한 기준」 제10조(작성항목)

물질안전보건자료(MSDS) 작성 시 포함되어야 할 항목 및 그 순서는 다음에 따른다.

① 화학제품과 회사에 관한 정보

② 유해성 · 위험성

③ 구성성분의 명칭 및 함유량

④ 응급조치요령

⑤ 폭발 · 화재 시 대처방법

⑥ 누출사고 시 대처방법

⑦ 취급 및 저장방법

⑧ 노출방지 및 개인보호구

⑨ 물리화학적 특성

⑩ 안정성 및 반응성

⑪ 독성에 관한 정보

⑫ 환경에 미치는 영향

⑬ 폐기 시 주의사항

⑭ 운송에 필요한 정보

⑮ 법적 규제 현황

⑯ 그 밖의 참고사항

(2) 「산업안전보건법」 제114조(물질안전보건자료의 게시 및 교육)

① 물질안전보건자료대상물질을 취급하려는 사업주는 규정에 따라 제공받은 물질안전보건자료를 고용노동부령으로 정하는 방법에 따라 물질안전보건자료대상물질을 취급하는 작업장 내에 이를 취급하는 근로자가 쉽게 볼 수 있는 장소에 게시하거나 갖추어 두어야 한다.

② 사업주는 물질안전보건자료대상물질을 취급하는 작업공정별로 고용노동부령으로 정하는 바에 따라 물질안전보건자료대상물질의 관리 요령을 게시하여야 한다.

③ 사업주는 물질안전보건자료대상물질을 취급하는 근로자의 안전 및 보건을 위하여 고용노동부령으로 정하는 바에 따라 해당 근로자를 교육하는 등 적절한 조치를 하여야 한다.

(3) 「산업안전보건법 시행규칙」 [별표 6] 안전보건표지의 종류와 형태

1. 금지표지	101 출입금지	102 보행금지	103 차량통행금지	104 사용금지	105 탑승금지	106 금연
107 화기금지	108 물체이동금지	2. 경고표지	201 인화성물질 경고	202 산화성물질 경고	203 폭발성물질 경고	204 급성독성물질 경고
205 부식성물질 경고	206 방사성물질 경고	207 고압전기 경고	208 매달린 물체 경고	209 낙하물 경고	210 고온 경고	211 저온 경고
212 몸균형 상실 경고	213 레이저광선 경고	214 발암성·변이원성·생식독성·전신독성·호흡기 과민성 물질 경고	215 위험장소 경고	3. 지시표지	301 보안경 착용	302 방독마스크 착용
303 방진마스크 착용	304 보안면 착용	305 안전모 착용	306 귀마개 착용	307 안전화 착용	308 안전장갑 착용	309 안전복 착용

(4) 「산업안전보건법 시행규칙」 제3조(중대재해의 범위)

"고용노동부령으로 정하는 재해"란 다음의 어느 하나에 해당하는 재해를 말한다.

① 사망자가 1명 이상 발생한 재해

② 3개월 이상의 요양이 필요한 부상자가 동시에 2명 이상 발생한 재해

③ 부상자 또는 직업성 질병자가 동시에 10명 이상 발생한 재해

(5) 「산업안전보건법 시행령」 제89조(기관석면조사 대상)

① 건축물의 연면적 합계가 50m² 이상이면서, 그 건축물의 철거·해체하려는 부분의 면적 합계가 50m² 이상인 경우

② 주택(「건축법 시행령」 제2조 제12호에 따른 부속건축물을 포함. 이하 이 호에서 같다)의 연면적 합계가 200m² 이상이면서, 그 주택의 철거·해체하려는 부분의 면적 합계가 200m² 이상인 경우

③ 설비의 철거·해체하려는 부분에 다음 각 목의 어느 하나에 해당하는 자재(물질을 포함. 이하 같다)를 사용한 면적의 합이 15m² 이상 또는 그 부피의 합이 1m³ 이상인 경우

　　㉠ 단열재

　　㉡ 보온재

　　㉢ 분무재

　　㉣ 내화피복재(耐火被覆材)

　　㉤ 개스킷(Gasket : 누설방지재)

　　㉥ 패킹재(Packing material : 틈박이재)

　　㉦ 실링재(Sealing material : 액상 메움재)

　　㉧ 그 밖에 ㉠~㉦까지의 자재와 유사한 용도로 사용되는 자재로서 고용노동부장관이 정하여 고시하는 자재

④ 파이프 길이의 합이 80m 이상이면서, 그 파이프의 철거·해체하려는 부분의 보온재로 사용된 길이의 합이 80m 이상인 경우

[충격소음]

"충격소음작업"이란 소음이 1초 이상의 간격으로 발생하는 작업으로서 다음의 어느 하나에 해당하는 작업을 말한다.

① 120dB(A)을 초과하는 소음이 1일 1만회 이상 발생하는 작업

② 130dB(A)을 초과하는 소음이 1일 1천회 이상 발생하는 작업

③ 140dB(A)을 초과하는 소음이 1일 1백회 이상 발생하는 작업

[산업재해 통계지수]

1) 연천인율

연천인율은 1년간 평균 근로자 수에 대하여 평균 1,000명당 몇 건의 산업재해가 발생하였는가를 나타내는 것으로 각 산업 간의 비교방법으로 주로 사용된다.

$$\frac{\text{재해자수}}{\text{연평균 근로자수}} \times 1,000$$

2) 빈도율(도수율)

산업재해의 발생빈도를 말하고 연 노동시간 합계 1,000,000man-hour를 기준으로 산업재해의 발생 건수를 나타낸 것이다.

$$\frac{재해건수}{근로자수 \times 연간 근로시간} \times 1,000,000$$

3) 재해강도율

연 근로시간 1,000시간당 발생한 근로손실일 수를 나타낸 것으로 산업재해로 인한 근로손실을 나타내는 것이다.

$$\frac{근로손실일수}{연근로시간수} \times 1,000$$

4) 종합재해지수

빈도율과 강도율을 모두 고려한 지수이다. 부서별 안전경쟁제도를 실시할 때 안전성적의 기준으로 주로 사용된다.

$$(빈도율 \times 강도율)^{\frac{1}{2}}$$

[산업재해의 원인]

1) 직접 원인

① 불안전한 행위(인적 요인) : 위험장소에 접근하거나, 불안전한 기계의 조작, 불안전한 자세, 보호구의 잘못 착용 등 개인의 요인
② 불안전한 상태(물적 요인) : 안전보호장치의 결함, 작업환경의 결함 등 물적인 결함의 요인

2) 간접 원인

① 기술적 요인 : 점검, 정비 불량, 생산공정의 안전적 부적합
② 교육적 요인 : 안전지식 부족, 안전수칙 오해, 작업방법의 교육 불충분, 훈련의 미숙 등
③ 작업관리 요인 : 책임자의 책임감 부족, 부적절한 인사 배치, 안전기준 불명확, 안전수칙 미제정
④ 신체적 요인 : 피로, 청각이나 시각의 이상, 근육운동 부적합, 스트레스, 수면 부족 등
⑤ 정신적 요인 : 안전의식의 부족, 주의력 부족, 판단력 부족 또는 그릇된 판단

3) 산업재해 기본원인(4M)

Man(사람), Machine(기계, 설비), Media(작업환경, 방법), Management(관리)

【 산업재해의 분석 】

1) 하인리히 재해 발생비율

1 : 29 : 300의 비율로 산업재해가 발생한다는 것을 의미하며 1은 중상 또는 사망의 중대사고를 의미, 29는 경상해 또는 경미한 사고를 의미, 300은 무상해 사고를 의미한다. 따라서 300번의 무상해 사고가 일어날 경우 경상해가 일어난다는 의미로 해석할 수 있다.

2) 버드의 재해 발생비율

1 : 10 : 30 : 600의 비율로 산업재해가 발생한다는 것을 의미하며 1은 중상 또는 폐질, 10은 경상 또는 물적·인적 상해, 30은 무상해 사고, 600은 무상해·무사고·무손실의 위험 순간을 의미한다.

【 산업재해 대책 】

산업재해예방 4원칙

CHAPTER 02

작업위생 측정 및 평가

[유해인자의 단위]

① 소음 : dB(A)

② 입자상 물질 : mg/m^3

③ 가스상 물질 : ppm

④ 석면 : 개/cm^3

⑤ 고열 : 습구흑구온도지수, ℃

[작업환경측정 횟수]

① 작업환경측정대상이 된 때부터 30일 이내에 실시하고 매 6개월에 1회 이상 실시

② 고용노동부장관 고시 화학적 인자의 측정치가 노출기준을 초과하는 경우, 고용노동부장관 고시하지 않은 화학적 인자의 측정치가 노출기준을 2배 이상 초과하는 경우에는 측정일로부터 3개월에 1회 이상 실시

③ 최근 1년간 그 작업공정에서 공정설비나 작업방법의 변경, 설비 이전, 화학물질의 변경 등 측정결과에 영향을 주는 변화가 없는 경우 소음이 2회 연속 85dB 미만, 소음 외 다른 모든 인자가 최근 2회 연속 노출기준 미만일 경우 작업환경측정을 연 1회 이상 실시

[시료채취시간]

1) 독성물질에 따른 시료채취시간 결정

① 급성독성물질 : 단시간(15분) 측정

② 만성독성물질 : 장시간(8시간) 측정

2) 분석능력에 따른 시료채취시간 결정

① 분석기기의 최저정량한계에 따른 결정 : 최소 시료채취량 $= \dfrac{정량한계}{추정농도(과거농도)}$

② 공기 중의 예상 농도에 따른 결정

③ 채취유량에 따른 결정

3) 시료채취시간 중 제외해야 하는 시간

작업중지 중(휴식 중), 작업개시 후 1시간 이내

[작업환경측정의 흐름]

예비조사

⇩

위험성 평가에 의한 측정전략수립(sampling strategy)

⇩

측정기구의 보정(precalibration)

⇩

시료채취(또는 모니터링)

⇩

측정기구의 보정(postcalibration)

⇩

시료의 운반 및 실험실 제출(화학적·생물학적 인자)

⇩

분석 및 자료처리

⇩

노출평가(evaluation)

[시료채취방법]

1) 장시간 시료채취방법

(1) 전 작업시간 단일 시료채취

전 작업시간의 누적치를 채취하는 방식으로 기간별 농도변화를 알 수 없으며, 흡착제의 파과, 입자상 물질의 과부하로 인한 오차를 발생시킬 수 있다.

(2) 전 작업시간 동안의 연속 시료채취

전 작업시간동안 여러 개의 시료를 나누어서 측정하는 방식으로 농도의 변화와 영향을 알 수 있다. 공기 중 오염물질의 농도가 낮을 때, 시간가중평균치를 구하고자 할 때 연속 시료채취방법을 사용한다.

(3) 부분 작업시간 동안의 연속 시료채취

측정되지 않은 시간의 농도를 특정하기 어렵다.

2) 단시간 시료채취방법

작업시간 중 무작위로 선택한 시간 중 단시간 동안 측정하는 방법이다.

① 밀폐공간 출입 전 위험성 여부를 측정하거나 장시간 시료채취방법을 정확하게 하기 위한 용도로 사용한다.

② 작업의 특성상 장시간 측정이 제한될 경우 사용할 수 있다.

※ 시료채취근로자 수는 기본 2명이고 단위작업근로자 수가 1명인 경우에는 1명만 시료채취한다. 동일작업근로자 수가 10명을 초과할 경우, 매 5명당 1명씩 추가하여 측정하고 동일작업근로자 수가 100명을 초과할 경우, 최대 시료채취근로자 수를 20명으로 조정할 수 있다.

[작업환경측정의 종류]

1) 개인시료

가스, 증기, 흄, 미스트 등을 개인시료채취기를 이용하여 근로자 호흡 위치에서 채취하며, 작업환경측정은 개인시료채취를 원칙으로 한다. 개인시료채취는 노출기준 평가 시 이용한다.

2) 지역시료

개인시료의 보조 시료로서 개인시료채취가 곤란한 경우에 한하여 채취할 수 있다. 유해물질의 오염원이 확실하지 않거나 환기시설의 성능을 평가할 때, 개인시료채취가 곤란할 때, 공정의 주기별 농도변화를 확인할 때에 사용한다.

[공기시료 채취 시 공기유량의 표준기구(보정기구)]

1) 1차 표준기구

1차 유량보정장치로 물리적 차원인 공간의 부피를 직접 측정할 수 있는 기구를 말한다.

펌프의 유량을 보정하는 데 1차 표준으로 비누거품 미터가 널리 사용된다.

2) 2차 표준기구

2차 유량보정장치로 공간의 부피를 직접적으로 알 수 없으며, 유량과 비례관계가 있는 유속, 압력을 측정하여 유량으로 환산하는 방식이다. 공기 채취기구의 채취유량은 LPM으로 나타내며 비누거품이 지나간 용량에 소요되는 시간을 나누어준 값을 pump의 채취유량이라 한다.

$$채취유량(\text{L/min}) = \frac{비누거품이\ 통과한\ 유량(\text{L})}{비누거품이\ 통과한\ 시간(\text{min})}$$

저유량 펌프는 0.001~0.2L/min의 유량 범위를 가지며, 흡착관을 이용한 가스나 증기를 채취할 때 사용하고 고유량 펌프는 0.5~5L/min의 유량 범위를 가지며, 주로 여과지를 이용한 입자상 물질의 채취에 사용한다. 1차 표준기구로 다시 보정하여야 한다. 습식 테스트 미터는 실험실에서 주로 사용하고 건식 가스미터는 주로 현장에서 사용한다.

1차 표준기구	2차 표준기구
비누거품미터	로터미터
폐활량계	습식 테스트미터
가스치환병	건식 가스미터
유리피스톤미터	오리피스 미터
흑연피스톤미터	열선 기류계
피토튜브	–

[용기의 종류]

1) 밀폐용기

취급 또는 저장하는 동안에 이물이 들어가거나 내용물이 손실되지 않도록 보호하는 용기를 말한다.

2) 기밀용기

취급 또는 저장하는 동안에 밖으로부터 공기 및 다른 가스가 침입하지 않도록 내용물을 보호하는 용기를 말한다.

3) 밀봉용기

취급 또는 저장하는 동안에 기체나 미생물이 침입하지 않도록 내용물을 보호하는 용기를 말한다.

[가스상 물질 시료채취방법]

1) 흡착

흡착은 공기 중 오염물질을 흡착제에 흡착시킨 후 다시 탈착시켜 오염물질을 분석하는 방법으로 가장 많이 사용하는 방식은 고체흡착관을 이용한 방법이다. 가스상 물질을 흡착하여 시료채취할 경우 파과를 주의하여야 하며 파과란 흡착제가 흡착시킬 수 있는 오염물질의 양을 초과하는 경우 오염물질이 흡착되지 못하는 현상을 말한다. 일반적으로 흡착관을 직렬로 연결하였을 때 후단에 있는 흡착관에 전단의 오염물질이 10% 이상 검출될 경우 측정결과로 사용할 수 없다.

- 흡착관의 종류 및 특성
  - 활성탄관 : 비극성 유기용제 포집에 적합, 탈착용매로 이황화탄소가 주로 사용되며 GC로 미량분석이 가능하다.
  - 실리카겔관 : 실리카겔은 극성 물질을 강하게 흡착하므로 습도가 높을수록 파과되기 쉽다. 극성류의 유기용제, 아민류, 니트로벤젠류, 페놀류, 메탄올 등을 흡착하기 적합하다.
  - 다공성중합체 : 아주 적은 양도 흡착제로부터 효율적으로 탈착이 가능하다. 고온에서 안정하여 열탈착이 가능하다. 반응성이 강한 기체가 존재할 경우 화학적으로 변할 수 있다.

2) 흡수

① 흡수액을 이용한 방법은 흡수관을 이용 또는 임핀저나 버블러에 흡수액을 첨가하여 채취하는 방법이다.

② 운반이 불편하고, 임핀저 등이 깨질 우려 근로자 부착 시 흡수액의 누수 등의 문제로 점차 사용을 안 하는 추세이다.

③ 휘발성이 큰 물질을 흡수액으로 사용할 경우 계속해서 손실액을 보충해 주어야 한다.

[검지관 측정법]

검지관은 작업환경 중 오염된 공기를 검지관에 통과시켜 검지관 내 검지제와의 작용으로 검지제가 변색되는 것을 이용하여 오염물질의 농도를 측정하는 직독식 측정방법이다.

검지관 방식으로 측정하는 경우에는 1일 작업시간 동안 1시간 간격으로 6회 이상 측정하되 측정시간마다 2회 이상 반복 측정하며 평균값을 산출하여야 한다.

1) 장점

① 사용이 간편하다.

② 반응시간이 빠르고 비전문가도 어느 정도 숙지하면 사용할 수 있다.

③ 맨홀과 같은 안전문제가 있는 밀폐공간에서 사용하기 유용하다.

④ 빠른 측정이 요구될 때 사용한다.

2) 단점

① 민감도가 낮아 비교적 고농도에서만 적용할 수 있고 낮은 농도를 검출할 수 없다.

② 단시간 동안의 농도만 측정이 가능하다.

③ 다른 방해물질의 영향을 받기 쉽고 오차가 큰 편이다.

④ 색 변화에 따른 주관적으로 값을 읽기 때문에 판독자에 따라 읽는 값이 다를 수 있고 색 변화가 시간에 따라 변하므로 정확한 값을 알기 어렵다. 미리 측정대상을 알고 있어야 측정이 가능하다.

3) 검지관의 공기흡입 펌프 종류

① 피스톤식

② 주름식

③ 구형

[입자상 물질의 시료채취]

1) 입자상 물질의 직경

(1) 물리적 직경

① 마틴직경 : 먼지의 면적을 2등분하는 선의 길이

② 페렛직경 : 먼지의 한쪽 끝 가장자리와 다른 쪽 가장자리 사이의 거리

③ 등면적 직경 : 먼지의 면적과 동일한 면적을 가진 원의 직경

(2) 가상직경

① 공기역학적 직경 : 침강속도가 같고 단위밀도가 $1g/cm^3$이며, 구형인 먼지의 직경으로 환산된 직경, 침강속도에 의하여 측정되는 입자의 크기

    ㉠ 스토크에 의한 침강속도

$$V(cm/sec) = \frac{d^2 \cdot (\rho_p - \rho_g) \cdot g}{18\mu}$$

    ㉡ Lippman에 의한 침강속도

$$V(cm/sec) = 0.003 \times \rho_p \times d^2$$

    여기서, ρ_p : 입자의 밀도

              ρ_g : 공기의 밀도($0.0012g/cm^2$)

              g : 중력가속도($9.8m/sec^2$)

              μ : 공기점성계수($20°C$, $1.81 \times 10^{-4} g/cm \cdot sec$)

② 질량중위직경 : 입자 크기별로 농도를 측정하여 50%의 누적분포에 해당하는 입자의 크기

※ 마틴직경이나 페렛직경의 경우 과대 또는 과소평가될 우려가 많은 직경이다.

2) 입자상 물질의 포집 원리

직접 차단, 관성충돌, 확산, 중력 침강, 정전기 침강, 체거름

① 입경 0.1μm 미만 : 확산

② 입경 0.1~0.5μm : 확산, 간섭

③ 입경 0.5μm 이상 : 충돌, 간섭

3) 시료채취

(1) 여과지의 구비조건

① 포집대상 입자의 입도에 대하여 포집효율이 높을 것

② 압력손실이 적을 것

③ 내구도가 강할 것

④ 각각 여과지마다 가능한 무게의 균형이 균일할 것

⑤ 흡습률이 낮을 것

⑥ 측정대상 물질의 분석상 방해되거나 대상물질을 함유하지 않을 것

(2) 막여과지의 종류

셀룰로오스에스테르, PVC, 니트로아크릴 등의 중합체를 일정한 조건에서 침착시켜 만든 다공성의 막 형태

[직경분립충돌기]

cascade impactor, 입경분립충돌기로 불리며, 입자의 질량 크기 분포를 얻을 수 있다는 장점이 있다. 호흡기의 부분별로 침착된 입자 크기의 자료를 추정할 수 있다. 단점은 시료채취가 까다롭고, 비용이 많이 들며, 채취준비시간이 길다. 되튐 현상이 발생하거나 유도한 유입 방향이 아닌 곳에서 공기가 유입되는 현상이 발생할 수 있어 분석 결과가 과소평가 될 수 있다.

[작업위생 측정 및 평가의 법칙 정리]

1) 보일의 법칙

온도가 일정할 때 기체의 부피는 압력에 반비례한다.

2) 샤를의 법칙

압력이 일정할 때 기체의 부피는 절대온도에 비례한다.

3) 게이–뤼삭의 법칙

샤를의 법칙을 포함하고 있으며, 기체가 화학반응을 하여 다른 기체로 될 때 각 기체의 부피는 간단한 정수비를 나타낸다.

4) 라울의 법칙

여러 성분이 있는 용액에서 증기가 발생하면, 증기의 각 성분의 부분압은 용액의 분압과 비례한다.

5) 비어–램버트 법칙

물질들이 빛의 흡수과정에서 입사광과 투과광의 강도의 비율은 그 물질의 성질에 따라 비례한다는 것을 보여주는 법칙이다.

[측정 및 평가의 정도보증 및 정도관리]

정도관리란 측정결과의 정확도와 정밀도를 보증 및 관리하는 것을 말한다.

1) 정확도, 정밀도의 의미

정확도는 분석치가 얼마나 참값에 가까운지를 나타내는 정도이고 정밀도는 반복 측정, 분석하였을 때 결과의 변동의 폭이 얼마나 큰지에 대해 나타내는 정도이다.

정확도 높음
정밀도 높음

정확도 낮음
정밀도 높음

정확도 높음
정밀도 낮음

정확도 낮음
정밀도 낮음

반복 측정 분석하였을 때 결과의 변동폭은 표준편차로 나타낼 수 있으며 방법검출한계, 정량한계는 표준편차와 밀접한 관계를 갖는다.

$$표준편차(s) = \sqrt{\frac{1}{n}\sum_{i=1}^{n}(x_i - \overline{x})^2}$$

2) 검출한계

검출한계는 zero로부터 분명하게 구분될 수 있는 매질 중 분석물질의 농도 또는 양을 말한다.

방법검출한계는 시료를 반복분석하여 얻은 값의 표준편차에 자유도 $n-1$의 t 분포도 값을 곱하여 계산한다.

3) 정량한계

분석기기가 정량할 수 있는 가장 적은 농도 또는 양을 말한다.

정량한계는 반복된 측정값들의 표준편차의 10배로 계산한다.

4) 변이계수(CV)

통계집단의 측정값들에 대한 균일성, 정밀도 정도를 표현하는 값이다. 변이계수가 작을수록 자료들이 평균 주위에 가깝게 분포한다는 것을 의미한다.

$$변이계수(CV) = \frac{표준편차}{산술평균} \times 100$$

5) 회수율

시료채취에 사용하지 않은 동일한 매질에 첨가된 양과 분석량의 비로 나타낸다.

$$회수율 = \frac{분석량}{첨가량} \times 100$$

[평균]

1) 산술평균

측정값들을 더하고 측정값의 개수로 나눈 평균값

$$\frac{X_1 + X_2 + X_3 + \cdots + X_n}{N}$$

2) 가중평균

빈도를 가중치를 고려하여 평균값을 계산한 값

$$\frac{X_1 N_1 + X_2 N_2 + \cdots + X_n N_k}{N_1 + N_2 + \cdots + N_k}$$

3) 기하평균

측정값들의 곱을 제곱근한 값

$$GM = \sqrt{X_1 \times X_2 \times \cdots \times X_n}$$

4) 중앙값

측정값을 모두 나열하였을 때 중앙에 위치하는 측정값

5) 최빈값

측정값 중 빈도가 가장 큰 값

[오차]

측정값과 참값 사이의 차이를 오차라고 하며 모든 측정값은 오차를 수반하게 된다.

오차는 바로 잡을 수 있으며 규칙성이 있는 계통오차, 완전히 불규칙한 우연오차(우발오차)로 구분한다.

1) 계통오차

농도를 알고 있는 인증표준물질 등을 분석함으로써 확인할 수 있으며 다른 분석방법과의 비교를 통하여 오차가 생길 수 있는 부분을 파악할 수 있다.

2) 우발오차

오차 원인 규명이 어렵고 오차를 보정하기도 어렵다.

① 상대오차 $= \dfrac{\text{근사값} - \text{참값}}{\text{참값}}$

② 누적오차$(E_c) = \sqrt{E_1^2 + E_2^2 + \cdots + E_n^2}$

[변이계수(CV)]

변이계수는 표준편차를 산술평균으로 나눈 값을 퍼센트로 나타낸 값으로 분석값의 정밀도를 나타내는 값이다.

[고열측정]

1) 측정기기

고열은 습구흑구온도지수(WBGT)를 측정할 수 있는 기기 또는 이와 동등 이상의 성능을 가진 기기를 사용한다.

2) 측정방법

① 측정은 단위작업장소에서 측정대상이 되는 근로자의 주작업위치에서 측정한다.

② 측정기의 위치는 바닥면으로부터 50cm 이상, 150cm 이하의 위치에서 측정한다.

③ 측정기를 설치한 후 충분히 안정화시킨 상태에서 1일 작업시간 중 가장 높은 고열에 노출되는 시간을 10분 간격으로 연속하여 측정한다.

3) 습구흑구온도지수의 계산

① 옥외(태양광선이 내리쬐는 장소)

$$WBGT(℃) = 0.7 \times 자연습구온도 + 0.2 \times 흑구온도 + 0.1 \times 건구온도$$

② 옥내(태양광선이 내리쬐지 않는 장소)

$$WBGT(℃) = 0.7 \times 자연습구온도 + 0.3 \times 흑구온도$$

4) 고열장애

① **열피로** : 수분이나 염분이 결핍되어 발생한다. 적절히 치료하지 않으면 열사병으로 진행된다.

② **열경련** : 고온 환경에서 고된 육체적인 작업을 하면서 땀을 많이 흘릴 때 신체의 염분손실을 충당하지 못할 경우 발생한다.

③ **열사병** : 신체 내부의 체온조절 계통의 기능이 상실되어 발생한다.

④ **열허탈** : 고열작업에 순환되지 못해 말초혈관이 확장되고, 신체 말단에 혈액이 과다하게 저류되어 뇌의 산소 부족이 일어난다.

⑤ **열소모** : 과다발한으로 수분, 염분손실에 의해 나타나며, 두통, 구역감, 현기증이 나타난다.

⑥ **열발진** : 땀띠라고 불려지는 열에 의한 피부발진이 나타난다.

[허용농도와 노출]

1) 노출지수(EI)

혼합물질의 노출지수의 계산

$$노출지수(\text{EI}) = \frac{C_1}{TLV_1} + \frac{C_2}{TLV_2} + \cdots + \frac{C_n}{TLV_n}$$

2) 체내흡수량

근로자가 일정 시간동안 일정 농도의 유해물질에 노출될 때 체내에 흡수되는 유해물질의 양

체내흡수량 = 공기 중 유해물질의 농도 × 노출시간 × 폐환기율(호흡율) × 체내잔류율

3) 혼합물의 허용농도

$$혼합물의 \; 허용농도 = \frac{1}{\dfrac{f_a}{TLV_a} + \dfrac{f_b}{TLV_b} + \dfrac{f_c}{TLV_c}}$$

여기서, f_a, f_b, f_c : 혼합물질 내 각 성분의 중량구성비(%)

[소음의 측정]

1) 측정방법

① 측정에 사용되는 소음계는 누적소음 노출량 측정기, 적분형 소음계 또는 이와 동등 이상의 성능이 있는 것으로 하되 개인시료채취방법이 불가능한 경우에는 지시소음계를 사용할 수 있으며, 발생시간을 고려한 등가소음 레벨방법으로 측정하여야 한다. 다만, 소음 발생 간격이 1초 미만을 유지하면서 계속적으로 발생되는 소음을 지시소음계 또는 이와 동등 이상의 성능이 있는 기기로 측정할 경우에는 그러지 아니할 수 있다.

② 소음계의 청감보정회로는 A 특성으로 행하여야 한다.

2) 측정위치

① **개인시료채취방법** : 개인시료채취방법으로 작업환경측정을 하는 경우에는 작업근로자의 귀 위치에 소음측정기의 센서 부분을 장착하여야 한다.

② **지역시료채취방법** : 지역시료채취방법으로 작업환경측정을 하는 경우에는 측정대상이 되는 근로자의 주작업 행동 범위의 작업근로자 귀 높이에 소음측정기를 설치하여야 한다.

3) 측정시간

① 단위작업장소에서 소음 수준은 규정된 측정위치 및 지점에서 1일 작업시간 동안 6시간 이상 연속 측정하거나 작업시간을 1시간 간격으로 나누어 6회 이상 측정하여야 한다.

다만, 소음의 발생특성이 연속음으로서 측정치가 변동이 없다고 자격자 또는 지정측정기관이 판단한 경우에는 1시간 동안을 등간격으로 나누어 3회 이상 측정할 수 있다.

② 단위작업장소에서의 소음 발생시간이 6시간 이내인 경우나 소음 발생원에서의 발생시간이 간헐적인 경우에는 발생시간 동안 연속측정하거나 등간격으로 나누어 4회 이상 측정하여야 한다.

4) 충격소음

충격소음은 최대음압수준이 120dB(A) 이상의 소음이 1초 이상의 간격으로 발생하는 소음을 말한다.

① 충격소음의 노출기준

1일 노출횟수	충격소음의 강도 dB(A)
100	140
1,000	130
10,000	120

※ 최대 음압수준이 140dB(A)를 초과하는 충격소음에 노출되어서는 안 됨

5) 배경소음

소음원 외의 다른 모든 소음원에서 발생되는 소음, 한 장소에 있어서의 특정의 음을 대상으로 생각할 경우 대상소음이 없을 때 그 장소의 소음을 말한다.

6) 소음 수준평가

① 1일 작업시간 동안 연속 측정하거나 작업시간을 1시간 간격으로 나누어 6회 이상 소음 수준을 측정한 경우에는 이를 평균하여 8시간 작업 시의 평균소음 수준으로 한다.

② 지시소음계로 측정하여 등가소음 레벨방법을 적용할 경우에는 다음의 식에 따라 산출한 값을 기준으로 평가하여야 한다.

$$[dB(A)] = 16.61\log\frac{n_1 \times 10^{\frac{LA_1}{16.61}} + n_2 \times 10^{\frac{LA_2}{16.61}} + n_N \times 10^{\frac{LA_N}{16.61}}}{\text{각 소음레벨 측정치의 발생시간 합}}$$

여기서, LA : 각 소음 레벨의 측정치
n : 각 소음 레벨측정치의 발생시간

③ 1일 작업시간이 8시간을 초과하는 경우에는 다음 계산식에 따라 보정노출기준을 산출한 후 측정치와 비교하여 평가하여야 한다.

$$\text{소음의 보정노출기준[dB(A)]} = 16.61\log\left(\frac{100}{12.5 \times h}\right) + 90$$

7) 합성소음도

$$L = 10\log\left(10^{\frac{L_1}{10}} + 10^{\frac{L_2}{10}} + \cdots + 10^{\frac{L_n}{10}}\right)$$

[소음의 저감량]

소음의 저감량(NR) 계산

$$\text{NR(저감량)} = 10\log\left(\frac{\text{대책 전 흡음력} + \text{부가된 흡음력}}{\text{대책 전 흡음력}}\right)$$

CHAPTER 03

작업환경 관리대책

[유체의 성질]

공기는 온도, 압력에 따라 부피가 변하면서 밀도와 비중이 변하므로 표준상태로 변환하여 계산하여야 한다. 기체는 보일-샤를의 법칙에 의하여 부피가 변한다.

1) 기체의 분압

혼합기체의 압력은 각 성분의 분압의 합이며 혼합기체의 각 성분의 분압은 전체 압력에 각 성분의 몰분율을 곱한 것과 같다.

2) 유효비중

$$유효비중 = \frac{공기의\ 비중 \times 공기의\ 농도(ppm) + 대상물질의\ 비중 \times 대상물질의\ 농도(ppm)}{10^6}$$

3) 환기시설 내 기류가 유체역학적 원리에 따르기 위한 전제조건

① 환기시설 내외의 열교환은 무시(열전달 효과 무시)

② 공기의 압축이나 팽창은 무시(압축 효과 무시)

③ 공기는 건조하다고 가정

④ 배기 공기 중 오염물질의 중량과 부피는 무시(공기에 비하여 미량일 경우)

[산업환기]

1) 환기 원리

(1) 환기의 목적

유해물질의 농도를 감소시켜 근로자들의 건강을 유지, 증진시키고 작업생산능률을 향상시키는 것이 가장 큰 목적이다. 화재나 폭발 등의 산업재해를 예방하고 작업장 내부의 온도와 습도를 조절하는 목적이다.

(2) 환기시설 유체역학적 원리에 따르기 위한 전제조건

① 열전달 효과 무시

② 압축 효과 무시

③ 공기는 건조하다고 가정

④ 배기 공기 중 오염물질의 중량과 부피는 무시

2) 전체환기

① 다량의 신선한 공기를 외부로부터 자연적 또는 기계적인 방법에 의해 작업장 내로 유입시켜 작업장 내에서 오염물질의 농도를 낮추는 환기방식이다.

② 발생오염물질 독성이 낮은 경우에 설치하고, 가급적 증기나 가스 형태인 오염물질에 적용하고 오염물질이 넓게 퍼져 있는 공정에 적용한다.

③ 필요 환기량은 오염물질이 충분히 희석될 수 있는 양으로 설계한다.

④ 오염물질이 발생하는 가장 가까운 위치에 배기구를 설치하여야 한다.

⑤ 오염원 주위에 근로자의 작업공간이 존재할 경우 배기를 급기보다 많이 하여야 한다(음압유지).

⑥ 희석을 위한 공기가 급기구를 통하여 들어와서 오염물질이 있는 영역을 통과하여 배기구로 빠져나가도록 설계해야 한다.

3) 국소배기

① 국소배기장치는 전체환기와 상반되는 환기 방식으로 오염물질이 넓게 퍼지지 않고 비교적 좁은 공간에 높은 농도로 존재할 때 국소배기장치를 사용하여 환기한다.

② 국소배기장치를 설치할 때 덕트 길이는 짧게 하고 골곡부의 수를 적게 하여 압력손실을 최소화한다.

③ 국소배기장치 배기구는 외기로 향하도록 개방한다.

④ 국소배기시설은 후드를 통해 유입되고 덕트를 통해 공기정화기로 유입되고 송풍기를 거쳐 배출된다.

4) 강제환기

① 기계적인 힘을 이용한 송풍기를 사용하여 강제로 환기하는 방식으로 송풍기의 용량 조절이 가능하여 작업환경을 일정하게 유지할 수 있다.

② 송풍를 가동하면서 소음이나 진동이 발생하고 가동에 따른 에너지비용이 많이 소요된다.

※ 강제환기 시설의 기본원칙

- 오염물질 사용량을 조사하여 필요환기량을 계산한다.
- 배출공기를 보충하기 위하여 청정공기를 공급한다.
- 오염물질배출구는 가능한 오염원으로부터 가까운 곳에 설치하여 점환기 효과를 얻는다.
- 공기배출구와 근로자 작업 위치 사이에 오염원을 위치하도록 한다.
- 배출된 공기가 재유입되지 못하게 배출구 높이를 적절히 설계하고 창문이나 문 근처에 위치하지 않도록 한다.
- 오염된 공기는 작업자가 호흡하기 전에 충분히 희석한다.

- 오염물질 발생은 가능하면 비교적 일정한 속도로 유출되도록 조정한다.
- 내 압력을 경우에 따라 양압이나 음압으로 조정한다.

5) 자연환기

① 강제환기와 상반되는 환기 방식으로 동력을 사용하지 않고 온도와 압력 차이, 부력이나 바람에 의한 풍력을 이용하는 것이다.

② 소음, 진동이 발생하지 않고 운전비가 필요 없으므로 적당한 온도 차와 바람이 있으면 강제환기보다 효과적이나 기상조건이나 작업장 내부조건 등에 따라 환기량의 변화가 심하다는 단점이 있다.

[국소배기에 필요한 제어속도 범위]

(단위 : m/sec)

작업조건	작업공정사례	제어속도 범위
움직이지 않는 공기 중으로 속도 없이 배출됨	탱크에서 증발, 탈지	0.25~0.5
약간의 공기 움직임이 있고 낮은 속도로 배출됨	스프레이 도장, 용접, 도금 저속 컨베이어 운반	0.50~1.00
발생기류가 높고 유해물질이 활발하게 발생함	스프레이 도장, 용기충진, 컨베이어 적재, 분쇄기	1.00~2.50
고속기류 내로 높은 초기 속도로 배출됨	회전연삭, 블라스팅	2.50~10.00

[후드]

국소배기장치에서 유해물질을 배출시킬 때 한 곳으로 포집하는 부분을 말한다. 후드를 설치할 때 작업공정, 오염물질의 특성과 발생특성, 작업공간의 크기를 고려하여 설치하여야 한다.

1) 후드의 종류

방식	형태	특징
포위식	포위형, 장갑부착형	후드 형태 중 유해가스를 격리시킬 수 있는 가장 효과적인 구조이다. 작업공정 내부가 음압이 형성되므로 독성이 강한 가스, 발암성 물질 등 완벽한 격리가 필요한 공정에 사용한다.
부스식	드래프트 챔버형, 건축부스형	부스식 후드는 포위식보다는 개방되어 있는 구조이나 포위식의 일부로 구분되는 구조이다.
외부식	슬롯형(슬로트형), 루버형, 그리드형, 원형 또는 장방형	비교적 독성이 강하지 않거나 후드가 작업에 방해되는 경우 외부식으로 일반적으로 많이 사용하는 후드이다. 슬로트 후드의 슬로트는 공기가 균일하게 흐르도록 하고 제어풍속에 영향을 받지 않는다.
레시버식	캐노피형, 원형, 장방형, 포위형	유해가스의 운동량이나 열에너지를 가지고 자체적으로 발생하면 발생되는 방향 쪽에 후드를 설치하여 적은 풍량으로 유해가스를 격리하는 방식이다.
푸시-풀 후드		오염물질 발생원의 개방면적이 큰 작업공정에서 주로 많이 적용하고 기류를 불어주고 당겨주는 장치로 구성되어 있다. 공정에서 작업물체를 처리조에 넣거나 꺼내는 중에 공기막이 파괴되어 오염물질이 발생한다. 제어속도는 푸시 제트기류에 의해 발생한다.

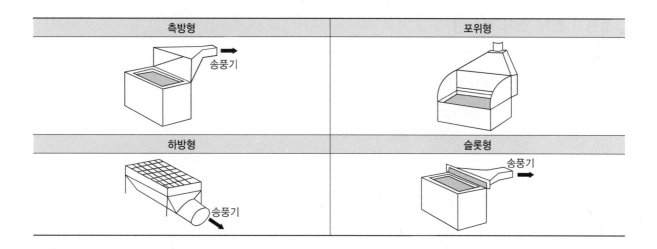

측방형	포위형
송풍기	
하방형	슬롯형
송풍기	송풍기

2) 후드의 압력손실계수($\triangle P$)

$$\triangle P = 유입손실계수 \times 속도압 = F \times VP$$

$$여기서, \ 유입손실계수 = \frac{1 - 유입계수^2}{유입계수^2}$$

3) 외부식 후드의 필요 송풍량 계산(Della Valle식)

$$Q = 60 \times V_c(10X^2 + A)$$

4) 제어속도(포착속도)

후드 근처에서 발생하는 유해가스를 주변의 방해기류를 무시하고 후드 안쪽으로 흡인하기 위한 속도를 말한다. 제어속도는 유해가스의 확산 상태, 유해물질의 확산 거리, 후드의 형식, 작업장 내 방해기류, 유해물질의 사용량 및 독성을 고려하여 결정한다.

[덕트의 압력손실]

공기가 덕트면과 접촉에 의한 마찰에 의해 발생한다. 압력손실은 덕트의 길이, 공기의 밀도, 유속에 비례하고 덕트의 직경에 반비례한다. 따라서 덕트의 길이는 가능하면 짧게 하고 굴곡부의 수는 적게 접속부의 안쪽은 돌출된 부분이 없도록 매끄러운 것이 유리하며 덕트 내부에 오염물질이 쌓이지 않도록 이송속도를 유지하여야 한다.

1) 덕트의 압력손실에 미치는 영향인자

공기속도, 덕트면의 성질, 덕트직경, 공기밀도, 공기점도, 덕트의 형상

[송풍기 법칙, 상사 법칙]

1) 송풍기의 크기가 같고, 공기의 비중이 일정할 때
① 풍량은 회전속도 비의 비례
② 풍압은 회전속도 비의 제곱에 비례
③ 동력은 회전속도 비의 세제곱에 비례

2) 송풍기 회전수, 공기의 중량이 일정할 때
① 풍량은 송풍기 크기의 세제곱에 비례
② 풍압은 송풍기 크기의 제곱에 비례
③ 동력은 송풍기 크기의 오제곱에 비례

3) 송풍기 회전수와 송풍기 크기가 같을 때
① 풍량은 비중의 변화에 무관
② 풍압과 동력은 비중에 비례, 절대온도에 반비례

[송풍기]

국소배기장치에서 동력을 만들어내는 부분을 말한다.

축 방향으로 흘러들어온 공기가 반지름 방향으로 흐를 때 생기는 원심력을 이용한 원심력 송풍기, 원통형으로 되어 프로펠러를 따라 직선 방향으로 유체를 이동시키는 축류 송풍기로 나눌 수 있다.

1) 원심력 송풍기

크게 다익형(전곡 날개형), 평판형(방사 날개형), 터보형(후곡 날개형)으로 나누며 흡인 방향과 배출 방향이 수직이다. 효율은 터보송풍기 > 평판송풍기 > 다익송풍기 순서이다.

① 다익형 : 가장 소형으로 제한된 장소에 사용이 가능하고, 설계가 간단하며 저가로 제작이 가능하지만 효율이 낮고 큰 동력의 용도에 적합하지 않다.

② 평판형 : 습식집진기에 적합한 구조이고 고농도의 함진가스나 마모성이 강한 분진 이송용으로 사용된다. 다익형보다 압력이 높지만 효율도 높다. 깃의 구조가 분진을 자체 정화할 수 있는 구조이다.

③ 터보형 : 송풍량이 증가해도 동력이 증가하지 않는 장점을 가지고 있다. 고농도 함진가스를 이송시킬 경우 분진이 쌓이게 되어 집진기 후단에 설치하여야 한다.

2) 축류 송풍기

축 방향의 흐름이기 때문에 덕트에 바로 삽입할 수 있으며 전동기와 직결할 수 있다. 일반적으로 풍압이 낮아서 압력손실이 큰 시스템에서는 소음이 크게 생길 수 있다.

3) 송풍기의 풍량조절방법

① 회전수 조절법 : 풍량을 크게 바꾸려고 할 때 가장 적절한 방법이다.

② 안내익 조절법 : 터보팬에 적용하는 방법으로 방사상 블레이드를 부착하여 각도를 조절하는 방법이다.

③ 댐퍼 부착법 : 댐퍼를 부착하여 사용하지 않는 후드를 막아 다른 필요한 곳으로 압력을 조절하는 방법이다.

[환기 관련 계산]

$$밀도 = \frac{질량}{부피}, \quad 비중량 = \frac{중량}{부피}, \quad 비중 = \frac{대상물질의\ 밀도}{매질의\ 밀도}, \quad 동점성계수 = \frac{점성계수}{밀도}$$

$$유량(Q) = 단면적(A) \times 유속(V)$$

$$레이놀즈수(Re) = \frac{dV\rho}{\mu} = \frac{관의\ 직경 \times 유속 \times 유체의\ 밀도}{유체의\ 점성계수}$$

$$환기량 = \frac{G}{TLV} \times K$$

여기서, G : 발생량

　　　　TLV : 유지목표농도

　　　　K : 안전계수

[속도압과 유속과의 관계]

1) 유체의 기본 역학적 원리

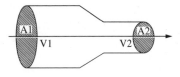

A_1에서의 유속 V_1, A_2에서의 유속 V_2의 관계는 항상 일정하다.

$A_1 \times V_1 = A_2 \times V_2$

2) 속도압 = 동압 = 차압

$$V(\text{유속}) = \sqrt{\frac{2g\,VP}{\gamma}} = \sqrt{\frac{2 \times \text{중력가속도} \times \text{속도압}}{\text{유체의 밀도}}}$$

$$\therefore VP = \frac{\gamma \times V^2}{2g}$$

3) 전체압력(전압) = 동압(dynamic pressure) + 정압(static pressure)

$$\text{유입계수} = \frac{\text{실제 유량}}{\text{이론적 유량}} = \frac{\text{실제 흡인유량}}{\text{이상적인 흡인유량}}, \quad \text{후드유입손실계수}(F) = \frac{1 - C_e^2}{C_e^2} = \frac{1}{C_e^2} - 1$$

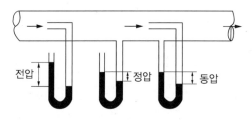

[압력손실 및 소요동력 계산]

$$\text{후드정압}(SP_\eta) = VP(1 + F_\eta)$$

$$F_\eta = \frac{SP_\eta}{VP} - 1$$

1) 관로에서 압력손실

$$\triangle P = F \times VP$$

$$\triangle P = \lambda(4f) \times \frac{L}{D}$$

2) 합류관에서의 압력손실

$$\triangle P = \triangle P_1 + \triangle P_2 = (\varepsilon_1 + VP_1) + (\varepsilon_2 \times VP_2)$$

$$= \left(\varepsilon_1 \times \frac{\gamma \times V^2}{2g}\right) + \left(\varepsilon_2 \times \frac{\gamma \times V^2}{2g}\right)$$

3) 확대관과 축소관에서의 압력손실

$$\triangle P = \varepsilon \times (VP - VP')$$

4) 송풍기의 소요동력

$$kw = \frac{Q \times \triangle P}{6,120 \times \eta} \times \alpha$$

5) 필요환기량

$$Q = \frac{G}{TLV} \times K$$

【 공기정화장치 】

입자상 물질 제거장치와 유해가스 처리장치로 나눌 수 있다.

1) 집진원리

(1) 관성충돌(Internal Impaction)

분진의 입경(질량)이 커서 충분한 관성력이 있을 때, 입자는 가스 흐름의 궤도에서 벗어나 섬유에 충돌·부착된다. 즉 비교적 큰 입자는 가스 통과 경로에 따라 주위에 발산하지 못하고 관성력 때문에 똑바로 진행하여 섬유와 충돌하게 된다.

(2) 직접차단(Direct Interception)

입자 크기가 상대적으로 작으면 관성도 상대적으로 작아지기 때문에 가스 흐름의 궤도에서 벗어나지 못하고, 가스를 따라 이동하다가 반데르발스힘에 의하여 섬유에 부착된다. 즉, 입자와 섬유 표면 사이의 거리가 입자의 반경보다 작으면 발생하며, 관성 충돌의 특수한 경우이다.

(3) 정전기력(Electrical Forces)

가스에는 음전하, 양전하를 포함하고 있고, 중성입자도 자연적으로 발생되는 전하를 띤 가스 이온과 접촉함으로써 어떤 전하를 가질 수 있다. 이때 대전된 입자는 반대 전하로 대전된 섬유 표면에 집진된다.

(4) 확산(Brownian Diffusion)

가스 중의 입자 농도에 차이가 있으면 입자의 고농도 영역에서 저농도 영역으로 확산·이동하여 농도를 균일화하려고 하는 성질이 있다. 그리고 입자 농도에 차이가 없어도 입자 입경이 미세하면 가스와 같이 불규칙한 운동을 하게 된다. 이 작은 입자들은 가스 이동속도와 다른 자체 속도로 움직이며, 결과적으로 여재를 구성하는 개개 섬유에 접촉·포집된다.

2) 종류

(1) 입자상 물질 제거장치(집진기)의 종류

① **저효율 집진장치** : 고농도 함진가스의 전처리 장비로 많이 이용된다. 큰 입자 제거에 효율적이고 미세입자 제거에는 효율적이지 못하다. 고온가스를 처리하는 것이 가능하다.

　㉠ 중력집진장치 : 다른 집진기에 비하여 압력손실과 설치, 유지비가 적어 유지관리가 용이하다.

　㉡ 관성력집진장치 : 구조 및 원리가 간단하고, 효율을 높이기 위해서는 기류의 방향전환 횟수와 각도를 크게하는 것이 유리하지만 압력손실도 같이 올라가게 된다.

　㉢ 원심력집진장치 : 가스의 유입과 유출 형식에 따라 접선유입식과 축류식으로 나눌 수 있다. 원통직경이 작을수록, 원통의 길이가 길수록 효율이 높아진다. 성능을 평가할 때 최소입경, 절단입경, 분리계수로 성능을 평가한다. 성능을 높여주기 위해서 더스트박스 또는 호퍼에서 처리가스의 일부를 흡인하여 선회 기류의 교란을 방지하는 '블로다운'을 시킨다.

② **고효율 집진장치** : 최종 함진가스의 집진장비로 이용한다.

　㉠ 세정식집진장치 : 습한 가스, 점착성 입자를 처리하는 데 효율적이지만 폐수처리를 별도로 해야되는 단점이 있다.

　㉡ 여과집진장치 : 처리효율이 높고 회수하고자 하는 오염물질이 있다면 회수할 수 있다는 장점이 있지만 고온, 산, 알칼리 가스일 경우 수명에서 한계가 있다.

$$여과속도 = \frac{Q(처리가스량)}{A(여과포\ 총면적)}$$

　㉢ 전기집진장치 : 초기 설치비가 많이 들고 가연성 입자의 처리가 곤란하며 설치 공간이 많이 든다는 단점이 있지만 운전 및 유지비가 적게 들고 고온가스의 처리가 가능하며 고효율 집진장치 중 압력손실이 낮다는 장점이 있다.

(2) 유해가스 처리장치의 종류

① **흡수법** : 처리하려고 하는 대상 유해가스가 용해성이 높은 가스이거나 화학적으로 반응하는 가스일 경우 선택할 수 있는 방법으로 가스의 용해도가 중요한 인자이다. 액과 가스의 접촉이 제거효율에 큰 영향을 미치기 때문에 접촉시간, 접촉면적, 흡수제의 농도, 반응속도가 제거효율에 영향을 미치는 인자이다.

② **흡착법** : 처리하려고 하는 대상 유해가스가 흡착성이 높은 가스일 경우 오염된 기체를 제거하는 원리이다. 가스 중 회수하려고 하는 물질이 있을 경우 탈착하여 회수가 가능하다. 흡착은 물리적 흡착과 화학적 흡착이 있다. 일반적으로 흡착제의 종류는 활성탄, 실리카겔, 활성알루미나, 합성제올라이트, 보크사이트 등을 사용한다.

③ **연소법** : 처리하려고 하는 대상 가스가 가연성 가스일 경우 적용할 수 있으며, 연소하여 대상 가스를 분해하는 방법이다. 폐열을 회수하여 에너지화를 할 수 있고 배기가스의 유량과 농도의 변화에 잘 적용할 수 있다. 백금이나 팔라디움 등의 촉매를 이용하여 촉매연소를 하는 방식이 있고, 직접적인 연소원 위에 직접 연소시키는 방법, 저농도 악취가스를 제거하기 위한 간접 연소 방식이 있다.

[보호구]

보호구는 근로자가 작업환경에서 받는 건강장애 예방이나 저감을 위한 목적으로 사용하는 보호구이다. 보호구는 귀 보호구, 눈 보호구, 안면 보호구, 피부 보호구 등으로 나눌 수 있다. 근로자가 직접 착용 방법을 숙지하고 규격에 적합한 보호구를 사용하여야 한다. 보호구는 산업안전보호구, 산업위생보호구로 나눌 수 있다.

구분	종류
산업안전보호구	안전화, 안전모, 안전대, 안전장갑, 방한복, 작업복 등
산업위생보호구	방진안경, 보안경, 방진장갑, 보안면, 귀마개, 귀덮개, 방진마스크, 방독마스크, 송기마스크, 고무장화, 내산복 등

1) 보호구의 구비조건

① 가볍고 사용이 간편할 것

② 착용감이 좋고, 흡기나 배기저항이 작아 호흡하기 편할 것

③ 작업에 영향을 미치지 않을 것

④ 위생적이고, 보관과 세척이 편리하며 유지보수가 간편할 것

⑤ 필요시 공인기관으로부터 성능에 대한 검정을 받을 것

2) 보호구의 종류

(1) 귀 보호구(청력 보호구)

청력보호구는 기공이 많은 재료를 사용하면 안 된다. 귀덮개 형식의 보호구는 머리카락이 길 때와 안경테가 굵거나 잘 부착되지 않을 때에는 사용하지 않는다. 청력보호구를 잘 고정시켜서 보호구 자체의 진동을 최소한으로 한다. 청력보호구는 머리의 모양이나 귓구멍에 잘 맞는 것을 사용한다.

① 귀마개

휴대가 쉽고, 좁은 장소에서도 사용이 가능하다. 안경과 안전모 등에 방해가 되지 않는다. 가격이 저렴하다. 귀 내부에 질병이 있는 사람은 착용이 불가능하고 착용하는 데에 요령이 필요하다. 차음효과가 귀덮개보다 떨어지고 사람에 따라 차음효과 차이가 크다. 귀마개는 1종(EP-1)과 2종(EP-2)으로 나누고 1종은 저음부터 고음까지 차단하고 2종은 회화음 영역인 저음은 차음하지 않는 것이다.

② 귀덮개

귀마개보다 차음효과가 높고, 사람에 따라 차음효과의 차이가 크게 없다. 고온 조건이나 조건에 따라 사용이 불편하거나 사용이 제한되기도 한다.

※ 「보호구 안전인증 고시」 [별표 12] 방음용 귀마개 또는 귀덮개의 성능 기준

	중심주파수(Hz)	차음치(dB)		
		EP-1(귀마개1종)	EP-2(귀마개2종)	EM(귀덮개)
차음성능	125	10 이상	10 미만	5 이상
	250	15 이상	10 미만	10 이상
	500	15 이상	10 미만	20 이상
	1,000	20 이상	20 미만	25 이상
	2,000	25 이상	20 이상	30 이상
	4,000	25 이상	25 이상	35 이상
	8,000	20 이상	20 이상	20 이상

(2) 호흡용 보호구

유해물질이 체내로 흡수되는 경로는 대부분 코나 입의 흡입으로, 호흡기를 통해 유입되는 유해물질을 강제로 차단하거나 공기를 정화하여 흡입하도록 하여야 하는데 이때 상용하는 것이 호흡용 보호구라고 한다. 분진의 체내 침입을 방지하는 마스크는 방진마스크, 가스 또는 증기가 체내로 들어가는 것을 방지하는 방독마스크, 송기마스크, 자급식 호흡기 등이 있다. 방진마스크나 방독마스크는 외기를 여과하여 오염물질을 제거하므로 산소결핍장소에서 착용할 경우 질식이 생길 수 있어 착용해서는 안 된다.

호흡용 보호구의 최대사용농도(MUC : mg/m^3) = 노출기준 × 할당보호계수(APF)

① 공기정화식(여과식 호흡용 보호구)

㉠ 방진마스크

방진마스크는 특급, 1급, 2급으로 나눈다(나누는 기준은 국제적으로 $0.3\mu m$ 입자의 여과효율로 나눈다). 방진마스크는 분진, 미스트 및 흄이 호흡기를 통해 인체에 유입되는 것을 방지하기 위해 사용하는 보호구 이다. 따라서 방진마스크는 입자상으로 존재하는 물질에 대해 인체를 보호할 수 있는 보호구이다.

• 방진마스크의 재질 : 면, 모 또는 유리섬유, 합성섬유, 금속섬유
• 방진마스크의 밀착성 시험 : 정성적인 방법으로는 냄새, 맛, 자극물질을 이용한 방법이 있고, 정량적인 방법으로는 보호구 안과 밖에서의 농도의 차이 또는 압력의 차이로 밀착 정도를 수적인 방법으로 나타내는 방법이 있다.

- 방진마스크의 구비조건 : 흡기저항 및 흡기저항 상승률이 낮은 것, 배기저항이 낮을 것, 여과재 포집효율이 높을 것, 사용 시 시야 확보가 용이할 것, 가벼울 것, 안면에서의 밀착성이 클 것, 침입률 1% 이하까지 정확한 평가가 가능할 것, 피부접촉 부위가 부드러울 것, 유지보수가 간단할 것, 무게 중심이 안면에 강한 압박을 주지 않는 위치에 있을 것이다.
- 분리식 방진마스크의 여과재 분진 등의 포집효율은 보호구 안전인증고시로 다음과 같이 명시되어 있다.

형태 및 등급		염화나트륨(NaCl) 및 파라핀 오일(Paraffin oil) 시험(%)
분리식	특급	99.95 이상
	1급	94.0 이상
	2급	80.0 이상
안면부 여과식	특급	99.0 이상
	1급	94.0 이상
	2급	80.0 이상

ⓛ 방독마스크

방독마스크는 유해가스, 증기 등 입자로 존재하지 않는 가스들이 인체로 유입되는 것을 방지해주는 마스크이다. 방독마스크는 산소가 부족한 작업환경에서는 사용할 수 없다. 방독마스크는 유해가스가 존재하는 곳에서 착용하는 것으로 일시적 작업일 경우이거나 긴급상황에서만 사용하여야 한다. 주로 필터에는 활성탄과 실리카겔이 사용된다.

- 방독마스크의 정화통 색 종류 구분
  - 유기화합물 - 갈색
  - 할로겐, 황화수소, 시안화수소 - 회색
  - 아황산 - 노란색
  - 암모니아 - 녹색
  - 복합용 - 해당 가스 모두 표시
  - 겸용 - 백색과 해당 가스 모두 표시
- 방독마스크에 표시되어야 하는 항목 : 파과곡선도, 사용시간 기록카드, 정화통 외부측면의 표시색, 사용상의 주의사항

② 공기공급식

㉠ 송기마스크

송기마스크는 신선한 공기원을 호스를 통해 공급해주는 마스크로 산소결핍의 위험이 있는 작업환경에서 사용한다.

(3) 안전모

작업 중 물체의 낙하 또는 추락에 의한 위험을 방지, 경감하고 머리 부위를 보호하기 위한 보호구이다.

구분	용도	재질
A	물체의 낙하 및 비래에 의한 위험을 방지, 경감하기 위한 것	합성수지금속
AB	물체의 낙하 및 비래, 추락에 의한 위험을 방지, 경감하기 위한 것	합성수지
AE	물체의 낙하 및 비래에 의한 위험, 머리 부위 감전을 방지, 경감하기 위한 것	합성수지
ABE	물체의 낙하 및 비래, 추락에 의한 위험, 머리 부위 감전을 방지, 경감하기 위한 것	합성수지

CHAPTER 04

물리적 유해인자 관리

[온도에 의한 장해]

1) 고열장애

(1) 종류

① **열사병** : 고온다습한 환경에 노출되어 체내에서 발생된 열을 배출하지 못하여 생기는 증세, 얼음물에 담가서 체온을 급격하게 내려주어야 하며 찬물로 닦으면서 선풍기를 사용하여 증발냉각이라도 시도해야 한다. 호흡 곤란 시에는 산소를 공급해주며, 체열의 생산을 억제해줘야 한다.

② **열피로, 열탈진** : 고온 환경에서 장시간 힘든 노동을 할 때 나타나며, 과다발한으로 수분과 염분 손실에 의하여 발생한다. 권태감, 졸도, 과다발한 등의 증상을 보이며 포도당을 정맥주사해야 한다.

③ **열경련** : 고온 환경에서 지속적으로 심한 육체적인 노동을 할 때 나타나고 근육에 발작적인 경련이 일어나는 데, 작업 후에도 일어나는 경우가 있다. 혈중 Cl^- 농도가 현저히 감소한다. 일시적으로 단백뇨가 나오고 수분과 NaCl을 보충해주어야 한다. 바람이 잘 통하는 곳에 눕혀 안정시켜야 한다.

④ **열실신, 열허탈** : 고열환경에 노출될 때 신체 말단부에 혈액이 과다하게 저류되어 혈액의 흐름이 정상적이지 못하게 되면서 뇌에 산소부족이 발생하고 '열피비'라고도 한다. 고열작업 내에서 갑작스런 자세 변화, 장시간 기립상태 유지 시 발생할 수 있으며 뇌의 산소부족으로 의식을 잃게 될 수 있다.

⑤ **열쇠약** : 고열에 의한 만성체력소모를 통체적으로 의미한다. 전신권태, 위장장애 빈혈 등의 증상이 일어난다.

⑥ **열성발진** : 피부가 땀에 오래 젖어서 생기고, 옷에 덮여 있는 피부 부위에 생기는 발진, 냉목욕 후 차갑게 건조하고 연고를 발라야 한다.

(2) 고열에 대한 대책

① 전체환기 및 국소배기 조치
② 복사열 차단(근무작업복 흰색계통 착용)
③ 냉방장치 사용(시원한 휴식공간 마련)
④ 작업자 피부온도보다 공기가 낮을 경우 공기의 흐름을 증가시킴
⑤ 냉방복 착용
⑥ 작업을 자동화하고 기계화하여 고열작업을 없앰

2) 한랭

(1) 한랭의 생체영향

한랭에 대한 순화는 고온순화보다 느리다.

① 1차적 생리적 반응

    ㉠ 피부혈관이 수축. 체표면적 감소

    ㉡ 근육긴장의 증가와 떨림 및 수의적인 운동 증가

    ㉢ 갑상선을 자극하여 호르몬 분비 증가(화학적 대사량 증가)

② 2차적 생리적 반응

    ㉠ 말초혈관의 수축으로 표면조직의 냉각

    ㉡ 식욕 항진

    ㉢ 혈압의 일시적 상승(혈류량 증가)

    ㉣ 피부혈관의 수축으로 순환기능이 감소

(2) 한랭에 의한 건강장애

① 전신체온 강하, 동상, 참호족, 선단자람증, 폐색성 혈전장애, 알레르기반응, 상기도 손상, 피로 증상

② Raynaud 증상 : 한랭환경에서 국소진동에 노출되는 경우에 나타남

(3) 한랭에 대한 대책

① 건강질환자, 고혈압자는 한랭작업을 피한다.

② 노출된 피부나 전신의 온도가 떨어지지 않게 하고 기류 속도를 낮춘다.

③ 외부 액체가 스며들지 않도록 방수 처리된 의복을 사용한다.

④ 팔다리 운동으로 혈액순환 촉진, 적정한 지방과 비타민 섭취를 위한 영양지도, 더운물 비치, 젖은 작업복 등은 즉시 갈아입도록 조치, 과도한 음주, 흡연을 피하고 충분한 식사를 하도록 한다.

[온도, 습도의 측정]

작업환경 내 온도와 습도를 측정할 때 일반적으로 야스만통풍건습계를 사용한다. 습도는 건구온도와 습구온도 차를 구하여 습도 환산표를 이용하여 측정한다. 야스만통풍건습계의 측정시간은 5분 이상으로 하고 2개의 눈금 중 하나는 건구온도계, 다른 하나는 습구온도계로 사용한다. 실효복사온도는 흑구온도와 기온과의 차이를 말하며 흑구온도계는 복사온도를 측정한다.

1) 습구흑구온도의 측정

야스만통풍건습계를 이용하여 건구 및 자연습구온도를 측정 흑구온도계로 복사온도를 측정한 값을 이용하여 WBGT(℃)를 계산할 수 있다.

(1) 옥외(태양광선이 내리쬐는 장소)

WBGT(℃) = 0.7 × 자연습구온도(℃) + 0.2 × 흑구온도(℃) + 0.1 × 건구온도(℃)

(2) 옥내(태양광선이 내리쬐지 않는 장소)

WBGT(℃) = 0.7 × 자연습구온도(℃) + 0.3 × 흑구온도(℃)

2) 고열작업장의 노출기준(ACGIH, 고용노동부)

(단위 : ℃)

시간당 작업시간과 휴식시간의 비율	작업 강도		
	경작업	중등작업	중작업
연속작업	30.0	26.7	25.0
75% 작업, 25% 휴식(45분 작업, 15분 휴식)	30.6	28.0	25.9
50% 작업, 50% 휴식(30분 작업, 30분 휴식)	31.4	29.4	27.9
25% 작업, 75% 휴식(15분 작업, 45분 휴식)	32.2	31.1	30.0

[비교습도]

비교습도의 측정은 절대습도와 온도를 측정하여 포화습도를 측정하여 비교습도(상대습도)를 계산한다.

$$비교습도 = \frac{절대습도}{포화습도} \times 100$$

사람이 활동하기 좋은 비교습도는 40~60% 정도이고 25~40% 정도는 너무 건조하다.

[기류측정]

1) 종류

① 풍차풍속계 : 1~150m/sec 풍속 측정, 옥외용으로 사용, 풍차의 회전속도로 풍속을 측정하는 방식이다.

② 카타온도계 : 카타의 냉각력을 이용하여 측정, 알코올 눈금이 내려가는 데 소요되는 시간을 측정하여 카타 상수값을 계산하여 구하는 간접적 측정 방식, 실내 0.2~0.5m/sec의 불감기류 측정 시 사용하는 방식이다.

③ **열선풍속계** : 가열된 금속선에 바람이 접촉하면서 온도가 떨어지는 원리를 풍속에 연관지어 측정하는 원리로 기온과 정압을 동시에 구할 수 있어 환경시설의 점검에 사용한다. 0~50m/sec의 풍속을 측정할 때 사용한다.

④ **가열온도풍속계** : 풍속과 기온과의 차이의 관계에서 풍속을 구함, 작업환경측정의 표준방법이다.

2) 불감기류

기류를 느끼고 측정할 수 있는 최저한계는 0.5m/sec이고 기류는 대류 및 증발과 관계가 있다. 불감기류는 실내에 항상 존재한다.

[이상기압]

1) 이상기압의 정의

이상기압은 정상기압인 1기압(1atm = 760mmHg)보다 높거나 낮은 기압을 말한다.

대표적인 고압작업은 압축공기에 노출되는 작업으로 잠함작업, 해저 또는 하저의 터널작업 등이 있고 저기압이 문제되는 작업은 항공기 조종사, 승무원들이 겪을 수 있는 저산소증이 있다.

기압은 단위면적당 작용하는 공기의 무게, 대기의 압력을 말한다.

1기압 = 1atm = 760mmHg = 10,332mmH$_2$O = 14.7psi

압력이란, 게이지압을 말한다.

2) 고압작업

고압작업은 1일 6시간, 주 34시간 이상을 초과하여 작업하면 안 된다.

대표적인 작업은 잠함작업이다.

① **1차적 생체작용** : 부종, 출혈, 근육통 등

② **2차적 생체작용** : 질소마취 작용, 산소중독, 이산화탄소의 작용

3) 감압작업

고압환경에 체내에 과도하게 존재하는 불활성 기체들이 저압환경이 되면서 과포화상태가 되어 혈액순환을 방해하거나 주위 조직에 영향을 미치게 된다. 질소기포가 증가하는 것이 직접적인 영향이고 다시 압력을 주는 직접 가압방식이 가장 효과적이다. 감압에 따른 기포형성은 감압속도, 조직에 용해된 가스량, 고기압 상태에서의 노출 정도, 혈류를 변화시키는 상태의 영향을 받는다. 질소의 기포형성으로 나타나는 동통성 관절장애, 호흡곤란, 무균성 골괴사 등이 대표적인 증상이고 연령, 비만 정도, 폐손상 등 건강장애에 따라 증상의 크기가 다르다.

4) 저기압작업

고도의 상승에 따른 저기압 환경에서의 작업을 말하고 산소결핍증을 주로 일으킨다. 산소분압이 낮아지면서 체내 산소분압이 저하되는 현상이 주요하며 산소결핍을 보충하기 위해 호흡수, 맥박수가 증가한다. 저산소증, 고공성 폐수종, 급성 고산병, 신경장애가 대표적인 저기압작업에 따른 장애이다.

5) 이상기압 대책

고압에서 감압할 경우 신중하게 단계적으로 진행하여 기포형성에 대하여 인체가 적응할 수 있도록 한다. 작업시간을 제한하여 고압 또는 저압에서 장시간 작업하지 않도록 한다. 기존에 건강에 문제가 있거나 특히 순환기에 이상이 있는 사람은 작업을 제한한다. 고압환경에서 작업할 경우 헬륨-산소 혼합가스로 대체하여 이용한다. 사고 발생 시 소생술 등을 실시할 수 있는 훈련 또는 장비가 필요하다.

[소음]

1) 소음

소음은 인간에게 불쾌함을 주거나 작업에 방해되는 음향으로 정의한다.
「산업안전보건법」에서 소음성 난청을 유발할 수 있는 시끄러운 소리는 85dB(A)로 규정한다.

(1) 소음의 단위

① dB(decibel) : 음압 수준의 단위
② sone : 음의 크기 단위, 1,000Hz에서의 음압 수준 dB을 기준으로 하여 등청감곡선을 소리의 크기로 나타내는 단위이다. 1,000Hz 음의 세기레벨 40dB의 음의 크기를 1sone으로 함
③ phon : 음의 크기 단위, 1,000Hz 음의 크기와 평균적으로 같은 크기로 느끼는 음의 세기

(2) 합성소음도 계산

$$L = 10\log(10^{\frac{L_1}{10}} + 10^{\frac{L_2}{10}} + \cdots + 10^{\frac{L_n}{10}})(\text{dB})$$

(3) 음의 파장 계산

음속$(C) = f \times \lambda$

음속은 전파 매질의 온도에 따라 달라진다.

음속$(C) = 331.42 + 0.6 \times t$

(4) 음압 수준(SPL)

$$SPL = 20\log\left(\frac{P}{P_o}\right)(dB)$$

① 음의 세기 관계식

$$I = \frac{P^2}{\rho c} = P \times V$$

② 자유공간에서 SPL과 PWL의 관계식

$$SPL = PWL - 20\log r - 11(dB)$$

2) 소음 노출기준

(1) 국내의 소음 노출기준

115dB(A)를 초과하는 소음에 노출되어서는 안 된다.

1일 노출시간(hr)	소음 수준 dB(A)
8	90
4	95
2	100
1	105
1/2	110
1/4	115

(2) 국내의 충격소음 노출기준

충격소음은 120dB(A) 이상인 소음이 1초 이상의 간격으로 발생하는 소음을 말하고 충격소음이 발생하는 작업장은 6개월에 1회 이상 소음 수준을 측정하고 근로자는 특수 건강진단을 실시하여야 한다.

소음 수준 dB(A)	일 작업시간 중 허용 횟수
140	100
130	1,000
120	10,000

(3) ACGIH의 소음 노출기준

1일 노출시간(hr)	소음 수준 dB(A)
8	85
4	88
2	91
1	94
1/2	97
1/4	100

3) 소음의 관리 및 대책

(1) 소음 관리

① 흡음재

흡음재를 사용하여 실내소음을 저감하고자 할 경우 흡음재의 특성은 다음과 같다.

　㉠ 다공질 재료 : 재료 속에 무수히 많은 미세한 구멍이나 가능 틈이 있어 통기성이 있는 것

　　例 글라스 울, 작물섬유, 시멘트판, 암면판

　㉡ 판(막)진동형 흡음재 : 벽과 간격을 두고 얇고 통기성이 없는 판을 설치하여 소리가 전달되었을 때 판이 진동하며 마찰에 의해 소리가 소멸되는 것

　　例 석고보드

② 흡음대책에 따른 실내소음 저감량(NR)

$$NR = SPL_1 - SPL_2 = 10\log\left(\frac{R_2}{R_1}\right) = 10\log\left(\frac{A_2}{A_1}\right) = 10\log\left(\frac{A_1 + A_\alpha}{A_1}\right)$$

여기서, R : 실내면에 대한 흡음대책 실정수

　　　　A : 실내면에 대한 흡음대책 전후의 실내흡음력

③ 반향시간(잔향시간) 측정에 의한 방법

반향은 소리가 진행하던 중 어떠한 장애물에 부딪혀서 되울리는 현상을 말한다. 반향시간은 실내에서 소음원을 끈 순간부터 직선적으로 음압레벨이 60dB 감쇠되는 데 소요되는 시간을 말하고 소음이 닿는 면적을 계산하기 어려운 실내에서의 흡음량을 추정하기 위해 사용된다.

$$T = \frac{0.161\,V}{A} = \frac{0.161\,V}{S\overline{\alpha}}$$

식에서와 같이 반향시간은 실내의 체적에 비례하고 표면적과 평균 흡음률에 반비례한다.

④ Sabin method

공장 내부에 기계 및 설비가 복잡하게 설치되어 있는 경우 작업장 기계에 의한 흡음이 고려되지 않아 실제 흡음보다 과소평가 되기 쉬운 방법이다.

⑤ 차음재에 의한 차음효과

차음이란 음에너지를 감쇠시키고 음의 투과를 저감하여 소음을 억제하는 방식이다.

차음평가지수는 NRR로 표시한다.

차음효과(dB(A))=(NRR-7)×0.5

⑥ 차음의 투과손실계산

$$TL = 20 \times \log(m \times f) - 43$$

(2) 소음 대책

소음에 대한 대책으로 가장 먼저 고려해야 할 사항은 소음원의 밀폐이다. 소음성 난청은 청력손실이 초기 저음역에서보다 고음역에서 현저히 나타나고, 특히 4,000Hz에서 심하다.

① 소음의 발생원에서의 저감 대책 : 유속 저감, 마찰력 감소, 충돌방지, 공명방지 저소음형 장비의 사용 등

② 소음의 전파경로에서의 대책 : 흡음, 실내흡음처리

③ 소음의 수음자 대책 : 귀마개, 귀덮개 등의 청력보호구 착용, 작업방법 개선

[진동]

어떠한 물체가 외력에 의하여 좌우 또는 상하로 평형점을 중심으로 흔들리는 현상이다.
진동시스템을 구성하는 3요소로는 질량, 탄성, 댐핑이 있다.

1) 주파수에 따른 진동 구분

① 초저주파 진동 : 0.01~0.5Hz

② 전신진동 : 0.5~100Hz

③ 국소진동 : 8~1,000Hz

④ 인간이 느끼는 최소 진동 역치 : 55±5dB

2) 전신진동에 의한 생체반응에 관여하는 인자

① 진동의 강도

② 진동수

③ 진동의 방향

④ 진동 폭로시간

3) 진동장애 구분

(1) 전신진동

① 전신진동에 대해 인체는 대략 0.1~10m/sec^{2}까지의 진동을 느낄 수 있다.

② 자율신경, 특히 순환기에 영향이 크게 나타나며 평형감각에도 영향을 준다.

③ 말초혈관의 수축과 혈압 상승 및 맥박수가 증가한다.

④ 산소소비량 증가와 폐환기가 촉진된다.

⑤ 공명 진동수 : 두부와 견부는 20~30Hz 진동에 공명하고 안구는 60~90Hz 진동에 공명한다.

(2) 국소진동

국소진동에 의하여 수지가 창백해지고 혈관과 신경의 손상을 주며 손, 팔 진동증후군, 저림 현상이 생기는 현상으로 심한 진동에 노출될 경우 일부 노출군에서 뼈, 관절 및 신경, 근육, 혈관 등 연부 조직에서 병변이 나타난다(레이노현상).

4) 진동증후군(HAVS)에 대한 스톡홀름 워크샵의 분류

진동증후군의 단계를 0부터 4까지 5단계로 구분한다.

단계	등급	정의
0		정상
1	미미(mild)	손가락 하나 혹은 그 이상의 손가락 끝에 때때로 창백현상이 발생
2	보통(moderate)	손가락 하나 혹은 그 이상의 중수지골(가운데 마디)까지 때때로 창백현상이 발생
3	심각(severe)	대부분 손가락의 전체 지골(전체 마디)에서 종종 창백현상이 발생
4	매우심각(very severe)	Stage 3과 피부의 변화까지 있는 경우

5) 진동 방지 대책

진동 방지 대책으로는 발생원 대책(가장 적극적인 방법은 발생원의 제거), 전파경로 대책, 수진측 대책이 있다.

(1) 진동 피해 완화 대책

가능한 가벼운 공구 이용, 공구 손잡이를 세게 잡지 않도록 교육, 진동공구 사용시간 단축, 진동공구와 손 사이에 방진재료 충진, 진동작업 시 온도조절(온도가 낮을수록 극대화됨)

(2) 방진재료

금속스프링, 방진고무(오존에 산화되는 단점), 공기스프링, 코르크

[방사선]

입자 또는 파동이 매질 또는 공간을 전파하는 과정으로서 에너지의 흐름이다. 방사선은 인공적으로 생성하여 X-선 촬영, 산업현장, 종자개량, 해충방제 등을 사용하는 인공방사선과 자연적으로 발생하는 자연방사선이 있다. 방사선은 파장과 진동수에 따라 이온화방사선(전리 방사선)과 비이온화방사선(비전리 방사선)으로 나눈다. 전리방사선과 비전리방사선을 구분하는 에너지의 강도는 약 12eV를 가지고 있는 방사선이다.

1) 전리방사선

① 종류 : α선, β선, 중양자선, 광자, 중성자선, 중성미자, X선

② 전리방사선은 골수, 림프조직, 생식세포에 고도의 감수성을 갖는다.

③ 투과력 순서 : α선 < β선 < X선(α선 : 투과력은 가장 약하나 전리작용은 가장 강하다)

2) 비전리방사선

① 종류 : 라디오파, 적외선, 가시광선, 자외선, 적외선, 원적외선, 마이크로파, 레이저(레이저는 보통 광선과 달리 단일파장으로 강력하고 예리한 지향성을 가진다)

3) 방사선의 건강영향

(1) 전리방사선의 건강영향

① 골수, 흉선, 림프조직, 생식세포에 가장 큰 감수성을 갖는다.

② 피폭선량은 일시에 받는 것이 여러 번 나누어서 받는 것보다 영향이 크다.

③ 노출시간을 최대로 단축하고 먼 거리일수록 방어가 쉽게 가능하다.

④ 큰 투과력을 갖는 방사선 차폐물은 분자량이 크고 밀도가 큰 물질이 효과적이다.

⑤ 전리방사선은 방어의 궁극적 목적은 가능한 한 방사선에 불필요하게 노출되는 것을 최소화하는 데 있고 국제방사선방호위원회가 노출을 최소화하기 위한 원칙은 정당화, 최적화, 선량한도 적용을 유지하는 세 가지를 원칙으로 한다.

(2) 비전리방사선의 건강영향

① 자외선의 건강 영향

  ㉠ UV-C(100~280nm) : 발진, 살균작용

  ㉡ UV-B(280~315nm) : 각막염, 피부암, 소독작용, 비타민 D 형성

  ㉢ UV-A(315~400nm) : 피부의 색소침착, 백내장

② 마이크로파

  1,000~10,000MHz에서 백내장이 생기고 백내장은 조직온도의 상승과 관계한다. 중추신경에 대한 작용은 300~1,200MHz에서 민감하다(특히 대뇌측두엽 표면 부위). 두통, 피로감, 기억력 감퇴 등의 증상을 유발시킨다. 마이크로파의 열작용에 가장 영향을 받는 기관은 생식기와 눈이며 유전에도 영향을 준다.

③ 극저주파방사선

  극저주파는 주파수의 범위가 1~3,000Hz에 해당하며 특히 50~60Hz의 전력선과 관련한 주파수의 범위가 건강과 밀접한 연관이 있다. 강한 전기장의 발생원은 고전압 장비에서, 강한 자기장은 고전류장비에서 생긴다. 작업장에서 발전, 송전, 전기 사용에 의해 발생되며 이들 경로를 잇는 발전기에서 전력선, 전기설비, 기계, 기구 등도 잠재적인 노출원이 된다.

[방사능]

방사능은 어떤 물질 중의 어떤 방사성핵종이 단위시간 내에 몇 번 붕괴를 일으키는가를 나타내는 것이다.

1) 방사능의 단위

① 뢴트겐(R) : $1R = 2.58 \times 10^{-4}$쿨롬/kg

조사선량의 단위, 방사선 조사에 의해 표준상태의 공기 1mL의 중량 속에서 1정전 단위인 전기량을 운반하는 X선 또는 Y선의 선량이다.

② 래드(Rad) : $100rad = 1Gy$

③ 큐리(Ci) : $1Bq = 2.7 \times 10^{-11}Ci$

④ 램(rem) : $1rem = 0.01Sv$

rem은 roentgen equivalent man을 의미하며 생체에 대한 영향의 정도에 기초를 둔 단위이다.
rem = rad(흡수선량) × RBE(상대적 생물학적 효과)로 나타낸다.

⑤ 그레이(Gy) : $1Gy = 100rd = 1J/kg$

흡수선량의 단위, 물질의 단위 질량당 흡수된 방사선의 에너지(J/kg)이다.

⑥ Sievert(Sv) : $1Sv = 100rem$

등가선량의 단위, 인체의 피복선량을 나타낼 때 흡수선량에 해당 방사선의 방사선가중치를 곱한 양이다.

[조명]

조명은 자연조명(채광)과 인공조명을 합한 것을 의미한다. 채광이 적절하지 못하면 피로도가 올라가고, 작업능률이 저하되며, 산업재해 등을 발생시킨다. 밝기에 대한 감각은 방사되는 광속과 파장에 의해 결정된다.

1) 조명을 작업환경의 한 요인으로 볼 때 고려해야 할 중요한 사항

① 조도와 조도의 분포

② 눈부심과 휘도

③ 빛의 색

2) 빛의 밝기와 단위

① 럭스(조도) : 1루멘의 빛이 $1m^2$의 평면상에 수직으로 비칠 때의 밝기

② 칸델라(광도) : $101,325N/m^3$ 압력하에서 백금의 응고점 온도에 있는 흑체의 $1m^2$인 평평한 표면 수직 방향의 광도를 1cd라 함

③ 촉광(광도) : 지름이 1인치인 촛불이 수평 방향으로 비칠 때 빛의 광강도를 나타내는 단위

④ 루멘(광속) : 1촉광 = 4π(12.57)루멘으로 나타냄

⑤ 풋캔들(빛의 밝기) : 1루멘의 빛이 $1ft^2$의 평면상에 수직으로 비칠 때 그 평면의 빛 밝기

⑥ 램버트 : 빛을 완전히 확산시키는 평면의 $1ft^2$에서 1루멘의 빛을 발하거나 반사시킬 때의 밝기 단위

⑦ 반사율 : 조도에 대한 휘도의 비

⑧ 광속발산도 : 단위면적당 표면에서 반사 또는 방출되는 빛의 양

⑨ 주광률 : 실내의 일정 지점의 조도와 옥외의 조도의 비율

3) 채광 계획 수립

① 유리창은 청결하여도 10~15% 조도가 감소한다.

② 창의 방향 : 창의 방향은 많은 채광을 요구할 경우 남향이 좋다. 균일한 평등을 요하는 조명을 요구하는 작업실은 북향이나 동북향이 좋다.

③ 채광을 위한 창의 면적은 방바닥 면적의 15~20%(1/5~1/6)가 이상적이다.

④ 창의 실내 각 점의 개각은 4~5°, 입사각은 28° 이상이 좋다. 개각이 클수록 실내는 밝다.

4) 조명기구

① 형광등 : 대부분 백색에 가까운 빛을 얻는 광원으로 사용된다.

② 수은등 : 형광물질의 종류에 따라 임의의 광색을 얻을 수 있다.

③ 나트륨등 : 가로등, 차도의 조명으로 사용하며 등황색을 띠므로 색의 식별이 필요한 작업장에는 좋지 않다.

5) 조명도를 고르게 하는 방법

전체조명의 조도는 국부조명에 의한 조도의 1/5~1/10 정도가 되도록 조절한다.

6) 인공조명사용 시 고려해야 할 사항

① 작업에 충분한 조도를 낼 것

② 조명도를 균등히 유지할 것

③ 폭발성 또는 발화성이 없으며, 유해가스를 발생하지 않을 것

④ 장시간 작업 시 가급적 간접조명이 되도록 설치할 것

⑤ 광원을 시선에서 멀리 위치시킬 것

7) 적정 조명 수준

① 초정밀작업 : 750lx

② 정밀작업 : 300lx

③ 보통작업 : 150lx

④ 기타작업 : 75lx

[입자상 물질]

1) 입자상 물질의 침적 기전

① **충돌** : 충돌은 공기흐름 속도, 각도의 변화, 입자밀도, 입자직경에 따라 변화한다. 충돌은 지름이 크고, 공기흐름이 빠르고, 불규칙한 호흡기계에서 발생한다.

② **침강** : 먼지의 운동속도가 낮은 미세먼지나 폐포에서 주로 작용하는 기전이다.

③ **차단** : 길이가 긴 입자가 호흡기계로 들어오면 그 입자의 가장자리가 기도의 표면을 스치게 됨으로 일어나는 현상이다.

④ **확산** : 미세입자의 브라운 운동(불규칙적인 운동)에 의해 침적된다.

2) 입자상 물질의 직경

물리적 직경과 공기역학적 직경으로 나눌 수 있으며 물리적 직경에는 마틴직경, 페렛직경, 등면적 직경이 있다. 공기역학적 직경은 대상 입자와 같은 침강속도를 가지며 밀도가 1인 가상의 구형 직경을 말하고 침강속도, 역학적 특성에 의해 측정되는 직경이고, 직경분립충돌기를 이용해 크기를 분리한다.

① **분진** : 대부분 콜로이드보다 크고 공기나 다른 가스에 의해 단시간 동안 부유할 수 있는 고체 입자

② **흄** : 금속이 용해되어 액상 물질로 되고 이것이 가스상 물질로 기화된 후 다시 응축되어 발생하는 고체 미립자

③ **미스트** : 분산되어 있는 액체 입자로서 통상 현미경적 크기에서 육안으로 볼 수 있는 크기까지 포함한다.

④ **스모크** : 불완전 연소에 의하여 발생하는 에어로졸로서 고체일 수도 액체일 수도 있다. 주로 고체 상태이고 탄소와 기타 가연성 물질로 이루어져 있다.

⑤ **스모그** : Smoke와 fog의 합성어로 대기오염물질인 에어로졸에 대해 적용된다.

[흄의 발생기전 3단계]

• 1단계 : 금속의 증기화
• 2단계 : 증기물의 산화
• 3단계 : 산화물의 응축

[먼지]

호흡성 먼지에 대한 미국 ACGIH의 입자 크기별 기준
- 흡입성 입자상 물질 : 평균 입경 $100\mu m$
- 흉곽성 입자상 물질 : 평균 입경 $10\mu m$
- 호흡성 인자상 물질 : 평균 입경 $4\mu m$

[진폐증]

1971년 Bucharest 회의에서 정의된 진폐증은 "분진흡입에 의한 폐의 조직반응"이며 진폐증의 원인은 분진의 흡입이다. 병리적 소견은 폐의 조직반응 "섬유화"이다. 섬유증이란 폐포, 폐포관, 모세기관지 등을 이루고 있는 세포들 사이에 콜라겐 섬유가 증식하는 병리적 현상이며, 콜라겐 섬유가 증식하면 폐의 탄력성이 떨어져 호흡곤란, 기침, 폐기능 저하를 일으킨다.

1) 진폐증의 발생에 관여하는 요인
① 분진의 종류, 농도 및 크기
② 폭로시간 및 작업 강도
③ 보호시설이나 장비 착용 유무
④ 개인차

2) 원인물질
① 무기분진 : 금속, 규소, 석탄, 탄화수소, 석면, 베릴륨, 알루미늄, 실리카
※ 석면은 가능하면 습식으로 작업을 하도록 하고 근로자가 상시 접근할 필요가 없다면 밀폐실에 넣어 음압을 유지한다. 만약 밀폐가 불가능하다면 적절한 형식을 갖춘 국소배기장치를 설치한다. 석면의 노출기준은 개/cm^3로 표시한다. 석면은 15~40년의 잠복기를 가지고 있고 석면 노출에 대한 안전한계치가 없으며 석면에 노출될 경우 흔히 보이는 임상소견 부위는 흉막이다. 석면폐증, 원발성 폐암, 원발성 악성중피종이 대표적 질환이다.
② 유기분진 : 박테리아, 곰팡이, 동식물 단백질
③ 기타 : 용접 흄, 파라콰트

3) 폐포탐식세포
선천 면역을 담당하는 주요한 세포이다.

4) 진폐증의 종류

(1) 무기성 분진에 의한 진폐증

규폐증, 규조토폐증, 탄소폐증, 탄광부폐증, 용접공폐증, 석면폐증, 활석폐증, 철폐증, 베릴륨폐증, 흑연폐증, 주석폐증, 칼륨폐증, 바륨폐증

(2) 유기성 분진에 의한 진폐증

면폐증, 연초폐증, 농부폐증, 설탕폐증, 목재분진폐증, 모발분진폐증

[규폐증]

규폐증은 채석장 및 모래 분사 작업장 작업자들이 석영을 과도하게 흡입하여 발생하는 질병으로 원인물질은 이산화규소, 석영, 유리규산이 있다. 유리규산(석영) 분진에 의한 규폐성 결절과 폐포벽 파괴 등 망상내피계 반응은 분진 입자의 크기가 2~5μm일 때 자주 일어난다.

[직업성 천식]

직업성 천식은 작업상 취급하는 물질이나 작업 과정 중에 생산되는 중간물질 또는 최종 산물이 원인으로 관여하는, 즉 직업으로 인해 발생하는 천식으로 정의한다. 작업환경 중 천식을 유발하는 대표물질로는 TDI, 무수 트리멜리트산, 목분진이 있다. 빵집에서 밀가루에 노출되는 근로자도 직업성 천식이 생길 수 있다. 항원공여세포가 탐식되면 T림프구 중 II형 보조 T림프구가 특정 알레르기 항원을 인식한다. 직업성 천식은 근무시간에 증상이 점점 심해지다가 비근무시간에 증상이 완화되거나 없어지는 특징이 있다. 우선 질환이 이환하게 되면 작업환경에서 추후 소량의 유발물질에 노출되더라도 지속적으로 증상이 발현된다. 직업성 천식은 근로자가 호소하는 호흡기 증상이 천식인지 확진을 하고 직업과의 관련성을 증명하는 과정이 필요하다. 피부 알레르기 시험과 IgE 측정을 통해 직업성 천식을 진단할 수 있다.

[발암성 분류 기준]

1) 미국환경보호청(U.S. Environmental Protection Agency, EPA)

구분	발암성 분류 기준
A	사람에 대한 발암물질(Human carcinogen) – 노출과 발암과의 인과관계에 대한 충분한 역학적 증거가 있는 물질
B	사람에 대한 발암성의 가능성이 충분히 있는 물질(Probable human carcinogen)
B1	제한적인 역학적 증거가 있음(Limited evidence of carcinogenicity from epidemiology study)

구분	발암성 분류 기준
B2	사람에 대한 증거는 부족하지만 동물실험에서 충분한 증거 있음(Inadequate human evidence but positive animal evidence)
C	사람에 대한 발암 가능성이 있는 물질(Possible human carcinogen for humans) – 동물실험에서 제한적 또는 불명확한 증거 있으나 사람에 대한 데이터가 불충분하거나 없는 물질
D	사람에 대한 발암성 물질로 분류할 수 없는 물질(Not classifiable as to human carcinogenicity) – 사람 또는 동물에서 발암성 증거가 불충분하거나 없는 물질
E	사람에 대한 비발암성 물질(Evidence of noncarcinogenicity for humans) – 서로 다른 종류의 동물에 대하여 적어도 두 가지의 충분한 동물실험 또는 충분한 역학적 증거 및 동물실험결과 발암성 증거가 없는 물질

2) 미국정부산업위생전문가협회(American Conference of Governmental Industrial Hygienists, ACGIH)

구분	발암성 분류 기준
A1	인간에게 발암성이 확인됨(Confirmed human carcinogen)
A2	인간에게 발암성이 의심됨(Suspected human carcinogen)
A3	동물에게는 발암성이 확인되었으나, 인간에게는 관련성이 알려져 있지 않음(Confirmed animal carcinogen with unknown relevance to humans)
A4	인간에게는 발암성으로 분류할 수 없음(Not classifiable as a human carcinogen)
A5	인간에게는 발암성을 가지지 않은 것으로 짐작되는 물질(Not suspected as a human carcinogen)

3) 국제암연구소(International Agency for Research on Cancer, IARC)

구분	발암성 분류 기준
1	사람에 대한 발암성이 있는 물질(The agent (mixture) is carcinogenic to humans)
2A	사람에 대한 발암성의 가능성이 충분히 있는 물질(The agent (mixture) is probably carcinogenic to humans)
2B	사람에 대한 발암 가능성이 있는 물질(The agent (mixture) is possibly carcinogenic to humans)
3	사람에 대한 발암성이 있다고 분류할 수 없는 물질(The agent (mixture) is not classifiable as to carcinogenicity in humans)
4	사람에 대한 발암성이 없는 물질(The agent (mixture) is probably not carcinogenic to humans)

4) 고용노동부

구분	발암성 분류 기준
1A	사람에게 충분한 발암성 증거가 있는 물질
1B	실험동물에서 발암성 증거가 충분히 있거나, 실험동물과 사람 모두에서 제한된 발암성 증거가 있는 물질
2	사람이나 동물에서 제한된 증거가 있지만, 구분1로 분류하기에는 증거가 충분하지 않은 물질

[유해화학물질의 개요]

1) 유해화학물질의 인체 침입 경로

호흡기(흡입), 피부(경피), 소화기(경구)로 구분한다.

2) 유해화학물질의 독성에 따른 분류

① 급성독성물질 : 단기간에 독성이 발생하는 물질

② 아급성독성물질 : 장기간에 걸쳐서 독성이 발생하는 물질

　그밖에 장기노출 시 심각한 손상을 일으키는 물질, 신경계의 기능장애를 일으키는 독성물질, 혈액기능의 장애를 일으키는 물질, 간과 신장 등 표적기관의 손상을 일으키는 물질, 신체기관의 기능장애 또는 비가역적 변화를 일으키는 물질 등이 있다.

③ 유해물질이 인체에 미치는 영향인자

　독성, 폭로 빈도, 개인의 감수성, 작업강도, 인체 침입경로, 유해화학물질의 물리화학적 성질

④ 일반적으로 유해화학물질에 대해 여성이 남성보다 저항력이 약한데, 여자의 피부가 남자보다 섬세하고, 생리로 인한 혈액 소모가 있으며, 장기의 기능이 떨어지기 때문이다.

[중금속]

1) 중금속의 중독

중금속 중독의 배설, 제거하는 데 가장 중요한 경로는 신장이다. 금속의 일반적인 독성작용 기전은 효소 억제, 필수금속 평형 파괴, 필수금속 성분 대체, 술피드릴기와의 친화성이다.

• 금속열 : 금속열이 발생하는 작업장에서는 개인보호용구를 착용하여야 한다. 금속흄에 노출된 후 일정 시간의 잠복기를 지나 감기와 비슷한 증상이 나타나며 12~24시간 또는 24~48시간 후에는 자연적으로 없어진다. 아연, 마그네슘과 같은 비교적 융점이 낮은 금속의 제련, 용해, 용접 시 발생하는 산화금속흄을 흡입할 경우 생기는 발열성 질병이다.

2) 중금속의 종류

(1) 수은

급성 증상은 발열, 오한, 오심, 구토, 호흡곤란, 두통이 있으며 심한 경우 폐부종, 청색증, 양측성 폐침윤, 위장관에도 영향을 미치며 가슴 통증, 위염, 괴사성 궤양이 일어난다. 만성 증상은 구강염증, 진전, 정신적 변화, 구강염증, 구내염 등이 있다. 또한 근육경련을 일으키기도 한다. 급성중독 시에는 우유나 흰자를 먹이며 만성중독 시에는 BAL을 투여한다. 형광등 제조, 치과용 아말감 산업이 원인이 되기도 한다. 인간의 연금술, 의약품 등에 가장 오래 사용해 왔던 중금속 중 하나로 중절모자를 제조하는 데 사용하여 근육경련을 일으킨 물질이다.

(2) 납

조혈기능 장해를 일으키고 빈혈을 일으킨다. 적혈구가 위축되며 적혈구 내 전해질이 증가한다. 혈청 내 철이 증가하며 요 중-ALAD 활성치가 저하된다. δ-ALAD 활성치 저하, 혈청 및 요 중 δ-ALA 증가, 망상적혈구수의 증가, 적혈구 내 프로토포르피린이 증가하며 만성중독 시 Ca- EDTA, BAL, 디페니실라민을 약제로 사용한다. 골수 침입, 소화기 장애가 일어날 수 있으며 무기납은 호흡기, 소화기를 통해 체내에 흡수되고 유기납은 피부를 통해 체내에 흡수된다. 인체 내에 남아 있는 납의 90%는 뼈 조직에 축적된다. 혈 중 납은 최근에 노출된 납을 나타낸다. 납 중독을 확인하기 위해서는 혈액 중 납 농도, 신경전달속도, 헴의 대사 등으로 확인할 수 있다.

(3) 카드뮴

폐에 손상을 일으킬 수 있으며 호흡곤란, 기침, 폐렴 등 호흡기 증상이 일어날 수 있다. 간에도 침착하여 간기능을 약화시키고 간염, 간경변증을 유발할 수 있다. BAL 및 Ca-EDTA는 금속 배설제 신장독성 증가로 사용을 금지하며 산소흡입, 스테로이드 투여, 비타민 D 피하주사하여야 한다. 급성중독 시 신장장애를 일으켜 요독증으로 8~10일 이내 사망하는 경우도 있다. 체내에 흡수된 카드뮴은 혈액을 거쳐 2/3는 간과 신장으로 이동하여 축적된다.

(4) 크롬

비중격연골에 천공을 일으키고, 폐암, 비강암, 폐증 등 기관지의 손상을 일으키며 우유와 비타민 C를 섭취하도록 한다. 3가 크롬보다 6가 크롬이 쉽게 피부를 통과하게 되기 때문에 6가 크롬이 체내에 더 많이 흡수된다. 크롬 취급 근로자는 비점막 궤양 생성 여부를 면밀히 관찰하여야 한다. 크롬은 만성중독 시 특별한 치료법은 없으며 BAL, Ca-EDTA 복용은 효과가 없다. 피부궤양에는 5% 티오황산소다 용액, 5~10% 구연산소다 용액, 10% Ca-EDTA 연고를 사용한다.

(5) 망간

파킨슨증후군이 나타날 수 있으며 금속열을 유발한다. 전기용접봉 제조업, 도자기 제조업에서 호흡기 노출이 주경로이고 언어장애, 균형감각 상실, 신경염, 신장염, 중추신경 장해를 일으키고 금속 망간의 직업성 노출은 철강제조 분야에서 나타나며 망간의 만성중독을 일으키는 것은 2가의 망간화합물이다.

(6) 니켈

접촉성 피부염이 발생하며, 폐나 비강에 발암작용이 일어날 수 있다. 설사나 구토, 두통이 일어날 수 있고 호흡기 장해와 전신중독이 발생하며 비중격 천공, 폐암 등을 일으킬 수 있다. 체내 축적 시 아연, 비타민 C, 비타민 E, 셀레늄, 글루타치온, 메티오닌, 황함유아미노산 등이 도움이 된다. 석유의 정제, 니켈도금, 합성촉매제 등에 사용된다.

(7) 베릴륨

만성중독은 Neighborhood cases라고도 불리운다. 염화물, 황화물, 불화물과 같은 용해성 베릴륨화합물은 급성중독을 일으키며 BAL이나 Ca-EDTA 등 금속배설 촉진제는 사용을 금지한다. 예방을 위해 X선 촬영과 폐기능검사가 포함된 정기 건강검진이 필요하다.

[유해화학물질]

1) 생리적 작용에 의한 분류

(1) 자극제

피부나 점막에 작용하여 부식작용을 일으키거나 수포를 형성하는 물질이다.

① 상기도 점막 및 폐 자극제로는 암모니아, 염소계(염소, 염화수소), 이황산가스, 포름알데하이드, 아크롤레인, 아세트알데하이드, 크롬산, 산화에틸렌, 불소계(불산, 불소), 요오드, 오존, 브롬 등이 있다.

② 이산화질소, 포스겐, 염화비소는 종말 기관지 및 폐포 점막 자극제로 폐 속 깊이 침투하여 폐조직에 작용한다.

③ 사염화탄소는 신장장애 증상을 일으키고 발암성이 의심되는 물질군에 포함되어 있다.

(2) 질식제

조직의 호흡을 방해하며 질식시키는 물질이다.

① 단순 질식제 : 인체에 직접적인 유해성은 없으나 공기 중 산소 농도를 낮추는 물질(수소, 질소, 헬륨, 메탄, 이산화탄소, 아세틸렌)이다.

② 화학적 질식제 : 기도나 폐 조직을 자극하거나 폐 조직의 산소 교환 기능을 저하시켜 조직이 산소를 받아들이는 능력을 잃게 하여 질식을 일으키는 물질(일산화탄소, 아닐린, 니트로소아민, 시안화합물, 황화수소, 오존, 염소, 포스겐)이다.

(3) 마취제

마취의 정도가 심하면 의식을 잃거나 사망에 이를 수 있다.

마취를 일으키는 마취제로써 유기용제류, 할로겐화 탄화수소, 알코올, 에테르류, 케톤류 등이 작용한다.

2) 유기용제

유기용제는 다른 물질을 녹여 용매로 사용되는 물질을 말한다. 유기용제는 높은 온도와 낮은 기압에서 기화되어 호흡기로 유입되는 경우가 많다. 알코올류를 제외한 유기용제류는 물에 대한 친화력이 낮아 지방, 지질 부분에 축적성이 높다. 유기용제의 중추신경계 작용으로 잘 알려진 것은 마취작용이다.

(1) 벤젠

조혈기능 장애를 일으키고 백혈병을 일으키는 원인물질이다. 빈혈을 일으켜 혈액의 모든 세포성분이 감소한다. 주로 페놀로 대사된다.

(2) 톨루엔

중추신경 장애를 일으키고 주로 간에서 마뇨산으로 되어 뇨로 배설된다. 벤젠과는 다르게 영구적인 혈액장애를 일으키지 않는다. 급성 전신중독 시 독성은 톨루엔 > 크실렌 > 벤젠 순이다. TDI는 직업성 천식의 원인물질로 자동차 정비업체에서 우레탄 도료를 사용하는 도장공장, 피혁제조에 사용되는 포르말린 크롬화합물, 식물성기름 제조에 사용되는 아마씨, 목화씨에서 발생한다.

(3) 다핵방향족 탄화수소

벤젠고리가 2개 이상으로 20여 가지 이상의 물질이 있다. 철강 제조업 코크스 공정, 담배연소, 아스팔트, 굴뚝에서 배출되고, 비극성, 지용성의 성질을 갖는다. 시토크롬 P-450의 준개체단에 의하여 대사된다. 대사과정에 의해서 변화된 후에만 발암성을 나타낸다. 그 외의 대사과정에 의해 변화된 후에만 발암성을 나타내는 물질로는 PAH, nitrosamine, benzo(a)pyrene, ethyl bromide이 있다.

(4) 알코올류 유기용제

메탄올과 에탄올 에틸글리콜 등이 대표적이다. 중추신경계 억제작용, 조직독성, 자극작용을 일으키며 특히 메탄올은 시신경 장애를 일으킨다. 메탄올과 에탄올은 폐 또는 피부로 흡수되고 에틸글리콜은 경피를 통해 흡수된다.
① 메탄올 : 플라스틱, 필름제조와 휘발유첨가제 등에 이용된다. 메탄올의 시각장애 독성을 나타내는 대사단계는 메탄올 → 포름알데하이드 → 포름산 → 이산화탄소 형태이다.
② 에탄올 : 간경화를 일으켜 간암으로 진행한다. 피부혈관을 확장시켜 심장혈관을 억압하며 위액분비를 증가시켜 궤양을 일으킨다.
③ 에틸렌글리콜 : 시너에 소량 포함되어 있으며 독성은 약한 편이고 호흡마비, 단백뇨, 신부전 증상이 나타난다.

(5) 케톤류

중추신경계 억제작용, 자극작용, 호흡부전증을 일으킨다. 특히 메틸부틸케톤류는 말초신경장애를 일으킨다.

(6) 아민류

자극성이 강하며 취급상 위험이 크다. 특히 β-나프틸아민은 췌장암, 방광암을 일으킨다.

(7) 할로겐류

사염화탄소, 트리클로로에틸렌, 염화비닐, 브롬화메틸 등이 대표적이다. 중추신경계의 억제에 의한 마취작용이 나타나며, 독성 정도는 일반적으로 화합물의 분자량이 커질수록, 할로겐원소의 수가 많을수록 증가한다. 초기 증상은 지속적인 두통, 구역 또는 구토, 복통, 간압통 등으로 나타난다. 고농도에 노출되면 중추신경계 장애 외에 간장과 신장장애를 유발한다. 트리클로로에틸렌의 경우 호흡기를 통하여 흡수되어 삼염화초산, 삼염화에탄올로 대사된다.

① **사염화탄소** : 신장장애 증상, 감뇨, 혈뇨 등이 발생하고 간에 대한 독성작용이 크다.

② **클로로포름** : 지방, 기름, 고무, 알칼로이드, 왁스, 구타페르카 및 수지의 용매이고 근대산업에서 주용도는 탄화불소-22, 냉각제의 생성이다. 실험시약 및 약품의 추출 용매로 사용하며 가정 에어컨의 냉각기나 대형 슈퍼마켓 냉각기 및 플루오로폴리머의 생성에 쓰이는 클로로다이플루오로메탄의 생성에 주로 쓰인다.

(8) 노말헥산

페인트, 시너, 잉크 등의 용제로 사용된다. 다발성 말초신경증을 유발하는 물질이며 체내에서 2,5-hexanedione 으로 배설된다.

3) 기타 유해물질

(1) 이황화탄소

인조견, 셀로판, 농약, 사염화탄소, 고무제품 용제 작업장에서 중독될 가능성이 크다. 감각 및 운동신경 모두에 침범하고 심한 경우 불안, 분노, 자살성향 등을 보이기도 한다. 생식기능 장애를 일으키며 말초신경장애 현상으로 파킨슨증후군을 유발하며 급성마비, 두통, 신경증상 등도 나타난다.

(2) PCB

비페닐염소화합물을 말하며 전기공업, 인쇄잉크용제로 사용되고 폴리비닐 중합체를 생산하는 데 많이 사용된다. 간 장해와 발암작용을 일으킨다. 생식독성 물질이며 체내 축적성이 높아 발암성을 나타낸다.

(3) 에스테르류

카르보실산과 알코올과의 에스테르반응으로 생성되고 단순 에스테르 중 독성이 가장 높은 것은 부틸산염이다.

(4) 아크리딘

헥산 하나를 첨가하거나 탈락시켜 돌연변이를 일으키는 물질이다.

(5) 벤지딘

염료, 작물, 화학공업, 합성고무경화제 제조에 사용하고 급성중독 시 피부염, 급성방광염을 유발하며 만성중독 시 방광, 요로계 종양을 유발한다.

4) 중추신경계 억제작용 순서

할로겐화합물 > 에테르 > 에스테르 > 유기산 > 알코올 > 알켄 > 알칸

5) 중추신경계 자극작용 순서

아민 > 유기산 > 케톤, 알데하이드 > 알코올 > 알칸

[피부질환]

① 피부는 표피층과 진피층으로 구성된다.

② 표피층에는 색소침착이 가능한 표피층 내의 멜라닌세포와 랑거한스세포가 존재한다. 랑거한스세포는 피부의 면역반응에 중요한 역할을 한다. 진피층에는 혈관이 존재한다.

③ 멜라닌세포는 피부의 색을 내는 세포이며, 자외선에 노출될 경우 증가하여 자외선으로부터 피부를 보호한다.

④ 직업성 피부질환에 영향을 주는 직접적 요인은 물리적 요인(열, 한랭, 자외선, 진동, 마찰), 생물학적 요인(세균, 바이러스, 진균, 기생충), 화학적 요인(산, 알칼리, 기름 등)으로 나누고 간접적 요인으로는 연령 및 성별, 인종, 피부 종류, 땀, 계절, 온도, 습도, 비직업성 피부질환의 공존이 있다.

⑤ 접촉성 피부염은 면역학적 반응에 따라 과거 노출 경험이 없어도 반응이 나타나며 자극성 접촉 피부염과 알레르기성 접촉 피부염으로 나눌 수 있는데 자극성 접촉 피부염은 홍반과 부종을 동반하고, 작업장에서 발생빈도가 가장 높으며 진정한 의미의 알레르기 반응이 수반되는 것은 포함시키지 않는다. 알레르기원에서 노출되고 이 물질이 알레르기원으로 작용하기 위해서는 일정 기간 소요되며 이 기간을 유도기라고 한다. 알레르기성 접촉 피부염은 첩포시험을 통해 증명되며 항원에 노출되고 일정시간 지난 후에 다시 노출되었을 때 세포매개성 과민반응에 의하여 나타나는 부작용의 결과이다. 알레르기성 접촉 피부염은 면역반응과 관계가 있다.

⑥ 담마진 반응은 접촉 후 보통 30~60분 후에 발생하고 광독성 반응은 홍반, 부종, 착색을 동반하기도 한다.

[근로자의 화학물질에 대한 노출을 평가하는 방법]

1) 개인시료 측정

근로자의 신체 부위에 감지기구를 부착하여 부근의 화학물질 양, 농도를 측정하는 방법으로 간접적으로 평가된다. 노출을 줄이기 위한 관리대책의 선정이나 계획을 수립하기 위하여 실시한다. 호흡기를 통하여 흡입되는 공기 중 농도만 평가하므로 종합적 흡수량은 알 수 없다.

2) 건강감시

유해물질에 노출된 근로자에게 주기적으로 검사를 실시하여 평가하는 방법이다. 근로자의 건강한 상태를 평가하고 각 근로자에 따라 건강상의 악영향에 대해 초기 증상을 규명하기 위해 실시한다.

3) 생물학적 노출지표(BEI)

작업장의 유해물질을 공기 중 허용농도에 의존하는 것 이외에 근로자의 노출 상태를 측정하는 방법으로, 근로자들은 조직과 체액 또는 호기를 검사해서 건강장해를 일으키는 일이 없이 노출될 수 있는 양을 규정한 것이다.

4) 허용농도(TLV)

유해화학물질 허용농도로 작업자들이 작업할 때 공기 중의 농도가 작업자에게 영향을 미치지 않는 농도를 나타낸다. 하루 8시간, 주 5일 근무하는 것을 기준으로 하며 ACGIH에서 채택하고 있다.

※ 그 외 기관의 노출기준 명칭

국가	허용 기준
미국정부산업위생전문가협의회	TLV
미국산업안전보건청	PEL
미국국립산업안전보건연구원	REL
미국산업위생학회	WEL
독일	MAK
영국 보건안전청	WEL
스웨덴	OEL
한국	화학물질 및 물리적 인자의 노출기준

5) 생물학적 모니터링

근로자의 유해물질에 대한 노출 정도를 소변, 호기, 혈액 중에서 그 물질이나 대사산물을 측정하여 노출 정도를 추정하는 방법이다. 화학물질의 종합적인 흡수 정도를 평가할 수 있다.

(1) 생물학적 모니터링의 장점 및 단점

생물학적 모니터링은 작업환경측정과 비교하여 모든 노출경로에 의한 흡수 정도를 나타낼 수 있으며, 건강상의 위험에 대해서 보다 정확한 평가를 할 수 있고, 작업환경측정보다 더 직접적으로 근로자 노출을 추정할 수 있다는 장점이 있는 반면 시료채취가 어렵고 유기시료의 특이성이 존재하고 복잡하며 각 근로자의 생물학적 차이가 나타날 수 있다는 점과 분석이 어렵고 시료가 오염될 수 있다는 단점이 있다.

(2) 생물학적 모니터링 방법 중 생물학적 결정인자(방법 분류)

체액의 화학물질 또는 그 대사산물, 표적조직에 작용하는 활성 화학물질의 양, 건강상의 영향을 초래하지 않은 부위나 조직

① 생물학적 결정인자 선택 기준

    ㉠ 검체의 채취나 검사과정에서 대상자에게 불편을 주지 않아야 한다. 적절한 민감도를 가진 결정인자이어야 한다. 검사에 대한 분석적인 변이나 생물학적 변이가 타당해야 한다. 결정인자는 노출된 화학물질로 인해 나타나는 결과가 특이성을 가져야 한다.

    ㉡ 소변을 이용한 생물학적 모니터링은 비파괴적 시료채취 방법으로 많은 양의 시료확보가 가능하고 크레아티닌 농도 및 비중으로 보정이 필요하다는 특징이 있다.

    ㉢ 혈액을 이용한 생물학적 모니터링은 EDTA와 같은 항응고제를 첨가한다.

② 생물학적 모니터링에서 사용되는 약어 및 용어

    ㉠ B(background) : 직업적으로 노출되지 않은 근로자의 검체에서 동일한 결정인자가 검출될 수 있다는 의미

    ㉡ Sc(susceptibility, 감수성) : 화학물질의 영향으로 감수성이 커질 수도 있다는 의미

    ㉢ Nq(nonqualitative) : 결정인자가 동 화학물질에 노출되었다는 지표일 뿐이고 측정치를 비정량적으로 해석하는 것은 곤란하다는 의미

    ㉣ Ns(nonspecific, 비특이적) : 특정 화학물질 노출에서뿐만 아니라 다른 화학물질에 의해서도 이 결정인자가 나타날 수 있다는 의미

※ 내재용량 : 내재용량은 최근에 흡수된 화학물질의 양으로, 축적된 화학물질의 양을 의미한다.

③ 생물학적 노출지표 물질 및 시료채취시기

화학물질	생물학적 노출지표(대사산물)	시료채취시기
벤젠	뇨 중 페놀	작업종료 시
톨루엔	뇨 중 o-크레졸	작업종료 시
에틸벤젠	뇨 중 만델린산	작업종료 시
크실렌	뇨 중 메틸마노산	작업종료 시
니트로벤젠	혈 중 메타헤모글로빈	작업종료 시
이황화탄소	뇨 중 TTCA 뇨 중 이황화탄소	–
메탄올	뇨 중 메탄올	–
노말헥산	뇨 중 노말헥산 뇨 중 2,5-hexandione	작업종료 시
아세톤	뇨 중 아세톤	작업종료 시
납	혈 중 납 뇨 중 납	–
카드뮴	혈 중 카드뮴 뇨 중 카드뮴	–
트리클로로에틸렌	뇨 중 트리클로로초산	작업종료 시
클로로벤젠	뇨 중 4-클로로카테콜 뇨 중 p-클로로페놀	주말작업 종료 시
일산화탄소	호기 중 일산화탄소 혈 중 카르복시헤모글로빈	주간 작업종료 시

[물질 간 상호작용]

구분	정의	수치 표현
상가작용	각 유해인자의 독성의 합만큼 독성 결과가 나타나는 작용	2 + 3 = 5
상승작용	각 유해인자의 독성 합보다 독성 결과가 훨씬 커짐이 나타나는 작용	2 + 3 = 20
가승작용	독성이 없던 물질과 반응한 독성물질이 상호반응 시 독성이 증가함이 나타나는 작용	2 + 0 = 10
길항작용	독성을 가진 두 물질이 서로 작용을 방해하여 독성이 감소함이 나타나는 작용	2 + 3 = 1

[길항작용]

① 화학적 길항작용 : 두 화학물질이 반응하여 저독성의 물질을 형성하는 경우
② 기능적 길항작용 : 동일한 생리적 기능에 길항작용을 나타내는 경우
③ 배분적 길항작용 : 물질의 흡수, 대사 등에 영향을 미쳐 표적 기관 내 축적 기관의 농도가 저하되는 경우
④ 수용적 길항작용 : 두 화학물질이 같은 수용체에 결합하여 독성이 저하되는 경우

[독성]

1) 독성실험에 관한 용어

① LD_{50} : 유해물질의 경구투여용량 독성검사 용량–반응 곡선에서 실험동물군의 50%가 일정기간 동안에 죽는 치사량을 의미하고 치사량은 물질의 무게/동물의 몸무게로 표시한다. 일반적으로 30일간 50%의 동물이 죽는 치사량을 말한다.

② LC_{50} : 기체상태의 독성물질을 흡입하여 50%가 죽게 되는 농도를 말한다.

③ ED_{50} : 실험동물의 50%가 관찰 가능한 가역적인 반응을 나타내는 양이다.

④ TD_{50} : 실험동물의 50%에서 심각한 독성반응이 나타나는 양이다.

⑤ NEL : 실험동물에서 어떠한 영향도 나타나지 않는 수준. 동물실험에서 유효량으로 이용된다.

⑥ NOEL : 현재의 평가방법으로는 독성 영향이 관찰되지 않은 수준. 무관찰 영향 수준을 나타낸다.

⑦ NOAEL : 악영향도 관찰되지 않은 수준을 말한다.

2) 독성실험 단계

① 제1단계 : 치사성과 기관장애에 대한 반응 곡선을 작성한다. 눈과 피부에 대한 자극성을 시험한다. 변이원성에 대하여 1차적인 스크리닝 실험을 한다.

② 제2단계 : 상승작용과 가승작용 및 상쇄작용에 대하여 시험한다. 생식독성과 최기형성을 시험한다. 거동특성을 시험한다. 장기독성을 시험한다. 변이원성에 대하여 2차적인 스크리닝 실험을 한다.

3) 생식독성의 유발요인

① 남성 근로자의 생식독성 유발인자 : 고온, X선, 납, 카드뮴, 망간, 수은, 항암제 마취제 알킬화제, 이황화탄소, 음주, 흡연, 마약, 호르몬제, 마이크로파 등

② 여성 근로자의 생식독성 유발인자 : X선, 고열, 저산소증, 납, 수은, 카드뮴, 항암제, 이뇨제, 알킬화제, 유기인계 농약, 음주, 흡연, 마약, 비타민 A, 칼륨, 저혈압 등

[산업역학]

• 상대위험도 = 노출군에서의 질병발생률/비노출군에서의 질병발생률
• 기여위험도 = 노출군에서의 질병발생률 – 비노출군에서의 질병발생률
• 대응비 = 노출 또는 질병의 발생확률/노출 또는 질병의 비발생확률
• 교차비 = 환자군에서의 노출 대응비/대조군에서의 노출 대응비

[검사법의 민감도와 특이도]

질병에 대한 검사법에 대해 아래와 같은 결과가 산출되었을 때,

구분		실제값(질병)		합계
		양성	음성	
검사법	양성	A	B	A+B
	음성	C	D	C+D
합계		A+C	B+D	

• 검사법의 민감도 = A/(A + C)

• 가음성률 = C/(A+C)

• 가양성률 = B/(B+D)

• 특이도 = D/(B+D)

[하버의 법칙]

작업장에서 중독은 유해물질 농도와 노출시간에 따라 달라지며 중독이 발생하는 유해물질 농도와 노출시간의 곱은 일정하다는 법칙이다. 비교적 단시간 노출되어 중독을 일으키는 경우에 적용된다.

PART 02

과년도 + 최근
기출복원문제

산업위생관리기사

www.sdedu.co.kr

제1과목 | 산업위생학 개론

01

작업대사량(RMR)을 계산하는 방법이 아닌 것은?

① $\dfrac{작업대사량}{기초대사량}$

② $\dfrac{기초작업대사량}{작업대사량}$

③ 작업 시 열량소비량 − $\dfrac{안정 \ 시 \ 열산소소비량}{기초대사 \ 시 \ 산소소비량}$

④ 작업 시 산소소비량 − $\dfrac{안정 \ 시 \ 열산소소비량}{기초대사 \ 시 \ 산소소비량}$

해설

$RMR = \dfrac{작업대사량}{기초대사량}$

작업대사량 = 작업 시 소요열량 − 안정 시 소요열량

　　　　　 = 작업 시 산소소비량 − 안정 시 산소소비량

02

정상 작업역을 설명한 것으로 맞는 것은?

① 전박을 뻗쳐서 닿는 작업영역

② 상지를 뻗쳐서 닿는 작업영역

③ 사지를 뻗쳐서 닿는 작업영역

④ 어깨를 뻗쳐서 닿는 작업영역

해설

- 전박 : 팔꿈치부터 손목
- 상지 : 팔
- 사지 : 양팔과 양다리

03

방직공장의 면분진 발생 공정에서 측정한 공기 중 면분진 농도가 2시간은 $2.5mg/m^3$, 3시간은 $1.8mg/m^3$, 3시간은 $2.6mg/m^3$일 때, 해당 공정의 시간가중평균노출기준 환산값은 약 얼마인가?

① $0.86mg/m^3$　　② $2.28mg/m^3$

③ $2.35mg/m^3$　　④ $2.60mg/m^3$

해설

시간가중평균노출기준(TWA)

$= \dfrac{유해인자의 \ 측정치}{8hr}$

$= \dfrac{(2.5mg/m^3 \times 2hr) + (1.8mg/m^3 \times 3hr) + (2.6mg/m^3 \times 3hr)}{8hr}$

$= 2.28mg/m^3$

04

산업피로의 발생현상(기전)과 가장 관계가 없는 것은?

① 생체 내 조절기능의 변화

② 체내 생리대사의 물리·화학적 변화

③ 물질대사에 의한 피로물질의 체내 축적

④ 산소와 영양소 등의 에너지원 발생 증가

해설

산업피로 발생기전
- 물질대사에 의한 중간대사물질(피로물질)의 축적
- 활동자원(산소, 영양소 등)의 소모
- 체내의 물리화학적 변조
- 신체조절 기능의 저하

05

스트레스 관리 방안 중 조직적 차원의 대응책으로 가장 적합하지 않은 것은?

① 직무 재설계

② 적절한 시간 관리

③ 참여 의사 결정

④ 우호적인 직장 분위기 조성

해설

직무스트레스에 의한 건강장해 예방 조치(산업안전보건기준에 관한 규칙 제669조)

사업주는 근로자가 직무스트레스가 높은 작업을 하는 경우에 법 제5조 제1항에 따라 직무스트레스로 인한 건강장해 예방을 위하여 다음의 조치를 하여야 한다.
- 작업환경·작업내용·근로시간 등 직무스트레스 요인에 대하여 평가하고 근로시간 단축, 장·단기 순환작업 등의 개선대책을 마련하여 시행할 것
- 작업량·작업일정 등 작업계획 수립 시 해당 근로자의 의견을 반영할 것
- 작업과 휴식을 적절하게 배분하는 등 근로시간과 관련된 근로조건을 개선할 것
- 근로시간 외의 근로자 활동에 대한 복지 차원의 지원에 최선을 다할 것
- 건강진단 결과, 상담자료 등을 참고하여 적절하게 근로자를 배치하고 직무스트레스 요인, 건강문제 발생가능성 및 대비책 등에 대하여 해당 근로자에게 충분히 설명할 것
- 뇌혈관 및 심장질환 발병위험도를 평가하여 금연, 고혈압 관리 등 건강증진 프로그램을 시행할 것

06

산업안전보건법상 근로자 건강진단의 종류가 아닌 것은?

① 퇴직후건강진단　　② 특수건강진단

③ 배치전건강진단　　④ 임시건강진단

해설

산업안전보건법상 건강진단

일반건강진단, 특수건강진단, 임시건강진단, 배치건강진단, 수시건강진단

07

산업위생의 목적과 가장 거리가 먼 것은?

① 근로자의 건강을 유지·증진시키고 작업 능률을 향상시킴

② 근로자들의 육체적, 정신적, 사회적 건강을 유지·증진시킴

③ 유해한 작업환경 및 조건으로 발생한 질병을 진단하고 치료함

④ 작업환경 및 작업조건이 최적화되도록 개선하여 질병을 예방함

해설

산업위생관리 목적
- 작업환경 개선 및 직업병의 근원적 예방
- 작업환경 및 작업조건의 인간공학적 개선
- 작업자의 건강보호 및 생산성 향상
- 근로자들의 육체적·정신적·사회적 건강을 유지 및 증진
- 산업재해의 예방 및 직업성 질환 유소견자의 작업전환

08

어떤 사업장에서 70명의 종업원이 1년간 작업하는 데 1급 장해 1명, 12급 장해 11명의 신체장해가 발생하였을 때 강도율은?(단, 연간 근로일수는 290일, 일 근로시간은 8시간이다)

신체장해 등급	1~3	11	12
근로 손실일수	7,500	400	200

① 59.7
② 72.0
③ 124.3
④ 360.0

해설

산업재해통계의 산출방법 및 정의(산업재해통계업무 처리규정 제3조)

$$강도율 = \frac{총\ 요양근로\ 손실일수}{연\ 근로시간수} \times 10^3$$

요양근로 손실일수 산정요령(산업재해통계업무 처리규정 [별표 1])

구분		근로 손실일수
사망		7,500
신체장해자 등급	1~3	7,500
	4	5,500
	5	4,000
	6	3,000
	7	2,200
	8	1,500
	9	1,000
	10	600
	11	400
	12	200
	13	100
	14	50

연 근로시간수 = 8hr/day · man × 290day × 70man
　　　　　　 = 162,400hr

근로 손실일수 = (7,500 × 1) + (200 × 11) = 9,700일

$$\frac{9,700}{162,400} \times 10^3 = 59.73$$

09

우리나라 산업위생 역사와 관련된 내용 중 맞는 것은?

① 문송면 – 납 중독 사건
② 원진레이온 – 이황화탄소 중독 사건
③ 근로복지공단 – 작업환경측정기관에 대한 정도관리제도 도입
④ 보건복지부 – 산업안전보건법·시행령·시행 규칙의 제정 및 공포

해설

- 문송면 – 수은 중독으로 인한 사망 사건
- 고용노동부 – 작업환경측정기관에 대한 정도관리제도 도입
- 고용노동부 – 산업안전 보건법, 시행령, 시행규칙의 제정 및 공포

10

에틸벤젠(TLV-100ppm)을 사용하는 작업장의 작업시간이 9시간일 때에는 허용기준을 보정하여야 한다. OSHA 보정방법과 Breif와 Scala 보정방법을 적용하였을 때 두 보정된 허용기준치 간의 차이는 약 얼마인가?

① 2.2ppm
② 3.3ppm
③ 4.2ppm
④ 5.6ppm

해설

OSHA 보정방법

$$보정된\ 허용농도 = 8시간\ 허용농도 \times \frac{8시간}{노출시간/일}$$

$$= 100ppm \times \frac{8}{9} = 88.89ppm$$

Brief와 Scala 보정방법
보정된 허용 기준 = TLV × RF

$$RF = \frac{8}{H} \times \frac{24-H}{16} = \frac{8}{9} \times \frac{24-9}{16} = 0.8333$$

보정된 허용 기준 = 100 × 0.8333 = 83.33
OSHA 기준 – Brief와 Scala기준 = 88.89 – 83.33 = 5.56
(단, Brief와 Scala 보정방법 중 "16"은 휴식시간에 해당한다)

11

산업안전보건법상 제조 등 금지 대상 물질이 아닌 것은?

① 황린 성냥

② 청석면, 갈석면

③ 디클로로벤지딘과 그 염

④ 4-니트로디페닐과 그 염

해설

제조 등이 금지되는 물질(산업안전보건법 시행령 제87조)

- β-나프틸아민[91-59-8]과 그 염(β-Naphthylamine and its salts)
- 4-니트로디페닐[92-93-3]과 그 염(4-Nitrodiphenyl and its salts)
- 백연[1319-46-6]을 포함한 페인트(포함된 중량의 비율이 2% 이하인 것은 제외한다)
- 벤젠[71-43-2]을 포함하는 고무풀(포함된 중량의 비율이 5% 이하인 것은 제외한다)
- 석면(Asbestos ; 1332-21-4 등)
- 폴리클로리네이티드 터페닐(Polychlorinated terphenyls ; 61788-33-8 등)
- 황린(黃燐)[12185-10-3] 성냥(Yellow phosphorus match)
- 제1호, 제2호, 제5호 또는 제6호에 해당하는 물질을 포함한 혼합물(포함된 중량의 비율이 1% 이하인 것은 제외한다)
- 「화학물질관리법」 제2조 제5호에 따른 금지물질(같은 법 제3조 제1항 제1호부터 제12호까지의 규정에 해당하는 화학물질은 제외한다)
- 그 밖에 보건상 해로운 물질로서 산업재해보상보험 및 예방심의위원회의 심의를 거쳐 고용노동부장관이 정하는 유해물질

12

각 개인의 육체적 작업 능력(PWC, physical work capacity)을 결정하는 요인이라고 볼 수 없는 것은?

① 대사 정도　　　② 호흡기계 활동

③ 소화기계 활동　　④ 순환기계 활동

해설

PWC는 피로를 느끼지 않고 하루에 4분간 계속할 수 있는 작업의 강도를 말하고 개인의 심폐기능으로 결정되므로 소화기계의 활동은 관련 없다.

13

미국산업위생학술원(AAIH)이 채택한 윤리강령 중 기업주와 고객에 대한 책임에 해당하는 내용은?

① 일반 대중에 관한 사항은 정직하게 발표한다.

② 위험 요소와 예방 조치에 관하여 근로자와 상담한다.

③ 성실과 학문적 실력 면에서 최고 수준을 유지한다.

④ 궁극적으로 기업주와 고객보다 근로자의 건강 보호에 있다.

해설

산업위생 전문가로서의 책임	• 성실성과 학문적 실력 면에서 최고 수준을 유지한다(전문적 능력 배양 및 성실한 자세로 행동). • 과학적 방법의 적용과 자료의 해석에서 경험을 통한 전문가의 객관성을 유지한다(공인된 과학적 방법 적용, 해석). • 전문 분야로서의 산업위생을 학문적으로 발전시킨다. • 근로자, 사회 및 전문 직종의 이익을 위해 과학적 지식을 공개하고 발표한다. • 산업위생활동을 통해 얻은 개인 및 기업체의 기밀은 누설하지 않는다(정보는 비밀 유지). • 전문적 판단이 타협에 의하여 좌우될 수 있거나 이해관계가 있는 상황에는 개입하지 않는다. • 쾌적한 작업환경을 만들기 위해 산업위생이론을 적용하고 책임 있게 행동한다.
근로자에 대한 책임	• 근로자의 건강보호가 산업위생전문가의 일차적 책임임을 인지한다(주된 책임 인지). • 근로자와 기타 여러 사람의 건강과 안녕이 산업위생전문가의 판단에 좌우된다는 것을 깨달아야 한다. • 위험요인의 측정, 평가 및 관리에 있어서 외부 영향력에 굴하지 않고 중립적(객관적) 태도를 취한다. • 건강의 유해요인에 대한 정보(위험요소)와 필요한 예방조치에 대해 근로자와 상담(대화)한다.
사업주(기업주)와 고객에 대한 책임	• 결과 및 결론을 뒷받침할 수 있도록 정확한 기록을 유지하고, 산업위생사업을 전문가답게 운영·관리한다. • 근로자의 건강에 대한 궁극적인 책임은 사업주에게 있음을 인식시킨다. • 쾌적한 작업환경을 조성하기 위하여 산업위생의 이론을 적용하고 책임 있게 행동한다. • 신뢰를 바탕으로 정직하게 권하고 성실한 자세로 충고하며 결과와 개선점 및 권고사항을 정확히 보고한다.
일반 대중에 대한 책임	• 일반 대중에 관한 사항은 학술지에 정직하게 사실 그대로 발표한다. • 적정(정확)하고도 확실한 사실을 근거로 전문인 견해를 발표한다.

14

산업안전보건법상 입자상 물질의 농도 평가에서 2회 이상 측정한 단시간 노출 농도값이 단시간 노출기준과 시간가중평균기준값 사이일 때 노출기준 초과로 평가해야 하는 경우가 아닌 것은?

① 1일 4회를 초과하는 경우
② 15분 이상 연속 노출되는 경우
③ 노출과 노출 사이의 간격이 1시간 이내인 경우
④ 단위작업장소의 넓이가 $30m^2$ 이상인 경우

해설

유해인자별 노출 농도의 허용기준(산업안전보건법 시행규칙 [별표 19])

"단시간 노출값(STEL, Short-Term Exposure Limit)"이란 15분 간의 시간가중평균값으로서 노출 농도가 시간가중평균값을 초과하고 단시간 노출값 이하인 경우에는 ① 1회 노출 지속시간이 15분 미만이어야 하고, ② 이러한 상태가 1일 4회 이하로 발생해야 하며, ③ 각 회의 간격은 60분 이상이어야 한다.

15

산업안전보건법상 허용기준 대상 물질에 해당하지 않는 것은?

① 노말헥산
② 1-브로모프로판
③ 포름알데하이드
④ 디메틸포름아미드

해설

유해인자 허용기준 이하 유지 대상 유해인자(산업안전보건법 시행령 [별표 26])
• 6가크롬[18540-29-9] 화합물(Chromium VI compounds)
• 납[7439-92-1] 및 그 무기화합물(Lead and its inorganic compounds)
• 니켈[7440-02-0] 화합물(불용성 무기화합물로 한정한다)(Nickel and its insoluble inorganic compounds)
• 니켈카르보닐(Nickel carbonyl ; 13463-39-3)
• 디메틸포름아미드(Dimethylformamide ; 68-12-2)
• 디클로로메탄(Dichloromethane ; 75-09-2)
• 1,2-디클로로프로판(1,2-Dichloropropane ; 78-87-5)

• 망간[7439-96-5] 및 그 무기화합물(Manganese and its inorganic compounds)
• 메탄올(Methanol ; 67-56-1)
• 메틸렌 비스(페닐 이소시아네이트)(Methylene bis(phenyl isocyanate) ; 101-68-8 등)
• 베릴륨[7440-41-7] 및 그 화합물(Beryllium and its compounds)
• 벤젠(Benzene ; 71-43-2)
• 1,3-부타디엔(1,3-Butadiene ; 106-99-0)
• 2-브로모프로판(2-Bromopropane ; 75-26-3)
• 브롬화 메틸(Methyl bromide ; 74-83-9)
• 산화에틸렌(Ethylene oxide ; 75-21-8)
• 석면(제조·사용하는 경우만 해당한다)(Asbestos ; 1332-21-4 등)
• 수은[7439-97-6] 및 그 무기화합물(Mercury and its inorganic compounds)
• 스티렌(Styrene ; 100-42-5)
• 시클로헥사논(Cyclohexanone ; 108-94-1)
• 아닐린(Aniline ; 62-53-3)
• 아크릴로니트릴(Acrylonitrile ; 107-13-1)
• 암모니아(Ammonia ; 7664-41-7 등)
• 염소(Chlorine ; 7782-50-5)
• 염화비닐(Vinyl chloride ; 75-01-4)
• 이황화탄소(Carbon disulfide ; 75-15-0)
• 일산화탄소(Carbon monoxide ; 630-08-0)
• 카드뮴[7440-43-9] 및 그 화합물(Cadmium and its compounds)
• 코발트[7440-48-4] 및 그 무기화합물(Cobalt and its inorganic compounds)
• 콜타르피치[65996-93-2] 휘발물(Coal tar pitch volatiles)
• 톨루엔(Toluene ; 108-88-3)
• 톨루엔-2,4-디이소시아네이트(Toluene-2,4-diisocyanate ; 584-84-9 등)
• 톨루엔-2,6-디이소시아네이트(Toluene-2,6-diisocyanate ; 91-08-7 등)
• 트리클로로메탄(Trichloromethane ; 67-66-3)
• 트리클로로에틸렌(Trichloroethylene ; 79-01-6)
• 포름알데하이드(Formaldehyde ; 50-00-0)
• n-헥산(n-Hexane ; 110-54-3)
• 황산(Sulfuric acid ; 7664-93-9)

16

사무실 등의 실내환경에 대한 공기질 개선 방법으로 가장 적합하지 않은 것은?

① 공기청정기를 설치한다.
② 실내 오염원을 제어한다.
③ 창문 개방 등에 따른 실외 공기의 환기량을 증대시킨다.
④ 친환경적이고 유해공기오염물질의 배출저도가 낮은 건축자재를 사용한다.

해설

실내공기질 관리 방법
• 환기, 베이크 아웃
• 청소
• 발생제어(친환경 건축자재 등의 사용)

17

공간의 효율적인 배치를 위해 적용되는 원리로 가장 거리가 먼 것은?

① 기능성 원리
② 중요도의 원리
③ 사용빈도의 원리
④ 독립성의 원리

해설

공간의 효율적인 배치를 위해 적용되는 원리
• 기능성의 원리 : 기능적으로 관련된 구성요소들을 한데 모아서 배치한다.
• 사용 순서의 원리 : 어떤 장치나 작업을 수행할 때 발생되는 순서를 고려하여, 사용되는 구성요소들을 가까이 그리고 순차적으로 배치한다.
• 중요도의 원리 : 구성요소를 시스템 목표의 달성에 중요한 정도를 고려하여 편리한 위치에 배치한다.
• 사용빈도의 원리 : 사용빈도가 높은 구성요소를 편리한 위치에 둔다.

18

어떤 유해요인에 노출될 때 얼마만큼의 환자 수가 증가되는지를 설명해 주는 위험도는?

① 상대위험도
② 인자위험도
③ 기여위험도
④ 노출위험도

해설

기여위험도
위험요인을 가지고 있는 집단의 해당 질병발생률의 크기 중 위험요인이 기여하는 부분을 추정하기 위해서 개발된 통계량

19

산업재해가 발생할 급박한 위험이 있거나 중대재해가 발생하였을 경우 취하는 행동으로 적합하지 않은 것은?

① 근로자는 직상급자에게 보고한 후 해당 작업을 즉시 중지시킨다.
② 사업주는 즉시 작업을 중지시키고 근로자를 작업 장소로부터 대피시켜야 한다.
③ 고용노동부 장관은 근로감독관 등으로 하여금 안전·보건진단이나 그 밖의 필요한 조치를 하도록 할 수 있다.
④ 사업주는 급박한 위험에 대한 합리적인 근거가 있을 경우에 작업을 중지하고 대피한 근로자에게 해고 등의 불리한 처우를 해서는 안 된다.

해설

근로자의 작업중지(산업안전보건법 제52조)
• 근로자는 산업재해가 발생할 급박한 위험이 있는 경우에는 작업을 중지하고 대피할 수 있다.
• 제1항에 따라 작업을 중지하고 대피한 근로자는 지체 없이 그 사실을 관리감독자 또는 그 밖에 부서의 장(이하 "관리감독자 등"이라 한다)에게 보고하여야 한다.
• 관리감독자 등은 제2항에 따른 보고를 받으면 안전 및 보건에 관하여 필요한 조치를 하여야 한다.
• 사업주는 산업재해가 발생할 급박한 위험이 있다고 근로자가 믿을 만한 합리적인 이유가 있을 때에는 제1항에 따라 작업을 중지하고 대피한 근로자에 대하여 해고나 그 밖의 불리한 처우를 해서는 안 된다.

20

산업피로에 대한 대책으로 맞는 것은?

① 커피, 홍차, 엽차 및 비타민 B₁은 피로회복에 도움이 되므로 공급한다.
② 피로한 후 장시간 휴식하는 것이 휴식시간을 여러 번으로 나누는 것보다 효과적이다.
③ 움직이는 작업은 피로를 가중시키므로 될수록 정적인 작업으로 전환하도록 한다.
④ 신체 리듬의 적응을 위하여 야간 근무는 연속으로 7일 이상 실시하도록 한다.

해설

산업피로의 예방과 대책
• 커피, 홍차, 엽차 및 비타민 B₁은 피로회복에 도움이 되므로 공급한다.
• 작업과정에 적절한 휴식시간을 삽입하고 휴식 등을 이용하여 시각의 전환을 적절히 취한다.
• 교대제 등이 노동생리적으로 보아 적합하게 이루어져야 한다.

21

작업장의 현재 총 흡음량은 600sabins이다. 천장과 벽 부분에 흡음재를 사용하여 작업장의 흡음량을 3,000sabins 추가하였을 때 흡음 대책에 따른 실내 소음의 저감량(dB)은?

① 약 12 　　　② 약 8
③ 약 4 　　　④ 약 3

해설

$$NR \text{(저감량)} = 10\log\left(\frac{\text{대책 전 흡음력} + \text{부가된 흡음력}}{\text{대책 전 흡음력}}\right)$$

$$NR = 10\log\left(\frac{600 + 3,000}{600}\right) = 7.78$$

22

일정한 부피조건에서 압력과 온도가 비례한다는 표준 가스에 대한 법칙은?

① 보일 법칙 　　　② 샤를 법칙
③ 게이-루삭 법칙 　　　④ 라울트 법칙

해설

• 보일의 법칙 : 온도가 일정할 때 기체의 부피는 압력에 반비례한다.
• 샤를의 법칙 : 압력이 일정할 때 기체의 부피는 절대온도에 비례한다.

23

분석기기가 검출할 수 있는 신뢰성을 가질 수 있는 양인 정량한계(LOQ)는?

① 표준편차의 3배
② 표준편차의 3.3배
③ 표준편차의 5배
④ 표준편차의 10배

해설

정량한계
반복된 측정값들의 표준편차의 10배이다.

24

작업 환경 측정 결과 측정치가 5, 10, 15, 15, 10, 5, 7, 6, 9, 6의 10개일 때 표준편차는?(단, 단위 = ppm)

① 약 1.13
② 약 1.87
③ 약 2.13
④ 약 3.76

해설

$$표준편차(s) = \sqrt{\frac{\sum_{i=1}^{n}(x_i - \overline{x})^2}{n-1}}$$

$\overline{x} = 8.8$

$$\sqrt{\frac{(5-8.8)^2 + (10-8.8)^2 + \cdots + (6-8.8)^2}{10-1}} = 3.77$$

25

1N-HCl(F = 1.000) 500mL를 만들기 위해 필요한 진한 염산(비중 : 1.18, 함량 : 35%)의 부피(mL)는?

① 약 18
② 약 36
③ 약 44
④ 약 66

해설

진한 염산의 몰농도(HCl의 몰질량을 36.5로 계산)

$$\frac{35g}{100g} = \frac{35g \times \frac{1mol}{36.5g}}{100g \times \frac{1mL}{1.18g} \times \frac{1L}{10^3 mL}} ≒ 11.32mol/L = 11.32N$$

$N \cdot V = N' \cdot V'$

$1N \times 500mL = 11.32N \times x$

$\therefore x ≒ 44mL$

26

공장에서 A용제 30%(TLV 1,200mg/m³), B용제 30%(TLV 1,400mg/m³) 및 C용제 40%(TLV 1,600 mg/m³)의 중량비로 조성된 액체용제가 증발되어 작업 환경을 오염시킨 경우 이 혼합물의 허용농도(mg/m³)는?(단, 상가작용 기준)

① 약 1,400
② 약 1,450
③ 약 1,500
④ 약 1,550

해설

$$혼합물질의\ 허용농도 = \frac{혼합물의\ 공기\ 중\ 농도}{노출지수}$$

$$노출지수 = \frac{C_1}{TLV_1} + \frac{C_2}{TLV_2} + \cdots + \frac{C_n}{TLV_n}$$

$$= \frac{0.3}{1,200} + \frac{0.3}{1,400} + \frac{0.4}{1,600} = 7.14 \times 10^{-4}$$

혼합물의 공기 중 농도 = $C_1 + C_2 + \cdots C_n$

$$= 0.3 + 0.3 + 0.4 = 1$$

$$혼합물질의\ 허용농도 = \frac{1}{7.14 \times 10^{-4}} = 1,400$$

27

고열 측정 구분에 따른 측정기기와 측정시간의 연결로 틀린 것은?(단, 고용노동부 고시 기준)

① 습구온도 – 0.5℃ 간격의 눈금이 있는 아스만통풍 건습계 – 25분 이상

② 습구온도 – 자연습구온도를 측정할 수 있는 기기 – 자연습구온도계 5분 이상

③ 흑구 및 습구흑구온도 – 직경이 5cm 이상인 흑구온도계 또는 습구흑구온도를 동시에 측정할 수 있는 기기 – 직경이 15cm일 경우 15분 이상

④ 흑구 및 습구흑구온도 – 직경이 5cm 이상인 흑구온도계 또는 습구흑구온도를 동시에 측정할 수 있는 기기 – 직경이 7.5cm 또는 5cm일 경우 5분 이상

해설

측정방법 등(작업환경측정 및 정도관리 등에 관한 고시 제31조)
- 측정은 단위작업 장소에서 측정대상이 되는 근로자의 주 작업 위치에서 측정한다.
- 측정기의 위치는 바닥 면으로부터 50cm 이상, 150cm 이하의 위치에서 측정한다.
- 측정기를 설치한 후 충분히 안정화시킨 상태에서 1일 작업시간 중 가장 높은 고열에 노출되는 1시간을 10분 간격으로 연속하여 측정한다.
※ 출제 이후 고시 변경됨

28

유량, 측정시간, 회수율, 분석에 의한 오차가 각각 10, 5, 7, 5%였다. 만약 유량에 의한 오차(10%)를 5%로 개선시켰다면 개선 후의 누적오차(%)는?

① 약 8.9 ② 약 11.1
③ 약 12.4 ④ 약 14.3

해설

누적오차(총측정오차) $= E_c = \sqrt{E_1^2 + E_2^2 + \cdots + E_n^2}$
$$= \sqrt{5^2 + 5^2 + 7^2 + 5^2} = 11.14\%$$

29

작업장 내 톨루엔 노출농도를 측정하고자 한다. 과거의 노출농도는 평균 50ppm이었다. 시료는 활성탄관을 이용하여 0.2L/min의 유량으로 채취한다. 톨루엔의 분자량은 92, 가스크로마토그래피의 정량한계(LOQ)는 시료 당 0.5mg이다. 시료를 채취해야 할 최소한의 시간(분)은?(단, 작업장 내 온도는 25℃)

① 10.3 ② 13.3
③ 16.3 ④ 19.3

해설

정량한계 기준으로 시료채취량을 결정

$$최소\ 시료채취량 = \frac{정량한계}{추정농도(과거농도)}$$

$$추정농도(과거농도) = 50ppm \times \frac{92g}{24.45L} = 188.14mg/m^3$$

(24.45L는 기체 1몰의 25℃, 1기압에서의 부피)

$$\frac{0.5mg}{188.14mg/m^3 \times \frac{1m^3}{1,000L}} = 2.657L$$

2.657L를 0.2L/min의 유량으로 채취할 때 필요한 시간

$$\frac{2.657L}{0.2L/min} = 13.29min$$

30

직경분립충돌기에 관한 설명으로 틀린 것은?

① 흡입성, 흉곽성, 호흡성 입자의 크기별 분포와 농도를 계산할 수 있다.

② 호흡기의 부분별로 침착된 입자 크기를 추정할 수 있다.

③ 입자의 질량크기분포를 얻을 수 있다.

④ 되튐 또는 과부하로 인한 시료 손실이 없어 비교적 정확한 측정이 가능하다.

해설

직경분립충돌기(cascade impactor)

입자상 물질을 크기별로 측정한다.

• 장점
 - 호흡기의 부분별로 침착된 입자를 크기별로 추정 가능
 - 입자의 질량 크기 분포를 얻을 수 있음

• 단점
 - 시료채취 방식이 까다롭고, 시간과 비용이 많이 듦
 - 다시 튐으로 시료의 손실이 일어나 분석결과가 과소평가 될 수 있음

해설

검지관법

• 장점
 - 간편하고 반응시간이 빨라 결과를 바로 알 수 있음
 - 비전문가도 어느 정도 숙지하면 사용할 수 있지만 산업위생 전문가의 지도 아래 사용되어야 함
 - 밀폐공간에서 산소 부족 또는 폭발성 가스로 인한 문제가 될 때 유용함
 - 다른 측정 방법이 복잡하거나 빠른 측정이 요구될 때 사용

• 단점
 - 민감도가 떨어져 비교적 고농도에서 사용
 - 특이도가 낮아 다른 방해물질의 영향을 받음
 - 단시간만 측정 가능
 - 한 검지관에서 단일 물질만 측정 가능
 - 색 변화를 주관적으로 읽을 수 있어 변이가 심함
 - 미리 측정 대상물질의 동정이 되어 있어야 함

31

작업장 내의 오염물질 측정 방법인 검지관법에 관한 설명으로 옳지 않은 것은?

① 민감도가 낮다.

② 특이도가 낮다.

③ 측정 대상 오염물질의 동정 없이 간편하게 측정할 수 있다.

④ 맨홀, 밀폐공간에서의 산소가 부족하거나 폭발성 가스로 인하여 안전이 문제가 될 때 유용하게 사용될 수 있다.

32

옥내의 습구흑구온도지수(WBGT)를 산출하는 공식은?

① $WBGT = 0.7NWB + 0.2GT + 0.1DT$

② $WBGT = 0.7NWB + 0.3GT$

③ $WBGT = 0.7NWB + 0.1GT + 0.2DT$

④ $WBGT = 0.7NWB + 0.1GT$

해설

• 옥외
 $WBGT(℃) = 0.7 \times 자연습구온도 + 0.2 \times 흑구온도 + 0.1 \times 건구온도$

• 옥내
 $WBGT(℃) = 0.7 \times 자연습구온도 + 0.3 \times 흑구온도$

33

유기용제 채취 시 적정한 공기채취용량(또는 시료채취시간)을 선정하는 데 고려하여야 하는 조건으로 가장 거리가 먼 것은?

① 공기 중의 예상농도
② 채취 유속
③ 채취 시료 수
④ 분석기기의 최저 정량한계

해설

채취 시료 수와 공기채취용량은 관계가 없다.

34

가스크로마토그래피(GC)분석에서 분해능(또는 분리도)을 높이기 위한 방법이 아닌 것은?

① 시료의 양을 적게 한다.
② 고정상의 양을 적게 한다.
③ 고체 지지체의 입자 크기를 작게 한다.
④ 분리관(column)의 길이를 짧게 한다.

해설

분리관의 분해능을 높이는 방법
• 시료 및 고정상의 양을 적게 함
• 고체지지체 입자 크기를 작게 함
• 온도를 낮춤
• 분리관의 길이를 길게 함

35

소음 측정에 관한 설명 중 (   )에 알맞은 것은?(단, 고용노동부 고시 기준)

> 누적소음노출량 측정기로 소음을 측정하는 경우에는 Criteria는 (㉠)dB, Exchange Rate는 5dB, Threshold는 (㉡)dB로 기기를 설정할 것

① ㉠ 70, ㉡ 80
② ㉠ 80, ㉡ 70
③ ㉠ 80, ㉡ 90
④ ㉠ 90, ㉡ 80

해설

측정방법(작업환경측정 및 정도관리 등에 관한 고시 제26조)
누적소음노출량 측정기로 소음을 측정하는 경우에는 Criteria는 90dB, Exchange Rate는 5dB, Threshold는 80dB로 기기를 설정한다.

36

시료 측정 시 측정하고자 하는 시료의 피크와 전혀 관계없는 피크가 크로마토그램에 때때로 나타나는 경우가 있는데 이것을 유령피크(Ghost peak)라고 한다. 유령피크의 발생 원인으로 가장 거리가 먼 것은?

① 컬럼이 충분하게 묵힘(aging)되지 않아서 컬럼에 남아 있는 성분들이 배출되는 경우
② 주입부에 있던 오염물질이 증발되어 배출되는 경우
③ 운반기체가 오염된 경우
④ 주입부에 사용하는 격막(septum)에서 오염물질이 방출되는 경우

해설

Ghost peak 발생원인
반사영향, 컬럼의 오염, 이동상의 오염, 자동 주입장치의 오염 또는 세척용매의 오염, 이동상 또는 용매필터에서의 미생물 성장 등으로 발생할 수 있다.

37

작업장에 소음 발생 기계 4대가 설치되어 있다. 1대 가동 시 소음 레벨을 측정한 결과 82dB을 얻었다면 4대 동시 작동 시 소음 레벨(dB)은?(단, 기타 조건은 고려하지 않음)

① 89   ② 88

③ 87   ④ 86

해설

$$L = 10\log(10^{\frac{L_1}{10}} + 10^{\frac{L_2}{10}} + \cdots + 10^{\frac{L_n}{10}})(\text{dB})$$

$$= 10\log(10^{\frac{82}{10}} + 10^{\frac{82}{10}} + 10^{\frac{82}{10}} + 10^{\frac{82}{10}})(\text{dB}) = 88\text{dB}$$

38

원자흡광분석기에 적용되어 사용되는 법칙은?

① 반데르발스(Van der Waals) 법칙
② 비어-램버트(Beer-Lambert) 법칙
③ 보일-샤를(Boyle-Charles) 법칙
④ 에너지보존(Energy Conservation) 법칙

해설

흡광광도기, 원자흡수분광광도기 등 빛을 흡수하여 측정하는 장비는 비어-램버트 법칙이 적용된다.

39

노출 대수정규분포에서 평균 노출을 가장 잘 나타내는 대 푯값은?

① 기하평균   ② 산술평균
③ 기하표준편차   ④ 범위

해설

산업위생통계의 대푯값
중앙값, 산술평균값, 가중평균값, 최빈값

40

실리카겔 흡착에 대한 설명으로 틀린 것은?

① 실리카겔은 규산나트륨과 황산의 반응에서 유도된 무정형의 물질이다.
② 극성을 띠고 흡습성이 강하므로 습도가 높을수록 파과 용량이 증가한다.
③ 추출액이 화학분석이나 기기분석에 방해 물질로 작용하는 경우가 많지 않다.
④ 활성탄으로 채취가 어려운 아닐린, 오르쏘-톨루이딘 등의 아민류나 몇몇 무기물질의 채취도 가능하다.

해설

② 실리카겔은 극성이 강하여 습도가 높은 작업장에서는 수분을 흡수하여 다른 오염물질의 파과 용량이 작아져 파과를 일으키기 쉽다.

41

다음의 ( )에 들어갈 내용이 알맞게 조합된 것은?

원형직관에서 압력손실은 (㉠)에 비례하고 (㉡)에 반비례
하며 속도의 (㉢)에 비례한다.

① ㉠ 송풍관의 길이, ㉡ 송풍관의 직경, ㉢ 제곱
② ㉠ 송풍관의 직경, ㉡ 송풍관의 길이, ㉢ 제곱
③ ㉠ 송풍관의 길이, ㉡ 속도압, ㉢ 세제곱
④ ㉠ 속도압, ㉡ 송풍관의 길이, ㉢ 세제곱

해설

$$\triangle P = \lambda(4f) \times \frac{L}{D} \times VP$$

압력손실은 덕트의 길이, 공기의 밀도, 유속에 비례하고 덕트의 직경
에 반비례한다.

42

산업위생보호구와 가장 거리가 먼 것은?

① 내열 방화복   ② 안전모
③ 일반 장갑   ④ 일반 보호면

해설

위생보호구
방진안경, 보안경, 보안면, 귀마개, 귀덮개, 방진마스크, 방독마스크,
송기마스크, 보호의, 보호장갑, 보호장화

43

방진마스크에 대한 설명으로 가장 거리가 먼 것은?

① 방진마스크는 인체에 유해한 분진, 연무, 흄, 미스
트, 스프레이 입자를 작업자가 흡입하지 않도록 하
는 보호구이다.
② 방진마스크의 종류에는 격리식과 직결식, 면체여과
식이 있다.
③ 방진마스크의 필터에는 활성탄과 실리카겔이 주로
사용된다.
④ 비휘발성 입자에 대한 보호만 가능하며, 가스 및 증
기로부터의 보호는 안 된다.

해설

방진마스크 여과재의 재질
면, 모, 유리섬유, 합성섬유, 금속섬유

44

전체 환기의 목적에 해당되지 않는 것은?

① 발생된 유해물질을 완전히 제거하여 건강을 유지·
증진한다.
② 유해물질의 농도를 감소시켜 건강을 유지·증진
한다.
③ 화재나 폭발을 예방한다.
④ 실내의 온도와 습도를 조절한다.

해설

전체 환기의 목적
• 오염물질의 농도 희석
• 화재나 폭발을 방지
• 고온과 습도 제어

45

덕트 주관에 45°로 분지관이 연결되어 있다. 주관과 분지관의 반송속도는 모두 18m/s이고, 주관의 압력손실계수는 0.2이며, 분지관의 압력손실계수는 0.28이다. 주관과 분지관의 합류에 의한 압력손실(mmH₂O)은?(단, 공기밀도=1.2kg/m³)

① 9.5

② 8.5

③ 7.5

④ 6.5

해설

합류관 압력손실

합류관압력손실$(\Delta P) = \Delta P_1 + \Delta P_2$

$= \xi_1 VP_1 + \xi_2' VP_2 = \xi_1 \dfrac{r \cdot V^2}{2g} + \xi_2 \dfrac{r \cdot V^2}{2g}$

$= \left(0.28 \times \left(\dfrac{1.2 \times 18^2}{2 \times 9.8}\right)\right) + \left(0.2 \times \left(\dfrac{1.2 \times 18^2}{2 \times 9.8}\right)\right)$

$= 9.52 \text{mmH}_2\text{O}$

46

레이놀즈수(Re)를 산출하는 공식은?(단, d : 덕트직경(m), v : 공기유속(m/s), μ : 공기의 점성계수(kg/sec·m), ρ : 공기밀도(kg/m³))

① $Re = (\mu \times \rho \times d)/v$

② $Re = (\rho \times v \times \mu)/d$

③ $Re = (d \times v \times \mu)/\rho$

④ $Re = (\rho \times d \times v)/\mu$

해설

$Re = \dfrac{\text{관성력}}{\text{점성력}} = \dfrac{\text{유체밀도} \times \text{유체의 유속} \times \text{관 직경}}{\text{점성계수}}$

47

송풍기의 전압이 300mmH₂O이고 풍량이 400 m³/min, 효율이 0.6일 때 소요동력(kW)은?

① 약 33

② 약 45

③ 약 53

④ 약 65

해설

여유율은 주어지지 않아서 1로 가정

$\text{kW} = \dfrac{Q \times \Delta P}{6,120 \times \eta} \times \alpha = \dfrac{400 \times 300}{6,120 \times 0.6} \times 1 = 32.68 \text{kW}$

48

움직이지 않는 공기 중으로 속도 없이 배출되는 작업조건(작업공정 : 탱크에서 증발)의 제어속도 범위(m/s)는?(단, ACGIH 권고 기준)

① 0.1~0.3

② 0.3~0.5

③ 0.5~1.0

④ 1.0~1.5

해설

작업조건	작업공정 사례	제어속도 범위 (Vc, m/sec)
움직이지 않는 공기 중으로 속도 없이 배출됨	탱크에서 증발, 탈지	0.25~0.5
약간의 공기 움직임이 있고 낮은 속도	스프레이 도장, 용접, 도금, 저속 컨베이어 운반	0.50~1.00
발생기류가 높고 유해물질이 활발하게 발생함	스프레이 도장, 용기충진, 컨베이어 적재, 분쇄기	1.00~2.50
고속기류 내로 높은 초기 속도로 배출됨	회전연삭, 블라스팅	2.50~10.00

49

방사날개형 송풍기에 관한 설명으로 틀린 것은?

① 고농도 분진 함유 공기나 부식성이 강한 공기를 이송시키는 데 많이 이용된다.

② 깃이 평판으로 되어 있다.

③ 가격이 저렴하고 효율이 높다.

④ 깃의 구조가 분진을 자체 정화할 수 있도록 되어 있다.

해설

평판형 송풍기(플레이트 송풍기, 방사 날개형)

• 날개가 다익형보다 작고 직선이며 평판 모양을 하고 있다.

• 강도가 매우 높게 설계된다.

• 압력은 다익팬보다 높고 효율도 다익팬보다 높다.

• 효율이 터보팬보다 낮다.

• 미분탄, 곡물, 시멘트 등의 고농도 분진 함유 공기나 마모성이 강한 분진 이송용으로 사용된다.

• 깃의 구조가 분진을 자체 정화할 수 있도록 되어 있다.

50

30,000ppm의 테트라클로로에틸렌(tetrachloroethylene)이 작업환경 중의 공기와 완전 혼합되어 있다. 이 혼합물의 유효비중은?(단, 테트라클로로에틸렌은 공기보다 5.7배 무겁다)

① 약 1.124   ② 약 1.141

③ 약 1.164   ④ 약 1.186

해설

유효비중

$$= \frac{(\text{농도} \times \text{비중}) + (10^6 - \text{농도}) \times \text{공기비중}(1.00)}{10^6}$$

$$= \frac{(30,000\text{ppm} \times 5.7) + (10^6 - 30,000\text{ppm}) \times 1.00}{10^6} = 1.141$$

51

귀덮개 착용 시 일반적으로 요구되는 차음 효과는?

① 저음에서 15dB 이상, 고음에서 30dB 이상

② 저음에서 20dB 이상, 고음에서 45dB 이상

③ 저음에서 25dB 이상, 고음에서 50dB 이상

④ 저음에서 30dB 이상, 고음에서 55dB 이상

해설

귀덮개

일반적으로 저음역은 20dB, 고음역은 45dB 이상 차단하며 가장 좋은 차음은 귀마개를 한 후 귀덮개를 착용하는 것이다.

52

강제환기를 실시할 때 환기효과를 제고할 수 있는 필요 원칙을 모두 고른 것은?

> ㉠ 배출구가 창문이나 문 근처에 위치하지 않도록 한다.
> ㉡ 배출공기를 보충하기 위하여 청정공기를 공급한다.
> ㉢ 공기 배출구와 근로자의 작업위치 사이에 오염원이 위치하여야 한다.
> ㉣ 오염물질 배출구는 오염원으로부터 가까운 곳에 설치하여 점환기 현상을 방지한다.

① ㉠, ㉡   ② ㉠, ㉡, ㉢

③ ㉠, ㉡, ㉣   ④ ㉠, ㉡, ㉢, ㉣

해설

강제환기 시설 기본원칙

• 오염물질 사용량을 조사하여 필요환기량을 계산한다.

• 배출공기를 보충하기 위하여 청정공기를 공급한다.

• 오염물질배출구는 가능한 오염원으로부터 가까운 곳에 설치하여 점환기 효과를 얻는다.

• 공기배출구와 근로자 작업위치 사이에 오염원을 위치하도록 한다.

• 배출된 공기가 재유입되지 못하게 배출구 높이를 적절히 설계하고 창문이나 문 근처에 위치하지 않도록 한다.

• 오염된 공기는 작업자가 호흡하기 전에 충분히 희석한다.

• 오염물질 발생은 가능하면 비교적 일정한 속도로 유출되도록 조정한다.

• 경우에 따라 작업장 내 압력을 양압이나 음압으로 조정한다.

53

송풍기의 효율이 큰 순서대로 나열된 것은?

① 평판송풍기 > 다익송풍기 > 터보송풍기

② 다익송풍기 > 평판송풍기 > 터보송풍기

③ 터보송풍기 > 다익송풍기 > 평판송풍기

④ 터보송풍기 > 평판송풍기 > 다익송풍기

해설

원심력 송풍기의 효율 순서는 다음과 같다.
터보(후곡 날개형)송풍기 > 평판(방사 날개형)송풍기 > 다익(전곡 날개형)송풍기

54

후드로부터 0.25m 떨어진 곳에 있는 공정에서 발생되는 먼지를, 제어속도가 5m/s, 후드직경이 0.4m인 원형 후드를 이용하여 제거하고자 한다. 이때 필요환기량(m^3/min)은?(단, 플랜지 등 기타 조건은 고려하지 않음)

① 약 205   ② 약 215

③ 약 225   ④ 약 235

해설

$Q = 60 \times V_c (10x^2 + A)$

여기서, V_c : 제어속도(m/sec) = 5m/s

$\quad\quad x$: 오염원으로부터 후드까지 거리(m) = 0.25m

$\quad\quad A$: 개구면적(m^2) = $\pi \times \left(\dfrac{0.4}{2}\right)^2 ≒ 0.1256$

$\quad\quad Q = 60 \times 5 \times (10 \times 0.25^2 + 0.1256)$

$\quad\quad\quad = 225.18 m^3/min$

55

배출원이 많아서 여러 개의 후드를 주관에 연결한 경우(분지관의 수가 많고 덕트의 압력손실이 클 때) 총압력손실 계산법으로 가장 적절한 방법은?

① 정압조절평형법   ② 저항조절평형법

③ 등가조절평형법   ④ 속도압평형법

해설

저항조절평형법

저항이 큰 쪽의 덕트 직경을 약간 크게 또는 감소시켜 저항을 줄이거나 증가시켜 합류점의 정압이 같아지도록 하는 방법이다. 분지관의 수가 적고 고독성 물질이나 폭발성, 방사성 분진을 대상으로 적용한다.

56

1기압에서 혼합기체가 질소(N_2) 66%, 산소(O_2) 14%, 이산화탄소 20%로 구성되어 있을 때 질소가스의 분압은? (단, 단위 : mmHg)

① 501.6   ② 521.6

③ 541.6   ④ 560.4

해설

돌턴의 부분압 법칙

$P_{\text{total}} = P_1 + P_2 + \cdots + P_n$

1기압 = 760mmHg

질소가스의 분압 = $760 \times \dfrac{66}{100} = 501.6$

57

자연환기와 강제환기에 관한 설명으로 옳지 않은 것은?

① 강제환기는 외부 조건에 관계없이 작업환경을 일정
하게 유지시킬 수 있다.

② 자연환기는 환기량 예측 자료를 구하기가 용이하다.

③ 자연환기는 적당한 온도 차와 바람이 있다면 비용
면에서 상당히 효과적이다.

④ 자연환기는 외부 기상조건과 내부작업 조건에 따라
환기량 변화가 심하다.

해설

자연환기

설치비, 유지보수비가 적고 소음이 적은 반면, 기상 조건과 내부 조건
에 따라 환기량이 일정하지 않으며 정확한 환기량 산정이 힘들다.

58

**환기시설 내 기류가 기본적인 유체역학적 원리에 따르기
위한 전제조건과 가장 거리가 먼 것은?**

① 환기시설 내외의 열교환은 무시한다.

② 공기의 압축이나 팽창은 무시한다.

③ 공기는 절대습도를 기준으로 한다.

④ 공기 중에 포함된 유해물질의 무게와 용량을 무시
한다.

해설

**산업환기 시스템에서 공기 또는 유체의 흐름에 대하여 취급할 때의
가정**

• 열전달 효과 무시

• 압축 효과 무시

• 공기는 건조하다고 가정

• 배기 공기 중 오염물질의 중량과 부피는 무시

59

**후드의 유입계수가 0.86, 속도압이 25mmH₂O일 때 후드
의 압력손실(mmH₂O)은?**

① 8.8   ② 12.2

③ 15.4   ④ 17.2

해설

후드의 압력손실

$$유입손실계수 = \frac{1 - 0.86^2}{0.86^2} = 0.352$$

$$\Delta P = 0.352 \times 25mmH_2O = 8.8mmH_2O$$

60

슬로트 후드에서 슬로트의 역할은?

① 제어속도를 감소시킴

② 후드 제작에 필요한 재료 절약

③ 공기가 균일하게 흡입되도록 함

④ 제어속도를 증가시킴

해설

슬로트(slot) 후드

• 슬로트 후드에서도 플랜지를 부착하면 필요배기량을 줄일 수 있다.

• 공기가 균일하게 흡입되도록 한다.

• 슬로트 속도는 배기송풍량과는 관계가 없으며 제어풍속은 Slot 속도
에 영향을 받지 않는다.

61

소음에 대한 대책으로 적절하지 않은 것은?

① 차음효과는 밀도가 큰 재질일수록 좋다.

② 흡음효과에 방해를 주지 않기 위해서, 다공질 재료 표면에 종이를 입혀서는 안 된다.

③ 흡음효과를 높이기 위해서는 흡음재를 실내의 틈이나 가장자리에 부착하는 것이 좋다.

④ 저주파 성분이 큰 공장이나 기계실 내에서는 다공질 재료에 의한 흡음처리가 효과적이다.

해설

소음에 대한 대책
- 발생원에서의 저감
- 소음기 설치, 밀폐 방음커버, 방진, 제진
- 차음효과는 밀도와 비례함
- 다공질 재료는 고주파 성분에 효과적이고 다공질 재료 표면에 종이를 입히지 않음

62

살균작용을 하는 자외선의 파장 범위는?

① 220~254mm ② 254~280mm

③ 280~315mm ④ 315~400mm

해설

종류	파장	작용
UV-A	315~400nm	피부의 색소 침착
UV-B	280~315nm	• 소독작용, 비타민 D 형성 등 인체에 유익한 영향 • 홍반, 각막염, 피부암 유발
UV-C	100~280nm	살균작용

63

실내에서 박스를 들고 나르는 작업(300kcal/h)을 하고 있다. 온도가 다음과 같을 때 시간당 작업시간과 휴식시간의 비율로 가장 적절한 것은?

> - 자연습구온도 : 30℃
> - 흑구온도 : 31℃
> - 건구온도 : 28℃

① 5분 작업, 55분 휴식

② 15분 작업, 45분 휴식

③ 30분 작업, 30분 휴식

④ 45분 작업, 15분 휴식

해설

태양광선이 내리쬐지 않는 옥내 또는 옥외 장소
$$WBGT(℃) = 0.7 \times 자연습구온도 + 0.3 \times 흑구온도$$
$$= 0.7 \times 30 + 0.3 \times 32 = 30.6℃$$

64

다음 설명에 해당하는 진동방진재료는?

> 여러 가지 형태로 된 철물에 견고하게 부착할 수 있는 반면, 내구성, 내약품성이 약하고 공기 중의 오존에 의해 산화된다는 단점을 가지고 있다.

① 코르크 ② 금속스프링

③ 방진고무 ④ 공기스프링

해설

③ 고무는 오존에 산화된다.

65

기류의 측정에 쓰이는 기기에 대한 설명으로 틀린 것은?

① 옥내 기류 측정에는 kata 온도계가 쓰인다.

② 풍차풍속계는 1m/sec 이하의 풍속을 측정하는 데
쓰이는 것으로, 옥외용이다.

③ 열선풍속계는 기온과 정압을 동시에 구할 수 있어
환기시설의 점검에 유용하게 쓰인다.

④ kata 온도계의 표면에는 눈금이 아래위로 2개 있는데
일반용은 아래가 95°F(35℃)이고 위가 100°F(37.8℃)
이다.

해설

② 풍차풍속계는 1~15m/sec의 풍속 측정에 적합하다.

66

전리방사선의 영향에 대한 감수성이 가장 큰 인체 내 기
관은?

① 혈관　　　　　② 뼈 및 근육조직

③ 신경조직　　　④ 골수 및 임파구

해설

전리방사선에 의한 고도 감수성 조직
골수, 림프조직, 생식세포

67

음압이 20N/m²일 경우 음압수준(sound pressure level)
은 얼마인가?

① 100dB　　　　② 110dB

③ 120dB　　　　④ 130dB

해설

$$SPL = 20\log\left(\frac{P}{2\times10^{-5}}\right)(\text{dB})$$

$$= 20\log\left(\frac{20}{2\times10^{-5}}\right)(\text{dB}) = 120\text{dB}$$

68

파장이 400~760nm이면 어떤 종류의 비전리방사선
인가?

① 적외선　　　　② 라디오파

③ 마이크로파　　④ 가시광선

해설

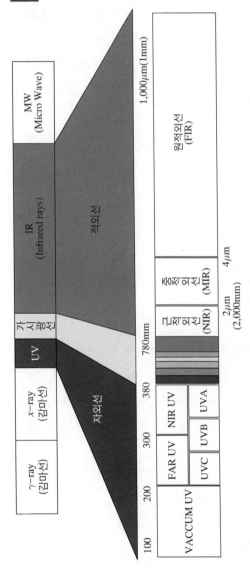

69

마이크로파의 생물학적 작용에 대한 설명 중 틀린 것은?

① 인체에 흡수된 마이크로파는 기본적으로 열로 전환된다.

② 마이크로파의 열작용에 가장 많은 영향을 받는 기관은 생식기와 눈이다.

③ 광선의 파장과 특정 조직의 광선 흡수 능력에 따라 장해 출현 부위가 달라진다.

④ 일반적으로 150MHz 이하의 마이크로파와 라디오파는 흡수되어도 감지되지 않는다.

해설

③ 레이저에 관한 설명이다.

70

작업장의 자연채광 계획 수립에 관한 설명으로 맞는 것은?

① 실내의 입사각은 4~5°가 좋다.

② 창의 방향은 많은 채광을 요구할 경우 북향이 좋다.

③ 창의 방향은 조명의 평등을 요하는 작업실인 경우 남향이 좋다.

④ 창의 면적은 일반적으로 바닥 면적의 15~20%가 이상적이다.

해설

자연채광 계획
• 창의 면적은 일반적으로 바닥 면적의 15~20%가 이상적이다.
• 실내 각 점의 개각은 4~5°, 입사각은 28°가 좋다.
• 유리창은 청결한 상태여도 10~15% 조도가 감소되는 점을 고려해야 한다.
• 조명의 평등을 요구할 경우 동북 또는 북향이 좋다.
• 많은 채광을 요구할 경우 남향이 좋다.

71

소음에 의한 청력장해가 가장 잘 일어나는 주파수는?

① 1,000Hz   ② 2,000Hz

③ 4,000Hz   ④ 8,000Hz

해설

③ 4,000Hz에서 청력장해가 커진다.

72

25℃일 때, 공기 중에서 1,000Hz인 음의 파장은 약 몇 m인가?

① 0.0035   ② 0.35

③ 3.5   ④ 35

해설

25℃에서의 음속 = 331.5m/s+0.6×25 = 346.5m/s

$$파장 = \frac{속도}{주파수} = \frac{346.5}{1,000} = 0.35$$

73

산업안전보건법상의 이상기압에 대한 설명으로 틀린 것은?

① 이상기압이랑 압력이 cm^2당 1kg 이상인 기압을 말한다.

② 사업주는 잠수작업을 하는 잠수작업자에게 고농도의 산소만을 마시도록 하여야 한다.

③ 사업주는 기압조절실에서 고압작업자에게 가압을 하는 경우 1분에 cm^2당 0.8kg 이하의 속도로 가압하여야 한다.

④ 사업주는 근로자가 고압작업에 종사하는 경우에 작업실 공기의 부피가 근로자 1인당 $4m^3$ 이상이 되도록 하여야 한다.

해설

「산업안전보건법」에 따른 이상기압 – 질소를 헬륨으로 대체한 공기를 호흡시킨다.

74

소음에 관한 설명으로 틀린 것은?

① 소음작업자의 영구성 청력손실은 4,000Hz에서 가장 심하다.

② 언어를 구성하는 주파수는 주로 250~3,000Hz의 범위이다.

③ 젊은 사람의 가청주파수 영역은 20~20,000Hz의 범위가 일반적이다.

④ 기준음압은 이상적인 청력 조건하에서 들을 수 있는 최소 가청음역으로, 0.02dyne/cm²로 잡고 있다.

해설

④ 기준음압은 20μPa로 2×10^{-4}dyne/cm² 이다.

75

전신진동에 대한 건강장해의 설명으로 틀린 것은?

① 진동수 4~12Hz에서 압박감과 동통감을 받게 된다.

② 진동수 60~90Hz에서는 두개골이 공명하기 시작하여 안구가 공명한다.

③ 진동수 20~30Hz에서는 시력 및 청력 장애가 나타나기 시작한다.

④ 진동수 3Hz 이하이면 신체가 함께 움직여 motion sickness와 같은 동요감을 느낀다.

해설

진동수 20~30Hz에서 두개골이 공명하여 시력 및 청력 장애를 초래한다.

76

한랭 환경에서의 생리적 기전이 아닌 것은?

① 피부혈관의 팽창   ② 체표면적의 감소

③ 체내 대사율 증가   ④ 근육긴장의 증가와 떨림

해설

① 피부혈관의 수축은 한랭 환경에서의 생리적 기전 중 하나이다.

77

빛의 밝기 단위에 관한 설명 중 틀린 것은?

① 럭스(Lux) – 1ft²의 평면에 1lm의 빛이 비칠 때의 밝기이다.

② 촉광(Candle) – 지름이 1inch 되는 촛불이 수평방향으로 비칠 때가 1촉광이다.

③ 루멘(Lumen) – 1촉광의 광원으로부터 한 단위 입체각으로 나가는 광속의 단위이다.

④ 풋캔들(Foot Candle) – 1lm의 빛이 1ft²의 평면 상에 수직 방향으로 비칠 때 그 평면의 빛의 양이다.

해설

① 럭스는 1m²의 평면에 1lm의 빛이 비칠 때의 밝기이다.

78

산업안전보건법상 산소 결핍, 유해가스로 인한 화재·폭발 등의 위험이 있는 밀폐공간 내에서 작업할 때의 조치사항으로 적합하지 않은 것은?

① 사업주는 밀폐공간 보건작업 프로그램을 수립하여 시행하여야 한다.

② 사업주는 밀폐공간에는 관계 근로자가 아닌 사람의 출입을 금지하고, 그 내용을 보기 쉬운 장소에 게시하여야 한다.

③ 사업주는 근로자가 밀폐공간에서 작업을 하는 경우 작업을 시작하기 전에 방독마스크를 착용하게 하여야 한다.

④ 사업주는 근로자가 밀폐공간에서 작업을 하는 경우에 그 장소에 근로자를 입장시키거나 퇴장시킬 때마다 인원을 점검하여야 한다.

해설

③ 근로자가 산소 결핍의 위험이 있는 밀폐공간에서 작업할 경우 송기마스크, 공기호흡기, 에어라인 마스크 등을 착용하게 하여야 한다.

79

고압작업에 관한 설명으로 맞는 것은?

① 산소분압이 2기압을 초과하면 산소 중독이 나타나 건강장해를 초래한다.

② 일반적으로 고압 환경에서는 산소분압이 낮기 때문에 저산소증을 유발한다.

③ SCUBA와 같이 호흡장치를 착용하고 잠수하는 것은 고압 환경에 해당되지 않는다.

④ 사람이 절대압 1기압에 이르는 고압환경에 노출되면 개구부가 막혀 귀, 부비강, 치아 등에서 통증이나 압박감을 느끼게 된다.

해설

② 고압 환경에서는 산소분압이 높아 산소 중독을 유발한다.

③ SCUBA와 같이 호흡장치를 착용 후 잠수하는 것도 고압환경에 해당한다.

④ 절대압 1기압 이상 노출되면 치통, 부비강 통증 등 기계적 장애를 일으킨다.

80

5,000m 이상의 고공에서 비행업무에 종사하는 사람에게 가장 큰 문제가 되는 것은?

① 산소 부족   ② 질소 부족

③ 이산화탄소   ④ 일산화탄소

해설

① 고공에서 비행업무에 종사하면 저압노출로 인한 산소 부족이 문제가 된다.

81

이황화탄소(CS_2)에 중독될 가능성이 가장 높은 작업장은?

① 비료 제조 및 초자공 작업장

② 유리 제조 및 농약 제조 작업장

③ 타르, 도장 및 석유 정제 작업장

④ 인조견, 셀로판 및 사염화탄소 생산 작업장

해설

④ 이황화탄소는 인조견, 셀로판, 농약, 사염화탄소, 고무제품 용제 작업장에서 중독될 가능성이 높다.

82

유기성 분진에 의한 것으로 체내 반응보다는 직접적인 알레르기 반응을 일으키며, 특히 호열성 방선균류의 과민증상이 많은 진폐증은?

① 농부폐증   ② 규폐증

③ 석면폐증   ④ 면폐증

83

작업장의 유해물질을 공기 중 허용농도에 의존하는 것 이외에 근로자의 노출 상태를 측정하는 방법으로, 근로자들의 조직과 체액 또는 호기를 검사해서 건강장애를 일으키는 일이 없이 노출될 수 있는 양을 규정한 것은?

① LD   ② SHD

③ BEI   ④ STEL

해설

BEI 생물학적 노출 지표

혈액, 뇨, 모발 등 유해물질 양을 측정하고 조사한다.

84

다핵방향족 화합물(PAH)에 대한 설명으로 틀린 것은?

① 톨루엔, 크실렌 등이 대표적이라 할 수 있다.

② PAH는 벤젠고리가 2개 이상 연결된 것이다.

③ PAH는 배설을 쉽게 하기 위하여 수용성으로 대사 된다.

④ PAH는 대사에 관여하는 효소는 시토크롬 P-448로 대사되는 중간산물이 발암성을 나타낸다.

해설

다핵방향족 화합물(다환방향족 화합물)은 2개 이상의 벤젠고리로 이루어져 있다. 대표적으로 벤조(a)피렌, 벤조(a)안트라센 등이 있다.

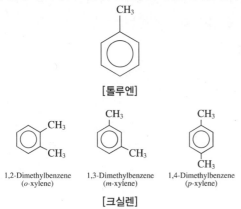

[톨루엔]

1,2-Dimethylbenzene (*o*-xylene)   1,3-Dimethylbenzene (*m*-xylene)   1,4-Dimethylbenzene (*p*-xylene)

[크실렌]

85

크롬으로 인한 피부궤양 발생 시 치료에 사용하는 것과 가장 관계가 먼 것은?

① 10% BAL 용액

② sodium citrate 용액

③ sodium thiosulfate 용액

④ 10% CaNa2EDTA 연고

해설

BAL 용액은 아무 효과가 없다.

86

다음 사례의 근로자에게 의심되는 노출인자는?

41세 A씨는 1990년부터 1997년까지 기계공구제조업에서 산소용접작업을 하다가 두통, 관절통, 전신근육통, 가슴답답함, 이가 시리고 아픈 증상이 있어 건강검진을 받았다. 건강검진 결과 단백뇨와 혈뇨가 있어 신장질환 유소견자 진단을 받았다. 이 유해인자의 혈중, 소변 중 농도가 직업병 예방을 위한 생물학적 노출 기준을 초과하였다.

① 납   ② 망간

③ 수은   ④ 카드뮴

해설

산소용접작업에서 발생하는 중금속 흄 중에서 카드뮴은 두통, 관절통 등을 유발한다.

87

유해물질과 생물학적 노출지표 물질이 잘못 연결된 것은?

① 납 – 소변 중 납

② 페놀 – 소변 중 총 페놀

③ 크실렌 – 소변 중 메틸마뇨산

④ 일산화탄소 – 소변 중 carboxyhemoglobin

해설

④ 일산화탄소 – 혈액 중 carboxyhemoglobin

88

직업성 천식에 대한 설명으로 틀린 것은?

① 작업 환경 중 천식을 유발하는 대표물질로 톨루엔 디이소시안산염(TDD), 무수트리 멜리트산(TMA)을 들 수 있다.

② 항원공여세포가 탐식되면 T림프구 중 I형 살해 T림프구(type I killer T cell)가 특정 알레르기 항원을 인식한다.

③ 일단 질환에 이환하게 되면 작업환경에서 추후 소량의 동일한 유발물질에 노출되더라도 지속적으로 증상이 발현된다.

④ 직업성 천식은 근무시간에 증상이 점점 심해지고, 휴일 같은 비근무시간에 증상이 완화되거나 없어지는 특징이 있다.

해설

② 항원공여세포가 탐식되면 T림프구 중 Ⅱ형 보조 T림프구(type Ⅱ T lymphocyte)가 특정 알레르기 항원을 인식한다.

89

인간의 연금술, 의약품 등에 가장 오래 사용해 왔던 중금속 중의 하나로 17세기 유럽에서 신사용 중절모자를 제조하는 데 사용하여 근육경련을 일으킨 물질은?

① 납   ② 비소
③ 수은   ④ 베릴륨

해설

수은

연금, 의약 분야에서 가장 오래되고 중절모자 제조에 사용하여 근육경련을 일으켰으며 형광등 제조에 사용하여 직업병을 발생시켰다.

90

생물학적 모니터링에 대한 설명으로 틀린 것은?

① 피부, 소화기계를 통한 유해인자의 종합적인 흡수 정도를 평가할 수 있다.

② 생물학적 시료를 분석하는 것은 작업환경 측정보다 훨씬 복잡하고 취급이 어렵다.

③ 건강상의 영향과 생물학적 변수와 상관성이 높아 공기 중의 노출기준(TLV)보다 훨씬 많은 생물학적 노출지수(BEI)가 있다.

④ 근로자의 유해인자에 대한 노출 정도를 소변, 호기, 혈액 중에서 그 물질이나 대사산물을 측정함으로써 노출 정도를 추정하는 방법을 의미한다.

해설

③ TLV가 BEI보다 항목이 많다.

91

산업안전보건법상 발암성 물질로 확인된 물질(A1)에 포함되어 있지 않은 것은?

① 벤지딘   ② 염화비닐
③ 베릴륨   ④ 에틸벤젠

해설

발암성 물질로 확인된 물질(A1)

석면, 우라늄, 6가크롬 화합물, 아크릴로니트릴, 벤지딘, 염화비닐

92

입자상 물질의 하나인 흄(fume)의 발생기전 3단계에 해당하지 않는 것은?

① 산화   ② 응축

③ 입자화   ④ 증기화

해설

흄의 발생기전
- 1단계 : 금속의 증기화
- 2단계 : 증기물의 산화
- 3단계 : 산화물의 응축

93

대사과정에 의해서 변화된 후에만 발암성을 나타내는 선행발암물질(Procarcinogen)로만 연결된 것은?

① PAH, Nitrosamine

② PAH, methyl nitrosourea

③ Benzo(a)pyrene, dimethyl sulfate

④ Nitrosamine, ethyl methanesulfonate

해설

대사과정에 의해서 변화된 후에만 발암성을 나타내는 간접 발암원
PAH, nitrosamine, benzo(a)pyrene, ethylbromide

94

직업성 천식을 확진하는 방법이 아닌 것은?

① 작업장 내 유발검사

② Ca-EDTA 이동시험

③ 증상 변화에 따른 추정

④ 특이항원 기관지 유발검사

해설

Ca-EDTA 이동시험은 납 중독을 확인하는 시험이다.

95

산업안전보건상 기타분진의 산화규소 결정체 함유율과 노출기준으로 맞는 것은?

① 함유율 : 0.1% 이상, 노출기준 : $5mg/m^3$

② 함유율 : 0.1% 이하, 노출기준 : $10mg/m^3$

③ 함유율 : 1% 이상, 노출기준 : $5mg/m^3$

④ 함유율 : 1% 이하, 노출기준 : $10mg/m^3$

해설

화학물질의 노출기준(화학물질 및 물리적 인자의 노출기준 [별표 1])
731 기타 분진(산화규소 결정체 1% 이하) – $10mg/m^3$

96

다음은 납이 발생되는 환경에서 납 노출을 평가하는 활동이다. 순서가 맞게 나열된 것은?

> ㉠ 납의 독성과 노출 기준 등을 MSDS를 통해 찾아본다.
> ㉡ 납에 대한 노출을 측정하고 분석한다.
> ㉢ 납에 노출되는 것은 부적합하므로 시설개선을 해야 한다.
> ㉣ 납에 대한 노출 정도를 노출 기준과 비교한다.
> ㉤ 납이 어떻게 발생되는지 예비 조사한다.

① ㉠ → ㉡ → ㉢ → ㉣ → ㉤

② ㉢ → ㉡ → ㉠ → ㉣ → ㉤

③ ㉤ → ㉠ → ㉡ → ㉣ → ㉢

④ ㉤ → ㉡ → ㉠ → ㉣ → ㉢

97

Haber의 법칙을 가장 잘 설명한 공식은?(단, K는 유해지수, C는 농도, t는 시간이다)

① $K = C \div t$ 　　② $K = C \times t$

③ $K = t \div C$ 　　④ $K = C^2 \times t$

해설

하버의 법칙

일하는 환경에서 중독성이 있는 해로운 물질의 농도와 그에 노출된 시간의 곱은 일정하다는 법칙이다.

98

최근 스마트기기의 등장으로 이를 활용하는 방법이 빠르게 소개되고 있다. 소음 측정을 위해 개발된 스마트기기용 애플리케이션의 민감도(sensitivity)를 확인하려고 한다. 85dB을 넘는 조건과 그렇지 않은 조건을 애플리케이션과 소음 측정기로 동시에 측정하여 다음과 같은 결과를 얻었다. 이 스마트기기 애플리케이션의 민감도는 얼마인가?

- 애플리케이션을 이용하였을 때, 85dB 이상이 30개소, 85dB 미만이 50개소
- 소음측정기를 이용하였을 때, 85dB 이상이 25개소, 85dB 미만이 55개소
- 애플리케이션과 소음측정기 모두 85dB 이상은 18개소

① 60% 　　② 72%

③ 78% 　　④ 86%

해설

민감도

노출된 사람이 측정법에 의해 노출된 것으로 나타날 확률

$$민감도(\%) = \frac{앱이\ 실제로\ 모두\ 초과한\ 지점}{실제로\ 초과한\ 지점} \times 100$$

$$= \frac{18}{25} \times 100 = 72\%$$

99

납중독의 대표적인 증상 및 징후로 틀린 것은?

① 간장 장해

② 근육계통 장해

③ 위장 장해

④ 중추신경 장해

해설

납중독의 대표적 증상

위장 장해, 신경 및 근육계통 장해, 중추신경 장해

100

독성물질 간의 상호작용을 잘못 표현한 것은?(단, 숫자는 독성값을 표현한 것이다)

① 길항작용 : 3 + 3 = 0

② 상승작용 : 3 + 3 = 5

③ 상가작용 : 3 + 3 = 6

④ 가승작용 : 3 + 0 = 10

해설

② 상승작용 : 3 + 3 = 20(예)

제**1**과목 | 산업위생학 개론

01

고용노동부장관은 직업병의 발생원인을 찾아내거나 직업병의 예방을 위하여 필요하다고 인정할 때는 근로자의 질병과 화학물질 등 유해요인과의 상관관계에 관한 어떤 조사를 실시할 수 있는가?

① 역학조사   ② 안전보건진단

③ 작업환경측정   ④ 특수건강진단

해설

역학조사(산업안전보건법 제141조)

• 고용노동부장관은 직업성 질환의 진단 및 예방, 발생 원인의 규명을 위하여 필요하다고 인정할 때에는 근로자의 질환과 작업장의 유해요인의 상관관계에 관한 역학조사(이하 "역학조사"라 한다)를 할 수 있다. 이 경우 사업주 또는 근로자대표, 그 밖에 고용노동부령으로 정하는 사람이 요구할 때 고용노동부령으로 정하는 바에 따라 역학조사에 참석하게 할 수 있다.

• 사업주 및 근로자는 고용노동부장관이 역학조사를 실시하는 경우 적극 협조하여야 하며, 정당한 사유 없이 역학조사를 거부·방해하거나 기피해서는 안 된다.

• 누구든지 제1항 후단에 따라 역학조사 참석이 허용된 사람의 역학조사 참석을 거부하거나 방해해서는 안 된다.

• 제1항 후단에 따라 역학조사에 참석하는 사람은 역학조사 참석과정에서 알게 된 비밀을 누설하거나 도용해서는 안 된다.

• 고용노동부장관은 역학조사를 위하여 필요하면 제129조부터 제131조까지의 규정에 따른 근로자의 건강진단 결과, 「국민건강보험법」에 따른 요양급여기록 및 건강검진 결과, 「고용보험법」에 따른 고용정보, 「암관리법」에 따른 질병정보 및 사망원인 정보 등을 관련 기관에 요청할 수 있다. 이 경우 자료의 제출을 요청받은 기관은 특별한 사유가 없으면 이에 따라야 한다.

• 역학조사의 방법·대상·절차, 그 밖에 필요한 사항은 고용노동부령으로 정한다.

02

NIOSH의 들기 작업에 대한 평가방법은 여러 작업요인에 근거하여 가장 안전하게 취급할 수 있는 권고기준(Recommended Weight Limit, RWL)을 계산한다. RWL의 계산과정에서 각각의 변수들에 대한 설명으로 틀린 것은?

① 중량물 상수(Load Constant)는 변하지 않는 상수 값으로 항상 23kg을 기준으로 한다.

② 운반 거리값(Distance Multiplier)은 최초의 위치에서 최종 운반위치까지의 수직이동거리(cm)를 의미한다.

③ 허리 비틀림 각도(Asymmetric Multiplier)는 물건을 들어 올릴 때 허리의 비틀림 각도(A)를 측정하여 $1 - 0.32 \times A$에 대입한다.

④ 수평 위치값(Horizontal Multiplier)은 몸의 수직 선상의 중심에서 물체를 잡는 손의 중앙까지의 수평거리(H, cm)를 측정하여 25/H로 구한다.

해설

RWL(권장무게한계)

$= 23kg \times HM \times VM \times DM \times AM \times FM \times CM$

(순서대로 수평계수, 수직계수, 거리계수, 비대칭성계수, 빈도계수, 결합계수)

AM(비대칭성계수) $= 1 - 0.0032A$

03

우리나라 산업위생역사에서 중요한 원진레이온 공장에서의 집단적인 직업병 유발물질은 무엇인가?

① 수은
② 디클로로메탄
③ 벤젠(Benzene)
④ 이황화탄소(CS_2)

해설

④ 원진레이온-이황화탄소 중독 사건

04

피로의 판정을 위한 평가(검사) 항목(종류)과 가장 거리가 먼 것은?

① 혈액
② 감각기능
③ 위장기능
④ 작업성적

해설

산업피로 평가항목
• 혈액
• 감각기능(근전도, 심박수, 민첩성)
• 작업성적

05

산업위생관리에서 중점을 두어야 하는 구체적인 과제로 적합하지 않는 것은?

① 기계·기구의 방호장치 점검 및 적절한 개선
② 작업근로자의 작업자세와 육체적 부담의 인간공학적 평가
③ 기존 및 신규화학물질의 유해성 평가 및 사용대책의 수립
④ 고령근로자 및 여성근로자의 작업조건과 정신적 조건의 평가

해설

산업위생관리의 목적
• 작업환경과 근로조건의 개선, 작업병의 근원적 예방
• 작업환경 및 작업조건의 인간공학적 개선
• 작업자의 건강보호 및 작업능률 향상
• 근로자들의 육체적, 정신적, 사회적 건강 유지
• 산업재해의 예방 및 직업성 질환 유소견자의 작업 전환

06

근골격계 질환 작업위험요인의 인간공학적 평가방법이 아닌 것은?

① OWAS
② RULA
③ REBA
④ ICER

해설

근골격계 질환 작업위험요인의 평가방법
OWAS, RULA, REBA, UAW-GM 체크리스트 등이 있다.

07

산업재해에 따른 보상에 있어 보험급여에 해당하지 않는 것은?

① 유족급여
② 직업재활급여
③ 대체인력훈련비
④ 상병(傷病)보상연금

산업재해에 따른 보험급여의 종류
요양급여, 휴업급여, 장해급여, 간병급여, 유족급여, 상병보상연금, 장례비, 직업재활급여

08

직업성 질환 중 직업상의 업무에 의하여 1차적으로 발생하는 질환을 무엇이라 하는가?

① 합병증
② 원발성 질환
③ 일반 질환
④ 속발성 질환

② 원발성 질환 : 직업상의 업무로 인해 1차적으로 발생하는 질환이다.

09

마이스터(D. Meister)가 정의한 내용으로 시스템으로부터 요구된 작업결과(Performance)와의 차이(Deviation)는 무엇을 의미하는가?

① 무의식 행동
② 인간실수
③ 주변적 동작
④ 지름길 반응

마이스터(Meister, 1971)의 휴먼에러(인간실수) 정의는 다음과 같다.
휴먼에러는 "시스템의 안전, 성능, 효율을 저하시키거나 감소시킬 수 있는 잠재력을 갖고 있는 부적절하거나 원치 않는 인간의 결정, 또는 행동으로 어떤 허용범위를 벗어난 일련의 동작이다."라고 하였다.

10

산업안전보건법상 다음 설명에 해당하는 건강진단의 종류는?

> 특수건강진단대상업무에 종사할 근로자에 대하여 배치 예정 업무에 대한 적합성 평가를 위하여 사업주가 실시하는 건강진단

① 일반건강진단
② 수시건강진단
③ 임시건강진단
④ 배치전건강진단

④ 배치전건강진단 : 사업주는 특수건강진단대상업무에 종사할 근로자의 배치 예정 업무에 대한 적합성 평가를 위하여 실시하는 건강진단(특수건강진단 등(산업안전보건법 제130조))

11

도수율(Frequency Rate of Injury)이 10인 사업장에서 작업자가 평생 동안 작업할 경우 발생할 수 있는 재해의 건수는?(단, 평생의 총근로시간수는 120,000시간으로 한다)

① 0.8건
② 1.2건
③ 2.4건
④ 12건

$$도수율 = \frac{재해\ 건수}{연근로시간수} \times 1,000,000$$

$$10 = \frac{x}{120,000} \times 1,000,000$$

$$\therefore\ x = 1.2$$

12

어느 사업장에서 톨루엔($C_6H_5CH_3$)의 농도가 0℃일 때 100ppm이었다. 기압의 변화 없이 기온이 25℃로 올라갈 때 농도는 약 몇 mg/m³로 예측되는가?

① $325mg/m^3$

② $346mg/m^3$

③ $365mg/m^3$

④ $376mg/m^3$

해설

샤를의 법칙

$$100ppm\,(mL/m^3) \times \frac{1mmol}{22.4mL} \times \frac{92mg}{1mmol} = 410.7mg/m^3$$

$$\frac{410.7mg}{1m^3 \times \frac{273+25}{273}} = 376mg/m^3$$

13

새로운 건물이나 새로 지은 집에 입주하기 전 실내를 모두 닫고 30℃ 이상으로 5~6시간 유지시킨 후 1시간 정도 환기를 하는 방식을 여러 번 반복하여 실내의 휘발성 유기화합물이나 포름알데하이드의 저감효과를 얻는 방법을 무엇이라 하는가?

① Bake out

② Heating up

③ Room Heating

④ Burning up

해설

베이크 아웃(Bake out)

건축자재 또는 마감재에서 발생하는 VOCs, 포름알데하이드 등 휘발성이 큰 물질을 실내공기 온도를 높여 강제로 방출시킨 후 환기하여 제거하는 방법이다.

14

작업자세는 피로 또는 작업 능률과 밀접한 관계가 있는데, 바람직한 작업자세의 조건으로 보기 어려운 것은?

① 정적 작업을 도모한다.

② 작업에 주로 사용하는 팔은 심장 높이에 두도록 한다.

③ 작업물체와 눈과의 거리는 명시거리로 30cm 정도를 유지토록 한다.

④ 근육을 지속적으로 수축시키기 때문에 불안정한 자세는 피하도록 한다.

해설

① 정적 작업과 동적 작업을 혼합하는 것이 바람직하다.

15

인간공학에서 고려해야 할 인간의 특성과 가장 거리가 먼 것은?

① 인간의 습성

② 신체의 크기와 작업환경

③ 기술, 집단에 대한 적응능력

④ 인간의 독립성 및 감정적 조화성

해설

인간공학

인간의 신체적, 인지적, 감성적, 사회문화적 특성을 고려하여 제품, 작업, 환경을 설계함으로써 편리함, 효율성, 안전성, 만족도를 향상시키고자 하는 응용학문이다.

16

ACGIH TLV 적용 시 주의사항으로 틀린 것은?

① 경험 있는 산업위생사가 적용해야 한다.

② 독성강도를 비교할 수 있는 지표가 아니다.

③ 안전과 위험농도를 구분하는 일반적 경계선으로 적용해야 한다.

④ 정상작업시간을 초과한 노출에 대한 독성평가에는 적용할 수 없다.

해설

③ ACGIH TLV는 안전농도와 위험농도를 정확히 구분하는 경계선이 아니다.

17

산업안전보건법상 사무실 공기질의 측정대상물질에 해당하지 않는 것은?

① 석면   ② 일산화질소

③ 일산화탄소   ④ 총부유세균

해설

오염물질 관리기준(사무실 공기관리 지침 제2조)
미세먼지, 초미세먼지, 이산화탄소, 일산화탄소, 이산화질소, 포름알데하이드, 총휘발성유기화합물, 라돈, 총부유세균, 곰팡이

18

육체적 작업능력(PWC)이 12kcal/min인 어느 여성이 8시간 동안 피로를 느끼지 않고 일을 하기 위한 작업강도는 어느 정도인가?

① 3kcal/min   ② 4kcal/min

③ 6kcal/min   ④ 12kcal/min

해설

$$작업강도 = \frac{PWC}{3} = \frac{12}{3} = 4$$

19

근로자가 노동환경에 노출될 때 유해인자에 대한 해치(Hatch)의 양-반응관계곡선의 기관장해 3단계에 해당하지 않는 것은?

① 보상단계   ② 고장단계

③ 회복단계   ④ 항상성 유지단계

해설

Hatch의 양-반응관계곡선의 기관장해 3단계
항상성 유지단계, 보상 유지단계, 고장 장애단계

20

미국산업위생학술원(AAIH)에서 채택한 산업위생 분야에 종사하는 사람들이 지켜야 할 윤리강령에 포함되지 않는 것은?

① 국가에 대한 책임

② 전문가로서의 책임

③ 일반대중에 대한 책임

④ 기업주와 고객에 대한 책임

해설

산업위생전문가로서의 책임, 미국산업위생학술원(AAIH)

• 성실성과 학문적 실력 면에서 최고 수준을 유지한다.

• 과학적 방법의 적용과 자료의 해석에서 경험을 통한 전문가의 객관성을 유지한다.

• 전문 분야로서의 산업위생을 학문적으로 발전시킨다.

• 근로자, 사회 및 전문 직종의 이익을 위해 과학적 지식을 공개하고 발표한다.

• 산업위생 활동을 통해 얻은 개인 및 기업체의 기밀은 누설하지 않는다.

• 전문적 판단이 타협에 의하여 좌우될 수 있거나 이해관계가 있는 상황에는 개입하지 않는다.

• 쾌적한 작업환경을 만들기 위해 산업위생이론을 적용하고 책임 있게 행동한다.

21

다음 중 1차 표준기구와 가장 거리가 먼 것은?

① 폐활량계   ② Pitot 튜브
③ 비누거품미터   ④ 습식테스트미터

해설

1차 표준기구	2차 표준기구
비누거품미터	로터미터
폐활량계	습식테스트미터
가스치환병	건식가스미터
유리피스톤미터	오리피스미터
흑연피스톤미터	열선기류계
피토튜브	–

22

다음 중 활성탄에 흡착된 유기화합물을 탈착하는 데 가장 많이 사용하는 용매는?

① 톨루엔   ② 이황화탄소
③ 클로로포름   ④ 메틸클로로포름

해설

비극성 물질(활성탄)의 탈착용매는 이황화탄소를 사용한다.

23

다음 중 작업장의 유해인자에 대한 위해도 평가에 영향을 미치는 것 중 가장 거리가 먼 것은?

① 유해인자의 위해성
② 휴식시간의 배분 정도
③ 유해인자에 노출되는 근로자수
④ 노출되는 시간 및 공간적인 특성과 빈도

해설

위해도 평가는 휴식시간과 관련이 없다.

24

작업환경 측정의 단위 표시로 틀린 것은?(단, 고용노동부 고시를 기준으로 한다)

① 석면 농도 : 개/kg
② 분진, 흄의 농도 : mg/m^3 또는 ppm
③ 가스, 증기의 농도 : mg/m^3 또는 ppm
④ 고열(복사열 포함) : 습구·흑구온도지수를 구하여 ℃로 표시

해설

① 석면 – 개/cm³

25

작업환경 내 105dB(A)의 소음이 30분, 110dB(A) 소음이 15분, 115dB(A) 5분 발생되었을 때, 작업환경의 소음 정도는?(단, 105dB(A), 110dB(A), 115dB(A)의 1일 노출허용시간은 각각 1시간, 30분, 15분이고, 소음은 단속음이다)

① 허용기준 초과
② 허용기준 미달
③ 허용기준과 일치
④ 평가할 수 없음(조건부족)

해설

소음허용기준 $= \dfrac{C_1}{T_1} + \cdots + \dfrac{C_n}{T_n} = \dfrac{30}{60} + \dfrac{15}{30} + \dfrac{5}{15} = 1.33$

1 이상이므로 허용기준 초과

26

연속적으로 일정한 농도를 유지하면서 만드는 방법 중 Dynamic Method에 관한 설명으로 틀린 것은?

① 농도변화를 줄 수 있다.

② 대개 운반용으로 제작된다.

③ 만들기가 복잡하고, 가격이 고가이다.

④ 소량의 누출이나 벽면에 의한 손실은 무시할 수 있다.

해설

Dynamic Method

• 희석 공기와 오염물질을 연속적으로 흘려주어 연속적으로 일정한 농도를 유지하면서 만드는 방법이다.

• 알고 있는 공기 중 농도를 만드는 방법이다.

• 농도변화를 줄 수 있고, 온도, 습도 조절이 가능하다.

• 제조가 어렵고 비용도 많이 든다.

• 다양한 농도 범위에서 제조가 가능하다.

• 가스, 증기, 에어로졸 실험도 가능하다.

• 소량의 누출이나 벽면에 의한 손실은 무시할 수 있다.

• 지속적인 모니터링이 필요하다.

• 매우 일정한 농도를 유지하기가 곤란하다.

27

열, 화학물질, 압력 등에 강한 특성을 가지고 있어 석탄 건류나 증류 등의 고열공정에서 발생하는 다핵방향족 탄화수소를 채취하는 데 이용되는 여과지는?

① 은막 여과지　　② PVC 여과지

③ MCE 여과지　　④ PTFE 여과지

해설

PTFE 여과지

• 열, 화학물질, 압력 등에 강한 특성을 가지고 있다.

• 석탄 건류, 증류 등 고열공정에서 발생하는 다환방향족 탄화수소를 채취하는 데 이용한다.

• 농약, 알칼리성 먼지, 콜타르피치 등을 채취하는 데 이용한다.

28

작업환경공기 중의 벤젠농도를 측정한 결과 8mg/m³, 5mg/m³, 7mg/m³, 3ppm, 6mg/m³이었을 때, 기하평균은 약 몇 mg/m³인가?(단, 벤젠의 분자량은 78이고, 기온은 25℃이다)

① 7.4　　　　　② 6.9

③ 5.3　　　　　④ 4.8

해설

$$3\text{ppm}\,(\text{mL/m}^3) \times \frac{1\text{mmol}}{22.4\text{mL}} \times \frac{78\text{mg}}{1\text{mmol}} = 10.4\text{mg/m}^3$$

기하평균(GM)

$$\log(\text{GM}) = \frac{\log x_1 + \log x_2 + \cdots + \log x_n}{n}$$

$$\frac{(\log 8 + \log 5 + \log 10.4 + \log 6 + \log 6)}{5} = 0.835$$

$$\therefore \ \text{GM} = 10^{0.835} = 6.84$$

29

작업환경측정 시 온도 표시에 관한 설명으로 옳지 않은 것은?(단, 고용노동부 고시를 기준으로 한다)

① 열수 : 약 100℃　　② 상온 : 15~25℃

③ 온수 : 50~60℃　　④ 미온 : 30~40℃

해설

③ 온수(溫水)는 60~70℃를 말한다.

30

다음 중 가스크마토그래피의 충진분리관에 사용되는 액상의 성질과 가장 거리가 먼 것은?

① 휘발성이 커야 한다.

② 열에 대해 안정해야 한다.

③ 시료 성분을 잘 녹일 수 있어야 한다.

④ 분리관의 최대온도보다 100℃ 이상에서 끓는점을 가져야 한다.

해설

① 충진분리관은 흡착성이 커야 한다.

31

태양광선이 내리쬐지 않는 옥내에서 건구온도가 30℃, 자연습구온도가 32℃, 흑구온도가 35℃일 때, 습구흑구온도지수(WBGT)는?(단, 고용노동부 고시를 기준으로 한다)

① 32.9 ℃   ② 33.3 ℃

③ 37.2 ℃   ④ 38.3 ℃

해설

옥내

$$WBGT(℃) = 0.7 \times 자연습구온도 + 0.3 \times 흑구온도$$
$$= 0.7 \times 32 + 0.3 \times 35$$
$$= 32.9℃$$

32

Hexane의 부분압이 120mmHg이라면 VHR은 약 얼마인가?(단, Hexane의 OEL = 500ppm이다)

① 271   ② 284

③ 316   ④ 343

해설

$$VHR = \frac{C}{OEL} = \frac{\left(\frac{120}{760} \times 10^6\right)}{500ppm} = 315.8$$

33

NaOH 10g을 10L의 용액에 녹였을 때, 이 용액의 몰농도(M)는?(단, 나트륨 원자량은 23이다)

① 0.025   ② 0.25

③ 0.05   ④ 0.5

해설

$$10g \times \frac{1mol}{40g} = 0.25mol$$

$$\frac{0.25mol}{10L} = 0.025mol/L$$

34

시간당 약 150Kcal의 열량이 소모되는 경작업 조건에서 WBGT 측정치가 30.6℃일 때 고열작업 노출기준의 작업휴식조건으로 가장 적절한 것은?

① 계속 작업

② 매시간 25% 작업, 75% 휴식

③ 매시간 50% 작업, 50% 휴식

④ 매시간 75% 작업, 25% 휴식

해설

작업휴식시간비	작업강도		
	경작업	중등작업	중작업
계속작업	30.0℃	26.7℃	25.0℃
매시간 75%작업, 25%휴식	30.6℃	28.0℃	25.9℃
매시간 50%작업, 50%휴식	31.4℃	29.4℃	27.9℃
매시간 25%작업, 75%휴식	32.2℃	31.1℃	30.0℃

35

다음 중 대표값에 대한 설명이 잘못된 것은?

① 측정값 중 빈도가 가장 많은 수가 최빈값이다.

② 가중평균은 빈도를 가중치로 택하여 평균값을 계산한다.

③ 중앙값은 측정값을 모두 나열하였을 때 중앙에 위치하는 측정값이다.

④ 기하평균은 n개의 측정값이 있을 때 이들의 합을 개수로 나눈 값으로 산업위생 분야에서 많이 사용한다.

해설

④ 산술평균은 n개의 측정값이 있을 때 이들의 합을 개수로 나눈 값이다.

36

2개의 버블러를 연속적으로 연결하여 시료를 채취할 때, 첫 번째 버블러의 채취효율이 75%이고, 두 번째 버블러의 채취효율이 90%이면 전체 채취효율(%)은?

① 91.5
② 93.5
③ 95.5
④ 97.5

해설

$0.75 + 0.9(1 - 0.75) = 0.975$

$0.975 \times 100 = 97.5\%$

37

실내공간이 100m³인 빈 실험실에 MEK(methyl ethyl ketone) 2mL가 기화되어 완전히 혼합되었을 때, 이때 실내의 MEK 농도는 약 몇 ppm인가?(단, MEK 비중은 0.805, 분자량은 72.1, 실내는 25℃, 1기압 기준이다)

① 2.3
② 3.7
③ 4.2
④ 5.5

해설

$$\frac{2\text{mL} \times 0.805\text{g/mL}}{100\text{m}^3} = 0.0161\text{g/m}^3$$

$$\frac{0.0161\text{g} \times \frac{1\text{mol}}{72.1\text{g}} \times \frac{24.45\text{L}}{1\text{mol}} \times \frac{1,000\text{mL}}{1\text{L}}}{\text{m}^3} = 5.45\text{ppm}$$

38

작업장의 소음 측정 시 소음계의 청감보정회로는?(단, 고용노동부 고시를 기준으로 한다)

① A 특성
② B 특성
③ C 특성
④ D 특성

해설

측정방법(작업환경측정 및 정도관리 등에 관한 고시 제26조)
소음계의 청감보정회로는 A 특성으로 할 것

39

작업장에 작동되는 기계 두 대의 소음레벨이 각각 98dB(A), 96dB(A)로 측정되었을 때, 두 대의 기계가 동시에 작동되었을 경우에 소음레벨은 약 몇 dB(A)인가?

① 98
② 100
③ 102
④ 104

해설

$$L = 10 \times \log(10^{\frac{L1}{10}} + 10^{\frac{L2}{10}} + \cdots + 10^{\frac{Ln}{10}})$$

$$= 10 \times \log(10^{\frac{98}{10}} + 10^{\frac{96}{10}})$$

$$= 100$$

40

용접작업장에서 개인시료 펌프를 이용하여 9시 5분부터 11시 55분까지, 13시 5분부터 16시 23분까지 시료를 채취한 결과 공기량이 787L일 경우 펌프의 유량은 약 몇 L/min인가?

① 1.14
② 2.14
③ 3.14
④ 4.14

해설

$$펌프유량 = \frac{총채취유량}{총시간} = \frac{787\text{L}}{368\text{min}} = 2.138\text{L/min}$$

41

다음 중 유해작업환경에 대한 개선 대책 중 대체(substitution)에 대한 설명과 가장 거리가 먼 것은?

① 페인트 내에 들어 있는 아연을 납 성분으로 전환한다.
② 큰 압축공기식 임펙트렌치를 저소음 유압식렌치로 교체한다.
③ 소음이 많이 발생하는 리벳팅 작업 대신 너트와 볼트작업으로 전환한다.
④ 유기용제를 사용하는 세척공정을 스팀 세척이나, 비눗물을 이용하는 공정으로 전환한다.

해설
① 페인트 제조 시 납 대신 독성이 적은 티탄이나 아연으로 대체한다.

42

다음 중 덕트 내 공기에 의한 마찰손실에 영향을 주는 요소와 가장 거리가 먼 것은?

① 덕트 직경　　　② 공기 점도
③ 덕트의 재료　　④ 덕트 면의 조도

해설
• 압력손실은 덕트의 길이, 공기의 밀도, 유속에 비례하고 덕트의 직경에 반비례한다.
• 덕트 면의 조도(거칠기)에 따라 압력손실에 영향을 준다.

43

다음 중 보호구를 착용하는 데 있어서 착용자의 책임으로 가장 거리가 먼 것은?

① 지시대로 착용해야 한다.
② 보호구가 손상되지 않도록 잘 관리해야 한다.
③ 매번 착용할 때마다 밀착도 체크를 실시해야 한다.
④ 노출 위험성의 평가 및 보호구에 대한 검사를 해야 한다.

해설
④ 노출 위험성의 평가 및 보호구에 대한 검사는 사업주의 책임이다.

44

보호장구의 재질과 적용 물질에 대한 내용으로 틀린 것은?

① 면 : 극성 용제에 효과적이다.
② 가죽 : 용제에는 사용하지 못한다.
③ Nitrile 고무 : 비극성 용제에 효과적이다.
④ 천연고무(latex) : 극성 용제에 효과적이다.

해설
① 면은 고체상 물질에 효과적이다.

45

보호구를 착용함으로써 유해물질로부터 얼마만큼 보호되는지를 나타내는 보호계수(PF) 산정식은?(단, C_o : 호흡기보호구 밖의 유해물질 농도, C_i : 호흡기보호구 안의 유해물질 농도)

① $PF = C_i/C_o$　　　② $PF = C_o/C_i$
③ $PF = (C_o - C_i)/100$　④ $PF = (C_i - C_o)/100$

해설

$$보호계수(PF) = \frac{보호구\ 밖의\ 농도(C_o)}{보호구\ 안의\ 농도(C_i)}$$

46

방진마스크에 관한 설명으로 틀린 것은?

① 비휘발성 입자에 대한 보호가 가능하다.

② 형태별로 전면마스크와 반면마스크가 있다.

③ 필터의 재질은 면, 모, 합성섬유, 유리섬유, 금속섬유 등이다.

④ 반면마스크는 안경을 쓴 사람에게 유리하며 밀착성이 우수하다.

해설

④ 반면마스크는 착용이 편리하지만 눈을 보호할 수 없고 얼굴과 밀착성이 비교적 떨어진다.

47

다음 중 덕트 설치 시 압력손실을 줄이기 위한 주요사항과 가장 거리가 먼 것은?

① 덕트는 가능한 한 상향구배를 만든다.

② 덕트는 가능한 한 짧게 배치하도록 한다.

③ 가능한 한 후드의 가까운 곳에 설치한다.

④ 밴드의 수는 가능한 한 적게 하도록 한다.

해설

① 직관은 하향구배로 하는 것이 압력손실을 줄일 수 있다(중력의 영향).

48

원심력 송풍기 중 다익형 송풍기에 관한 설명으로 가장 거리가 먼 것은?

① 송풍기의 임펠러가 다람쥐 쳇바퀴 모양으로 생겼다.

② 큰 압력손실에서 송풍량이 급격하게 떨어지는 단점이 있다.

③ 고강도가 요구되기 때문에 제작비용이 비싸다는 단점이 있다.

④ 다른 송풍기와 비교하여 동일 송풍량을 발생시키기 위한 임펠러 회전속도가 상대적으로 낮기 때문에 소음이 작다.

해설

③ 동일 송풍량을 발생시키기 위한 임펠러 회전속도가 상대적으로 낮아 소음문제가 거의 없고 강도 문제가 그리 중요하지 않기 때문에 저가로 제작이 가능하다.

49

관을 흐르는 유체의 양이 220m³/min일 때 속도압은 약 몇 mmH₂O인가?(단, 유체의 밀도는 1.21kg/m³, 관의 단면적은 0.5m², 중력가속도는 9.8m/s²이다)

① 2.1 　　　　② 3.3

③ 4.6 　　　　④ 5.9

해설

유체의 유량 = 속도 × 관의 단면적

$220\text{m}^3/\text{min} = v \times 0.5\text{m}^3$

$v = 440\text{m/min} = 7.33\text{m/sec}$

유체의 속도 $= \sqrt{\dfrac{2g \times VP}{r}}$

$7.33\text{m/s} = \sqrt{\dfrac{2 \times 9.8\text{m/s}^2 \times VP}{1.21\text{kg/m}^2}}$

$\therefore VP = 3.3$

50

다음 중 전체 환기를 실시하고자 할 때, 고려해야 하는 원칙과 가장 거리가 먼 것은?

① 필요 환기량은 오염물질이 충분히 희석될 수 있는 양으로 설계한다.

② 오염물질이 발생하는 가장 가까운 위치에 배기구를 설치해야 한다.

③ 오염원 주위에 근로자의 작업공간이 존재할 경우에는 급기를 배기보다 약간 많이 한다.

④ 희석을 위한 공기가 급기구를 통하여 들어와서 오염물질이 있는 영역을 통과하여 배기구로 빠져나가도록 설계해야 한다.

해설

③ 오염원 주위에 근로자의 작업공간이 존재할 경우 배기를 급기보다 많이 한다.

51

재순환 공기의 CO_2 농도는 900ppm이고 급기의 CO_2 농도는 700ppm일 때, 급기 중의 외부공기 포함량은 약 몇 %인가?(단, 외부공기의 CO_2 농도는 330ppm이다)

① 30%　　　　② 35%

③ 40%　　　　④ 45%

해설

급기중 재순환량(%)

$$= \frac{급기 \; 공기 \; 중 \; CO_2 \; 농도 - 외부 \; 공기 \; 중 \; CO_2 \; 농도}{재순환 \; 공기 \; 중 \; CO_2 \; 농도 - 외부 \; 공기 \; 중 \; CO_2 \; 농도} \times 100$$

$$= \frac{700 - 330}{900 - 330} \times 100 = 64.9\%$$

급기 중 외부공기포함량(%) = 100 - 급기 중 재순환량(%)

$$= 100 - 64.9$$

$$= 35\%$$

52

작업장에서 작업공구와 재료 등에 적용할 수 있는 진동대책과 가장 거리가 먼 것은?

① 진동공구의 무게는 10kg 이상 초과하지 않도록 만들어야 한다.

② 강철로 코일용수철을 만들면 설계를 자유스럽게 할 수 있으나 oil damper 등의 저항요소가 필요할 수 있다.

③ 방진고무를 사용하면 공진 시 진폭이 지나치게 커지지 않지만 내구성, 내약품성이 문제가 될 수 있다.

④ 코르크는 정확하게 설계할 수 있고 고유진동수가 20Hz 이상이므로 진동방지에 유용하게 사용할 수 있다.

해설

④ 코르크는 재질이 일정하지 않아 여러 가지로 균일하지 않아 정확한 설계가 불가능하다. 고유진동수가 10Hz 전후이다.

53

층류영역에서 직경이 $2\mu m$이며 비중이 3인 입자상 물질의 침강속도는 약 몇 cm/sec인가?

① 0.032　　　　② 0.036

③ 0.042　　　　④ 0.046

해설

$$V(cm/s) = 0.003 \times \rho \times d^2$$

$$= 0.003 \times 3 \times 2^2$$

$$= 0.036cm/s$$

54

다음 중 방독마스크 사용 용도와 가장 거리가 먼 것은?

① 산소결핍장소에서는 사용해서는 안 된다.

② 흡착제가 들어있는 카트리지나 캐니스터를 사용해야 한다.

③ IDLH(Immediately Dangerous to Life or Health) 상황에서 사용한다.

④ 흡착제는 일반적으로 비극성의 유기증기에는 활성탄을, 극성 물질에는 실리카겔을 사용한다.

해설

③ IDLH 또는 알 수 없는 농도 조건에서 출입 시 자급식 공기 호흡기를 사용한다.

55

일반적인 실내외 공기에서 자연환기의 영향을 주는 요소와 가장 거리가 먼 것은?

① 기압　　　　　② 온도

③ 조도　　　　　④ 바람

해설

조도는 밝기로 환기와는 관련이 없다.

56

다음 중 국소배기장치를 반드시 설치해야 하는 경우와 가장 거리가 먼 것은?

① 발생원이 주로 이동하는 경우

② 유해물질의 발생량이 많은 경우

③ 법적으로 국소배기장치를 설치해야 하는 경우

④ 근로자의 작업위치가 유해물질 발생원에 근접해 있는 경우

해설

국소배기

동일작업장에 오염발생원이 한군데로 집중되어 있는 경우에 적합하다.

57

다음 중 작업환경 개선에서 공학적인 대책과 가장 거리가 먼 것은?

① 환기　　　　　② 대체

③ 교육　　　　　④ 격리

해설

교육은 관리적 대책에 해당한다.

58

벤젠의 증기발생량이 400g/h일 때, 실내 벤젠의 평균농도를 10ppm 이하로 유지하기 위한 필요 환기량은 약 몇 m^3/min인가?(단, 벤젠 분자량은 78, 25℃ : 1기압 상태 기준, 안전계수는 10이다)

① 130　　　　　② 150

③ 180　　　　　④ 210

해설

$$400g/hr \times \frac{1mol}{78g} \times \frac{24.45L}{1mol} = 125.38L/hr$$

$$환기량 = \frac{G}{TLV} \times K = \frac{\dfrac{125.38L}{hr} \times \dfrac{1hr}{60min} \times \dfrac{1,000mL}{1L}}{10ppm\,(mL/m^3)} \times 1$$

$$= 208.97m^3/min$$

59

다음 중 전기집진기의 설명으로 틀린 것은?

① 설치 공간을 많이 차지한다.
② 가연성 입자의 처리가 용이하다.
③ 넓은 범위의 입경과 분진농도에 집진효율이 높다.
④ 낮은 압력손실로 송풍기의 가동비용이 저렴하다.

해설

② 가연성 입자는 방폭대책 없이 전기집진기 사용이 불가하다.

60

여포집진기에서 처리할 배기 가스량이 2m³/sec이고 여포집진기의 면적이 6m²일 때 여과속도는 약 몇 cm/sec인가?

① 25
② 30
③ 33
④ 36

해설

$$여과속도 = \frac{Q(처리\ 가스량)}{A(여과포\ 총면적)}$$

$$= \frac{2\text{m}^3/\text{sec}}{6\text{m}^2} \times \frac{100\text{cm}}{1\text{m}} = 33.3\text{cm/sec}$$

61

다음 설명 중 (　) 안에 알맞은 내용은?

> 생체를 이온화시키는 최소에너지를 방사선을 구분하는 에너지 경계선으로 한다. 따라서, (　) 이상의 광자에너지를 가지는 경우를 이온화방사선이라 부른다.

① 1eV
② 12eV
③ 25eV
④ 50eV

해설

이온화방사선(전리방사선)
어떤 물질을 통과하면서 물질과 반응하여 이온을 생성할 수 있을 만큼의 에너지(최소 12eV)를 가지고 있는 방사선이다.

62

다음과 같은 작업조건에서 1일 8시간 동안 작업하였다면, 1일 근무시간 동안 인체에 누적된 열량은 얼마인가?(단, 근로자의 체중은 60kg이다)

> • 작업대사량 : +1.5kcal/kg · hr
> • 대류에 의한 열전달 : +1.2kcal/kg · hr
> • 복사열 전달 : +0.8kcal/kg · hr
> • 피부에서의 총 땀 증발량 : 300g/hr
> • 수분증발열 : 580cal/g

① 242kcal
② 288kcal
③ 1,152kcal
④ 3,072kcal

해설

• 작업대사량에 의한 열량 : 1.5kcal/kg · hr × 60kg × 8hr = 720kcal
• 대류 열전달에 의한 열량 : 1.2kcal/kg · hr × 60kg × 8hr = 576kcal
• 복사열 전달에 의한 열량 : 0.8kcal/kg · hr × 60kg × 8hr = 384kcal
• 땀 증발에 의한 손실 열량 : 300g/hr × 580cal/g × 8hr = 1,392,000cal
• 누적열량 : 720kcal + 576kcal + 384kcal − $\left(1,392,000\text{kcal} \times \dfrac{1\text{kcal}}{1,000\text{cal}}\right)$ = 288kcal

63

레이노 현상(Raynaud phenomenon)의 주된 원인이 되는 것은?

① 소음 ② 고온
③ 진동 ④ 기압

해설

레이노 현상은 압축공기를 이용한 진동공구, 착암기, 해머 같은 공구를 장시간 사용한 근로자들의 손가락에서 유발한다.

64

소리의 크기가 20N/m²이라면 음압레벨은 몇 dB(A)인가?

① 100 ② 110
③ 120 ④ 130

해설

$$음압레벨(SPL) = 20\log(\frac{P}{2\times10^{-5}}) = 20\log(\frac{20}{2\times10^{-5}})$$
$$= 120dB$$

65

고압환경에서의 2차적 가압현상에 의한 생체변환과 거리가 먼 것은?

① 질소마취 ② 산소 중독
③ 질소기포의 형성 ④ 이산화탄소의 영향

해설

③ 질소기포의 형성은 감압환경과 관련 있다.

66

공기의 구성 성분에서 조성비율이 표준공기와 같을 때, 압력이 낮아져 고용노동부에서 정한 산소결핍장소에 해당하게 되는데, 이 기준에 해당하는 대기압 조건은 약 얼마인가?

① 650mmHg

② 670mmHg

③ 690mmHg

④ 710mmHg

해설

$$760mmHg\times\frac{18\%}{21\%} ≒ 650mmHg$$

정의(산업안전보건기준에 관한 규칙 제618조)
"산소결핍"이란 공기 중의 산소농도가 18% 미만인 상태를 말한다.

67

1루멘(Lumen)의 빛이 1m²의 평면에 비칠 때의 밝기를 무엇이라 하는가?

① Lambert

② 럭스(Lux)

③ 촉광(candle)

④ 푸트캔들(Foot candle)

해설

밝기의 단위는 럭스(Lux)로 1m²에 1Lumen의 광속을 방출하는 광원의 밝기이다.

68

진동 작업장의 환경관리 대책이나 근로자의 건강보호를 위한 조치로 틀린 것은?

① 발진원과 작업자의 거리를 가능한 멀리한다.

② 작업자의 체온을 낮게 유지시키는 것이 바람직하다.

③ 절연패드의 재질로는 코르크, 펠트(felt), 유리섬유 등을 사용한다.

④ 진동공구의 무게는 10kg을 넘지 않게 하며 방진장갑 사용을 권장한다.

해설

② 14℃ 이하의 옥외작업에서는 보온대책이 필요하다.

69

저온의 이차적 생리적 영향과 거리가 먼 것은?

① 말초냉각   ② 식욕변화

③ 혈압변화   ④ 피부혈관의 수축

해설

저온에 의한 생리반응

1차 생리반응	2차 생리반응
피부혈관 수축	말초혈관의 수축
근육긴장의 증가 및 떨림	근육활동, 조직대사 증진으로 식욕 변화
화학적 대사작용 증가	혈압의 일시적 상승
체표면적 감소	–

70

질소 기포 형성 효과에 있어 감압에 따른 기포 형성량에 영향을 주는 주요인자와 가장 거리가 먼 것은?

① 감압속도

② 체내 수분량

③ 고기압의 노출정도

④ 연령 등 혈류를 변화시키는 상태

해설

② 체내 수분량은 질소 기포 형성(이상기압 현상)과 관련이 없다.

71

방사선의 단위환산이 잘못된 것은?

① rad = 0.1Gy

② 1rem = 0.01Sv

③ 1Sv = 100rem

④ 1Bq = 2.7×10^{-11}Ci

해설

① 1rad = 0.01Gy

72

우리나라의 경우 누적소음노출량 측정기로 소음을 측정할 때 변환율(exchange rate)을 5dB로 설정하였다. 만약 소음에 노출되는 시간이 1일 2시간일 때 산업안전보건법에서 정하는 소음의 노출기준은 얼마인가?

① 80dB(A)   ② 85dB(A)

③ 95dB(A)   ④ 100dB(A)

해설

화학물질 및 물리적 인자의 노출기준

1일 노출시간(hr)	소음강도 dB(A)
8	90
4	95
2	100
1	105
1/2	110
1/4	115

73

갱내부 조명 부족과 관련한 질환으로 맞는 것은?

① 백내장   ② 망막변성

③ 녹내장   ④ 안구진탕증

해설

갱내부와 같이 어두운 장소에서 작업할 경우 무의식적으로 눈 떨림 현상을 느끼는 안구진탕증을 겪을 수 있다.

74

충격소음에 대한 정의로 맞는 것은?

① 최대음압수준에 100dB(A) 이상인 소음이 1초 이상 의 간격으로 발생하는 것을 말한다.

② 최대음압수준에 100dB(A) 이상인 소음이 2초 이상 의 간격으로 발생하는 것을 말한다.

③ 최대음압수준에 120dB(A) 이상인 소음이 1초 이상 의 간격으로 발생하는 것을 말한다.

④ 최대음압수준에 130dB(A) 이상인 소음이 2초 이상 의 간격으로 발생하는 것을 말한다.

해설

충격소음의 노출기준(화학물질 및 물리적 인자의 노출기준 [별표 2 의 2])

충격소음이라 함은 최대음압수준에 120dB(A) 이상인 소음이 1초 이상 의 간격으로 발생하는 것을 말함

75

소음성 난청인 C_5-dip 현상은 어느 주파수에서 잘 일어나 는가?

① 2,000Hz   ② 4,000Hz

③ 6,000Hz   ④ 8,000Hz

해설

소음성 난청은 초기 저음역(500Hz, 1,000Hz, 2,000Hz)보다 고음역 (3,000Hz, 4,000Hz, 6,000Hz)에서 청력손실이 현저히 나타나고, 특 히 4,000Hz에서 심하다.

76

피부의 색소침착 등 생물학적 작용이 활발하게 일어나서 Dorno선이라고 부르는 비전리 방사선은?

① 적외선   ② 가시광선

③ 자외선   ④ 마이크로파

해설

자외선은 Dorno선으로도 불리며, 생물학적 작용이 활발하게 일어난다.

77

습구흑구온도지수(WBGT)에 관한 설명으로 맞는 것은?

① WBGT가 높을수록 휴식시간이 증가되어야 한다.

② WBGT는 건구온도와 습구온도에 비례하고, 흑구온 도에 반비례한다.

③ WBGT는 고온 환경을 나타내는 값이므로 실외작업 에만 적용한다.

④ WBGT는 복사열을 제외한 고열의 측정단위로 사용 되며, 화씨온도($°F$)로 표현한다.

해설

WBGT

• 섭씨온도($°C$)로 표현한다.

• 기온, 기습, 기류 및 복사열을 고려하여 계산된다.

• 태양광선이 있는 옥외 및 태양광선이 없는 옥내로 구분한다.

• 습구온도와 흑구온도에 비례한다.

78

소음발생의 대책으로 가장 먼저 고려해야 할 사항은?

① 소음원밀폐
② 차음보호구착용
③ 소음전파차단
④ 소음노출시간단축

해설

소음발생 후 가장 먼저 소음원을 밀폐하는 것이 효과적인 방안이다.

79

다음 중 압력이 가장 높은 것은?

① 2atm
② 760mmHg
③ 14.7psi
④ 101,325Pa

해설

mmHg로 환산하였을 때,
① 760×2mmHg
② 760mmHg
③ 760mmHg
④ 760mmHg

80

비전리방사선으로만 나열한 것은?

① α선, β선, 레이저, 자외선
② 적외선, 레이저, 마이크로파, α선
③ 마이크로파, 중성자, 레이저, 자외선
④ 자외선, 레이저, 마이크로파, 가시광선

해설

비전리방사선
자외선, 레이저, 마이크로파, 가시광선, 전자파, 라디오파 등이다.

제5과목 | 산업독성학

81

단시간 노출기준이 시간가중평균농도(TLV-TWA)와 단기간 노출기준(TLV-STEL) 사이일 경우 충족시켜야 하는 세 가지 조건에 해당하지 않는 것은?

① 1일 4회를 초과해서는 안 된다.
② 15분 이상 지속 노출되어서는 안 된다.
③ 노출과 노출 사이에는 60분 이상의 간격이 있어야 한다.
④ TLV-TWA의 3배 농도에는 30분 이상 노출되어서는 안 된다.

해설

입자상 물질의 농도 평가(작업환경측정 및 정도관리 등에 관한 고시 제34조)
제18조 제2항 또는 제3항에 따른 측정을 한 경우에는 측정시간 동안의 농도를 해당 노출기준과 직접 비교하여 평가하여야 한다. 다만 2회 이상 측정한 단시간 노출농도값이 단시간노출기준과 시간가중평균기준값 사이의 경우로서 다음의 어느 하나에 해당하는 경우에는 노출기준 초과로 평가하여야 한다.
• 15분 이상 연속 노출되는 경우
• 노출과 노출사이의 간격이 1시간 미만인 경우
• 1일 4회를 초과하는 경우

82

유해화학물질의 생체막 투과 방법에 대한 다음 내용에 해당하는 것은?

> 운반체의 확산성을 이용하여 생체막을 통과하는 방법으로 운반체는 대부분 단백질로 되어 있다. 운반체의 수가 가장 많을 때 통과속도는 최대가 되지만 유사한 대상물질이 많이 존재하면 운반체의 결합에 경합하게 되어 투과속도가 선택적으로 억제된다. 일반적으로 필수영양소가 이 방법에 의하지만 필수영양소와 유사한 화학물질이 침투하여 운반체의 결합에 경합함으로서 생체막에 화학물질이 통과하여 독성이 나타나게 된다.

① 여과
② 촉진확산
③ 단순확산
④ 능동투과

해설

촉진확산
특정 내재성 막 관통 단백질을 통해 생체막을 가로질러 분자 또는 이온의 자발적인 수동 수송을 하는 과정이다.

83

피부의 표피를 설명한 것으로 틀린 것은?

① 혈관 및 림프관이 분포한다.
② 대부분 각질세포로 구성된다.
③ 멜라닌세포와 랑게스한스세포가 존재한다.
④ 각화세포를 결합하는 조직은 케라틴 단백질이다.

해설

① 혈관은 진피에 분포한다.

84

석유정제공장에서 다량의 벤젠을 분리하는 공정의 근로자가 해당 유해물질에 반복적으로 계속해서 노출될 경우 발생 가능성이 가장 높은 직업병은 무엇인가?

① 신장 손상
② 직업성 천식
③ 급성골수성 백혈병
④ 다발성말초신경장해

해설

백혈병 : 벤젠 중독 시 초기에는 빈혈, 백혈구 및 혈소판이 감소한다.

85

남성 근로자의 생식독성 유발요인이 아닌 것은?

① 흡연
② 망간
③ 풍진
④ 카드뮴

해설

남성 근로자의 생식독성 유발 유해인자
고온, X선, 납, 카드뮴, 망간, 수은, 항암제, 마취제, 알킬화제, 이황화탄소, 염화비닐, 음주, 흡연, 마약, 호르몬제, 마이크로파 등

86

유기성 분진에 의한 진폐증에 해당하는 것은?

① 규폐증
② 탄소폐증
③ 활석폐증
④ 농부폐증

해설

유기성 분진에 의한 진폐증
면폐증, 연초폐증, 농부폐증, 설탕폐증, 목재분진폐증, 모발분진폐증

87

직업성 천식을 유발하는 물질이 아닌 것은?

① 실리카
② 목분진
③ 무수트리멜리트산(TMA)
④ 톨루엔디이소시안산염(TDI)

작업 환경 중 천식을 유발하는 대표물질로 톨루엔디이소시안산염
(TDI), 무수트리멜리트산(TMA), 목분진이 있다.

88

수치로 나타낸 독성의 크기가 각각 2와 3인 두 물질이 화학
적 상호작용에 의해 상대적 독성이 9로 상승하였다면 이러
한 상호작용을 무엇이라 하는가?

① 상가작용
② 가승작용
③ 상승작용
④ 길항작용

③ 상승작용 : 독성물질 영향력의 합보다 크게 나타나는 경우이다.
① 상가작용 : 독성물질 영향력의 합으로 나타나는 경우이다.
② 가승작용 : 무독성물질이 독성물질과 동시에 작용하여 그 영향력이
　커지는 경우이다.
④ 길항작용(상쇄작용) : 독성물질로 인한 영향이 단독 물질일 때보다
　작아지는 경우이다.

89

직업성 피부질환에 영향을 주는 직접적인 요인에 해당되
는 항목은?

① 연령
② 인종
③ 고온
④ 피부의 종류

간접요인
연령 및 성별, 인종, 피부 종류, 땀, 계절, 온도, 습도, 비직업성 피부질
환의 공존

90

물에 대하여 비교적 용해성이 낮고 상기도를 통과하여 폐
수종을 일으킬 수 있는 자극제는?

① 염화수소
② 암모니아
③ 불화수소
④ 이산화질소

상기도 점막 자극제 종류
알데하이드, 암모니아, 염화수소, 불화수소, 아황산가스 등

91

근로자의 유해물질 노출 및 흡수 정도를 종합적으로 평가
하기 위하여 생물학적 측정이 필요하다. 또한 유해물질
배출 및 축적 속도에 따라 시료채취 시기를 적절히 정해야
하는데, 시료채취 시기에 제한을 가장 작게 받는 것은?

① 요중 납
② 호기중 벤젠
③ 혈중 총 무기수은
④ 요중 총 페놀

① 일반적으로 중금속은 반감기가 길기 때문에 시료채취 시간에 제한
　이 없다.

92

어느 근로자가 두통, 현기증, 구토, 피로감, 황달, 빈뇨 등의 증세를 보인다면, 어느 물질에 노출되었다고 볼 수 있는가?

① 납
② 황화수은
③ 수은
④ 사염화탄소

해설

사염화탄소
- 간장과 신장을 침범한다.
- 신장장애 증상으로 감뇨, 혈뇨 등이 발생하며 완전 무뇨증이 되면 사망할 수도 있다.
- 초기 증상으로는 지속적인 두통, 구역 또는 구토, 복통, 간압통 등이 나타난다.

93

인체에 침입한 납(Pb) 성분이 주로 축적되는 곳은?

① 간
② 뼈
③ 신장
④ 근육

해설

납의 대부분은 뼈에 축적되어 있다가 서서히 혈액으로 나오게 된다.

94

공기역학적 직경(aerodynamic diameter)에 대한 설명과 가장 거리가 먼 것은?

① 역학적 특성, 즉 침강속도 또는 종단속도에 의해 측정되는 먼지 크기이다.
② 직경분립충돌기(cascade impactor)를 이용해 입자의 크기 및 형태 등을 분리한다.
③ 대상 입자와 같은 침강속도를 가지며 밀도가 1인 가상적인 구형의 직경으로 환산한 것이다.
④ 마틴 직경, 페렛 직경 및 등면적 직경(projected area diameter)의 세 가지로 나누어진다.

해설

④ 마틴 직경, 페렛 직경, 등면적 직경은 물리적 직경이다.

95

합금, 도금 및 전지 등의 제조에 사용되며, 알레르기 반응, 폐암 및 비강암을 유발할 수 있는 중금속은?

① 비소
② 니켈
③ 베릴륨
④ 안티몬

해설

② 석유의 정제, 니켈도금, 합성촉매제 등에 사용되며, 소화기 증상, 만성비염, 비중격 천공, 폐암 등을 유발한다.

96

벤젠에 노출되는 근로자 10명이 6개월 동안 근무하였고, 5명이 2년 동안 근무하였을 경우 노출인년(person-years of exposure)은 얼마인가?

① 10
② 15
③ 20
④ 25

해설

$$노출인년 = \sum \left(조사인원 \times \frac{조사개월수}{12} \right)$$
$$= \left(10 \times \frac{6}{12} \right) + \left(5 \times \frac{24}{12} \right) = 15$$

97

수은 중독에 관한 설명 중 틀린 것은?

① 주된 증상은 구내염, 근육진전, 정신증상이 있다.
② 급성중독인 경우의 치료는 10% EDTA를 투여한다.
③ 알킬수은화합물의 독성은 무기수은화합물의 독성보다 훨씬 강하다.
④ 전리된 수은이온이 단백질을 침전시키고 thiol기(SH)를 가진 효소작용을 억제한다.

해설
② 납중독의 치료제는 Ca-EDTA가 있으며 중독 시 신경이나 뇌세포 손상 회복에 효과가 크다.

98

납은 적혈구 수명을 짧게 하고, 혈색소 합성에 장애를 발생시킨다. 납이 흡수됨으로 초래되는 결과로 틀린 것은?

① 요중 코프로폴피린 증가
② 혈청 및 δ-ALA 증가
③ 적혈구 내 프로토폴피린 증가
④ 혈중 β-마이크로글로빈 증가

해설
납흡수
δ-ALAD 활성치 저하, 혈청 및 요중 δ-ALA 증가, 망상적혈구수의 증가, 적혈구 내 프로토폴피린 증가

99

3가 및 6가크롬의 인체 작용 및 독성에 관한 내용으로 틀린 것은?

① 산업장의 노출의 관점에서 보면 3가크롬이 더 해롭다.
② 3가크롬은 피부 흡수가 어려우나 6가크롬은 쉽게 피부를 통과한다.
③ 세포막을 통과한 6가크롬은 세포 내에서 수 분 내지 수 시간 만에 발암성을 가진 3가 형태로 환원된다.
④ 6가에서 3가로의 환원이 세포질에서 일어나면 독성이 적으나 DNA의 근위부에서 일어나면 강한 변이원성을 나타낸다.

해설
① 산업장의 노출의 관점에서 보면 6가크롬이 3가크롬보다 더 해롭다.

100

중독 증상으로 파킨슨증후군 소견이 나타날 수 있는 중금속은?

① 납
② 비소
③ 망간
④ 카드뮴

해설
③ 망간은 주로 중추신경 장애, 정신 장애, 호흡기 장애, 파킨슨증후군을 일으킨다.

과년도 기출문제

2017년 제3회

제1과목 | 산업위생학 개론

01

산업피로를 예방하기 위한 작업자세로서 부적당한 것은?

① 불필요한 동작을 피하고 에너지 소모를 줄인다.

② 의자는 높이를 조절할 수 있고 등받이가 있는 것이 좋다.

③ 힘든 노동은 가능한 기계화하여 육체적 부담을 줄인다.

④ 가능한 동적(動的)인 작업보다는 정적(靜的)인 작업을 하도록 한다.

해설

④ 정적 작업과 동적 작업을 혼합하는 것이 바람직하다.

02

수공구를 이용한 작업의 개선 원리로 가장 적합하지 않은 것은?

① 동력동구는 그 무게를 지탱할 수 있도록 매단다.

② 차단이나 진동 패드, 진동 장갑 등으로 손에 전달되는 진동 효과를 줄인다.

③ 손바닥 중앙에 스트레스를 분포시키는 손잡이를 가진 수공구를 선택한다.

④ 가능하면 손가락으로 잡는 pinch grip보다는 손바닥으로 감싸 안아 잡은 power grip을 이용한다.

해설

③ 손잡이가 짧은 경우 손잡이 끝이 손바닥 중앙에 스트레스를 분포시키므로 손잡이 길이는 최소 10cm로 설계한다.

03

작업이 어렵거나 기계 설비에 결함이 있거나 주의력의 집중이 혼란된 경우 및 심신에 근심이 있는 경우에 재해를 일으키는 자는 어느 분류에 속하는가?

① 미숙성 누발자   ② 상황성 누발자

③ 소질성 누발자   ④ 반복성 누발자

해설

상황성 누발자의 재해 유발 요인
- 작업이 어렵기 때문
- 기계 설비의 결함
- 환경적 집중 곤란
- 심신에 근심

04

하인리히의 사고예방대책의 기본원리 5단계를 맞게 나타낸 것은?

① 조직 → 사실의 발견 → 분석·평가 → 시정책의 선정 → 시정책의 적용

② 조직 → 분석·평가 → 사실의 발견 → 시정책의 선정 → 시정책의 적용

③ 사실의 발견 → 조직 → 분석·평가 → 시정책의 선정 → 시정책의 적용

④ 사실의 발견 → 조직 → 시정책의 선정 → 시정책의 적용 → 분석·평가

해설

하인리히의 사고예방대책의 기본원리 5단계
- 제1단계 : 안전관리조직 구성(조직)
- 제2단계 : 사실의 발견
- 제3단계 : 분석·평가
- 제4단계 : 시정방법(시정책)의 선정
- 제5단계 : 시정책의 적용(대책실시)

정답   1 ④   2 ③   3 ②   4 ①

05

산업안전보건법에 근로자의 건강보호를 위해 사업주가 실시하는 프로그램이 아닌 것은?

① 청력보존 프로그램
② 호흡기보호 프로그램
③ 방사선 예방관리 프로그램
④ 밀폐공간 보건작업 프로그램

해설

산업안전보건기준에 관한 규칙
• 근골격계 질환 예방관리 프로그램
　- 뇌혈관 및 심장질환 발병위험도를 평가하여 금연, 고혈압 관리 등 건강증진 프로그램
　- 청력보존 프로그램, 호흡기보호 프로그램
　- 밀폐공간 보건작업 프로그램

06

공기 중에 분산되어 있는 유해물질의 인체 내 침입경로 중 유해물질이 가장 많이 유입되는 경로는 무엇인가?

① 호흡기계통
② 피부계통
③ 소화기계통
④ 신경·생식계통

해설

경구를 통한 유입 외에 공기 중 분산된 물질은 대부분 호흡기계통으로 유입된다.

07

미국산업위생학술원(AAIH)에서 채택한 산업위생전문가의 윤리강령 중 근로자에 대한 책임과 가장 거리가 먼 것은?

① 위험요소와 예방조치에 대하여 근로자와 상담해야 한다.
② 근로자의 건강보호가 산업위생전문가의 1차적인 책임이라는 것을 인식해야 한다.
③ 위험요인의 측정, 평가 및 관리에 있어서 외부의 압력에 굴하지 않고 근로자 중심으로 판단한다.
④ 근로자와 기타 여러 사람의 건강과 안녕이 산업위생전문가의 판단에 좌우된다는 것을 깨달아야 한다.

해설

산업위생전문가의 윤리강령, 근로자로서의 책임
• 근로자의 건강보호가 산업위생전문가의 1차적 책임이 있다.
• 위험요인의 측정, 평가 및 관리에 있어서 중립적인 태도를 유지한다.
• 위험요소와 예방조치에 대한 근로자와 상담한다.

08

분진발생 공정에서 측정한 호흡성 분진의 농도가 다음과 같을 때 기하평균농도는 약 몇 mg/m³인가?

(단위 : mg/m³)
2.5, 2.8, 3.1, 2.6, 2.9

① 2.62　　　　　② 2.77
③ 2.92　　　　　④ 3.03

해설

기하평균(GM)

$$\frac{(\log 2.5 + \log 2.8 + \log 3.1 + \log 2.6 + \log 2.9)}{5} = 0.443$$

$GM = 10^{0.443} = 2.77$

09

사업주가 근골격계부담작업에 근로자를 종사하도록 하는 경우 3년마다 실시하여야 하는 조사는?

① 유해요인조사
② 근골격계부담조사
③ 정기부담조사
④ 근골격계작업조사

해설

유해요인조사(산업안전보건기준에 관한 규칙 제657조)
사업주는 근로자가 근골격계부담작업을 하는 경우에 3년마다 다음의 사항에 대한 유해요인조사를 하여야 한다. 다만, 신설되는 사업장의 경우에는 신설일부터 1년 이내에 최초의 유해요인 조사를 하여야 한다.

10

직업 관련 질환은 다양한 원인에 의해 발생할 수 있는 질병으로 개인적인 소인에 직업적 요인이 부가되어 발생하는 질병을 말한다. 다음 중 직업 관련 질환에 해당하는 것은?

① 진폐증
② 악성중피종
③ 납중독
④ 근골격계 질환

해설

직업 관련 질환
• 물리적 원인 : 근골격계 질환, 소음성 난청, 복사열 등
• 화학적 원인 : 중금속 중독, 유기용제 중독, 진폐증 등
• 생물학적 원인 : 세균 등에 의한 공기오염
• 정신적 원인 : 스트레스, 과로 등

11

정도관리(quality control)에 대한 설명 중 틀린 것은?

① 계통적 오차는 원인을 찾아낼 수 있으며 크기가 계량화되면 보정이 가능하다.
② 정확도란 측정치와 기준값(참값)간의 일치하는 정도라고 할 수 있으며, 정밀도는 여러번 측정했을 때의 변이의 크기를 의미한다.
③ 정도관리에는 외부정도관리와 내부정도관리가 있으며, 우리나라의 정도관리는 작업환경 측정기관을 상대로 실시하고 있는 내부정도관리에 속한다.
④ 미국 산업위생학회에 따르면 정도관리란 '정확도와 정밀도의 크기를 알고 그것이 수용할만한 분석결과를 확보할 수 있는 작동적 절차를 포함하는 것'이라고 정의하였다.

해설

③ 우리나라에서 실시하는 정기정도관리와 특별정도관리는 외부정도관리에 속한다.

12

육체적 작업능력(PWC)이 15kcal/min인 어느 근로자가 1일 8시간 동안 물체를 운반하고 있다. 작업대사량(E_{task})이 6.5kcal/min, 휴식 시의 대사량(E_{rest})이 1.5kcal/min일 때, 매 시간당 휴식시간과 작업시간의 배분으로 맞는 것은?(단, Hertig의 공식을 이용한다)

① 12분 휴식, 48분 작업
② 18분 휴식, 42분 작업
③ 24분 휴식, 36분 작업
④ 30분 휴식, 30분 작업

> 해설

피로예방 휴식시간비

$$T_{rest} = \frac{PWC의 \ \frac{1}{3} - 작업대사량}{휴식대사량 - 작업대사량} \times 100$$

$$\frac{15 \times \frac{1}{3} - 6.5}{1.5 - 6.5} \times 100 = 30\%$$

1시간 기준
60min × 0.3(30%) = 18min

13

최대 작업역을 설명한 것으로 맞는 것은?

① 작업자가 작업할 때 전박을 뻗쳐서 닿는 범위
② 작업자가 작업할 때 사지를 뻗쳐서 닿는 범위
③ 작업자가 작업할 때 어깨를 뻗쳐서 닿는 범위
④ 작업자가 작업할 때 상지를 뻗쳐서 닿는 범위

> 해설

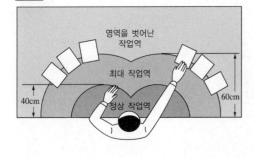

14

심한 전신피로 상태로 판단되는 경우는?

① $HR_{30\sim60}$이 100을 초과, $HR_{150\sim180}$과 $HR_{60\sim90}$의 차이가 15 미만인 경우
② $HR_{30\sim60}$이 105를 초과, $HR_{150\sim180}$과 $HR_{60\sim90}$의 차이가 10 미만인 경우
③ $HR_{30\sim60}$이 110을 초과, $HR_{150\sim180}$과 $HR_{60\sim90}$의 차이가 10 미만인 경우
④ $HR_{30\sim60}$이 120을 초과, $HR_{150\sim180}$과 $HR_{60\sim90}$의 차이가 15 미만인 경우

> 해설

심한 전신피로 상태 : HR1이 110을 초과하고, HR3과 HR2의 차이가 10 미만인 경우
• HR1 : 작업종료 후 30~60초 사이의 평균맥박수
• HR2 : 작업종료 후 60~90초 사이의 평균맥박수
• HR3 : 작업종료 후 150~180초 사이의 평균맥박수

15

외국의 산업위생역사에 대한 설명 중 인물과 업적이 잘못 연결된 것은?

① Galen – 구리광산에서 산 증기의 위험성 보고
② Georgious Agricola – 저서인 "광물에 관하여"를 남김
③ Pliny the Elder – 분진방지용 마스크로 동물의 방광사용 권장
④ Alice Hamilton – 폐질환의 원인물질을 Hg, S 및 염이라 주장

> 해설

④ Alice Hamilton은 금속 중독과 수은의 위험성을 규명하였다.

12 ② 13 ④ 14 ③ 15 ④ **정답**

16

작업시작 및 종료 시 호흡의 산소소비량에 대한 설명으로 틀린 것은?

① 산소소비량은 작업부하가 계속 증가하면 일정한 비율로 계속 증가한다.

② 작업이 끝난 후에도 맥박과 호흡수가 작업개시 수준으로 즉시 돌아오지 않고 서서히 감소한다.

③ 작업부하 수준이 최대 산소소비량 수준보다 높아지게 되면, 젖산의 제거 속도가 생성속도에 못 미치게 된다.

④ 작업이 끝난 후에 남아 있는 젖산을 제거하기 위해서는 산소가 더 필요하며, 이때 동원되는 산소소비량을 산소부채(oxygen debt)라 한다.

해설

① 작업대사량이 증가하면 산소소비량도 비례하여 계속 증가하나 작업대사량이 일정 한계를 넘으면 산소소비량은 증가하지 않는다.

17

직업병을 판단할 때 참고하는 자료로 적합하지 않은 것은?

① 업무내용과 종사시간

② 발병 이전의 신체이상과 과거력

③ 기업의 산업재해 통계와 산재보험료

④ 작업환경측정 자료와 취급물질의 유해성 자료

해설

직업병 판단 자료
- 작업 종사 기간, 유해작업 정도
- 작업환경(유해물질 농도 등), 사용원료, 중간 부산물, 제품 자체 유해성
- 직업병 증상
- 임상검사 소견
- 과거 질병 여부
- 발병 전 증상 및 증상의 경로
- 유해물질 폭로시간
- 다른 질환과의 연관성
- 같은 작업장의 다른 작업자의 발병 여부

18

허용농도 설정의 이론적 배경으로 '인체실험자료'가 있다. 이러한 인체실험 시 반드시 고려해야 할 사항으로 틀린 것은?

① 자발적으로 실험에 참여하는 자를 대상으로 한다.

② 영구적 신체장애를 일으킬 가능성은 없어야 한다.

③ 인류 보건에 기여할 물질에 대해 우선적으로 적용한다.

④ 실험에 참여하는 자는 서명으로 실험에 참여할 것을 동의해야 한다.

해설

인체실험 고려사항
- 인체실험 대상자의 자발적 동의를 얻어야 함
- 실험은 적절한 자격을 갖춘 사람이 수행해야 함
- 인체실험 대상자의 육체적·정신적 고통을 최소화해야 함
- 인체실험 대상자에게 실험에 대한 충분한 정보를 알려줘야 함

19

다음은 미국 ACGIH에서 제안하는 TLV-STEL을 설명한 것이다. 여기에서 단기간은 몇 분인가?

> 근로자가 자극, 만성 또는 불가역적 조직장애, 사고유발, 응급 시 대처능력의 저하 및 작업능률 저하 등을 초래할 정도의 마취를 일으키지 않고 단시간 동안 노출될 수 있는 농도이다.

① 5분
② 15분
③ 30분
④ 60분

해설

단시간 노출농도(STEL)
근로자가 1회 15분간 유해인자에 노출되는 경우의 기준(허용농도)이다.

20

직업병이 발생된 원진레이온에서 사용한 원인 물질은?

① 납
② 사염화탄소
③ 수은
④ 이황화탄소

해설

④ 원진레이온은 이황화탄소 중독 사건이다.

21

기기 내의 알코올이 위의 눈금에서 아래 눈금까지 하강하는 데 소요되는 시간을 측정하여 기류를 직접적으로 측정하는 기기는?

① 열선 풍속계
② 카타온도계
③ 액정 풍속계
④ 아스만 통풍계

해설

카타온도계
0.2~0.5m/sec 이하의 실내기류를 측정, 카타온도계는 봉해진 유리판에 2개의 눈금이 있다. 측정하기 전에 이것을 가열하여 위의 눈금까지 올린 후 아래 눈금까지 냉각되는 데 걸리는 시간을 스톱워치로 측정한다.

22

분자량이 245인 물질이 표준상태(25℃, 760mmHg)에서 체적농도로 1.0ppm일 때, 이 물질의 질량농도는 약 몇 mg/m³인가?

① 3.1
② 4.5
③ 10.0
④ 14.0

해설

$$1\text{ppm}\,(\text{mL/m}^3) \times \frac{1\text{mmol}}{24.45\text{mL}} \times \frac{245\text{mg}}{1\text{mmol}} = 10.02\text{mg/m}^3$$

23

어떤 음의 발생원의 음력(sound power)이 0.006W일 때, 음력수준(sound power level)은 약 몇 dB인가?

① 92 ② 94
③ 96 ④ 98

해설

음의세기레벨

$$SIL = 10\log\left(\frac{I}{10^{-12}}\right)(dB) = 10\log\left(\frac{0.006}{10^{-12}}\right) = 97.78$$

24

다음 내용이 설명하는 막 여과지는?

- 농약, 알칼리성 먼지, 콜타르피치 등을 채취한다.
- 열, 화학물질, 압력 등에 강한 특성이 있다.
- 석탄건류나 증류 등의 고열 공정에서 발생되는 다핵방향족 탄화수소를 채취하는 데 이용된다.

① 은막 여과지 ② PVC막 여과지
③ 섬유상막 여과지 ④ PTFE막 여과지

25

가스크로마토그래피의 검출기에 관한 서명으로 옳지 않은 것은?(단, 고용노동부 고시를 기준으로 한다)

① 약 850℃까지 작동 가능해야 한다.
② 검출기는 시료에 대하여 선형적으로 감응해야 한다.
③ 검출기는 감도가 좋고 안정성과 재현성이 있어야 한다.
④ 검출기의 온도를 조절할 수 있는 가열기구 및 이를 측정할 수 있는 측정기구가 갖추어져야 한다.

해설

① 약 400℃까지 작동해야 한다.

26

다음 고열측정에 관한 내용 중 ( ) 안에 알맞은 것은?(단, 고용노동부 고시를 기준으로 한다)

측정은 단위작업장소에서 측정대상이 되는 근로자의 작업 행동범위에서 주 작업 위치의 ( )의 위치에서 할 것

① 바닥 면으로부터 50cm 이상, 150cm 이하
② 바닥 면으로부터 80cm 이상, 120cm 이하
③ 바닥 면으로부터 100cm 이상, 120cm 이하
④ 바닥 면으로부터 120cm 이상, 150cm 이하

해설

① 측정기의 위치는 바닥 면으로부터 50cm 이상, 150cm 이하의 위치에서 측정한다.

27

음파 중 둘 또는 그 이상의 음파의 구조적 간섭에 의해 시간적으로 일정하게 음압의 최고와 최저가 반복되는 패턴의 파는?

① 발산파 ② 구면파
③ 정재파 ④ 평면파

해설

정재파

동일 주파수의 진행파와 반사파의 간섭현상에 의해 음압의 최대점과 최소점의 위치가 공간상 고정되게 되며, 겉보기에는 파동이 전파되지 않는 것처럼 보이는 파를 의미한다.

28

처음 측정한 측정치는 유량, 측정시간, 회수율, 분석에 의한 오차가 각각 15%, 3%, 10%, 7%이였으나 유량에 의한 오차가 개선되어 10%로 감소되었다면 개선 전 측정치의 누적오차와 개선후의 측정치의 누적오차의 차이는 약 몇%인가?

① 6.5   ② 5.5

③ 4.5   ④ 3.5

해설

누적오차 $E_c = \sqrt{E_1^2 + E_2^2 + \cdots + E_n^2}$

개선 전 $\sqrt{15^2 + 3^2 + 10^2 + 7^2} = 19.57\%$

개선 후 $\sqrt{10^2 + 3^2 + 10^2 + 7^2} = 16.06\%$

$19.57 - 16.06 = 3.51\%$

30

1일 12시간 작업할 때 톨루엔(TLV-100ppm)의 보정노출기준은 약 몇 ppm인가?(단, 고용노동부 고시를 기준으로 한다)

① 25   ② 67

③ 75   ④ 150

해설

입자상 물질의 농도 평가(작업환경측정 및 정도관리 등에 관한 고시 제34조)

보정노출기준 = 8시간 노출기준 $\times \dfrac{8}{H}$

$$= 100\text{ppm} \times \dfrac{8}{12} = 66.67$$

29

다음 중 수동식 시료채취기(passive sampler)의 포집원리와 가장 관계가 없는 것은?

① 확산   ② 투과

③ 흡착   ④ 흡수

해설

수동식 채취기에 적용되는 이론

• 확산원리
• 투과원리
• 흡착원리

31

다음 중 2차 표준 보정기구와 가장 거리가 먼 것은?

① 폐활량계
② 열선기류계
③ 건식가스 미터
④ 습식테스트 미터

해설

1차 표준기구	2차 표준기구
비누거품미터	로터미터
폐활량계	습식테스트미터
가스치환병	건식가스미터
유리피스톤미터	오리피스미터
흑연피스톤미터	열선기류계
피토튜브	-

32

공장 내부에 소음(1대당 PWL=85dB)을 발생시키는 기계가 있을 때, 기계 2대가 동시에 가동된다면 발생하는 PWL의 합은 약 몇 dB인가?

① 86
② 88
③ 90
④ 92

해설

합성소음도

$$L = 10\log(10^{\frac{L_1}{10}} + 10^{\frac{L_2}{10}} + \cdots + 10^{\frac{L_3}{10}})$$

$$L = 10\log(10^{8.5} + 10^{8.5}) = 88.01$$

33

다음 중 직경이 5cm인 흑구 온도계의 온도 측정시간 기준은 무엇인가?(단, 고용노동부 고시를 기준으로 한다)

① 1분 이상
② 3분 이상
③ 5분 이상
④ 10분 이상

해설

측정방법 등(작업환경측정 및 정도관리 등에 관한 고시 제31조)
- 측정은 단위작업 장소에서 측정대상이 되는 근로자의 주 작업 위치에서 측정한다.
- 측정기의 위치는 바닥 면으로부터 50cm 이상, 150cm 이하의 위치에서 측정한다.
- 측정기를 설치한 후 충분히 안정화시킨 상태에서 1일 작업시간 중 가장 높은 고열에 노출되는 1시간을 10분 간격으로 연속하여 측정한다.

34

다음 중 빛의 산란 원리를 이용한 직독식 먼지 측정기는?

① 분진광도계
② 피에조밸런스
③ β-gauge계
④ 유리섬유여과분진계

해설

분진광도계
빛을 발생시켜 분진으로부터 산란하여 발광되는 빛을 측정하여 먼지의 양을 측정하는 방식

35

유기용제 취급 사업장의 메탄올 농도 측정결과가 100, 89, 94, 99, 120ppm일 때, 이 사업장의 메탄올 농도의 기하평균은 약 몇 ppm인가?

① 100.3
② 102.3
③ 104.3
④ 106.3

해설

기하평균(GM)

$$\log(\text{GM}) = \frac{\log x_1 + \log x_2 + \cdots + \log x_n}{n}$$

$$\frac{(\log 100 + \log 89 + \log 94 + \log 99 + \log 120)}{5} = 2$$

$$\therefore \text{GM} = 10^2 = 100$$

36

흡착제를 이용하여 시료를 채취할 때 영향을 주는 인자에 관한 설명으로 옳지 않은 것은?

① 습도가 높으면 파과 공기량(파과가 일어날 때까지의 공기 채취량)이 작아진다.

② 시료채취속도가 낮고 코팅되지 않은 흡착제일수록 파과가 쉽게 일어난다.

③ 공기 중 오염물질의 농도가 높을수록 파과용량(흡착제에 흡착된 오염물질의 양)은 증가한다.

④ 고온에서는 흡착대상오염물질과 흡착제의 표면 사이 또는 2종 이상의 흡착 대상 물질간 반응속도가 증가하여 불리한 조건이 된다.

해설

② 시료채취유량이 높으면 파과가 쉽게 일어나지만, 코팅된 흡착제인 경우는 그 경향이 약하다.

37

다음 중 1일 8시간 및 일주일 40시간 동안의 평균농도를 말하는 것은?

① 천장값

② 허용농도 상한치

③ 시간 가중 평균농도

④ 단시간 노출허용농도

해설

TWA

1일 8시간, 주 40시간의 평균농도로서 거의 모든 근로자가 평상작업에서 반복하여 노출되더라도 건강장해를 일으키지 않는 공기 중 유해물질의 농도이다.

38

흡수용액을 이용하여 시료를 포집할 때 흡수효율을 높이는 방법과 거리가 먼 것은?

① 시료채취유량을 낮춘다.

② 용액의 온도를 높여 오염물질을 휘발시킨다.

③ 가는 구멍이 많은 Fritted 버블러 등 채취 효율이 좋은 기구를 사용한다.

④ 2개 이상의 버블러를 연속적으로 연결하여 용액의 양을 늘린다.

해설

② 기체는 온도가 낮을수록 잘 흡수된다.

39

다음 중 비극성 유기용제 포집에 가장 적합한 흡착제는?

① 활성탄   ② 염화칼슘

③ 활성칼슘   ④ 실리카겔

해설

① 활성탄을 이용하는 경우 비극성 유기용제, 탄화수소류(방향족, 할로겐화 등), 에스테르, 에테르, 알코올 등의 포집에 적합하다.

40

통계집단의 측정값들에 대한 균일성과 정밀성의 정도를 표현하는 것으로 평균값에 대한 표준편차의 크기를 백분율로 나타낸 것은?

① 정확도   ② 변이계수

③ 신뢰편차율   ④ 신뢰한계율

해설

② 변이계수(%) = (표준편차/산술평균) × 100
통계집단의 측정값들에 대한 균일성, 정밀도 정도를 표현한다.

41

A분진의 노출기준은 10mg/m³이며 일반적으로 반면형 마스크의 할당보호계수(APF)는 10일 때, 반면형 마스크를 착용할 수 있는 작업장 내 A분진의 최대 농도는 얼마인가?

① 1mg/m³

② 10mg/m³

③ 50mg/m³

④ 100mg/m³

해설

최고사용농도

OEL × APF = 10 × 10 = 100

42

다음 작업환경관리의 원칙 중 대체에 관한 내용으로 가장 거리가 먼 것은?

① 분체 입자를 큰 입자로 대치한다.

② 성냥 제조 시에 황린 대신에 적린을 사용한다.

③ 보온재료로 석면 대신 유리섬유나 암면 등을 사용한다.

④ 광산에서 광물을 채취할 때 습식 공정 대신 건식 공정을 사용하여 분진 발생량을 감소시킨다.

해설

④ 광산에서 광물을 채취할 때 분진 발생량을 감소시키기 위해 건식 공정 대신 습식 공정을 사용한다.

43

후드의 유입계수가 0.86일 때, 압력 손실계수는 약 얼마인가?

① 0.25

② 0.35

③ 0.45

④ 0.55

해설

$$후드유입손실계수(F) = \frac{1-Ce^2}{Ce^2} = \frac{1}{Ce^2} - 1 = \frac{1}{0.86^2} - 1 = 0.35$$

44

다음 중 비극성 용제에 대한 효과적인 보호장구의 재질로 가장 옳은 것은?

① 면

② 천연고무

③ Nitrile 고무

④ Butyl 고무

해설

③ Nitrile 고무 : 비극성 용제에 효과적이다.

45

송풍기의 동작점에 관한 설명으로 가장 알맞은 것은?

① 송풍기의 성능곡선과 시스템 동력곡선이 만나는 점

② 송풍기의 정압곡선과 시스템 효율곡선이 만나는 점

③ 송풍기의 성능곡선과 시스템 요구곡선이 만나는 점

④ 송풍기의 정압곡선과 시스템 동압곡선이 만나는 점

해설

송풍기의 성능곡선 : 정압, 축동력, 효율, 유량

46

다음 중 입자상 물질을 처리하기 위한 공기 정화장치와 가장 거리가 먼 것은?

① 사이클론
② 중력집진장치
③ 여과집진장치
④ 촉매산화에 의한 연소장치

해설

입자상 물질 처리시설

중력집진기, 관성력집진기, 원심력집진기, 여과집진기, 전기집진기, 세정집진기

47

덕트 설치의 주요사항으로 옳은 것은?

① 구부러짐 전, 후에는 청소구를 만든다.
② 공기 흐름은 상향구배를 원칙으로 한다.
③ 덕트는 가능한 한 길게 배치하도록 한다.
④ 밴드의 수는 가능한 한 많게 하도록 한다.

해설

덕트 설치 기준

• 가능하면 길이는 짧게, 굴곡부의 수는 적게 한다.
• 접속부의 안쪽은 돌출된 부분이 없도록 한다.
• 청소구를 설치하는 등 청소하기 쉬운 구조로 한다.
• 덕트 내부에 오염물질이 쌓이지 않도록 이송속도를 유지한다.
• 연결 부위 등은 외부 공기가 들어오지 않도록 한다.

48

자유공간에 설치한 폭과 높이의 비가 0.5인 사각형 후드의 필요 환기량(Q, m^3/s)을 구하는 식으로 옳은 것은? (단, L : 폭(m), W : 높이(m), V : 제어속도(m/s), X : 유해물질과 후드개구부 간의 거리(m), K : 안전계수)

① $Q = V(10X^2 + LW)$
② $Q = V(5.3X^2 + 2.7LW)$
③ $Q = 3.7LVX$
④ $Q = 2.6LVX$

해설

Dalla Valle식

$Q = 60 \times V_c(10X^2 + A)$

49

배기 덕트로 흐르는 오염공기의 속도압이 6mmH$_2$O일 때, 덕트 내 오염공기의 유속은 약 몇 m/s 인가?(단, 오염공기 밀도는 1.25kg/m^3이고, 중력가속도는 9.8m/s^2이다)

① 6.6   ② 7.2
③ 8.3   ④ 9.7

해설

$$V = \sqrt{\frac{2g \times VP}{r}} = \sqrt{\frac{2 \times 9.8 \times 6}{1.25}} = 9.699$$

50

송풍기의 송풍량이 200m^3/min이고, 송풍기 전압이 150mmH$_2$O이다. 송풍기의 효율이 0.8이라면 소요동력은 약 몇 kW인가?

① 4   ② 6
③ 8   ④ 10

해설

$$kW = \frac{Q \times \triangle P}{6,120 \times \eta} \times \alpha = \frac{200 \times 150}{6,120 \times 0.8} \times 1 = 6.12$$

51

총압력손실 계산법 중 정압조절평형법에 대한 설명과 가장 거리가 먼 것은?

① 설계가 어렵고 시간이 많이 걸린다.
② 예기치 않은 침식 및 부식이나 퇴적문제가 일어난다.
③ 송풍량은 근로자나 운전자의 의도대로 쉽게 변경되지 않는다.
④ 설계 시 잘못 설계된 분지관 또는 저항이 가장 큰 분지관을 쉽게 발견할 수 있다.

해설

정압조절평형법(유속조절평형법, 정압균형유지법)
저항이 큰 쪽의 덕트 직경을 약간 크게 또는 감소시켜 저항을 줄이거나 증가시켜 합류점의 정압이 같아지도록 하는 방법으로 분지관 수가 적고 고독성 물질이나 폭발성, 방사성 분진을 대상으로 한다.

장점	단점
예기치 않은 침식 및 부식이 없음	설계 시 잘못된 유량을 고치기 어려움
잘못 설계된 분지관, 최대저항경로 선정이 잘못되어도 설계 시 쉽게 발견됨	설계가 복잡하고 시간이 소요됨
유속의 범위가 적절히 선택되면 덕트의 폐쇄가 일어나지 않음	설치 후 변경이나 확장에 대한 유연성이 낮음
–	효율 개선 시 전체를 수정함

52

덕트 직경이 30cm이고 공기유속이 5m/s일 때, 레이놀즈수는 약 얼마인가?(단, 공기의 점성계수는 20℃에서 1.85×10^{-5}kg/s·m, 공기밀도는 20℃에서 1.2kg/m³이다)

① 97,300
② 117,500
③ 124,400
④ 135,200

해설

레이놀즈수

$$Re = \frac{\rho V d}{\mu} = \frac{1.2 \times 5 \times 0.3}{1.85 \times 10^{-5}} = 97,297$$

53

다음 중 차음보호구인 귀마개(Ear Plug)에 대한 설명과 가장 거리가 먼 것은?

① 차음효과는 일반적으로 귀덮개보다 우수하다.
② 외청도에 이상이 없는 경우에 사용이 가능하다.
③ 더러운 손으로 만짐으로써 외청도를 오염시킬 수 있다.
④ 귀덮개와 비교하면 제대로 착용하는 데 시간은 걸리나 부피가 작아서 휴대하기 편리하다.

해설

장점	단점
귀덮개보다 저렴	땀이 많이 나면 외이도염 위험
휴대 쉬움, 착용 간편	제대로 착용하는 데 시간이 걸림
고온작업에서 사용 가능	차음효과가 귀덮개보다 떨어짐
좁은장소에서 사용 가능	사람에 따라 차음효과 차이가 있음

54

오염물질의 농도가 200ppm까지 도달하였다가 오염물질 발생이 중지되었을 때, 공기 중 농도가 200ppm에서 19ppm으로 감소하는 데 걸리는 시간은?(단, 1차 반응으로 가정하고 공간부피, $V = 3{,}000$m³, 환기량 $Q = 1.17$m³/s이다)

① 약 89분
② 약 101분
③ 약 109분
④ 약 115분

해설

$$t = -\frac{V}{Q'} \ln\left(\frac{C_2}{C_1}\right) = -\frac{3{,}000\text{m}^2}{1.17\text{m}^3/\text{s}} \ln\left(\frac{19}{200}\right) \times \frac{1\text{min}}{60\text{sec}} = 100.59\text{min}$$

55

국소배기 시설에서 장치 배치 순서로 가장 적절한 것은?

① 송풍기 → 공기정화기 → 후드 → 덕트 → 배출구

② 공기정화기 → 후드 → 송풍기 → 덕트 → 배출구

③ 후드 → 덕트 → 공기정화기 → 송풍기 → 배출구

④ 후드 → 송풍기 → 공기정화기 → 덕트 → 배출구

해설

국소배기 장치의 설계 순서

후드 형식 선정 → 제어속도 결정 → 소요풍속 계산 → 반응속도 결정 → 배관내경 선출 → 후드의 크기 결정 → 배관의 배치와 설치장소 선정 → 공기정화장치 선정 → 국소배기 계통도와 배치도 작성 → 총 압력손실량 계산 → 송풍기 선정

56

폭 a, 길이 b인 사각형관과 유체학적으로 등가인 원형관 (직경 D)의 관계식으로 옳은 것은?

① D = ab/2(a + b)

② D = 2(a + b)/ab

③ D = 2ab/a + b

④ D = a + b/2ab

해설

사각덕트의 등가직경

$$D = \frac{2ab}{a+b}$$

57

국소배기 시스템의 유입계수(Ce)에 관한 설명으로 옳지 않은 것은?

① 후드에서의 압력손실이 유량의 저하로 나타나는 현상이다.

② 유입계수란 실제유량/이론유량의 비율이다.

③ 유입계수는 속도압/후드정압의 제곱근으로 구한다.

④ 손실이 일어나지 않은 이상적인 후드가 있다면 유입계수는 0이 된다.

해설

④ 이상적인 후드의 유입계수는 1이 된다.

58

국소배기 시설의 투자비용과 운전비를 적게하기 위한 조건으로 옳은 것은?

① 제어속도 증가

② 필요송풍량 감소

③ 후드개구면적 증가

④ 발생원과의 원거리 유지

해설

동력을 적게 하고 송풍속도를 유지하려면 후드 개구면적을 감소시키거나 송풍속도를 감소시키면 동력이 적게 소요된다.

59

다음 중 자연환기에 대한 설명과 가장 거리가 먼 것은?

① 효율적인 자연환기는 냉방비 절감의 장점이 있다.
② 환기량 예측 자료를 구하기 쉬운 장점이 있다.
③ 운전에 따른 에너지 비용이 없는 장점이 있다.
④ 외부 기상조건과 내부 작업조건에 따라 환기량 변화가 심한 단점이 있다.

해설

자연환기
작업장의 개구부를 통해 작업장 내외의 온도, 기압차에 의한 대류작용으로 이루어지는 환기

장점	단점
설치비, 유지보수비, 동력비가 적음	정확한 환기량 산정이 어려움
소음이 적음	기상조건과 내부조건에 따라 환기량이 일정치 않음

60

다음 중 방진마스크의 요구사항과 가장 거리가 먼 것은?

① 포집효율이 높은 것이 좋다.
② 안면 밀착성이 큰 것이 좋다.
③ 흡기, 배기저항이 낮은 것이 좋다.
④ 흡기저항 상승률이 높은 것이 좋다.

해설

방진마스크 선정 조건
• 흡기저항 및 흡기저항 상승률이 낮을 것
• 배기저항이 낮을 것
• 여과재 포집효율이 높을 것
• 착용 시 시야 확보가 용이할 것
• 중량은 가벼울 것
• 안면에서의 밀착성이 클 것
• 침입률 1% 이하까지 정확히 평가 가능할 것

61

음향출력이 1,000W인 음원이 반자유공간(반구면파)에 있을 때 20m 떨어진 지점에서의 음의 세기는 약 얼마인가?

① 0.2W/m^3 ② 0.4W/m^3
③ 2.0W/m^3 ④ 4.0W/m^3

해설

$W = I \times S$
$W = I \times 2\pi r^2$
$1,000\text{W} = I \times 2\pi \times 20^2$

62

밀폐공간에서는 산소결핍이 발생할 수 있다. 산소결핍의 원인 중 소모(consumption)에 해당하지 않는 것은?

① 용접, 절단, 불 등에 의한 연소
② 금속의 산화, 녹 등의 화학반응
③ 제한된 공간 내에서 사람의 호흡
④ 질소, 아르곤, 헬륨 등의 불활성 가스 사용

해설

④ 질소, 아르곤, 헬륨 등의 불활성 가스 사용은 치환이다.

63

고압환경에 의한 영향으로 거리가 먼 것은?

① 저산소증 ② 질소의 마취작용
③ 산소독성 ④ 근육통 및 관절통

해설

① 저산소증은 저압환경에서의 영향이다.

64

산업안전보건법상 상시 작업을 실시하는 장소에 대한 작업면의 조도 기준으로 맞는 것은?

① 초정밀 작업 : 1,000lx 이상
② 정밀 작업 : 500lx 이상
③ 보통 작업 : 150lx 이상
④ 그 밖의 작업 : 50lx 이상

해설

③ 보통작업 : 150lx 이상
① 초정밀작업 : 750lx 이상
② 정밀작업 : 300lx 이상
④ 그 밖의 작업 : 75lx 이상

65

전신진동이 인체에 미치는 영향이 가장 큰 진동의 주파수 범위는?

① 2~100Hz   ② 140~250Hz
③ 275~500Hz   ④ 4,000Hz 이상

해설

• 초저주파진동(0.01~0.5Hz)
• 전신진동(0.5~100Hz)
• 국소진동(8~1,000Hz)

66

고온의 노출기준을 나타낼 경우 중등작업의 계속작업 시 노출기준은 몇 ℃(WBGT)인가?

① 26.7   ② 28.3
③ 29.7   ④ 31.4

해설

구분	경작업	중등작업	중작업
계속작업	30.0	26.7	25.0
매시간 75%작업, 25%휴식	30.6	28.0	25.9
매시간 50%작업, 50%휴식	31.4	29.4	27.9
매시간 25%작업, 75%휴식	32.2	31.1	30.0

67

비전리 방사선에 대한 설명으로 틀린 것은?

① 적외선(IR)은 700nm~1mm의 파장을 갖는 전자파로서 열선이라고 부른다.
② 자외선(UV)은 X-선과 가시광선 사이의 파장(100~400nm)을 갖는 전자파이다.
③ 가시광선은 400~700nm의 파장을 갖는 전자파이며 망막을 자극해서 광각을 일으킨다.
④ 레이저는 극히 좁은 파장범위이기 때문에 쉽게 산란되며 강력하고 예리한 지향성을 지닌 특징이 있다.

해설

레이저
비전리 방사선 중 유도방출에 의한 광선을 증폭시킴으로서 얻는 복사선으로, 쉽게 산란하지 않으며 강력하고 예리한 지향성을 지닌 것이다.

68

다음 설명에 해당하는 전리방사선의 종류는?

• 원자핵에서 방출되는 입자로서 헬륨원자의 핵과 같은 2개의 양자와 2개의 중성자로 구성되어 있다.
• 질량과 하전 여부에 따라서 그 위험성이 결정된다.
• 투과력은 가장 약하나 전리작용은 가장 강하다.

① X선   ② γ선
③ α선   ④ β선

해설

전리방사선 투과력
X선 > β선 > α선

69

방사선단위 "rem"에 대한 설명과 가장 거리가 먼 것은?

① 생체실효선량(dose-equivalent)이다.

② rem = rad × RBE(상대적 생물학적 효과)로 나타낸다.

③ rem은 Roentgen Equivalent Man의 머리글자이다.

④ 피조사체 1g에 100erg의 에너지를 흡수한다는 의미이다.

> **해설**
> • rem(또는 인체 뢴트겐 당량)은 방사선 조사량의 단위이다.
> • rad는 피조사체 1g에 대하여 100erg의 에너지가 흡수되는 것을 나타낸다.

70

1,000Hz에서 40dB의 음향레벨을 갖는 순음의 크기를 1로 하는 소음의 단위는?

① sone   ② phon

③ NRN   ④ dB(C)

> **해설**
> 1kHz에서 음압레벨이 40dB인 순음의 음의 크기가 1sone이다.

71

이상기압에 의해서 발생하는 직업병에 영향을 주는 유해인자가 아닌 것은?

① 산소(O_2)   ② 이산화황(SO_2)

③ 질소(N_2)   ④ 이산화탄소(CO_2)

> **해설**
> 이상기압에 의해 발생하는 직업병에 영향을 주는 인자
> 산소, 질소, 이산화탄소

72

귀마개의 차음평가수(NRR)가 27일 경우 그 보호구의 차음 효과는 얼마가 되겠는가?(단, OSHA의 계산방법을 따른다)

① 6dB   ② 8dB

③ 10dB   ④ 12dB

> **해설**
> 차음효과(dB(A)) = (NRR − 7) × 0.5
> = (27 − 7) × 0.5
> = 10dB(A)

73

해수면의 산소분압은 약 얼마인가?(단, 표준상태 기준이며, 공기 중 산소함유량은 21vol%이다)

① 90mmHg   ② 160mmHg

③ 210mmHg   ④ 230mmHg

> **해설**
> 돌턴의 부분압
> $$760\text{mmHg} \times \frac{21}{100} = 160\text{mmHg}$$

74

진동 발생원에 대한 대책으로 가장 적극적인 방법은?

① 발생원의 격리　　② 보호구 착용
③ 발생원의 제거　　④ 발생원의 재배치

해설

진동 발생원에 대한 가장 적극적인 대책은 발생원의 제거이고, 발생원의 격리, 재배치 순으로 적극적이라고 말할 수 있다. 소극적 대책으로는 보호구 착용이 있다.

75

비이온화 방사선의 파장별 건강 영향으로 틀린 것은?

① UV-A : 315~400nm - 피부노화 촉진
② IR-B : 780~1,400nm - 백내장, 각막화상
③ UV-B : 280~315nm - 발진, 피부암, 광결막염
④ 가시광선 : 400~700nm - 광화학적이거나 열에 의한 각막손상, 피부화상

해설

② IR-B : 1,400~3,000nm - 백내장, 각막화상

76

WBGT(Wet Bulb Globe Temperature index)의 고려 대상으로 볼 수 없는 것은?

① 기온　　② 상대습도
③ 복사열　　④ 작업대사량

해설

WBGT의 고려대상
기온, 기류, 상대습도, 복사열

77

음압실효치가 0.2N/m²일 때 음압수준(SPL : Sound Pressure Level)은 얼마인가?(단, 기준음압은 2×10^{-5} N/m²으로 계산한다)

① 40dB　　② 60dB
③ 80dB　　④ 100dB

해설

$$SPL = 20\log\frac{0.2}{2 \times 10^{-5}} = 80\text{dB}$$

78

저온환경에서 나타나는 일차적인 생리적 반응이 아닌 것은?

① 호흡의 증가
② 피부혈관의 수축
③ 근육긴장의 증가와 떨림
④ 화학적 대사작용의 증가

해설

1차적	2차적
• 피부혈관 수축 • 근육긴장의 증가와 전율 • 화학적 대사작용 증가 • 체표면적 감소	• 말초혈관의 수축 • 혈압의 일시적 상승 • 조직대사의 증진과 식욕 항진

79

소음성 난청에 대한 설명으로 틀린 것은?

① 소음성 난청의 초기 단계를 C_5-dip 현상이라 한다.

② 영구적인 난청(PTS)은 노인성 난청과 같은 현상이다.

③ 일시적인 난청(TTS)은 코르티기관의 피로에 의해 발생한다.

④ 주로 4,000Hz 부근에서 가장 많은 장해를 유발하며 진행되면 주파수영역으로 확대된다.

해설

② 영구적 난청은 소음성 난청과 같은 현상이다.

80

빛의 단위 중 광도(luminance)의 단위에 해당하지 않는 것은?

① nit

② Lambert

③ cd/m^2

④ $lumen/m^2$

해설

lux는 lm/m^2으로 조도의 단위이다.

81

최근 사회적 이슈가 되었던 유해인자와 그 직업병의 연결이 잘못된 것은?

① 석면 – 악성중피종

② 메탄올 – 청신경장애

③ 노말헥산 – 앉은뱅이증후군

④ 트리클로로에틸렌 – 스티븐존슨증후군

해설

② 메탄올 – 시신경장애

82

노출에 대한 생물학적 모니터링의 단점이 아닌 것은?

① 시료채취의 어려움

② 근로자의 생물학적 차이

③ 유기시료의 특이성과 복잡성

④ 호흡기를 통한 노출만을 고려

해설

생물학적 모니터링은 피부, 소화기계를 통한 유해인자의 종합적인 흡수 정도를 평가할 수 있다.

83

수은중독 증상으로만 나열된 것은?

① 구내염, 근육진전

② 비중격천공, 인두염

③ 급성뇌증, 신근쇠약

④ 단백뇨, 칼슘대사 장애

해설

수은중독 증상 : 근육통, 구강염증, 메스꺼움 및 구토, 운동능력 부족 등

84

급성독성과 관련이 있는 용어는?

① TWA

② C(Ceiling)

③ ThD$_0$(Threshold Dose)

④ NOEL(No Observed Effect Level)

해설

Ceiling(천장값농도)

작업시간 중 잠시라도 초과되어선 안 되는 농도를 말하며 15분간 측정을 실시합니다. 주로 자극성이거나 독성이 빠른 물질에 적용합니다.

85

포르피린과 헴(heme)의 합성에 관여하는 효소를 억제하며, 소화기계 및 조혈계에 영향을 주는 물질은?

① 납   ② 수은

③ 카드뮴   ④ 베릴륨

해설

① 납중독 확인 – 헴(Heme)합성과 관련된 효소의 혈중농도 측정

86

다음 중 금속열을 일으키는 물질과 가장 거리가 먼 것은?

① 구리   ② 아연

③ 수은   ④ 마그네슘

해설

금속열을 일으키는 물질

아연, 구리, 망간, 마그네슘, 니켈, 카드뮴, 안티몬

87

유해물질의 노출기준에 있어서 주의해야 할 사항이 아닌 것은?

① 노출기준은 피부로 흡수되는 양은 고려하지 않았다.

② 노출기준은 생활환경에 있어서 대기오염 정도의 판단기준으로 사용되기에는 적합하지 않다.

③ 노출기준은 1일 8시간 평균농도이므로 1일 8시간을 초과하여 작업을 하는 경우 그대로 적용할 수 없다.

④ 노출기준은 작업장에서 일하는 근로자의 건강장해를 예방하기 위해 안전 또는 위험의 한계를 표시하는 지침이다.

해설

④ 노출기준은 사업장의 유해조건을 평가하기 위한 지침이며 안전농도와 위험농도를 정확히 구분하는 경계선이 아니다.

88

크실렌의 생물학적 노출지표로 이용되는 대사산물은? (단, 소변에 의한 측정기준이다)

① 페놀   ② 만델린산

③ 마뇨산   ④ 메틸마뇨산

해설

소변 중 메틸마뇨산은 크실렌의 생물학적 노출지표로 이용되는 대사산물이다.

89

납중독을 확인하는 데 이용하는 시험으로 적절하지 않은 것은?

① 혈중의 납
② EDTA 흡착능
③ 신경전달속도
④ 헴(heme)의 대사

해설

납중독 확인시험 사항

혈액 중 납농도, 햄의 대사, 신경전달속도, Ca-EDTA 이동시험

90

망간에 관한 설명으로 틀린 것은?

① 호흡기 노출이 주경로이다.
② 언어장애, 균형감각상실 등의 증세를 보인다.
③ 전기용접봉 제조업, 도자기 제조업에서 발생된다.
④ 만성중독은 3가 이상의 망간화합물에 의해서 주로 발생한다.

해설

④ 망간의 만성중독을 일으키는 것은 2가의 망간화합물이다.

91

체내에서 유해물질을 분해하는 데 가장 중요한 역할을 하는 것은?

① 혈압
② 효소
③ 백혈구
④ 적혈구

해설

분해효소는 가수분해, 산화 등을 이용하여 다양한 화학결합의 파괴를 촉매하는 효소이다.

92

접촉에 의한 알레르기성 피부감작을 증명하기 위한 시험으로 가장 적절한 것은?

① 첩포시험
② 진균시험
③ 조직시험
④ 유발시험

해설

① 첩포시험은 알레르기성 접촉 피부염의 감각물질을 색출하는 임상시험이다.

93

일산화탄소 중독과 관련이 없는 것은?

① 고압산소실
② 카나리아새
③ 식염의 다량투여
④ 카복시헤모글로빈(carboxyhemoglobin)

해설

③ 식염의 다량투여는 고온장애와 관련이 있다.

94

금속의 일반적인 독성기전으로 틀린 것은?

① 효소의 억제
② 금속 평형의 파괴
③ DNA 염기의 대체
④ 필수 금속성분의 대체

해설

금속의 독성기전
효소억제, 간접영향, 필수 금속성분의 대체, 필수 금속성분의 평형 파괴

95

유해물질의 생리적 작용에 의한 분류에서 질식제를 단순 질식제와 화학적 질식제로 구분할 때, 화학적 질식제에 해당하는 것은?

① 수소(H_2)
② 메탄(CH_4)
③ 헬륨(He)
④ 일산화탄소(CO)

해설

• 단순 질식제 : 인체에 해롭지는 않으나 산소부족을 초래할 수 있는 가스, 수소, 이산화탄소, 질소, 헬륨 등
• 화학적 질식제 : 황화수소, 일산화탄소, 오존, 염소 등

96

유기용제의 중추신경 활성억제의 순위를 큰 것에서부터 작은 순으로 나타낸 것 중 맞는 것은?

① 알켄 > 알칸 > 알코올
② 에테르 > 알코올 > 에스테르
③ 할로겐화합물 > 에스테르 > 알켄
④ 할로겐화합물 > 유기산 > 에테르

해설

중추신경계 자극순서
아민 > 유기산 > 케톤, 알데하이드 > 알코올 > 알칸

97

사람에 대한 안전용량(SHD)을 산출하는 데 필요하지 않은 항목은?

① 독성량(TD)
② 안전인자(SF)
③ 사람의 표준 몸무게
④ 독성물질에 대한 역치(THD_0)

해설

독성량(Toxic Dose, TD)
실험동물을 대상으로 양을 투여했을 때 실험동물이 죽는 것은 아니지만 조직손상이나 종양과 같은 심각한 독성반응을 초래하는 투여량이다. TD_{50}은 실험동물의 50%에서 심각한 독성반응이 나타나는 양이다.

98

피부독성평가에서 고려해야 할 사항과 가장 거리가 먼 것은?

① 음주·흡연
② 피부 흡수 특성
③ 열·습기 등의 작업환경
④ 사용물질의 상호작용에 따른 독성학적 특성

해설

피부독성 평가 시 고려사항
• 피부흡수 특성
• 작업환경(열, 습기)
• 사용물질의 상호작용에 따른 독성학적 특성

99

규폐증을 일으키는 원인 물질로 가장 관계가 깊은 것은?

① 매연

② 암석분진

③ 일반부유분진

④ 목재분진

해설

규폐증은 규사 등의 먼지가 폐에 쌓여 흉터가 생기는 질환이다.

100

석면 및 내화성 세라믹 섬유의 노출기준 표시단위로 맞는 것은?

① %

② ppm

③ 개/cm^3

④ mg/m^3

해설

석면의 단위는 개/cm^3이다.

제1과목 | 산업위생학 개론

01

전신피로의 정도를 평가하기 위하여 맥박을 측정한 값이 심한 전신피로 상태라고 판단되는 경우는?

① $HR_{30\sim60} = 107$, $HR_{150\sim180} = 89$, $HR_{60\sim90} = 101$

② $HR_{30\sim60} = 110$, $HR_{150\sim180} = 95$, $HR_{60\sim90} = 108$

③ $HR_{30\sim60} = 114$, $HR_{150\sim180} = 92$, $HR_{60\sim90} = 118$

④ $HR_{30\sim60} = 116$, $HR_{150\sim180} = 102$, $HR_{60\sim90} = 108$

해설

심한 전신피로 상태

작업 종료 후 30~60초 사이의 평균 맥박수가 110회를 초과하고 150~180초 사이와 60~90초 사이의 차이가 10 미만인 상태이다.

02

산업위생전문가들이 지켜야 할 윤리강령에 있어 전문가로서의 책임에 해당하는 것은?

① 일반 대중에 관한 사항은 정직하게 발표한다.

② 위험요소와 예방조치에 관하여 근로자와 상담한다.

③ 과학적 방법의 적용과 자료의 해석에서 객관성을 유지한다.

④ 위험요인의 측정, 평가 및 관리에 있어서 외부의 압력에 굴하지 않고 중립적 태도를 취한다.

해설

산업위생전문가의 윤리강령, 전문가로서의 책임

• 성실성과 학문적 실력 면에서 최고 수준을 유지한다.

• 과학적 방법의 적용과 자료의 해석에서 경험을 통한 전문가의 객관성을 유지한다.

• 전문분야로서의 산업위생을 학문적으로 발전시킨다.

• 근로자, 사회 및 전문 직종의 이익을 위해 과학적 지식을 공개하고 발표한다.

• 산업위생 활동을 통해 얻은 개인 및 기업체의 기밀은 누설하지 않는다.

• 전문적 판단이 타협에 의하여 좌우될 수 있거나 이해관계가 있는 상황에서 개입하지 않는다.

• 쾌적한 작업환경을 만들기 위해 산업위생이론을 적용하고 책임 있게 행동한다.

03

Diethyl ketone(TLV=200ppm)을 사용하는 근로자의 작업시간이 9시간일 때 허용기준을 보정하였다. OSHA 보정법과 Brief and Scala 보정법을 적용하였을 경우 보정된 허용기준치 간의 차이는 약 몇 ppm인가?

① 5.05   ② 11.11

③ 22.22   ④ 33.33

해설

OSHA보정법

보정된 노출기준 = 8시간 노출기준 × $\dfrac{8시간}{노출시간/일}$

$= 200 \times \dfrac{8}{9} = 177.78$

Brief and Scala보정법

$RF = (\dfrac{8}{H}) \times \dfrac{24-H}{16} = (\dfrac{8}{9}) \times \dfrac{24-9}{16} = 0.8333$

보정된 노출기준 = 0.8333 × 200 = 166.67

177.78 − 166.67 = 11.11

04

18세기 영국의 외과의사 Pott에 의해 직업성 암(癌)으로 보고되었고, 오늘날 검댕 속의 다환방향족 탄화수소가 원인인 것으로 밝혀진 질병은?

① 폐암   ② 방광암
③ 중피종   ④ 음낭암

해설

Percivall Pott

굴뚝 청소부에게서 최초의 직업성 암인 "음낭암" 발견하였다. 암의 원인 물질은 "검댕"으로, 「굴뚝 청소부법」을 제정하는 계기가 되었다.

05

산업안전보건법의 목적을 설명한 것으로 맞는 것은?

① 헌법에 의하여 근로조건의 기준을 정함으로써 근로자의 기본적 생활을 보장, 향상시키며 균형있는 국가경제의 발전을 도모한다.
② 헌법의 평등이념에 따라 고용에서 남녀의 평등한 기회와 대우를 보장하고 모성보호와 작업능력을 개발하여 근로여성의 지위향상과 복지증진에 기여한다.
③ 산업안전·보건에 관한 기준을 확립하고 그 책임의 소재를 명확하게 하여 산업재해를 예방하고 쾌적한 작업환경을 조성함으로써 근로자의 안전과 보건을 유지·증진한다.
④ 모든 근로자가 각자의 능력을 개발, 발휘할 수 있는 직업에 취직할 기회를 제공하고, 산업에 필요한 노동력의 충족을 지원함으로써 근로자의 직업안정을 도모하고 균형있는 국민경제의 발전에 이바지한다.

해설

목적(산업안전보건법 제1조)

이 법은 산업안전 및 보건에 관한 기준을 확립하고 그 책임의 소재를 명확하게 하여 산업재해를 예방하고 쾌적한 작업환경을 조성함으로써 노무를 제공하는 사람의 안전 및 보건을 유지·증진함을 목적으로 한다.

06

방사성 기체로 폐암 발생의 원인이 되는 실내공기 중 오염물질은?

① 석면   ② 오존
③ 라돈   ④ 포름알데하이드

해설

③ 라돈 : 무색, 무취의 기체로서 흙, 콘크리트, 시멘트나 벽돌 등의 건축자재에 존재하였다가 공기 중으로 방출되며 지하 공간에서 더 높은 농도를 보이고, 폐암을 유발하는 실내공기 오염물질이다. 라돈가스는 호흡하기 쉬운 방사선 물질로 공기보다 9배가 무거워 지표에 가깝게 존재한다.

07

육체적 작업능력(PWC)이 16kcal/min인 근로자가 1일 8시간 동안 물체를 운반하고 있다. 이때의 작업 대사량은 10kcal/min이고, 휴식 시의 대사량은 1.5kcal/min이다. 이 사람이 쉬지 않고 계속하여 일할 수 있는 최대 허용시간은 약 몇 분인가?(단, $\log T_{end} = b_0 + b_1 \cdot E$, $b_0 = 3.720$, $b_1 = -0.1949$이다)

① 60분   ② 90분
③ 120분   ④ 150분

해설

작업강도에 따른 허용작업시간(T_{end}, min)

$\log T_{end} = 3.720 - 0.1949E$

$\qquad\quad = 3.720 - 0.1949 \times 10$

$T_{end} = 59.02 ≒ 60min$

08

산업재해의 기본원인인 4M에 해당되지 않는 것은?

① 방식(Mode) ② 설비(Machine)
③ 작업(Media) ④ 관리(Management)

해설

산업재해의 기본원인(4M)

사람(Man), 기계·설비(Machine), 작업·정보(Media), 관리(Management)

09

보건관리자를 반드시 두어야 하는 사업장이 아닌 것은?

① 도금업
② 축산업
③ 연탄 생산업
④ 축전지(납 포함) 제조업

해설

보건관리자를 두어야 하는 사업의 종류, 사업장의 상시근로자 수, 보건관리자의 수 및 선임방법(산업안전보건법 시행령 [별표 5])

사업의 종류	사업장의 상시근로자 수	보건관리자의 수	보건관리자의 선임방법
1. 광업(광업 지원 서비스업은 제외) 2. 섬유제품 염색, 정리 및 마무리 가공업	상시근로자 50명 이상 500명 미만	1명 이상	[별표 6]의 어느 하나에 해당하는 사람을 선임해야 한다.
3. 모피제품 제조업 4. 그 외 기타 의복액세서리 제조업(모피 액세서리에 한정)	상시근로자 500명 이상 2천명 미만	2명 이상	[별표 6]의 어느 하나에 해당하는 사람을 선임해야 한다.
5. 모피 및 가죽 제조업(원피가공 및 가죽 제조업은 제외) 6. 신발 및 신발부분품 제조업 7. 코크스, 연탄 및 석유정제품 제조업 8. 화학물질 및 화학제품 제조업 ; 의약품 제외 9. 의료용 물질 및 의약품 제조업	상시근로자 2천명 이상	2명 이상	[별표 6]의 어느 하나에 해당하는 사람을 선임하되 같은 표 제2호 또는 제3호에 해당하는 사람이 1명 이상 포함되어야 한다.

사업의 종류	사업장의 상시근로자 수	보건관리자의 수	보건관리자의 선임방법
10. 고무 및 플라스틱 제품 제조업 11. 비금속 광물제품 제조업 12. 1차 금속 제조업 13. 금속가공제품 제조업 ; 기계 및 가구 제외 14. 기타 기계 및 장비 제조업 15. 전자부품, 컴퓨터, 영상, 음향 및 통신장비 제조업 16. 전기장비 제조업 17. 자동차 및 트레일러 제조업 18. 기타 운송장비 제조업 19. 가구 제조업 20. 해체, 선별 및 원료 재생업 21. 자동차 종합 수리업, 자동차 전문 수리업 22. 제88조의 어느 하나에 해당하는 유해물질을 제조하는 사업과 그 유해물질을 사용하는 사업 중 고용노동부장관이 특히 보건관리를 할 필요가 있다고 인정하여 고시하는 사업			
23. 제2호부터 제22호까지의 사업을 제외한 제조업	상시근로자 50명 이상 1천명 미만	1명 이상	[별표 6]의 어느 하나에 해당하는 사람을 선임해야 한다.
	상시근로자 1천명 이상 3천명 미만	2명 이상	[별표 6]의 어느 하나에 해당하는 사람을 선임해야 한다.
	상시근로자 3천명 이상	2명 이상	[별표 6]의 어느 하나에 해당하는 사람을 선임하되 같은 표 제2호 또는 제3호에 해당하는 사람이 1명 이상 포함되어야 한다.

사업의 종류	사업장의 상시근로자 수	보건 관리자의 수	보건관리자의 선임방법
24. 농업, 임업 및 어업 25. 전기, 가스, 증기 및 공기조절공급업 26. 수도, 하수 및 폐기물 처리, 원료 재생업(제20호에 해당하는 사업은 제외) 27. 운수 및 창고업	상시근로자 50명 이상 5천명 미만 (다만, 제35호의 경우에는 상시근로자 100명 이상 5천명 미만)	1명 이상	[별표 6]의 어느 하나에 해당하는 사람을 선임해야 한다.
28. 도매 및 소매업 29. 숙박 및 음식점업 30. 서적, 잡지 및 기타 인쇄물 출판업 31. 라디오 방송업 및 텔레비전 방송업 32. 우편 및 통신업 33. 부동산업 34. 연구개발업 35. 사진 처리업 36. 사업시설 관리 및 조경 서비스업 37. 공공행정(청소, 시설관리, 조리 등 현업업무에 종사하는 사람으로서 고용노동부장관이 정하여 고시하는 사람으로 한정) 38. 교육서비스업 중 초등·중등·고등 교육기관, 특수학교·외국인학교 및 대안학교(청소, 시설관리, 조리 등 현업업무에 종사하는 사람으로서 고용노동부장관이 정하여 고시하는 사람으로 한정) 39. 청소년 수련시설 운영업 40. 보건업 41. 골프장 운영업 42. 개인 및 소비용품수리업(제21호에 해당하는 사업은 제외) 43. 세탁업	상시 근로자 5천명 이상	2명 이상	[별표 6]의 어느 하나에 해당하는 사람을 선임하되, 같은 표 제2호 또는 제3호에 해당하는 사람이 1명 이상 포함되어야 한다.
44. 건설업	공사금액 800억원 이상(건설산업기본법 시행령 [별표 1]의 종합공사를 시공하는 업종의 건설업종란 제1호에 따른 토목공사업에 속하는 공사의 경우에는 1천억 이상) 또는 상시근로자 600명 이상	1명 이상[공사금액 800억 원(건설산업기본법 시행령 [별표 1]의 종합공사를 시공하는 업종의 건설업종란 제1호에 따른 토목공사업은 1천억원)을 기준으로 1,400억원이 증가할 때마다 또는 상시 근로자 600명을 기준으로 600명이 추가될 때마다 1명씩 추가]	[별표 6]의 어느 하나에 해당하는 사람을 선임해야 한다.

10

고용노동부장관은 건강장해를 발생할 수 있는 업무에 일정 기간 이상 종사한 근로자에 대하여 건강관리수첩을 교부하여야 한다. 건강관리수첩 교부 대상 업무가 아닌 것은?

① 벤지딘염산염 제조(중량비율 1% 초과 제제 포함) 취급업무

② 벤조트리클로리드 제조(태양광선에 의한 염소화반응에 제조)업무

③ 제철용 코크스 또는 제철용 가스발생로 가스제조 시로 상부 또는 근접작업

④ 크롬산, 중크롬산, 또는 이들 염(중량 비율 0.1% 초과 제제 포함)을 제조하는 업무

해설

건강관리카드의 발급 대상(산업안전보건법 시행규칙 [별표 25])
크롬산·중크롬산 또는 이들 염(같은 물질이 함유된 화합물의 중량비율이 1%를 초과하는 제제를 포함한다)을 광석으로부터 추출하여 제조하거나 취급하는 업무

11

직업성 질환에 관한 설명으로 틀린 것은?

① 직업성 질환과 일반 질환은 그 한계가 뚜렷하다.

② 직업성 질환은 재해성 질환과 직업병으로 나눌 수 있다.

③ 직업성 질환이란 어떤 직업에 종사함으로써 발생하는 업무상 질병을 의미한다.

④ 직업병은 저농도 또는 저수준의 상태로 장시간 걸쳐 반복노출로 생긴 질병을 의미한다.

해설

① 직업성 질환과 일반 질환의 구분은 명확하지 않다.

12

교대근무제에 관한 설명으로 맞는 것은?

① 야간근무 종료 후 휴식은 24시간 전후로 한다.

② 야근은 가면(假眠)을 하더라도 10시간 이내가 좋다.

③ 신체적 적응을 위하여 야간근무의 연속일수는 대략 일주일로 한다.

④ 누적 피로를 회복하기 위해서는 정교대 방식보다는 역교대 방식이 좋다.

해설

바람직한 교대제

• 야간근무 종료 후 휴식은 최저 48시간 이상의 휴식시간을 갖도록 한다.

• 야간근무의 연속 일수는 2~3일로 한다.

• 2교대 시 최저 3조로 편성한다.

• 각 반의 근무시간은 8시간으로 한다.

• 누적피로를 회복하기 위해서는 역교대 방식보다는 정교대 방식이 좋다.

• 교대작업자 특히, 야간작업자는 주간 작업자보다 연간 쉬는 날이 더 많아야 한다.

13

300명의 근로자가 근무하는 A 사업장에서 지난 한 해 동안 신체장애 12등급 4명과, 3급 1명의 재해자가 발생하였다. 신체장애 등급별 근로손실일수가 다음 표와 같을 때 해당 사업장의 강도율은 약 얼마인가?(단, 연간 52주, 주당 5일, 1일 8시간을 근무하였다)

신체장애등급	근로손실일수	신체장애등급	근로손실일수
1~3등급	7,500일	9급	1,000일
4급	5,500일	10급	600일
5급	4,000일	11급	400일
6급	3,000일	12급	200일
7급	2,200일	13급	100일
8급	1,500일	14급	50일

① 0.33

② 13.30

③ 25.02

④ 52.35

해설

$$강도율 = \frac{근로\ 손실일수}{연\ 근로시간수} \times 1,000$$

$$= \frac{7,500 \times 1 + 200 \times 4}{52 \times 5 \times 8 \times 300} \times 1,000$$

$$= 13.30$$

14

근골격계 질환에 관한 설명으로 틀린 것은?

① 점액낭염(bursitis)은 관절 사이의 윤활액을 싸고 있는 윤활낭에 염증이 생기는 질병이다.

② 건초염(tenosynovitis)은 건막에 염증이 생긴 질환이며, 건염(tendonitis)은 건의 염증으로, 건염과 건초염을 정확히 구분하기 어렵다.

③ 수근관증후군(carpal tunnel syndrome)은 반복적이고, 지속적인 손목의 압박, 무리한 힘 등으로 인해 수근관 내부에 정중신경이 손상되어 발생한다.

④ 근염(myositis)은 근육이 잘못된 자세, 외부의 충격, 과도한 스트레스 등으로 수축되어 굳어지면 근섬유의 일부가 띠처럼 단단하게 변하여 근육의 특정 부위에 압통, 방사통, 목부위 운동제한, 두통 등의 증상이 나타난다.

해설

④ 근근막통증증후군에 대한 설명이다.
근염은 근육에 염증이 생겨 근섬유가 손상되는 질환이다.

15

유해인자와 그로 인하여 발생되는 직업병의 연결이 틀린 것은?

① 크롬 – 폐암

② 이상기압 – 폐수종

③ 망간 – 신장염

④ 수은 – 악성중피종

해설

④ 악성중피종 원인 물질의 약 80~90% 정도가 석면이다. 수은은 미나마타병의 원인 물질이다.

16

작업강도에 영향을 미치는 요인으로 틀린 것은?

① 작업밀도가 적다.

② 대인 접촉이 많다.

③ 열량소비량이 크다.

④ 작업대상의 종류가 많다.

해설

① 작업밀도가 높을수록 작업강도는 높아진다.

17

산업안전보건법령상 작업환경측정에 관한 내용으로 틀린 것은?

① 모든 측정은 개인시료채취방법으로만 실시하여야 한다.

② 작업환경측정을 실시하기 전에 예비조사를 실시하여야 한다.

③ 작업환경측정자는 그 사업장에 소속된 사람으로 산업위생관리산업기사 이상의 자격을 가진 사람이다.

④ 작업이 정상적으로 이루어져 작업시간과 유해인자에 대한 근로자의 노출 정도를 정확히 평가할 수 있을 때 실시하여야 한다.

해설

① 개인시료채취방법이 원칙이나 불가능한 경우에는 지역시료방법 실시한다.

18

중량물 취급작업 시 NIOSH에서 제시하고 있는 최대허용 기준(MPL)에 대한 설명으로 틀린 것은?(단, AL은 감시기준이다)

① 역학조사 결과 MPL을 초과하는 직업에서 대부분의 근로자들에게 근육, 골격 장애가 나타났다.

② 노동생리학적 연구결과, MPL에 해당되는 작업에서 요구되는 에너지 대사량은 5kcal/min를 초과하였다.

③ 인간공학적 연구결과 MPL에 해당되는 작업에서 디스크에 3,400N의 압력이 부과되어 대부분의 근로자들이 이 압력에 견딜 수 없었다.

④ MPL은 3AL에 해당되는 값으로 정신물리학적 연구결과, 남성근로자의 25% 미만과 여성 근로자의 1% 미만에서만 MPL 수준의 작업을 수행할 수 있었다.

> **해설**
> ③ 인간공학적 연구결과 MPL에 해당되는 작업에서 디스크에 6,400N (640kg)의 압력이 부과되어 대부분의 근로자들이 이 압력에 견딜 수 없었다.

19

심리학적 적성검사에서 지능검사 대상에 해당되는 항목은?

① 성격, 태도, 정신상태
② 언어, 기억, 추리, 귀납
③ 수족협조능, 운동속도능, 형태지각능
④ 직무에 관련된 기본지식과 숙련도, 사고력

> **해설**
> **심리학적 적성검사**
> • 지능검사 : 언어, 기억, 추리, 귀납 등에 대한 검사
> • 지각동작검사 : 수족협조, 운동속도, 형태지각 등에 대한 검사
> • 인성검사 : 성격, 태도, 정신상태 등에 대한 검사
> • 기능 검사 : 직무에 관련된 기본지식과 숙련도, 사고력 등에 대한 검사

20

산업위생 전문가의 과제가 아닌 것은?

① 작업환경의 조사
② 작업환경조사 결과의 해석
③ 유해물질과 대기오염 상관성 조사
④ 유해인자가 있는 곳의 경고 주의판 부착

> **해설**
> ③ 유해물질과 대기오염 상관성 조사는 대기환경전문가의 과제이다.

21

입자상 물질의 크기 표시를 하는 방법 중 입자의 면적을 이등분하는 직경으로 과소평가의 위험성이 있는 것은?

① 마틴 직경
② 페렛 직경
③ 스톡크 직경
④ 등면적 직경

해설

① 마틴 직경 : 입자의 면적을 2등분하는 선의 길이를 나타내는 직경으로 선의 방향은 항상 일정해야 하며 과소평가될 수 있다.
② 페렛 직경 : 입자의 가장자리를 이등분한 직경으로 과대평가될 수 있다.
④ 등면적 직경 : 입자의 면적과 동일한 면적을 가진 원의 직경을 환산한 직경으로 가장 정확한 직경이다.

22

시료채취 대상 유해물질과 시료채취 여과지를 잘못 짝지은 것은?

① 유리규산 – PVC 여과지
② 납, 철, 등 금속 = MCE 여과지
③ 농약, 알칼리성 먼지 – 은막 여과지
④ 다핵방향족 탄화수소(PAHs) – PTFE 여과지

해설

PTFE 여과지
농약, 알칼리성 먼지 등 채취, 석탄류나 증류 등의 고열 과정에서 발생하는 다핵방향족 탄화수소 채취에 이용한다.

23

작업환경 내 유해물질 노출로 인한 위해도의 결정 요인은 무엇인가?

① 반응성과 사용량
② 위해성과 노출량
③ 허용농도와 노출량
④ 반응성과 허용농도

해설

용량–반응 평가에 의한 위해성과 노출량을 통해 위해성을 결정한다.

24

흡광도 측정에서 최초광의 70%가 흡수될 경우 흡광도는 약 얼마인가?

① 0.28
② 0.35
③ 0.46
④ 0.52

해설

투과율 = 1 – 흡수율,

$$흡광도(A) = \log \frac{1}{투과율} = \log \frac{1}{1-0.7} = 0.52$$

25

포집기를 이용하여 납을 분석한 결과 0.00189g이였을 때, 공기 중 납 농도는 약 몇 mg/m³인가?(단, 포집기의 유량 2.0L/min, 측정시간 3시간 2분, 분석기기의 회수율은 100%이다)

① 4.61
② 5.19
③ 5.77
④ 6.35

해설

시료채취량(L) = 유량(L/min) × 채취시간(min)

$$= 2.0L/min \times (3h \times \frac{60min}{1h} + 2min) = 364L$$

$$농도(mg/m^3) = \frac{분석물질의 양(mg)}{시료채취량(m^3)}$$

$$= \frac{0.00189g}{364L} \times \frac{1,000mg}{1g} \times \frac{1,000L}{m^3} = 5.19mg/m^3$$

26

접착공정에 본드를 사용하는 작업장에서 톨루엔을 측정하고자 한다. 노출기준의 10%까지 측정하고자 할 때, 최소 시료채취 시간은 약 몇 분인가?(단, 25℃, 1기압 기준이며 톨루엔의 분자량은 92.14, 기체크로마토그래피의 분석에서 톨루엔의 정량한계는 0.5mg, 노출기준은 100ppm, 채취유량은 0.15L/분이다)

① 13.3 ② 39.6
③ 88.5 ④ 182.5

해설

$$mg/m^3 = (100ppm \times 0.1) \times \frac{92.14g}{1mol} \times \frac{1mol}{24.45L}$$
$$= 37.6851mg/m^3$$

$$최소채취량 = \frac{LOQ}{농도} = \frac{0.5mg}{37.6851mg/m^3} = 0.01327m^3$$
$$= 13.27L$$

$$최소시료채취시간 = \frac{13.27L}{0.15L/min} = 88.5min$$

27

다음 중 검지관법에 대한 설명과 가장 거리가 먼 것은?

① 반응시간이 빨라서 빠른 시간에 측정결과를 알 수 있다.
② 민감도가 낮기 때문에 비교적 고농도에만 적용이 가능하다.
③ 한 검지관으로 여러 물질을 동시에 측정할 수 있는 장점이 있다.
④ 오염물질의 농도에 비례한 검지관의 변색층 길이를 읽어 농도를 측정하는 방법과 검지관 안에서 색변화와 표준 색표를 비교하여 농도를 결정하는 방법이 있다.

해설

③ 한 검지관으로 여러 물질을 동시에 측정할 수 없다. 따라서 하나씩 측정하여야 한다.

28

공장 내 지면에 설치된 한 기계로부터 10m 떨어진 지점의 소음이 70dB(A)일 때, 기계의 소음이 50dB(A)로 들리는 지점은 기계에서 몇 m 떨어진 곳인가?(단, 점음원을 기준으로 하고, 기타 조건은 고려하지 않는다)

① 50 ② 100
③ 200 ④ 400

해설

$$dB_2 = dB_1 - 20 \times \log\left(\frac{d_2}{d_1}\right)$$
$$50 = 70 - 20\log\left(\frac{xm}{10m}\right)$$
$$x = 100m$$

29

태양광선이 내리쬐지 않는 옥외 작업장에서 온도를 측정 결과, 건구온도는 30℃, 자연습구온도는 30℃, 흑구온도는 34℃이었을 때 습구흑구온도지수(WBGT)는 약 몇 ℃인가?(단, 고용노동부 고시를 기준으로 한다)

① 30.4 ② 30.8
③ 31.2 ④ 31.6

해설

태양광선이 내리쬐지 않는 옥외, 옥내
WBGT(℃) = 0.7 × 자연습구온도 + 0.3 × 흑구온도
= 0.7 × 30 + 0.3 × 34
= 21.0 + 10.2
= 31.2℃

30

온도표시에 관한 내용으로 틀린 것은?(단, 고용노동부 고시를 기준으로 한다)

① 냉수는 4℃ 이하를 말한다.
② 실온은 1~35℃를 말한다.
③ 미온은 30~40℃를 말한다.
④ 온수는 60~70℃를 말한다.

해설

① 냉수는 15℃ 이하를 말한다.

31

다음 중 복사기, 전기기구, 플라즈마 이온방식의 공기청정기 등에서 공통적으로 발생할 수 있는 유해물질로 가장 적절한 것은?

① 오존
② 이산화질소
③ 일산화탄소
④ 포름알데하이드

해설

오존의 발생
• 플라즈마 생성을 위한 높은 에너지를 가하는 공정에서 발생
• 복사기를 돌릴 때의 전자기파에 의해 발생

32

"여러 성분이 있는 용액에서 증기가 나올 때, 증기의 각 성분의 부분압은 용액의 분압과 평형을 이룬다."는 내용의 법칙은?

① 라울의 법칙
② 픽스의 법칙
③ 게이-루삭의 법칙
④ 보일-샤를의 법칙

해설

① 두 가지 액체가 섞여 있을 경우의 각 성분의 증기 압력은 혼합물에서의 그 성분 입자의 존재 비율이다. 즉, 각 성분의 몰분율과 그의 순수한 상태에서의 증기 압력에 정비례한다. 이것을 '라울의 법칙'이라고 한다.

33

소음의 측정시간 및 횟수의 기준에 관한 내용으로 ( )에 들어갈 것으로 옳은 것은?(단, 고용노동부 고시를 기준으로 한다)

> 단위작업장소에서의 소음발생시간이 6시간 이내인 경우나 소음발생원에서의 발생시간이 간헐적인 경우에는 발생시간 동안 연속 측정하거나 등간격으로 나누어 ( ) 이상 측정하여야 한다.

① 2회
② 3회
③ 4회
④ 6회

해설

측정시간 등(작업환경측정 및 정도관리 등에 관한 고시 제28조)
단위작업 장소에서의 소음발생시간이 6시간 이내인 경우나 소음발생원에서의 발생시간이 간헐적인 경우에는 발생시간 동안 연속 측정하거나 등간격으로 나누어 4회 이상 측정하여야 한다.

34

측정값이 17, 5, 3, 13, 8, 7, 12, 10일 때, 통계적인 대표값 9.0은 다음 중 어느 통계치에 해당되는가?

① 최빈값
② 중앙값
③ 산술평균
④ 기하평균

해설

중앙값은 n개 측정값의 오름차순 중 n이 짝수일 경우는 $n/2$번째와 $(n+2)/2$번째의 평균값이다.
$n = 8$, $n/2 = 8/2 = 4$, $(n+2)/2 = (8+2)/2 = 5$,
4번째와 5번째 값의 평균값 $= (8+10)/2 = 9$

35

전자기 복사선의 파장범위 중에서 자외선-A의 파장 영역으로 가장 적절한 것은?

① 100~280nm   ② 280~315nm

③ 315~400nm   ④ 400~760nm

해설

자외선 파장영역
- UVA : 315~400nm
- UVB : 280~315nm
- UVC : 100~280nm

36

금속도장 작업장의 공기 중에 혼합된 기체의 농도와 TLV가 다음 표와 같을 때, 이 작업장의 노출지수(EI)는 얼마인가?(단, 상가 작용 기준이며 농도 및 TLV의 단위는 ppm이다)

기체명	기체의 농도	TLV
Toluene	55	100
MIBK	25	50
Acetone	280	750
MEK	90	200

① 1.573   ② 1.673

③ 1.773   ④ 1.873

해설

$$복합노출지수 = \frac{C_1}{TLV_1} + \frac{C_2}{TLV_2} + \cdots + \frac{C_n}{TLV_n}$$

$$= \frac{55}{100} + \frac{25}{50} + \frac{280}{750} + \frac{90}{200}$$

$$= 1.873$$

37

석면측정방법 중 전자 현미경법에 관한 설명으로 틀린 것은?

① 석면의 감별분석이 가능하다.

② 분석시간이 짧고 비용이 적게 소요된다.

③ 공기 중 석면시료분석에 가장 정확한 방법이다.

④ 위상차현미경으로 볼 수 없는 매우 가는 섬유도 관찰이 가능하다.

해설

② 분석시간이 길고 비용이 비싸다.

38

작업장 소음에 대한 1일 8시간 노출 시 허용기준은 몇 dB(A)인가?(단, 미국 OSHA의 연속소음에 대한 노출기준으로 한다)

① 45   ② 60

③ 75   ④ 90

해설

우리나라 고용노동부의 노출기준과 미국산업안전보건청(US-OSHA)의 허용기준(PEL)은 1일 8시간을 기준으로 90dB(A)로 동일하게 설정되어 있다. ACGIH의 경우 노출권고기준은 85dB(A)이고 ER은 3dB(A)이다.

39

다음 중 작업환경의 기류측정 기기와 가장 거리가 먼 것은?

① 풍차풍속계
② 열선풍속계
③ 카타온도계
④ 냉온풍속계

해설

기류측정 기기

피토관, 회전날개형 풍속계, 그네 날개형 풍속계, 열선풍속계, 카타온도계, 풍향풍속계, 풍차풍속계

40

두 집단의 어떤 유해물질의 측정값이 아래 도표와 같은 때 두 집단의 표준편차의 크기 비교에 대한 설명 중 옳은 것은?

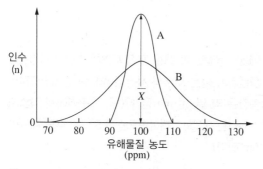

① A 집단과 B 집단은 서로 같다.
② A 집단의 경우가 B 집단의 경우보다 크다.
③ A 집단의 경우가 B 집단의 경우보다 작다.
④ 주어진 도표만으로 판단하기 어렵다.

해설

표준편차는 측정값의 퍼져있는 정도를 말한다.

41

작업환경 개선의 기본원칙으로 짝지어진 것은?

① 대체, 시설, 환기
② 격리, 공정, 물질
③ 물질, 공정, 시설
④ 격리, 대체, 환기

해설

작업환경 개선의 기본원칙

• 대체 : 공정의 변경, 시설의 변경, 유해물질의 변경
• 격리 : 저장물질, 시설, 공정
• 환기 : 전체환기, 국소배기

42

다음 중 $0.01\mu m$ 정도의 미세분진까지 처리할 수 있는 집진기로 가장 적합한 것은?

① 중력 집진기
② 전기 집진기
③ 세정식 집진기
④ 원심력 집진기

해설

• 전기 집진기는 입자상 오염물질을 포집하는 데 매우 유리하다.
• 운전 및 유지비가 저렴하다.
• 넓은 범위의 입경과 분진농도에 집진효율이 좋다.
• 초기 설치비가 많이 들고 넓은 설치공간이 요구된다.

43

공기 중의 포화증기압이 1.52mmHg인 유기용제가 공기 중에 도달할 수 있는 포화농도는 약 몇 ppm인가?

① 2,000 ② 4,000
③ 6,000 ④ 8,000

해설

$$최고농도(ppm) = \frac{화학물질의 증기압}{760} \times 10^6$$

$$= \frac{1.52}{760} \times 10^6$$

$$= 2,000ppm$$

45

그림과 같은 작업에서 상방흡인형의 외부식 후드의 설치를 계획하였을 때 필요한 송풍량은 약 m³/min인가? (단, 기온에 따른 상승기류는 무시함, $P = 2(L + W)$, $V_c = 1\text{m/s}$)

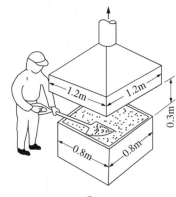

① 100 ② 110
③ 120 ④ 130

해설

외부식 캐노피후드
$H/L \leq 0.3$인 장방향의 경우 필요송풍량
$H/L \leq 0.3/1.2 = 0.25$
$Q(\text{m}^3/\text{min}) = 60 \times 1.4 \times P \times H \times V_c$
$= 60 \times 1.4 \times (2 \times (1.2 + 1.2)) \times 0.3 \times 1$
$= 120.96\text{m}^3/\text{min}$

46

작업대 위에서 용접할 때 흄을 포집 제거하기 위해 작업면에 고정된 플랜지가 붙은 외부식 사각형 후드를 설치하였다면 소요 송풍량은 약 몇 m³/min인가?(단, 개구면에서 작업지점까지의 거리는 0.25m, 제어속도는 0.5m/s, 후드 개구면적은 0.5m²이다)

① 0.281 ② 8.430
③ 16.875 ④ 26.425

해설

외부식, 바닥면에 위치, 플랜지 부착
$Q = 60 \times 0.5 \times V_c(10X^2 + A)$
$= 60\text{s/min} \times 0.5 \times 0.5\text{m/s} \times (10 \times (0.25\text{m})^2 + 0.5\text{m}^2)$
$= 16.875\text{m}^3/\text{min}$

44

송풍기에 연결된 환기 시스템에서 송풍량에 따른 압력손실 요구량을 나타내는 Q-P 특성곡선 중 Q와 P의 관계는?(단, Q는 풍량, P는 풍압이며, 유동조건은 난류형태이다)

① $P \propto Q$ ② $P^2 \propto Q$
③ $P \propto Q^2$ ④ $P^2 \propto Q^3$

해설

풍압은 풍량의 제곱에 비례한다.

47

후드의 압력 손실계수가 0.45이고 속도압이 20mmH₂O
일 때 압력손실(mmH₂O)은?

① 9
② 12
③ 20.45
④ 42.25

압력손실(ΔP) = ε(압력손실계수) × VP(속도압)
          = 0.45 × 20
          = 9mmH₂O

48

화학공장에서 작업환경을 측정하였더니 TCE농도가
10,000ppm이었을 때 오염공기의 유효비중은?(단, TCE
의 증기비중은 5.7, 공기비중은 1.0이다)

① 1.028
② 1.047
③ 1.059
④ 1.087

$$유효비중 = \frac{(농도 \times 비중) + (10^6 - 농도) \times (공기비중)}{10^6}$$

$$= \frac{(10,000 \times 5.7) + (10^6 - 10,000) \times 1.0}{10^6}$$

$$= 1.047$$

49

그림과 같은 국소배기장치의 명칭은?

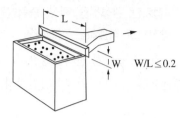

① 수형 후드
② 슬롯 후드
③ 포위형 후드
④ 하방형 후드

측방형	포위형
송풍기	
하방형	슬롯형
송풍기	송풍기

50

다음 중 유해성이 적은 물질로 대체한 예와 가장 거리가
먼 것은?

① 분체의 원료는 입자가 큰 것으로 바꾼다.
② 야광시계의 자판에 라듐 대신 인을 사용한다.
③ 아조염료의 합성에서 디클로로벤지딘 대신 벤지딘
을 사용한다.
④ 단열재 석면을 대신하여 유리섬유나 스티로폼을 대
체한다.

③ 아조염료의 합성에서 벤지딘 대신 디클로로벤지딘을 사용한다.

51

입자상 물질을 처리하기 위한 장치 중 고효율 집진이 가능하며 원리가 직접차단, 관성추돌, 확산, 중력침강 및 정전기력 등이 복합적으로 작용하는 장치는?

① 여과집진장치   ② 전기집진장치
③ 원심력집진장치   ④ 관성력집진장치

해설

여과집진장치

고효율 집진장치로 미세입자 처리도 가능하며 다양한 여재의 사용으로 설계 시 융통성이 있다. 수분이나 여과속도에 대한 적응성이 낮다는 단점이 있다.

52

직경이 $5\mu m$이고 밀도가 $2g/cm^3$인 입자의 종단속도는 약 몇 cm/sec인가?

① 0.07   ② 0.15
③ 0.23   ④ 0.33

해설

Lippman식(입자의 크기가 $1\sim50\mu m$ 경우 적용)

$$V(cm/s) = 0.003 \times \rho(g/cm^3) \times (d(\mu m))^2$$
$$= 0.003 \times 2 \times 5^2$$
$$= 0.15cm/s$$

53

다음 중 가지덕트를 주덕트에 연결하고자 할 때, 각도로 가장 적합한 것은?

① 30°   ② 50°
③ 70°   ④ 90°

해설

산업환기설비에 관한 기술지침, 한국산업안전보건공단
덕트의 접속 등 : 주덕트와 가지덕트의 접속은 30° 이내가 되도록 할 것

54

공기 중의 사염화탄소 농도가 0.2%일 때, 방독면의 사용 가능한 시간은 몇 분인가?(단, 방독면 정화통의 정화능력이 사염화탄소 0.5%에서 60분간 사용 가능하다)

① 110   ② 130
③ 150   ④ 180

해설

방독마스크 파과시간(유효시간)

$$유효시간 = \frac{표준유효시간 \times 시험가스농도}{작업장의 공기중 유해가스농도}$$
$$= \frac{60min \times 0.5\%}{0.2\%}$$
$$= 150min$$

55

어느 관내의 속도압이 $3.5mmH_2O$일 때, 유속은 약 몇 m/min인가?(단, 공기의 밀도 $1.21kg/m^3$이고 중력가속도는 $9.8m/s^2$이다)

① 352   ② 381
③ 415   ④ 452

해설

공기속도(V)와 속도압(VP)의 관계

$$VP = \frac{\gamma V^2}{2g}$$

$$V(m/s) = \sqrt{\frac{2gVP}{\gamma}} = \sqrt{\frac{2 \times 9.8 \times 3.5}{1.21}} = 7.53m/s$$

$$7.53m/s \times \frac{60s}{min} = 452m/s$$

56

호흡기 보호구의 밀착도 검사(fit test)에 대한 설명이 잘못된 것은?

① 정량적인 방법에는 냄새, 맛, 자극물질 등을 이용한다.

② 밀착도 검사란 얼굴피부 접촉면과 보호구 안면부가 적합하게 밀착되는지를 측정하는 것이다.

③ 밀착도 검사를 하는 것은 작업자가 작업장에 들어가기 전 누설정도를 최소화시키기 위함이다.

④ 어떤 형태의 마스크가 작업자에게 적합한지 마스크를 선택하는 데 도움을 주어 작업자의 건강을 보호한다.

해설
① 정성적인 방법에는 냄새, 맛, 자극물질 등을 이용한다.

57

다음 중 방독마스크에 관한 설명과 가장 거리가 먼 것은?

① 일시적인 작업 또는 긴급용으로 사용하여야 한다.

② 산소농도가 15%인 작업장에서는 사용하면 안 된다.

③ 방독마스크의 정화통은 유해물질별로 구분하여 사용하도록 되어 있다.

④ 방독마스크 필터는 압축된 면, 모, 합성섬유 등의 재질이며 여과효율이 우수하여야 한다.

해설
④ 방독마스크 필터는 압축된 활성탄, 카본 등의 재질이며 여과효율이 우수하여야 한다.

58

연속 방정식 $Q = AV$의 적용조건은?(단, Q = 유량, A = 단면적, V = 평균속도이다)

① 압축성 정상유동

② 압축성 비정상유동

③ 비압축성 정상유동

④ 비압축성 비정상유동

해설
연속방정식은 정상류의 유체흐름에 질량보존의 법칙을 적용시켜 유도한 방정식이다(정상유동, 비압축성 유동, 마찰이 없는 유동, 유선을 따라 적분).

59

공기의 유속을 측정할 수 있는 기구가 아닌 것은?

① 열선 유속계

② 로터미터형 유속계

③ 그네 날개형 유속계

④ 회전 날개형 유속계

해설
로터미터는 시료채취용 유량계이다.

60

슬롯의 길이가 2.4m, 폭이 0.4m인 플랜지부착 슬롯형 후드가 설치되어 있을 때, 필요 송풍량은 약 몇 m³/min인가?(단, 제어거리가 0.5m, 제어속도가 0.75m/s이다)

① 135　　　　　② 140

③ 145　　　　　④ 150

해설
슬롯, 플랜지 부착

$Q = 60 \times 2.6 \times L \times V_c \times X$

$= 60s/min \times 2.6 \times 2.4m \times 0.75m/s \times 0.5m$

$= 140m^3/min$

61

전리방사선에 관한 설명으로 틀린 것은?

① α선은 투과력은 약하나, 전리작용은 강하다.

② β입자는 핵에서 방출되는 양자의 흐름이다.

③ γ선은 원자핵 전환에 따라 방출되는 자연 발생적인 전자파이다.

④ 양자는 조직 전리작용이 있으며 비정(飛程)거리는 같은 에너지의 α입자보다 길다.

해설

② β입자는 핵에서 방출되는 전자의 흐름이다.

62

2도 동상의 증상으로 적절한 것은?

① 따갑고 가려운 느낌이 생긴다.

② 혈관이 확장하여 발적이 생긴다.

③ 수포를 가진 광범위한 삼출성 염증이 생긴다.

④ 심부조직까지 동결되면 조직의 괴사와 괴저가 일어난다.

해설

2도 동상(수포성 동상)
쑤시는 듯한 통증, 부종과 수포가 발생한다.

63

저기압의 작업환경에 대한 인체의 영향을 설명한 것으로 틀린 것은?

① 고도 18,000ft 이상이 되면 21% 이상의 산소를 필요로 하게 된다.

② 인체 내 산소 소모가 줄어들게 되어 호흡수, 맥박수가 감소한다.

③ 고도 10,000ft까지는 시력, 협조운동의 가벼운 장해 및 피로를 유발한다.

④ 고도상승으로 기압이 저하되면 공기의 산소분압이 저하되고 동시에 폐포 내 산소분압도 저하한다.

해설

② 산소결핍을 보충하기 위하여 호흡수, 맥박수가 증가된다.

64

일반소음에 대한 차음효과는 벽체의 단위표면적에 대하여 벽체의 무게가 2배될 때마다 몇 dB씩 증가하는가?(단, 벽체 무게 이외의 조건은 동일하다)

① 4 　　　　　　② 6

③ 8 　　　　　　④ 10

해설

TL(투과손실) $= 20 \times \log(m \times f) - P$,

여기서, P : 옥타부보정계수값을 포함하는 파라메터(48dB)

$$TL_1 = 20 \times \log(m \times f) - 48$$
$$TL_2 = 20 \times \log(2m \times f) - 48$$

∴ 단위표면적당 무게를 2배 증가시키면,
$20 \times \log 2 = 6$dB만큼 차음효과가 증가한다.

65

음의 세기가 10배로 되면 음의 세기수준은?

① 2dB 증가   ② 3dB 증가

③ 6dB 증가   ④ 10dB 증가

해설

음의 세기레벨, SIL

$$SIL = 10 \times \log\left(\frac{I}{I_0}\right) (dB)$$

$$I = 10 \times I_0$$

$$SIL = 10 \times \log\left(\frac{10I_0}{I_0}\right) = 10dB$$

66

생체 내에서 산소공급정지가 몇 분 이상이 되면 활동성이 회복되지 않을 뿐만 아니라 비가역적인 파괴가 일어나는가?

① 1분   ② 1.5분

③ 2분   ④ 3분

해설

산소결핍에 따른 건강장해

성인은 1분에 0.2~0.3L의 산소를 소비하며, 특히 생체의 장기 중에서 뇌가 가장 많은 산소량을 소비한다. 산소 공급량이 감소하게 되면 뇌의 활동성 저하가 일어나고 산소가 없이 2분이 경과되면 대뇌의 피질세포가 비가역적으로 붕괴하고 6~8분 후에는 전신으로 파급되어 사망에 이르게 된다.

67

방사능의 방어대책으로 볼 수 없는 것은?

① 방사선을 차폐한다.

② 노출시간을 줄인다.

③ 발생량을 감소시킨다.

④ 거리를 가능한 한 멀리한다.

해설

③ 발생량 감소는 방어대책으로 보기 어렵다.

3대 방어원칙 - 시간, 거리, 차폐

68

마이크로파의 생물학적 작용과 거리가 먼 것은?

① 500cm 이상의 파장은 인체 조직을 투과한다.

② 3cm 이하 파장은 외피에 흡수된다.

③ 3~10cm 파장은 1mm~1cm 정도 피부 내로 투과한다.

④ 25~200cm 파장은 세포 조직과 신체기관까지 투과한다.

해설

① 200cm 이상의 파장은 인체 조직을 투과한다.

69

적외선의 생체작용에 관한 설명으로 틀린 것은?

① 조직에서의 흡수는 수분함량에 따라 다르다.

② 적외선이 조직에 흡수되면 화학반응을 일으켜 조직의 온도가 상승한다.

③ 적외선이 신체에 조사되면 일부는 피부에서 반사되고 나머지는 조직에 흡수된다.

④ 조사 부위의 온도가 오르면 혈관이 확장되어 혈류가 증가되며 심하면 홍반을 유발하기도 한다.

해설

② 자외선이 조직에 흡수되면 화학반응을 일으켜 조직의 온도가 상승한다.

70

산업안전보건법령상 이상기압에 의한 건강장해의 예방에 있어 사용되는 용어의 정의로 틀린 것은?

① 압력이란 절대압과 게이지압의 합을 말한다.

② 이상기압이란 압력이 cm^2당 1kg 이상인 기압을 말한다.

③ 고압작업이란 이상기압에서 잠함공법이나 그 외의 압기공법으로 하는 작업을 말한다.

④ 잠수작업이란 물속에서 공기압축기나 호흡용 공기통을 이용하여 하는 작업을 말한다.

해설

① 압력이란 게이지압을 말한다.

71

전신진동에 관한 설명으로 틀린 것은?

① 말초혈관이 수축되고, 혈압 상승과 맥박 증가를 보인다.

② 산소소비량은 전신진동으로 증가되고, 폐환기도 촉진된다.

③ 전신진동의 영향이나 장애는 자율신경 특히 순환기에 크게 나타난다.

④ 두부와 견부는 50~60Hz진동에 공명하고, 안구는 10~20Hz진동에 공명한다.

해설

④ 두부와 견부는 20~30Hz진동에 공명하고, 안구는 60~ 90Hz진동에 공명한다.

72

고온노출에 의한 장애 중 열사병에 관한 설명과 거리가 가장 먼 것은?

① 중추성 체온조절 기능장애이다.

② 지나친 발한에 의한 탈수와 염분소실이 발생한다.

③ 고온다습한 환경에서 격심한 육체노동을 할 때 발병한다.

④ 응급조치 방법으로 얼음물에 담가서 체온을 39℃ 정도까지 내려주어야 한다.

해설

② 열경련은 지나친 발한에 의한 탈수와 염분소실이 발생한다.

73

고압 환경의 생체작용과 가장 거리가 먼 것은?

① 고공성 폐수종

② 이산화탄소(CO_2)중독

③ 귀, 부비강, 치아의 압통

④ 손가락과 발가락의 작열통과 같은 산소 중독

해설

① 고공성 폐수종은 저압 환경의 생체작용에서 일어난다.

74

0.01W의 소리에너지를 발생시키고 있는 음원의 음향파워레벨(PWL, dB)은 얼마인가?

① 100 ② 120

③ 140 ④ 150

해설

음향파워레벨, PWL

$$PWL = 10 \times \log\left(\frac{W}{W_0}\right)(dB) = 10 \times \log\left(\frac{0.01}{10^{-12}}\right)$$
$$= 100dB$$

75

빛과 밝기의 단위에 관한 설명으로 틀린 것은?

① 반사율은 조도에 대한 휘도의 비로 표시한다.
② 광원으로부터 나오는 빛의 양을 광속이라고 하며 단위는 루멘을 사용한다.
③ 입사면의 단면적에 대한 광도의 비를 조도라 하며 단위는 촉광을 사용한다.
④ 광원으로부터 나오는 빛의 세기를 광도라고 하며 단위는 칸델라를 사용한다.

해설
③ 입사면의 단면적에 대한 광도의 비를 조도라 하며 단위는 lux, fc를 사용한다.

76

음의 세기(I)와 음압(P) 사이의 관계는 어떠한 비례관계가 있는가?

① 음의 세기는 음압에 정비례
② 음의 세기는 음압에 반비례
③ 음의 세기는 음압의 제곱에 비례
④ 음의 세기는 음압의 역수에 반비례

해설
음의 세기관계식

$$I(\text{w/m}^2) = \frac{P^2}{\rho C(\text{음향임피던스})}$$

$$\therefore I \propto P^2$$

77

소음성 난청에 대한 설명으로 틀린 것은?

① 손상된 섬모세포는 수일 내에 회복이 된다.
② 강렬한 소음에 노출되면 일시적으로 난청이 발생될 수 있다.
③ 일주일 정도가 지나도록 회복되지 않는 청력치의 감소 부분은 영구적 난청에 해당된다.
④ 강한 소음은 달팽이관 주변의 모세혈관 수축을 일으켜 이 부근에 저산소증을 유발한다.

해설
① 손상된 섬모세포는 수일 내로 회복되지 않는다.

78

실내 자연 채광에 관한 설명으로 틀린 것은?

① 입사각은 28° 이상이 좋다.
② 조명의 균등에는 북창이 좋다.
③ 실내각점의 개각은 40~50°가 좋다.
④ 창면적은 방바닥의 15~20%가 좋다.

해설
③ 실내각점의 개각은 4~5°가 좋다.

79

흡음재의 종류 중 다공질 재료에 해당되지 않는 것은?

① 암면
② 펠트(felt)
③ 발포 수지재료
④ 석고보드

해설

④ 석고보드는 판(막)진동형 흡음재에 해당한다.

다공질형 흡음재료

재료 속에 무수히 많은 미세한 구멍이나 가는 틈이 있고, 통기성이 있는 것(예 글라스 울, 작물섬유, 시멘트판, 암면판)

80

인체와 환경 간의 열교환에 관여하는 온열조건 인자가 아닌 것은?

① 대류
② 증발
③ 복사
④ 기압

해설

인체와 환경과의 열교환 방정식

$\Delta S = M - E \pm R \pm C$

여기서, ΔS : 인체 내 열용량의 변화

　　　　M : 대사에 의한 체내 열 생산량

　　　　E : 수분증발에 의한 열 발산

　　　　R : 복사에 의한 열 득실

　　　　C : 대류 및 전도에 의한 열 득실

81

다음의 설명 중 ( ) 안에 내용을 올바르게 나열한 것은?

> 단시간노출기준(STEL)이란 (㉠)간의 시간가중평균노출값으로서 노출농도가 시간가중평균노출기준(TWA)을 초과하고 단시간노출기준(STEL) 이하인 경우에는 (㉡) 노출 지속시간이 15분 미만이어야 한다. 이러한 상태가 1일 (㉢) 이하로 발생하여야 하며, 각 노출의 간격은 (㉣) 이상이어야 한다.

① ㉠ : 5분, ㉡ : 1회, ㉢ : 6회, ㉣ : 30분

② ㉠ : 15분, ㉡ : 1회, ㉢ : 4회, ㉣ : 60분

③ ㉠ : 15분, ㉡ : 2회, ㉢ : 4회, ㉣ : 30분

④ ㉠ : 15분, ㉡ : 2회, ㉢ : 6회, ㉣ : 60분

해설

정의(화학물질 및 물리적 인자의 노출기준 제2조)

"단시간노출기준(STEL)"이란 15분간의 시간가중평균노출값으로서 노출농도가 시간가중평균노출기준(TWA)을 초과하고 단시간노출기준(STEL) 이하인 경우에는 1회 노출 지속시간이 15분 미만이어야 하고, 이러한 상태가 1일 4회 이하로 발생하여야 하며, 각 노출의 간격은 60분 이상이어야 한다.

82

2000년대 외국인 근로자에게 다발성말초신경병증을 집단으로 유발한 노말헥산(n-Hexane)은 체내 대사과정을 거쳐 어떤 물질로 배설되는가?

① 2-Hexanone

② 2,5-Hexanedione

③ Hexachlorophene

④ Hexachloroethane

해설

② 노말헥산은 뇨 중 n-헥산, 뇨 중 2,5-hexanedione, 작업종료 시 시료채취한다.

83

벤젠에 관한 설명으로 틀린 것은?

① 벤젠은 백혈병을 유발하는 것으로 확인된 물질이다.
② 벤젠은 지방족 화합물로서 재생불량성 빈혈을 일으
   킨다.
③ 벤젠은 골수독성(myelotoxin) 물질이라는 점에서
   다른 유기용제와 다르다.
④ 혈액조직에서 벤젠이 유발하는 가장 일반적인 독성
   은 백혈구 수의 감소로 인한 응고작용 결핍 등이다.

해설

② 벤젠은 방향족 화합물이다.

84

인체 내 주요 장기 중 화학물질 대사능력이 가장 높은 기
관은?

① 폐   ② 간장
③ 소화기관   ④ 신장

해설

간은 화학물질을 대사시키고 콩팥과 함께 배설시키며, 다른 장기보다
도 여러 유해물질의 농도가 높다.

85

공기 중 입자상 물질의 호흡기계 축적기전에 해당하지 않
는 것은?

① 교환   ② 충돌
③ 침전   ④ 확산

해설

입자의 호흡기계 침전기전 – 충돌, 침강, 차단, 확산, 정전기

86

독성실험단계에 있어 제1단계(동물에 대한 급성노출시
험)에 관한 내용과 가장 거리가 먼 것은?

① 생식독성과 최기형성 독성실험을 한다.
② 눈과 피부에 대한 자극성 실험을 한다.
③ 변이원성에 대하여 1차적인 스크리닝 실험을 한다.
④ 치사성과 기관장해에 대한 양-반응곡선을 작성
   한다.

해설

① 생식독성과 최기형성 독성실험은 2단계(동물에 대한 만성폭로 시
   험)에 해당한다.

87

단순 질식제로 볼 수 없는 것은?

① 메탄   ② 질소
③ 오존   ④ 헬륨

해설

단순 질식제
가스 그 자체는 독성이 없으나 환기가 불충분한 제한된 공간에 다량
존재할 경우 산소 분압을 저하시켜 조직에 필요한 산소공급의 부족을
초래하는 물질, 질소, 헬륨, 메탄, 아르곤 등 불활성 기체

88

화학물질의 투여에 의한 독성범위를 나타내는 안전역을 맞게 나타낸 것은?(단, LD는 치사량, TD는 중독량, ED는 유효량이다)

① 안전역 = ED_1/TD_{99}

② 안전역 = TD_1/ED_{99}

③ 안전역 = ED_1/LD_{99}

④ 안전역 = LD_1/ED_{99}

해설

안전역(Margin of safety, MOS)은 일반적으로 99% 유효적인 용량(ED_{99})에 대한 정확한 치사범위(LD_1) 내의 용량의 비율로 계산된다. 즉, 안전역=LD_1/ED_{99}

89

작업환경에서 발생되는 유해물질과 암의 종류를 연결한 것으로 틀린 것은?

① 벤젠 - 백혈병

② 비소 - 피부암

③ 포름알데하이드 - 신장암

④ 1,3 부타디엔 - 림프육종

해설

③ 포름알데하이드는 비인두암, 혈액암, 비강암, 다발성 골수종, 악성 흑색종 등을 발병시킨다.

90

다음 표는 A 작업장의 백혈병과 벤젠에 대한 코호트연구를 수행한 결과이다. 이 때 벤젠의 백혈병에 대한 상대위험비는 약 얼마인가?

구분	백혈병	백혈병 없음	합계
벤젠노출	5	14	19
벤젠비노출	2	25	27
합계	7	39	46

① 3.29

② 3.55

③ 4.64

④ 4.82

해설

$$상대위험비 = \frac{노출군에서\ 질병발생률}{비노출군에서\ 질병발생률}$$

$$= \frac{위험요인이\ 있는\ 군의\ 질병발생률}{위험요인이\ 없는\ 군의\ 질병발생률}$$

$$= \frac{0.2631}{0.0741} = 3.55$$

벤젠노출 질병발생률 $= \frac{5}{19} = 0.2631$

벤젠비노출 질병발생률 $= \frac{2}{27} = 0.0741$

91

탈지용 용매로 사용되는 물질로 간장, 신장에 만성적인 영향을 미치는 것은?

① 크롬

② 유리규산

③ 메탄올

④ 사염화탄소

해설

사염화탄소

고농도의 노출 시 간장이나 신장장애를 유발하며, 초기증상으로 지속적인 두통, 구역질 및 구토, 간 부위의 압통 등의 증상을 일으키는 할로겐화 탄화수소이다.

92

단백질을 침전시키며 thiol(–SH)기를 가진 효소의 작용을 억제하여 독성을 나타내는 것은?

① 수은　　　　② 구리
③ 아연　　　　④ 코발트

해설

수은 중독
- 수은은 신장 및 간에 고농도 축적현상이 일반적이다.
- 무기수은염류는 호흡기나 경구적 어느 경로라도 흡수된다.
- 수은중독의 특징적인 증상은 구내염, 근육진전 등이 있다.
- 전리된 수은이온은 단백질을 침전시키고, thio기(–SH)를 가진 효소 작용을 억제한다.

93

무기성 분진에 의한 진폐증이 아닌 것은?

① 면폐증
② 규폐증
③ 철폐증
④ 용접공폐증

해설

- 무기성 진폐증 : 규폐증, 석면폐증, 탄소폐증, 흑연폐증, 용접공폐증
- 유기성 진폐증 : 면폐증, 연초폐증, 농부폐증, 설탕폐증, 목재분진폐증, 모발분진폐증

94

사업장에서 사용되는 벤젠은 중독증상을 유발시킨다. 벤젠중독의 특이증상으로 가장 적절한 것은?

① 조혈기관의 장해
② 간과 신장의 장해
③ 피부염과 피부암 발생
④ 호흡기계 질환 및 폐암 발생

해설

벤젠은 많은 장애를 일으키지만, 그 중 대표적인 장애는 조혈장해이다.

95

유해물질과 생물학적 노출지표와의 연결이 잘못된 것은?

① 벤젠 – 소변 중 페놀
② 톨루엔 – 소변 중 마뇨산
③ 크실렌 – 소변 중 카테콜
④ 스티렌 – 소변 중 만델린산

해설

③ 크실렌 – 소변 중 메틸마뇨산

96

중추신경계에 억제 작용이 가장 큰 것은?

① 알칸족　　　　② 알코올족
③ 알켄족　　　　④ 할로겐족

해설

중추신경계에 억제 작용 순서
알칸 < 알켄 < 알코올 < 유기산 < 에스테르 < 에테르 < 할로겐화합물

97

납 중독의 초기증상으로 볼 수 없는 것은?

① 권태, 체중 감소

② 식욕 저하, 변비

③ 연산통, 관절염

④ 적혈구 감소, Hb의 저하

해설

납 중독

• 초기증상 : 컨디션 저하, 피로, 수면장해, 두통, 소화기증상, 뼈 및 근육통

• 만성적인 증상 : 빈혈, 연산통

98

가스상 물질의 호흡기계 축적을 결정하는 가장 중요한 인자는?

① 물질의 농도차

② 물질의 입자분포

③ 물질의 발생기전

④ 물질의 수용성 정도

해설

유해물질의 흡수속도는 그 유해물질의 공기 중 농도와 용해도, 폐까지 도달하는 양은 그 유해물질의 용해도에 의해서 결정된다. 따라서 가스상 물질의 호흡기계 축적을 결정하는 가장 중요한 인자는 물질의 수용성 정도이다.

입자의 호흡기계 축전기전

충돌, 침강, 차단, 확산, 정전기

99

수은의 배설에 관한 설명으로 틀린 것은?

① 유가수은화합물은 땀으로 배설된다.

② 유기수은화합물은 주로 대변으로 배설된다.

③ 금속수은은 대변보다 소변으로 배설이 잘 된다.

④ 금속수은 및 무기수은의 배설경로는 서로 상이하다.

해설

④ 금속수은(대변, 소변) 및 무기수은(대변, 땀)의 배설경로는 서로 상이하지 않다.

100

생물학적 노출지표(BEIs) 검사 중 1차 항목 검사에서 당일 작업 종료 시 채취해야 하는 유해인자가 아닌 것은?

① 크실렌

② 디클로로메탄

③ 트리클로로에틸렌

④ N,N-디메틸포름아미드

해설

특수건강진단 · 배치전건강진단 · 수시건강진단의 검사항목(산업안전보건법 시행규칙 [별표 24])

• 13 디메틸포름아미드 : 소변 중 N-메틸포름아미드(NMF)(작업 종료 시 채취)

• 18 디클로로메탄 : 혈 중 카복시헤모글로빈 측정(작업 종료 시 채혈)

• 85 크실렌 : 소변 중 메틸마뇨산(작업 종료 시 채취)

• 96 트리클로로에틸렌 : 소변 중 총 삼염화물 또는 삼염화초산(주말 작업 종료 시 채취)

01

미국산업위생학술원(AAIH)에서 채택한 산업위생전문가로서의 책임에 해당되지 않는 것은?

① 직업병을 평가하고 관리한다.
② 성실성과 학문적 실력에서 최고 수준을 유지한다.
③ 과학적 방법의 적용과 자료 해석의 객관성을 유지한다.
④ 전문분야로서의 산업위생을 학문적으로 발전시킨다.

해설

산업위생전문가로서의 책임, 미국산업위생학술원(AAIH)
• 학문적 실력 면에서 최고 수준을 유지한다.
• 자료의 해석에 객관성을 유지한다.
• 산업위생을 학문적으로 발전시킨다.
• 과학적 지식을 공개하고 발표한다.
• 기업체의 기밀을 누설하지 않는다.
• 이해관계가 있는 상황에는 개입하지 않는다.

02

산업안전보건법상 작업장의 체적이 150m³이면 납의 1시간당 허용소비량(1시간당 소비하는 관리대상유해물질의 양)은 얼마인가?

① 1g
② 10g
③ 15g
④ 30g

해설

1시간당 소비하는 관리대상유해물질의 양

$$= \frac{\text{작업장의 체적}}{15} = \frac{150}{15} = 10$$

03

산업 스트레스의 반응에 따른 심리적 결과에 해당되지 않는 것은?

① 가정문제
② 돌발적 사고
③ 수면방해
④ 성(性)적 역기능

해설

산업 스트레스의 반응
• 행동적 결과 : 흡연, 알코올과 약물 남용, 식욕감퇴, 행동 격양에 따른 돌발적 사고
• 심리적 결과 : 가정문제, 수면방해, 성적 역기능
• 생리적 결과 : 심혈관계 질환, 위장관계 질환, 기타 질환

04

화학물질의 노출기준에 관한 설명으로 맞는 것은?

① 발암성 정보물질의 표기로 "2A"는 사람에게 충분한 발암성 증거가 있는 물질을 의미한다.
② "Skin" 표시 물질은 점막과 눈 그리고 경피로 흡수되어 전신 영향을 일으킬 수 있는 물질을 의미한다.
③ 발암성 정보물질의 표기로 "2B"는 시험동물에서 발암성 증거가 충분히 있는 물질을 의미한다.
④ 발암성 정보물질의 표기로 "1"은 사람이나 동물에서 제한된 증거가 있지만, 구분 "2"로 분류하기에는 증거가 충분하지 않은 물질을 의미한다.

해설

발암성 정보물질의 표기

분류	정의
1A	사람에게 충분한 발암성 증거가 있는 물질
1B	시험 동물에서 발암성 증거가 충분히 있거나, 시험 동물과 사람 모두에게 제한된 발암성 증거가 있는 물질
2	사람이나 동물에서 제한된 증거가 있지만, 구분 1로 분류하기에는 증거가 충분하지 않은 물질

정답 1 ① 2 ② 3 ② 4 ②

05

산업재해 발생의 역학적 특성에 대한 설명으로 틀린 것은?

① 여름과 겨울에 빈발한다.

② 손상종류로는 골절이 가장 많다.

③ 작은 규모의 산업체에서 재해율이 높다.

④ 오전 11~12시, 오후 2~3시에 빈발한다.

해설

① 봄과 가을에 빈발한다.

06

재해예방의 4원칙에 해당하지 않은 것은?

① 손실 우연의 원칙

② 예방 가능의 원칙

③ 대책 선정의 원칙

④ 원인 연계의 원칙

해설

재해예방의 4원칙
손실 우연의 원칙, 예방 가능의 원칙, 대책 선정의 원칙, 원인 연계의
원칙

07

실내 환경과 관련된 질환의 종류에 해당되지 않는 것은?

① 빌딩증후군(SBS)

② 새집증후군(SHS)

③ 시각표시단말증후군(VDTS)

④ 복합 화학물질 과민증(MCS)

해설

"영상표시단말기 작업으로 인한 관련 증상(VDT 증후군)"이란 영상표
시단말기를 취급하는 작업으로 인하여 발생되는 경견완증후군 및 기
타 근골격계 증상, 눈의 피로, 피부증상, 정신신경계증상 등을 말한다.

08

누적외상성장애(CTDs : Cumulative Trauma Disorders)
의 원인이 아닌 것은?

① 불안전한 자세에서 장기간 고정된 한 가지 작업

② 고온 작업장에서 갑작스럽게 힘을 주는 전신작업

③ 작업속도가 빠른 상태에서 힘을 주는 반복작업

④ 작업내용의 변화가 없거나 휴식시간 없이 손과 팔을
   과도하게 사용하는 작업

해설

② 저온 작업장에서 갑작스럽게 힘을 주는 전신작업이다.

09

실내공기질관리법령상 다중이용시설의 실내공기질 권고
기준 항목이 아닌 것은?

① 석면　　　　　② 오존

③ 라돈　　　　　④ 일산화탄소

해설

다중이용시설의 실내공기질 권고기준 – 이산화질소, 라돈, 곰팡이,
총휘발성유기화합물

※ 문제 오류로 가답안 발표 시 ④로 발표되었지만 확정답안 발표 시
①, ②, ④가 정답 처리되었습니다. 여기서는 가답안인 ④를 누르면
정답 처리됩니다.

10

산업위생의 정의에 포함되지 않는 것은?

① 예측   ② 평가
③ 관리   ④ 보상

해설

산업위생의 정의, 미국산업위생학회(AIHA)
근로자나 일반 대중에게 질병, 건강장애, 안녕방해, 심각한 불쾌감 및 능률저하 등을 초래하는 작업환경 요인과 스트레스를 예측·측정·평가·관리하는 과학과 기술

11

PWC가 16kcal/min인 근로자가 1일 8시간 동안 물체를 운반하고 있다. 이때 작업대사량은 6kcal/min이고, 휴식 시의 대사량은 2kcal/min이다. 작업시간은 어떻게 배분하는 것이 이상적인가?

① 5분 휴식, 55분 작업

② 10분 휴식, 50분 작업

③ 15분 휴식, 45분 작업

④ 25분 휴식, 35분 작업

해설

피로예방휴식시간비

$$T_{rest}(\%) = \left[\frac{PWC의\ \frac{1}{3} - 작업대사량}{휴식대사량 - 작업대사량} \right] \times 100$$

$$= \frac{16 \times \frac{1}{3} - 6}{2 - 6} \times 100 = 16.666\%$$

60분 × 0.16666 = 10분
작업시간 = 50분

12

전신피로 정도를 평가하기 위해 작업 직후의 심박수를 측정한다. 작업종료 후 30~60초, 60~90초, 150~180초 사이의 평균 맥박수가 각각 $HR_{30\sim60}$, $HR_{60\sim90}$, $HR_{150\sim180}$ 일 때, 심한 전신피로 상태로 판단되는 경우는?

① $HR_{30\sim60}$이 110을 초과하고, $HR_{150\sim180}$와 $HR_{60\sim90}$의 차이가 10 미만인 경우

② $HR_{60\sim90}$이 110을 초과하고, $HR_{150\sim180}$와 $HR_{30\sim60}$의 차이가 10 미만인 경우

③ $HR_{150\sim180}$이 110을 초과하고, $HR_{30\sim60}$와 $HR_{60\sim90}$의 차이가 10 미만인 경우

④ $HR_{30\sim60}$, $HR_{150\sim180}$의 차이가 10 이상이고, $HR_{150\sim180}$와 $HR_{60\sim90}$의 차이가 10 미만인 경우

해설

심한 전신피로 상태

작업 종료 후 30~60초 사이의 평균 맥박수가 110회를 초과하고, 150~180초 사이와 60~90초 사이의 차이가 10 미만인 경우이다.

∴ $HR_{30\sim60}$이 110을 초과하고, $HR_{150\sim180}$과 $HR_{30\sim60}$의 차이가 10 미만인 경우이다.

13

매년 "화학물질과 물리적 인자에 대한 노출기준 및 생물학적 노출지수"를 발간하여 노출기준 제정에 있어서 국제적으로 선구적인 역할을 담당하고 있는 기관은?

① 미국산업위생학회(AIHA)
② 미국직업안전위생관리국(OSHA)
③ 미국국립산업안전보건연구원(NIOSH)
④ 미국정부산업위생전문가협의회(ACGIH)

해설

국가	허용기준
미국정부산업위생전문가협의회	TLV
미국산업안전보건청	PEL
미국국립산업안전보건연구원	REL
미국산업위생학회	WEL
독일	MAK
영국 보건안전청	WEL
스웨덴	OEL
한국	화학물질 및 물리적 인자의 노출기준

14

알레르기성 접촉 피부염의 진단법은 무엇인가?

① 첩포시험   ② X-ray검사
③ 세균검사   ④ 자외선검사

해설

첩포시험
알레르기성 접촉 피부염에 가장 많이 실시되는 진단법으로 항원을 금속판에 부착한 후 48시간 이후에 제거하여 홍반, 부종, 침윤을 판독한다.

15

직업병의 예방대책 중 일반적인 작업환경관리의 원칙이 아닌 것은?

① 대치
② 환기
③ 격리 또는 밀폐
④ 정리정돈 및 청결유지

해설

작업환경관리의 기본원칙
대치, 격리, 환기, 교육

16

신체의 생활기능을 조절하는 영양소이며 작용면에서 조절소로만 나열된 것은?

① 비타민, 무기질, 물
② 비타민, 단백질, 물
③ 단백질, 무기질, 물
④ 단백질, 지방, 탄수화물

해설

• 열량소 : 탄수화물, 단백질, 지방
• 구성소 : 무기질, 단백질, 지방, 물
• 조절소 : 비타민, 무기질, 단백질, 물

17

산업안전보건법령상 물질안전보건자료(MSDS) 작성 시 포함되어야 할 항목이 아닌 것은?

① 유해성, 위험성

② 안전성 및 반응성

③ 사용빈도 및 타당성

④ 노출방지 및 개인보호구

해설

작성항목(화학물질의 분류 · 표시 및 물질안전보건자료에 관한 기준 제10조)

물질안전보건자료 작성 시 포함되어야 할 항목 및 그 순서는 다음에 따른다.

• 화학제품과 회사에 관한 정보
• 유해성 · 위험성
• 구성성분의 명칭 및 함유량
• 응급조치요령
• 폭발 · 화재 시 대처방법
• 누출사고 시 대처방법
• 취급 및 저장방법
• 노출방지 및 개인보호구
• 물리화학적 특성
• 안정성 및 반응성
• 독성에 관한 정보
• 환경에 미치는 영향
• 폐기 시 주의사항
• 운송에 필요한 정보
• 법적규제 현황
• 그 밖의 참고사항

18

앉아서 운전작업을 하는 사람들의 주의사항에 대한 설명으로 틀린 것은?

① 큰 트럭에서 내릴 때 뛰어내려서는 안 된다.

② 차나 트랙터를 타고 내릴 때 몸을 회전해서는 안 된다.

③ 운전대를 잡고 있을 때에는 최대한 앞으로 기울이는 것이 좋다.

④ 방석과 수건을 말아서 허리에 받쳐 최대한 척추가 자연곡선을 유지하도록 한다.

해설

③ 운전대를 잡고 있을 때에는 최대한 몸을 펴서 운전하는 것이 좋다.

19

체중이 60kg인 사람이 1일 8시간 작업 시 안전흡수량이 1mg/kg인 물질의 체내 흡수를 안전흡수량 이하로 유지하려면 공기 중 농도를 몇 mg/m³ 이하로 하여야 하는가?(단, 작업 시 폐환기율은 1.25 m³/hr, 체내 잔류율은 1.0으로 가정한다)

① 0.06mg/m³

② 0.6mg/m³

③ 6mg/m³

④ 60mg/m³

해설

체내흡수량, SHD

$$SHD(mg) = C(mg/m^3) \times T(h) \times V(m^3/h) \times R$$

$$C(mg/m^3) = \frac{SHD}{T \times V \times R}$$

$$= \frac{1mg/kg \times 60kg}{8h \times 1.25m^3/h \times 1.0}$$

$$= 6mg/m^3$$

20

산업안전보건법령상 보건관리자의 자격에 해당하지 않는 사람은?

① 「의료법」에 따른 의사

② 「의료법」에 따른 간호사

③ 「국가기술자격법」에 따른 산업안전기사

④ 「산업안전보건법」에 따른 산업보건지도사

해설

③ 산업안전기사는 안전관리자의 자격요건이다.

보건관리자의 자격(산업안전보건법 시행령 [별표 6])

보건관리자는 다음의 어느 하나에 해당하는 사람으로 한다.

• 법 제143조 제1항에 따른 산업보건지도사 자격을 가진 사람
• 「의료법」에 따른 의사
• 「의료법」에 따른 간호사
• 「국가기술자격법」에 따른 산업위생관리산업기사 또는 대기환경산업기사 이상의 자격을 취득한 사람
• 「국가기술자격법」에 따른 인간공학기사 이상의 자격을 취득한 사람
• 「고등교육법」에 따른 전문대학 이상의 학교에서 산업보건 또는 산업위생 분야의 학위를 취득한 사람(법령에 따라 이와 같은 수준 이상의 학력이 있다고 인정되는 사람을 포함한다)

21

다음 중 원자흡광광도계에 대한 설명과 가장 거리가 먼 것은?

① 증기발생 방식은 유기용제 분석에 유리하다.

② 흑연로장치는 감도가 좋으므로 시료분석에 유리하다.

③ 원자화방법은 불꽃방식, 비불꽃방식, 증기발생 방식이 있다.

④ 광원, 원자화장치, 단색화장치, 검출기, 기록계 등으로 구성되어 있다.

해설

① 증기발생 방식은 수은이나 비소의 분석에 유리하다.

22

어느 작업장의 n-Hexane의 농도를 측정한 결과가 24.5ppm, 20.2ppm, 25.1ppm, 22.4ppm, 23.9ppm일 때, 기하 평균값은 약 몇 ppm인가?

① 21.2 　　② 22.8

③ 23.2 　　④ 24.1

해설

기하평균(GM)

$$\log(\text{GM}) = \frac{\log x_1 + \log x_2 + \cdots + \log x_n}{n}$$

$$\frac{(\log 24.5 + \log 20.2 + \log 25.1 + \log 22.4 + \log 23.9)}{5} = 1.3646$$

$$\text{GM} = 10^{1.3646} = 23.2$$

23

다음 유기용제 중 실리카겔에 대한 친화력이 가장 강한 것은?

① 케톤류 ② 알코올류
③ 올레핀류 ④ 에스테르류

해설

실리카겔에 대한 친화력(극성이 강한 순서)
물 > 알코올류 > 알데하이드류 > 케톤류 > 에스테르류 > 방향족 탄화수소류 > 올레핀류 > 파라핀류

25

화학적 인자에 대한 작업환경측정 순서인 [보기]를 참고하여 올바르게 나열한 것은?

A : 예비조사
B : 시료채취 전 유량보정
C : 시료채취 후 유량보정
D : 시료채취
E : 시료채취 전략수립
F : 분석

① A → B → C → D → E → F
② A → B → E → D → C → F
③ A → E → D → B → C → F
④ A → E → B → D → C → F

해설

예비조사 → 시료채취 전략수립 → 시료채취 전 유량보정 → 시료채취 → 시료채취 후 유량보정 → 분석

24

레이저광의 노출량을 평가할 때 주의사항이 아닌 것은?

① 직사광과 확산광을 구별하여 사용한다.
② 각막 표면에서의 조사량 또는 노출량을 측정한다.
③ 눈의 노출기준은 그 파장과 관계없이 측정한다.
④ 조사량의 노출기준은 1mm 구경에 대한 평균치이다.

해설

③ 레이저광에 대한 눈의 노출기준은 그 파장에 따라 다르다.

26

다음 화학적 인자 중 농도의 단위가 다른 것은?

① 흄 ② 석면
③ 분진 ④ 미스트

해설

② 개/cm^3
①, ③, ④ mg/m^3

27

옥외(태양광선이 내리쬐지 않는 장소)의 온열조건이 다음과 같은 경우에 습구흑구온도 지수(WBGT)는?

- 건구온도 : 30℃
- 흑구온도 : 40℃
- 자연습구온도 : 25℃

① 28.5℃ ② 29.5℃

③ 30.5℃ ④ 31.0℃

해설

태양광선이 내리쬐지 않는 옥외, 옥내

WBGT(℃) = 0.7 × 자연습구온도 + 0.3 × 흑구온도
= 0.7 × 25 + 0.3 × 40
= 17.5 + 12.0
= 29.5℃

28

다음 중 파과 용량에 영향을 미치는 요인과 가장 거리가 먼 것은?

① 포집된 오염물질의 종류

② 작업장의 온도

③ 탈착에 사용하는 용매의 종류

④ 작업장의 습도

해설

③ 흡착에 사용하는 용매의 종류이다.

29

음압이 10N/m²일때, 음압수준은 약 몇 dB인가?(단, 기준음압은 0.00002N/m²이다)

① 94 ② 104

③ 114 ④ 124

해설

음압수준, SPL

$$SPL = 20 \times \log\left(\frac{P}{P_0}\right)(\text{dB}) = 20 \times \log\left(\frac{10}{0.00002}\right) = 114\text{dB}$$

30

흡광광도계에서 단색광이 어떤 시료용액을 통과할 때 그 빛의 60%가 흡수될 경우, 흡광도는 약 얼마인가?

① 0.22 ② 0.37

③ 0.40 ④ 1.60

해설

투과율 = 1 − 흡수율,

$$흡광도(A) = \log\frac{1}{투과율} = \log\frac{1}{1-0.6} = 0.40$$

31

분진 채취 전후의 여과지 무게가 각각 21.3mg, 25.8mg이고, 개인시료채취기로 포집한 공기량이 450L일 경우 분진농도는 약 몇 mg/m³인가?

① 1 ② 10

③ 20 ④ 25

해설

농도계산하기

$$C(\text{mg/m}^3) = \frac{시료의\ 양(\text{mg}) - 바탕시료의\ 양(\text{mg})}{V(시료채취량,\ \text{m}^3) \times RE(회수율,\ \%)}$$

$$= \frac{(25.8-21.3)\text{mg}}{450\text{L}} \times \frac{1,000\text{L}}{\text{m}^3} = 10\text{mg/m}^3$$

32

다음 중 일정한 온도조건에서 가스의 부피와 압력이 반비례하는 것과 가장 관계가 있는 것은?

① 보일의 법칙　　② 샤를의 법칙
③ 라울의 법칙　　④ 게이-루삭의 법칙

해설

보일의 법칙
기체의 온도가 일정하면 기체의 압력과 부피는 반비례한다.

33

다음 중 유도결합 플라스마 원자발광분석기의 특징과 가장 거리가 먼 것은?

① 분광학적 방해 영향이 전혀 없다.
② 검량선의 직선성 범위가 넓다.
③ 동시에 여러 성분의 분석이 가능하다.
④ 아르곤 가스를 소비하기 때문에 유지비용이 많이 든다.

해설

① 분광학적 간섭, 화학적 간섭, 물리적 간섭 등에 영향을 받는다.

34

다음 2차 표준기구 중 주로 실험실에서 사용하는 것은?

① 비누거품 미터　　② 폐활량계
③ 유리 피스톤 미터　　④ 습식테스트 미터

해설

2차 표준기구
로터미터, 습식테스트 미터, 건식 가스미터, 오리피스미터, 열선기류계

35

소음수준의 측정 방법에 관한 설명으로 옳지 않은 것은? (단, 고용노동부 고시를 기준으로 한다)

① 소음계의 청감보정회로는 A특성으로 하여야 한다.
② 연속음 측정 시 소음계 지시침의 동작은 빠른(Fast) 상태로 한다.
③ 측정위치는 지역시료채취 방법의 경우에 소음측정기를 측정대상이 되는 근로자의 주 작업행동 범위의 작업근로자 귀 높이에 설치한다.
④ 측정시간은 1일 작업시간동안 6시간 이상 연속 측정하거나 작업시간을 1시간 간격으로 나누어 6회 이상 측정한다.

해설

② 연속음 측정 시 소음계 지시침의 동작은 느린(Slow) 상태로 한다.

36

다음 중 직독식 기구에 대한 설명과 가장 거리가 먼 것은?

① 측정과 작동이 간편하여 인력과 분석비를 절감할 수 있다.
② 연속적인 시료채취전략으로 작업시간 동안 완전한 시료채취에 해당된다.
③ 현장에서 실제 작업시간이나 어떤 순간에서 유해인자의 수준과 변화를 쉽게 알 수 있다.
④ 현장에서 즉각적인 자료가 요구될 때 민감성과 특이성이 있는 경우 매우 유용하게 사용될 수 있다.

해설

② 직독식 기구는 완전한 시료채취 방법이 아니다.

37

산업위생 통계에 적용되는 용어 정의에 대한 내용으로 옳지 않은 것은?

① 상대오차=[(근사값−참값)/참값]으로 표현된다.

② 우발오차란 측정기기 또는 분석기기의 미비로 기인되는 오차이다.

③ 유효숫자란 측정 및 분석값의 정밀도를 표시하는 데 필요한 숫자이다.

④ 조화평균이란 상이한 반응을 보이는 집단의 중심경향을 파악하고자 할 때 유용하게 이용된다.

해설

② 우발오차란 반복된 측정값의 변동으로 인한 오차로 보정하기 어렵다. 계통오차란 측정기기 또는 분석기기의 미비로 기인되는 오차이다.

38

kata 온도계로 불감기류를 측정하는 방법에 대한 설명으로 틀린 것은?

① kata 온도계의 구(球)부를 50~60℃의 온수에 넣어 구부의 알코올을 팽창시켜 관의 상부 눈금까지 올라가게 한다.

② 온도계를 온수에서 꺼내어 구(球)부를 완전히 닦아내고 스탠드에 고정한다.

③ 알코올의 눈금이 100°F에서 65°F까지 내려가는 데 소요되는 시간을 초시계 4~5회 측정하여 평균을 낸다.

④ 눈금 하강에 소요되는 시간으로 kata 상수를 나눈 값 H는 온도계의 구부 $1cm^2$에서 1초 동안에 방산되는 열량을 나타낸다.

해설

③ 알코올의 눈금이 100°F에서 95°F까지 내려가는 데 소요되는 시간을 초시계 4~5회 측정하여 평균을 낸다.

39

50% 톨루엔, 10% 벤젠, 40% 노말헥산으로 혼합된 원료를 사용할 때, 이 혼합물이 공기 중으로 증발한다면 공기 중 허용농도는 약 몇 mg/m^3인가?(단, 각각의 노출기준은 톨루엔 $375mg/m^3$, 벤젠 $30mg/m^3$, 노말헥산 $180mg/m^3$이다)

① 115   ② 125
③ 135   ④ 145

해설

액체혼합물질의 구성성분을 알 때 혼합물의 허용농도

혼합물의 $TLV(\text{mg/m}^3) = \dfrac{1}{\dfrac{f_a}{TLV_a} + \dfrac{f_b}{TLV_b} + \cdots + \dfrac{f_n}{TLV_n}}$

$= \dfrac{1}{\dfrac{0.5}{375} + \dfrac{0.1}{30} + \dfrac{0.4}{180}}$

$= 145\text{mg/m}^3$

40

어느 작업장에서 소음의 음압수준(dB)을 측정한 결과 85, 87, 84, 86, 89, 81, 82, 84, 83, 88일 때, 중앙값은 몇 dB인가?

① 83.5   ② 84
③ 84.5   ④ 84.9

해설

중앙값은 n개 측정값의 오름차순 중 n이 짝수일 경우는 n/2번째와 (n+2)/2번째의 평균값이다.

n=10, n/2=10/2=5, (n+2)/2=(10+2)/2=6,

5번째와 6번째 값의 평균값=(84+85)/2=84.5

41

다음 중 사용물질과 덕트 재질의 연결이 옳지 않은 것은?

① 알칼리 – 강판

② 전리방사선 – 중질 콘크리트

③ 주물사, 고온가스 – 흑피 강판

④ 강산, 염소계 용제 – 아연도금 강판

해설

④ 강산, 염소계 용제 – 스테인리스스틸 강판

42

속도압에 대한 설명으로 틀린 것은?

① 속도압은 항상 양압 상태이다.

② 속도압은 속도에 비례한다.

③ 속도압은 중력가속도에 반비례한다.

④ 속도압은 정지상태에 있는 공기에 작용하여 속도 또는 가속을 일으키게 함으로써 공기를 이동하게 하는 압력이다.

해설

② 속도압은 속도의 제곱에 비례한다.

43

후드로부터 0.25m 떨어진 곳에 있는 금속제품의 연마 공정에서 발생되는 금속먼지를 제거하기 위해 원형후드를 설치하였다면, 환기량은 약 몇 m³/sec인가?(단, 제어속도는 2.5m/sec, 후드직경은 0.4m이고, 플랜지는 부착되지 않았다)

① 1.9 ② 2.3

③ 3.2 ④ 4.1

해설

원형후드, 자유공간, 플랜지 미부착

$$Q(m^3/s) = (10X^2 + A) \times V_c(m/s)$$
$$= (10 \times (0.25m)^2 + \pi(0.2m)^2) \times 2.5m/s$$
$$= 1.87m^3/s$$

44

온도 125℃, 800mmHg인 관내로 100m³/min의 유량의 기체가 흐르고 있다. 표준상태에서 기체의 유량은 약 몇 m³/min인가?(단, 표준상태는 20℃, 760mmHg로 한다)

① 52 ② 69

③ 77 ④ 83

해설

유량온압보정

$$100\text{m}^3/\text{min} \times \frac{800}{760} \times \frac{273 + 20}{273 + 125} = 77.4\text{m}^3/\text{min}$$

45

다음 중 국소배기시설의 필요 환기량을 감소시키기 위한 방법과 가장 거리가 먼 것은?

① 가급적 공정의 포위를 최소화한다.
② 후드 개구면에서 기류가 균일하게 분포되도록 설계한다.
③ 포집형이나 레시버형 후드를 사용할 때에는 가급적 후드를 배출 오염원에 가깝게 설치한다.
④ 공정에서 발생 또는 배출되는 오염물질의 절대량을 감소시킨다.

해설

① 가급적 공정의 포위를 최대화한다.

46

다음 중 보호구의 보호 정도를 나타내는 할당보호계수(APF)에 관한 설명으로 가장 거리가 먼 것은?

① 보호구 밖의 유량과 안의 유량 비(Q_o / Q_i)로 표현된다.
② APF를 이용하여 보호구에 대한 최대사용농도를 구할 수 있다.
③ APF가 100인 보호구를 착용하고 작업장에 들어가면 착용자는 외부 유해물질로부터 적어도 100배만큼의 보호를 받을 수 있다는 의미이다.
④ 일반적인 보호계수 개념의 특별한 적용으로서 적절히 밀착된 호흡기보호구를 훈련된 일련의 착용자들이 작업장에서 착용하였을 때 기대되는 최소 보호정도치를 말한다.

해설

① 보호구 밖의 유량과 안의 농도 비(C_o / C_i)로 표현된다.

47

A 용제가 800m³ 체적을 가진 방에 저장되어 있다. 공기를 공급하기 전에 측정한 농도가 400ppm이었을 때, 이 방을 환기량 40m³/분으로 환기한다면 A 용제의 농도가 100ppm으로 줄어드는 데 걸리는 시간은?(단, 유해물질은 추가적으로 발생하지 않고 고르게 분포되어 있다고 가정한다)

① 약 16분
② 약 28분
③ 약 34분
④ 약 42분

해설

전체환기량
초기시간 $t_1 = 0$에서의 농도 C_1으로부터 C_2까지 감소하는 데 걸린 시간

$$t = -\frac{V}{Q'} \times \ln\left(\frac{C_2}{C_1}\right) = -\frac{800\text{m}^3}{40\text{m}^3/\text{min}} \times \ln\left(\frac{100\text{ppm}}{400\text{ppm}}\right)$$
$$= 27.7\text{min}$$

48

산업위생보호구의 점검, 보수 및 관리방법에 관한 설명 중 틀린 것은?

① 보호구의 수는 사용하여야 할 근로자의 수 이상으로 준비한다.
② 호흡용 보호구는 사용 전, 사용 후 여재의 성능을 점검하여 성능이 저하된 것은 폐기, 보수, 교환 등의 조치를 위한다.
③ 보호구의 청결 유지에 노력하고, 보관할 때에는 건조한 장소와 분진이나 가스 등에 영향을 받지 않는 일정한 장소에 보관한다.
④ 호흡용 보호구나 귀마개 등은 특정 유해물질 취급이나 소음에 노출될 때 사용하는 것으로서 그 목적에 따라 반드시 공용으로 사용해야 한다.

해설

④ 호흡용 보호구나 귀마개 등은 특정 유해물질 취급이나 소음에 노출될 때 사용하는 것으로서 그 목적에 따라 반드시 개인용으로 사용해야 한다.

49

국소배기장치를 설계하고 현장에서 효율적으로 적용하기 위해서는 적절한 제어속도가 필요하다. 이때 제어속도의 의미로 가장 적절한 것은?

① 공기정화기의 내부 공기의 속도
② 발생원에서 배출되는 오염물질의 발생 속도
③ 발생원에서 오염물질의 자유공간으로 확산되는 속도
④ 오염물질을 후드 안쪽으로 흡인하기 위하여 필요한 최소한의 속도

해설

• 제어속도 : 오염공기를 후드로 흡인하는 데 필요한 속도
• 제어속도 결정 시 고려사항 : 유해물질의 비산방향, 유해물질의 비산거리, 후드의 형식

50

덕트의 속도압이 35mmH₂O, 후드의 압력 손실이 15mmH₂O일 때, 후드의 유입계수는 약 얼마인가?

① 0.54   ② 0.68
③ 0.75   ④ 0.84

해설

후드압력손실$(\Delta P) = F \times VP$

$F = \dfrac{VP}{\Delta P} = \dfrac{15}{35} = 0.429$

후드의 유입계수$(Ce) = \sqrt{\dfrac{1}{1 + F(\text{유입손실계수})}}$

$\qquad\qquad\qquad = \sqrt{\dfrac{1}{1 + 0.429}} = 0.837$

51

다음 중 stokes 침강법칙에서 침강속도에 대한 설명으로 옳지 않은 것은?(단, 자유공간에서 구형의 분진 입자를 고려한다)

① 기체와 분진입자의 밀도 차에 반비례한다.
② 중력 가속도에 비례한다.
③ 기체의 점성에 반비례한다.
④ 분자입자 직경의 제곱에 비례한다.

해설

① 기체와 분진입자의 밀도 차에 비례한다.

52

A 물질의 증기압이 50mmHg일때, 포화증기농도(%)는 약 얼마인가?(단, 표준상태를 기준으로 한다)

① 4.8   ② 6.6
③ 10.0   ④ 12.2

해설

포화농도 계산하기

포화농도(%) $= \dfrac{\text{증기압}}{760} \times 10^2 = \dfrac{50}{760} \times 10^2 = 6.57\%$

53

작업환경의 관리원칙 중 대치로 적절하지 않은 것은?

① 성냥 제조 시에 황린 대신 적린을 사용한다.

② 분말로 출하되는 원료로 고형상태의 원료로 출하한다.

③ 광산에서 광물을 채취할 때 습식 공정 대신 건식 공정을 사용한다.

④ 단열재석면을 대신하여 유리섬유나 암면 또는 스티로폼 등을 사용한다.

해설

③ 광산에서 광물을 채취할 때 날리는 분진의 호흡기 침투를 막기 위해 건식 공정 대신 습식 공정을 사용한다.

54

작업환경에서 환기시설 내 기류에는 유체역학적 원리가 적용된다. 다음 중 유체역학적 원리의 전체조건과 가장 거리가 먼 것은?

① 공기는 건조하다고 가정한다.

② 공기의 압축과 팽창은 무시한다.

③ 환기시설 내외의 열교환은 무시한다.

④ 대부분 환기시설에서는 공기 중에 포함된 유해물질의 무게와 용량을 고려한다.

해설

④ 대부분 환기시설에서는 공기 중에 포함된 유해물질의 무게와 용량을 무시한다.

55

산업위생관리를 작업환경관리, 작업관리, 건강관리로 나눠서 구분할 때, 다음 중 작업환경관리와 가장 거리가 먼 것은?

① 유해 공정의 격리

② 유해 설비의 밀폐화

③ 전체환기에 의한 오염물질의 희석 배출

④ 보호구 사용에 의한 유해물질의 인체 침입 방지

해설

보호구 사용은 작업환경 개선과는 거리가 멀고 건강관리에 해당한다.

56

원심력집진장치에 관한 설명 중 옳지 않은 것은?

① 비교적 적은 비용으로 집진이 가능하다.

② 분진의 농도가 낮을수록 집진효율이 증가한다.

③ 함진가스에 선회류를 일으키는 원심력을 이용한다.

④ 입자의 크기가 크고 모양이 구체에 가까울수록 집진효율이 증가한다.

해설

② 분진의 농도와 관계없다.

57

송풍기의 송풍량이 $2m^3/sec$이고, 전압이 $100 mmH_2O$일 때, 송풍기의 소요동력은 약 몇kW인가?(단, 송풍기의 효율이 75%이다)

① 1.7   ② 2.6

③ 4.4   ④ 5.3

해설

송풍기소요동력(kW)

$$kW = \frac{Q \times \Delta P}{6,120 \times \eta} \times \alpha$$

여기서, Q : 송풍량(m^3/min)

ΔP : 송풍기유효전압(mmH_2O)

η : 송풍기효율(%)

α : 안전인자(%)

$$kW = \frac{2 \times 60 \times 100}{6,120 \times 0.75} = 2.614kW$$

58

보호구의 재질에 따른 효과적 보호가 가능한 화학물질을 잘못 짝지은 것은?

① 가죽 – 알코올

② 천연고무 – 물

③ 면 – 고체상 물질

④ 부틸고무 – 알코올

해설

알코올류는 극성 용매로 부틸고무를 사용하고, 가죽은 금속이 날아오는 작업이나 전기를 이용하는 경우 적합하다.

59

다음 중 장기간 사용하지 않았던 오래된 우물 속으로 작업을 위하여 들어갈 때 가장 적절한 마스크는?

① 호스마스크

② 특급의 방진마스크

③ 유기가스용 방독마스크

④ 일산화탄소용 방독마스크

해설

① 산소가 부족한 밀폐공간에서는 방독마스크 착용을 절대 금지해야 하며 송기마스크를 착용한다.

송기마스크의 종류

호스마스크, 에어라인마스크, 복합식 에어라인마스크

60

전기집진장치의 장점으로 옳지 않은 것은?

① 가연성 입자의 처리에 효율적이다.

② 넓은 범위의 입경과 분진농도에 집진효율이 높다.

③ 압력손실이 낮으므로 송풍기의 가동비용이 저렴하다.

④ 고온 가스를 처리할 수 있어 보일러와 철강로 등에 설치할 수 있다.

해설

① 가연성 입자의 처리가 곤란하다.

61

한랭노출 시 발생하는 신체적 장해에 대한 설명으로 틀린 것은?

① 동상은 조직의 동결을 말하며, 피부의 이론상 동결 온도는 약 −1℃ 정도이다.

② 전신 체온강하는 장시간의 한랭 노출과 체열상실에 따라 발생하는 급성 중증장해이다.

③ 참호족은 동결 온도 이하의 찬공기에 단기간 접촉으로 급격한 동결이 발생하는 장애이다.

④ 침수족은 부종, 저림, 작열감, 소양감 및 심한 동통을 수반하며, 수포, 궤양이 형성되기도 한다.

해설
③ 참호족은 동결 온도 이하의 찬공기에 장기간 접촉으로 동결이 발생하는 장애이다.

62

방진재인 금속스프링의 특징이 아닌 것은?

① 공진 시에 전달율이 좋지 않다.

② 환경요소에 대한 저항이 크다.

③ 저주파 차진에 좋으며 감쇠가 거의 없다.

④ 다양한 형상으로 제작이 가능하며 내구성이 좋다.

해설
① 공진 시에 전달율이 매우 좋다.

63

비전리 방사선 중 보통 광선과는 달리 단일파장이고 강력하고 예리한 지향성을 지닌 광선은 무엇인가?

① 적외선

② 마이크로파

③ 가시광선

④ 레이저광선

해설
레이저광선
• 레이저는 보통 광선과 달리 단일파장으로 강력하고 예리한 지향성을 가진다.
• 레이저는 유도방출에 의한 광선증폭을 뜻한다.
• 레이저 장해는 광선의 파장과 특정 조직의 광선 흡수능력에 따라 장해출현 부위가 달라진다.

64

감압에 따른 인체의 기포 형성량을 좌우하는 요인과 가장 거리가 먼 것은?

① 감압속도

② 산소공급량

③ 조직에 용해된 가스량

④ 혈류를 변화시키는 상태

해설
감압에 따른 인체의 기포 형성량을 좌우하는 요인
감압속도, 조직에 용해된 가스량, 혈류를 변화시키는 상태, 고기압의 노출 정도

65

감압병 예방을 위한 이상기압 환경에 대한 대책으로 적절하지 않은 것은?

① 작업시간을 제한한다.
② 가급적 빨리 감압시킨다.
③ 순환기에 이상이 있는 사람은 취업 또는 작업을 제한한다.
④ 고압환경에서 작업 시 헬륨-산소혼합가스 등으로 대체하여 이용한다.

해설
② 감압 시 신중하게 단계적으로 한다.

66

정밀작업과 보통작업을 동시에 수행하는 작업장의 적정 조도는?

① 150lx 이상
② 300lx 이상
③ 450lx 이상
④ 750lx 이상

해설

초정밀작업	750lx 이상
정밀작업	300lx 이상
보통작업	150lx 이상
그 밖의 작업	75lx 이상

67

전기성 안염(전광선 안염)과 가장 관련이 깊은 비전리 방사선은?

① 자외선
② 가시광선
③ 적외선
④ 마이크로파

해설
① 전기용접, 자외선 살균 취급자 등에서 발생되는 자외선에 의해 전광선 안염인 급성 각막염이 유발될 수 있다.

68

고압환경의 영향 중 2차적인 가압현상에 관한 설명으로 틀린 것은?

① 4기압 이상에서 공기 중의 질소 가스는 마취 작용을 나타낸다.
② 이산화탄소의 증가는 산소의 독성과 질소의 마취작용을 촉진시킨다.
③ 산소의 분압이 2기압을 넘으면 산소 중독증세가 나타난다.
④ 산소 중독은 고압산소에 대한 노출이 중지되어도 근육경련, 환청 등 후유증이 장기간 계속된다.

해설
④ 산소 중독은 고압산소에 대한 노출이 중지되면 증상도 중지된다.

69

현재 총흡음량이 2,000sabins인 작업장의 천장에 흡음물질을 첨가하여 3,000sabins을 더할 경우 소음감소는 어느 정도가 예측되겠는가?

① 4dB
② 6dB
③ 7dB
④ 10dB

해설
실내소음의 저감량, NR

$$NR(dB) = 10 \times \log \frac{\text{대책전 총흡음력} + \text{부가된 흡음력}}{\text{대책전 총흡음력}}$$

$$= 10 \times \log \frac{2,000 + 3,000}{2,000} = 3.97dB$$

70

인체와 작업환경 사이의 열교환이 이루어지는 조건에 해당되지 않는 것은?

① 대류에 의한 열교환

② 복사에 의한 열교환

③ 증발에 의한 열교환

④ 기온에 의한 열교환

해설

인체와 환경과의 열교환 방정식

$\Delta S = M - E \pm R \pm C$

여기서, ΔS : 인체 내 열용량의 변화

M : 대사에 의한 체내 열 생산량

E : 수분증발에 의한 열 발산

R : 복사에 의한 열 득실

C : 대류 및 전도에 의한 열 득실

71

산업안전보건법령상 적정공기의 범위에 해당하는 것은?

① 산소농도 18% 미만

② 이황화탄소 10% 미만

③ 이산화탄소 농도 10% 미만

④ 황화수소의 농도 10ppm 미만

해설

정의(산업안전보건기준에 관한 규칙 제618조)

"적정공기"란 산소농도의 범위가 18% 이상, 23.5% 미만, 이산화탄소의 농도가 1.5% 미만, 일산화탄소의 농도가 30ppm 미만, 황화수소의 농도가 10ppm 미만인 수준의 공기를 말한다.

72

국소진동에 의하여 손가락의 창백, 청색증, 저림, 냉감, 동통이 나타나는 장해를 무엇이라 하는가?

① 레이노증후군

② 수근관통증증후군

③ 브라운세커드증후군

④ 스티브블래스증후군

해설

손과 팔에서의 국소진동은 손가락에 있는 혈관과 신경에 손상을 주며, 이러한 결과로 나타나는 질환을 백수증(white finger disease), 레이노현상(raynauds phenomenon), 또는 손-팔 진동증후군(Hand-Arm Vibration Syndrome, HAVS)이라고 합니다.

73

1,000Hz에서의 음압레벨을 기준으로 하여 등청감곡선을 나타내는 단위로 사용되는 것은?

① mel   ② bell

③ phon   ④ sone

해설

• 음의 크기 : sone

• 음의 크기 레벨 : phon

74

빛과 밝기에 관한 설명으로 틀린 것은?

① 광도의 단위로는 칸델라(candela)를 사용한다.

② 광원으로부터 한 방향으로 나오는 빛의 세기를 광속이라 한다.

③ 루멘(Lumen)은 1촉광의 광원으로부터 단위 입체각으로 나가는 광속의 단위이다.

④ 조도는 어떤 면에 들어오는 광속의 양에 비례하고, 입사면의 단면적에 반비례한다.

해설

② 광원으로부터 한 방향으로 나오는 빛의 세기를 광도라고 한다.

75

$A = Q/V = 0.1 \text{m}^2$인 경우 덕트의 관경은 얼마인가?

① 352mm   ② 355mm

③ 357mm   ④ 359mm

해설

$A = 0.1 \text{m}^2 = \pi r^2$,

$r = \sqrt{\dfrac{0.1 \text{m}^2}{\pi}}$, $2r = 2\sqrt{\dfrac{0.1 \text{m}^2}{\pi}} = 0.3568 \text{m}$

$0.3568 \text{m} \times \dfrac{1,000 \text{mm}}{1 \text{m}} = 357 \text{mm}$

76

이온화 방사선 중 입자방사선으로만 나열된 것은?

① α선, β선, γ선

② α선, β선, X선

③ α선, β선, 중성자

④ α선, β선, γ선, 중성자

해설

- 입자방사선 : α선, β선, 중성자
- 전자기방사선 : X-ray, γ선

77

방사선의 투과력이 큰 것부터 작은 순으로 올바르게 나열한 것은?

① X > β > γ

② α > X > γ

③ X > β > α

④ γ > α > β

해설

방사선의 투과력 순서

X > β > α

78

소음이 발생하는 작업장에서 1일 8시간 근무하는 동안 100dB에 30분, 95dB에 1시간 30분, 90dB에 3시간 노출되었다면 소음노출지수는 얼마인가?

① 1.0   ② 1.1

③ 1.2   ④ 1.3

해설

$$\text{소음허용기준초과여부} = \frac{C_1}{T_1} + \frac{C_2}{T_2} + \cdots + \frac{C_n}{T_n}$$
$$= \frac{0.5}{2} + \frac{1.5}{4} + \frac{3}{8} = 1.0$$

79

소음성 난청에 영향을 미치는 요소에 대한 설명으로 틀린 것은?

① 음압수준이 높을수록 유해하다.

② 저주파음이 고주파음보다 더 유해하다.

③ 지속적 노출이 간헐적 노출보다 더 유해하다.

④ 개인의 감수성에 따라 소음반응이 다양하다.

해설

② 고주파음이 저주파음보다 더 유해하다.

80

열경련(Heat Cramp)을 일으키는 가장 큰 원인은?

① 체온상승   ② 중추신경마비

③ 순환기계 부조화   ④ 체내수분 및 염분손실

해설

④ 열경련은 더운 환경에서 고된 육체적 작업으로 체내수분 및 염분손실로 발생한다.

81

산화규소는 폐암 등의 발암성이 확인된 유해인자이다. 종류에 따른 호흡성 분진의 노출기준을 연결한 것으로 맞는 것은?

① 결정체 석영 – $0.1mg/m^3$

② 결정체 tripoli – $0.1mg/m^3$

③ 비결정체 규소 – $0.01mg/m^3$

④ 결정체 tridymite – $0.5mg/m^3$

해설

화학물질의 노출기준(화학물질 및 물리적 인자의 노출기준 [별표 1])
- 269 산화규소(결정체 석영) – $0.05mg/m^3$
- 271 산화규소(결정체 트리디마이트) – $0.05mg/m^3$
- 272 산화규소(결정체 트리폴리) – $0.1mg/m^3$
- 273 산화규소(비결정체 규소, 용융된) – $0.1mg/m^3$

82

입자상 물질의 종류 중 액체나 고체의 두 가지 상태로 존재할 수 있는 것은?

① 흄(fume)

② 미스트(mist)

③ 증기(vapor)

④ 스모크(smoke)

해설

④ 스모크(smoke) : 불완전연소로부터 생긴 눈에 보이는 에어로졸로 입자들은 고체일 수도 액체일 수도 있고 지름 $1\mu m$보다 작다.

83

카드뮴의 인체 내 축적기관으로만 나열된 것은?

① 뼈, 근육

② 간, 신장

③ 뇌, 근육

④ 혈액, 모발

해설

② 흡수된 카드뮴은 혈액으로 들어가 인체 각 장기에서 농축되며, 특히 간장과 신장에 많이 축적된다.

84

적혈구의 산소운반 단백질을 무엇이라 하는가?

① 백혈구

② 단구

③ 혈소판

④ 헤모글로빈

해설

④ 철이온을 가진 헤모글로빈에 의해 적혈구가 산소를 운반하게 된다.

85

다음 중 노출기준이 가장 낮은 것은?

① 오존(O_3)   ② 암모니아(NH_3)

③ 염소(Cl_2)   ④ 일산화탄소(CO)

해설

항목	노출기준(ppm)
오존	0.08
암모니아	25
염소	0.5
일산화탄소	30

86

유해물질의 경구투여용량에 따른 반응범위를 결정하는 독성검사에서 얻은 용량-반응곡선(dose-response curve)에서 실험동물군의 50%가 일정시간 동안 죽는 치사량을 나타내는 것은?

① LC$_{50}$
② LD$_{50}$
③ ED$_{50}$
④ TD$_{50}$

해설
- D$_{50}$(50% Lethal Dose)
  반수치사량, 일정한 조건하에서 시험동물의 50%를 사망시키는 물질의 양
- LC$_{50}$(50% Lethal Concentration)
  일군의 실험동물 50%를 사망시키는 독성 물질의 농도
- EC$_{50}$(50% Effective Concentration)
  대상 생물의 50%에 측정 가능할 정도의 유해한 영향을 주는 물질의 유효농도

87

골수장애로 재생불량성 빈혈을 일으키는 물질이 아닌 것은?

① 벤젠(benzene)
② 2-브로모프로판(2-bromopropane)
③ TNT(trinitrotoluene)
④ 2,4-TDI(Toluene-2,4-diisocyanate)

해설
④ 직업성 천식의 원인물질로는 2,4-TDI(Toluene-2,4-diisocyanate)가 있다.

88

ACGIH에서 발암물질을 분류하는 설명으로 틀린 것은?

① Group A1 : 인체발암성 확인물질
② Group A2 : 인체발암성 의심물질
③ Group A3 : 동물발암성 확인물질, 인체발암성 모름
④ Group A4 : 인체발암성 미의심물질

해설
- A1 : 인체발암성 확인물질
- A2 : 인체발암성 의심물질
- A3 : 동물발암성 확인물질
- A4 : 인체발암성 미분류 물질
- A5 : 인체발암성 미의심물질

89

벤젠을 취급하는 근로자를 대상으로 벤젠에 대한 노출량을 추정하기 위해 호흡기 주변에서 벤젠 농도를 측정함과 동시에 생물학적 모니터링을 실시하였다. 벤젠 노출로 인한 대사산물의 결정인자(determinant)로 맞는 것은?

① 호기 중의 벤젠
② 소변 중의 마뇨산
③ 소변 중의 총페놀
④ 혈액 중의 만델리산

해설
특수건강진단 · 배치전건강진단 · 수시건강진단의 검사항목(산업안전보건법 시행규칙 [별표 24])
41 벤젠 : 혈중 벤젠 · 소변 중 페놀 · 소변 중 뮤콘산 중 택 1(작업 종료 시 채취)

90

ACGIH에서 발암성 구분이 "A1"으로 정하고 있는 물질이 아닌 것은?

① 석면
② 텅스텐
③ 우라늄
④ 6가크롬 화합물

해설

A1 : 사람에 대한 발암성 확인물질(예 석면, 베릴륨, 우라늄, 6가크롬 등)

92

다음 표과 같은 망간 중독을 스크린하는 검사법을 개발하였다면, 이 검사법의 특이도는 얼마인가?

구분		망간중독진단		합계
		양성	음성	
검사법	양성	17	7	24
	음성	5	25	30
합계		22	32	54

① 70.8% ② 77.3%
③ 78.1% ④ 83.3%

해설

구분		실제값(질병)		합계
		양성	음성	
검사법	양성	A	B	A+B
	음성	C	D	C+D
합계		A+C	B+D	

$$특이도\% = \frac{D}{(B+D)} \times 100 = \frac{25}{32} \times 100 = 78.1\%$$

91

중금속 취급에 의한 직업성 질환을 나타낸 것으로 서로 관련이 가장 적은 것은?

① 니켈 중독 – 백혈병, 재생불량성 빈혈
② 납 중독 – 골수침입, 빈혈, 소화기장애
③ 수은 중독 – 구내염, 수전증, 정신장애
④ 망간 중독 – 신경염, 신장염, 중추신경장해

해설

• 니켈 중독 : 피부질환, 설사, 구토, 두통, 천식 등
• 벤젠 : 백혈병, 재생불량성 빈혈

93

동일한 독성을 가진 화학물질이 합류하여 각 물질의 독성의 합보다 큰 독성을 나타내는 작용은?

① 상승작용 ② 상가작용
③ 강화작용 ④ 길항작용

해설

• 상가작용 : 독성물질 영향력의 합으로 나타나는 경우
• 가승작용 : 무독성 물질이 독성물질과 동시에 작용하여 그 영향력이 커지는 경우
• 길항작용 : 독성물질로 인한 영향이 단독 물질일 때보다 작아지는 경우

94

진폐증의 독성병리기전에 대한 설명으로 틀린 것은?

① 진폐증의 대표적인 병리소견은 섬유증(fibrosis)
　이다.

② 섬유증이 동반되는 진폐증의 원인물질로는 석면,
　알루미늄, 베릴륨, 석탄분진, 실리카 등이 있다.

③ 폐포탐식세포는 분진탐식 과정에서 활성산소유리
　기에 의한 폐포상피세포의 증식을 유도한다.

④ 콜라겐 섬유가 증식하면 폐의 탄력성이 떨어져 호흡
　곤란, 지속적인 기침, 폐기능 저하를 가져온다.

해설

③ 폐포탐식세포는 분진탐식 과정에서 활성산소유리기에 의한 섬유
　모세포의 증식을 유도한다.

96

입자상 물질의 호흡기계 침착기전 중 길이가 긴 입자가 호흡기계로 들어오면 그 입자의 가장자리가 기도의 표면을 스치게 됨으로써 침착하는 현상은?

① 충돌

② 침전

③ 차단

④ 확산

해설

③ 차단 : 길이가 긴 입자가 호흡기계로 들어오면 그 입자의 가장자리
　가 기도의 표면을 스치게 됨으로써 침착, 지름에 비해 길이가 긴
　석면 섬유와 같은 경우 차단현상에 의해 기관지 & 모세기관지 등에
　침착될 가능성이 크다.

95

자극성 가스이면서 화학적 질식제라 할 수 있는 것은?

① H_2S

② NH_3

③ Cl_2

④ CO_2

해설

화학적 질식제

일산화탄소, 황화수소, 시안화수소, 아닐린

97

생물학적 모니터링을 위한 시료가 아닌 것은?

① 공기 중 유해인자

② 요 중의 유해인자나 대사산물

③ 혈액 중의 유해인자나 대사산물

④ 호기(Exhaled Air) 중의 유해인자나 대사산물

해설

생물학적 모니터링

근로자의 유해인자에 대한 노출 정도를 소변, 호기, 혈액 중에서 그
물질이나 대사산물을 측정함으로써 노출 정도를 추정하는 방법

98

다음 중 납중독에서 나타날 수 있는 증상을 모두 나열한 것은?

> ㄱ. 빈혈
> ㄴ. 신장장해
> ㄷ. 중추 및 말초신경장해
> ㄹ. 소화기장해

① ㄱ, ㄷ ② ㄱ, ㄴ, ㄷ
③ ㄴ, ㄹ ④ ㄱ, ㄴ, ㄷ, ㄹ

해설

납 중독
• 뇌 : 두통, 기억장애
• 잇몸 : 납산
• 혈액 : 빈혈, 호염기성 반점
• 소화기관 : 복통
• 신장 : 만성세뇨관 간질성 질환
• 뼈 : 뼈성장지연
• 말초신경 : 신경절연

99

남성근로자의 생식독성 유발 유해인자와 가장 거리가 먼 것은?

① 고온
② 저혈압증
③ 항암제
④ 마이크로파

해설

남성근로자의 생식독성 유발 유해인자
고온, X선, 납, 카드뮴, 망간, 수은, 항암제, 마취제, 알킬화제, 이황화탄소, 염화비닐, 음주, 흡연, 마약, 호르몬제제, 마이크로파 등

100

금속열에 관한 설명으로 틀린 것은?

① 금속열이 발생하는 작업장에서는 개인 보호용구를 착용해야 한다.
② 금속 흄에 노출된 후 일정 시간의 잠복기를 지나 감기와 비슷한 증상이 나타난다.
③ 금속열은 하루 정도가 지나면 증상은 회복되나 후유증으로 호흡기, 시신경 장애 등을 일으킨다.
④ 아연, 마그네슘 등 비교적 융점이 낮은 금속의 제련, 용해, 용접 시 발생하는 산화금속흄을 흡입할 경우 생기는 발열성 질병이다.

해설

③ 금속열은 12~24시간 또는 24~48시간 후에는 자연적으로 없어지게 된다.

제1과목 | 산업위생학 개론

01

작업장에서 누적된 스트레스를 개인차원에서 관리하는 방법에 대한 설명으로 틀린 것은?

① 신체검사를 통하여 스트레스성 질환을 평가한다.
② 자신의 한계와 문제의 징후를 인식하여 해결방안을 도출한다.
③ 명상, 요가, 선(禪) 등의 긴장 이완훈련을 통하여 생리적 휴식상태를 점검한다.
④ 규칙적인 운동을 피하고, 직무외적인 취미, 휴식, 즐거운 활동 등에 참여하여 대처능력을 함양한다.

해설
④ 규칙적인 운동을 하고, 직무외적인 취미, 휴식, 즐거운 활동 등에 참여하여 대처능력을 함양한다.

02

중대재해 또는 산업재해가 다발하는 사업장을 대상으로 유사사례를 감소시켜 관리하기 위하여 잠재적 위험성의 발견과 그 개선대책의 수립을 목적으로 고용노동부장관이 지정하는 자가 실시하는 조사·평가를 무엇이라 하는가?

① 안전·보건진단
② 사업장 역학조사
③ 안전·위생진단
④ 유해·위험성 평가

해설
정의(산업안전보건법 제2조)
"안전보건진단"이란 산업재해를 예방하기 위하여 잠재적 위험성을 발견하고 그 개선대책을 수립할 목적으로 조사·평가하는 것을 말한다.

03

상시근로자수가 100명인 A 사업장의 연간 재해발생건수가 15건이다. 이때의 사상자가 20명 발생하였다면 이 사업장의 도수율은 약 얼마인가?(단, 근로자는 1인당 연간 2,200시간을 근무하였다)

① 68.18
② 90.91
③ 150.00
④ 200.00

해설

$$도수율 = \frac{재해\ 건수}{총근로시간} \times 10^6 = \frac{15}{100 \times 2,200} \times 10^6 = 68.18$$

04

1800년대 산업보건에 관한 법률로서 실제로 효과를 거둔 영국의 공장법의 내용과 거리가 가장 먼 것은?

① 감독관을 임명하여 공장을 감독한다.
② 근로자에게 교육을 시키도록 의무화한다.
③ 18세 미만 근로자의 야간작업을 금지한다.
④ 작업할 수 있는 연령을 8세 이상으로 제한한다.

해설

④ 작업할 수 있는 연령을 13세 이상으로 제한한다.

06

실내 공기오염과 가장 관계가 적은 인체 내의 증상은?

① 광과민증(photosensitization)
② 빌딩증후군(sick building syndrome)
③ 건물 관련 질병(building related disease)
④ 복합화합물질민감증(multiple chemical sensitivity)

해설

광과민증(photosensitization)
피부가 자외선 등 햇빛에 노출됐을 경우 발생

05

사무실 등 실내 환경의 공기질 개선에 관한 설명으로 틀린 것은?

① 실내 오염원을 감소한다.
② 방출되는 물질이 없거나 매우 낮은(기준에 적합한) 건축자재를 사용한다.
③ 실외 공기의 상태와 상관없이 창문 개폐 횟수를 증가하여 실외 공기의 유입을 통한 환기 개선이 될 수 있도록 한다.
④ 단기적 방법은 베이크 아웃(bake-out)으로 새 건물에 입주하기 전에 보일러 등으로 실내를 가열하여 각종 유해물질이 빨리 나오도록 한 후 이를 충분히 환기시킨다.

해설

사무실의 환기기준(사무실 공기관리 지침 제3조)
공기정화시설을 갖춘 사무실에서 근로자 1인당 필요한 최소 외기량은 분당 $0.57m^3$ 이상이며, 환기횟수는 시간당 4회 이상으로 한다.

07

육체적 작업능력(PWC)이 16kcal/min인 근로자가 1일 8시간 동안 물체를 운반하고 있고, 이때의 작업대사량은 9kcal/min이고, 휴식 시의 대사량은 1.5kcal/min이다. 적정휴식시간과 작업시간으로 가장 적합한 것은?

① 매시간당 25분 휴식, 35분 작업
② 매시간당 29분 휴식, 31분 작업
③ 매시간당 35분 휴식, 25분 작업
④ 매시간당 39분 휴식, 21분 작업

해설

피로예방휴식시간비

$$T_{rest}(\%) = \left[\frac{PWC의 \frac{1}{3} - 작업대사량}{휴식대사량 - 작업대사량} \right] \times 100$$

$$= \frac{16 \times \frac{1}{3} - 9}{1.5 - 9} \times 100 = 48.889\%$$

60분 × 0.4889 = 29분,
∴ 작업시간 = 31분

08

국소피로를 평가하기 위하여 근전도(EMG)검사를 실시하였다. 피로한 근육에서 측정된 현상을 설명한 것으로 맞는 것은?

① 총전압의 증가
② 평균 주파수 영역에서 힘(전압)의 증가
③ 저주파수(0~40Hz) 영역에서 힘(전압)의 감소
④ 고주파수(40~200Hz) 영역에서 힘(전압)의 증가

해설

국소피로 평가

• 저주파수(0~40Hz) 힘의 증가
• 고주파수(40~200Hz) 힘의 증가
• 평균주파수의 감소
• 총 전압의 증가

09

다음은 A 전철역에서 측정한 오존의 농도이다. 기하평균 농도는 약 몇 ppm인가?

(단위: ppm)
4.42, 5.58, 1.26, 0.57, 5.82

① 2.07
② 2.21
③ 2.53
④ 2.74

해설

기하평균(GM)

$$\log(\text{GM}) = \frac{\log x_1 + \log x_2 + \cdots + \log x_n}{n}$$

$$= \frac{(\log 4.42 + \log 5.58 + \log 1.26 + \log 0.57 + \log 5.82)}{5}$$

$$= 0.4026$$

$$\text{GM} = 10^{0.4026} = 2.53$$

10

정상작업에 대한 설명으로 맞는 것은?

① 두 다리를 뻗어 닿는 범위이다.
② 손목이 닿을 수 있는 범위이다.
③ 전박(前膊)과 손으로 조작할 수 있는 범위이다.
④ 상지(上肢)와 하지(下肢)를 곧게 뻗어 닿는 범위이다.

해설

정상작업

위팔을 자연스럽게 수직으로 늘어뜨린 채 아래팔만으로 편하게 뻗어 파악할 수 있는 구역, 전박과 손으로 조작할 수 있는 범위

11

산업재해 보상에 관한 설명으로 틀린 것은?

① 업무상의 재해란 업무상의 사유에 따른 근로자의 부상·질병·장해 또는 사망을 의미한다.
② 유족이란 사망한 자의 손자녀·조부모 또는 형제자매를 제외한 가족의 기본구성인 배우자·자녀·부모를 의미한다.
③ 장해란 부상 또는 질병이 치유되었으나 정신적 또는 육체적 훼손으로 인하여 노동능력이 상실되거나 감소된 상태를 의미한다.
④ 치유란 부상 또는 질병이 완치되거나 치료의 효과를 더 이상 기대할 수 없고 그 증상이 고정된 상태에 이르게 된 것을 의미한다.

해설

② 유족이란 사망한 자의 손자녀·조부모 또는 형제자매를 포함한 가족의 기본구성인 배우자·자녀·부모를 의미한다.

12

산업피로의 예방대책으로 틀린 것은?

① 작업과정에 따라 적절한 휴식을 삽입한다.
② 불필요한 동작을 피하여 에너지 소모를 적게 한다.
③ 충분한 수면은 피로회복에 대한 최적의 대책이다.
④ 작업시간 중 또는 작업 전·후의 휴식시간을 이용하여 축구, 농구 등의 운동시간을 삽입한다.

해설

④ 작업시간 중 또는 작업 전·후에 간단한 체조 등의 시간을 갖는다.

13

신체적 결함과 그 원인이 되는 작업이 가장 적합하게 연결된 것은?

① 평발 – VDT 작업
② 진폐증 – 고압, 저압작업
③ 중추신경 장해 – 광산작업
④ 경견완증후근 – 타이핑작업

해설

① 평발 – 서서하는 작업
② 진폐증 – 분진취급작업
③ 중추신경 장해 – 화학물질취급작업

14

작업자의 최대 작업영역(maximum working area)이란 무엇인가?

① 하지(下肢)를 뻗어서 닿는 작업영역
② 상지(上肢)를 뻗어서 닿는 작업영역
③ 전박(前膊)을 뻗어서 닿는 작업영역
④ 후박(後膊)을 뻗어서 닿는 작업영역

해설

최대 작업영역
위팔과 아래팔을 곧게 펴서 파악할 수 있는 구역, 상지를 뻗어서 닿는 작업영역

15

산업안전보건법령에 따라 작업환경 측정방법에 있어 동일 작업근로자수가 100명을 초과하는 경우 최대 시료채취 근로자수는 몇 명으로 조정할 수 있는가?

① 10명　　　　　② 15명
③ 20명　　　　　④ 50명

해설

시료채취 근로자수(작업환경측정 및 정도관리 등에 관한 고시 제19조)
단위작업 장소에서 최고 노출근로자 2명 이상에 대하여 동시에 개인 시료채취 방법으로 측정하되, 단위작업 장소에 근로자가 1명인 경우에는 그러하지 아니하며, 동일 작업근로자수가 10명을 초과하는 경우에는 매 5명당 1명 이상 추가하여 측정하여야 한다. 다만, 동일 작업근로자수가 100명을 초과하는 경우에는 최대 시료채취 근로자수를 20명으로 조정할 수 있다.

16

미국산업위생학회 등에서 산업위생전문가들이 지켜야 할 윤리강령을 채택한 바 있는데, 전문가로서의 책임에 해당하는 것은?

① 일반 대중에 관한 사항은 정직하게 발표한다.
② 성실성과 학문적 실력 측면에서 최고 수준을 유지한다.
③ 위험요소와 예방 조치에 관하여 근로자와 상담한다.
④ 신뢰를 존중하여 정직하게 권고하고, 결과와 개선점을 정확히 보고한다.

해설

산업위생전문가로서의 책임, 미국산업위생학술원(AAIH)
• 학문적 실력 면에서 최고 수준을 유지한다.
• 자료의 해석에 객관성을 유지한다.
• 산업위생을 학문적으로 발전시킨다.
• 과학적 지식을 공개하고 발표한다.
• 기업체의 기밀을 누설하지 않는다.
• 이해관계가 있는 상황에는 개입하지 않는다.

17

사업주가 관계 근로자 외에는 출입을 금지시키고 그 뜻을 보기 쉬운 장소에 게시하여야 하는 작업장소가 아닌 것은?

① 산소농도가 18% 미만인 장소
② 이산화탄소의 농도가 1.5%를 초과하는 장소
③ 일산화탄소의 농도가 30ppm을 초과하는 장소
④ 황화수소 농도가 1/100만을 초과하는 장소

해설

정의(산업안전보건기준에 관한 규칙 제618조)
"적정공기"란 산소농도의 범위가 18% 이상, 23.5% 미만, 이산화탄소의 농도가 1.5% 미만, 일산화탄소의 농도가 30ppm 미만, 황화수소의 농도가 10ppm 미만인 수준의 공기를 말한다. 1/100만은 1ppm을 말한다.

18

여러 기관이나 단체 중에서 산업위생과 관계가 가장 먼 기관은?

① EPA   ② ACGIH
③ BOHS   ④ KOSHA

해설

① EPA : 미국환경보호청
② ACGIH : 미국정부산업위생전문가협의회
③ BOHS : 영국산업위생학회
④ KOSHA : 한국안전보건공단

19

직업병의 진단 또는 판정 시 유해요인 노출 내용과 정도에 대한 평가가 반드시 이루어져야 한다. 이와 관련한 사항과 가장 거리가 먼 것은?

① 작업환경측정   ② 과거 직업력
③ 생물학적 모니터링   ④ 노출의 추정

해설

과거 질병 유무, 작업환경측정, 생물학적 모니터링, 노출의 추정

20

요통이 발생되는 원인 중 작업동작에 의한 것이 아닌 것은?

① 작업 자세의 불량
② 일정한 자세의 지속
③ 정적인 작업으로 전환
④ 체력의 과신에 따른 무리

해설

③ 요통 : 중량물 인양 및 옮기는 자세, 허리를 구부리는 자세 등의 동적인 자세가 원인이다.

21

태양광선이 내리쬐는 옥외작업장에서 온도가 다음과 같을 때, 습구흑구온도지수는 약 몇 ℃인가?(단, 고용노동부 고시를 기준으로 한다)

- 건구온도 : 30℃
- 흑구온도 : 32℃
- 자연습구온도 : 28℃

① 27
② 28
③ 29
④ 31

해설

태양광선이 내리쬐는 옥외
WBGT(℃) = 0.7 × 자연습구온도 + 0.2 × 흑구온도 + 0.1 × 건구온도
= 0.7 × 28 + 0.2 × 32 + 0.1 × 30 = 29℃

22

다음 1차 표준 기구 중 일반적 사용범위가 10~500mL/분이고, 정확도가 ±0.05~0.25%로 높아 실험실에서 주로 사용하는 것은?

① 폐활량계
② 가스치환병
③ 건식가스미터
④ 습식테스트미터

해설

1차 표준기구	2차 표준기구
비누거품미터	로터미터
폐활량계	습식테스트미터
가스치환병	건식가스미터
유리피스톤미터	오리피스미터
흑연피스톤미터	열선기류계
피토튜브	–

① 폐활량계 : 100~600L(정확도 ±1%)
③ 건식가스미터 : 10~150L/min(정확도 ±1%)
④ 습식테스트미터 : 0.5~230L/min(정확도 ±0.5%)

23

다음 중 고열장해와 가장 거리가 먼 것은?

① 열사병
② 열경련
③ 열호족
④ 열발진

해설

고열장해
열피로, 열경련, 열사병, 열허탈, 열소모, 열발진

24

수은의 노출기준이 0.05mg/m³이고 증기압이 0.0018 mmHg인 경우, VHR(Vapor Hazard Ratio)은 약 얼마인가?(단, 25℃, 1기압 기준이며, 수은 원자량은 200.59이다)

① 306
② 321
③ 354
④ 389

해설

포화농도 계산하기

$$포화농도(ppm) = \frac{증기압}{760} \times 10^6$$

$$= \frac{0.0018}{760} \times 10^6 = 2.368ppm$$

증기위험지수, VHR

$$VHR = \frac{C(포화농도)}{TLV(노출기준)}$$

$$= \frac{2.368ppm \times \frac{200.59g}{mol} \times \frac{1mol}{24.45L}}{0.05mg/m^3} = 389$$

25

다음 중 6가크롬 시료 채취에 가장 적합한 것은?

① 밀리포어 여과지
② 증류수를 넣은 버블러
③ 휴대용 IR
④ PVC막 여과지

해설

PVC막 여과지

유리규산을 채취하여 X선 회절법으로 분석하는 데 적절하고 6가크롬 그리고 아연산화물의 채취에 이용하며 수분의 영향이 크지 않아 공해성 먼지, 총 먼지 등의 중량분석을 위한 측정에 사용하는 막 여과지

26

한 공정에서 음압수준 75dB인 소음이 발생되는 장비 1대와 81dB인 소음이 발생되는 장비 1대가 각각 설치되어 있을 때, 이 장비들이 동시에 가동되는 경우 발생되는 소음의 음압수준은 약 몇 dB인가?

① 82 ② 84
③ 86 ④ 88

해설

합성음성도, L

$$L = 10 \times \log(10^{\frac{L1}{10}} + 10^{\frac{L2}{10}} + \cdots + 10^{\frac{Ln}{10}})(dB)$$

$$= 10 \times \log(10^{\frac{75}{10}} + 10^{\frac{81}{10}})$$

$$= 82dB$$

27

제관 공장에서 오염물질 A를 측정한 결과가 다음과 같다면, 노출농도에 대한 설명으로 옳은 것은?

- 오염물질 A의 측정값 : 5.9mg/m³
- 오염물질 A의 노출기준 : 5.0mg/m³
- SAE(시료채취 분석오차) : 0.12

① 허용농도를 초과한다.
② 허용농도를 초과할 가능성이 있다.
③ 허용농도를 초과하지 않는다.
④ 허용농도를 평가할 수 없다.

해설

$$Y(\text{표준화값}) = \frac{X_1}{\text{허용기준}} = \frac{5.9}{5.0} = 1.18$$

LCL(하한치) = Y − SAE = 1.18 − 0.12 = 1.06
1.06 > 1
하한치 > 1일 때 허용기준 초과

28

근로자에게 노출되는 호흡성먼지를 측정한 결과 다음과 같았다. 이때 기하평균농도는?(단, 단위는 mg/m³)

2.4, 1.9, 4.5, 3.5, 5.0

① 3.04 ② 3.24
③ 3.54 ④ 3.74

해설

기하평균(GM)

$$\log(GM) = \frac{\log x_1 + \log x_2 + \cdots + \log x_n}{n}$$

$$\frac{(\log 2.4 + \log 1.9 + \log 4.5 + \log 3.5 + \log 5.0)}{5} = 0.511$$

$$\therefore GM = 10^{0.511} = 3.24$$

29

어떤 작업장에서 액체혼합물이 A 30%, B 50%, C 20%인 중량비로 구성되어 있다면, 이 작업장의 혼합물의 허용 농도는 몇 mg/m³인가?(단, 각 물질의 TLV는 A의 경우 1,600mg/m³, B의 경우 720mg/m³, C의 경우 670mg/m³ 이다)

① 101 ② 257

③ 847 ④ 1,151

해설

혼합물의 허용 농도

$$
\text{혼합물의 } TLV(\text{mg/m}^3) = \cfrac{1}{\cfrac{f_a}{TLV_a} + \cfrac{f_b}{TLV_b} + \cdots + \cfrac{f_n}{TLV_n}}
$$

$$
= \cfrac{1}{\cfrac{0.3}{1,600} + \cfrac{0.5}{720} + \cfrac{0.2}{670}}
$$

$$
= 847\text{mg/m}^3
$$

30

작업장에서 5,000ppm의 사염화에틸렌이 공기 중에 함유되었다면 이 작업장 공기의 비중은 얼마인가?(단, 표준기압, 온도이며 공기의 분자량은 29이고, 사염화에틸렌의 분자량은 166이다)

① 1.024 ② 1.032

③ 1.047 ④ 1.054

해설

유효비중 : 공기와 증기가 혼합된 기체의 비중

$$
\text{유효비중} = \frac{(\text{기체비중} \times \text{ppm}) + (\text{공기비중} \times \text{ppm})}{1,000,000}
$$

$$
= \frac{\left(\frac{166}{29} \times 5,000\right) + (1.0 \times 995,000)}{1,000,000} = 1.024
$$

31

일산화탄소 0.1m³가 밀폐된 차고에 방출되었다면, 이때 차고 내 공기 중 일산화탄소의 농도는 몇 ppm인가?(단, 방출 전 차고 내 일산화탄소 농도는 0ppm이며, 밀폐된 차고의 체적은 100,000m³이다)

① 0.1 ② 1

③ 10 ④ 100

해설

$$
\frac{0.1\text{m}^3}{100,000\text{m}^3} \times 10^6 = 1\text{ppm}
$$

32

입자상 물질을 입자의 크기별로 측정하고자 할 때 사용할 수 있는 것은?

① 가스크로마토크래피

② 사이클론

③ 원자발광분석기

④ 직경분립충돌기

해설

직경분립충돌기

- 입자의 질량크기 분포를 얻을 수 있다.
- 채취시간이 길고 시료의 되튐 현상이 발생할 수 있다.
- 호흡기 부분별로 침착된 입자크기의 자료를 추정할 수 있다.
- 흡입성, 흉곽성, 호흡성 입자의 크기별로 분포와 농도를 계산할 수 있다.

33

어느 작업장에 있는 기계의 소음 측정 결과가 다음과 같을 때, 이 작업장에 음압레벨 합산은 약 몇 dB인가?

> A 기계 : 92dB, B 기계 : 90dB, C 기계 : 88dB

① 92.3
② 93.7
③ 95.1
④ 98.2

해설

합성음성도, L

$$L = 10 \times \log(10^{\frac{L1}{10}} + 10^{\frac{L2}{10}} + \cdots + 10^{\frac{Ln}{10}})(dB)$$
$$= 10 \times \log(10^{\frac{92}{10}} + 10^{\frac{90}{10}} + 10^{\frac{88}{10}})$$
$$= 95.1dB$$

34

작업장 소음수준을 누적소음노출량 측정기로 측정할 경우 기기 설정으로 옳은 것은?(단, 고용노동부 고시를 기준으로 한다)

① Threshold = 80dB, Criteria = 90dB, Exchange Rate = 5dB
② Threshold = 80dB, Criteria = 90dB, Exchange Rate = 10dB
③ Threshold = 90dB, Criteria = 90dB, Exchange Rate = 10dB
④ Threshold = 90dB, Criteria = 90dB, Exchange Rate = 5dB

해설

측정방법(작업환경측정 및 정도관리 등에 관한 고시 제26조)
누적소음노출량 측정기로 소음을 측정하는 경우에는 Criteria는 90dB, Exchange Rate는 5dB, Threshold는 80dB로 기기를 설정할 것

35

로터미터에 관한 설명으로 옳지 않은 것은?

① 유량을 측정하는 데 가장 흔히 사용되는 기기이다.
② 바닥으로 갈수록 점점 가늘어지는 수직관과 그 안에서 자유롭게 상하로 움직이는 부자로 이루어져 있다.
③ 관은 유리나 투명 플라스틱으로 되어 있으며 눈금이 새겨져 있다.
④ 최대 유량과 최소 유량의 비율이 100 : 1 범위이고 ±0.5% 이내의 정확성을 나타낸다.

해설

④ 최대 유량과 최소 유량의 비율이 100 : 1 범위이고 ±1~ 25% 이내의 정확성을 나타낸다.

36

어느 작업장에서 샘플러를 사용하여 분진농도를 측정한 결과, 샘플링 전, 후 필터의 무게가 각각 32.4mg, 44.7mg이었을 때, 이 작업장의 분진 농도는 몇 mg/m³인가?(단, 샘플링에 사용된 펌프의 유량은 20L/min이고, 2시간 동안 시료를 채취하였다)

① 1.6
② 5.1
③ 6.2
④ 12.3

해설

농도계산(시료채취)

$$농도(mg/m^3) = \frac{시료채취\ 후\ 여과지무게 - 시료채취\ 전\ 여과지무게}{공기채취량}$$
$$= \frac{(44.7 - 32.4)mg}{20L/min \times 2h \times \frac{60min}{1h}} \times \frac{1{,}000L}{m^3}$$
$$= 5.12mg/m^3$$

37

온도 표시에 대한 설명으로 틀린 것은?(단, 고용노동부 고시를 기준으로 한다)

① 절대온도는 K로 표시하고 절대온도 0K는 $-273℃$ 로 한다.

② 실온은 $1{\sim}35℃$, 미온은 $30{\sim}40℃$로 한다.

③ 온도의 표시는 셀시우스(Celcius)법에 따라 아라비아 숫자의 오른쪽에 ℃를 붙인다.

④ 냉수는 5℃ 이하, 온수는 $60{\sim}70℃$를 말한다.

해설

④ 냉수는 15℃ 이하, 온수는 $60{\sim}70℃$를 말한다.

39

측정값이 1, 7, 5, 3, 9일 때, 변이 계수는 약 몇 %인가?

① 13   ② 63

③ 133   ④ 183

해설

평균, $M = \dfrac{\sum\limits_{i=1}^{n} X_i}{n} = \dfrac{1+7+5+3+9}{5} = 5$

표준편차,

$$= \sqrt{\dfrac{\sum\limits_{i=1}^{n}(X_i - M)^2}{n-1}}$$

$$= \sqrt{\dfrac{(1-5)^2+(7-5)^2+(5-5)^2+(3-5)^2+(9-5)^2}{4}}$$

$$= 3.16$$

변이계수(%) $= \dfrac{표준편차}{산술평균} \times 100 = \dfrac{3.16}{5} \times 100 = 63\%$

38

다음은 가스상 물질의 측정횟수에 관한 내용이다. ( ) 안에 들어갈 내용으로 옳은 것은?

> 가스상 물질을 검지관 방식으로 측정하는 경우에는 1일 작업시간 동안 1시간 간격으로 ( ) 이상 측정하되 매 측정시간마다 2회 이상 반복 측정하여 평균값을 산출하여야 한다.

① 2회   ② 4회

③ 6회   ④ 8회

해설

검지관 방식의 측정(작업환경측정 및 정도관리 등에 관한 고시 제25조)
검지관 방식으로 측정하는 경우에는 1일 작업시간 동안 1시간 간격으로 6회 이상 측정하되 측정시간마다 2회 이상 반복 측정하여 평균값을 산출하여야 한다. 다만, 가스상 물질의 발생시간이 6시간 이내일 때에는 작업시간 동안 1시간 간격으로 나누어 측정하여야 한다.

40

허용기준 대상 유해인자의 노출농도 측정 및 분석방법에 관한 내용으로 틀린 것은?(단, 고용노동부 고시를 기준으로 한다)

① 바탕시험을 하여 보정한다 : 시료에 대한 처리 및 측정을 할 때, 시료를 사용하지 않고 같은 방법으로 조작한 측정치를 빼는 것을 말한다.

② 감압 또는 진공 : 따로 규정이 없는 한 760mmHg 이하를 뜻한다.

③ 검출한계 : 분석기기가 검출할 수 있는 가장 적은 양을 말한다.

④ 정량한계 : 분석기기가 정량할 수 있는 가장 적은 양을 말한다.

해설

② 감압 또는 진공 : 따로 규정이 없는 한 15mmHg 이하를 뜻한다.

41

직경이 400mm인 환기시설을 통해서 50m³/min의 표준 상태의 공기를 보낼 때, 이 덕트 내의 유속은 약 몇 m/sec인가?

① 3.3
② 4.4
③ 6.6
④ 8.8

해설

$$Q(\text{m}^3/\text{min}) = A(\text{단면적}) \times V(\text{유속}) = \frac{\pi \times D^2}{4} \times V,$$

$$50\text{m}^3/\text{min} = \frac{\pi \times (0.4\text{m})^2}{4} \times V(\text{m/min})$$

$$V = 397.887\text{m/min} \times \frac{1\text{min}}{60s} = 6.6\text{m/s}$$

42

개구면적이 0.6m²인 외부식 사각형 후드가 자유공간에 설치되어 있다. 개구면과 유해물질 사이의 거리는 0.5m이고 제어속도가 0.8m/s일 때, 필요한 송풍량은 약 몇 m³/min인가?(단, 플랜지를 부착하지 않은 상태이다)

① 126
② 149
③ 164
④ 182

해설

후드필요송풍량(외부식, 자유공간 위치, 플랜지 미부착)

$$Q = 60 \times V_c \times (10X^2 + A)$$
$$\quad = 60\text{s/min} \times 0.8\text{m/s}(10 \times (0.5)^2 + 0.6\text{m}^2)$$
$$\quad = 148.8\text{m}^3/\text{min}$$

43

테이블에 붙여서 설치한 사각형 후드의 필요환기량(m³/min)을 구하는 식으로 적절한 것은?(단, 플랜지는 부착되지 않았고, $A(\text{m}^2)$는 개구면적, $X(\text{m})$는 개구부와 오염원 사이의 거리, $V(\text{m/sec})$는 제어속도이다)

① $Q = V \times (5X^2 + A)$
② $Q = V \times (7X^2 + A)$
③ $Q = 60 \times V \times (5X^2 + A)$
④ $Q = 60 \times V \times (7X^2 + A)$

해설

후드필요송풍량(외부식, 자유공간 위치, 플랜지 미부착)
$$Q(\text{m/min}) = 60(\text{s/min}) \times V(\text{m/s}) \times (5X^2(\text{m}) + A(\text{m}^2))$$

44

다음 중 강제환기의 설계에 관한 내용과 가장 거리가 먼 것은?

① 공기가 배출되면서 오염장소를 통과하도록 공기배출구와 유입구의 위치를 선정한다.
② 공기배출구와 근로자의 작업위치 사이에 오염원이 위치하지 않도록 주의하여야 한다.
③ 오염물질 배출구는 가능한 한 오염원으로부터 가까운 곳에 설치하여 '점 환기'의 효과를 얻는다.
④ 오염원 주위에 다른 작업 공정이 있으면 공기배출량을 공급량보다 약간 크게 하여 음압을 형성하여 주위 근로자에게 오염물질이 확산되지 않도록 한다.

해설

② 공기배출구와 근로자의 작업위치 사이에 오염원이 위치하여야 한다.

45

다음 중 작업환경 개선의 기본원칙인 대체의 방법과 가장 거리가 먼 것은?

① 시간의 변경　　② 시설의 변경
③ 공정의 변경　　④ 물질의 변경

해설

작업환경 개선의 기본원칙
- 대체 : 공정의 변경, 시설의 변경, 유해물질의 변경
- 격리 : 저장물질, 시설, 공정
- 환기 : 전체환기, 국소배기

46

다음 중 대체 방법으로 유해작업환경을 개선한 경우와 가장 거리가 먼 것은?

① 유연 휘발유를 무연 휘발유로 대체한다.
② 블라스팅 재료로서 모래를 철구슬로 대체한다.
③ 야광시계의 자판을 인에서 라듐으로 대체한다.
④ 보온재료의 석면을 유리섬유나 암면으로 대체한다.

해설

③ 야광시계의 자판을 라듐에서 인으로 대체한다.

47

조용한 대기 중에 실제로 거의 속도가 없는 상태로 가스, 증기, 흄이 발생할 때, 국소환기에 필요한 제어속도 범위로 가장 적절한 것은?

① 0.25~0.5m/sec

② 0.1~0.25m/sec

③ 0.05~0.1m/sec

④ 0.01~0.05m/sec

해설

작업조건	작업공정 사례	제어속도 (m/s)
• 움직이지 않는 공기 중에서 속도 없이 배출되는 작업조건 • 조용한 대기 중에 실제 거의 속도가 없는 상태로 발산하는 경우의 작업조건	• 액면에서 발생하는 가스나 증기, 흄 • 탱크에서 증발, 탈지시설	0.25~0.5

48

직경이 2이고 비중이 3.5인 산화철 흄의 침강 속도는?

① 0.023cm/s　　② 0.036cm/s
③ 0.042cm/s　　④ 0.054cm/s

해설

Lippman식(입자의 크기가 1~50μm인 경우 적용)
$$V(\text{cm/s}) = 0.003 \times \rho(\text{g/cm}^3) \times d^2(\mu m)$$
$$= 0.003 \times 3.5 \times 2^2$$
$$= 0.042\text{cm/s}$$

49

다음 중 덕트의 설치 원칙과 가장 거리가 먼 것은?

① 가능한 한 후드와 먼 곳에 설치한다.
② 덕트는 가능한 한 짧게 배치하도록 한다.
③ 밴드의 수는 가능한 한 적게 하도록 한다.
④ 공기가 아래로 흐르도록 하향구배를 만든다.

해설

① 가능한 한 후드와 가까운 곳에 설치한다.

50

송풍기의 송풍량이 4.17m³/sec이고 송풍기 전압이 300 mmH₂O인 경우 소요 동력은 약 몇 kW인가?(단, 송풍기 효율은 0.85이다)

① 5.8 ② 14.4
③ 18.2 ④ 20.6

해설

송풍기 소요 동력(kW)

$$kW = \frac{Q(송풍량, \ m^3/min) \times \Delta P(송풍기유효전압, \ mmH_2O)}{6,120 \times \eta(송풍기효율, \ \%)}$$
$$\times \alpha(안전인자, \ \%)$$
$$= \frac{4.17 \times 60 \times 300}{6,120 \times 0.85} = 14.4kW$$

51

다음 중 전기집진장치의 특징으로 옳지 않은 것은?

① 가연성 입자의 처리가 용이하다.
② 넓은 범위의 입경과 분진농도에 집진효율이 높다.
③ 압력손실이 낮아 송풍기의 가동비용이 저렴하다.
④ 고온 가스를 처리할 수 있어 보일러와 철강로 등에 설치할 수 있다.

해설

① 고온의 입자성 물질, 폭발성 가스 처리가 용이하다.

52

다음 중 밀어당김형 후드(push-pull hood)가 가장 효과적인 경우는?

① 오염원의 발산량이 많은 경우
② 오염원의 발산농도가 낮은 경우
③ 오염원의 발산농도가 높은 경우
④ 오염원 발산면의 폭이 넓은 경우

해설

밀어당김형 후드(push-pull hood)
제어 길이가 비교적 길어 외부식 후드에 의한 제어 효과가 문제되는 경우 불어주고 당겨주는 장치이다.
도금조 및 자동차 도장공정과 같이 오염물질 발생원의 개방면적이 큰 작업공정에 적용한다.

53

다음 중 국소배기장치에서 공기공급 시스템이 필요한 이유와 가장 거리가 먼 것은?

① 에너지 절감
② 안전사고 예방
③ 작업장의 교차기류 유지
④ 국소배기장치의 효율 유지

해설

③ 작업장의 교차기류를 방지한다.

54

화재 및 폭발방지 목적으로 전체 환기시설을 설치할 때, 필요 환기량 계산에 필요 없는 것은?

① 안전 계수
② 유해물질의 분자량
③ TLV(Threshold Limit Value)
④ LEL(Lower Explosive Limit)

해설

화재 및 폭발방지를 위한 전체환기량(m³/min)

$$Q = \frac{24.1 \times S(\text{물질의 비중}) \times W(\text{인화물질 사용량, L/min}) \times C(\text{안전계수}) \times 10^2}{MW(\text{분자량}) \times LEL(\text{폭발농도의 하한, \%}) \times B(\text{온도에 따른 보정상수})}$$

55

다음 호흡용 보호구 중 안면밀착형인 것은?

① 두건형
② 반면형
③ 의복형
④ 헬멧형

해설

② 안면밀착형 호흡용 보호구 : 전면형, 반면형 등이다.

56

분리식 특급 방진마스크의 여과지 포집 효율은 몇 % 이상인가?

① 80.0
② 94.0
③ 99.0
④ 99.95

해설

방진마스크의 성능기준(보호구 안전인증 고시 [별표 4])

형태 및 등급		염화나트륨(NaCl) 및 파라핀 오일(Paraffin oil) 시험(%)
분리식	특급	99.95 이상
	1급	94.0 이상
	2급	80.0 이상
안면부 여과식	특급	99.0 이상
	1급	94.0 이상
	2급	80.0 이상

57

다음 중 유해물질별 송풍관의 적정 반송속도로 옳지 않은 것은?

① 가스상 물질 – 10m/sec

② 무거운 물질 – 25m/sec

③ 일반 공업 물질 – 20m/sec

④ 가벼운 건조 물질 – 30m/sec

해설

④ 가벼운 건조 물질 – 15m/sec

58

후드의 정압이 12.00mmH₂O이고 덕트의 속도압이 0.80 mmH₂O일 때, 유입계수는 얼마인가?

① 0.129　　　② 0.194

③ 0.258　　　④ 0.387

해설

후드정압 = VP(속도압, 동압)$(1+F)$

$12.0 = 0.80(1+F)$, $F = 14$

유입계수$(Ce) = \sqrt{\dfrac{1}{1+F(\text{압력손실계수})}}$

$\qquad\qquad = \sqrt{\dfrac{1}{1+14}} = 0.258$

59

21℃의 기체를 취급하는 어떤 송풍기의 송풍량이 20m³/min 일 때, 이 송풍기가 동일한 조건에서 50℃의 기체를 취급한 다면 송풍량은 몇 m³/min인가?

① 10　　　② 15

③ 20　　　④ 25

해설

송풍기 법칙, 상사 법칙

• 송풍기의 크기가 같고 공기의 비중이 일정할 때
 – 풍량은 회전속도 비의 비례
 – 풍압은 회전속도 비의 제곱에 비례
 – 동력은 회전속도 비의 세제곱에 비례

• 송풍기 회전수, 공기의 중량이 일정할 때
 – 풍량은 송풍기 크기의 세제곱에 비례
 – 풍압은 송풍기 크기의 제곱에 비례
 – 동력은 송풍기 크기의 오제곱에 비례

• 송풍기 회전수와 송풍기 크기가 같을 때
 – 풍량은 비중의 변화에 무관
 – 풍압과 동력은 비중에 비례, 절대온도에 반비례

60

다음 중 방진마스크에 대한 설명으로 옳지 않은 것은?

① 포집효율이 높은 것이 좋다.

② 흡기저항 상승률이 높은 것이 좋다.

③ 비휘발성 입자에 대한 보호가 가능하다.

④ 여과효율이 우수하려면 필터에 사용되는 섬유의 직경이 작고 조밀하게 압축되어야 한다.

해설

② 흡기, 배기저항이 낮은 것이 좋다.

61

작업장의 습도를 측정한 결과 절대습도는 4.57 mmHg, 포화습도는 18.25mmHg이었다. 이 작업장의 습도 상태에 대한 설명으로 맞는 것은?

① 적당하다.
② 너무 건조하다.
③ 습도가 높은 편이다.
④ 습도가 포화상태이다.

해설

$$비교습도 = \frac{절대습도}{포화습도} \times 100$$

$$= \frac{4.57}{18.25} \times 100 = 25.04\%$$

사람이 활동하기 좋은 상대습도는 40~60%이다.
작업장은 습도가 25~40%일 때 너무 건조하다.

62

소음에 의한 인체의 장해 정도(소음성 난청)에 영향을 미치는 요인이 아닌 것은?

① 소음의 크기
② 개인의 감수성
③ 소음 발생 장소
④ 소음의 주파수 구성

해설

소음성 난청에 영향을 미치는 요소
소음의 크기, 개인의 감수성, 소음의 주파수 구성, 소음의 발생 특성

63

소독작용, 비타민 D 형성, 피부색소침착 등 생물학적 작용이 강한 특성을 가진 자외선(Dorno선)의 파장 범위는?

① 1,000~2,800 Å
② 2,800~3,150 Å
③ 3,150~4,000 Å
④ 4,000~4,700 Å

해설

도르노선(UV-B)
280~315nm(2,800~3,150 Å), 소독작용, 비타민 D 형성 등 인체에 유익한 영향, 홍반, 각막염, 피부암 유발

64

이온화 방사선의 건강영향을 설명한 것으로 틀린 것은?

① α 입자는 투과력이 작아 우리 피부를 직접 통과하지 못하기 때문에 피부를 통한 영향은 매우 작다.
② 방사선은 생체 내 구성 원자나 분자에 결합되어 전자를 유리시켜 이온화하고 원자의 들뜸현상을 일으킨다.
③ 반응성이 매우 큰 자유라디칼이 생성되어 단백질, 지질, 탄수화물, 그리고 DNA 등 생체 구성 성분을 손상시킨다.
④ 방사선에 의한 분자 수준의 손상은 방사선 조사 후 1시간 이후에 나타나고, 24시간 이후 DNA 손상이 나타난다.

해설

④ 방사선에 의한 분자 수준의 손상은 초 단위로 일어나는 짧은 변화이다.

65

음의 세기 레벨이 80dB에서 85dB로 증가하면 음의 세기는 약 몇 배가 증가하겠는가?

① 1.5배
② 1.8배
③ 2.2배
④ 2.4배

해설

음의 세기 레벨, SIL

$$SIL(\text{dB}) = 10 \times \log\left(\frac{I}{I_0}\right)$$

$$80 = 10 \times \log\left(\frac{I_1}{10^{-12}}\right),\ I_1 = 10^8 \times 10^{-12} = 1 \times 10^{-4}\,\text{W/m}^2$$

$$85 = 10 \times \log\left(\frac{I_2}{10^{-12}}\right),\ I_2 = 10^{8.5} \times 10^{-12}$$

$$= 3.162 \times 10^{-4}\,\text{W/m}^2$$

$$증가 = \frac{I_2 - I_1}{I_1} = \frac{(3.162 \times 10^{-4}) - (1 \times 10^{-4})}{1 \times 10^{-4}} = 2.2$$

66

전신진동 노출에 따른 건강 장애에 대한 설명으로 틀린 것은?

① 평형감각에 영향을 줌
② 산소 소비량과 폐환기량 증가
③ 작업수행 능력과 집중력 저하
④ 레이노증후군(Raynaud's phenomenon) 유발

해설

손과 팔에서의 국소진동은 손가락에 있는 혈관과 신경에 손상을 주며, 이러한 결과로 나타나는 질환을 백수증(white finger disease), 레이노 현상(Raynaud's phenomenon), 또는 손-팔 진동증후군(hand-arm vibration syndrome, HAVS)이라고 한다.

67

반향시간(reververation time)에 관한 설명으로 맞는 것은?

① 반향시간과 작업장의 공간부피만 알면 흡음량을 추정할 수 있다.
② 소음원에서 소음발생이 중지한 후 소음의 감소는 시간의 제곱에 반비례하여 감소한다.
③ 반향시간은 소음이 닿는 면적을 계산하기 어려운 실외에서의 흡음량을 추정하기 위하여 주로 사용한다.
④ 소음원에서 발생하는 소음과 배경소음 간의 차이가 40dB인 경우에는 60dB만큼 소음이 감소하지 않기 때문에 반향시간을 측정할 수 없다.

해설

③ 반향시간은 소음이 닿는 면적을 계산하기 어려운 실내에서의 흡음량을 추정하기 위하여 주로 사용한다.

68

소음의 종류에 대한 설명으로 맞는 것은?

① 연속음은 소음의 간격이 1초 이상을 유지하면서 계속적으로 발생하는 소음을 의미한다.
② 충격소음은 소음이 1초 미만의 간격으로 발생하면서, 1회 최대 허용기준은 120dB(A)이다.
③ 충격소음은 최대음압수준이 120dB(A) 이상인 소음이 1초 이상의 간격으로 발생하는 것을 의미한다.
④ 단속음은 1일 작업 중 노출되는 여러 가지 음압수준을 나타내며 소음의 반복음의 간격이 3초보다 큰 경우를 의미한다.

해설

충격소음의 노출기준(화학물질 및 물리적 인자의 노출기준 [별표 2의2])
충격소음이라 함은 최대음압수준에 120dB(A) 이상인 소음이 1초 이상의 간격으로 발생하는 것을 말함

69

진동에 대한 설명으로 틀린 것은?

① 전신진동에 대해 인체는 대략 $0.01m/s^2$의 진동 가속도를 느낄 수 있다.

② 진동 시스템을 구성하는 세 가지 요소는 질량(mass), 탄성(elasticity)과 댐핑(damping)이다.

③ 심한 진동에 노출될 경우 일부 노출군에서 뼈, 관절 및 신경, 근육, 혈관 등 연부조직에 병변이 나타난다.

④ 간헐적인 노출시간(주당 1일)에 대해 노출기준치를 초과하는 주파수-보정, 실효치, 성분가속도에 대한 급성노출은 반드시 더 유해하다.

70

극저주파 방사선(Extremely Low Frequency Fields)에 대한 설명으로 틀린 것은?

① 강한 전기장의 발생원은 고전류장비와 같은 높은 전류와 관련이 있으며 강한 자기장의 발생원은 고전압장비와 같은 높은 전하와 관련이 있다.

② 작업장에서 발전, 송전, 전기 사용에 의해 발생되며 이들 경로에 있는 발전기에서 전력선, 전기설비, 기계, 기구 등도 잠재적인 노출원이다.

③ 주파수가 1~3,000Hz에 해당되는 것으로 정의되며, 이 범위 중 50~60Hz의 전력선과 관련한 주파수의 범위가 건강과 밀접한 연관이 있다.

④ 특히 교류전기는 1초에 60번씩 극성이 바뀌는 60Hz의 저주파를 나타내므로 이에 대한 노출평가, 생물학적 및 인체영향 연구가 많이 이루어져 왔다.

해설

① 강한 전기장의 발생원은 고전압장비와 관련이 있으며 강한 자기장의 발생원은 고전류장비와 관련이 있다.

71

전리방사선에 해당하는 것은?

① 마이크로파　　　② 극저주파

③ 레이저광선　　　④ X선

해설

• 전리방사선 : 알파입자, 베타입자, 중성자, 감마선, X-선

• 비전리방사선 : 자외선, 가시광선, 적외선, 마이크로파, 라디오파

72

음력이 2watt인 소음원으로부터 50m 떨어진 지점에서의 음압수준(sound pressure level)은 약 몇 dB인가?(단, 공기의 밀도는 1.2kg/m³, 공기에서의 음속은 344m/s로 가정한다)

① 76.6　　　　　② 78.2

③ 79.4　　　　　④ 80.7

해설

SPL과 PWL의 관계식

무지향성 점음원, 자유공간

$SPL = PWL - 20 \times \log\gamma - 11(dB)$
$= 123 - 20 \times \log50 - 11$
$= 78.02$

$PWL = 10 \times \log(\dfrac{W}{W_0}) = 10 \times \log(\dfrac{2}{10^{-12}}) = 123(dB)$

73

소음에 관한 설명으로 맞는 것은?

① 소음은 매우 크고 자극적인 음을 일컫는다.

② 소음과 소음이 아닌 것은 소음계를 사용하면 구분할 수 있다.

③ 작업환경에서 노출되는 소음은 크게 연속음, 단속음, 충격음 및 폭발음으로 구분할 수 있다.

④ 소음으로 인한 피해는 정신적, 심리적인 것이며 신체에 직접적인 피해를 주는 것은 아니다.

해설

소음의 종류

• 연속음 : 소음발생 간격이 1초 미만을 유지하면서 계속적으로 발생하는 소음이다.

• 단속음 : 소음발생 간격이 1초 이상의 간격으로 발생되는 소음이다.

• 충격소음 : 소음이 1초 이상의 간격을 유지하면서 최대음압수준이 120dB(A) 이상의 소음인 경우에는 소음수준에 따른 1분 동안의 발생 횟수를 측정하여야 한다.

74

다음과 같이 복사체, 열차단판, 흑구온도계, 벽체의 순서로 배열하였을 때 열차단판의 조건이 어떤 경우에 흑구온도계의 온도가 가장 낮겠는가?

① 열차단판 양면을 흑색으로 한다.

② 열차단판 양면을 알루미늄으로 한다.

③ 복사체 쪽은 알루미늄, 온도계 쪽은 흑색으로 한다.

④ 복사체 쪽은 흑색, 온도계 쪽은 알루미늄으로 한다.

해설

② 흑색은 열을 흡수하고 알루미늄은 열반사율이 크다.

75

작업장의 조도를 균등하게 하기 위하여 국소조명과 전체조명이 병용될 때, 일반적으로 전체조명의 조도는 국부조명의 어느 정도가 적당한가?

① $\frac{1}{20} \sim \frac{1}{10}$

② $\frac{1}{10} \sim \frac{1}{5}$

③ $\frac{1}{5} \sim \frac{1}{3}$

④ $\frac{1}{3} \sim \frac{1}{2}$

해설

국부조명 활용 시 전체조명의 조도는 국부조명의 10% 이상을 유지하도록 권고한다.

76

동상의 종류와 증상이 잘못 연결된 것은?

① 1도 : 발적

② 2도 : 수포형성과 염증

③ 3도 : 조직괴사로 괴저발생

④ 4도 : 출혈

해설

4도 동상

하얀 반점이 생기고 피부가 검푸른 색으로 변함, 근육, 인대가 얼어붙는 현상으로 동상 부위를 절단해야 하는 일이 생길 수 있다.

77

1기압(atm)에 관한 설명으로 틀린 것은?

① 약 1kgf/cm^{2}과 동일하다.

② torr로는 0.76에 해당한다.

③ 수은주로 760mmHg과 동일하다.

④ 수주(水柱)로 10,332mmH$_2$O에 해당한다.

해설

② 1기압은 760torr에 해당한다.

78

산소농도가 6% 이하인 공기 중의 산소분압으로 맞는 것은?(단, 표준상태이며, 부피기준이다)

① 45mmHg 이하

② 55mmHg 이하

③ 65mmHg 이하

④ 75mmHg 이하

해설

산소의 분압

$$산소분압(mmHg) = 기압(mmHg) \times \frac{산소농도(\%)}{100}$$

$$= 760 \times \frac{6}{100}$$

$$= 45.6mmHg$$

79

감압과 관련된 다음 설명 중 ( ) 안에 알맞은 내용으로 나열한 것은?

> 깊은 물에서 올라오거나 감압실 내에서 감압을 하는 도중에 폐압박의 경우와는 반대로 폐 속에 공기가 팽창한다. 이때는 감압에 의한 (㉠)과 (㉡)의 두 가지 건강상 문제가 발생한다.

① ㉠ 폐수종, ㉡ 저산소증

② ㉠ 질소기포형성, ㉡ 산소 중독

③ ㉠ 가스팽창, ㉡ 질소기포형성

④ ㉠ 가스압축, ㉡ 이산화탄소 중독

해설

감압환경의 인체 작용

깊은 물에서 올라오거나 감압실 내에서 감압을 하는 도중에 폐압박의 경우와 반대로 폐 속의 공기가 팽창한다. 이때 감압에 의한 가스팽창과 질소기포형성의 두 가지 건강상 문제가 발생한다.

80

고압환경에서 발생할 수 있는 화학적인 인체 작용이 아닌 것은?

① 일산화탄소 중독에 의한 호흡곤란

② 질소마취작용에 의한 작업력 저하

③ 산소 중독증상으로 간질 모양의 경련

④ 이산화탄소 불압증가에 의한 동통성 관절 장애

해설

고압환경에서 발생되는 2차적인 가압현상

질소마취, 이산화탄소 중독, 산소 중독

81

금속물질인 니켈에 대한 건강상의 영향이 아닌 것은?

① 접촉성 피부염이 발생한다.

② 폐나 비강에 발암작용이 나타난다.

③ 호흡기 장해와 전신중독이 발생한다.

④ 비타민 D를 피하주사하면 효과적이다.

해설

④ 니켈의 체내 축적 시 아연, 비타민 C, 비타민 E, 셀레늄, 글루타티온, 메티오닌과 같은 황 함유 아미노산 등이 도움이 된다.

83

염료, 합성고무경화제의 제조에 사용되며 급성중독으로 피부염, 급성방광염을 유발하며, 만성중독으로는 방광, 요로계 종양을 유발하는 유해물질은?

① 벤지딘   ② 이황화탄소

③ 노말헥산   ④ 이염화메틸렌

해설

벤지딘
- 염료, 작물, 화학공업, 합성고무경화제의 제조에 사용
- 급성중독으로 피부염, 급성방광염 유발
- 만성중독으로 방광, 요로계 종양 유발

82

급성중독 시 우유와 계란의 흰자를 먹여 단백질과 해당 물질을 결합시켜 침전시키거나, BAL(dimercaprol)을 근육주사로 투여하여야 하는 물질은?

① 납   ② 크롬

③ 수은   ④ 카드뮴

해설

③ 수은 중독의 특징적인 증상은 구내염, 정신증상, 근육진전이라 할 수 있으며 급성중독의 치료로는 우유나 계란의 흰자를 먹이며, 만성중독의 치료로는 취급을 즉시 중지하고, BAL을 투여한다.

84

작업환경측정과 비교한 생물학적 모니터링의 장점이 아닌 것은?

① 모든 노출경로에 의한 흡수 정도를 나타낼 수 있다.

② 분석 수행이 용이하고 결과 해석이 명확하다.

③ 건강상의 위험에 대해서 보다 정확한 평가를 할 수 있다.

④ 작업환경측정(개인시료)보다 더 직접적으로 근로자 노출을 추정할 수 있다.

해설

② 분석이 어렵고 시료가 오염될 수 있다.

85

납중독에 관한 설명으로 틀린 것은?

① 혈청 내 철이 감소한다.

② 요 중 δ-ALAD 활성치가 저하된다.

③ 적혈구 내 프로토포르피린이 증가한다.

④ 임상증상은 위장계통 장해, 신경근육계통의 장해, 중 추신경계통의 장해 등 크게 세 가지로 나눌 수 있다.

해설

① 혈청 내 철이 증가한다.

86

직업성 천식이 유발될 수 있는 근로자와 거리가 가장 먼 것은?

① 채석장에서 돌을 가공하는 근로자

② 목분진에 과도하게 노출되는 근로자

③ 빵집에서 밀가루에 노출되는 근로자

④ 폴리우레탄 페인트 생산에 TDI를 사용하는 근로자

해설

① 채석장에서 돌을 가공하는 근로자 : 규폐증의 원인(이산화규소, 석 영, 유리규산)

87

무기성 분진에 의한 진폐증이 아닌 것은?

① 규폐증(silicosis)

② 연초폐증(tabacosis)

③ 흑연폐증(graphite lung)

④ 용접공폐증(welder's lung)

해설

유기성 분진에 의한 진폐증

면폐증, 연초폐증, 농부폐증, 설탕폐증, 목재분진폐증, 모발분진폐증

88

작업장에서 생물학적 모니터링의 결정인자를 선택하는 근거를 설명한 것으로 틀린 것은?

① 충분히 특이적이다.

② 적절한 민감도를 갖는다.

③ 분석적인 변이나 생물학적 변이가 타당해야 한다.

④ 톨루엔에 대한 건강위험 평가는 크레졸보다 마뇨산 이 신뢰성이 있는 결정인자이다.

해설

④ 톨루엔에 대한 건강위험 평가는 마뇨산보다 크레졸이 신뢰성이 있 는 결정인자이다.

89

피부 독성에 있어 경피흡수에 영향을 주는 인자와 가장 거리가 먼 것은?

① 온도   ② 화학물질

③ 개인의 민감도   ④ 용매(vehicle)

해설

온도는 경피흡수에 큰 영향을 미칠 수 없다.

90

할로겐화탄화수소에 관한 설명으로 틀린 것은?

① 대개 중추신경계의 억제에 의한 마취작용이 나타난다.

② 가연성과 폭발의 위험성이 높으므로 취급 시 주의하여야 한다.

③ 일반적으로 할로겐화탄화수소의 독성의 정도는 화합물의 분자량이 커질수록 증가한다.

④ 일반적으로 할로겐화탄화수소의 독성의 정도는 할로겐원소의 수가 커질수록 증가한다.

해설

② 할로겐화탄화수소는 불연성이며, 화학반응성이 낮다.

91

유리규산(석영) 분진에 의한 규폐성 결정과 폐포벽 파괴 등 망상내피계 반응은 분진입자의 크기가 얼마일 때 자주 일어나는가?

① $0.1 \sim 0.5 \mu m$ ② $2 \sim 5 \mu m$

③ $10 \sim 15 \mu m$ ④ $15 \sim 20 \mu m$

해설

② 유리규산(석영) 분진에 의한 규폐성 결정과 폐포벽 파괴 등 망상내피계 반응은 분진입자의 크기가 $2 \sim 5 \mu m$일 때 자주 일어난다.

92

피부는 표피와 진피로 구분하는데, 진피에만 있는 구조물이 아닌 것은?

① 혈관 ② 모낭

③ 땀샘 ④ 멜라닌 세포

해설

④ 자외선의 유해성을 감소시키는 역할은 표피의 멜라닌 세포이다.

93

호흡기계 발암성과의 관련성이 가장 낮은 것은?

① 석면 ② 크롬

③ 용접흄 ④ 황산니켈

해설

• 석면섬유는 호흡기를 통해 흡입되어 폐포 또는 흉막에 침착하게 되며 석면섬유가 폐포에 침착하게 되면 제거가 되지 않고 호흡기계에 손상을 유발한다.

• 6가크롬은 발암성(폐암, 호흡기계 암) 물질, 급성 또는 만성으로 노출되면 천식 및 기타 호흡기계 기능 저하(만성기관지염)가 나타난다.

• 니켈화합물에 해당하는 황산니켈의 경우에는 발암성이 매우 높은 물질이고, 호흡기계 관련 암(비강암, 폐암)을 발생시킨다.

94

화학적 질식제에 대한 설명으로 맞는 것은?

① 뇌순환 혈관에 존재하면서 농도에 비례하여 중추신경 작용을 억제한다.

② 피부와 점막에 작용하여 부식작용을 하거나 수포를 형성하는 물질로 고농도 하에서 호흡이 정지되고 구강 내 치아산식증 등을 유발한다.

③ 공기 중에 다량 존재하여 산소분압을 저하시켜 조직세포에 필요한 산소를 공급하지 못하게 하여 산소부족 현상을 발생시킨다.

④ 혈액 중에서 혈색소와 결합한 후에 혈액의 산소운반 능력을 방해하거나, 또는 조직세포에 있는 철 산화요소를 불활성화시켜 세포의 산소수용 능력을 상실시킨다.

해설

화학적 질식제

혈액 중의 혈색소와 결합하여 산소운반능력을 방해하거나 조직이 산소를 받아들이는 능력을 잃게 하여 질식을 일으킨다.

95

생물학적 모니터링을 위한 시료가 아닌 것은?

① 공기 중의 바이오 에어로졸
② 요 중의 유해인자나 대사산물
③ 혈액 중의 유해인자나 대사산물
④ 호기(exhaled air) 중의 유해인자나 대사산물

해설

생물학적 모니터링

근로자의 유해인자에 대한 노출 정도를 소변, 호기, 혈액 중에서 그 물질이나 대사산물을 측정함으로써 노출 정도를 추정하는 방법이다.

96

전신(계통)적 장애를 일으키는 금속 물질은?

① 납　　　　　　　② 크롬
③ 아연　　　　　　④ 산화철

해설

아연을 과잉 섭취하면 경련이나 메스꺼움, 설사, 발열, 복통, 미각 상실, 영구적 청력 손실 등이 발생할 수 있다. 아연 과잉 섭취로 나타나는 증상은 좌골신경통이다. 허리 아랫부분부터 골반을 따라 다리까지 이어지는 신경계가 심하게 저리면서 아픈 일이다.

97

단순 질식제에 해당되는 물질은?

① 이산화탄소
② 아닐린가스
③ 니트로벤젠가스
④ 황화수소가스

해설

단순 질식제

가스 그 자체는 독성이 없으나 환기가 불충분한 제한된 공간에 다량 존재할 경우 산소 분압을 저하시켜 조직에 필요한 산소공급의 부족을 초래하는 물질로 질소, 헬륨, 메탄, 아르곤 등 불활성 기체가 있다.

98

공기 중 일산화탄소 농도가 10mg/m³인 작업장에서 1일 8시간 동안 작업하는 근로자가 흡입하는 일산화탄소의 양은 몇 mg인가?(단, 근로자의 시간당 평균 흡기량은 1,250L이다)

① 10　　　　　　　② 50
③ 100　　　　　　④ 500

해설

체내흡수량(SHD, mg) $= C$(농도, mg/m³) $\times T$(노출시간, h) $\times V$(호흡률, m³/h) $\times R$(체내잔류율)

$= 10\text{mg/m}^3 \times 8\text{h} \times 1{,}250\text{L/h} \times \dfrac{\text{m}^3}{1{,}000\text{L}} \times 1$

$= 100\text{mg}$

99

직업성 피부질환 유발에 관여하는 인자 중 간접적 인자와 가장 거리가 먼 것은?

① 땀
② 인종
③ 연령
④ 성별

해설

직업성 피부질환의 간접적인 요인으로는 종족, 피부의 종류, 연령, 땀, 계절, 타 피부질환의 유무 등이 있다.

※ 문제 오류로 실제 시험에서는 모두 정답처리 되었습니다. 여기서는 ①을 누르면 정답처리 됩니다.

100

미국정부산업위생전문가협의회(ACGI)의 발암물질 구분으로 동물발암성 확인물질, 인체발암성 모름에 해당되는 Group은?

① A2
② A3
③ A4
④ A5

해설

- A1 : 인체발암성 확인물질
- A2 : 인체발암성 의심물질
- A3 : 동물발암성 확인물질
- A4 : 인체발암성 미분류 물질
- A5 : 인체발암성 미의심 물질

제1과목 | 산업위생학 개론

01

신체적 결함과 이에 따른 부적합 작업을 짝지은 것으로 틀린 것은?

① 심계항진 – 정밀작업
② 간기능 장해 – 화학공업
③ 빈혈증 – 유기용제 취급작업
④ 당뇨증 – 외상받기 쉬운 작업

해설

① 심계항진 – 경상작업, 고소작업

02

OSHA가 의미하는 기관의 명칭으로 맞는 것은?

① 세계보건기구
② 영국보건안전부
③ 미국산업위생협회
④ 미국산업안전보건청

해설

• 세계보건기구(WHO)
• 미국산업위생협회(ACGIH)
• 미국산업안전보건청(OSHA)

03

사고예방대책의 기본원리 5단계를 순서대로 나열한 것으로 맞는 것은?

① 사실의 발견 → 조직 → 분석 → 시정책(대책)의 선정 → 시정책(대책)의 적용
② 조직 → 분석 → 사실의 발견 → 시정책(대책)의 선정 → 시정책(대책)의 적용
③ 조직 → 사실의 발견 → 분석 → 시정책(대책)의 선정 → 시정책(대책)의 적용
④ 사실의 발견 → 분석 → 조직 → 시정책(대책)의 선정 → 시정책(대책)의 적용

해설

사고예방대책 기본 원리 5단계
안전조직 → 사실의 발견 → 분석·평가 → 시정책의 선정 → 시정책의 적용

04

실내공기의 오염에 따른 건강상의 영향을 나타내는 용어가 아닌 것은?

① 새집증후군
② 헌집증후군
③ 화학물질과민증
④ 스티븐존슨증후군

해설

④ 스티븐존슨증후군 : 약물에 의해 발생하는 급성 피부질환

05

국가 및 기관별 허용기준에 대한 사용 명칭을 잘못 연결한 것은?

① 영국, HSE – OEL

② 미국, OSHA – PEL

③ 미국, ACGIH – TLV

④ 한국 – 화학물질 및 물리적 인자의 노출기준

해설

국가	허용기준
미국정부산업위생전문가협의회	TLV
미국산업안전보건청	PEL
미국국립산업안전보건연구원	REL
미국산업위생학회	WEL
독일	MAK
영국 보건안전청	WEL
스웨덴	OEL
한국	화학물질 및 물리적 인자의 노출기준

06

물체의 실제무게를 미국 NIOSH의 권고중량물한계기준 (RWL)으로 나누어 준 값을 무엇이라 하는가?

① 중량상수(LC)

② 빈도승수(FM)

③ 비대칭승수(AM)

④ 중량물 취급지수(LI)

해설

$$LI(중량물 \ 취급지수) = \frac{L(실제 \ 작업무게)}{RWL(권고중량물한계기준)}$$

07

1994년 ABIH에서 채택된 산업위생전문가의 윤리강령 내용으로 틀린 것은?

① 산업위생 활동을 통해 얻은 개인 및 기업의 정보는 누설하지 않는다.

② 과학적 방법의 적용과 자료의 해석에서 경험을 통한 전문가의 주관성을 유지한다.

③ 전문적 판단이 타협에 의하여 좌우될 수 있거나 이 해관계가 있는 상황에는 개입하지 않는다.

④ 쾌적한 작업환경을 만들기 위해 산업위생이론을 적용하고 책임 있게 행동한다.

해설

산업위생전문가의 윤리강령, ABIH

• 학문적 실력 면에서 최고 수준을 유지한다.

• 자료의 해석에 객관성을 유지한다.

• 산업위생을 학문적으로 발전시킨다.

• 과학적 지식을 공개하고 발표한다.

• 기업체의 기밀을 누설하지 않는다.

• 이해관계가 있는 상황에는 개입하지 않는다.

08

최대작업영역(maximum working area)에 대한 설명으로 맞는 것은?

① 양팔을 곧게 폈을 때 도달할 수 있는 최대영역

② 팔을 위 방향으로만 움직이는 경우에 도달할 수 있는 작업영역

③ 팔을 아래 방향으로만 움직이는 경우에 도달할 수 있는 작업영역

④ 팔을 가볍게 몸체에 붙이고 팔꿈치를 구부린 상태에서 자유롭게 손이 닿는 영역

해설

최대작업영역

위팔과 아래팔을 곧게 펴서 파악할 수 있는 구역으로 상지를 뻗어서 닿는 작업영역이다.

09

산업안전보건법령상 석면에 대한 작업환경측정결과 측정치가 노출기준을 초과하는 경우 그 측정일로부터 몇 개월에 몇 회 이상의 작업환경측정을 하여야 하는가?

① 1개월에 1회 이상

② 3개월에 1회 이상

③ 6개월에 1회 이상

④ 12개월에 1회 이상

해설

작업환경측정 주기 및 횟수(산업안전보건법 시행규칙 제190조)

사업주는 작업장 또는 작업공정이 신규로 가동되거나 변경되는 등으로 제186조에 따른 작업환경측정 대상 작업장이 된 경우에는 그 날부터 30일 이내에 작업환경측정을 하고, 그 후 반기(半期)에 1회 이상 정기적으로 작업환경을 측정해야 한다. 다만, 작업환경측정 결과가 다음의 어느 하나에 해당하는 작업장 또는 작업공정은 해당 유해인자에 대하여 그 측정일부터 3개월에 1회 이상 작업환경측정을 해야 한다.

• 별표 21 제1호에 해당하는 화학적 인자(고용노동부장관이 정하여 고시하는 물질만 해당한다)의 측정치가 노출기준을 초과하는 경우

• 별표 21 제1호에 해당하는 화학적 인자(고용노동부장관이 정하여 고시하는 물질은 제외한다)의 측정치가 노출기준을 2배 이상 초과하는 경우

10

미국산업위생학회(AHIA)에서 정한 산업위생의 정의로 옳은 것은?

① 작업장에서 인종, 정치적 이념, 종교적 갈등을 배제하고 작업자의 알권리를 최대한 확보해주는 사회과학적 기술이다.

② 작업자가 단순하게 허약하지 않거나 질병이 없는 상태가 아닌 육체적, 정신적 및 사회적인 안녕 상태를 유지하도록 관리하는 과학과 기술이다.

③ 근로자 및 일반대중에게 질병, 건강장애, 불쾌감을 일으킬 수 있는 작업 환경요인과 스트레스를 예측, 측정, 평가 및 관리하는 과학이며 기술이다.

④ 노동 생산성보다는 인권이 소중하다는 이념하에 노사간 갈등을 최소화하고 협력을 도모하여 최대한 쾌적한 작업환경을 유지 증진하는 사회과학이며 자연과학이다.

해설

산업위생이란 근로자나 일반 대중에게 질병, 건강장해 등을 초래하는 작업환경 요인과 스트레스를 예측, 측정, 평가하고 관리하는 과학과 기술이다.

11

직업성 질환의 범위에 대한 설명으로 틀린 것은?

① 합병증이 원발성 질환과 불가분의 관계를 가지는 경우를 포함한다.

② 직업상 업무에 기인하여 1차적으로 발생하는 원발성 질환은 제외한다.

③ 원발성 질환과 합병 작용하여 제2의 질환을 유발하는 경우를 포함한다.

④ 원발성 질환 부위가 아닌 다른 부위에서도 동일한 원인에 의하여 제2의 질환을 일으키는 경우를 포함한다.

해설

② 직업상 업무에 기인하여 1차적으로 발생하는 원발성 질환도 포함한다.

12

산업피로에 대한 설명으로 틀린 것은?

① 산업피로는 원천적으로 일종의 질병이며 비가역적 생체변화이다.

② 산업피로는 건강장해에 대한 경고반응이라고 할 수 있다.

③ 육체적, 정신적 노동부하에 반응하는 생체의 태도이다.

④ 산업피로는 생산성의 저하뿐만 아니라 재해와 질병의 원인이 된다.

해설

① 산업피로는 원천적으로 질병이 아니며 가역적 생체변화이다.

13

산업안전보건법상 사무실 공기관리에 있어 오염물질에 대한 관리 기준이 잘못 연결된 것은?

① 오존 - 0.1ppm 이하

② 일산화탄소 - 10ppm 이하

③ 이산화탄소 - 1,000ppm 이하

④ 포름알데하이드(HCHO) - 0.1ppm 이하

해설

오염물질 관리기준(사무실 공기관리지침 제2조)
· 오존 : 기준 없음
· 포름알데하이드(HCHO) : $100\mu g/m^3$ 이하

14

밀폐공간과 관련된 설명으로 틀린 것은?

① 산소결핍이란 공기 중의 산소농도가 16% 미만인 상태를 말한다.

② 산소결핍증이란 산소가 결핍된 공기를 들이마심으로써 생기는 증상을 말한다.

③ 유해가스란 이산화탄소, 일산화탄소, 황화수소 등의 기체로서 인체에 유해한 영향을 미치는 물질을 말한다.

④ 적정공기란 산소농도의 범위가 18% 이상, 23.5% 미만, 이산화탄소의 농도가 1.5% 미만, 일산화탄소의 농도가 30ppm 미만, 황화수소의 농도가 10ppm 미만인 수준의 공기를 말한다.

해설

① 산소결핍이란 공기 중의 산소농도가 18% 미만인 상태를 말한다.

15

산업피로의 대책으로 적합하지 않은 것은?

① 불필요한 동작을 피하고 에너지 소모를 적게 한다.
② 작업과정에 따라 적절한 휴식시간을 가져야 한다.
③ 작업능력에는 개인별 차이가 있으므로 각 개인마다 작업량을 조정해야 한다.
④ 동적인 작업은 피로를 더하게 하므로 가능한 한 정적인 작업으로 전환한다.

해설

④ 동적·정적인 작업을 적절히 혼합배치한다.

16

산업안전보건법에서 정하는 중대재해라고 볼 수 없는 것은?

① 사망자가 1명 이상 발생한 재해
② 부상자 또는 직업성 질병자가 동시에 10명 이상 발생한 재해
③ 3개월 이상의 요양을 요하는 부상자가 동시에 2명 이상 발생한 재해
④ 재산피해액 5천만원 이상의 재해

해설

중대재해의 범위(산업안전보건법 시행규칙 제3조)
법 제2조 제2호에서 "고용노동부령으로 정하는 재해"란 다음에 해당하는 재해를 말한다.
• 사망자가 1명 이상 발생한 재해
• 3개월 이상의 요양이 필요한 부상자가 동시에 2명 이상 발생한 재해
• 부상자 또는 직업성 질병자가 동시에 10명 이상 발생한 재해

17

상시 근로자 수가 1,000명인 사업장에 1년 동안 6건의 재해로 8명의 재해자가 발생하였고, 이로 인한 근로손실일수는 80일이었다. 근로자가 1일 8시간씩 매월 25일씩 근무하였다면, 이 사업장의 도수율은 얼마인가?

① 0.03
② 2.50
③ 4.00
④ 8.00

해설

$$도수율 = \frac{재해발견건수}{연근로시간수} \times 1,000,000$$
$$= \frac{6}{1,000 \times 8 \times 25 \times 12} \times 1,000,000$$
$$= 2.50$$

18

근육운동의 에너지원 중에서 혐기성 대사의 에너지원에 해당되는 것은?

① 지방
② 포도당
③ 글리코겐
④ 단백질

해설

혐기성 대사
ATP(아데노신삼인산) → CP(크레아틴인산) → Glycogen(글리코겐) → Glucose(포도당)

19

산업안전보건법에서 산업재해를 예방하기 위하여 잠재적 위험성을 발견하고 그 개선대책을 수립할 목적으로 고용노동부장관이 지정하는 조사·평가를 무엇이라 하는가?

① 위험성 평가

② 작업환경측정, 평가

③ 안전, 보건진단

④ 유해성, 위험성 조사

해설

정의(산업안전보건법 제2조)

"안전보건진단"이란 산업재해를 예방하기 위하여 잠재적 위험성을 발견하고 그 개선대책을 수립할 목적으로 조사·평가하는 것을 말한다.

20

육체적 작업능력(PWC)이 15kcal/min인 근로자가 1일 8시간 물체를 운반하고 있다. 이때의 작업대사율이 6.5kcal/min이고, 휴식 시의 대사량이 1.5kcal/min일 때 매 시간당 적정 휴식시간은 약 얼마인가?(단, Hering 의 식을 적용한다)

① 18분　　　　　② 25분

③ 30분　　　　　④ 42분

해설

$$\text{적정휴식시간비} = \frac{\left(\text{PWC} \times \frac{1}{3}\right) - \text{작업대사량}}{\text{휴식대사량} - \text{작업대사량}}$$

$$= \frac{\left(15 \times \frac{1}{3}\right) - 6.5}{1.5 - 6.5} = 0.3$$

$0.3 \times 60\text{min} = 18\text{min}$

제2과목 | 작업위생 측정 및 평가

21

유기용제 작업장에서 측정한 톨루엔 농도는 65, 150, 175, 63, 83, 112, 58, 49, 205, 178ppm일 때. 산술평균과 기하평균값은 약 몇 ppm인가?

① 산술평균 108.4, 기하평균 100.4

② 산술평균 108.4, 기하평균 117.6

③ 산술평균 113.8, 기하평균 100.4

④ 산술평균 113.8, 기하평균 117.6

해설

산술평균

$$= \frac{x_1 + x_2 + \cdots + x_n}{n}$$

$$= \frac{65 + 150 + 175 + 63 + 83 + 112 + 58 + 49 + 205 + 178}{10}$$

$$= 113.8$$

기하평균(GM)

$$\log(\text{GM}) = \frac{\log x_1 + \log x_2 + \cdots + \log x_n}{n}$$

$$= \frac{\left(\begin{array}{c}\log 65 + \log 150 + \log 175 + \log 63 + \log 83 \\ + \log 112 + \log 58 + \log 49 + \log 205 + \log 178\end{array}\right)}{10}$$

$$= 2.0015$$

$$\therefore \text{GM} = 10^{2.0015} = 100.35$$

22

유사노출그룹에 대한 설명으로 틀린 것은?

① 유사노출그룹은 노출되는 유해인자의 농도와 특성이 유
   사하거나 동일한 근로자 그룹을 말한다.
② 역학조사를 수행할 때 사건이 발생된 근로자가 속한
   유사노출그룹의 노출농도를 근거로 노출원인을 추
   정할 수 있다.
③ 유사노출그룹 설정을 위해 시료채취수가 과다해지
   는 경우가 있다.
④ 유사노출그룹은 모든 근로자의 노출 상태를 측정하
   는 효과를 가진다.

해설
③ 유사노출그룹 설정은 시료채취를 경제적으로 하기 위한 목적이다.

24

다음 중 1차 표준기구가 아닌 것은?

① 오리피스미터
② 폐활량계
③ 가스치환병
④ 유리피스톤미터

해설

1차 표준기구	2차 표준기구
비누거품미터	로터미터
폐활량계	습식테스트미터
가스치환병	건식가스미터
유리피스톤미터	오리피스미터
흑연피스톤미터	열선기류계
피토튜브	–

23

입자의 가장자리를 이등분한 직경으로 과대평가될 가능
성이 있는 직경은?

① 마틴 직경   ② 페렛 직경
③ 공기역학 직경   ④ 등면적 직경

해설
② 페렛 직경 : 입자의 가장자리를 이등분한 직경으로 과대평가될 수
   있다.
① 마틴 직경 : 입자의 면적을 2등분하는 선의 길이로 나타내는 직경으
   로 선의 방향은 항상 일정해야 하며 과소평가될 수 있다.
④ 등면적 직경 : 입자의 면적과 동일한 면적을 가진 원의 직경으로
   환산한 직경으로 가장 정확한 직경이다.

25

온도 표시에 대한 설명으로 틀린 것은?(단, 고용노동부고
시를 기준으로 한다)

① 절대온도는 K로 표시하고 절대온도 0K는 −273℃
   로 한다.
② 실온은 1~35℃, 미온은 30~40℃로 한다.
③ 온도의 표시는 셀시우스(Celcius)법에 따라 아라비
   아 숫자의 오른쪽에 ℃를 붙인다.
④ 냉수는 4℃ 이하, 온수는 60~70℃를 말한다.

해설
④ 냉수는 15℃ 이하, 온수는 60~70℃를 말한다.

26

원통형 비누거품미터를 이용하여 공기시료채취기의 유량을 보정하고자 한다. 원통형 비누거품미터의 내경은 4cm이고 거품막이 30cm의 거리를 이동하는 데 10초의 시간이 걸렸다면 이 공기시료채취기의 유량은 약 몇(cm³/sec)인가?

① 37.7　　　　② 16.5
③ 8.2　　　　④ 2.2

해설
관경과 유속으로부터 유량계산하기

$$Q = A \times V = \frac{\pi \times D^2}{4} \times V$$
$$= \frac{\pi \times 4^2}{4} \times \frac{30\text{cm}}{10\text{s}} = 37.69\text{cm}^3/\text{s}$$

27

출력이 0.4W의 작은 점음원에서 10m 떨어진 곳의 음압수준은 약 몇 dB인가?(단, 공기의 밀도는 1.18kg/m³이고, 공기에서 음속은 344.4m/sec이다)

① 80　　　　② 85
③ 90　　　　④ 95

해설
음향파워레벨

$$PWL = 10 \times \log\left(\frac{W}{W_0}\right) = 10 \times \log\frac{0.4}{10^{-12}} = 116.02$$
$$SPL = PWL - 20 \times \log\gamma - 11$$
$$= 116.02 - 20 \times \log 10 - 11 = 85.02$$

28

입자의 크기에 따라 여과기전 및 채취효율이 다르다. 입자크기가 0.1~0.5μm일 때 주된 여과기전은?

① 충돌과 간섭　　　② 확산과 간섭
③ 차단과 간섭　　　④ 침강과 간섭

해설
• 0.1μm 미만 : 확산
• 0.1~0.5μm : 확산, 간섭
• 0.5μm 이상 : 관성충돌, 간섭

29

입경이 20μm이고 입자비중이 1.5인 입자의 침강 속도는 약 몇 cm/sec인가?

① 1.8　　　　② 2.4
③ 12.7　　　　④ 36.2

해설
Lippman식(입자 크기가 1~50μm 경우 적용)
침강속도, $V(\text{cm/s}) = 0.003 \times \rho \times d^2(\mu\text{m})$
$$= 0.003 \times 1.5 \times 20^2 = 1.8$$

30

측정결과를 평가하기 위하여 "표준화 값"을 산정할 때 필요한 것은?(단, 고용노동부고시를 기준으로 한다)

① 시간가중평균값(단시간 노출값)과 허용기준
② 평균농도와 표준편차
③ 측정농도과 시료채취분석오차
④ 시간가중평균값(단시간 노출값)과 평균농도

해설

허용기준 이하 유지대상 유해인자의 허용기준 초과여부 평가방법(작업환경측정 및 정도관리 등에 관한 고시 [별표 2])

• 측정한 유해인자의 시간가중평균값 또는 단시간 노출값을 구한다.
  – 시간가중평균값(X_1)

  $$X_1 = \frac{C_1 \cdot T_1 + C_2 \cdot T_2 + \cdots + C_N \cdot T_N}{8}$$

  여기서, C : 유해인자의 측정농도(단위: ppm, mg/m³ 또는 개/cm³)
  T : 유해인자의 발생시간(단위: 시간)

  – 단시간 노출값(X_2)

  작업특성상 노출수준이 불균일하거나 단시간에 고농도로 노출되어 단시간 노출평가가 필요하다고 판단되는 경우 노출되는 시간에 15분간씩 측정하여 단시간 노출값을 구한다.

• $X_1(X_2)$을 허용기준으로 나누어 Y(표준화 값)를 구한다.

  $$Y(표준화 값) = \frac{X_1(또는 X_2)}{허용기준}$$

31

다음은 가스상 물질을 측정 및 분석하는 방법에 대한 내용이다. ( ) 안에 알맞은 것은?(단, 고용노동부 고시를 기준으로 한다)

> 가스상 물질을 검지관 방식으로 측정하는 경우에 1일 작업시간 동안 1시간 간격으로 (㉠)회 이상 측정하되 매 측정시간마다 (㉡)회 이상 반복 측정하여 평균값을 산출하여야 한다.

① ㉠ : 6, ㉡ : 2
② ㉠ : 6, ㉡ : 3
③ ㉠ : 8, ㉡ : 2
④ ㉠ : 8, ㉡ : 3

해설

검지관방식의 측정(작업환경측정 및 정도관리 등에 관한 고시 제25조)
검지관방식으로 측정하는 경우에는 1일 작업시간 동안 1시간 간격으로 6회 이상 측정하되 측정시간마다 2회 이상 반복 측정하여 평균값을 산출하여야 한다. 다만, 가스상 물질의 발생시간이 6시간 이내일 때에는 작업시간 동안 1시간 간격으로 나누어 측정하여야 한다.

32

에틸렌글리콜이 20℃, 1기압에서 공기 중에서 증기압이 0.05mmHg라면, 20℃, 1기압에서 공기 중 포화농도는 약 몇 ppm인가?

① 55.4
② 65.8
③ 73.2
④ 82.1

해설

$$최고농도(ppm) = \frac{화학물질의 증기압}{760} \times 10^6$$

$$= \frac{0.05}{760} \times 10^6 = 65.78ppm$$

33

입자상 물질을 채취하기 위해 사용하는 막 여과지에 관한 설명으로 틀린 것은?

① MCE막 여과지 : 산에 쉽게 용해되므로 입자상 물질 중의 금속을 채취하여 원자흡광광도법으로 분석하는 데 적당하다.
② PVC막 여과지 : 유리규산을 채취하여 X-선 회절법으로 분석하는 데 적절하다.
③ PTFE막 여과지 : 농약, 알칼리성 먼지, 콜타르피치 등을 채취하는 데 사용한다.
④ 은막 여과지 : 금속은, 결합제, 섬유 등을 소결하여 만든 것으로 코크스오븐에 대한 저항이 약한 단점이 있다.

해설

④ 은막 여과지 : 금속은, 결합제, 섬유 등을 소결하여 만든 것으로 코크스오븐 배출물질을 채취하는 데 이용한다.

34

유량, 측정시간, 회수율 및 분석에 의한 오차가 각각 18%, 3%, 9%, 5%일 때, 누적오차는 약 몇 %인가?

① 18
② 21
③ 24
④ 29

해설

누적오차

$$E_c(\%) = \sqrt{E_1^2 + E_2^2 + \cdots + E_n^2}$$
$$= \sqrt{18^2 + 3^2 + 9^2 + 5^2}$$
$$= 20.9\%$$

35

옥외(태양광선이 내리쬐는 장소)에서 습구흑구온도지수 (WBGT)의 산출식은?

① (0.7×자연습구온도)+(0.2×건구온도)+(0.1×흑구온도)
② (0.7×자연습구온도)+(0.2×흑구온도)+(0.1×건구온도)
③ (0.7×자연습구온도)+(0.3×흑구온도)
④ (0.7×자연습구온도)+(0.3×건구온도)

해설

• 태양광선이 내리쬐는 옥외 장소
  WBGT(℃) = 0.7 × 자연습구온도 + 0.2 × 흑구온도 + 0.1 × 건구온도
• 태양광선이 내리쬐지 않는 옥내 또는 옥외 장소
  WBGT(℃) = 0.7 × 자연습구온도 + 0.3 × 흑구온도

36

다음 중 78℃와 동등한 온도는?

① 351K
② 189°F
③ 26°F
④ 195K

해설

절대온도는 K로 표시하고 절대온도 0K는 -273℃로 한다.
78℃ + 273 = 351K

37

이황화탄소(CS_2)가 배출되는 작업장에서 시료분석농도가 3시간에 3.5ppm, 2시간에 15.2ppm, 3시간에 5.8ppm일 때, 시간가중평균값은 약 몇 ppm인가?

① 3.7 ② 6.4
③ 7.3 ④ 8.9

TWA(시간가중평균노출기준) : 1일 8시간, 주 40시간 동안의 평균농도

$$TWA = \frac{C_1 T_1 + C_2 T_2 + \cdots + C_n T_n}{8}$$

$$= \frac{3 \times 3.5 + 2 \times 15.2 + 3 \times 5.8}{8} = 7.28 ppm$$

38

소음측정방법에 관한 내용으로 (   )에 알맞은 것은?(단, 고용노동부 고시 기준)

> 소음이 1초 이상의 간격을 유지하면서 최대음압수준이 120dB(A) 이상의 소음인 경우에는 소음수준에 따른 (   ) 동안의 발생횟수를 측정할 것

① 1분 ② 2분
③ 3분 ④ 5분

측정방법(작업환경측정 및 정도관리 등에 관한 고시 제26조)
소음이 1초 이상의 간격을 유지하면서 최대음압수준이 120dB(A) 이상의 소음인 경우에는 소음수준에 따른 1분 동안의 발생횟수를 측정할 것

39

측정에서 변이계수(Coefficient of Variation)를 알맞게 나타낸 것은?

① 표준편차/산술평균
② 기하평균/표준편차
③ 표준오차/표준편차
④ 표준편차/표준오차

변이계수, $CV(\%) = \dfrac{표준편차, SD}{산술평균, M} \times 100$

40

다음 중 자외선에 관한 내용과 가장 거리가 먼 것은?

① 비전리 방사선이다.
② 인체와 관련된 Dorno선을 포함한다.
③ 100~1,000nm 사이의 파장을 갖는 전자파를 총칭하는 것으로 열선이라고도 한다.
④ UV-B는 약 280~315nm의 파장의 자외선이다.

③ 적외선은 가시광선이나 자외선에 비해 강한 열작용을 가지는 것 때문에 열선이라고도 한다.

41

후드의 유입계수가 0.7이고 속도압이 20mmH₂O일 때, 후드의 유입손실은 약 몇 mmH₂O인가?

① 10.5 ② 20.8

③ 32.5 ④ 40.8

해설

$$유입손실 = F \times VP, F = \left(\frac{1}{Ce^2} - 1\right)$$
$$= \left(\frac{1}{0.7^2} - 1\right) \times 20 = 20.8$$

42

주물작업 시 발생되는 유해인자로 가장 거리가 먼 것은?

① 소음 발생 ② 금속흄 발생

③ 분진 발생 ④ 자외선 발생

해설

주물작업 시 발생되는 유해인자
실리카, 분진, 일산화탄소, 열분해산물, 소음, 진동, 고열 및 용융금속

43

보호구의 보호정도와 한계를 나타내는 데 필요한 보호계수(PF)를 산정하는 공식으로 옳은 것은?(단, 보호구 밖의 농도는 C₀이고, 보호구 안의 농도는 C₁이다)

① PF = C₀/C₁ ② PF = C₁/C₀

③ PF = (C₁/C₀)×100 ④ PF = (C₁/C₀)×0.5

해설

$$보호계수(PF) = \frac{보호구\ 밖의\ 농도(C_0)}{보호구\ 안의\ 농도(C_1)}$$

44

국소배기시설의 일반적 배열순서로 가장 적절한 것은?

① 후드 → 덕트 → 송풍기 → 공기정화장치 → 배기구

② 후드 → 송풍기 → 공기정화장치 → 덕트 → 배기구

③ 후드 → 덕트 → 공기정화장치 → 송풍기 → 배기구

④ 후드 → 공기정화장치 → 덕트 → 송풍기 → 배기구

해설

국소배기는 유해물질을 배출하는 가까운 곳에 포집시설인 후드를 적절하게 설치해 덕트를 통해 기계적인 힘을 이용하여 대기로 배출함으로써 작업장 내의 유해환경을 개선하는 방식을 취하는 환기법으로 일반적으로 후드 → 덕트 → 공기정화장치 → 송풍기 → 배기구 순서이지만 특수한 경우 송풍기를 공기정화장치 앞에 설치할 때가 있다.

45

작업장의 음압수준이 86dB(A)이고, 근로자는 귀덮개(차음평가지수 = 19)를 착용하고 있을 때 근로자에게 노출되는 음압수준은 약 몇 dB(A)인가?

① 74 ② 76

③ 78 ④ 80

해설

차음효과 = (NRR − 7) × 0.5
= (19 − 7) × 0.5
= 6
86dB(A) − 6dB(A) = 80dB(A)

46

작업장에 설치된 후드가 100m³/min으로 환기되도록 송풍기를 설치하였다. 사용함에 따라 정압이 절반으로 줄었을 때, 환기량의 변화로 옳은 것은?(단, 상사법칙을 적용한다)

① 환기량이 33.3m³/min으로 감소하였다.

② 환기량이 50m³/min으로 감소하였다.

③ 환기량이 57.7m³/min으로 감소하였다.

④ 환기량이 70.7m³/min으로 감소하였다.

해설

$$Q_c = Q_d \sqrt{\frac{정압_2}{정압_1}}, \ 정압_2 = \frac{1}{2} 정압_1$$

$$= 100\text{m}^3/\text{min} \times \sqrt{\frac{\frac{1}{2} 정압_1}{정압_1}}$$

$$= 70.7\text{m}^3/\text{min}$$

47

회전수가 600rpm이고, 동력은 5kW인 송풍기의 회전수를 800rpm으로 상향조정하였을 때, 동력은 약 몇 kW인가?

① 6   ② 9

③ 12   ④ 15

해설

회전속도 변화에 따른 동력계산

$$\text{kW}_2 = \text{kW}_1 \left(\frac{N_2}{N_1}\right)^3 = 5\text{kW} \times \left(\frac{800\text{rpm}}{600\text{rpm}}\right)^3 = 11.8\text{kW}$$

48

작업환경 개선 대책 중 격리와 가장 거리가 먼 것은?

① 국소배기 장치의 설치

② 원격 조정 장치의 설치

③ 특수 저장 창고의 설치

④ 콘크리트 방호벽의 설치

해설

① 국소배기 장치의 설치 : 환기

49

주물사, 고온가스를 취급하는 공정에 환기시설을 설치하고자 할 때, 다음 중 덕트의 재료로 가장 적절한 것은?

① 아연도금 강판   ② 중질 콘크리트

③ 스테인레스 강판   ④ 흑피 강판

해설

유해물질	덕트재료
유기용제	아연도금강판
강산, 염소계 용제	스테인리스스틸 강판
알칼리	강판
주물사, 고온가스	흑피 강판
전리방사선	중질 콘크리트

50

보호구의 재질과 적용 대상 화학물질에 대한 내용으로 잘못 짝지어진 것은?

① 천연고무 - 극성 용제

② Butyl 고무 - 비극성 용제

③ Nitrile 고무 - 비극성 용제

④ Neoprene 고무 - 비극성 용제

해설

② Butyl 고무 - 극성 용제

51

다음 중 덕트 합류 시 댐퍼를 이용한 균형유지법의 특징과 가장 거리가 먼 것은?

① 임의로 댐퍼 조정 시 평형 상태가 깨진다.
② 시설 설치 후 변경이 어렵다.
③ 설계계산이 상대적으로 간단하다.
④ 설치 후 부적당한 배기유량의 조절이 가능하다.

② 시설 설치 후 변경이 쉽다.

52

작업장 내 열부하량이 5,000kcal/h이며, 외기온도 20℃, 작업장 내 온도는 35℃이다. 이때 전체 환기를 위한 필요 환기량은 약 몇 m³/min인가?(단, 정압비열은 0.3kcal/(m³·℃)이다)

① 18.5
② 37.1
③ 185
④ 1,111

발열 시 필요환기량

$$Q(\text{m}^3/\text{h}) = \frac{H_s(\text{작업장내 열부하량(kcal/h)})}{0.3 \times \triangle t(\text{급배기의 온도차})}$$

$$= \frac{5,000}{0.3 \times (35-20)}$$

$$= 1,111 \text{m}^3/\text{h} \times \frac{1\text{h}}{60\text{min}}$$

$$= 18.5 \text{m}^3/\text{min}$$

53

공기가 20℃의 송풍관 내에서 20m/sec의 유속으로 흐를 때, 공기의 속도압은 약 몇 mmH₂O인가?(단, 공기밀도는 1.2kg/m³)

① 15.5
② 24.5
③ 33.5
④ 40.2

$$\text{속도압}(VP) = \frac{\gamma V^2}{2g} = \frac{1.2 \times 20^2}{2 \times 9.81} = 24.46$$

54

다음 중 전체 환기를 적용할 수 있는 상황과 가장 거리가 먼 것은?

① 유해물질의 독성이 높은 경우
② 작업장 특성상 국소배기장치의 설치가 불가능한 경우
③ 동일 사업장에 다수의 오염발생원이 분산되어 있는 경우
④ 오염발생원이 근로자가 작업하는 장소로부터 멀리 떨어져 있는 경우

① 유해물질의 독성이 높은 경우 : 국소배기장치 설치

55

환기량을 Q(m³/hr), 작업장 내 체적을 V(m³)라고 할 때, 시간당 환기 횟수(회/hr)로 옳은 것은?

① 시간당 환기 횟수 $= Q \times V$

② 시간당 환기 횟수 $= V/Q$

③ 시간당 환기 횟수 $= Q/V$

④ 시간당 환기 횟수 $= Q \times \sqrt{V}$

해설

시간당 공기교환 횟수(ACH)

$$ACH(회/h) = \frac{Q, \text{필요환기량}(m^3/h)}{V, \text{작업장 체적}(m^3)}$$

56

푸쉬풀 후드(push-pull hood)에 대한 설명으로 적합하지 않은 것은?

① 도금조와 같이 폭이 넓은 경우에 사용하면 포집효율을 증가시키면서 필요유량을 감소시킬 수 있다.

② 공정에서 작업물체를 처리조에 넣거나 꺼내는 중에 발생되는 공기막 파괴현상을 사전에 방지할 수 있다.

③ 개방조 한 변에서 압축공기를 이용하여 오염물질이 발생하는 표면에 공기를 불어 반대쪽에 오염물질이 도달하게 한다.

④ 제어속도는 푸쉬 제트기류에 의해 발생한다.

해설

② 공정에서 작업물체를 처리조에 넣거나 꺼내는 중에 오염물질의 발생을 방지할 수 있다.

57

덕트 직경이 30cm이고 공기유속이 10m/sec일 때, 레이놀즈 수는 약 얼마인가?(단, 공기의 점성계수는 1.85×10^{-5}kg/sec·m, 공기밀도는 1.2kg/m³이다)

① 195,000

② 215,000

③ 235,000

④ 255,000

해설

레이놀즈수(R_e)

$$Re = \frac{\text{관성력}}{\text{점성력}} = \frac{\rho VD}{\mu}$$

$$= \frac{1.2\text{kg/m}^3 \times 10\text{m/s} \times 0.3\text{m}}{1.85 \times 10^{-5}\text{kg/m·s}}$$

$$= 194,594$$

58

다음 중 도금조와 사형주조에 사용되는 후드형식으로 가장 적절한 것은?

① 부스식

② 포위식

③ 외부식

④ 장갑부착상자식

해설

• 외부식 : 도금작업, 분쇄작업
• 부스식 : 실험실 후드, 급배기식
• 레시버식 : 연삭기, 가열로

59

사이클론 집진장치의 블로우다운에 대한 설명으로 옳은 것은?

① 유효 원심력을 감소시켜 선회기류의 흐트러짐을 방지한다.

② 관 내 분진부착으로 인한 장치의 폐쇄현상을 방지한다.

③ 부분적 난류 증가로 집진된 입자가 재비산 된다.

④ 처리배기량의 50% 정도가 재유입되는 현상이다.

해설

사이클론의 분진퇴적함 또는 멀티사이클론의 호퍼로부터 처리 가스량의 5~10%를 흡입하여 난류현상을 억제시킴으로써 선회기류의 흐트러짐을 방지하고 집진된 비산을 방지하는 방법이다. 그 외 분진의 장치내벽 부착으로 인한 분진의 축적 및 장치 폐쇄현상을 방지하는 효과가 있다.

60

다음 중 개인보호구에서 귀덮개의 장점과 가장 거리가 먼 것은?

① 귀 안에 염증이 있어도 사용 가능하다.

② 동일한 크기의 귀덮개를 대부분의 근로자가 사용할 수 있다.

③ 멀리서도 착용 유무를 확인할 수 있다.

④ 고온에서 사용해도 불편이 없다.

해설

④ 고온에서 사용하는 경우 귀덮개로 인해 땀이 나서 불편하다.

61

진동증후군(HAVS)에 대한 스톡홀름 워크숍의 분류로서 틀린 것은?

① 진동증후군의 단계를 0부터 4까지 5단계로 구분하였다.

② 1단계는 가벼운 증상으로 하나 또는 그 이상의 손가락 끝부분이 하얗게 변하는 증상을 의미한다.

③ 3단계는 심각한 증상으로 하나 또는 그 이상의 손가락 가운뎃마디 부분까지 하얗게 변하는 증상이 나타나는 단계이다.

④ 4단계는 매우 심각한 증상으로 대부분의 손가락이 하얗게 변하는 증상과 함께 손끝에서 땀의 분비가 제대로 일어나지 않는 등의 변화가 나타나는 단계이다.

해설

단계	등급	정의
0	–	정상
1	mild	손가락 하나 혹은 그 이상의 손가락 끝에 때때로 창백현상이 발생
2	moderate	손가락 하나 혹은 그 이상의 중수지골까지 때때로 창백현상이 발생
3	severe	대부분 손가락의 전체 지골에서 종종 창백현상이 발생
4	very severe	Stage 3과 피부의 변화까지 있는 경우

62

다음 중 피부 투과력이 가장 큰 것은?

① X선　　　　② α선

③ β선　　　　④ 레이저

해설

투과력 순서 : X > β > α

63

다음의 빛과 밝기의 단위로 설명한 것으로 ㉠, ㉡에 해당하는 용어로 맞는 것은?

> 1루멘의 빛이 1ft²의 평면상에 수직 방향으로 비칠 때, 그 평면의 빛의 양, 즉 조도를 (㉠)(이)라 하고, 1m²의 평면에 1루멘의 빛이 비칠 때의 밝기를 1(㉡)(이)라고 한다.

① ㉠ : 캔들(Candle), ㉡ : 럭스(Lux)

② ㉠ : 럭스(Lux), ㉡ : 캔들(Candle)

③ ㉠ : 럭스(Lux), ㉡ : 푸트캔들(Footcandle)

④ ㉠ : 푸트캔들(Footcandle), ㉡ : 럭스(Lux)

해설

밝기의 단위
- 루멘(Lumen) : 1촉광의 광원으로부터의 단위 입체각으로 나가는 광속의 단위(1Lumen = 1촉광/입체각)
- 럭스(Lux) : 1루멘의 빛이 1m의 평면상에 수직으로 비칠 때 그 평면의 밝기(Lux = Lumen/m²)
- 푸트캔들(Footcandle) : 1루멘의 빛이 1ft²의 면적에 비칠 때의 밝기
- 반사율 : 평면에서 반사되는 밝기(조도에 대한 휘도의 비)
- 휘도 : 단위평면적에서 발산 또는 반사되는 광량(눈으로 느끼는 광원)

64

저기압의 영향에 관한 설명으로 틀린 것은?

① 산소결핍을 보충하기 위하여 호흡수, 맥박수가 증가된다.

② 고도 18,000ft(5,468m) 이상이 되면 21% 이상의 산소가 필요하게 된다.

③ 고도 10,000ft(3,048m)까지는 시력, 협조운동의 가벼운 장해 및 피로를 유발한다.

④ 고도의 상승으로 기압이 저하되면 공기의 산소분압이 상승하여 폐포 내의 산소분압도 상승한다.

해설

④ 고도의 상승으로 기압이 저하되면 공기의 산소분압이 저하되어 폐포 내의 산소분압도 감소한다.

65

온열지수(WBGT)를 측정하는 데 있어 관련이 없는 것은?

① 기습　　　　② 기류

③ 전도열　　　④ 복사열

해설

고열작업환경 관리지침, 한국산업안전보건공단
"습구흑구온도지수(Wet-Bulb Globe Temperature : WBGT)"라 함은 근로자가 고열환경에 종사함으로써 받는 열스트레스 또는 위해를 평가하기 위한 도구(단위: ℃)로써 기온, 기습 및 복사열을 종합적으로 고려한 지표를 말한다.

66

열사병(Heat stroke)에 관한 설명으로 맞는 것은?

① 피부가 차갑고 습한 상태로 된다.

② 보온을 시키고, 더운 커피를 마시게 한다.

③ 지나친 발한에 의한 탈수와 염분소실이 원인이다.

④ 뇌 온도 상승으로 체온조절중추의 기능이 장해를 받게 된다.

해설

열사병(Heat stroke)
- 신체 내부 체온조절 계통의 기능이 상실되어 발생한다.
- 체온이 과도하게 오를 경우 사망에 이를 수 있다.

67

자연조명에 관한 설명으로 틀린 것은?

① 창의 면적은 바닥 면적의 15~20% 정도가 이상적이다.

② 개각은 4~5°가 좋으며, 개각이 작을수록 실내는 밝다.

③ 균일한 조명을 요하는 작업실은 동북 또는 북창이 좋다.

④ 입사각은 28° 이상이 좋으며, 입사각이 클수록 실내는 밝다.

해설

② 개각은 4~5°가 좋으며, 개각이 클수록 실내는 밝다.

68

다음 중 저온에 의한 장해에 관한 내용으로 틀린 것은?

① 근육 긴장이 증가하고 떨림이 발생한다.

② 혈압은 변화되지 않고 일정하게 유지된다.

③ 피부 표면의 혈관들과 피하조직이 수축된다.

④ 부종, 저림, 가려움, 심한 통증 등이 생긴다.

해설

② 피부 혈관 수축으로 혈압은 일시적으로 상승한다.

69

다음 중 적외선의 생체작용에 대한 설명으로 틀린 것은?

① 조직에 흡수된 적외선은 화학반응을 일으키는 것이 아니라 구성분자의 운동에너지를 증대시킨다.

② 만성노출에 따라 눈장해인 백내장을 일으킨다.

③ 700nm 이하의 적외선은 눈의 각막을 손상시킨다.

④ 적외선이 체외에서 조사되면 일부는 피부에서 반사되고 나머지만 흡수된다.

해설

③ 1,400nm 이상의 적외선은 눈의 각막을 손상시킨다.

70

다음의 설명에서 (   ) 안에 들어갈 알맞은 숫자는?

> (   )기압 이상에서 공기 중의 질소가스는 마취작용을 나타내서 작업력의 저하, 기분의 변화, 여러 정도의 다행증(多幸症)이 일어난다.

① 2   ② 4

③ 6   ④ 8

해설

질소마취

4기압 이상에서 공기 중의 질소가스는 마취작용을 나타내서 작업력의 저하, 기분의 변화, 여러 정도의 다행증이 일어난다. 이것은 알코올중독증상과 유사하다고 생각하면 된다.

71

방사선 용어 중 조직(또는 물질)의 단위질량당 흡수된 에너지를 나타낸 것은?

① 등가선량   ② 흡수선량

③ 유효선량   ④ 노출선량

해설

② 흡수선량 : Rad/Gy

72

감압병의 예방 및 치료에 관한 설명으로 틀린 것은?

① 고압환경에서의 작업시간을 제한한다.

② 감압이 끝날 무렵에 순수한 산소를 흡입시키면 감압 시간을 25%가량 단축시킬 수 있다.

③ 특별히 잠수에 익숙한 사람을 제외하고는 10m/min 속도 정도로 잠수하는 것이 안전하다.

④ 헬륨은 질소보다 확산속도가 작고 체내에서 불안 정적이므로 질소를 헬륨으로 대치한 공기로 호흡 시킨다.

해설
④ 헬륨은 질소보다 확산속도가 크고 체내에서 불안정적이므로 질소를 헬륨으로 대치한 공기로 호흡시킨다.

73

사람이 느끼는 최소 진동역치로 맞는 것은?

① 35±5dB
② 45±5dB
③ 55±5dB
④ 65±5dB

해설
③ 사람이 느끼는 최소 진동 역치는 55±5dB 정도이다.

74

비전리 방사선이 아닌 것은?

① 감마선
② 극저주파
③ 자외선
④ 라디오파

해설
① 감마선 : 전리방사선

75

소음성 난청에 관한 설명으로 틀린 것은?

① 소음성 난청은 4,000~6,000Hz 정도에서 가장 많이 발생한다.

② 일시적 청력 변화 때의 각 주파수에 대한 청력 손실의 양상은 같은 소리에 의하여 생긴 영구적 청력 변화 때의 청력손실 양상과는 다르다.

③ 심한 소음에 노출되면 처음에는 일시적 청력 변화를 초래하는데, 이것은 소음 노출을 중단하면 다시 노출 전의 상태로 회복되는 변화이다.

④ 심한 소음에 반복하여 노출되면 일시적 청력 변화는 영구적 청력 변화로 변하며 코르티기관에 손상이 온 것이므로 회복이 불가능하다.

해설
일시적 청력손실과 영구적 청력손실은 같은 소음 수준이어도 단시간에 노출되었는지 반복적으로 노출되었는지에 따라 구분된다.

76

정상인이 들을 수 있는 가장 낮은 이론적 음압은 몇 dB 인가?

① 0
② 5
③ 10
④ 20

해설
가청범위
인간의 주파수로는 20Hz에서 20kHz까지, 음압 레벨로는 0dB에서 1,300dB 이상의 소리를 들을 수 있다. 이 영역을 가청범위라 한다.

77

소음의 흡음 평가 시 적용되는 반향시간(Reverberation time)에 관한 설명으로 맞는 것은?

① 반향시간은 실내공간의 크기에 비례한다.
② 실내 흡음량을 증가시키면 반향시간도 증가한다.
③ 반향시간은 음압수준이 30dB 감소하는 데 소요되는 시간이다.
④ 반향시간을 측정하려면 실내 배경소음이 90dB 이상 되어야 한다.

해설

① 반향시간은 실내의 체적에 비례하고, 표면적과 평균 흡음률에 반비례한다.

78

사무실 실내환경의 이산화탄소 농도를 측정하였더니 750ppm이었다. 이산화탄소가 750ppm인 사무실 실내환경의 직접적 건강영향은?

① 두통
② 피로
③ 호흡곤란
④ 직접적 건강영향은 없다.

해설

오염물질 관리기준(사무실 공기관리 지침 제2조)
이산화탄소 관리기준은 1,000ppm이므로 750ppm에서는 직접적인 건강영향이 없다.

79

각각 90dB, 90dB, 95dB, 100dB의 음압수준을 발생하는 소음원이 있다. 이 소음원들이 동시에 가동될 때 발생되는 음압수준은?

① 99dB
② 102dB
③ 105dB
④ 108dB

해설

합성음성도, $L = 10 \times \log(10^{\frac{L1}{10}} + 10^{\frac{L2}{10}} + \cdots + 10^{\frac{Ln}{10}})$
$= 10 \times \log(10^{\frac{90}{10}} + 10^{\frac{90}{10}} + 10^{\frac{95}{10}} + 10^{\frac{100}{10}})$
$= 101.8dB$

80

일반적으로 소음계의 A 특성치는 몇 phon의 등감곡선과 비슷하게 주파수에 따른 반응을 보정하여 측정한 음압수준을 말하는가?

① 40
② 70
③ 100
④ 140

해설

청감보정회로
• A 특성 : 40phon
• B 특성 : 70phon
• C 특성 : 100phon

81

작업장 내 유해물질 노출에 따른 위험성을 결정하는 주요 인자로만 나열된 것은?

① 독성과 노출량
② 배출농도와 사용량
③ 노출기준과 노출량
④ 노출기준과 노출농도

해설

위험성을 결정하는 주요 인자로는 독성, 노출량, 노출농도 등이 있다.

82

유해물질의 분류에 있어 질식제로 분류되지 않는 것은?

① H_2
② N_2
③ O_3
④ H_2S

해설

• 단순 질식제 : 수소, 이산화탄소, 질소, 헬륨, 메탄, 에탄, 아세틸렌
• 화학적 질식제 : 황화수소, 일산화탄소, 사이안화수소, 아닐린 등

83

베릴륨 중독에 관한 설명으로 틀린 것은?

① 베릴륨의 만성중독은 Neighborhood cases라고도 불리운다.
② 예방을 위해 X선 촬영과 폐기능 검사가 포함된 정기 건강검진이 필요하다.
③ 염화물, 황화물, 불화물과 같은 용해성 베릴륨화합물은 급성중독을 일으킨다.
④ 치료는 BAL 등 금속배설 촉진제를 투여하며, 피부 병소에는 BAL 연고를 바른다.

해설

④ BAL이나 Ca-EDTA 등 금속배설 촉진제의 사용을 금지한다.

84

다음 중 인체에 흡수된 대부분의 중금속을 배설, 제거하는 데 가장 중요한 역할을 담당하는 기관은 무엇인가?

① 대장
② 소장
③ 췌장
④ 신장

해설

④ 대부분의 금속이 배설되는 가장 중요한 경로는 신장이다.

85

납의 독성에 대한 인체실험 결과, 안전흡수량이 체중(kg)당 0.005mg이었다. 1일 8시간 작업 시의 허용농도(mg/m³)는?(단, 근로자의 평균 체중은 70kg, 해당 작업 시의 폐환기량(또는 호흡량)은 시간당 1.25m³으로 가정한다)

① 0.030
② 0.035
③ 0.040
④ 0.045

해설

안전흡수량 $= C \times T \times V \times R$,

$$C = \frac{안전흡수량}{T \times V \times R} = \frac{0.005\text{mg/kg} \times 70\text{kg}}{8 \times 1.25\text{m}^3 \times 1.0} = 0.035\text{mg/m}^3$$

86

체내에 소량 흡수된 카드뮴은 체내에서 해독되는데 이들 반응에 중요한 작용을 하는 것은?

① 효소
② 임파구
③ 간과 신장
④ 백혈구

해설

③ 체내에 흡수된 카드뮴은 혈액을 거쳐 2/3는 간과 신장으로 이동·축적된다.

87

이황화탄소를 취급하는 근로자를 대상으로 생물학적 모니터링을 하는 데 이용될 수 있는 생체 내 대사산물은?

① 소변 중 마뇨산
② 소변 중 메탄올
③ 소변 중 메틸마뇨산
④ 소변 중 TTCA(2-thiothiazolidine-4-carbo-xylic acid)

해설

④ 이황화탄소 : 뇨 중 TTCA, 이황화탄소

88

수은중독의 예방대책이 아닌 것은?

① 수은 주입과정을 밀폐공간 안에서 자동화한다.
② 작업장 내에서 음식물 섭취와 흡연 등의 행동을 금지한다.
③ 수은 취급 근로자의 비점막 궤양 생성 여부를 면밀히 관찰한다.
④ 작업장에 흘린 수은은 신체가 닿지 않는 방법으로 즉시 제거한다.

해설

③ 크롬 취급 근로자의 비점막 궤양 생성 여부를 면밀히 관찰한다.

89

폐에 침착된 먼지의 정화과정에 대한 설명으로 틀린 것은?

① 어떤 먼지는 폐포벽을 통과하여 림프계나 다른 부위로 들어가기도 한다.
② 먼지는 세포가 방출하는 효소에 의해 융해되지 않으므로 점액층에 의한 방출 이외에는 체내에 축적된다.
③ 폐에 침착된 먼지는 식세포에 의하여 포위되어, 포위된 먼지의 일부는 미세 기관지로 운반되고 점액 섬모운동에 의하여 정화된다.
④ 폐에서 먼지를 포위하는 식세포는 수명이 다한 후 사멸하고 다시 새로운 식세포가 먼지를 포위하는 과정이 계속적으로 일어난다.

해설

② 먼지는 세포가 방출하는 효소에 의해 융해된다.

90

메탄올에 관한 설명으로 틀린 것은?

① 특징적인 악성 변화는 간의 혈관육종이다.
② 자극성이 있고, 중추신경계를 억제한다.
③ 플라스틱, 필름제조와 휘발유첨가제 등에 이용된다.
④ 시각장해의 기전은 메탄올의 대사산물인 포름알데하이드가 망막조직을 손상시키는 것이다.

해설

① 간의 혈관육종의 대표적인 발암물질은 비소, 염화비닐, 이산화토륨 등이다.

91

납중독을 확인하는 시험이 아닌 것은?

① 혈중의 납농도
② 소변 중 단백질
③ 말초신경의 신경전달 속도
④ ALA(Amino Levulinic Acid) 축적

해설
② 소변 중 단백질은 카드뮴 중독을 확인할 수 있다.

92

유기용제의 종류에 따른 중추신경계 억제작용을 작은 것
부터 큰 것으로 순서대로 나타낸 것은?

① 에스테르 < 유기산 < 알코올 < 알켄 < 알칸
② 에스테르 < 알칸 < 알켄 < 알코올 < 유기산
③ 알칸 < 알켄 < 알코올 < 유기산 < 에스테르
④ 알켄 < 알코올 < 에스테르 < 알칸 < 유기산

해설
중추신경계 억제작용 순서
알칸 < 알켄 < 알코올 < 유기산 < 에스테르 < 에테르 < 할로겐화
합물

93

메탄올의 시각장애 독성을 나타내는 대사단계의 순서로
맞는 것은?

① 메탄올 → 에탄올 → 포름산 → 포름알데하이드
② 메탄올 → 아세트알데하이드 → 아세테이트 → 물
③ 메탄올 → 아세트알데하이드 → 포름알데하이드 →
   이산화탄소
④ 메탄올 → 포름알데하이드 → 포름산 → 이산화탄소

해설
눈 주변에는 레티날을 만들기 위한 알코올 산화효소가 많다. 그런 이
곳에 메탄올이 혈관을 타고 오게 되면 산화효소의 양이 많으므로 빠르
게 포름알데하이드와 포름산이 만들어진다. 그래서 눈 쪽의 시각 관련
세포가 큰 피해를 입고, 그것이 실명으로 이어진다. 메탄올은 포름알데
하이드(formaldehyde)와 포름산(formic acid)을 거쳐 물과 이산화탄소
가 된다. 이때 생기는 포름알데하이드와 포름산은 독성이 강하다.

94

주로 비강, 인후두, 기관 등 호흡기의 기도 부위에 축적됨
으로써 호흡기계 독성을 유발하는 분진은?

① 흡입성 분진   ② 호흡성 분진
③ 흉곽성 분진   ④ 총부유 분진

해설
• 흉곽성 분진 – 하기도
• 호흡성 분진 – 가스교환 부위

95

유기용제에 의한 장해의 설명으로 틀린 것은?

① 유기용제의 중추신경계 작용으로 잘 알려진 것은 마취작용이다.

② 사염화탄소는 간장과 신장을 침범하는 데 반하며 이황화탄소는 중추신경계통을 침해한다.

③ 벤젠은 노출 초기에는 빈혈증을 나타내고 장기간 노출되면 혈소판 감소, 백혈구 감소를 초래한다.

④ 대부분의 유기용제는 유독성의 포스겐을 발생시켜 장기간 노출 시 폐수종을 일으킬 수 있다.

해설

④ 염화아세틸렌은 유독성의 포스겐을 발생시켜 장기간 노출 시 폐수종을 일으킬 수 있다.

96

할로겐화 탄화수소의 사염화탄소에 관한 설명으로 틀린 것은?

① 생식기에 대한 독성작용이 특히 심하다.

② 고농도에 노출되면 중추신경계 장애 외에 간장과 신장장애를 유발한다.

③ 신장장애 증상으로 감뇨, 혈뇨 등이 발생하며 완전 무뇨증이 되면 사망할 수도 있다.

④ 초기 증상으로는 지속적인 두통, 구역 또는 구토, 복부산통과 설사, 간압통 등이 나타난다.

해설

① 중추신경계 억제에 의한 마취작용이 특히 심하다.

97

다음의 설명에서 ㉠~㉢에 해당하는 내용이 맞는 것은?

> 단시간노출기준(STEL)이란 (㉠)분 간의 시간가중평균노출값으로 노출농도가 시간가중평균노출기준(TWA)을 초과하고 단시간노출기준(STEL) 이하인 경우에는 1회 노출 지속시간이 (㉡)분 미만이어야 하고, 이러한 상태가 1일 (㉢)회 이하로 발생하여야 하며, 각 노출의 간격은 60분 이상이어야 한다.

① ㉠ : 15, ㉡ : 20, ㉢ : 2

② ㉠ : 15, ㉡ : 15, ㉢ : 4

③ ㉠ : 20, ㉡ : 15, ㉢ : 2

④ ㉠ : 20, ㉡ : 20, ㉢ : 4

해설

정의(화학물질 및 물리적 인자의 노출기준 제2조)

"단시간노출기준(STEL)"이란 15분간의 시간가중평균노출값으로서 노출농도가 시간가중평균노출기준(TWA)을 초과하고 단시간노출기준(STEL) 이하인 경우에는 1회 노출 지속시간이 15분 미만이어야 하고, 이러한 상태가 1일 4회 이하로 발생하여야 하며, 각 노출의 간격은 60분 이상이어야 한다.

98

페니실린을 비롯한 약품을 정제하기 위한 추출제 혹은 냉동제 및 합성수지에 이용되는 물질로 가장 적절한 것은?

① 벤젠
② 클로로포름
③ 브롬화메틸
④ 핵사클로로나프탈렌

해설

클로로포름

- 지방, 기름, 고무, 알칼로이드(alkaloids), 왁스, 구타페르카(gutta-percha) 및 수지의 용매
- 근대산업에서 주용도는 탄화불소(fluorocarbon)-22, 냉각제의 생성
- 실험시약 및 약품의 추출용매로 소량의 적합성
- 가정 에어컨의 냉각기나 대형 슈퍼마켓 냉각기 및 플루오로폴리머(fluoropolymers)의 생성에 쓰이는 클로로다이플루오로메탄(chloro-difluoromethane)의 생성에 주로 쓰임

99

채석장 및 모래 분사(Sand blasting) 작업장 작업자들이 석영을 과도하게 흡입하여 발생하는 질병은?

① 규폐증
② 탄폐증
③ 면폐증
④ 석면폐증

해설

① 규폐증의 원인 : 이산화규소, 석영, 유리규산

100

근로자의 화학물질에 대한 노출을 평가하는 방법으로 가장 거리가 먼 것은?

① 개인시료 측정
② 생물학적 모니터링
③ 유해성 확인 및 독성 평가
④ 건강감시(Medical Surveillance)

해설

화학물질 노출평가 방법

- 개인시료측정으로 노출농도 평가
- 생물학적 모니터링을 통한 체내 대사물질로 노출량을 평가
- 건강진단(건강감시)으로 인체 축적량 평가

제**1**과목 | **산업위생학 개론**

01

산업안전보건법상 최근 1년간 작업공정에서 공정 설비의 변경, 작업방법의 변경, 설비의 이전, 사용 화학물질의 변경 등으로 작업환경측정 결과에 영향을 주는 변화가 없는 경우 작업공정 내 소음 외의 다른 모든 인자의 작업환경측정 결과가 최근 2회 연속 노출기준 미만인 사업장은 몇 년에 1회 이상 측정할 수 있는가?

① 6월

② 1년

③ 2년

④ 3년

해설

작업환경측정 주기 및 횟수(산업안전보건법 시행규칙 제190조)

최근 1년간 작업공정에서 공정 설비의 변경, 작업방법의 변경, 설비의 이전, 사용 화학물질의 변경 등으로 작업환경측정 결과에 영향을 주는 변화가 없는 경우로서 다음의 어느 하나에 해당하는 경우에는 해당 유해인자에 대한 작업환경측정을 연(年) 1회 이상 할 수 있다.

02

해외 국가의 노출기준 연결이 틀린 것은?

① 영국 – WEL(Workplace Exposure Limit)

② 독일 – REL(Recommended Exposure Limit)

③ 스웨덴 – OEL(Occupational Exposure Limit)

④ 미국(ACGIH) – TLV(Threshold Limit Value)

해설

국가	허용기준
미국정부산업위생전문가협의회	TLV
미국산업안전보건청	PEL
미국국립산업안전보건연구원	REL
미국산업위생학회	WEL
독일	MAK
영국 보건안전청	WEL
스웨덴	OEL
한국	화학물질 및 물리적 인자의 노출기준

03

L_5/S_1 디스크에 얼마 정도의 압력이 초과되면 대부분의 근로자에게 장해가 나타나는가?

① 3,400N

② 4,400N

③ 5,400N

④ 6,400N

해설

• L_5/S_1 디스크에 3,400N 압력부하 시 대부분의 근로자가 견딜 수 있음

• L_5/S_1 디스크에 6,400N 압력부하 시 대부분의 근로자가 견딜 수 없음

04

Flex-Time 제도의 설명으로 맞는 것은?

① 하루 중 자기가 편한 시간을 정하여 자유롭게 출퇴근하는 제도

② 주휴 2일제로 주당 40시간 이상의 근무를 원칙으로 하는 제도

③ 연중 4주간 연차 휴가를 정하여 근로자가 원하는 시기에 휴가를 갖는 제도

④ 작업상 전 근로자가 일하는 중추시간(core time)을 제외하고 주당 40시간 내외의 근로조건하에서 자유롭게 출퇴근하는 제도

해설

④ Flex-Time 제도는 작업장의 기계화, 생산의 조직화, 기업의 경제성을 고려하여 모든 근로자가 근무를 하지 않으면 안 되는 중추시간을 설정하고, 지정된 주간 근무시간 내에서 자유 출퇴근을 인정하는 제도를 말한다.

05

하인리히의 사고연쇄반응 이론(도미노 이론)에서 사고가 발생하기 바로 직전 단계에 해당하는 것은?

① 개인적 결함

② 사회적 환경

③ 선진 기술의 미적용

④ 불안전한 행동 및 상태

해설

④ 3단계 : 불안전한 행동, 불안전한 상태

06

화학물질의 국내 노출기준에 관한 설명으로 틀린 것은?

① 1일 8시간을 기준으로 한다.

② 직업병 진단 기준으로 사용할 수 없다.

③ 대기오염의 평가나 관리상 지표로 사용할 수 없다.

④ 직업성 질병의 이환에 대한 반증자료로 사용할 수 있다.

해설

노출기준 사용상의 유의사항(화학물질 및 물리적 인자의 노출기준 제3조)

• 각 유해인자의 노출기준은 해당 유해인자가 단독으로 존재하는 경우의 노출기준을 말하며, 2종 또는 그 이상의 유해인자가 혼재하는 경우에는 각 유해인자의 상가작용으로 유해성이 증가할 수 있으므로 제6조에 따라 산출하는 노출기준을 사용하여야 한다.

• 노출기준은 1일 8시간 작업을 기준으로 하여 제정된 것이므로 이를 이용할 경우에는 근로시간, 작업의 강도, 온열조건, 이상기압 등이 노출기준 적용에 영향을 미칠 수 있으므로 이와 같은 제반요인을 특별히 고려하여야 한다.

• 유해인자에 대한 감수성은 개인에 따라 차이가 있고, 노출기준 이하의 작업환경에서도 직업성 질병에 이환되는 경우가 있으므로 노출기준은 직업병진단에 사용하거나 노출기준 이하의 작업환경이라는 이유만으로 직업성 질병의 이환을 부정하는 근거 또는 반증자료로 사용하여서는 안 된다.

• 노출기준은 대기오염의 평가 또는 관리상의 지표로 사용하여서는 안 된다.

07

사업장에서의 산업보건관리업무는 크게 세 가지로 구분될 수 있다. 산업보건관리 업무와 가장 관련이 적은 것은?

① 안전관리

② 건강관리

③ 환경관리

④ 작업관리

해설

① 안전관리는 안전관리자의 업무이다.

08

최근 실내공기질에서 문제가 되고 있는 방사성 물질인 라돈에 관한 설명으로 옳지 않은 것은?

① 무색, 무취, 무미한 가스로 인간의 감각에 의해 감지할 수 없다.

② 인광석이나 산업폐기물을 포함하는 토양, 석재, 각종 콘크리트 등에서 발생할 수 있다.

③ 라돈의 감마(γ)-붕괴에 의하여 라돈의 딸핵종이 생성되며 이것이 기관지에 부착되어 감마선을 방출하여 폐암을 유발한다.

④ 우라늄 계열의 붕괴과정 일부에서 생성될 수 있다.

해설

③ 우라늄과 토륨의 방사선 붕괴에 생성된 라돈의 딸핵종이 생성되며 이것이 기관지에 부착되어 감마선을 방출하여 폐암을 유발한다.

09

어느 공장에서 경미한 사고가 3건이 발생하였다. 그렇다면 이 공장의 무상해 사고는 몇 건이 발생하는가?(단, 하인리히의 법칙을 활용한다)

① 25   ② 31

③ 36   ④ 40

해설

하인리히의 재해구성 비율
1 : 29 : 300 = 사망 또는 중상 : 경상 : 무상해 사고
29 : 300 = 3 : x, x = 31건

10

인간공학에서 고려해야 할 인간의 특성과 가장 거리가 먼 것은?

① 감각과 지각

② 운동과 근력

③ 감정과 생산능력

④ 기술, 집단에 대한 적응능력

해설

우드의 인간공학에 있어 고려해야 할 인간의 특성
• 감각·지각의 능력
• 운동 및 근력
• 지능
• 기능
• 신기술을 익히는 능력
• 조직 또는 조직 활동의 적응 능력
• 인체의 크기
• 작업환경이 인간 능력에 미치는 영향
• 인간의 장·단기적 능력의 한계와 쾌적도와의 관계
• 인간의 반사적 반응 형태, 인간의 관습
• 민족적 차이, 성별 등 능력에 영향을 미치는 인자
• 인간관계
• 인간의 착오에 대한 특성

11

산업위생 분야에 종사하는 사람들이 반드시 지켜야 할 윤리강령의 전문가로서의 책임에 대한 설명 중 틀린 것은?

① 기업체의 기밀은 누설하지 않는다.

② 과학적 방법의 적용과 자료의 해석에서 객관성을 유지한다.

③ 근로자, 사회 및 전문직종의 이익을 위해 과학적 지식을 공개하고 발표한다.

④ 전문적 판단이 타협에 의하여 좌우될 수 있거나 이해관계가 있는 상황에는 적극적으로 개입한다.

해설

산업위생 전문가의 윤리강령, 전문가로서의 책임
- 학문적 실력 면에서 최고 수준을 유지한다.
- 자료의 해석에 객관성을 유지한다.
- 산업위생을 학문적으로 발전시킨다.
- 과학적 지식을 공개하고 발표한다.
- 기업체의 기밀을 누설하지 않는다.
- 이해관계가 있는 상황에는 개입하지 않는다.

12

직업성 질환의 범위에 해당되지 않는 것은?

① 합병증　　　　② 속발성 질환

③ 선천적 질환　　④ 원발성 질환

해설

③ 직업성 질환은 근로자들이 그 직업에 종사함으로써 발생하는 상병을 말한다. 선천적 질환과는 무관하다.

13

단기간 휴식을 통해서는 회복될 수 없는 발병단계의 피로를 무엇이라 하는가?

① 곤비　　　　　② 정신피로

③ 과로　　　　　④ 전신피로

해설

① 곤비는 과로상태가 축적된 상태로 단시간의 휴식에 의해 회복될 수 없는 병적 상태이다.

14

NIOSH의 권고중량한계(Recommended Weight Limit, RWL)에 사용되는 승수(multiplier)가 아닌 것은?

① 들기거리(Lift Multiplier)

② 이동거리(Distance Multiplier)

③ 수평거리(Horizontal Multiplier)

④ 비대칭각도(Asymmetry Multiplier)

해설

RWL(kg) = LC(중량상수) × HM(수평계수) × VM(수직계수) × AM(비대칭계수) × FM(작업빈도계수) × CM(물체를 잡는 데 따른 계수) × DM(물체 이동거리 계수)

15

인간공학에서 최대작업영역(maximum area)에 대한 설명으로 가장 적절한 것은?

① 허리에 불편 없이 적절히 조작할 수 있는 영역
② 팔과 다리를 이용하여 최대한 도달할 수 있는 영역
③ 어깨에서부터 팔을 뻗어 도달할 수 있는 최대 영역
④ 상완을 자연스럽게 몸에 붙인 채로 전완을 움직일 때 도달하는 영역

해설
③ 최대작업영역은 위팔과 아래팔을 곧게 펴서 파악할 수 있는 구역으로 상지를 뻗어서 닿는 작업영역이다.

16

심리학적 적성검사와 가장 거리가 먼 것은?

① 감각기능검사　　② 지능검사
③ 지각동작검사　　④ 인성검사

해설
적성검사의 분류 및 특성
• 신체검사
• 생리적 기능검사 – 감각기능검사, 심폐기능검사
• 심리적 검사 – 지능, 인성, 지각동작기능검사

17

한 근로자가 트리클로로에틸렌(TLV 50ppm)이 담긴 탈지탱크에서 금속가공 제품의 표면에 존재하는 절삭유 등의 기름 성분을 제거하기 위해 탈지작업을 수행하였다. 또 이 과정을 마치고 포장단계에서 표면 세척을 위해 아세톤(TLV 500ppm)을 사용하였다. 이 근로자의 작업환경측정 결과는 트리클로로에틸렌이 45ppm, 아세톤이 100ppm이었을 때, 노출지수와 노출기준에 관한 설명으로 맞는 것은?(단, 두 물질은 상가작용을 한다)

① 노출지수는 0.9이며, 노출기준 미만이다.
② 노출지수는 1.1이며, 노출기준을 초과하고 있다.
③ 노출지수는 6.1이며, 노출기준을 초과하고 있다.
④ 트리클로로에틸렌의 노출지수는 0.9, 아세톤의 노출지수는 0.2이며, 혼합물로써 노출기준 미만이다.

해설

$$노출지수 = \frac{C_1}{TLV_1} + \frac{C_2}{TLV_2} \cdots + \frac{C_n}{TLV_n} = \frac{45}{50} + \frac{100}{500} = 1.1$$

18

산업안전법령상 사무실 공기관리의 관리대상 오염물질의 종류에 해당하지 않는 것은?

① 오존(O₃)　　② 총부유세균
③ 호흡성분진(RPM)　　④ 일산화탄소(CO)

해설
오염물질 관리기준(사무실 공기관리 지침 제2조)
미세먼지, 초미세먼지, 이산화탄소, 일산화탄소, 이산화질소, 포름알데히드, 총휘발성유기화합물, 총부유세균, 곰팡이, 라돈

19

산업위생 역사에서 영국의 외과의사 Percivall Pott에 대한 내용 중 틀린 것은?

① 직업성 암을 최초로 보고하였다.

② 산업혁명 이전의 산업위생 역사이다.

③ 어린이 굴뚝 청소부에게 많이 발생하던 음낭암 (scrotal cancer)의 원인물질을 검댕(soot)이라고 규명하였다.

④ Pott의 노력으로 1788년 영국에서는 「도제 건강 및 도덕법(Health and Morals of Apprentices Act)」이 통과되었다.

> **해설**
>
> ④ Percivall Pott : 굴뚝 청소부에게서 최초의 직업성 암 "음낭암" 발견, 암의 원인물질은 "검댕", 「굴뚝 청소부법」을 개정하는 계기가 됨

20

젊은 근로자의 약한 쪽 손의 힘은 평균 50kp이고, 이 근로자가 무게 10kg인 상자를 두 손으로 들어 올릴 경우에 한 손의 작업강도(%MS)는 얼마인가?(단, 1kp는 질량 1kg을 중력의 크기로 당기는 힘을 말한다)

① 5   ② 10

③ 15   ④ 20

> **해설**
>
> 작업강도, MS(%) = $\dfrac{\text{한 손에 요구되는 힘}}{\text{약한 손 최대힘}} \times 100$
>
> $= \dfrac{5}{50} \times 100 = 10$

21

어느 작업장에 8시간 작업시간 동안 측정한 유해인자의 농도는 0.045mg/m³일 때, 95%의 신뢰도를 가진 하한치는 얼마인가?(단, 유해인자의 노출 기준은 0.05mg/m³, 시료채취 분석오차는 0.132이다)

① 0.768   ② 0.929

③ 1.032   ④ 1.258

> **해설**
>
> Y(표준화값)
>
> $Y = \dfrac{X_1(\text{시간가중평균값})}{\text{허용기준}} = \dfrac{0.045}{0.05} = 0.9$
>
> LCL(하한치)계산
>
> LCL $= Y - $ 시료채취분석오차
>
> $= 0.9 - 0.132 = 0.768$

22

옥내 작업장에서 측정한 건구온도 73℃이고 자연습구온도 65℃, 흑구온도 81℃일 때, 습구흑구온도지수는?

① 64.4℃   ② 67.4℃

③ 69.8℃   ④ 71.0℃

> **해설**
>
> 옥내
>
> WBGT(℃) = 0.7 × 자연습구온도 + 0.3 × 흑구온도
>
> $= 0.7 \times 65 + 0.3 \times 81$
>
> $= 45.5 + 24.3$
>
> $= 69.8℃$

23

다음 중 수동식 채취기에 적용되는 이론으로 가장 적절한 것은?

① 침강원리, 분산원리
② 확산원리, 투과원리
③ 침투원리, 흡착원리
④ 충돌원리, 전달원리

해설

② 수동식 채취기에 적용되는 이론은 확산원리, 투과원리이다.

24

다음 중 흡착관인 실리카겔관에 사용되는 실리카겔에 관한 설명과 가장 거리가 먼 것은?

① 이황화탄소를 탈착용매로 사용하지 않는다.
② 극성 물질을 채취한 경우 물 또는 메탄올을 용매로 쉽게 탈착된다.
③ 추출용액이 화학분석이나 기기분석에 방해물질로 작용하는 경우가 많지 않다.
④ 파라핀류가 케톤류보다 극성이 강하기 때문에 실리카겔에 대한 친화력도 강하다.

해설

④ 케톤류가 파라핀류보다 극성이 강하기 때문에 실리카겔에 대한 친화력도 강하다.

25

다음 중 PVC막 여과지에 관한 설명과 가장 거리가 먼 것은?

① 수분에 대한 영향이 크지 않다.
② 공해성 먼지, 총 먼지 등의 중량분석을 위한 측정에 이용된다.
③ 유리규산을 채취하여 X-선 회절법으로 분석하는 데 적절하다.
④ 코크스 제조공정에서 발생되는 코크스 오븐 배출물질을 채취하는 데 이용된다.

해설

④ 은막 여과지는 코크스 제조공정에서 발생되는 코크스 오븐 배출물질을 채취하는 데 이용된다.

26

입자상 물질의 측정 및 분석방법으로 틀린 것은?(단, 고용노동부 고시를 기준으로 한다)

① 석면의 농도는 여과채취방법에 의한 계수 방법으로 측정한다.
② 규산염은 분립장치 또는 입자의 크기를 파악할 수 있는 기기를 이용한 여과채취방법으로 측정한다.
③ 광물성 분진은 여과채취방법에 따라 석영, 크리스토바라이트, 트리디마이트를 분석할 수 있는 적합한 분석방법으로 측정한다.
④ 용접흄은 여과채취방법으로 하되 용접보안면을 착용한 경우에는 그 내부에서 채취하고 중량분석방법과 원자 흡광분광기 또는 유도결합플라즈마를 이용한 분석방법으로 측정한다.

해설

② 규산염은 분립장치 또는 입자의 크기를 파악할 수 있는 기기를 이용한 중량분석 방법으로 측정한다.

27

화학공장의 작업장 내에 먼지 농도를 측정하였더니 5, 6, 5, 6, 6, 6, 4, 8, 9, 8ppm일 때, 측정치의 기하평균은 약 몇 ppm인가?

① 5.13   ② 5.83

③ 6.13   ④ 6.83

해설

기하평균(GM)

$$\log(GM) = \frac{\log x_1 + \log x_2 + \cdots + \log x_n}{n}$$

$$= \frac{\left(\begin{array}{c}\log 5 + \log 6 + \log 5 + \log 6 + \log 6 \\ + \log 6 + \log 4 + \log 8 + \log 9 + \log 8\end{array}\right)}{10}$$

$$= 0.7873$$

$$GM = 10^{0.7873} = 6.127$$

29

다음은 작업장 소음측정에서 관한 고용노동부 고시 내용이다. ( ) 안에 내용으로 옳은 것은?

> 누적소음 노출량 측정기로 소음을 측정하는 경우에는 Criteria 90dB, Exchange Rate 5dB, Threshold ( )dB로 기기를 설정한다.

① 50   ② 60

③ 70   ④ 80

해설

측정방법(작업환경측정 및 정도관리 등에 관한 고시 제26조)
누적소음 노출량 측정기로 소음을 측정하는 경우에는 Criteria는 90dB, Exchange Rate는 5dB, Threshold는 80dB로 기기를 설정한다.

28

어느 작업환경에서 발생되는 소음원 1개의 음압수준이 92dB이라면, 이와 동일한 소음원이 8개일 때의 전체 음압수준은?

① 101dB   ② 103dB

③ 105dB   ④ 107dB

해설

합성소음도

$$L = 10 \times \log(10^{\frac{L_1}{10}} + 10^{\frac{L_2}{10}} + \cdots + 10^{\frac{L_n}{10}})(dB)$$

$$= 10 \times \log(10^{\frac{92}{10}} \times 8) = 101dB$$

30

원자흡광광도계의 구성요소와 역할에 대한 설명 중 옳지 않은 것은?

① 광원은 속빈음극램프를 주로 사용한다.

② 광원은 분석 물질이 반사할 수 있는 표준 파장의 빛을 방출한다.

③ 단색화 장치는 특정 파장만 분리하여 검출기로 보내는 역할을 한다.

④ 원자화장치에서 원자화방법에는 불꽃방식, 흑연로방식, 증기화방식이 있다.

해설

② 광원은 분석하고자 하는 원소가 잘 흡수할 수 있는 특정파장의 빛을 방출하는 역할을 한다.

27 ③   28 ①   29 ④   30 ②   **정답**

31

고체 흡착제를 이용하여 시료채취를 할 때 영향을 주는 인자에 관한 설명으로 옳지 않은 것은?

① 온도 : 고온일수록 흡착 성질이 감소하며 파과가 일어나기 쉽다.

② 오염물질농도 : 공기 중 오염물질의 농도가 높을수록 파과공기량이 증가한다.

③ 흡착제의 크기 : 입자의 크기가 작을수록 채취효율이 증가하나 압력강하가 심하다.

④ 시료채취유량 : 시료채취유량이 높으면 파과가 일어나기 쉬우며 코팅된 흡착제일수록 그 경향이 강하다.

해설

② 오염물질농도 : 공기 중 오염물질의 농도가 높을수록 파과공기량은 감소한다.

32

다음 중 조선소에서 용접작업 시 발생 가능한 유해인자와 가장 거리가 먼 것은?

① 오존   ② 자외선
③ 황산   ④ 망간 흄

해설

용접작업을 하는 중에는 용접 흄에 포함되어 있는 일부 중금속 성분이나 용접 중에 발생되는 가스, 유해방사선 등이 발생한다.
소음, 진동, 크롬, 니켈, 망간, 카드뮴 등의 흄, 자외선, 오존, 불화물 등이 있다.

33

상온에서 벤젠(C_6H_6)의 농도 $20mg/m^3$는 부피단위 농도로 약 몇 ppm인가?

① 0.06   ② 0.6
③ 6   ④ 60

해설

$$\frac{20mg}{m^3} \times \frac{1mol}{78g} \times \frac{24.45L}{1mol} \times \frac{m^3}{1,000L} \times \frac{1,000\mu g}{mg}$$

$$= 6\mu mol/mol = 6ppm$$

34

다음 중 비누거품방법(Bubble Meter Method)을 이용해 유량을 보정할 때의 주의사항과 가장 거리가 먼 것은?

① 측정시간의 정확성은 ±5초 이내이어야 한다.

② 측정장비 및 유량보정계는 Tygon Tube로 연결한다.

③ 보정을 시작하기 전에 충분히 충전된 펌프를 5분간 작동한다.

④ 표준뷰렛 내부 면을 세척제 용액으로 씻어서 비누거품이 쉽게 상승하도록 한다.

해설

① 측정시간의 정확성은 ±1% 이내이어야 한다.

35

시료공기를 흡수, 흡착 등의 과정을 거치지 않고 진공채취병 등의 채취용기에 물질을 채취하는 방법은?

① 직접채취방법　　② 여과채취방법
③ 고체채취방법　　④ 액체채취방법

해설

① 직접채취방법 : 진공채취병, 포집포대
② 여과채취방법 : 여과지(간섭, 차단, 여과, 관성)
③ 고체채취방법 : 고체흡착관(흡착)
④ 액체채취방법 : 임핀저(용해, 반응, 흡수, 충돌)

36

어느 작업장에서 A 물질의 농도를 측정한 경로가 각각 23.9ppm, 21.6ppm, 22.4ppm, 24.1ppm, 22.7ppm, 25.4ppm을 얻었다. 측정 결과에서 중앙값(median)은 몇 ppm인가?

① 23.0　　② 23.1
③ 23.3　　④ 23.5

해설

n개 측정값의 오름차순 중 n이 짝수일 경우는 n/2번째와 (n + 2)/2번째의 평균값이다.
n = 6, n/2 = 6/2 = 3, (n + 2)/2 = (6 + 2)/2 = 4,
3번째와 4번째 값의 평균값 = (22.7 + 23.9)dB/2 = 23.3dB

37

소음의 측정방법으로 틀린 것은?(단, 고용노동부 고시를 기준으로 한다)

① 소음계의 청감보정회로는 A 특성으로 한다.
② 소음계 지시침의 동작은 느린(Slow)상태로 한다.
③ 소음계의 지시치가 변동하지 않는 경우에는 해당 지시치를 그 측정점에서의 소음수준으로 한다.
④ 소음이 1초 이상의 간격을 유지하면서 최대음압수준이 120dB(A) 이상의 소음인 경우에는 소음수준에 따른 10분 동안의 발생횟수를 측정한다.

해설

④ 소음이 1초 이상의 간격을 유지하면서 최대음압수준이 20dB(A) 이상의 소음인 경우에는 소음수준에 따른 1분 동안의 발생횟수를 측정한다.

38

온도 표시에 대한 내용으로 틀린 것은?(단, 고용노동부 고시를 기준으로 한다)

① 미온은 20~30℃를 말한다.
② 온수(溫水)는 60~70℃를 말한다.
③ 냉수(冷水)는 15℃ 이하를 말한다.
④ 상온은 15~25℃, 실온은 1~35℃를 말한다.

해설

① 미온은 30~40℃를 말한다.

39

작업환경측정대상이 되는 작업장 또는 공정에서 정상적인 작업을 수행하는 동일 노출집단의 근로자가 작업하는 장소는?(단, 고용노동부 고시를 기준으로 한다)

① 동일작업장소
② 단위작업장소
③ 노출측정장소
④ 측정작업장소

해설

정의(작업환경측정 및 정도관리 등에 관한 고시 제2조)
"단위작업 장소"란 규칙 제186조 제1항에 따라 작업환경측정대상이 되는 작업장 또는 공정에서 정상적인 작업을 수행하는 동일 노출집단의 근로자가 작업을 하는 장소를 말한다.

40

다음 중 작업환경측정치의 통계처리에 활용되는 변이계수에 관한 설명과 가장 거리가 먼 것은?

① 평균값의 크기가 0에 가까울수록 변이계수의 의의는 작아진다.
② 측정단위와 무관하게 독립적으로 산출되며 백분율로 나타낸다.
③ 단위가 서로 다른 집단이나 특성값의 상호 산포도를 비교하는 데 이용될 수 있다.
④ 편차의 제곱 합들의 평균값으로 통계집단의 측정값들에 대한 균일성, 정밀성 정도를 표현한다.

해설

④ 제곱 합은 편차의 제곱 합들의 평균값으로 통계집단의 측정값들에 대한 균일성, 정밀성 정도를 표현한다.

41

다음 중 오염물질을 후드로 유입하는 데 필요한 기류의 속도인 제어속도에 영향을 주는 인자와 가장 거리가 먼 것은?

① 덕트의 재질
② 후드의 모양
③ 후드에서 오염원까지의 거리
④ 오염물질의 종류 및 확산상태

해설

제어속도 결정 시 고려사항
• 유해물질의 비산방향(확산상태)
• 유해물질의 비산거리(후드에서 오염원까지 거리)
• 후드의 형식(모양)

42

다음 중 국소배기장치에 관한 주의사항과 가장 거리가 먼 것은?

① 유독물질의 경우에는 굴뚝에 흡인장치를 보강할 것
② 흡인되는 공기가 근로자의 호흡기를 거치지 않도록 할 것
③ 배기관은 유해물질이 발산하는 부위의 공기를 모두 흡입할 수 있는 성능을 갖출 것
④ 먼지를 제거할 때에는 공기속도를 조절하여 배기관 안에서 먼지가 일어나도록 할 것

해설

④ 먼지를 제거할 때에는 공기속도를 조절하여 배기관 안에서 먼지가 일어나지 않도록 한다.

정답 39 ② 40 ④ 41 ① 42 ④

43

송풍기에 관한 설명으로 옳은 것은?

① 풍량은 송풍기의 회전수에 비례한다.
② 동력은 송풍기의 회전수의 제곱에 비례한다.
③ 풍력은 송풍기의 회전수의 세제곱에 비례한다.
④ 풍압은 송풍기의 회전수의 세제곱에 비례한다.

해설

① 풍량은 송풍기의 회전속도에 비례한다.
② 동력은 송풍기의 회전속도의 세제곱에 비례한다.
④ 풍압은 송풍기의 회전속도의 제곱에 비례한다.

45

입자의 침강속도에 대한 설명으로 틀린 것은?(단, 스토크스 식을 기준으로 한다)

① 입자직경의 제곱에 비례한다.
② 공기와 입자 사이의 밀도차에 반비례한다.
③ 중력가속도에 비례한다.
④ 공기의 점성계수에 반비례한다.

해설

$$V(\text{cm/s}) = \frac{g(\text{중력가속도}) \times d(\text{입자직경})^2 \times (\rho_1(\text{입자밀도}) - \rho(\text{공기밀도}))}{18 \times \mu(\text{공기점성계수})}$$

공기와 입자 사이의 밀도차에 비례한다.

44

정압이 3.5cmH$_2$O인 송풍기의 회전속도를 180rpm에서 360rpm으로 증가시켰다면, 송풍기의 정압은 약 몇 cmH$_2$O인가?(단, 기타 조건은 같다고 가정한다)

① 16   ② 14
③ 12   ④ 10

해설

송풍기 상사법칙, 회전속도 변화에 따른 계산

$$P_2 = P_1 \times \left(\frac{N_2}{N_1}\right)^2 = 3.5 \times \left(\frac{360}{180}\right)^2 = 14$$

46

환기시설 내 기류가 기본적인 유체역학적 원리에 따르기 위한 전제조건과 가장 거리가 먼 것은?

① 공기는 절대습도를 기준으로 한다.
② 환기시설 내외의 열교환은 무시한다.
③ 공기의 압축이나 팽창은 무시한다.
④ 공기 중에 포함된 유해물질의 무게와 용량을 무시한다.

해설

① 공기는 상대습도를 기준으로 한다.

47

작업환경의 관리원칙인 대체 중 물질의 변경에 따른 개선 예와 가장 거리가 먼 것은?

① 성냥 제조 시 황린 대신 적린을 사용하였다.
② 세척작업에서 사염화탄소 대신 트리클로로에틸렌을 사용하였다.
③ 야광시계의 자판에서 인 대신 라듐을 사용하였다.
④ 보온 재료 사용에서 석면 대신 유리섬유를 사용하였다.

해설
③ 야광시계의 자판에서 라듐 대신 인을 사용하였다.

48

다음 중 작업환경 개선을 위해 전체 환기를 적용할 수 있는 상황과 가장 거리가 먼 것은?

① 오염발생원의 유해물질 발생량이 적은 경우
② 작업자가 근무하는 장소로부터 오염발생원이 멀리 떨어져 있는 경우
③ 소량의 오염물질이 일정속도로 작업장으로 배출되는 경우
④ 동일작업장에 오염발생원이 한 군데로 집중되어 있는 경우

해설
④ 동일작업장에 오염발생원이 한 군데로 집중되어 있는 경우에는 국소배기를 적용한다.

49

20℃의 송풍관 내부에 480m/min으로 공기가 흐르고 있을 때, 속도압은 약 몇 mmH₂O인가?(단, 0℃ 공기 밀도는 1.296kg/m³로 가정한다)

① 2.3 ② 3.9
③ 4.5 ④ 7.3

해설
공기밀도 온도보정

$$1.296\text{kg}/\text{m}^3 \times \frac{273+0}{273+20} = 1.208\text{kg}/\text{m}^3$$

$$480\text{m}/\text{min} \times \frac{1\text{min}}{60s} = 8\text{m}/\text{s}$$

속도압

$$VP = \frac{\gamma V^2}{2g} = \frac{1.208\text{kg}/\text{m}^3 \times (8\text{m}/\text{s})^2}{2 \times 9.8\text{m}/\text{s}^2} = 3.94$$

50

체적이 1,000m³이고 유효환기량이 50m³/min인 작업장에 메틸클로로포름 증기가 발생하여 100ppm의 상태로 오염되었다. 이 상태에서 증기발생이 중지되었다면 25ppm까지 농도를 감소시키는 데 걸리는 시간은?

① 약 17분 ② 약 28분
③ 약 32분 ④ 약 41분

해설
초기시간 t_1=0에서의 농도 C_1으로부터 C_2까지 감소하는 데 걸린 시간(t)

$$t = -\frac{V}{Q} \times \ln\left(\frac{C_2}{C_1}\right) = -\frac{1,000\text{m}^3}{50\text{m}^3/\text{min}} \times \ln\left(\frac{25\text{ppm}}{100\text{ppm}}\right) = 27.7분$$

51

다음은 분진발생 작업환경에 대한 대책이다. 옳은 것을 모두 고른 것은?

> ㉠ 연마작업에서는 국소배기장치가 필요하다.
> ㉡ 암석 굴진작업, 분쇄작업에서는 연속적인 살수가 필요하다.
> ㉢ 샌드블라스팅에 사용되는 모래를 철사나 금강사로 대치한다.

① ㉠, ㉡
② ㉡, ㉢
③ ㉠, ㉢
④ ㉠, ㉡, ㉢

해설

분진발생 작업환경에 대한 대책
- 연마작업에서는 국소배기장치가 필요하다.
- 암석 굴진작업, 분쇄작업에서는 연속적인 살수가 필요하다.
- 샌드블라스팅에 사용되는 모래를 철사나 금강사로 대치한다.

52

보호장구의 재질과 대상 화학물질이 잘못 짝지어진 것은?

① 부틸고무 – 극성 용제
② 면 – 고체상 물질
③ 천연고무(latex) – 수용성 용액
④ Vitron – 극성 용제

해설

④ Vitron – 비극성 용제

53

다음 그림이 나타내는 국소배기장치의 후드 형식은?

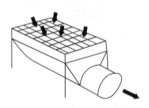

① 측방형
② 포위형
③ 하방형
④ 슬롯형

해설

측방형	포위형
송풍기	
하방형	슬롯형
송풍기	송풍기

54

후드로부터 0.25m 떨어진 곳에 있는 공정에서 발생되는 먼지를, 제어속도가 5m/s, 후드직경이 0.4m인 원형 후드를 이용하여 제거할 때, 필요 환기량은 약 몇 m³/min인가?(단, 플랜지 등 기타 조건은 고려하지 않음)

① 205
② 215
③ 225
④ 235

해설

필요환기량(원형후드, 플랜지 고려X)

$Q = V_c \times (10X^2 + A)$

$= 5\text{m/s} \times 60\text{s/min} \times [(10 \times 0.25^2)\text{m}^2 + \left(\dfrac{3.14 \times 0.4^2}{4}\right)\text{m}^2]$

$= 225.2\text{m}^3/\text{min}$

55

슬로트 후드에서 슬로트의 역할은?

① 제어속도를 감소시킨다.

② 후드 제작에 필요한 재료를 절약한다.

③ 공기가 균일하게 흡입되도록 한다.

④ 제어속도를 증가시킨다.

해설

- 슬로트 후드에서도 플랜지를 부착하면 필요배기량을 줄일 수 있다.
- 공기가 균일하게 흡입되도록 한다.
- 슬로트 속도는 배기송풍량과는 관계가 없으며 제어풍속은 슬로트 속도에 영향을 받지 않는다.

56

1기압에서 혼합기체가 질소(N_2) 50vol%, 산소(O_2) 20vol%, 이산화탄소 30vol%로 구성되어 있을 때, 질소(N_2)의 분압은?

① 380mmHg ② 228mmHg

③ 152mmHg ④ 740mmHg

해설

1기압 = 760mmHg

$760\text{mmHg} \times \dfrac{50}{100} = 380\text{mmHg}$

57

어떤 작업장의 음압수준이 80dB(A)이고 근로자가 NRR이 19인 귀마개를 착용하고 있다면, 차음효과는 몇 dB(A)인가?(단, OSHA 방법 기준)

① 4 ② 6

③ 60 ④ 70

해설

차음효과 $= (NRR - 7) \times 0.5 = (19 - 7) \times 0.5 = 6$

58

방진마스크에 관한 설명으로 옳지 않은 것은?

① 일반적으로 활성탄 필터가 많이 사용된다.

② 종류에는 격리식, 직결식, 면체여과식이 있다.

③ 흡기저항 상승률은 낮은 것이 좋다.

④ 비휘발성 입자에 대한 보호가 가능하다.

해설

① 일반적으로 면, 모, 합성섬유, 유리섬유 필터가 많이 사용된다.

59

작업장에서 Methylene chloride(비중＝1.336, 분자량 ＝84.94, TLV＝500ppm)를 500g/hr를 사용할 때, 필요한 환기량은 약 몇 m³/min인가?(단, 안전계수는 7이고, 실내온도는 21℃이다)

① 26.3   ② 33.1

③ 42.0   ④ 51.3

해설

사용량 : 500g/hr

발생률, G(L/hr)

84.94g : 24.1L＝500g/hr : G

$G = \dfrac{24.1 \times 500}{84.94} = 141.86 \text{L/hr}$

환기량 $= \dfrac{G}{TLV} \times K = \dfrac{141.86\text{L/hr} \times \dfrac{1,000\text{mL}}{1\text{L}}}{500\text{mL/m}^3} \times 7$

$\quad\quad = 1,986.04\text{m}^3/\text{hr} \times \dfrac{1hr}{60\text{min}}$

$\quad\quad = 33.1\text{m}^3/\text{min}$

60

흡인 풍량이 200m³/min, 송풍기 유효전압이 150mmH₂O, 송풍기 효율이 80%인 송풍기의 소요동력은?

① 3.5kW   ② 4.8kW

③ 6.1kW   ④ 9.8kW

해설

송풍기 소요동력, $\text{kW} = \dfrac{Q \times \triangle P}{6,120 \times \eta} \times \alpha$

$\quad\quad = \dfrac{200\text{m}^3/\text{min} \times 150\text{mmH}_2\text{O}}{6,120 \times 0.8}$

$\quad\quad = 6.13\text{kW}$

61

작업장에서 사용하는 트리클로로에틸렌을 독성이 강한 포스겐으로 전환시킬 수 있는 광화학 작용을 하는 유해 광선은?

① 적외선   ② 자외선

③ 감마선   ④ 마이크로파

해설

태양자외선과 산업장에서 발생하는 자외선은 공기 중의 NO₂와 올레핀계 탄화수소와 광학적 반응을 일으켜 트리클로로에틸렌을 독성이 강한 포스겐으로 전환시키는 광화학 작용을 한다.

62

다음 중 투과력이 커서 노출 시 인체 내부에도 영향을 미칠 수 있는 방사선의 종류는?

① γ선   ② α선

③ β선   ④ 자외선

해설

인체의 투과력 순서 : 중성자 > X선 or γ선 > β선 > α선

63

산업안전보건법령상, 소음의 노출기준에 따르면 몇 dB(A) 의 연속소음에 노출되어서는 안 되는가?(단, 충격소음은 제외한다)

① 85   ② 90

③ 100   ④ 115

해설

소음의 노출기준(충격소음제외)(화학물질 및 물리적 인자의 노출기준 [별표 2의 1])

1일 노출시간(hr)	소음강도 dB(A)
8	90
4	95
2	100
1	105
1/2	110
1/4	115

주 : 115dB(A)를 초과하는 소음 수준에 노출되어서는 안 됨

64

인공호흡용 혼합가스 중 헬륨-산소 혼합가스에 관한 설명으로 틀린 것은?

① 헬륨은 고압하에서 마취작용이 약하다.

② 헬륨은 분자량이 작아서 호흡저항이 적다.

③ 헬륨은 질소보다 확산속도가 작아 인체 흡수속도를 줄일 수 있다.

④ 헬륨은 체외로 배출되는 시간이 질소에 비하여 50% 정도 밖에 걸리지 않는다.

해설

③ 헬륨은 질소보다 확산속도가 크다.

65

개인의 평균 청력 손실을 평가하기 위하여 6분법을 적용하였을 때, 500Hz에서 6dB, 1,000Hz에서 10dB, 2,000Hz 에서 10dB, 4,000Hz에서 20dB이면 이때의 청력 손실은 얼마인가?

① 10dB   ② 11dB

③ 12dB   ④ 13dB

해설

$$6분법 = \frac{a+2b+2c+d}{6} = \frac{6+2\times10+2\times10+20}{6} = 11$$

여기서, a = 500Hz에서의 청력손실
b = 1,000Hz에서의 청력손실
c = 2,000Hz에서의 청력손실
d = 4,000Hz에서의 청력손실

66

옥타브밴드로 소음의 주파수를 분석하였다. 낮은 쪽의 주파수가 250Hz이고, 높은 쪽의 주파수가 2배인 경우 중심 주파수는 약 몇 Hz인가?

① 250   ② 300

③ 354   ④ 375

해설

• 높은 쪽 주파수, $f_L = \dfrac{f_C}{\sqrt{2}}$,

• 낮은 쪽 주파수, $f_U = \dfrac{(f_C)^2}{f_L}$

• 중심주파수, $f_C = \sqrt{2} \times f_L = \sqrt{2} \times 250 = 353.6$

• 중심주파수, $f_C = \sqrt{f_U \times f_L} = \sqrt{(250\times2)(250)} = 353.6$

67

다음 중 체온의 상승에 따라 체온조절중추인 시상하부에서 혈액온도를 감지하거나 신경망을 통하여 정보를 받아들여 체온 방산작용이 활발해지는 작용은?

① 정신적 조절작용(spiritual thermoregulation)
② 물리적 조절작용(physical thermoregulation)
③ 화학적 조절작용(chemical thermoregulation)
④ 생물학적 조절작용(biological thermoregulation)

해설

② 물리적 조절작용 : 폭염에 의해 체온이 상승할 경우, 혈액온도를 감지하여 증발열을 통해 체열을 방출하는 작용

68

질소마취 증상과 가장 연관이 많은 작업은?

① 잠수작업　　　　　② 용접작업
③ 냉동작업　　　　　④ 금속제조작업

해설

① 질소마취 증상은 잠수작업 등 고압환경에서 발생한다.

69

사무실 책상 면으로부터 수직으로 1.4m의 거리에 1,000cd (모든 방향으로 일정하다)의 광도를 가지는 광원이 있다. 이 광원에 대한 책상에서의 조도(intensity of illumination, Lux)는 약 얼마인가?

① 410　　　　　　　② 444
③ 510　　　　　　　④ 544

해설

$$조도 = \frac{광도}{거리^2} = \frac{1,000}{1.4^2} = 510.2$$

70

이상기압과 건강장해에 대한 설명으로 맞는 것은?

① 고기압 조건은 주로 고공에서 비행업무에 종사하는 사람에게 나타나며 이를 다루는 학문은 항공의학 분야이다.
② 고기압 조건에서의 건강장해는 주로 기후의 변화로 인한 대기압의 변화 때문에 발생하며 휴식이 가장 좋은 대책이다.
③ 고압 조건에서 급격한 압력저하(감압)과정은 혈액과 조직에 녹아있던 질소가 기포를 형성하여 조직과 순환기계 손상을 일으킨다.
④ 고기압 조건에서 주요 건강장해 기전은 산소부족이므로 일차적인 응급치료는 고압산소실에서 치료하는 것이 바람직하다.

해설

이상기압과 관련된 건강장해
잠함병 : 혈액과 조직에 질소기포 증가, 재가압 산소요법으로 치료, 고압 환경에서 Henry 법칙에 따라 체내에 과다하게 용해되었던 불활성 기체는 압력이 낮아질 때 과포화 상태로 되어 혈액과 조직에 기포를 형성해 혈액순환을 방해하거나 조직에 기계적 영향을 준다.

71

다음 중 단기간동안 자외선(UV)에 초과 노출될 경우 발생할 수 있는 질병은?

① Hypothermia
② Welder's flash
③ Phossy jaw
④ White fingers syndrome

해설

② Welder's flash : 자외선 각막염
① Hypothermia : 저체온증
③ Phossy jaw : 인산괴사
④ White fingers syndrome : 진동증후군, 레이노증후군

72

일반적으로 전신진동에 의한 생체반응에 관여하는 인자로 가장 거리가 먼 것은?

① 온도　　　　② 강도
③ 방향　　　　④ 진동수

전신진동에 의한 생체반응에 관여하는 인자
강도, 방향, 진동수, 노출시간

73

저기압 환경에서 발생하는 증상으로 옳은 것은?

① 이산화탄소에 의한 산소 중독증상
② 폐 압박
③ 질소마취 증상
④ 우울감, 두통, 구토, 식욕상실

• 저기압 환경에서 발생하는 증상 : 폐수종, 고산병(우울감, 두통, 식욕
상실), 고공증상
• 고기압 환경에서 발생하는 증상 : 이산화탄소에 의한 산소 중독증상,
폐 압박, 질소마취 증상

74

다음 중 진동에 의한 장해를 최소화시키는 방법과 거리가 먼 것은?

① 진동의 발생원을 격리시킨다.
② 진동의 노출시간을 최소화시킨다.
③ 훈련을 통하여 신체의 적응력을 향상시킨다.
④ 진동을 최소화하기 위하여 공학적으로 설계 및 관리
　한다.

진동방지 대책
발생원 대책, 전파경로 대책, 수진축 대책

75

전리방사선에 대한 감수성이 가장 큰 조직은?

① 간　　　　　② 골수세포
③ 연골　　　　④ 신장

전리방사선에 대한 감수성 순서
골수, 흉선 및 림프조직, 눈의 수정체, 임파선 > 상피세포, 내피세포
> 근육세포 > 신경조직

76

고온환경에 노출된 인체의 생리적 기전과 가장 거리가 먼 것은?

① 수분 부족
② 피부혈관 확장
③ 근육 이완
④ 갑상선자극호르몬 분비 증가

저온환경에 노출된 인체의 생리적 기전
• 피부혈관 수축
• 근육 긴장의 증가와 떨림 및 수의적인 운동 증가
• 갑상선자극호르몬 분비 감소
• 부종, 저림, 가려움증, 심한 통증 생성
• 피부 표면의 혈관 및 피하조직 수축 및 체표면적의 감소

77

현재 총흡음량이 1,000sabins인 작업장에 흡음을 보강하여 4,000sabins을 더할 경우, 총 소음감소는 약 얼마인가?(단, 소수점 첫째 자리에서 반올림)

① 5dB
② 6dB
③ 7dB
④ 8dB

해설

NR, 저감량 $= 10 \times \log \dfrac{\text{대책 전 총흡음력} + \text{부가된 흡음력}}{\text{대책 전 총흡음력}}$

$\qquad = 10 \times \log \dfrac{1{,}000 + 4{,}000}{1{,}000} = 6.9897 \fallingdotseq 7\text{dB}$

78

빛 또는 밝기와 관련된 단위가 아닌 것은?

① weber
② candela
③ lumen
④ footlambert

해설

① weber : 가스발열량 지수
② candela : 광도
③ lumen : 광속
④ footlambert : 휘도

79

다음 중 음의 세기레벨을 나타내는 dB의 계산식으로 옳은 것은?(단, I_0 = 기준음향의 세기, I = 발생음의 세기)

① $dB = 10\log\left(\dfrac{I}{I_0}\right)$
② $dB = 20\log\left(\dfrac{I}{I_0}\right)$
③ $dB = 10\log\left(\dfrac{I_0}{I}\right)$
④ $dB = 20\log\left(\dfrac{I_0}{I}\right)$

해설

음의 세기레벨(SIL)

$SIL = 10 \times \log\left(\dfrac{I}{I_0}\right) = 10 \times \log\left(\dfrac{I}{10^{-12}}\right)$

80

참호족에 관한 설명으로 맞는 것은?

① 직장온도가 35℃ 수준 이하로 저하되는 경우를 의미한다.
② 체온이 35~32.2℃에 이르면 신경학적 억제증상으로 운동실조, 자극에 대한 반응도 저하와 언어이상 등이 온다.
③ 27℃에서는 떨림이 멎고 혼수에 빠지게 되고, 25~23℃에 이르면 사망하게 된다.
④ 근로자의 발이 한랭에 장기간 노출됨과 동시에 지속적으로 습기나 물에 잠기게 되면 발생한다.

해설

④ 참호족은 지속적인 한랭으로 모세혈관벽이 손상되어 국소부위의 산소결핍이 일어나기 때문에 유발된다.

81

다음 중 생물학적 모니터링에서 사용되는 약어의 의미가 틀린 것은?

① B - background, 직업적으로 노출되지 않은 근로자의 검체에서 동일한 결정인자가 검출될 수 있다는 의미

② Sc - susceptibiliy(감수성), 화학물질의 영향으로 감수성이 커질 수도 있다는 의미

③ Nq - nonqualitative, 결정인자가 동 화학물질에 노출되었다는 지표일 뿐이고 측정치를 정량적으로 해석하는 것은 곤란하다는 의미

④ Ns - nonspecific(비특이적), 특정 화학물질 노출에서뿐만 아니라 다른 화학물질에 의해서도 이 결정인자가 나타날 수 있다는 의미

해설

③ Nq : 충분한 자료가 없어 생물학적 노출지수가 설정되지 않음

82

다음 중 직업성 피부질환에 관한 설명으로 틀린 것은?

① 가장 빈번한 직업성 피부질환은 접촉성 피부염이다.

② 알레르기성 접촉 피부염은 일반적인 보호 기구로도 개선 효과가 좋다.

③ 첩포시험은 알레르기성 접촉 피부염의 감작물질을 색출하는 임상시험이다.

④ 일부 화학물질과 식물은 광선에 의해서 활성화되어 피부반응을 보일 수 있다.

해설

알레르기성 접촉 피부염은 보호구의 재질에 따라 발생할 수 있으므로 보호구의 재질을 확인하고 착용하여야 한다.

83

노말헥산이 체내 대사과정을 거쳐 변환되는 물질로, 노말헥산에 폭로된 근로자의 생물학적 노출지표로 이용되는 물질로 옳은 것은?

① hippuric acid

② 2,5-hexanedione

③ hydroquinone

④ 9-hydroxyquinoline

해설

② 노말헥산의 생물학적 노출지표는 뇨 중 n-헥산, 뇨 중 2,5-hexanedione, 작업종료 시 시료채취이다.

84

다음 중 석면작업의 주의사항으로 적절하지 않은 것은?

① 석면 등을 사용하는 작업은 가능한 한 습식으로 하도록 한다.

② 석면을 사용하는 작업장이나 공정 등은 격리시켜 근로자의 노출을 막는다.

③ 근로자가 상시 접근할 필요가 없는 석면취급설비는 밀폐실에 넣어 양압을 유지한다.

④ 공정상 밀폐가 곤란한 경우, 적절한 형식과 기능을 갖춘 국소배기장치를 설치한다.

해설

③ 근로자가 상시 접근할 필요가 없는 석면취급설비는 밀폐실에 넣어 음압을 유지한다.

85

다음 중 카드뮴의 중독, 치료 및 예방대책에 관한 설명으로 틀린 것은?

① 소변 속의 카드뮴 배설량은 카드뮴 흡수를 나타내는 지표가 된다.

② BAL 또는 Ca-EDTA 등을 투여하여 신장에 대한 독작용을 제거한다.

③ 칼슘대사에 장해를 주어 신결석을 동반한 증후군이 나타나고 다량의 칼슘배설이 일어난다.

④ 폐활량 감소, 잔기량 증가 및 호흡곤란의 폐증세가 나타나며, 이 증세는 노출기간과 노출농도에 의해 좌우된다.

해설

② BAL 또는 Ca-EDTA 등을 투여하여 신장에 대한 독작용을 제거하는 물질은 수은(Hg)이다.

86

산업독성학에서 LC_{50}의 설명으로 맞는 것은?

① 실험동물의 50%가 죽게 되는 양이다.

② 실험동물의 50%가 죽게 되는 농도이다.

③ 실험동물의 50%가 살아남을 비율이다.

④ 실험동물의 50%가 살아남을 확률이다.

해설

② LC_{50} : lethal threshold concentration, 치사 최저 농도로 실험동물의 50%가 죽게 되는 농도이다.

87

다음 중 크롬에 관한 설명으로 틀린 것은?

① 6가크롬은 발암성 물질이다.

② 주로 소변을 통하여 배설된다.

③ 형광등 제조, 치과용 아말감 산업이 원인이 된다.

④ 만성 크롬중독인 경우 특별한 치료방법이 없다.

해설

③ 수은은 형광등 제조, 치과용 아말감 산업이 원인이 된다.

88

납중독을 확인하기 위한 시험방법과 가장 거리가 먼 것은?

① 혈액 중 납 농도 측정

② 헴(Heme)합성과 관련된 효소의 혈중농도 측정

③ 신경전달속도 측정

④ β-ALA이동 측정

해설

납중독 확인 시험사항

혈액 중 납농도, 헴의 대사, 신경전달속도, Ca-EDTA 이동시험

89

동물실험에서 구해진 역치량을 사람에게 외삽하여 "사람에게 안전한 양"으로 추정한 것을 SHD(Safe Human Dose)라고 하는데 SHD 계산에 필요하지 않은 항목은?

① 배설률
② 노출시간
③ 호흡률
④ 폐흡수비율

해설

- 체내흡수량, SHD
- 체내흡수량$(mg) = C \times T \times V \times R$

여기서, $C(mg/m^3)$: 유해물질농도
$T(hr)$: 노출시간
$V(m^3/hr)$: 호흡률
R : 체내잔류율

90

자동차 정비업체에서 우레탄 도료를 사용하는 도장작업 근로자에게서 직업성 천식이 발생되었을 때, 원인 물질로 추측할 수 있는 것은?

① 시너(thinner)
② 벤젠(benzene)
③ 크실렌(Xylene)
④ TDI(Toluene diisocyanate)

해설

TDI는 무색에 가까운 옅은 노란색을 띠며 매우 자극적인 냄새를 지녔다. 알코올 화합물과 반응해 우레탄을 형성한다. 자동차내장재·범퍼·인조가죽·인조목재·경화제·도료 등의 제조에 쓰인다. TDI에 반복적으로 노출되면 알레르기 반응이 일어나 기침·호흡곤란·천명(쌕쌕거림) 등의 호흡기 증상이 나타난다.

91

다음 중 유해물질의 독성 또는 건강영향을 결정하는 인자로 가장 거리가 먼 것은?

① 작업강도
② 인체 내 침입경로
③ 노출농도
④ 작업장 내 근로자수

해설

유해물질의 독성 또는 건강영향을 결정하는 인자
노출농도, 노출시간, 작업강도, 기상조건, 개인의 감수성, 인체 침입경로, 유해물질의 물리화학적 성질

92

소변 중 화학물질 A의 농도는 28mg/mL, 단위시간(분)당 배설되는 소변의 부피는 1.5mL/min, 혈장 중 화학물질 A의 농도가 0.2mg/mL라면 단위시간(분)당 화학물질 A의 제거율(mL/min)은 얼마인가?

① 120
② 180
③ 210
④ 250

해설

단위시간당 제거율(mL/min)

$$= 단위시간당\ 배설되는\ 소변의\ 부피 \times \frac{소변농도}{혈장농도}$$

$$= 1.5mL/min \times \frac{28mg/mL}{0.2mg/mL} = 210mL/min$$

93

다음 중 피부의 색소침착(pigmentation)이 가능한 표피층 내의 세포는?

① 기저세포
② 멜라닌세포
③ 각질세포
④ 피하지방세포

해설

② 멜라닌은 인간의 피부, 모발, 눈의 다양한 음영과 색을 내는 색소로, 색(색소침착)은 피부의 멜라닌 양으로 결정된다.

94

다음 중 조혈장해를 일으키는 물질은?

① 납
② 망간
③ 수은
④ 우라늄

해설

① 납은 조혈기계(빈혈), 신경계, 신장계, 소화기계, 심혈관계 등에 다양한 농도 범위에서 인체에 영향을 미친다.

95

다음 중 다핵방향족 탄화수소(PAHs)에 대한 설명으로 틀린 것은?

① 철강제조업의 석탄 건류공정에서 발생된다.
② PAHs의 대사에 관여하는 효소는 시토크롬 P-448이다.
③ PAHs의 배설을 쉽게 하기 위하여 수용성으로 대사된다.
④ 벤젠고리가 2개 이상인 것으로 톨루엔이나 크실렌 등이 있다.

해설

④ 벤젠고리가 2개 이상인 것으로 나프탈렌, 벤조피렌 등이 있다.

96

다음 중 납중독의 주요 증상에 포함되지 않는 것은?

① 혈중의 methallothionein 증가
② 적혈구 내 protoporphyrin 증가
③ 혈색소량 저하
④ 혈청 내 철 증가

해설

① methallothionein(혈장단백질)은 카드뮴이 체내에 들어가면 간에서 생합성이 촉진되어 폭로된 독성을 감소시킨다.

97

화학적 질식제(chemical asphyxiant)에 심하게 노출되었을 경우 사망에 이르게 되는 이유로 적절한 것은?

① 폐에서 산소를 제거하기 때문
② 심장의 기능을 저하시키기 때문
③ 폐 속으로 들어가는 산소의 활용을 방해하기 때문
④ 신진대사 기능을 높여 가용한 산소가 부족해지기 때문

해설

혈액 중에서 혈색소와 결합한 후에 혈액의 산소운반능력을 방해하거나, 조직 세포에 있는 철 산화효소를 불활성시켜 세포의 산소수용능력을 상실시킨다.

98

다음 중 유해화학물질에 의한 간의 중요한 장해인 중심소엽성 괴사를 일으키는 물질로 옳은 것은?

① 수은
② 사염화탄소
③ 이황화탄소
④ 에틸렌글리콜

해설
할로겐원소나 니트로기를 가지고 있는 유기용제는 간독성이 있다. 대표적인 간독성 유기용제로 사염화탄소를 들 수 있다. 사염화탄소에 노출된 후 얼마간의 잠복기를 지나 두통, 구역, 구토, 복통, 설사, 간 부위 압통 등의 증상이 나타난다. 간기능검사에서 혈청 빌리루빈과 간효소 수치가 상승하며 조직학적 검사에서는 간의 지방변성과 중심소엽성 괴사를 볼 수 있다.

99

다음 중 유해물질의 흡수에서 배설까지의 과정에 대한 설명으로 옳지 않은 것은?

① 흡수된 유해물질은 원래의 형태든, 대사산물의 형태로든 배설되기 위하여 수용성으로 대사된다.
② 흡수된 유해화학물질은 다양한 비특이적 효소에 의한 유해물질의 대사로 수용성이 증가되어 체외로의 배출이 용이하게 된다.
③ 간은 화학물질을 대사시키고 콩팥과 함께 배설시키는 기능을 담당하여, 다른 장기보다도 여러 유해물질의 농도가 낮다.
④ 유해물질은 조직에 분포되기 전에 먼저 몇 개의 막을 통과하여야 하며, 흡수속도는 유해물질의 물리화학적 성상과 막의 특성에 따라 결정된다.

해설
③ 간은 화학물질을 대사시키고 콩팥과 함께 배설시키는 기능을 담당하여, 다른 장기보다도 여러 유해물질의 농도가 높다.

100

다음 중 중금속에 의한 폐기능의 손상에 관한 설명으로 틀린 것은?

① 철폐증(siderosis)은 철분진 흡입에 의한 암 발생(A1)이며, 중피종과 관련이 없다.
② 화학적 폐렴은 베릴륨, 산화카드뮴 에어로졸 노출에 의하여 발생하며 발열, 기침, 폐기종이 동반된다.
③ 금속열은 금속이 용융점 이상으로 가열될 때 형성되는 산화금속을 흄 형태로 흡입할 경우 발생한다.
④ 6가크롬은 폐암과 비강암 유발인자로 작용한다.

해설
① 철폐증(siderosis)은 철분진 흡입에 의한 암 발생(A1)이며, 중피종과 관련이 있다.

01

다음 중 재해예방의 4원칙에 관한 설명으로 옳지 않은 것은?

① 재해발생과 손실의 관계는 우연적이므로 사고의 예방이 가장 중요하다.

② 재해발생에는 반드시 원인이 있으며, 사고와 원인의 관계는 필연적이다.

③ 재해는 예방이 불가능하므로 지속적인 교육이 필요하다.

④ 재해예방을 위한 가능한 안전대책은 반드시 존재한다.

해설

재해예방의 4원칙
• 손실 우연의 원칙 : 사고의 결과 생기는 손실은 우연히 발생한다.
• 예방 가능의 원칙 : 천재지변을 제외한 모든 재해는 예방 가능하다.
• 대책 선정의 원칙 : 재해는 적합한 대책이 선정되어야 한다.
• 원인 연계의 원칙 : 재해는 직접 원인과 간접 원인이 연계되어 일어난다.

02

다음 중 실내환경 공기를 오염시키는 요소로 볼 수 없는 것은?

① 라돈   ② 포름알데하이드

③ 연소가스   ④ 체온

해설

실내환경 공기를 오염시키는 요소
일산화탄소, 이산화질소, 이산화황, 먼지, 검댕, 연소가스, 포름알데하이드, 휘발성 유기화합물, 라돈, 곰팡이 등

03

300명의 근로자가 일주일에 40시간, 연간 50주를 근무하는 사업장에서 1년 동안 50건의 재해로 60명의 재해자가 발생하였다. 이 사업장의 도수율은 약 얼마인가?(단, 근로자들은 질병, 기타 사유로 인하여 총 근로시간의 5%를 결근하였다)

① 93.33   ② 87.72

③ 83.33   ④ 77.72

$$도수율 = \frac{재해\ 발생건수}{연간\ 근로시간수} \times 10^6$$

$$= \frac{50}{40 \times 50 \times 300 \times 0.95} \times 10^6 = 87.719$$

04

다음 근육운동에 동원되는 주요 에너지 생산방법 중 혐기성 대사에 사용되는 에너지원이 아닌 것은?

① 아데노신삼인산

② 크레아틴인산

③ 지방

④ 글리코겐

해설

• 혐기성 대사
  ATP(아데노신삼인산) → CP(크레아틴인산) → Glycogen(글리코겐) → Glucose(포도당)
• 호기성 대사
  포도당, 단백질, 지방+산소 → 에너지원

05

다음 중 피로에 관한 설명으로 틀린 것은?

① 일반적인 피로감은 근육 내 글리코겐의 고갈, 혈중 글루코오스의 증가, 혈중 젖산의 감소와 일치하고 있다.

② 충분한 영양섭취와 휴식은 피로의 예방에 유효한 방법이다.

③ 피로의 주관적 측정방법으로는 CMI(Cornel Medical Index)를 이용한다.

④ 피로는 질병이 아니고 원래 가역적인 생체반응이며 건강장해에 대한 경고적 반응이다.

해설

① 일반적인 피로감은 근육 내 글리코겐의 고갈, 혈중 글루코오스의 감소, 혈중 젖산의 증가와 일치하고 있다.

06

다음 중 산업안전보건법령상 물질안전보건자료(MSDS)의 작성 원칙에 관한 설명으로 가장 거리가 먼 것은?

① MSDS의 작성단위는 「계량에 관한 법률」이 정하는 바에 의한다.

② MSDS는 한글로 작성하는 것을 원칙으로 하되 화학물질명, 외국기관명 등의 고유명사는 영어로 표기할 수 있다.

③ 각 작성항목은 빠짐없이 작성하여야 하며, 부득이 어느 항목에 대해 관련 정보를 얻을 수 없는 경우, 작성란은 공란으로 둔다.

④ 외국어로 되어 있는 MSDS를 번역하는 경우에는 자료의 신뢰성이 확보될 수 있도록 최초 작성기관명 및 시기를 함께 기재하여야 한다.

해설

작성원칙(화학물질의 분류·표시 및 물질안전보건자료에 관한 기준 제11조)
각 작성항목은 빠짐없이 작성하여야 한다. 다만, 부득이 어느 항목에 대해 관련 정보를 얻을 수 없는 경우에는 작성란에 "자료 없음"이라고 기재하고, 적용이 불가능하거나 대상이 되지 않는 경우에는 작성란에 "해당 없음"이라고 기재한다.

07

산업안전보건법령상 사무실 공기관리에 대한 설명으로 옳지 않은 것은?

① 관리기준은 8시간 시간가중평균농도 기준이다.

② 이산화탄소와 일산화탄소는 비분산적외선검출기의 연속 측정에 의한 직독식 분석방법에 의한다.

③ 이산화탄소의 측정결과 평가는 각 지점에서 측정한 측정치 중 평균값을 기준으로 비교·평가한다.

④ 공기의 측정시료는 사무실 안에서 공기질이 가장 나쁠 것으로 예상되는 2곳 이상에서 채취하고, 측정은 사무실 바닥 면으로부터 0.9~1.5m의 높이에서 한다.

해설

③ 이산화탄소의 측정결과 평가는 각 지점에서 측정한 측정치 중 최고값을 기준으로 비교·평가한다.

08

영국에서 최초로 직업성 암을 보고하여, 1788년에 굴뚝 청소부법이 통과되도록 노력한 사람은?

① Ramazzini   ② Paracelsus

③ Percivall Pott   ④ Robert Owen

해설

Percivall Pott
• 굴뚝 청소부에게서 최초의 직업성 암인 "음낭암" 발견
• 암의 원인 물질은 "검댕"
• 「굴뚝 청소부법」을 제정하는 계기가 됨

09

미국산업안전보건연구원(NIOSH)의 중량물 취급 작업 기준 중, 들어 올리는 물체의 폭에 대한 기준은 얼마인가?

① 55cm 이하   ② 65cm 이하

③ 75cm 이하   ④ 85cm 이하

해설

③ 75cm 이상인 높이에서 물건을 들기 시작할 때에는 다시 심물리적 부하가 감소하기 때문에 75cm를 기준값으로 정했다.

10

다음 중 작업종류별 바람직한 작업시간과 휴식시간을 배분한 것으로 옳지 않은 것은?

① 사무작업 : 오전 4시간 중에 2회, 오후 1시에서 4시 사이에 1회, 평균 10~20분 휴식

② 정신집중작업 : 가장 효과적인 것은 60분 작업에 5분간 휴식

③ 신경운동성의 경속도 작업 : 40분간 작업과 20분간 휴식

④ 중근작업 : 1회 계속작업을 1시간 정도로 하고, 20~ 30분씩 오전에 3회, 오후에 2회 정도 휴식

해설

② 정신집중작업으로 가장 효과적인 것은 30분 작업에 5분간 휴식이다.

11

"근로자 또는 일반 대중에게 질병, 건강장해, 불편함, 심한 불쾌감 및 능률 저하 등을 초래하는 작업요인과 스트레스를 예측, 측정, 평가하고 관리하는 과학과 기술"이라고 산업위생을 정의한 기관은?

① 미국산업위생학회(AIHA)

② 국제노동기구(ILO)

③ 세계보건기구(WHO)

④ 산업안전보건청(OSHA)

해설

산업위생의 정의

근로자나 일반 대중에게 질병, 건강장애, 안녕방해, 심각한 불쾌감 및 능률저하 등을 초래하는 작업환경 요인과 스트레스를 예측·측정·평가·관리하는 과학과 기술(American Industrial Hygiene Association, AIHA)

12

다음 중 노동의 적응과 장애에 관련된 내용으로 적절하지 않은 것은?

① 인체는 환경에서 오는 여러 자극(stress)에 대하여 적응하려는 반응을 일으킨다.

② 인체에 적응이 일어나는 과정 중 뇌하수체와 부신피질을 중심으로 한 특유의 반응이 일어나는데 이를 부적응증후군이라고 한다.

③ 직업에 따라 신체 형태와 기능에 국소적 변화가 일어나는데 이것을 직업성 변이(occupational stigmata)라고 한다.

④ 외부의 환경변화나 신체활동이 반복되면 조절기능이 원활해지며, 이에 숙련 습득된 상태를 순화라고 한다.

해설

② 인체에 적응이 일어나는 과정 중 뇌하수체와 부신피질을 중심으로 한 특유의 반응이 일어나는데 이를 적응증후군이라고 한다.

13

산업안전보건법령에 따라 단위작업장소에서 동일 작업근로자가 13명을 대상으로 시료를 채취할 때의 최초 시료채취 근로자수는 몇 명인가?

① 1명　　　　　② 2명
③ 3명　　　　　④ 4명

③ 기본 2명 + 추가 1명(근로자수 13명인 경우) = 3명
시료채취 근로자수(작업환경측정 및 정도관리 등에 관한 고시 제19조)
단위작업 장소에서 최고 노출근로자 2명 이상에 대하여 동시에 개인 시료채취 방법으로 측정하되, 단위작업 장소에 근로자가 1명인 경우에는 그러하지 아니하며, 동일 작업근로자수가 10명을 초과하는 경우에는 매 5명당 1명 이상 추가하여 측정하여야 한다. 다만, 동일 작업근로자수가 100명을 초과하는 경우에는 최대 시료채취 근로자수를 20명으로 조정할 수 있다.

14

미국산업위생학술원(AAIH)이 채택한 윤리강령 중 산업위생전문가가 지켜야 할 책임과 거리가 먼 것은?

① 기업체의 기밀은 누설하지 않는다.
② 과학적 방법의 적용과 자료의 해석에서 객관성을 유지한다.
③ 근로자, 사회 및 전문 직종의 이익을 위해 과학적 지식을 공개하고 발표한다.
④ 전문적 판단이 타협에 의하여 좌우될 수 있는 상황에 개입하여 객관적 자료로 판단한다.

산업위생전문가, 미국산업위생학술원(AAIH)
• 학문적 실력 면에서 최고 수준을 유지한다.
• 자료의 해석에 객관성을 유지한다.
• 산업위생을 학문적으로 발전시킨다.
• 기업체의 기밀을 누설하지 않는다.
• 이해관계가 있는 상황에는 개입하지 않는다.

15

다음 중 직업병 예방을 위하여 설비 개선 등의 조치로는 어려운 경우 가장 마지막으로 적용하는 방법은?

① 격리 및 밀폐
② 개인보호구의 지급
③ 환기시설 등의 설치
④ 공정 또는 물질의 변경, 대치

직업병을 예방하기 위한 설비 개선 조치
• 격리 및 밀폐
• 환기시설 등의 설치
• 공정 또는 물질의 변경·대치

16

다음 중 ACGIH에서 권고하는 TLV-TWA(시간 가중 평균치)에 대한 근로자 노출의 상한치와 노출가능시간의 연결로 옳은 것은?

① TLV-TWA의 3배 : 30분 이하
② TLV-TWA의 3배 : 60분 이하
③ TLV-TWA의 5배 : 5분 이하
④ TLV-TWA의 5배 : 15분 이하

①, ② TLV-TWA의 3배는 30분 이상을 초과할 수 없다.
③, ④ TLV-TWA의 5배는 잠시라도 노출되어서는 안 된다.

17

정상 작업영역에 대한 정의로 옳은 것은?

① 위팔은 몸통 옆에 자연스럽게 내린 자세에서 아래팔의 움직임에 의해 편안하게 도달 가능한 작업영역
② 어깨로부터 팔을 뻗어 도달 가능한 작업영역
③ 어깨로부터 팔을 머리 위로 뻗어 도달 가능한 작업영역
④ 위팔은 몸통 옆에 자연스럽게 내린 자세에서 손에 쥔 수공구의 끝부분이 도달 가능한 작업영역

해설

① 정상작업영역은 위팔을 자연스럽게 수직으로 늘어뜨린 채 아래팔 안으로 편하게 뻗어 파악할 수 있는 구역이다.

18

산업안전보건법령상의 "충격소음작업"은 몇 dB 이상의 소음이 1일 100회 이상 발생되는 작업을 말하는가?

① 110 　　　　② 120
③ 130 　　　　④ 140

해설

충격소음의 노출기준(화학물질 및 물리적 인자의 노출기준 [별표 2의 2])

1일 노출횟수	충격소음의 강도 dB(A)
100	140
1,000	130
10,000	120

19

다음 중 전신피로에 관한 설명으로 틀린 것은?

① 작업에 의한 근육 내 글리코겐 농도의 변화는 작업자의 훈련 유무에 따라 차이를 보인다.
② 작업강도가 증가하면 근육 내 글리코겐량이 비례적으로 증가되어 근육피로가 발생된다.
③ 작업강도가 높을수록 혈중 포도당 농도는 급속히 저하하며, 이에 따라 피로감이 빨리 온다.
④ 작업대사량의 증가에 따라 산소소비량도 비례하여 증가하나, 작업대사량이 일정 한계를 넘으면 산소 소비량은 증가하지 않는다.

해설

② 작업강도가 증가하면 근육 내 글리코겐량이 비례적으로 감소되어 근육피로가 발생된다.

20

크롬에 노출되지 않은 집단의 질병발생율은 1.0이었고, 노출된 집단의 질병발생율은 1.2였을 때, 다음 설명으로 옳지 않은 것은?

① 크롬의 노출에 대한 귀속위험도는 0.2이다.
② 크롬의 노출에 대한 비교위험도는 1.2이다.
③ 크롬에 노출된 집단의 위험도가 더 큰 것으로 나타났다.
④ 비교위험도는 크롬의 노출이 기여하는 절대적인 위험률의 정도를 의미한다.

해설

④ 비교위험도는 비노출군에 비하여 노출군에서 질병에 걸릴 위험이 얼마나 큰지를 나타낸다.

21

자연습구온도는 31℃, 흑구온도는 24℃, 건구온도는 34℃인 실내작업장에서 시간당 400칼로리가 소모된다면 계속작업을 실시하는 주조공장의 WBGT는 몇 ℃인가? (단, 고용노동부 고시를 기준으로 한다)

① 28.9

② 29.9

③ 30.9

④ 31.9

해설

옥내

$$WBGT(℃) = 0.7 × 자연습구온도 + 0.3 × 흑구온도$$
$$= 0.7 × 31 + 0.3 × 24$$
$$= 21.7 + 7.2$$
$$= 28.9℃$$

22

작업환경측정의 단위표시로 틀린 것은?(단, 고용노동부 고시를 기준으로 한다)

① 미스트, 흄의 농도는 ppm, mg/mm³로 표시한다.

② 소음수준의 측정단위는 dB(A)로 표시한다.

③ 석면의 농도표시는 섬유개수(개/cm³)로 표시한다.

④ 고열(복사열 포함)의 측정단위는 섭씨온도(℃)로 표시한다.

해설

① 미스트, 흄의 농도는 ppm, mg/m³로 표시한다.

23

공기시료채취 시 공기유량과 용량을 보정하는 표준기구 중 1차 표준기구는?

① 흑연피스톤미터

② 로터미터

③ 습식테스트미터

④ 건식가스미터

해설

1차 표준기구	2차 표준기구
비누거품미터	로터미터
폐활량계	습식테스트미터
가스치환병	건식가스미터
유리피스톤미터	오리피스미터
흑연피스톤미터	열선기류계
피토튜브	–

24

고열 측정방법에 관한 내용이다. ( ) 안에 들어갈 내용으로 맞는 것은?(단, 고용노동부 고시를 기준으로 한다)

> 측정기기를 설치한 후 일정시간 안정화시킨 상태에서 측정을 실시하고, 고열작업에 대해 측정하고자 할 경우에는 1일 작업시간 중 최대로 높은 고열에 노출되고 있는 (㉠) 시간을 (㉡)분 간격으로 연속하여 측정한다.

① ㉠ : 1, ㉡ : 5

② ㉠ : 2, ㉡ : 5

③ ㉠ : 1, ㉡ : 10

④ ㉠ : 2, ㉡ : 10

해설

고열작업환경 관리지침, 한국산업안전보건공단

측정기기를 설치한 후 일정시간 안정화시킨 상태에서 측정을 실시하고, 고열작업에 대해 측정하고자 할 경우에는 1일 작업시간 중 최대로 높은 고열에 노출되고 있는 1시간을 10분 간격으로 연속하여 측정한다.

25

흉곽성 입자상 물질(TPM)의 평균입경(μm)은?(단, ACGIH 기준)

① 1   ② 4

③ 10   ④ 50

해설

ACGIH 입자크기별 기준

• 흡입성 입자상 물질 : 평균입경 100μm

• 흉곽성 입자상 물질 : 평균입경 10μm

• 호흡성 입자상 물질 : 평균입경 4μm

26

일반적으로 소음계는 A, B, C 세 가지 특성에서 측정할 수 있도록 보정되어 있다. 그 중 A 특성치는 몇 phon의 등감곡선에 기준한 것인가?

① 20phon   ② 40phon

③ 70phon   ④ 100phon

해설

청감보정회로

• A 특성 : 40phon

• B 특성 : 70phon

• C 특성 : 100phon

27

입자상 물질인 흄(fume)에 관한 설명으로 옳지 않은 것은?

① 용접공정에서 흄이 발생한다.

② 일반적으로 흄은 모양이 불규칙하다.

③ 흄의 입자크기는 먼지보다 매우 커 폐포에 쉽게 도달하지 않는다.

④ 흄은 상온에서 고체 상태의 물질이 고온으로 액체화된 다음 증기화되고, 증기물의 응축 및 산화로 생기는 고체상의 미립자이다.

해설

③ 흄의 입자크기는 먼지보다 작다.

28

다음의 유기용제 중 실리카겔에 대한 친화력이 가장 강한 것은?

① 알코올류   ② 케톤류

③ 올레핀류   ④ 에스테르류

해설

실리카겔의 친화력(극성이 강한 순서)

물 > 알코올류 > 알데하이드류 > 케톤류 > 에스테르류 > 방향족 탄화수소류 > 올레핀류 > 파라핀류

29

다음 중 0.2~0.5m/sec 이하의 실내기류를 측정하는 데 사용할 수 있는 온도계는?

① 금속온도계   ② 건구온도계

③ 카타온도계   ④ 습구온도계

해설

카타온도계

0.2~0.5m/sec 이하의 실내기류를 측정하며, 봉해진 유리판에 2개의 눈금이 있다. 측정하기 전에 이것을 가열하여 위의 눈금까지 올린 후 아래 눈금까지 냉각되는 데 걸리는 시간을 스톱워치로 측정한다.

30

누적소음노출량(D, %)을 적용하여 시간가중평균소음기준(TWA, dB(A))을 산출하는 식은?(단, 고용노동부 고시를 기준으로 한다)

① $TWA = 61.16\log\left(\dfrac{D}{100}\right) + 70$

② $TWA = 16.61\log\left(\dfrac{D}{100}\right) + 70$

③ $TWA = 16.61\log\left(\dfrac{D}{100}\right) + 90$

④ $TWA = 61.16\log\left(\dfrac{D}{100}\right) + 90$

해설

소음수준평가

$TWA(\text{dB(A)}) = 16.61 \times \log\left(\dfrac{D(\text{누적소음노출량, \%})}{100}\right) + 90$

31

다음 소음의 측정시간에 관련한 내용에서 ( )에 들어갈 수치로 알맞은 것은?(단, 고용노동부 고시를 기준으로 한다)

> 단위작업장소에서의 소음발생시간이 6시간 이내인 경우나 소음발생원에서의 발생시간이 간헐적인 경우에는 발생시간동안 연속 측정하거나 등간격으로 나누어 ( )회 이상 측정하여야 한다.

① 2 　　　　　　② 4
③ 6 　　　　　　④ 8

해설

측정시간 등(작업환경측정 및 정도관리 등에 관한 고시 제28조)
단위작업 장소에서의 소음발생시간이 6시간 이내인 경우나 소음발생원에서의 발생시간이 간헐적인 경우에는 발생시간동안 연속 측정하거나 등간격으로 나누어 4회 이상 측정하여야 한다.

32

작업환경공기 중 A 물질(TLV 10ppm) 5ppm, B 물질(TLV 100ppm)이 50ppm, C 물질(TLV 100ppm)이 60ppm 있을 때, 혼합물의 허용농도는 약 몇 ppm인가?(단, 상가작용 기준)

① 78 　　　　　　② 72
③ 68 　　　　　　④ 64

해설

노출지수$(EI) = \dfrac{C_1}{TLV_1} + \dfrac{C_2}{TLV_2} + \cdots + \dfrac{C_n}{TLV_n}$

$= \dfrac{5}{10} + \dfrac{50}{100} + \dfrac{60}{100} = 1.6$

혼합물의 허용농도 $= \dfrac{\text{혼합물의 공기중 농도}}{\text{노출지수}}$

$= \dfrac{5+50+60}{1.6} = 71.8\text{ppm}$

33

입자상 물질을 채취하는 데 이용되는 PVC 여과지에 대한 설명으로 틀린 것은?

① 유리규산을 채취하여 X-선 회절분석법에 적합하다.
② 수분에 대한 영향이 크지 않다.
③ 공해성 먼지, 총 먼지 등의 중량분석에 용이하다.
④ 산에 쉽게 용해되어 금속 채취에 적당하다.

해설

④ MCE막 여과지는 산에 쉽게 용해되어 금속 채취에 적당하다.

34

절삭작업을 하는 작업장의 오일미스트 농도 측정결과가 아래 표와 같다면 오일미스트의 TWA는 얼마인가?

측정시간	오일미스트농도(mg/m³)
09:00~10:00	0
10:00~11:00	1.0
11:00~12:00	1.5
13:00~14:00	1.5
14:00~15:00	2.0
15:00~17:00	4.0
17:00~18:00	5.0

① 3.24mg/m³   ② 2.38mg/m³

③ 2.16mg/m³   ④ 1.78mg/m³

해설

$$TWA = \frac{C_1 T_1 + C_2 T_2 + \cdots + C_n T_n}{8}$$

$$= \frac{1 \times 1 + 1.5 \times 1 + 1.5 \times 1 + 2.0 \times 1 + 4.0 \times 2 + 5.0 \times 1}{8}$$

$$= 2.375 \fallingdotseq 2.38 \text{mg/m}^3$$

35

작업장에서 오염물질 농도를 측정했을 때 일산화탄소 (CO)가 0.01%이었다면 이때 일산화탄소 농도(mg/m³)는 약 얼마인가?(단, 25℃, 1기압 기준이다)

① 95   ② 105

③ 115   ④ 125

해설

$$0.01\% \times \frac{10,000\text{ppm}}{1\%} = 100\text{ppm}$$

$$100\text{ppm} \times \frac{28}{22.4 \times \frac{273+25}{273}} = 114.5 \text{mg/m}^3$$

36

다음 중 석면을 포집하는 데 적합한 여과지는?

① 은막 여과지   ② 섬유상 막 여과지

③ PTEE막 여과지   ④ MCE막 여과지

해설

MCE막 여과지

• 산에 쉽게 용해되고 가수분해되며, 습식 회화되기 때문에 공기 중 입자상 물질 중의 금속을 채취하여 원자흡광법으로 분석한다.
• 금속, 석면, 불소화합물, 무기물질에 적합하다.
• 시료가 여과지의 표면의 가까운 곳에 침착되므로 석면, 유리섬유 등 현미경 분석을 위한 시료채취한다.

37

작업 환경 측정 결과 측정치가 다음과 같을 때, 평균편차가 얼마인가?

7, 5, 15, 20, 8

① 2.8   ② 5.2

③ 11   ④ 17

해설

$$평균 = \frac{7+5+15+20+8}{5} = 11$$

평균편차

$$= \frac{[7-11]+[5-11]+[15-11]+[20-11]+[8-11]}{5} = 5.2$$

38

초기 무게가 1.260g인 깨끗한 PVC 여과지를 하이볼륨 (High-volume) 시료 채취기에 장착하여 작업장에서 오전 9시부터 오후 5시까지 2.5L/분의 유량으로 시료 채취기를 작동시킨 후 여과지의 무게를 측정한 결과가 1.280g 이었다면 채취한 입자상 물질의 작업장 내 평균농도 (mg/m³)는?

① 7.8   ② 13.4

③ 16.7   ④ 19.2

해설

$$\frac{1.280\text{g} - 1.260\text{g}}{2.5\text{L/min} \times 8\text{hr} \times \frac{60\text{min}}{1\text{hr}}} \times \frac{1,000\text{mg}}{1\text{g}} \times \frac{1,000\text{L}}{\text{m}^3}$$

$$= 16.66 \fallingdotseq 16.7 \text{mg/m}^3$$

39

다음 중 표본에서 얻은 표준편차와 표본의 수만 가지고 얻을 수 있는 것은?

① 산술평균치　　② 분산
③ 변이계수　　④ 표준오차

해설

④ 표준오차 $= \dfrac{\text{표준편차}}{\sqrt{n}}$

40

누적소음노출량 측정기로 소음을 측정하는 경우, 기기 설정으로 적절한 것은?(단, 고용노동부 고시를 기준으로 한다)

① Criteria = 80dB, Exchange Rate = 5dB, Threshold = 90dB
② Criteria = 80dB, Exchange Rate = 10dB, Threshold = 90dB
③ Criteria = 90dB, Exchange Rate = 10dB, Threshold = 80dB
④ Criteria = 90dB, Exchange Rate = 5dB, Threshold = 80dB

해설

측정방법(작업환경측정 및 정도관리 등에 관한 고시 제26조)
누적소음 노출량 측정기로 소음을 측정하는 경우에는 Criteria는 90dB, Exchange Rate는 5dB, Threshold는 80dB로 기기를 설정한다.

41

후드의 정압이 50mmH$_2$O이고 덕트 속도압이 20mmH$_2$O일 때, 후드의 압력손실계수는?

① 1.5　　② 2.0
③ 2.5　　④ 3.0

해설

후드정압$(SP_\eta) = VP(1 + F_\eta)$

$F_\eta = \dfrac{SP_\eta}{VP} - 1 = \dfrac{50}{20} - 1 = 1.5$

42

내경 15mm인 관에 40m/min의 속도로 비압축성 유체가 흐르고 있다. 같은 조건에서 내경만 10mm로 변화하였다면, 유속은 약 몇 m/min인가?(단, 관 내 유체의 유량은 같다)

① 90　　② 120
③ 160　　④ 210

해설

$Q = A \times V$

유량 $= \dfrac{\pi \times (0.015\text{m})^2}{4} \times 40\text{m/min} = 0.00707\text{m}^3/\text{min}$

$V = \dfrac{0.00707\text{m}^3/\text{min}}{\dfrac{\pi \times (0.010\text{m})^2}{4}} = 90\text{m/min}$

43

0℃, 1기압에서 A 기체의 밀도가 1.415kg/m³일 때, 100℃, 1기압에서 A 기체의 밀도는 몇 kg/m³인가?

① 0.903

② 1.036

③ 1.085

④ 1.411

해설

밀도온압보정

$$1.415 \text{kg/m}^3 \times \frac{273}{273+100} = 1.0356 \text{kg/m}^3$$

44

다음 중 덕트 내 공기의 압력을 측정할 때 사용하는 장비로 가장 적절한 것은?

① 피토관

② 타코메타

③ 열선유속계

④ 회전날개형 유속계

해설

① 덕트 내 유속을 측정하는 피토튜브는 베르누이 방정식을 이용한 압력차를 이용한 원리이다.

45

다음 중 귀마개의 특징과 가장 거리가 먼 것은?

① 제대로 착용하는 데 시간이 걸린다.

② 보안경 사용 시 차음효과가 감소한다.

③ 착용 여부 파악이 곤란하다.

④ 귀마개 오염에 따른 감염 가능성이 있다.

해설

② 보안경과 차음효과는 무관하다.

46

다음 중 국소배기장치에서 공기공급시스템이 필요한 이유와 가장 거리가 먼 것은?

① 에너지 절감

② 안전사고 예방

③ 작업장의 교차기류 촉진

④ 국소배기장치의 효율 유지

해설

③ 작업장의 교차기류 방지

47

오후 6시 20분에 측정한 사무실 내 이산화탄소의 농도는 1,200ppm, 사무실이 빈 상태로 1시간이 경과한 오후 7시 20분에 측정한 이산화탄소의 농도는 400ppm이었다. 이 사무실의 시간당 공기교환 횟수는?(단, 외부공기 중의 이산화탄소의 농도는 330ppm이다)

① 0.56

② 1.22

③ 2.52

④ 4.26

해설

1시간당 공기교환횟수(ACH)

$$ACH = \frac{\ln(\text{측정초기농도} - \text{외부의 } CO_2 \text{ 농도}) - \ln(\text{시간 지난 후 } CO_2 \text{ 농도} - \text{외부의 } CO_2 \text{ 농도})}{\text{경과된 시간(hr)}}$$

$$= \frac{\ln(1,200-330) - \ln(400-330)}{1 \text{hr}} = 2.52$$

48

안지름이 200mm인 관을 통하여 공기를 55m³/min의 유량으로 송풍할 때, 관 내 평균유속은 약 몇 m/sec인가?

① 21.8   ② 24.5

③ 29.2   ④ 32.2

해설

$Q = A \times V$

평균유속, $V = \dfrac{Q}{A} = \dfrac{55\text{m}^3/\text{min} \times \dfrac{\text{min}}{60s}}{\dfrac{\pi \times (0.2\text{m})^2}{4}} = 29.19\text{m/s}$

49

슬롯 길이가 3m이고, 제어속도가 2m/sec인 슬롯 후드에서 오염원이 2m 떨어져 있을 경우 필요 환기량은 몇 m³/min인가?(단, 공간에 설치하며 플랜지는 부착되어 있지 않다)

① 1,434   ② 2,664

③ 3,734   ④ 4,864

해설

슬롯후드, 플랜지 미부착 필요환기량

$Q(\text{m}^3/\text{min}) = V_c \times 3.7 \times L \times X \times 60$

$\qquad = 2\text{m/sec} \times 3.7 \times 3\text{m} \times 2\text{m} \times \dfrac{60\text{sec}}{\text{min}}$

$\qquad = 2,664\text{m}^3/\text{min}$

50

방진마스크에 대한 설명으로 옳은 것은?

① 흡기 저항 상승률이 높은 것이 좋다.

② 형태에 따라 전면형 마스크와 후면형 마스크가 있다.

③ 필터의 여과효율이 낮고 흡입저항이 클수록 좋다.

④ 비휘발성 입자에 대한 보호가 가능하고 가스 및 증기의 보호는 안 된다.

해설

방진마스크

- 흡기 저항 상승률이 낮은 것이 좋다.
- 형태에 따라 전면형 마스크와 반면형 마스크가 있다.
- 무게중심은 안면에 강한 압박감을 주지 않는 위치에 있어야 한다.
- 안면의 밀착성이 커야 하며 중량은 가벼운 것이 좋다.
- 비활성 입자에 대한 보호가 가능하고 가스 및 증기에 대한 보호는 안 된다.
- 주로 면, 모, 합성섬유 등을 필터로 사용한다.

51

한랭작업장에서 일하고 있는 근로자의 관리에 대한 내용으로 옳지 않은 것은?

① 가장 따뜻한 시간대에 작업을 실시한다.

② 노출된 피부나 전신의 온도가 떨어지지 않도록 온도를 높이고 기류의 속도는 낮추어야 한다.

③ 신발은 발을 압박하지 않고 습기가 있는 것을 신는다.

④ 외부 액체가 스며들지 않도록 방수 처리된 의복을 입는다.

해설

③ 방한화 및 장갑은 약간 큰 것을 착용하고 습기를 제거하여야 한다.

52

스토크스 식에 근거한 중력침강속도에 대한 설명으로 틀린 것은?(단, 공기 중의 입자를 고려한다)

① 중력가속도에 비례한다.

② 입자직경의 제곱에 비례한다.

③ 공기의 점성계수에 반비례한다.

④ 입자와 공기의 밀도차에 반비례한다.

해설

스토크법칙

침강속도, V(cm/sec)

$$= \frac{g(\text{중력가속도, cm/sec}) \times d^2(\text{입자직경, cm}) \times (\rho_1(\text{입자밀도, g/cm}^3) - \rho(\text{공기밀도, g/cm}^3))}{18 \times \mu(\text{공기점성계수, g/cm·sec})}$$

53

다음 중 국소배기장치 설계의 순서로 가장 적절한 것은?

① 소요풍량 계산 → 후드형식 선정 → 제어속도 결정

② 제어속도 결정 → 소요풍량 계산 → 후드형식 선정

③ 후드형식 선정 → 제어속도 결정 → 소요풍량 계산

④ 후드형식 선정 → 소요풍량 계산 → 제어속도 결정

해설

국소배기장치 설계의 순서

후드 형식 선정 → 제어속도 결정 → 소요풍량 계산 → 반송속도 결정 → 배관 내경 선출 → 후드의 크기 결정 → 배관의 배치와 설치장소 선정 → 공기정화장치 선정 → 국소배기 계통도와 배치도 작성 → 총 압력손실량 계산 → 송풍기 선정

54

다음 중 방독마스크의 카트리지의 수명에 영향을 미치는 요소와 가장 거리가 먼 것은?

① 흡착제의 질과 양　② 상대습도

③ 온도　　　　　　 ④ 분진 입자의 크기

해설

방독마스크의 카트리지의 수명에 영향을 미치는 요소

작업장의 습도 및 온도, 착용자의 호흡률, 작업장의 오염물질의 농도, 흡착제의 질과 양, 포장의 균일성과 밀도, 다른 가스나 증기와의 혼합 유무

55

원심력 송풍기인 방사 날개형 송풍기에 관한 설명으로 틀린 것은?

① 깃이 평판으로 되어 있다.

② 플레이트형 송풍기라고도 한다.

③ 깃의 구조가 분진을 자체 정화할 수 있도록 되어 있다.

④ 큰 압력손실에서 송풍량이 급격히 떨어지는 단점이 있다.

해설

전향 날개형 송풍기

큰 압력손실에서 송풍량이 급격히 떨어지는 단점이 있다.

56

작업환경 개선을 위한 물질의 대체로 적절하지 않은 것은?

① 주물공정에서 실리카모래 대신 그린모래로 주형을 채우도록 한다.

② 보온재로 석면 대신 유리섬유나 암면 등 사용한다.

③ 금속표면을 블라스팅할 때 사용재료로 철구슬 대신 모래를 사용한다.

④ 야광시계 자판의 라듐을 인으로 대체하여 사용한다.

해설

③ 금속표면을 블라스팅할 때 사용재료를 모래 대신 철구슬을 사용한다.

57

원심력 송풍기의 종류 중 전향 날개형 송풍기에 관한 설명으로 옳지 않은 것은?

① 다익형 송풍기라고도 한다.
② 큰 압력손실에도 송풍량의 변동이 적은 장점이 있다.
③ 송풍기의 임펠러가 다람쥐 쳇바퀴 모양이며, 송풍기 깃이 회전 방향과 동일한 방향으로 설계되어 있다.
④ 동일 송풍량을 발생시키기 위한 임펠러 회전속도가 상대적으로 낮아 소음문제가 거의 발생하지 않는다.

해설

② 전향 날개형 송풍기는 높은 압력손실에서 송풍량이 급격하게 떨어진다.

58

필요 환기량을 감소시키는 방법으로 옳지 않은 것은?

① 가급적이면 공정이 많이 포위되지 않도록 하여야 한다.
② 후드 개구면에서 기류가 균일하게 분포되도록 설계한다.
③ 공정에서 발생 또는 배출되는 오염물질의 절대량을 감소시킨다.
④ 포집형이나 레시버형 후드를 사용할 때는 가급적 후드를 배출 오염원에 가깝게 설치한다.

해설

① 가급적이면 공정이 많이 포위되도록 하여야 한다.

59

국소배기시스템 설계에서 송풍기 전압이 136mmH$_2$O이고, 송풍량은 184m^3/min일 때, 필요한 송풍기 소요 동력은 약 몇 kW인가?(단, 송풍기의 효율은 60%이다)

① 2.7   ② 4.8
③ 6.8   ④ 8.7

해설

송풍기소요동력

$$kW = \frac{Q(송풍량, \ m^3/min) \times \Delta P(송풍기유효전압, \ mmH_2O)}{6{,}120 \times \eta(송풍기효율, \ \%)}$$
$$\times \alpha(안전인자, \ \%)$$
$$= \frac{184 \times 136}{6{,}120 \times 0.6} = 6.81$$

60

다음 중 작업환경관리의 목적과 가장 거리가 먼 것은?

① 산업재해 예방
② 작업환경의 개선
③ 작업능률의 향상
④ 직업병 치료

해설

작업환경관리의 목적
산업재해 예방, 작업환경의 개선, 작업능률의 향상, 직업병 예방

61

흑구온도가 260K이고, 기온이 251K일 때 평균복사온도는?(단, 기류속도는 1m/s이다)

① 227.8
② 260.7
③ 287.2
④ 300.6

해설

※ 전항 정답 처리

62

산업안전보건법령상 적정한 공기에 해당하는 것은?(단, 다른 성분의 조건은 적정한 것으로 가정한다)

① 이산화탄소가 1.0%인 공기
② 산소농도가 16%인 공기
③ 산소농도가 25%인 공기
④ 황화수소 농도가 25ppm인 공기

해설

정의(산업안전보건기준에 관한 규칙 제618조)
"적정공기"란 산소농도의 범위가 18% 이상, 23.5% 미만, 이산화탄소의 농도가 1.5% 미만, 일산화탄소의 농도가 30ppm 미만, 황화수소의 농도가 10ppm 미만인 수준의 공기를 말한다.

63

높은(고)기압에 의한 건강영향의 설명으로 틀린 것은?

① 청력의 저하, 귀의 압박감이 일어나며 심하면 고막 파열이 일어날 수 있다.
② 부비강 개구부 감염 혹은 기형으로 폐쇄된 경우 심한 구토, 두통 등의 증상을 일으킨다.
③ 압력상승이 급속한 경우 폐 및 혈액으로 이산화탄소의 일과성 배출이 일어나 호흡이 억제된다.
④ 3~4기압의 산소 혹은 이에 상당하는 공기 중 산소분압에 의하여 중추신경계의 장해에 기인하는 운동 장해를 나타내는 데 이것을 산소 중독이라고 한다.

해설

③ 압력상승이 급속한 경우 폐 및 혈액으로 이산화탄소의 일과성 배출이 일어나 호흡이 빨라지게 된다.

64

적외선의 생물학적 영향에 관한 설명으로 틀린 것은?

① 근적외선은 급성 피부화상, 색소침착 등을 일으킨다.
② 적외선이 흡수되면 화학반응에 의하여 조직온도가 상승한다.
③ 조사 부위의 온도가 흐르면 홍반이 생기고, 혈관이 확장된다.
④ 장기간 조사 시 두통, 자극작용이 있으며, 강력한 적외선은 뇌막자극 증상을 유발할 수 있다.

해설

② 대부분 화학작용을 수반하는 것은 자외선이다.
적외선은 물질에 흡수되어 열작용을 일으키므로 열선 또는 열복사라고 부른다.

65

피부로 감지할 수 없는 불감기류의 최고 기류범위는 얼마인가?

① 약 0.5m/s 이하
② 약 1.0m/s 이하
③ 약 1.3m/s 이하
④ 약 1.5m/s 이하

해설

- 쾌적기류
  - 실내 : 0.2~0.3m/s
  - 실외 : 1.0m/s
- 불감기류 : 피부로 감지하지 못하는 기류로 0.5m/s 이하

66

소음작업장에서 각 음원의 음압레벨이 A = 110dB, B = 80dB, C = 70dB이다. 음원이 동시에 가동될 때 음압레벨(SPL)은?

① 87dB   ② 90dB
③ 95dB   ④ 110dB

해설

합성음성도, L

$$L = 10 \times \log\left(10^{\frac{L1}{10}} + 10^{\frac{L2}{10}} + \cdots + 10^{\frac{Ln}{10}}\right) (\text{dB})$$
$$= 10 \times \log\left(10^{\frac{110}{10}} + 10^{\frac{80}{10}} + 10^{\frac{70}{10}}\right)$$
$$= 110\text{dB}$$

67

한랭환경으로 인하여 발생되거나 악화되는 질병과 가장 거리가 먼 것은?

① 동상(Frostbite)
② 지단자람증(Acrocyanosis)
③ 케이슨병(Caisson disease)
④ 레이노병(Raynaud's disease)

해설

③ 케이슨병(Caisson disease) : 잠함병으로 고압환경에서 발생한다.

68

진동에 의한 생체영향과 가장 거리가 먼 것은?

① C_5-dip 현상   ② Raynaud 현상
③ 내분비계 장해   ④ 뼈 및 관절의 장해

해설

① C_5-dip 현상은 소음성 난청의 영향이다.

69

소음의 생리적 영향으로 볼 수 없는 것은?

① 혈압 감소   ② 맥박수 증가
③ 위분비액 감소   ④ 집중력 감소

해설

소음의 생리적 영향
혈압 증가, 맥박수 증가, 위분비액 감소, 집중력 감소

70

자유공간에 위치한 점음원의 음향파워레벨(PWL)이 110dB일 때, 이 점음원으로부터 100m 떨어진 곳의 음압레벨(SPL)은?

① 49dB
② 59dB
③ 69dB
④ 79dB

해설

SPL과 PWL의 관계식
무지향성 점음원, 자유공간

$$SPL = PWL - 20 \times \log\gamma - 11(dB)$$
$$= 110 - 20 \times \log100 - 11$$
$$= 59dB$$

71

방사선을 전리방사선과 비전리방사선으로 분류하는 인자가 아닌 것은?

① 파장
② 주파수
③ 이온화하는 성질
④ 투과력

해설

방사선을 전리방사선과 비전리방사선으로 분류하는 인자
파장, 주파수, 이온화하는 성질, 진동수

72

기류의 측정에 사용되는 기구가 아닌 것은?

① 흑구온도계
② 열선풍속계
③ 카타온도계
④ 풍차풍속계

해설

① 흑구온도계는 열복사량 측정에 사용된다.

73

전리방사선의 단위에 관한 설명으로 틀린 것은?

① rad – 조사량과 관계없이 인체조직에 흡수된 양을 의미한다.
② rem – 1 rad의 X선 혹은 감마선이 인체조직에 흡수된 양을 의미한다.
③ curie – 1초 동안에 3.7×10^{10}개의 원자붕괴가 일어나는 방사능 물질의 양을 의미한다.
④ Roentgen(R) – 공기 중에 방사선에 의해 생성되는 이온의 양으로 주로 X선 및 감마선의 조사량을 표시할 때 쓰인다.

해설

rem
• 생체실효선량이다.
• 피조사체 1g에 대하여 100erg의 방사선에너지가 흡수되는 선량단위는 rad이다.

74

국소진동에 노출된 경우에 인체에 장애를 발생시킬 수 있는 주파수 범위로 알맞은 것은?

① 10~150Hz
② 10~300Hz
③ 8~500Hz
④ 8~1,500Hz

해설

진동에 의한 근골격계 질환, 대한산업보건협회
산업현장에서 인체에 해를 주는 진동은 크게 국소진동, 전신진동 두 가지로 분류된다. 국소진동이란 인체 일부분을 통해 전달되는 진동으로 수공구를 사용하면서 손으로 전달되는 진동을 말한다. 이외에 신체 일부분이 아닌 신체 여러 부위에 전반적으로 전달되는 진동이 있다. 차량이나 배, 비행기 등에 탑승했을 때의 진동이 그것으로 전신진동이라 부른다.
국소진동은 8~1,500Hz의 넓은 범위에서 장애를 일으킬 수 있다.

75

소음 평가치의 단위로 가장 적절한 것은?

① Hz ② NRR
③ phon ④ NRN

> **해설**
> ④ NRN은 실내소음평가지수이다.

77

감압에 따른 기포형성량을 좌우하는 요인이 아닌 것은?

① 감압속도
② 체내 가스의 팽창 정도
③ 조직에 용해된 가스량
④ 혈류를 변화시키는 상태

> **해설**
> 감압에 따른 기포형성량을 좌우하는 요인
> 감압속도, 혈류를 변화시키는 상태, 조직에 용해된 가스량

78

도르노선(Dorno-ray)에 대한 내용으로 맞는 것은?

① 가시광선의 일종이다.
② 280~315Å 파장의 자외선을 의미한다.
③ 소독작용, 비타민 D 형성 등 생물학적 작용이 강하다.
④ 절대온도 이상의 모든 물체는 온도에 비례하여 방출한다.

> **해설**
> **도르노선(UV-B)**
> • 280~315nm 파장의 자외선을 의미한다.
> • 소독작용, 비타민 D 합성 등 인체에 유익한 영향, 홍반, 각막염, 피부암 유발

76

조명을 작업환경의 한 요인으로 볼 때, 고려해야 할 사항이 아닌 것은?

① 빛의 색
② 조명 시간
③ 눈부심과 휘도
④ 조도와 조도의 분포

> **해설**
> 조명을 작업환경의 한 요인으로 볼 때, 고려해야 할 사항은 조도와 조도의 분포, 눈부심과 휘도, 빛의 색이다.

79

일반적인 작업장의 인공조명 시 고려사항으로 적절하지 않은 것은?

① 조명도를 균등히 유지할 것
② 경제적이며 취급이 용이할 것
③ 가급적 직접조명이 되도록 설치할 것
④ 폭발성 또는 발화성이 없으며 유해가스를 발생하지 않을 것

해설

③ 가급적 간접조명이 되도록 설치할 것

80

미국(EPA)의 차음평가수를 의미하는 것은?

① NRR
② TL
③ SNR
④ SLC80

해설

NRR이란 한 마디로 귀마개나 귀덮개의 효과라고 생각하면 된다. 정확하게는 청력보호구의 차음효과를 말하는 지수로서 차음평가수(Noise Reduction Rating, NRR)라고 한다. 미국의 NIOSH(미국 국립산업안전보건연구원, 우리나라의 산업안전공단 연구원과 비슷한 성격의 기관)와 EPA(미국환경보호청)에서는 개인 소음 보호구 제작자에게 각 소음 보호구에 NRR을 제시하도록 하고 있다.

81

다음 중 카드뮴에 관한 설명으로 틀린 것은?

① 카드뮴은 부드럽고 연성이 있는 금속으로 납광물이나 아연광물을 제련할 때 부산물로 얻어진다.
② 흡수된 카드뮴은 혈장단백질과 결합하여 최종적으로 신장에 축적된다.
③ 인체 내에서 철을 필요로 하는 효소와의 결합반응으로 독성을 나타낸다.
④ 카드뮴 흄이나 먼지에 급성 노출되면 호흡기가 손상되며 사망에 이르기도 한다.

해설

납은 철과 유사한 화학적 성질을 가지고 있어 철을 필요로 하는 효소나 단백질에 경쟁적으로 결합하여 정상적인 철의 대사를 방해한다.

82

다음 중 실험동물을 대상으로 투여 시 독성을 초래하지 않지만 관찰 가능한 가역적인 반응이 나타나는 양을 의미하는 용어는?

① 유효량(ED)
② 치사량(LD)
③ 독성량(TD)
④ 서한량(PD)

해설

① 유효량(Effective Dose, ED) : 실험동물을 대상으로 양을 투여했을 때 독성을 초래하지는 않지만 관찰 가능한 가역적인 반응(예 점막기관에 자극반응)이 나타나는 양이다. ED_{50}은 실험동물의 50%가 관찰 가능한 가역적인 반응을 나타내는 양이다.
② 치사량(Lethal Dose, LD) : 독성물질을 실험동물에게 투여했을 때 실험동물을 죽게 하는 그 물질의 양이다. LD_{50}은 실험동물의 50%를 죽게 하는 양이다.
③ 독성량(Toxic Dose, TD) : 실험동물을 대상으로 양을 투여했을 때 실험동물이 죽는 것은 아니지만 조직손상이나 종양과 같은 심각한 독성반응을 초래하는 투여량이다. TD_{50}은 실험동물의 50%에서 심각한 독성반응이 나타나는 양이다.

83

다음 중 진폐증 발생에 관여하는 인자와 가장 거리가 먼 것은?

① 분진의 노출기간　② 분진의 분자량
③ 분진의 농도　　　④ 분진의 크기

해설

진폐증 발생에 관여하는 인자

분진의 종류, 농도 및 크기, 폭로시간 및 작업 강도, 보호시설이나 장비 착용 유무, 개인차

84

유해화학물질의 노출기준으로 정하고 있는 기관과 노출 기준 명칭의 연결이 옳은 것은?

① OSHA - REL
② AIHA - MAC
③ ACGIH - TLV
④ NIOSH - PEL

해설

③ 미국정부산업위생전문가협의회(ACGIH)

국가	허용기준
미국정부산업위생전문가협의회	TLV
미국산업안전보건청	PEL
미국국립산업안전보건연구원	REL
미국산업위생학회	WEL
독일	MAK
영국 보건안전청	WEL
스웨덴	OEL
한국	화학물질 및 물리적 인자의 노출기준

85

다음 중 생물학적 모니터링에 관한 설명으로 적절하지 않은 것은?

① 생물학적 모니터링은 작업자의 생물학적 시료에서 화학물질의 노출 정도를 추정하는 것을 말한다.
② 근로자 노출 평가와 건강상의 영향 평가 두 가지 목적으로 모두 사용될 수 있다.
③ 내재용량은 최근에 흡수된 화학물질의 양을 말한다.
④ 내재용량은 여러 신체 부분이나 몸 전체에서 저장된 화학물질의 양을 말하는 것은 아니다.

해설

내재용량은 여러 신체 내, 몸 전체에서 대사되어 저장된 화학물질의 양을 말한다.

86

다음 중 생체 내에서 혈액과 화학작용을 일으켜 질식을 일으키는 물질은?

① 수소
② 헬륨
③ 질소
④ 일산화탄소

해설

화학적 질식제는 일산화탄소, 황화수소, 시안화수소, 아닐린 등이 있다.

87

다음 중 핵산 하나를 탈락시키거나 첨가함으로써 돌연변이를 일으키는 물질은?

① 아세톤(acetone)

② 아닐린(aniline)

③ 아크리딘(acridine)

④ 아세토니트릴(acetonitrile)

해설

아크리딘
- DNA에 삽입하여 염기 쌍 하나가 추가된 것과 같은 결과를 초래한다.
- 그 결과 복제 시에 염기가 적절하게 쌓이는 것을 방해한다.
- 새로 복제되는 사슬에 틈이 생긴다.
- 삽입된 자리에 여분의 염기가 들어가게 된다.
- 이러한 것을 판독 틀 변환(Frame shift) 돌연변이라고 한다.

88

직업적으로 벤지딘(Benzidine)에 장기간 노출되었을 때 암이 발생될 수 있는 인체 부위로 가장 적절한 것은?

① 피부　　　　② 뇌

③ 폐　　　　　④ 방광

해설

벤지딘은 천연상태로 존재하지 않는 합성된 화학물질로서 결정형 고체이며, 적회색 또는 흰색 등을 띤다. 벤지딘은 동물실험이나 사람에 대한 많은 연구에서 방광암을 일으키는 강력한 발암물질로 확인되었다.

89

다음 표와 같은 크롬중독을 스크린하는 검사법을 개발하였다면 이 검사법의 특이도는 얼마인가?

구분		크롬중독진단		합계
		양성	음성	
검사법	양성	15	9	24
	음성	9	21	30
합계		24	30	54

① 68%　　　　② 69%

③ 70%　　　　④ 71%

해설

구분		실제값(질병)		합계
		양성	음성	
검사법	양성	A	B	A+B
	음성	C	D	C+D
합계		A+C	B+D	

$$특이도\% = \frac{D}{(B+D)} \times 100 = \frac{21}{30} \times 100 = 70\%$$

90

다음 중 수은중독에 관한 설명으로 틀린 것은?

① 수은은 주로 골 조직과 신경에 많이 축적된다.

② 무기수은염류는 호흡기나 경구적 어느 경로라도 흡수된다.

③ 수은중독의 특징적인 증상은 구내염, 근육진전 등이 있다.

④ 전리된 수은이온은 단백질을 침전시키고, thiol기(SH)를 가진 효소작용을 억제한다.

해설

① 수은은 주로 신장에 많이 축적된다.

91

다음 중 인체 순환기계에 대한 설명으로 틀린 것은?

① 인체의 각 구성세포에 영양소를 공급하며, 노폐물 등을 운반한다.
② 혈관계의 동맥은 심장에서 말초혈관으로 이동하는 원심성 혈관이다.
③ 림프관은 체내에서 들어온 감염성 미생물 및 이물질을 살균 또는 식균하는 역할을 한다.
④ 신체방어에 필요한 혈액응고효소 등을 손상 받은 부위로 수송한다.

해설

③ 림프절은 체내에서 들어온 감염성 미생물 및 이물질을 살균 또는 식균하는 역할을 한다.

92

다음 중 달걀 썩는 것 같은 심한 부패성 냄새가 나는 물질로, 노출 시 중추신경의 억제와 후각의 마비 증상을 유발하며, 치료를 위하여 100% O_2를 투여하는 등의 조치가 필요한 물질은?

① 암모니아   ② 포스겐
③ 오존   ④ 황화수소

해설

④ 황화수소는 무색의 썩은 계란 냄새가 나는 독성을 가진 가스로 황화수소 중독치료는 고농도산소 투여이다.

93

다음 중 수은중독환자의 치료 방법으로 적합하지 않은 것은?

① Ca-EDTA 투여
② BAL(British Anti-Lewisite) 투여
③ N-acetyl-D-penicillamine 투여
④ 우유와 계란의 흰자를 먹인 후 위 세척

해설

① Ca-EDTA 투여는 납 중독환자의 치료방법이다.

94

ACGIH에 의하여 구분된 입자상 물질의 명칭과 입경을 연결한 것으로 틀린 것은?

① 폐포성 입자상 물질 - 평균입경이 $1\mu m$
② 호흡성 입자상 물질 - 평균입경이 $4\mu m$
③ 흉곽성 입자상 물질 - 평균입경이 $10\mu m$
④ 흡입성 입자상 물질 - 평균입경이 $0 \sim 100\mu m$

해설

ACGIH 입자크기별 기준
• 호흡성 입자상 물질 : 평균입경 $100\mu m$
• 흉곽성 입자상 물질 : 평균입경 $10\mu m$
• 호흡성 입자상 물질 : 평균입경 $4\mu m$

95

벤젠 노출근로자의 생물학적 모니터링을 위하여 소변시료를 확보하였다. 다음 중 분석해야 하는 대사산물로 맞는 것은?

① 마뇨산(hippuric acid)

② t,t-뮤코닉산(t,t-Muconic acid)

③ 메틸마뇨산(Methylhippuric acid)

④ 트리클로로아세트산(trichloroacetic acid)

해설

특수건강진단·배치전건강진단·수시건강진단의 검사항목(산업안전보건법 시행규칙 [별표 24])

41 벤젠 : 혈 중 벤젠·소변 중 페놀·소변 중 뮤콘산 중 택 1, 작업종료 시 채취

96

다음 중 ACGIH의 발암물질 구분 중 인체 발암성 미분류 물질 구분으로 알맞은 것은?

① A2   ② A3

③ A4   ④ A5

해설

• A1 : 인체발암성 확인물질

• A2 : 인체발암성 의심물질

• A3 : 동물발암성 확인물질

• A4 : 인체발암성 미분류물질

• A5 : 인체발암성 미의심물질

97

산업안전보건법령상 기타 분진의 산화규소결정체 함유율과 노출기준으로 맞는 것은?

① 함유율 : 0.1% 이상, 노출기준 : 5mg/m³

② 함유율 : 0.1% 이하, 노출기준 : 10mg/m³

③ 함유율 : 1% 이상, 노출기준 : 5mg/m³

④ 함유율 : 1% 이하, 노출기준 : 10mg/m³

해설

화학물질의 노출기준(화학물질 및 물리적 인자의 노출기준 [별표 1])

731 기타 분진(산화규소 결정체 1% 이하) - 10mg/m³

98

다음 중 혈색소와 친화도가 산소보다 강하여 COHb를 형성하여 조직에서 산소공급을 억제하며, 혈 중 COHb의 농도가 높아지면 HbO_2의 해리작용을 방해하는 물질은?

① 일산화탄소   ② 에탄올

③ 리도카인   ④ 염소산염

해설

체내로 흡입된 일산화탄소는 일산화탄소-헤모글로빈(carboxy-hemoglobin, COHb)을 생성하고, 이것은 몸 전체에 운반될 수 있는 산소의 양을 감소시켜 조직의 저산소증을 유발한다.

99

직업성 천식의 발생기전과 관계가 없는 것은?

① Metallothionein

② 항원공여세포

③ IgE

④ Histamine

해설

① 직업성 천식의 원인물질은 TMA, TDL 등이 있다.
Metallothionein은 저분자량 단백질로서 카드뮴, 아연, 구리 등 다양한 중금속들과 호르몬, 자외선 등의 항암제, 활성산소종에 의해서 유도될 수 있다.

100

할로겐화 탄화수소에 속하는 삼염화에틸렌(trichloro-ethylene)은 호흡기를 통하여 흡수된다. 삼염화에틸렌의 대사산물은?

① 삼염화에탄올

② 메틸마뇨산

③ 사염화에틸렌

④ 페놀

해설

TCE의 대사산물로는 삼염화초산, 삼염화에탄올, 총 삼염화물이 있다.

제1과목 | **산업위생학 개론**

01

직업성 질환 발생의 요인을 직접적인 원인과 간접적인 원인으로 구분할 때 직접적인 원인에 해당되지 않는 것은?

① 물리적 환경요인
② 화학적 환경요인
③ 작업강도와 작업시간적 요인
④ 부자연스런 자세와 단순 반복 작업 등의 작업요인

해설
③ 작업시간적 요인은 간접적 요인이다.

02

산업안전보건법령상 시간당 200~350kcal의 열량이 소요되는 작업을 매시간 50%작업, 50%휴식 시의 고온노출기준(WBGT)은?

① 26.7℃　　　② 28.0℃
③ 28.4℃　　　④ 29.4℃

해설

작업휴식시간비	작업강도		
	경작업	중등작업	중작업
계속작업	30.0℃	26.7℃	25.0℃
매시간 75%작업, 25%휴식	30.6℃	28.0℃	25.9℃
매시간 50%작업, 50%휴식	31.4℃	29.4℃	27.9℃
매시간 25%작업, 75%휴식	32.2℃	31.1℃	30.0℃

• 경작업 : 200kcal/hr까지의 열량이 소요되는 작업
• 중등작업 : 200~350kcal/hr까지의 열량이 소요되는 작업
• 중작업 : 350~500kcal/hr까지의 열량이 소요되는 작업

03

산업안전보건법령상 사무실 오염물질에 대한 관리기준으로 옳지 않은 것은?

① 라돈 : 148Bq/m^3 이하
② 일산화탄소 : 10ppm 이하
③ 이산화질소 : 0.1ppm 이하
④ 포름알데하이드 : 500μg/m^3 이하

해설
오염물질 관리기준(사무실 공기관리 지침 제2조)

오염물질	관리기준
미세먼지(PM10)	100μg/m^3
초미세먼지(PM2.5)	50μg/m^3
이산화탄소(CO_2)	1,000ppm
일산화탄소(CO)	10ppm
이산화질소(NO_2)	0.1ppm
포름알데하이드(HCHO)	100μg/m^3
총휘발성유기화합물(TVOC)	500μg/m^3
라돈(radon)	148Bq/m^3
총부유세균	800CFU/m^3
곰팡이	500CFU/m^3

04

유해인자와 그로 인하여 발생되는 직업병이 올바르게 연결된 것은?

① 크롬 – 간암　　② 이상기압 – 침수족
③ 망간 – 비중격천공　④ 석면 – 악성중피종

해설
① 크롬 – 비중격천공증, 비강암
② 이상기압 – 잠함병, 폐수종
③ 망간 – 파킨스증후군

05

근골격계 부담작업으로 인한 건강장해 예방을 위한 조치 항목으로 옳지 않은 것은?

① 근골격계 질환 예방관리 프로그램을 작성·시행할 경우에는 노사협의를 거쳐야 한다.

② 근골격계 질환 예방관리 프로그램에는 유해요인조사, 작업환경 개선, 교육·훈련 및 평가 등이 포함되어 있다.

③ 사업주는 25kg 이상의 중량물을 들어 올리는 작업에 대하여 중량과 무게중심에 대하여 안내표시를 하여야 한다.

④ 근골격계 부담작업에 해당하는 새로운 작업·설비 등을 도입한 경우, 지체 없이 유해요인조사를 실시하여야 한다.

해설

③ 사업주는 5kg 이상의 중량물을 들어 올리는 작업에 대하여 중량과 무게중심에 대하여 안내표시를 하여야 한다.

06

연평균 근로자수가 5,000명인 사업장에서 1년 동안에 125건의 재해로 인하여 250명의 사상자가 발생하였다면, 이 사업장의 연천인율은 얼마인가?(단, 이 사업장의 근로자 1인당 연간 근로시간은 2,400시간이다)

① 10   ② 25

③ 50   ④ 200

해설

$$연천인율 = \frac{재해자수}{연평균 근로자수} \times 1,000$$

$$= \frac{250}{5,000} \times 1,000 = 50$$

07

영국의 외과의사 Pott에 의하여 발견된 직업성 암은?

① 비암   ② 폐암

③ 간암   ④ 음낭암

해설

④ 1755년 영국의 외과의사 pott는 굴뚝청소부의 그을음 노출과 음낭암 발병률의 관계를 보고하였다.

08

산업피로(industrial fatigue)에 관한 설명으로 옳지 않은 것은?

① 산업피로의 유발원인으로는 작업부하, 작업환경조건, 생활조건 등이 있다.

② 작업과정 사이에 짧은 휴식보다 장시간의 휴식시간을 삽입하여 산업피로를 경감시킨다.

③ 산업피로의 검사방법은 한 가지 방법으로 판정하기는 어려우므로 여러 가지 검사를 종합하여 결정한다.

④ 산업피로란 일반적으로 작업현장에서 고단하다는 주관적인 느낌이 있으면서, 작업능률이 떨어지고, 생체기능의 변화를 가져오는 현상이라고 정의할 수 있다.

해설

② 짧은 휴식을 자주 하는 것이 효과적이다.

09

산업안전보건법령상 사무실 공기의 시료채취 방법이 잘못 연결된 것은?

① 일산화탄소 – 전기화학검출기에 의한 채취
② 이산화질소 – 캐니스터(canister)를 이용한 채취
③ 이산화탄소 – 비분산적외선검출기에 의한 채취
④ 총부유세균 – 충돌법을 이용한 부유세균채취기로 채취

해설

오염물질	시료채취방법	분석방법
미세먼지 (PM10)	PM10샘플러를 장착한 고용량 시료채취기에 의한 채취	중량분석(천칭의 해독도 : 10μg 이상)
초미세먼지 (PM2.5)	PM2.5샘플러를 장착한 고용량 시료채취기에 의한 채취	중량분석(천칭의 해독도 : 10μg 이상)
이산화탄소 (CO₂)	비분산적외선검출기에 의한 채취	검출기의 연속 측정에 의한 직독식 분석
일산화탄소 (CO)	비분산적외선검출기 또는 전기화학검출기에 의한 채취	검출기의 연속 측정에 의한 직독식 분석
이산화질소 (NO₂)	고체흡착관에 의한 시료채취	분광광도계로 분석
포름알데하이드 (HCHO)	2,4–DNPH가 코팅된 실리카겔관이 장착된 시료채취기에 의한 채취	2,4–DNPH–포름알데하이드 유도체를 HPLC UVD 또는 GC–NPD로 분석
총휘발성유기화합물 (TVOC)	1. 고체흡착관 또는 2. 캐니스터로 채취	1. 고체흡착열탈착법 또는 고체흡착용매추출법을 이용한 GC로 분석 2. 캐니스터를 이용한 GC 분석
라돈	라돈연속검출기(자동형), 알파트랙(수동형), 충전막 전리함(수동형) 측정 등	3일 이상 3개월 이내 연속 측정 후 방사능감지를 통한 분석
총부유세균	충돌법을 이용한 부유세균채취기로 채취	채취·배양된 균주를 새어 공기 체적당 균주 수로 산출
곰팡이	충돌법을 이용한 부유진균채취기로 채취	채취·배양된 균주를 새어 공기 체적당 균주 수로 산출

10

재해예방의 4원칙에 대한 설명으로 옳지 않은 것은?

① 재해 발생에는 반드시 그 원인이 있다.
② 재해가 발생하면 반드시 손실도 발생한다.
③ 재해는 원인 제거를 통하여 예방이 가능하다.
④ 재해 예방을 위한 가능한 안전대책은 반드시 존재한다.

해설

재해예방의 4원칙
• 손실 우연의 원칙 : 사고의 결과 생기는 손실은 우연히 발생한다.
• 예방 가능의 원칙 : 천재지변을 제외한 모든 재해는 예방 가능하다.
• 대책 선정의 원칙 : 재해는 적합한 대책이 선정되어야 한다.
• 원인 연계의 원칙 : 재해는 직접 원인과 간접 원인이 연계되어 일어난다.

11

작업환경측정기관이 작업환경측정을 한 경우 결과를 시료채취를 마친 날부터 며칠 이내에 관할 지방고용노동관서의 장에게 제출하여야 하는가?(단, 제출기간의 연장은 고려하지 않는다)

① 30일
② 60일
③ 90일
④ 120일

해설

작업환경측정결과의 보고(작업환경측정 및 정도관리 등에 관한 고시 제39조)
사업장 위탁측정기관이 법 제125조 제3항에 따라 작업환경측정을 실시하였을 경우에는 측정을 완료한 날부터 30일 이내에 규칙 별지 제83호 서식의 작업환경측정결과표 2부를 작성하여 1부는 사업장 위탁측정기관이 보관하고 1부는 사업주에게 송부하여야 한다.

12

산업안전보건법령상 보건관리자의 업무가 아닌 것은? (단, 그 밖에 작업관리 및 작업환경관리에 관한 사항은 제외한다)

① 물질안전보건자료의 게시 또는 비치에 관한 보좌 및 지도·조언

② 보건교육계획의 수립 및 보건교육 실시에 관한 보좌 및 지도·조언

③ 안전인증대상기계 등 보건과 관련된 보호구의 점검, 지도, 유지에 관한 보좌 및 지도·조언

④ 전체 환기장치 등에 관한 설비의 점검과 작업방법의 공학적 개선에 관한 보좌 및 지도·조언

해설

③ 안전인증대상기계 등 보건과 관련된 보호구 구입 시 적격품 선정에 관한 보좌 및 지도·조언을 한다.

13

인간공학에서 고려해야 할 인간의 특성과 가장 거리가 먼 것은?

① 인간의 습성

② 신체의 크기와 작업환경

③ 기술, 집단에 대한 적응능력

④ 인간의 독립성 및 감정적 조화성

해설

인간공학

인간의 신체적, 인지적, 감성적, 사회문화적 특성을 고려하여 제품, 작업, 환경을 설계함으로써 편리함, 효율성, 안전성, 만족도를 향상시키고자 하는 응용학문이다.

14

산업안전보건법령상 유해위험방지계획서의 제출 대상이 되는 사업이 아닌 것은?(단, 모두 전기 계약용량이 300kW 이상이다)

① 항만운송사업

② 반도체 제조업

③ 식료품 제조업

④ 전자부품 제조업

해설

유해위험방지계획서 제출 대상(산업안전보건법 시행령 제42조)

법 제42조 제1항 제1호에서 "대통령령으로 정하는 사업의 종류 및 규모에 해당하는 사업"이란 다음의 어느 하나에 해당하는 사업으로서 전기 계약용량이 300kW 이상인 경우를 말한다.

- 금속가공제품 제조업 ; 기계 및 가구 제외
- 비금속 광물제품 제조업
- 기타 기계 및 장비 제조업
- 자동차 및 트레일러 제조업
- 식료품 제조업
- 고무제품 및 플라스틱제품 제조업
- 목재 및 나무제품 제조업
- 기타 제품 제조업
- 1차 금속 제조업
- 가구 제조업
- 화학물질 및 화학제품 제조업
- 반도체 제조업
- 전자부품 제조업

15

산업위생전문가의 윤리강령 중 "전문가로서의 책임"에 해당하지 않는 것은?

① 기업체의 기밀은 누설하지 않는다.

② 과학적 방법의 적용과 자료의 해석에서 객관성을 유지한다.

③ 근로자, 사회 및 전문 직종의 이익을 위해 과학적 지식은 공개하거나 발표하지 않는다.

④ 전문적 판단이 타협에 의하여 좌우될 수 있는 상황에는 개입하지 않는다.

해설

산업위생전문가의 윤리강령, 전문가로서의 책임
• 성실성과 학문적 실력 면에서 최고 수준을 유지한다.
• 과학적 방법의 적용과 자료의 해석에서 경험을 통한 전문가의 객관성을 유지한다.
• 전문분야로서의 산업위생을 학문적으로 발전시킨다.
• 근로자, 사회 및 전문 직종의 이익을 위해 과학적 지식을 공개하고 발표한다.
• 산업위생 활동을 통해 얻은 개인 및 기업체의 기밀은 누설하지 않는다.
• 전문적 판단이 타협에 의하여 좌우될 수 있거나 이해관계가 있는 상황에서 개입하지 않는다.
• 쾌적한 작업환경을 만들기 위해 산업위생이론을 적용하고 책임 있게 행동한다.

16

작업자세는 피로 또는 작업능률과 밀접한 관계가 있는데, 바람직한 작업자세의 조건으로 보기 어려운 것은?

① 정적 작업을 도모한다.

② 작업에 주로 사용하는 팔은 심장 높이에 두도록 한다.

③ 작업물체와 눈과의 거리는 명시거리로 30cm 정도를 유지토록 한다.

④ 근육을 지속적으로 수축시키기 때문에 불안정한 자세는 피하도록 한다.

해설

① 정적 작업과 동적 작업을 혼합하는 것이 바람직하다.

17

지능검사, 기능검사, 인성검사는 직업 적성검사 중 어느 검사항목에 해당되는가?

① 감각적 기능검사

② 생리적 적성검사

③ 신체적 적성검사

④ 심리적 적성검사

해설

④ 심리적 적성검사에는 지능검사, 기능검사, 인성검사가 있다.

18

산업위생 활동 중 유해인자의 양적, 질적인 정도가 근로자들의 건강에 어떤 영향을 미칠 것인지 판단하는 의사결정 단계는?

① 인지   ② 예측

③ 측정   ④ 평가

해설

④ 평가 : 유해인자에 대한 양적, 질적인 정도가 근로자들의 건강에 어떤 영향을 미칠 것인지를 판단하는 의사결정 단계로서 넓은 의미에서는 측정까지도 포함시킨다.

19

근로자에 있어서 약한 손(왼손잡이의 경우 오른손)의 힘은 평균 45kp라고 한다. 이 근로자가 무게 18kg인 박스를 두 손으로 들어 올리는 작업을 할 경우의 작업강도(%MS)는?

① 15%
② 20%
③ 25%
④ 30%

해설

$$\frac{(18/2)}{45} \times 100 = 20\%$$

20

물체 무게가 2kg, 권고중량한계가 4kg일 때 NIOSH의 중량물 취급지수(LI, Lifting Index)는?

① 0.5
② 1
③ 2
④ 4

해설

$$LI(들기지수) = \frac{물체무게}{RWL} = \frac{2}{4} = 0.5$$

21

시료채취기를 근로자에게 착용시켜 가스·증기·미스트·흄 또는 분진 등을 호흡기 위치에서 채취하는 것을 무엇이라고 하는가?

① 지역시료채취
② 개인시료채취
③ 작업시료채취
④ 노출시료채취

해설

정의(작업환경측정 및 정도관리 등에 관한 고시 제2조)
• "개인 시료채취"란 개인시료채취기를 이용하여 가스·증기·분진·흄(fume)·미스트(mist) 등을 근로자의 호흡위치(호흡기를 중심으로 반경 30cm인 반구)에서 채취하는 것을 말한다.
• "지역 시료채취"란 시료채취기를 이용하여 가스·증기·분진·흄(fume)·미스트(mist) 등을 근로자의 작업행동 범위에서 호흡기 높이에 고정하여 채취하는 것을 말한다.

22

공장 내 지면에 설치된 한 기계로부터 10m 떨어진 지점의 소음이 70dB(A)일 때, 기계의 소음이 50dB(A)로 들리는 지점은 기계에서 몇 m 떨어진 곳인가?(단, 점음원을 기준으로 하고, 기타 조건은 고려하지 않는다)

① 50
② 100
③ 200
④ 400

해설

$$dB2 = dB1 - 20 \times \log\left(\frac{d2}{d1}\right)$$

$$50 = 70 - 20 \times \log\left(\frac{x}{10}\right),\ x = 100$$

23

Low Volume Air Sampler로 작업장 내 시료를 측정한 결과 $2.55mg/m^3$이고, 상대농도계로 10분간 측정한 결과 1550이고, dark count가 6일 때 질량농도의 변환계수는?

① 0.27   ② 0.36

③ 0.64   ④ 0.85

해설

질량농도변환계수

$K = C \div (R - D)$

여기서, C : 실측치

R : Digital counter 계수(측정 결과 ÷ 측정시간)

D : dark count 수치

$$\frac{2.55}{\left(\frac{155}{10} - 6\right)} = 0.268 \fallingdotseq 0.27$$

24

소음작업장에서 두 기계 각각의 음압레벨이 90dB로 동일하게 나타났다면 두 기계가 모두 가동되는 이 작업장의 음압레벨(dB)은?(단, 기타 조건은 같다)

① 93   ② 95

③ 97   ④ 99

해설

$$L = 10 \times \log(10^{\frac{L1}{10}} + 10^{\frac{L2}{10}} + \cdots + 10^{\frac{Ln}{10}})$$
$$= 10 \times \log(10^{\frac{90}{10}} + 10^{\frac{90}{10}})$$
$$= 93$$

25

대푯값에 대한 설명 중 틀린 것은?

① 측정값 중 빈도가 가장 많은 수가 최빈값이다.

② 가중평균은 빈도를 가중치로 택하여 평균값을 계산한다.

③ 중앙값은 측정값을 모두 나열하였을 때 중앙에 위치하는 측정값이다.

④ 기하평균은 n개의 측정값이 있을 때 이들의 합을 개수로 나눈 값으로 산업위생 분야에서 많이 사용한다.

해설

④ 기하평균은 n개의 측정값이 있을 때 이들 곱의 제곱근으로 산업위생 분야에서 많이 사용한다.

26

금속 도장 작업장의 공기 중에 혼합된 기체의 농도와 TLV가 다음 표와 같을 때, 이 작업장의 노출지수(EI)는 얼마인가?(단, 상가 작용 기준이며 농도 및 TLV의 단위는 ppm이다)

기체명	기체의 농도	TLV
Toluene	55	100
MIBK	25	50
Acetone	280	750
MEK	90	200

① 1.573   ② 1.673

③ 1.773   ④ 1.873

해설

$$노출지수 = \frac{C_1}{TLV_1} + \frac{C_2}{TLV_2} + \cdots + \frac{C_n}{TLV_n}$$
$$= \frac{55}{100} + \frac{25}{50} + \frac{280}{750} + \frac{90}{200}$$
$$= 1.873$$

27

허용농도(TLV) 적용상 주의할 사항으로 틀린 것은?

① 대기오염평가 및 관리에 적용될 수 없다.
② 기존의 질병이나 육체적 조건을 판단하기 위한 척도로 사용될 수 없다.
③ 사업장의 유해조건을 평가하고 개선하는 지침으로 사용될 수 없다.
④ 안전농도와 위험농도를 정확히 구분하는 경계선이 아니다.

해설
③ 사업장의 유해조건을 평가하고 개선하는 지침으로 사용될 수 있다.

28

소음 측정을 위한 소음계(Sound level meter)는 주파수에 따른 사람의 느낌을 감안하여 세 가지 특성 즉 A, B 및 C 특성에서 음압을 측정할 수 있다. 다음 내용에서 A, B 및 C 특성에 대한 설명이 바르게 된 것은?

① A 특성 보정치는 4,000Hz 수준에서 가장 크다.
② B 특성 보정치와 C 특성 보정치는 각각 70phon과 40phon의 등감곡선과 비슷하게 보정하여 측정한 값이다.
③ B 특성 보정치(dB)는 2,000Hz에서 값이 0이다.
④ A 특성 보정치(dB)는 1,000Hz에서 값이 0이다.

해설
① A 특성 보정치는 40Hz 수준에서 가장 크다.
② B 특성 보정치와 C 특성 보정치는 각각 70phon과 100phon의 등감곡선과 비슷하게 보정하여 측정한 값이다.
③ B 특성 보정치(dB)는 1,000Hz에서 값이 0이다.

29

작업환경측정 및 정도관리 등에 관한 고시상 원자흡광광도법(AAS)으로 분석할 수 있는 유해인자가 아닌 것은?

① 코발트　　　　② 구리
③ 산화철　　　　④ 카드뮴

해설
원자흡광광도법(AAS)으로 분석할 수 있는 유해인자(작업환경측정 및 정도관리 등에 관한 고시 [별표 3])
• 구리
• 납
• 니켈
• 크롬
• 망간
• 산화마그네슘
• 산화아연
• 산화철
• 수산화나트륨
• 카드뮴

30

불꽃 방식 원자흡광광도계가 갖는 특징으로 틀린 것은?

① 분석시간이 흑연로 장치에 비하여 적게 소요된다.
② 혈액이나 소변 등 생물학적 시료의 유해금속 분석에 주로 많이 사용된다.
③ 일반적으로 흑연로 장치나 유도결합플라스마-원자발광분석기에 비하여 저렴하다.
④ 용질이 고농도로 용해되어 있는 경우 버너의 슬롯을 막을 수 있으며 점성이 큰 용액이 분무가 어려워 분무 구멍을 막아버릴 수 있다.

해설
② 작업환경 유해금속에 사용한다.

31

작업환경측정결과를 통계처리 시 고려해야 할 사항으로 적절하지 않은 것은?

① 대표성
② 불변성
③ 통계적 평가
④ 2차 정규분포 여부

작업환경측정결과를 통계처리 시 고려해야 할 사항
• 대표성 평가
• 불변성 평가
• 통계적 평가

32

1N-HCl(F = 1,000) 500mL를 만들기 위해 필요한 진한 염산의 부피(mL)는?(단, 진한 염산의 물성은 비중 1.18, 함량 35%이다)

① 약 18   ② 약 36
③ 약 44   ④ 약 66

$\dfrac{10 \times 1.18 \times 35}{36.5} = 11.3151M$

$11.3151M : xmL = 1M : 500mL$

$x = 44.2 \risingdotseq 44mL$

33

고온의 노출기준에서 작업자가 경작업을 할 때, 휴식 없이 계속 작업할 수 있는 기준에 위배되는 온도는?(단, 고용노동부 고시를 기준으로 한다)

① 습구흑구온도지수 : 30℃
② 태양광이 내리쬐는 옥외장소
　　자연습구온도 : 28℃
　　흑구온도 : 32℃
　　건구온도 : 40℃
③ 태양광이 내리쬐는 옥외장소
　　자연습구온도 : 29℃
　　흑구온도 : 33℃
　　건구온도 : 33℃
④ 태양광이 내리쬐는 옥외 장소
　　자연습구온도 : 30℃
　　흑구온도 : 30℃
　　건구온도 : 30℃

고용노동부 고시에 의해 경작업의 경우 WBGT가 30℃ 이하인 경우 계속 작업한다.
• 태양광선이 내리쬐는 옥외 장소
　WBGT(℃) = 0.7 × 자연습구온도 + 0.2 × 흑구온도 + 0.1 × 건구온도
• 태양광선이 내리쬐지 않는 옥내 또는 옥외 장소
　WBGT(℃) = 0.7 × 자연습구온도 + 0.3 × 흑구온도

34

다음 중 고열 측정기기 및 측정방법 등에 관한 내용으로 틀린 것은?

① 고열은 습구흑구온도지수를 측정할 수 있는 기기 또는 이와 동등 이상의 성능을 가진 기기를 사용한다.

② 고열을 측정하는 경우 측정기 제조자가 지정한 방법과 시간을 준수하여 사용한다.

③ 고열작업에 대한 측정은 1일 작업시간 중 최대로 고열에 노출되고 있는 1시간을 30분 간격으로 연속하여 측정한다.

④ 측정기의 위치는 바닥 면으로부터 50cm 이상, 150cm 이하의 위치에서 측정한다.

해설

③ 고열작업에 대한 측정은 1일 작업시간 중 최대로 고열에 노출되고 있는 1시간을 10분 간격으로 연속하여 측정한다.

35

다음 중 활성탄에 흡착된 유기화합물을 탈착하는 데 가장 많이 사용하는 용매는?

① 톨루엔 ② 이황화탄소
③ 클로로포름 ④ 메틸클로로포름

해설

② 비극성 물질(활성탄)의 탈착용매는 이황화탄소를 사용한다.

36

입경이 50μm이고 비중이 1.32인 입자의 침강속도(cm/s)는 얼마인가?

① 8.6 ② 9.9
③ 11.9 ④ 13.6

해설

$$V(\text{cm/s}) = 0.003 \times \rho \times d^2$$
$$= 0.003 \times 1.32 \times 50^2 = 9.9\,\text{cm/s}$$

37

작업자가 유해물질에 노출된 정도를 표준화하기 위한 계산식으로 옳은 것은?(단, 고용노동부 고시를 기준으로 하며, C는 유해물질의 농도, T는 노출시간을 의미한다)

① $\dfrac{\sum\limits_{n=1}^{m}(C_n \times T_n)}{8}$ ② $\dfrac{8}{\sum\limits_{n=1}^{m}(C_n) \times T_n}$

③ $\dfrac{\sum\limits_{n=1}^{m}(C_n) \times T_n}{8}$ ④ $\dfrac{\sum\limits_{n=1}^{m}(C_n) + T_n}{8}$

해설

$$TWA = \frac{C_1 T_1 + C_2 T_2 + \cdots + C_n T_n}{8}$$

38

원자흡광분광법의 기본 원리가 아닌 것은?

① 모든 원자들은 빛을 흡수한다.

② 빛을 흡수할 수 있는 곳에서 빛은 각 화학적 원소에 대한 특정파장을 갖는다.

③ 흡수되는 빛의 양은 시료에 함유되어 있는 원자의 농도에 비례한다.

④ 컬럼 안에서 시료들은 충진제와 친화력에 의해서 상호 작용하게 된다.

해설

가스크로마토그래피의 기본원리
컬럼 안에서 시료들은 충진제와 친화력에 의해서 상호 작용하게 된다.

39

다음 ( ) 안에 들어갈 수치는?

| 단시간노출기준(STEL) : (   )분간의 시간가중평균노출값 |

① 10
② 15
③ 20
④ 40

해설

정의(화학물질 및 물리적 인자의 노출기준 제2조)

"단시간노출기준(STEL)"이란 15분간의 시간가중평균노출값으로서 노출농도가 시간가중평균노출기준(TWA)을 초과하고 단시간노출기준(STEL) 이하인 경우에는 1회 노출 지속시간이 15분 미만이어야 하고, 이러한 상태가 1일 4회 이하로 발생하여야 하며, 각 노출의 간격은 60분 이상이어야 한다.

40

흡수액 측정법에 주로 사용되는 주요 기구로 옳지 않은 것은?

① 테드라 백(Tedlar bag)
② 프리티드 버블러(Fritted bubbler)
③ 간이 가스 세척병(Simple gas washing bottle)
④ 유리구 충진분리관(Packed glass bead column)

해설

① 테드라 백(Tedlar bag)은 가스 포집을 위한 포집 백이다.

41

무거운 분진(납분진, 주물사, 금속가루분진)의 일반적인 반송속도로 적절한 것은?

① 5m/s
② 10m/s
③ 15m/s
④ 25m/s

해설

산업환기설비에 관한 기술지침, 한국산업안전보건공단

유해물질 발생형태	유해물질 종류	반송속도(m/s)
증기, 가스, 연기	모든 증기, 가스 및 연기	5~10
흄	아연흄, 산화알루미늄 흄, 용접흄 등	10~12.5
미세하고 가벼운 분진	미세한 면분진, 미세한 목분진, 종이분진 등	12.5~15
건조한 분진이나 분말	고무분진, 면분진, 가루분진, 동물털분진 등	15~20
일반 산업분진	그라인더 분진, 일반적인 금속분말분진, 모직물 분진, 실리카 분진, 주물분진, 석면분진 등	17.5~20
무거운 분진	젖은 톱밥분진, 입자가 혼합된 금속분진, 샌드블라스트 분진, 주절보량분진, 납분진	20~22.5
무겁고 습한 분진	습한 시멘트 분진, 작은 칩이 혼합된 납분진, 석면 덩어리 등	22.5 이상

42

여과제진장치의 설명 중 옳은 것은?

> ㉠ 여과속도가 클수록 미세입자포집에 유리하다.
> ㉡ 연속식은 고농도 함진 배기가스처리에 적합하다.
> ㉢ 습식제진에 유리하다.
> ㉣ 조작 불량을 조기에 발견할 수 있다.

① ㉠, ㉢   ② ㉡, ㉣
③ ㉡, ㉢   ④ ㉠, ㉡

해설

여과속도가 느릴수록 미세입자포집에 유리하고, 건식에 유리하다.

44

어떤 공장에서 접착공정이 유기용제 중독의 원인이 되었다. 직업병 예방을 위한 작업환경관리 대책이 아닌 것은?

① 신선한 공기에 의한 희석 및 환기실시
② 공정의 밀폐 및 격리
③ 조업방법의 개선
④ 보건교육 미실시

해설

④ 보건교육을 실시한다.

43

호흡기 보호구의 밀착도 검사(fit test)에 대한 설명이 잘못된 것은?

① 정량적인 방법에는 냄새, 맛, 자극물질 등을 이용한다.
② 밀착도 검사란 얼굴피부 접촉면과 보호구 안면부가 적합하게 밀착되는지를 측정하는 것이다.
③ 밀착도 검사를 하는 것은 작업자가 작업장에 들어가기 전 누설 정도를 최소화시키기 위함이다.
④ 어떤 형태의 마스크가 작업자에게 적합한지 마스크를 선택하는 데 도움을 주어 작업자의 건강을 보호한다.

해설

① 정성적인 방법에는 냄새, 맛, 자극물질 등을 이용한다.

45

후드의 개구(opening) 내부로 작업환경의 오염공기를 흡인시키는 데 필요한 압력차에 관한 설명 중 적합하지 않은 것은?

① 정지상태의 공기가속에 필요한 것 이상의 에너지이어야 한다.
② 개구에서 발생되는 난류손실을 보전할 수 있는 에너지이어야 한다.
③ 개구에서 발생되는 난류손실은 형태나 재질에 무관하게 일정하다.
④ 공기의 가속에 필요한 에너지는 공기의 이동에 필요한 속도압과 같다.

해설

③ 개구에서 발생되는 난류손실은 형태나 재질에 따라 달라진다.

46

90° 곡관의 반경비가 2.0일 때 압력손실계수는 0.27이다. 속도압이 14mmH₂O라면 곡관의 압력손실(mmH₂O)은?

① 7.6 ② 5.5

③ 3.8 ④ 2.7

해설

$$압력손실 = \left(\epsilon \times \frac{\theta}{90}\right) \times VP = \left(0.27 \times \frac{90}{90}\right) \times 14 = 3.78 = 3.8$$

47

용기충진이나 콘베이어 적재와 같이 발생기류가 높고 유해물질이 활발하게 발생하는 작업조건의 제어속도로 가장 알맞은 것은?(단, ACGIH 권고 기준)

① 2.0m/s ② 3.0m/s

③ 4.0m/s ④ 5.0m/s

해설

ACGIH에서 권고하는 제어속도 범위

작업조건	작업공정 사례	제어속도
움직이지 않는 공기 중으로 속도 없이 배출됨	탱크에서 증발, 탈지 등	0.25~0.5
약간의 공기 움직임이 있고 낮은 속도로 배출됨	스프레이 도장, 용접, 도금, 저속 컨베이어 운반	0.5~1.0
발생기류가 높고 유해물질이 활발하게 발생함	스프레이도장, 용기충진, 컨베이어 적재, 분쇄기	1.0~2.5
고속기류 내로 높은 초기 속도로 배출됨	회전연삭, 블라스팅	2.5~10.0

48

귀덮개의 장점을 모두 짝지은 것으로 가장 옳은 것은?

> A. 귀마개보다 쉽게 착용할 수 있다.
> B. 귀마개보다 일관성 있는 차음 효과를 얻을 수 있다.
> C. 크기를 여러 가지로 할 필요가 없다.
> D. 착용 여부를 쉽게 확인할 수 있다.

① A, B, D ② A, B, C

③ A, C, D ④ A, B, C, D

해설

귀덮개의 장점

• 신속하게 착용이 가능하다.
• 중이염 등 귀에 질병이 있는 경우에도 사용 가능하다.
• 사용 기간이 길다.
• 가격이 저렴하다.
• 쉽게 눈에 보여 착용 여부의 판단이 쉽다.
• 귀마개보다 고음에서 소음의 감음 효과가 좋다.

49

강제환기의 효과를 제고하기 위한 원칙으로 틀린 것은?

① 오염물질 배출구는 가능한 한 오염원으로부터 가까운 곳에 설치하여 점 환기 현상을 방지한다.

② 공기배출구와 근로자의 작업위치 사이에 오염원이 위치하여야 한다.

③ 공기가 배출되면서 오염장소를 통과하도록 공기배출구와 유입구의 위치를 선정한다.

④ 오염원 주위에 다른 작업 공정이 있으면 공기배출량을 공급량보다 약간 크게 하여 음압을 형성하여 주위 근로자에게 오염물질이 확산되지 않도록 한다.

해설

① 오염물질 배출구는 가능한 한 오염원으로부터 가까운 곳에 설치하여 점 환기 현상을 극대화시킨다.

50

후드 흡인기류의 불량상태를 점검할 때 필요하지 않은 측정기기는?

① 열선풍속계
② Threaded thermometer
③ 연기발생기
④ Pitot tube

해설
② 나사산 온도계(Threaded thermometer)

51

원심력 송풍기 중 다익형 송풍기에 관한 설명으로 가장 거리가 먼 것은?

① 송풍기의 임펠러가 다람쥐 쳇바퀴 모양으로 생겼다.
② 큰 압력손실에서 송풍량이 급격하게 떨어지는 단점이 있다.
③ 고강도가 요구되기 때문에 제작비용이 비싸다는 단점이 있다.
④ 다른 송풍기와 비교하여 동일 송풍량을 발생시키기 위한 임펠러 회전속도가 상대적으로 낮기 때문에 소음이 작다.

해설
③ 동일 송풍량을 발생시키기 위한 임펠러 회전속도가 상대적으로 낮아 소음문제가 거의 없고 강도 문제가 그리 중요하지 않기 때문에 저가로 제작이 가능하다.

52

덕트(duct)의 압력손실에 관한 설명으로 옳지 않은 것은?

① 직관에서의 마찰손실과 형태에 따른 압력손실로 구분할 수 있다.
② 압력손실은 유체의 속도압에 반비례한다.
③ 덕트 압력손실은 배관의 길이와 정비례한다.
④ 덕트 압력손실은 관직경과 반비례한다.

해설
② 압력손실은 유체의 속도압 제곱에 비례한다.

53

송풍기 깃이 회전방향 반대편으로 경사지게 설계되어 충분한 압력을 발생시킬 수 있고, 원심력송풍기 중 효율이 가장 좋은 송풍기는?

① 후향날개형 송풍기
② 방사날개형 송풍기
③ 전향날개형 송풍기
④ 안내깃이 붙은 축류 송풍기

해설
① 터보형 송풍기로 소음이 크나 장소의 제약이 적고 고온·고압의 대용량에 적합하여 압입 송풍기로 주로 사용되고 효율이 좋다.

54

전기집진장치의 장점으로 옳지 않은 것은?

① 가연성 입자의 처리에 효율적이다.
② 넓은 범위의 입경과 분진농도에 집진효율이 높다.
③ 압력손실이 낮으므로 송풍기의 가동비용이 저렴하다.
④ 고온 가스를 처리할 수 있어 보일러와 철강로 등에 설치할 수 있다.

해설
① 가연성 입자의 처리가 곤란하다.

55

어떤 원형덕트에 유체가 흐르고 있다. 덕트의 직경을 1/2로 하면 직관부분의 압력손실은 몇 배로 되는가?(단, 달시의 방정식을 적용한다)

① 4배 ② 8배
③ 16배 ④ 32배

해설

원형, $\triangle P = \dfrac{4fl}{d} \times \dfrac{rv^2}{2g}$

$\triangle P_1 = \dfrac{4fl}{d} \times \dfrac{rv^2}{2g}$, $\triangle P_2 = \dfrac{4fl}{\frac{1}{2}d} \times \dfrac{r(4v)^2}{2g}$

$\dfrac{\triangle P_2}{\triangle P_1} = \dfrac{\dfrac{4fl}{\frac{1}{2}d} \times \dfrac{r(4v)^2}{2g}}{\dfrac{4fl}{d} \times \dfrac{rv^2}{2g}} = 32$

56

눈 보호구에 관한 설명으로 틀린 것은?(단, KS 표준 기준)

① 눈을 보호하는 보호구는 유해광선 차광 보호구와 먼지나 이물을 막아주는 방진안경이 있다.
② 400A 이상의 아크 용접 시 차광도 번호 14의 차광도 보호안경을 사용하여야 한다.
③ 눈, 지붕 등으로부터 반사광을 받는 작업에서는 차광도 번호 1.2~3 정도의 차광도 보호안경을 사용하는 것이 알맞다.
④ 단순히 눈의 외상을 막는 데 사용되는 보호안경은 열처리를 하거나 색깔을 넣은 렌즈를 사용할 필요가 없다.

해설

④ 단순히 눈의 외상을 막는 데 사용되는 보호안경은 열처리를 하거나 색깔을 넣은 렌즈를 사용해야 한다.

57

소음 작업장에 소음수준을 줄이기 위하여 흡음을 중심으로 하는 소음저감대책을 수립한 후, 그 효과를 측정하였다. 소음 감소효과가 있었다고 보기 어려운 경우는?

① 음의 잔향시간을 측정하였더니 잔향시간이 약간이지만 증가한 것으로 나타났다.
② 대책 후의 총흡음량이 약간 증가하였다.
③ 소음원으로부터 거리가 멀어질수록 소음수준이 낮아지는 정도가 대책수립 전보다 커졌다.
④ 실내상수 R을 계산해보니 R값이 대책 수립전보다 커졌다.

해설

① 음의 잔향시간을 측정하였더니 잔향시간이 약간이지만 감소한 것으로 나타났다.

58

국소환기시설에 필요한 공기송풍량을 계산하는 공식 중 점흡인에 해당하는 것은?

① $Q = 4\pi \times x^2 \times V_c$
② $Q = 2\pi \times L \times x \times V_c$
③ $Q = 60 \times 0.75 \times V_c(10x^2 + A)$
④ $Q = 60 \times 0.5 \times V_c(10x^2 + A)$

해설

점흡인 송풍량$(Q) = 4\pi \times x^2 \times V_c$

59

확대각이 10°인 원형 확대관에서 입구직관의 정압은 −15mmH₂O, 속도압은 35mmH₂O이고, 확대된 출구직관의 속도압은 25mmH₂O이다. 확대측의 정압(mmH₂O)은?(단, 확대각이 10°일 때 압력손실계수(ζ)는 0.28이다)

① 7.8
② 15.6
③ −7.8
④ −15.6

해설

정압회복계수(R) = 1 − ε = 1 − 0.28 = 0.72
확대측정압(SP₂) = SP₁ + R(VP₁−VP₂)
　　　　　　 = −15 + 0.72(35 − 25)
　　　　　　 = −7.8

60

목재분진을 측정하기 위한 시료채취장치로 가장 적합한 것은?

① 활성탄관(charcoal tube)
② 흡입성 분진 시료채취기(IOM sampler)
③ 호흡성 분진 시료채취기(aluminum cyclone)
④ 실리카겔관(silica gel tube)

해설

- 흡입성 분진 : 100μm
- 흉곽성 분진 : 10μm
- 호흡성 분진 : 4μm
- 목재분진 : 약 0~100μm의 크기를 가지므로 흡입성 분진 시료채취기를 사용하여 시료를 채취

61

질식 우려가 있는 지하 맨홀 작업에 앞서서 준비해야 할 장비나 보호구로 볼 수 없는 것은?

① 안전대
② 방독마스크
③ 송기마스크
④ 산소농도 측정기

해설

질식 우려가 있는 작업장에서는 송기마스크를 준비해야 한다.

62

진동 발생원에 대한 대책으로 가장 적극적인 방법은?

① 발생원의 격리
② 보호구 착용
③ 발생원의 제거
④ 발생원의 재배치

해설

진동 발생원에 대한 대책으로 가장 적극적인 방법은 발생원의 제거이다.

63

전리방사선에 의한 장해에 해당하지 않는 것은?

① 참호족
② 피부장해
③ 유전적 장해
④ 조혈기능 장해

해설

전리방사선에 의한 장해
한랭환경, 피부장해, 유전적 장해, 조혈기능 장해

64

고소음으로 인한 소음성 난청 질환자를 예방하기 위한 작업환경관리방법 중 공학적 개선에 해당되지 않는 것은?

① 소음원의 밀폐
② 보호구의 지급
③ 소음원의 벽으로 격리
④ 작업장 흡음시설의 설치

해설

소음의 공학적 개선 방법은 소음원을 제거하는 것이므로 보호구의 지급은 관련 없다.

65

비이온화 방사선의 파장별 건강에 미치는 영향으로 옳지 않은 것은?

① UV-A : 315~400nm – 피부노화촉진
② IR-B : 780~1,400nm – 백내장, 각막화상
③ UV-B : 280~315nm – 발진, 피부암, 광결막염
④ 가시광선 : 400~700nm – 광화학적이거나 열에 의한 각막손상, 피부화상

해설

② IR-B : 1,400~3,000nm – 백내장, 각막화상

66

WBGT에 대한 설명으로 옳지 않은 것은?

① 표시단위는 절대온도(K)이다.
② 기온, 기습, 기류 및 복사열을 고려하여 계산된다.
③ 태양광선이 있는 옥외 및 태양광선이 없는 옥내로 구분된다.
④ 고온에서의 작업휴식시간비를 결정하는 지표로 활용된다.

해설

① 표시단위는 섭씨온도(℃)이다.

67

작업자 A의 4시간 작업 중 소음노출량이 76%일 때, 측정시간에 있어서의 평균치는 약 몇 dB(A)인가?

① 88
② 93
③ 98
④ 103

해설

$$16.61 \times \log\left(\frac{76}{D}\right) + 90,$$

$$16.61 \times \log\left(\frac{76}{(100/8) \times 4}\right) + 90 = 93$$

68

이온화 방사선과 비이온화 방사선을 구분하는 광자에너지는?

① 1eV
② 4eV
③ 12.4eV
④ 15.6eV

해설

생체를 이온화시키는 데 최소에너지를 방사선을 구분하는 에너지 경계선으로 한다. 따라서, 12eV 이상의 광자에너지를 가지는 경우 이온화 방사선이라 부른다.

69

이상기압에 의하여 발생하는 직업병에 영향을 미치는 유해인자가 아닌 것은?

① 산소(O_2)

② 이산화황(SO_2)

③ 질소(N_2)

④ 이산화탄소(CO_2)

해설

② 이산화황은 무색의 자극적인 냄새가 나는 독성이 강한 가스로, 호흡기계 질환을 유발하는 주요 대기오염 물질이다.

70

채광계획에 관한 설명으로 옳지 않은 것은?

① 창의 면적은 방바닥 면적의 15~20%가 이상적이다.

② 조도의 평등을 요하는 작업실은 남향으로 하는 것이 좋다.

③ 실내 각점의 개각은 4~5°, 입사각은 28° 이상이 되어야 한다.

④ 유리창은 청결한 상태여도 10~15% 조도가 감소되는 점을 고려한다.

해설

② 조도의 평등을 요하는 작업실은 북향, 남북향으로 하는 것이 좋다.

71

빛에 관한 설명으로 옳지 않은 것은?

① 광원으로부터 나오는 빛의 세기를 조도라 한다.

② 단위 평면적에서 발산 또는 반사되는 광량을 휘도라 한다.

③ 루멘은 1촉광의 광원으로부터 단위 입체각으로 나가는 광속의 단위이다.

④ 조도는 어떤 면에 들어오는 광속의 양에 비례하고, 입사면의 단면적에 반비례한다.

해설

① 광원으로부터 나오는 빛의 세기를 광도라 한다.

72

태양으로부터 방출되는 복사 에너지의 52% 정도를 차지하고 피부조직 온도를 상승시켜 충혈, 혈관 확장, 각막손상, 두부장해를 일으키는 유해광선은?

① 자외선

② 적외선

③ 가시광선

④ 마이크로파

해설

② 적외선(52%)

① 자외선(5%)

③ 가시광선(34%)

73

감압병의 예방 및 치료의 방법으로 옳지 않은 것은?

① 감압이 끝날 무렵에 순수한 산소를 흡입시키면 예방
   적 효과와 함께 감압시간을 단축시킬 수 있다.
② 잠수 및 감압방법은 특별히 잠수에 익숙한 사람을
   제외하고는 1분에 10m 정도씩 잠수하는 것이 안전
   하다.
③ 고압환경에서 작업 시 질소를 헬륨으로 대치하면 성
   대에 손상을 입힐 수 있으므로 할로겐 가스로 대치
   한다.
④ 감압병의 증상을 보일 경우 환자를 인공적 고압실에
   넣어 혈관 및 조직 속에 발생한 질소의 기포를 다시
   용해시킨 후 천천히 감압한다.

해설

③ 고압환경에서 작업 시 질소를 헬륨으로 대체한다.

74

흑구온도는 32℃, 건구온도는 27℃, 자연습구온도는 3
0℃인 실내작업장의 습구·흑구온도지수는?

① 33.3℃   ② 32.6℃
③ 31.3℃   ④ 30.6℃

해설

옥내
WBGT(℃) = (0.7 × 습구온도) + (0.3 × 흑구온도)
        = (0.7 × 30) + (0.3 × 32) = 30.6℃

75

저온환경에서 나타나는 일차적인 생리적 반응이 아닌
것은?

① 체표면적의 증가
② 피부혈관의 수축
③ 근육긴장의 증가와 떨림
④ 화학적 대사작용의 증가

해설

① 체표면적의 감소이다.

76

소음에 의하여 발생하는 노인성 난청의 청력손실에 대한
설명으로 옳은 것은?

① 고주파영역으로 갈수록 큰 청력손실이 예상된다.
② 2,000Hz에서 가장 큰 청력장애가 예상된다.
③ 1,000Hz 이하에서는 20~30dB의 청력손실이 예상
   된다.
④ 1,000~8,000Hz 영역에서는 0~20dB의 청력손실
   이 예상된다.

해설

① 2,000Hz 이상은 고주파영역으로 4,000Hz에서 가장 큰 청력장애
   가 예상된다.

77

고압환경에서 발생할 수 있는 생체증상으로 볼 수 없는 것은?

① 부종
② 압치통
③ 폐압박
④ 폐수종

해설

절대압 1기압 이상의 고압환경에 노출되면 부종, 치통, 부비강 통증, 폐압박, 산소 중독, 질소마취 등 장애를 일으킬 수 있다.

78

음(sound)에 관한 설명으로 옳지 않은 것은?

① 음(음파)이란 대기압보다 높거나 낮은 압력의 파동이고, 매질을 타고 전달되는 진동에너지이다.
② 주파수란 1초 동안에 음파로 발생되는 고압력 부분과 저압력 부분을 포함한 압력 변화의 완전한 주기를 말한다.
③ 음의 단위는 물리적 단위를 쓰는 것이 아니라 감각수준인 데시벨(dB)이라는 무차원의 비교단위를 사용한다.
④ 사람이 대기압에서 들을 수 있는 음압은 0.000002N/m^2에서부터 20N/m^2까지 광범위한 영역이다.

해설

④ 사람이 대기압에서 들을 수 있는 음압은 0.0002N/m^2에서부터 20N/m^2까지 광범위한 영역이다.

79

흡음재의 종류 중 다공질 재료에 해당되지 않는 것은?

① 암면
② 펠트(felt)
③ 석고보드
④ 발포 수지재료

해설

③ 다공질 재료에는 유리면, 암면, 발포재, 각종 섬유, 철물, 펠트가 있다.

80

6N/m^2의 음압은 약 몇 dB의 음압수준인가?

① 90
② 100
③ 110
④ 120

해설

최소음 : 2×10^{-5}

$$SPL = 20 \times \log\left(\frac{6}{2 \times 10^{-5}}\right) = 109.5 \fallingdotseq 110$$

81

metallothionein에 대한 설명으로 옳지 않은 것은?

① 방향족 아미노산이 없다.
② 주로 간장과 신장에 많이 축적된다.
③ 카드뮴과 결합하면 독성이 강해진다.
④ 시스테인이 주성분인 아미노산으로 구성된다.

해설
③ 카드뮴과 결합하면 독성을 나타내지 않는다.

83

투명한 휘발성 액체로 페인트, 시너, 잉크 등의 용제로 사용되며 장기간 노출될 경우 말초신경장해가 초래되어 사지의 지각상실과 신근마비 등 다발성 신경장해를 일으키는 파라핀계 탄화수소의 대표적인 유해물질은?

① 벤젠   ② 노말헥산
③ 톨루엔   ④ 클로로포름

해설
② 노말헥산 – 다발성 신경장애
① 벤젠 – 조혈장애
③ 톨루엔 – 중추신경장애

84

급성 전신중독을 유발하는 데 있어 그 독성이 가장 강한 방향족 탄화수소는?

① 벤젠(Benzene)   ② 크실렌(Xylene)
③ 톨루엔(Toluene)   ④ 에틸렌(Ethylene)

해설
③ 톨루엔 > 크실렌 > 벤젠 순이다.

82

직업병의 유병율이란 발생율에서 어떠한 인자를 제거한 것인가?

① 기간   ② 집단수
③ 장소   ④ 질병종류

해설

• 발생율 = $\dfrac{\text{특정 기간 동안 발생한 사례수}}{\text{해당 기간 동안 위험에 노출된 인구수}}$

• 유병율 = $\dfrac{\text{특정 시점에 존재하는 전체 사례수}}{\text{해당 시점의 전체 인구수}}$

85

사업장에서 노출되는 금속의 일반적인 독성기전이 아닌 것은?

① 효소억제
② 금속평형의 파괴
③ 중추신경계 활성억제
④ 필수금속 성분의 대체

해설
중추신경계에 영향을 미치는 것은 유기용매류이다.

86

무기성 분진에 의한 진폐증에 해당하는 것은?

① 면폐증　　　② 농부폐증
③ 규폐증　　　④ 목재분진폐증

무기성 분진에 의한 진폐증

규폐증, 규조토폐증, 탄소폐증, 탄광부 진폐증, 용접공폐증, 석면폐증, 활석폐증, 철폐증, 베릴륨폐증, 흑연폐증, 주석폐증, 칼륨폐증, 바륨폐증

87

생물학적 모니터링에 대한 설명으로 옳지 않은 것은?

① 화학물질의 종합적인 흡수 정도를 평가할 수 있다.
② 노출기준을 가진 화학물질의 수보다 BEI를 가지는 화학물질의 수가 더 많다.
③ 생물학적 시료를 분석하는 것은 작업환경 측정보다 훨씬 복잡하고 취급이 어렵다.
④ 근로자의 유해인자에 대한 노출 정도를 소변, 호기, 혈액 중에서 그 물질이나 대사산물을 측정함으로써 노출 정도를 추정하는 방법을 의미한다.

② 노출기준을 가진 화학물질의 수보다 BEI를 가지는 화학물질의 수가 더 적다.

88

니트로벤젠의 화학물질의 영향에 대한 생물학적 모니터링 대상으로 옳은 것은?

① 요에서의 마뇨산
② 적혈구에서의 ZPP
③ 요에서의 저분자량 단백질
④ 혈액에서의 메트헤모글로빈

• 톨루엔 – 뇨 중 마뇨산
• 니트로벤젠 – 혈 중 메트헤모글로빈

89

직업성 천식을 유발하는 대표적인 물질로 나열된 것은?

① 알루미늄, 2-Bromopropane
② TDI(Toluene Diisocyanate), Asbestos
③ 실리카, DBCP(1,2-dibromo-3-chloropropane)
④ TDI(Toluene Diisocyanate), TMA(Trimellitic Anhydride)

• **직업성 천식**
직업성 천식은 직업상 취급하는 물질이나 작업 과정 중에 생산되는 중간 물질 또는 최종 산물이 원인으로 관여하는, 즉 직업으로 인해 발생하는 천식으로 정의한다.
• **직업성 천식의 원인물질**
백금, 니켈, 크롬, 알루미늄, 산화무수물, 송진 연무, TDI(Toluene Diisocyanate), TMA(Trimellitic Anhydride), Formaldehyde, Persulphates, 밀가루, 커피가루, 목재분진, 동물 분비물, 털 등이 있다.

90

생리적으로는 아무 작용도 하지 않으나 공기 중에 많이 존재하여 산소분압을 저하시켜 조직에 필요한 산소의 공급부족을 초래하는 질식제는?

① 단순 질식제　　② 화학적 질식제
③ 물리적 질식제　　④ 생물학적 질식제

해설

① 단순 질식제는 인체에 해롭지는 않으나 산소부족을 초래할 수 있는 가스, 수소, 이산화탄소, 질소, 헬륨 등이 있다.

91

크롬화합물 중독에 대한 설명으로 옳지 않은 것은?

① 크롬중독은 뇨 중의 크롬양을 검사하여 진단한다.
② 크롬 만성중독의 특징은 코, 폐 및 위장에 병변을 일으킨다.
③ 중독치료는 배설촉진제인 Ca-EDTA를 투약하여야 한다.
④ 정상인보다 크롬취급자는 폐암으로 인한 사망률이 약 13~31배나 높다고 보고된 바 있다.

해설

③ 납의 중독치료는 배설촉진제인 Ca-EDTA를 투약하여야 한다.

92

기관지와 폐포 등 폐 내부의 공기통로와 가스교환 부위에 침착되는 먼지로서 공기역학적 지름이 $30\mu m$ 이하의 크기를 가지는 것은?

① 흉곽성 먼지　　② 호흡성 먼지
③ 흡입성 먼지　　④ 침착성 먼지

해설

① 흉곽성 분진 : $10\mu m$
② 호흡성 분진 : $4\mu m$
③ 흡입성 분진 : $100\mu m$

93

자극성 접촉피부염에 대한 설명으로 옳지 않은 것은?

① 홍반과 부종을 동반하는 것이 특징이다.
② 작업장에서 발생빈도가 가장 높은 피부질환이다.
③ 진정한 의미의 알레르기 반응이 수반되는 것은 포함시키지 않는다.
④ 항원에 노출되고 일정시간이 지난 후에 다시 노출되었을 때 세포매개성 과민반응에 의하여 나타나는 부작용의 결과이다.

해설

알레르기성 접촉피부염

항원에 노출되고 일정시간이 지난 후에 다시 노출되었을 때 세포매개성 과민반응에 의하여 나타나는 부작용의 결과이다.

94

중금속과 중금속이 인체에 미치는 영향을 연결한 것으로 옳지 않은 것은?

① 크롬 - 폐암
② 수은 - 파킨슨병
③ 납 - 소아의 IQ 저하
④ 카드뮴 - 호흡기의 손상

해설

② 망간 - 파킨슨병

95

작업환경에서 발생될 수 있는 망간에 관한 설명으로 옳지 않은 것은?

① 주로 철합금으로 사용되며, 화학공업에서는 건전지 제조업에 사용된다.

② 만성노출 시 언어가 느려지고 무표정하게 되며, 파 킨슨증후군 등의 증상이 나타나기도 한다.

③ 망간은 호흡기, 소화기 및 피부를 통하여 흡수되 며, 이 중에서 호흡기를 통한 경로가 가장 많고 위 험하다.

④ 급성중독 시 신장장애를 일으켜 요독증(uremia)으로 8~10일 이내 사망하는 경우도 있다.

해설

④ 크롬은 급성중독 시 신장장애를 일으켜 요독증(uremia)으로 8~10 일 이내 사망하는 경우도 있다.

96

유해물질을 생리적 작용에 의하여 분류한 자극제에 관한 설명으로 옳지 않은 것은?

① 상기도의 점막에 작용하는 자극제는 크롬산, 산화 에틸렌 등이 해당된다.

② 상기도 점막과 호흡기관지에 작용하는 자극제는 불 소, 요오드 등이 해당된다.

③ 호흡기관의 종말기관지와 폐포점막에 작용하는 자극 제는 수용성 높아 심각한 영향을 준다.

④ 피부와 점막에 작용하여 부식작용을 하거나 수포를 형성하는 물질을 자극제라고 하며 고농도로 눈에 들 어가면 결막염과 각막염을 일으킨다.

해설

③ 호흡기관의 종말기관지와 폐포점막에 작용하는 자극제는 용해되 지 않는다.

97

어떤 물질의 독성에 관한 인체실험 결과 안전흡수량이 체 중 1kg당 0.15mg이었다. 체중이 70kg인 근로자가 1일 8시간 작업할 경우, 이 물질의 체내 흡수를 안전흡수량 이하로 유지하려면, 공기 중 농도를 약 얼마 이하로 하여 야 하는가?(단, 작업 시 폐환기율(또는 호흡률)은 1.3m³/h, 체내 잔류율은 1.0으로 한다)

① $0.52mg/m^3$

② $1.01mg/m^3$

③ $1.57mg/m^3$

④ $2.02mg/m^3$

해설

체내흡수량(mg) $= C(mg/m^3) \times T(h) \times V(m^3/h) \times R$

$\frac{0.15mg}{kg} \times 70kg = C mg/m^3 \times 8h \times 1.3m^3/h \times 1.0$

$C = 1.01mg/m^3$

98

ACGIH에서 규정한 유해물질 허용기준에 관한 사항으로 옳지 않은 것은?

① TLV-C : 최고 노출기준

② TLV-STEL : 단기간 노출기준

③ TLV-TWA : 8시간 평균 노출기준

④ TLV-TLM : 시간가중 한계농도기준

해설

정의(화학물질 및 물리적 인자의 노출기준 제2조)

"노출기준"이란 근로자가 유해인자에 노출되는 경우 노출기준 이하 수준에서는 거의 모든 근로자에게 건강상 나쁜 영향을 미치지 아니하 는 기준을 말하며, 1일 작업시간동안의 시간가중평균노출기준(Time Weighted Average, TWA), 단시간노출기준(Short Term Exposure Limit, STEL) 또는 최고노출기준(Ceiling, C)으로 표시한다.

99

먼지가 호흡기계로 들어올 때 인체가 가지고 있는 방어기전으로 가장 적절하게 조합된 것은?

① 면역작용과 폐내의 대사 작용
② 폐포의 활발한 가스교환과 대사 작용
③ 점액 섬모운동과 가스교환에 의한 정화
④ 점액 섬모운동과 폐포의 대식세포의 작용

해설

호흡기계는 위험에 방어하는 기전 다섯 가지
점액분비, 섬모운동, 대식세포, 계면활성제, 기침

100

공기 중 입자상 물질의 호흡기계 축적기전에 해당하지 않는 것은?

① 교환
② 충돌
③ 침전
④ 확산

해설

입자의 호흡기계 축적기전
충돌, 침전, 차단, 확산, 정전기

01

주로 정적인 자세에서 인체의 특정 부위를 지속적, 반복적으로 사용하거나 부적합한 자세로 장기간 작업할 때 나타나는 질환을 의미하는 것이 아닌 것은?

① 반복성 긴장장애
② 누적외상성 질환
③ 작업관련성 신경계 질환
④ 작업관련성 근골격계 질환

해설

작업관련성 신경계 질환은 중금속이나 유기용제에 노출되어 발생하는 질환이다.

02

육체적 작업 시 혐기성 대사에 의해 생성되는 에너지원에 해당하지 않은 것은?

① 산소(Oxygen)
② 포도당(Glucose)
③ 크레아틴인산(CP)
④ 아데노신삼인산(ATP)

해설

혐기성대사

ATP(아데노신삼인산) → CP(크레아틴인산) → Glycogen(글리코겐) → Glucose(포도당)

03

산업안전보건법령상 발암성 정보물질의 표기법 중 '사람에게 충분한 발암성 증거가 있는 물질'에 대한 표기방법으로 옳은 것은?

① 1
② 1A
③ 2A
④ 2B

해설

• 1A : 사람에게 충분한 발암성 증거가 있는 물질
• 1B : 시험동물에서 발암성 증거가 충분히 있거나, 시험동물과 사람 모두에게 제한된 발암성 증거가 있는 물질
• 2 : 사람이나 동물에서 제한된 증거가 있지만 구분 1로 분류하기에는 증거가 충분하지 않은 물질

04

산업안전보건법령상 작업환경측정에 대한 설명으로 옳지 않은 것은?

① 작업환경측정의 방법, 횟수 등의 필요사항은 사업주가 판단하여 정할 수 있다.
② 사업주는 작업환경의 측정 중 시료의 분석을 작업환경측정기관에 위탁할 수 있다.
③ 사업주는 작업환경측정 결과를 해당 작업장의 근로자에게 알려야한다.
④ 사업주는 근로자대표가 요구할 경우 작업환경측정 시 근로자대표를 참석시켜야 한다.

해설

작업환경측정(산업안전보건법 제125조)
제1항 및 제2항에 따른 작업환경측정의 방법·횟수, 그 밖에 필요한 사항은 고용노동부령으로 정한다.

정답 1 ③ 2 ① 3 ② 4 ①

05

온도 25℃, 1기압 하에서 분당 100mL씩 60분 동안 채취한 공기 중에서 벤젠이 5mg 검출되었다면 검출된 벤젠은 약 몇 ppm인가?(단, 벤젠의 분자량은 78이다)

① 15.7 　　　② 26.1
③ 157 　　　④ 261

해설

$$\frac{5mg}{100mL/min \times 60min} \times \frac{1,000,000mL}{m^3} \times \frac{1mol}{78g}$$

$$\times \frac{24.45L(25℃, 1기압)}{1mol} = 261ppm$$

06

화학적 원인에 의한 직업성 질환으로 볼 수 없는 것은?

① 정맥류 　　　② 수전증
③ 치아산식증 　　　④ 시신경 장해

해설

① 정맥류는 물리적 원인에 의한 직업성 질환이다.

07

다음 ( ) 안에 들어갈 알맞은 것은?

> 산업안전보건법령상 화학물질 및 물리적 인자의 노출기준에서 "시간가중평균노출기준(TWA)"이란 1일 (A)시간 작업을 기준으로 하여 유해인자의 측정치에 발생시간을 곱하여 (B)시간으로 나눈 값을 말한다.

① A : 6, B : 6 　　　② A : 6, B : 8
③ A : 8, B : 6 　　　④ A : 8, B : 8

해설

정의(화학물질 및 물리적 인자의 노출기준 제2조)
"시간가중평균노출기준(TWA)"이란 1일 8시간 작업을 기준으로 하여 유해인자의 측정치에 발생시간을 곱하여 8시간으로 나눈 값을 말한다.

08

산업위생전문가의 윤리강령 중 "근로자에 대한 책임"에 해당하는 것은?

① 적절하고도 확실한 사실을 근거로 전문적인 견해를 발표한다.
② 기업주에 대하여는 실현 가능한 개선점으로 선별하여 보고한다.
③ 이해관계가 있는 상황에서는 고객의 입장에서 관련 자료를 제시한다.
④ 근로자의 건강보호가 산업위생전문가의 1차적인 책임이라는 것을 인식한다.

해설

산업위생전문가의 윤리강령, 근로자로서의 책임
• 근로자의 건강보호가 산업위생전문가의 1차적 책임이 있다.
• 위험요인의 측정, 평가 및 관리에 있어서 중립적인 태도를 유지한다.
• 위험요소와 예방조치에 대한 근로자와 상담한다.

09

주요 실내 오염물질의 발생원으로 보기 어려운 것은?

① 호흡   ② 흡연

③ 자외선   ④ 연소기기

해설

③ 자외선은 실외 오염물질 발생원이다.

10

산업피로의 종류에 대한 설명으로 옳지 않은 것은?

① 근육의 일부 부위에만 발생하는 국소피로와 전신에 나타나는 전신피로가 있다.

② 신체피로는 육체적 노동에 의한 근육의 피로를 말하는 것으로 근육노동을 할 경우 주로 발생된다.

③ 피로는 그 정도에 따라 보통피로, 과로 및 곤비로 분류할 수 있으며 가장 경중의 피로단계는 곤비이다.

④ 정신피로는 중추신경계의 피로를 말하는 것으로 정밀작업 등과 같은 정신적 긴장을 요하는 작업 시에 발생된다.

해설

③ 피로는 그 정도에 따라 보통피로, 과로 및 곤비로 분류할 수 있으며 중증의 피로단계는 곤비이다.

11

산업안전보건법령상 사업주가 사업을 할 때 근로자의 건강장해를 예방하기 위하여 필요한 보건상의 조치를 하여야 할 항목이 아닌 것은?

① 사업장에서 배출되는 기체·액체 또는 찌꺼기 등에 의한 건강장해

② 폭발성, 발화성 및 인화성 물질 등에 의한 위험 작업의 건강장해

③ 계측감시, 컴퓨터 단말기 조작, 정밀공작 등의 작업에 의한 건강장해

④ 단순반복작업 또는 인체에 과도한 부담을 주는 작업에 의한 건강장해

해설

안전조치

폭발성, 발화성 및 인화성 물질 등에 의한 위험 작업의 건강장해

12

육체적 작업능력(PWC)이 16kcal/min인 남성 근로자가 1일 8시간 동안 물체를 운반하는 작업을 하고 있다. 이때 작업대사율은 10kcal/min이고, 휴식 시 대사율은 2kcal/min이다. 매 시간마다 적정한 휴식시간은 약 몇 분인가?(단, Herting의 공식을 적용하여 계산한다)

① 15분   ② 25분

③ 35분   ④ 45분

해설

Herting식

$$T_{rest}(\%) = \left[\frac{PWC의 \frac{1}{3} - 작업대사량}{휴식대사량 - 작업대사량} \right] \times 100$$

$$= \left[\frac{16kcal/min \times \frac{1}{3} - 10kcal/min}{2kcal/min - 10kcal/min} \right] \times 100$$

$$= 58.3\%$$

휴식시간 = 60min × 0.583 = 34.9

13

Diethyl ketone(TLV=200ppm)을 사용하는 근로자의 작업시간이 9시간일 때 허용기준을 보정하였다. OSHA 보정법과 Brief and Scala 보정법을 적용하였을 경우 보정된 허용기준 시간의 차이는 약 몇 ppm인가?

① 5.05　　　　② 11.11
③ 22.22　　　　④ 33.33

해설

• OSHA 보정법

$$보정된\ 노출기준 = 8시간\ 노출기준 \times \frac{8시간}{노출시간/일}$$

$$= 200 \times \frac{8}{9} = 177.78$$

• Brief and Scala 보정법

$$RF = \left(\frac{8}{H}\right) \times \frac{24-H}{16} = \left(\frac{8}{9}\right) \times \frac{24-9}{16} = 0.8333$$

보정된 노출기준 = 0.8333 × 200 = 166.67

∴ 177.78 − 166.67 = 11.11

14

산업위생의 역사에서 직업과 질병의 관계가 있음을 알렸고, 광산에서의 납중독을 보고한 인물은?

① Larigo　　　　② Paracelsus
③ Percival Pott　　④ Hippocrates

해설

④ Hippocrates는 광산의 납중독 기술, 최초의 직업병(납중독)

15

피로의 예방대책으로 적절하지 않은 것은?

① 충분한 수면을 갖는다.
② 작업 환경을 정리, 정돈한다.
③ 정적인 자세를 유지하는 작업을 동적인 작업을 전환하도록 한다.
④ 작업과정 사이에 여러 번 나누어 휴식하는 것보다 장시간의 휴식을 취한다.

해설

④ 장시간의 휴식을 취하는 것보다 작업과정 사이에 여러 번 나누어 휴식하는 것이 효과적이다.

16

직업성 변이(occupational stigmata)의 정의로 옳은 것은?

① 직업에 따라 체온량의 변화가 일어나는 것이다.
② 직업에 따라 체지방량의 변화가 일어나는 것이다.
③ 직업에 따라 신체 활동량의 변화가 일어나는 것이다.
④ 직업에 따라 신체 형태와 기능에 국소적 변화가 일어나는 것이다.

해설

직업성 변이란 특정 직업과 관련된 신체적 특징이나 변화로 신체의 형태나 기능에 변화가 일어나는 것이다.

17

생체와 환경과의 열교환 방정식을 올바르게 나타낸 것은? (단, $\triangle S$: 생체 내 열용량의 변화, M : 대사에 의한 열 생산, E : 수분증발에 의한 열 발산, R : 복사에 의한 열 득실, C : 대류 및 전도에 의한 열 득실이다)

① $\triangle S = M + E \pm R - C$

② $\triangle S = M - E \pm R \pm C$

③ $\triangle S = R + M + C + E$

④ $\triangle S = C - M - R - E$

해설

생체와 환경과의 열교환 방정식

$\triangle S = M - E \pm R \pm C$

여기서, $\triangle S$: 생체 내 열용량의 변화

　　　　M : 대사에 의한 체내 열 생산량

　　　　E : 수분증발에 의한 열 발산

　　　　R : 복사에 의한 열 득실

　　　　C : 대류 및 전도에 의한 열 득실

18

작업적성에 대한 생리적 적성검사 항목에 해당하는 것은?

① 체력 검사　　　　② 지능 검사

③ 인성 검사　　　　④ 지각동작 검사

해설

• 생리적 적성검사 : 감각기능검사, 심폐기능검사, 체력검사

• 심리적인 적성검사 : 지능검사, 인성검사, 지각동작 검사

19

다음 ( ) 안에 들어갈 알맞은 용어는?

> ( )은/는 근로자나 일반대중에게 질병, 건강장해와 능률저하 등을 초래하는 작업환경 요인과 스트레스를 예측, 인식(측정), 평가, 관리하는 과학인 동시에 기술을 말한다.

① 유해인자　　　　② 산업위생

③ 위생인식　　　　④ 인간공학

해설

산업위생

근로자나 일반대중에게 질병, 건강장애와 불쾌감 및 능률 저하 등을 초래하는 작업환경 요인과 스트레스를 예측, 측정, 평가, 관리

20

근로시간 1,000시간당 발생한 재해에 의하여 손실된 총 근로 손실일수로 재해자의 수나 발생빈도와 관계없이 재해의 내용(상해 정도)을 측정하는 척도로 사용되는 것은?

① 건수율　　　　② 연천인율

③ 재해 강도율　　④ 재해 도수율

해설

③ 재해강도율 : 연 근로시간 1,000시간당 발생한 근로손실일 수

$$재해강도율 = \frac{근로손실일수}{연 \ 근로시간수} \times 1,000$$

② 연천인율 : 1년간 평균 근로자 수에 비하여 평균 1,000명당 몇 건의 재해가 발생하였는지를 나타냄

$$연천인율 = \frac{재해자수}{연평균 \ 근로시간수} \times 1,000$$

④ 도수율(빈도율) : 산업재해의 발생빈도로, 연 노동시간 합계 100만 man-hour를 기준으로 한 재해의 발생건수

$$도수율 = \frac{재해건수}{(근로자수 \times 연간 \ 근로시간)} \times 1,000$$

21

분석용어에 대한 설명 중 틀린 것은?

① 이동상이란 시료를 이동시키는 데 필요한 유동체로서 기체일 경우를 GC라고 한다.

② 크로마토그램이란 유해물질이 검출기에서 반응하여 띠 모양으로 나타낸 것을 말한다.

③ 전처리는 분석물질 이외의 것들을 제거하거나 분석에 방해되지 않도록 하는 과정으로서 분석기기에 의한 정량을 포함한다.

④ AAS분석원리는 원자가 갖고 있는 고유한 흡수파장을 이용한 것이다.

해설

③ 전처리는 분석물질 이외의 것들을 제거하거나 분석에 방해되지 않도록 하는 과정이다.

22

벤젠으로 오염된 작업장에서 무작위로 15개 지점의 벤젠의 농도를 측정하여 다음과 같은 결과를 얻었을 때, 이 작업장의 표준편차는?

8, 10, 15, 12, 9, 13, 16, 15, 11, 9, 12, 8, 13, 15, 14

① 4.7 ② 3.7

③ 2.7 ④ 0.7

해설

평균, $\bar{X} = \dfrac{\sum\limits_{i=1}^{N} X_i}{N}$

표준편차, $SD = \sqrt{\dfrac{\sum\limits_{i=1}^{N}(X_i - \bar{X})^2}{N-1}}$

$= 2.7$

23

방사선이 물질과 상호작용한 결과 그 물질의 단위질량에 흡수된 에너지(gray, Gy)의 명칭은?

① 조사선량 ② 등가선량

③ 유효선량 ④ 흡수선량

해설

④ 1Gy : 흡수선량의 단위, 물질의 단위 질량당 흡수된 방사선의 에너지(J/kg)

24

2개의 버블러를 연속적으로 연결하여 시료를 채취할 때, 첫 번째 버블러의 채취효율이 75%이고, 두 번째 버블러의 채취효율이 90%이면 전체 채취효율(%)은?

① 91.5 ② 93.5

③ 95.5 ④ 97.5

해설

$0.75 + 0.9(1 - 0.75) = 0.975$

$0.975 \times 100 = 97.5\%$

25

시료채취매체와 해당 매체로 포집할 수 있는 유해인자의 연결로 가장 거리가 먼 것은?

① 활성탄관 – 메탄올

② 유리섬유 여과지 – 캡탄

③ PVC 여과지 – 석탄분진

④ MCE막 여과지 – 석면

해설

① 실리카겔관 – 메탄올

26

작업환경측정 및 정도관리 등에 관한 고시상 시료채취 근로자수에 대한 설명 중 옳은 것은?

① 단위작업 장소에서 최고 노출근로자 2명 이상에 대하여 동시에 개인 시료채취 방법으로 측정하되, 단위작업 장소에 근로자가 1명인 경우에는 그러하지 아니하며, 동일 작업근로자수가 20명을 초과하는 경우에는 매 5명당 1명 이상 추가하여 측정하여야 한다.

② 단위작업 장소에서 최고 노출근로자 2명 이상에 대하여 동시에 개인 시료채취 방법으로 측정하되, 동일 작업근로자수가 100명을 초과하는 경우에는 최대 시료채취 근로자수를 20명으로 조정할 수 있다.

③ 지역 시료채취 방법으로 측정을 하는 경우 단위작업 장소 내에서 3개 이상의 지점에 대하여 동시에 측정하여야 한다.

④ 지역 시료채취 방법으로 측정을 하는 경우 단위작업 장소의 넓이가 60m² 이상인 경우에는 매 30m²마다 1개 지점 이상을 추가로 측정하여야 한다.

① 단위작업 장소에서 최고 노출근로자 2명 이상에 대하여 동시에 개인 시료채취 방법으로 측정하되, 단위작업 장소에 근로자가 1명인 경우에는 그러하지 아니하며, 동일 작업근로자수가 10명을 초과하는 경우에는 매 5명당 1명 이상 추가하여 측정하여야 한다.
③ 지역 시료채취 방법으로 측정을 하는 경우 단위작업장소 내에서 2개 이상의 지점에 대하여 동시에 측정하여야 한다.
④ 지역 시료채취 방법으로 측정을 하는 경우 단위작업 장소의 넓이가 50m² 이상인 경우에는 매 30m²마다 1개 지점 이상을 추가로 측정하여야 한다.

27

고성능 액체크로마토그래피(HPLC)에 관한 설명으로 틀린 것은?

① 주 분석대상 화학물질은 PCB 등의 유기화학물질이다.
② 장점으로 빠른 분석 속도, 해상도, 민감도를 들 수 있다.
③ 분석물질이 이동상에 녹아야 하는 제한점이 있다.
④ 이동상인 운반가스의 친화력에 따라 용리법, 치환법으로 구분된다.

④ 이동상인 액체의 친화력에 따라 용리법, 치환법으로 구분된다.

28

18℃ 770mmHg인 작업장에서 methylethyl ketone의 농도가 26ppm일 때 mg/m³ 단위로 환산된 농도는?(단, Methylethyl ketone의 분자량은 72g/mol이다)

① 64.5
② 79.4
③ 87.3
④ 93.2

$$26\mu mol/mol \times \frac{72g}{mol} \times \frac{1mol}{22.4L} \times \frac{273}{273+18} \times \frac{770}{760} = 79.4 mg/m^3$$

29

작업장에 작동되는 기계 두 대의 소음레벨이 각각 98dB(A), 96dB(A)로 측정되었을 때, 두 대의 기계가 동시에 작동되었을 경우에 소음레벨(dB(A))은?

① 98   ② 100

③ 102   ④ 104

해설

$$L = 10 \times \log(10^{\frac{L1}{10}} + 10^{\frac{L2}{10}} + \cdots + 10^{\frac{Ln}{10}})$$
$$= 10 \times \log(10^{\frac{98}{10}} + 10^{\frac{96}{10}})$$
$$= 100$$

30

어떤 작업자에 50% acetone, 30% benzene, 20% xylene의 중량비로 조성된 용제가 증발하여 작업환경을 오염시키고 있을 때, 이 용제의 허용농도(TLV ; mg/m³)는? (단, Actone, benzene, xylene의 TVL는 각각 1,600, 720, 670mg/m³이고, 용제의 각 성분은 상가작용을 하며, 성분 간 비휘발도 차이는 고려하지 않는다)

① 873   ② 973

③ 1,073   ④ 1,173

해설

$$혼합물의 \ TLV(\text{mg/m}^3) = \cfrac{1}{\dfrac{f_a}{TLV_a} + \dfrac{f_b}{TLV_b} + \dfrac{f_n}{TLV_n}}$$
$$= \cfrac{1}{\dfrac{0.5}{1,600} + \dfrac{0.3}{720} + \dfrac{0.2}{670}}$$
$$= 973\text{mg/m}^3$$

31

시간당 약 150kcal의 열량이 소모되는 작업조건에서 WBGT 측정치가 30.6℃일 때 고온의 노출기준에 따른 작업휴식조건으로 적절한 것은?

① 매시간 75% 작업, 25% 휴식

② 매시간 50% 작업, 50% 휴식

③ 매시간 25% 작업, 75% 휴식

④ 계속 작업

해설

작업휴식시간비	작업강도		
	경작업	중등작업	중작업
계속작업	30.0℃	26.7℃	25.0℃
매시간 75%작업, 25%휴식	30.6℃	28.0℃	25.9℃
매시간 50%작업, 50%휴식	31.4℃	29.4℃	27.9℃
매시간 25%작업, 75%휴식	32.2℃	31.1℃	30.0℃

• 경작업 : 200kcal/hr까지의 열량이 소요되는 작업
• 중등작업 : 200~350kcal/hr까지의 열량이 소요되는 작업
• 중작업 : 350~500kcal/hr까지의 열량이 소요되는 작업

32

검지관의 장·단점으로 틀린 것은?

① 측정대상물질의 동정이 미리 되어 있지 않아도 측정이 가능하다.

② 민감도가 낮으며 비교적 고농도에 적용이 가능하다.

③ 특이도가 낮다. 즉, 다른 방해물질의 영향을 받기 쉬워 오차가 크다.

④ 색이 시간에 따라 변화하므로 제조자가 정한 시간에 읽어야 한다.

해설

① 측정대상물질의 동정이 미리 되어 있어야 측정이 가능하다.

33

MCE 여과지를 사용하여 금속성분을 측정, 분석한다. 샘플링이 끝난 시료를 전처리하기 위해 회화용액(ashing acid)을 사용하는데 다음 중 NIOSH에서 제시한 금속별 전처리 용액 중 적절하지 않은 것은?

① 납 : 질산
② 크롬 : 염산 + 인산
③ 카드뮴 : 질산, 염산
④ 다성분금속 : 질산 + 과염소산

해설

② 크롬 : 염산 + 질산

34

kata 온도계로 불감기류를 측정하는 방법에 대한 설명으로 틀린 것은?

① kata 온도계의 구(球)부를 50~60℃의 온수에 넣어 구부의 알코올을 팽창시켜 관의 상부 눈금까지 올라가게 한다.
② 온도계를 온수에서 꺼내어 구(球)부를 완전히 닦아내고 스탠드에 고정한다.
③ 알코올의 눈금이 100°F에서 65°F까지 내려가는 데 소요되는 시간을 초시계로 4~5회 측정하여 평균을 낸다.
④ 눈금 하강에 소요되는 시간으로 kata 상수를 나눈 값 H는 온도계의 구부 1cm²에서 1초 동안에 방산되는 열량을 나타낸다.

해설

③ 알코올의 눈금이 100°F에서 95°F까지 내려가는 데 소요되는 시간을 초시계로 4~5회 측정하여 평균을 낸다.

35

실리카겔 흡착에 대한 설명으로 틀린 것은?

① 실리카겔은 규산나트륨과 황산의 반응에서 유도된 무정형의 물질이다.
② 극성을 띠고 흡습성이 강하므로 습도가 높을수록 파과 용량이 증가한다.
③ 추출액이 화학분석이나 기기분석에 방해물질로 작용하는 경우가 많지 않다.
④ 활성탄으로 채취가 어려운 아닐린, 오르쏘-톨루이딘 등의 아민류나 몇몇 무기물질의 채취도 가능하다.

해설

② 극성을 띠고 흡습성이 강하므로 습도가 높을수록 파과 용량이 감소한다.

36

작업장에서 어떤 유해물질의 농도를 무작위로 측정한 결과가 아래와 같을 때, 측정값에 대한 기하평균(GM)은?

(단위 : ppm)
5, 10, 28, 46, 90, 200

① 11.4
② 32.4
③ 63.2
④ 104.5

해설

기하평균(GM)

$$\log(GM) = \frac{\log x_1 + \log x_2 + \cdots + \log x_n}{n}$$

$$= \frac{(\log 5 + \log 10 + \log 28 + \log 46 + \log 90 + \log 200)}{6}$$

$$= 1.510$$

$$\therefore GM = 10^{1.510} = 32.4$$

37

접착공정에서 본드를 사용하는 작업장에서 톨루엔을 측정하고자 한다. 노출기준의 10%까지 측정하고자 할 때, 최소시료채취시간(min)은?(단, 작업장은 25℃, 1기압이며, 톨루엔의 분자량은 92.14, 기체크로마토그래피의 분석에서 톨루엔의 정량한계는 0.5mg, 노출 기준은 100ppm, 채취유량은 0.15L/분이다)

① 13.3
② 39.6
③ 88.5
④ 182.5

노출기준의 10% = 100ppm × 0.1 = 10ppm

$$10ppm = \frac{0.5mg}{\frac{0.15L}{min} \times x\,min} \times \frac{1mol}{92.14g}$$

$$\times \frac{24.45L(25℃,\ 1기압)}{1mol} \times \frac{1,000\mu g}{1mg}$$

$x = 88.5min$

38

셀룰로오스 에스테르막 여과지에 관한 설명으로 옳지 않은 것은?

① 산에 쉽게 용해된다.
② 중금속 시료채취에 유리하다.
③ 유해물질이 표면에 주로 침착된다.
④ 흡습성이 적어 중량분석에 적당하다.

④ 흡습성이 적어 중량분석에 적당하지 않다.

39

작업장 소음에 대한 1일 8시간 노출 시 허용기준(dB(A))은?(단, 미국 OSHA의 연속소음에 대한 노출기준으로 한다)

① 45
② 60
③ 86
④ 90

소음의 노출기준(충격소음 제외)

1일 노출시간(hr)	소음강도 dB(A)
8	90
4	95
3	100
1	105
1/2	110
1/4	115

40

코크스 제조공정에서 발생되는 코크스오븐 배출물질을 채취할 때, 다음 중 가장 적합한 여과지는?

① 은막 여과지
② PVC 여과지
③ 유리섬유 여과지
④ PTFE 여과지

• 은막 여과지 : 코크스 제조공정에서 코크스오븐 배출 물질 채취 시 적합
• MCE 여과지 : 산에 쉽게 용해되어 금속 채취에 적당
• PVC 여과지 : 중량 분석에 적합

41

덕트에서 평균속도압이 25mmH₂O일 때, 반송속도(m/s)는?

① 101.1　　　　② 50.5
③ 20.2　　　　④ 10.1

해설

$$VP = \frac{\gamma V^2}{2g}, \quad 25\text{mmH}_2\text{O} = \frac{1.21 \times V^2}{2 \times 9.8}$$

$$V = 20.2\text{m/s}$$

42

덕트 합류 시 댐퍼를 이용한 균형유지 방법의 장점이 아닌 것은?

① 시설 설치 후 변경에 유연하게 대처 가능하다.
② 설치 후 부적당한 배기유량 조절 가능하다.
③ 임의로 유량을 조절하기 어렵다.
④ 설계 계산이 상대적으로 간단하다.

해설

③ 임의로 유량을 조절 가능하다.

43

송풍기의 송풍량과 회전수의 관계에 대한 설명 중 옳은 것은?

① 송풍량과 회전수는 비례한다.
② 송풍량과 회전수의 제곱에 비례한다.
③ 송풍량과 회전수의 세제곱에 비례한다.
④ 송풍량과 회전수는 역비례한다.

해설

송풍기 법칙
풍량은 회전 속도(회전수)비에 비례한다.

44

동일한 두께로 벽체를 만들었을 경우에 차음효과가 가장 크게 나타나는 재질은?(단, 2,000Hz 소음을 기준으로 하며, 공극률 등 기타 조건은 동일하다 가정한다)

① 납　　　　　② 석고
③ 알루미늄　　④ 콘크리트

해설

재질의 밀도가 클수록 차음 효과가 좋다.
① 납 : 11.26
② 석고 : 2.2
③ 알루미늄 : 2.7
④ 콘크리트 : 2.0~2.5

45

다음 보기 중 공기공급시스템(보충용 공기의 공급 장치)이 필요한 이유가 모두 선택된 것은?

```
a. 연료를 절약하기 위해서
b. 작업장 내 안전사고를 예방하기 위해서
c. 국소배기장치를 적절하게 가동시키기 위해서
d. 작업장의 교차기류를 유지하기 위해서
```

① a, b　　　　② a, b, c
③ b, c, d　　　④ a, b, c, d

해설

작업장의 교차기류를 방지하기 위해서 공기공급시스템이 필요하다.

46

동력과 회전수의 관계로 옳은 것은?

① 동력은 송풍기 회전속도에 비례한다.

② 동력은 송풍기 회전속도의 제곱에 비례한다.

③ 동력은 송풍기 회전속도의 세제곱에 비례한다.

④ 동력은 송풍기 회전속도에 반비례한다.

해설

송풍기 법칙
동력은 회전속도(회전수)비의 세제곱에 비례한다.

47

강제환기를 실시할 때 환기효과를 제고하기 위해 따르는 원칙으로 옳지 않은 것은?

① 배출공기를 보충하기 위하여 청정공기를 공급할 수 있다.

② 공기배출구와 근로자의 작업위치 사이에 오염원이 위치하여야 한다.

③ 오염물질 배출구는 가능한 한 오염원으로부터 가까운 곳에 설치하여 점환기 현상을 방지한다.

④ 오염원 주위에 다른 작업공정이 있으면 공기배출량을 공급량보다 약간 크게 하여 음압을 형성하여 주위 근로자에게 오염물질이 확산되지 않도록 한다.

해설

③ 오염물질 배출구는 가능한 한 오염원으로부터 가까운 곳에 설치하여 점환기 현상을 유지한다.

48

점음원과 1m 거리에서 소음을 측정한 결과 95dB로 측정되었다. 소음수준을 90dB로 하는 제한구역을 설정할 때, 제한구역의 반경(m)은?

① 3.16 ② 2.20
③ 1.78 ④ 1.39

해설

$$SPL_1 - SPL_2 = 20 \times \log \frac{r_2}{r_1}$$

$$95 - 90 = 20 \times \log \frac{r_2}{1}$$

$$r_2 = 1.78$$

49

층류영역에서 직경이 $2\mu m$이며 비중이 3인 입자상 물질의 침강속도(cm/s)는?

① 0.032 ② 0.036
③ 0.042 ④ 0.046

해설

침강속도(cm/s) = $0.003 \times$ 비중 $\times$ 입경$(\mu m)^2$
= $0.003 \times 3 \times 2^2 = 0.036 \text{cm/s}$

50

입자상 물질을 처리하기 위한 공기정화장치로 가장 거리가 먼 것은?

① 사이클론

② 중력집진장치

③ 여과집진장치

④ 촉매산화에 의한 연소장치

해설

입자상 물질 처리시설
관성력집진장치, 전기집진장치, 원심력집진장치

51

공기가 흡인되는 덕트관 또는 공기가 배출되는 덕트관에서 음압이 될 수 없는 압력의 종류는?

① 속도압(VP)
② 정압(SP)
③ 확대압(EP)
④ 전압(TP)

① 속도압은 항상 양압이다.

52

다음의 보호장구의 재질 중 극성 용제에 가장 효과적인 것은?

① Vitron
② Nitrile 고무
③ Neoprene 고무
④ Butyl 고무

해설
④ Vitron, Nitrile 고무, Neoprene 고무는 비극성 용제에 효과적이다.

53

귀덮개 착용 시 일반적으로 요구되는 차음 효과는?

① 저음에서 15dB 이상, 고음에서 30dB 이상
② 저음에서 20dB 이상, 고음에서 45dB 이상
③ 저음에서 25dB 이상, 고음에서 50dB 이상
④ 저음에서 30dB 이상, 고음에서 55dB 이상

해설
귀덮개
귀 전체를 덮는 것으로 일반적으로 저음역은 20dB, 고음역은 45dB 이상 차단하며 가장 좋은 차음은 귀마개를 한 후, 귀덮개를 착용하는 것이다.

54

움직이지 않는 공기 중으로 속도 없이 배출되는 작업조건 (예를 들어, 탱크에서 증발)의 제어 속도 범위(m/s)는? (단, ACGIH 권고 기준)

① 0.1~0.3
② 0.3~0.5
③ 0.5~1.0
④ 1.0~1.5

해설
• 움직이지 않는 공기 중 : 0.25~0.5
• 약간의 공기 움직임 : 0.5~1.0

55

기류를 고려하지 않고 감각온도(effective temperature)의 근사치로 널리 사용되는 지수는?

① WBGT
② Radiation
③ Evaporation
④ Glove Temperature

해설

WBGT는 건구온도, 습구온도, 흑구온도를 측정하여 열 스트레스를 측정하는 데 사용하는 지수이다.

56

안전보건규칙상 국소배기장치의 덕트 설치 기준으로 틀린 것은?

① 가능하면 길이는 짧게 하고 굴곡부의 수는 적게 할 것
② 접속부의 안쪽은 돌출된 부분이 없도록 할 것
③ 덕트 내부에 오염물질이 쌓이지 않도록 이송속도를 유지할 것
④ 연결 부위 등은 내부 공기가 들어오지 않도록 할 것

해설

④ 연결 부위 등은 외부 공기가 들어오지 않도록 할 것이다.

57

Stokes 침강법칙에서 침강속도에 대한 설명으로 옳지 않은 것은?(단, 자유공간에서 구형의 분진 입자를 고려한다)

① 기체와 분진입자의 밀도 차에 반비례한다.
② 중력 가속도에 비례한다.
③ 기체의 점도에 반비례한다.
④ 분진입자 직경의 제곱에 비례한다.

해설

① 기체와 분진입자의 밀도 차에 비례한다.

$$V(\text{cm/s}) = \frac{g \times d^2 \times (\rho_1 - \rho)}{18\mu}$$

58

호흡용 보호구 중 마스크의 올바른 사용법이 아닌 것은?

① 마스크를 착용할 때는 반드시 밀착성에 유의해야 한다.
② 공기정화식 가스마스크(방독마스크)는 방진마스크와는 달리 산소 결핍 작업장에서도 사용이 가능하다.
③ 정화통 혹은 흡수통(canister)은 한 번 개봉하면 재사용을 피하는 것이 좋다.
④ 유해물질의 농도가 극히 높으면 자기공급식장치를 사용한다.

해설

② 공기정화식 가스마스크(방독마스크)는 산소 결핍 작업장에서 사용을 금지한다.

59

21℃, 1기압의 어느 작업장에서 톨루엔과 이소프로필알코올을 각각 100g/h씩 사용(증발)할 때, 필요 환기량(m³/h)은?(단, 두 물질은 상가작용을 하며, 톨루엔의 분자량은 92, TLV는 50ppm, 이소프로필알코올의 분자량은 60, TLV는 200ppm이고, 각 물질의 여유계수는 10으로 동일하다)

① 약 6,250
② 약 7,250
③ 약 8,650
④ 약 9,150

해설

톨루엔 발생률(L/hr)

$$= \frac{100g}{hr} \times \frac{1mol}{92g} \times \frac{22.4L}{1mol} \times \frac{273+21}{273} \times \frac{760}{760} = 26.2$$

이소프로필코올 발생률(L/hr)

$$= \frac{100g}{hr} \times \frac{1mol}{60g} \times \frac{22.4L}{1mol} \times \frac{273+21}{273} \times \frac{760}{760} = 40.2$$

필요환기량(m³/hr)

$$= \left[\left(\frac{26.2L/hr \times \frac{1,000mL}{L}}{50ppm} \times 10 \right) + \left(\frac{40.2L/hr \times \frac{1,000mL}{L}}{200ppm} \times 10 \right) \right]$$
$$= 7,250$$

60

덕트에서 속도압 및 정압을 측정할 수 있는 표준기기는?

① 피토관
② 풍차풍속계
③ 열선풍속계
④ 임핀저관

해설

① 피토관 : 덕트에서 속도압 및 정압을 측정할 수 있는 표준기기, 흐르는 유체(기체건 액체건 상관없다)의 속도를 측정하는 장치

61

지적환경(optimum working environment)을 평가하는 방법이 아닌 것은?

① 생산적(productive) 방법
② 생리적(physiological) 방법
③ 정신적(psychological) 방법
④ 생물역학적(biomechanical) 방법

해설

지적환경 평가방법(최적의 작업환경 평가방법)
• 물리적 평가
• 정신적(심리적) 평가
• 사회적 환경 평가
• 생산적(생산성) 성과 평가
• 생리적(안전 및 건강) 평가

62

감압환경의 설명 및 인체에 미치는 영향으로 옳은 것은?

① 인체와 환경 사이의 기압차이 때문으로 부종, 출혈, 동통 등을 동반한다.
② 화학적 장해로 작업력의 저하, 기분의 변환, 여러 종류의 다행증이 일어난다.
③ 대기가스의 독성 때문으로 시력장애, 정신혼란, 간질 모양의 경련을 나타낸다.
④ 용해질소의 기포형성 때문으로 동통성 관절장애, 호흡곤란, 무균성 골괴사 등을 일으킨다.

해설

고압환경에서 발생
용해질소의 기포형성 때문으로 동통성 관절장애, 호흡곤란, 무균성 골괴사 등을 일으킨다.

63

진동의 강도를 표현하는 방법으로 옳지 않은 것은?

① 속도(velocity)

② 투과(transmission)

③ 변위(displacement)

④ 가속도(acceleration)

해설

진공의 단위 : 가속도, 속도, 변위

64

전리방사선의 흡수선량이 생체에 영향을 주는 정도를 표시하는 선당량(생체실효선량)의 단위는?

① R ② Ci

③ Sv ④ Gy

해설

- 1Sv : 등가선량의 단위, 인체의 피폭선량을 나타낼 때 흡수선량에 해당 방사선의 방사선가중치를 곱한 양
- 1R : 조사선량의 단위, 방사선 조사에 의해 표준상태(0℃, 1기압)의 공기 1cm^{3}당 생성된 전하량이 1esu
- 1Gy : 흡수선량의 단위, 물질의 단위 질량당 흡수된 방사선의 에너지 (J/kg)

65

실효음압이 2×10^{-3}N/m^{2}인 음의 음압수준은 몇 dB인가?

① 40 ② 50

③ 60 ④ 70

해설

$$SPL = 20 \times \log\left(\frac{P}{2 \times 10^{-5}}\right)(\mathrm{dB})$$

$$= 20 \times \log\frac{2 \times 10^{-3}}{2 \times 10^{-5}} = 40\mathrm{dB}$$

66

고압작업 환경만으로 나열된 것은?

① 고소작업, 등반작업

② 용접작업, 고소작업

③ 탈지작업, 샌드블라스트(sand blast)작업

④ 잠함(caisson)작업, 광산의 수직갱 내 작업

해설

고압작업 환경

- 고압가스작업(용적작업 등)
- 고압공기를 이용하는 잠수작업(해저작업, 다이빙 벨 등)
- 우주 및 항공작업 등

67

다음 (   )에 들어갈 내용으로 옳은 것은?

> 일반적으로 (   )의 마이크로파는 신체를 완전히 투과하며 흡수되어도 감지되지 않는다.

① 150MHz 이하

② 300MHz 이하

③ 500MHz 이하

④ 1,000MHz 이하

해설

마이크로파의 생체작용

- 눈에 대한 작용 : 1,000~10,000MHz의 마이크로파가 백내장을 일으킨다.
- 열작용 : 일반적으로 150MHz 이하의 마이크로파는 신체를 완전히 투과하여 흡수되어도 감지되지 않는다.
- 혈액의 변화 : 백혈구 증가, 망상적혈구의 출현, 혈소 감소 등을 보인다.
- 생식기능에 미치는 영향 : 생식기능상의 장애를 유발할 가능성이 기록되고 있다.

68

저온에 의한 1차적인 생리적 영향에 해당하는 것은?

① 말초혈관의 수축
② 혈압의 일시적 상승
③ 근육긴장의 증가와 전율
④ 조직대사의 증진과 식욕 항진

해설

저온에 의한 생리적 반응

1차적	2차적
피부혈관 수축	말초혈관의 수축
근육긴장의 증가와 전율	혈압의 일시적 상승
화학적 대사작용 증가	조직대사의 증진과 식욕 항진
체표면적 감소	–

69

실내 작업장에서 실내 온도 조건이 다음과 같을 때 WBGT(℃)는?

- 흑구온도 32℃
- 건구온도 27℃
- 자연습구온도 30℃

① 30.1
② 30.6
③ 30.8
④ 31.6

해설

태양광선이 내리쬐지 않는 옥내 또는 옥외 장소
WBGT(℃) = 0.7 × 자연습구온도 + 0.3 × 흑구온도
= 0.7 × 30 + 0.3 × 32 = 30.6℃

70

다음 중 살균력이 가장 센 파장영역은?

① 1,800~2,100Å
② 2,800~3,100Å
③ 3,800~4,100Å
④ 4,800~5,100Å

해설

- 자외선 : 2,000~4,000Å
  - 살균작용이 가장 강한 파장 : 2,800~3,100Å
- 가시광선 : 3,000~7,000Å
  - 가장 강한 빛을 느끼는 파장 : 5,500Å
- 적외선 : 7,800~30,000Å

71

고압환경의 인체작용에 있어 2차적 가압현상에 해당하지 않는 것은?

① 산소 중독
② 질소 마취
③ 공기 전색
④ 이산화탄소 중독

해설

③ 공기 전색은 혈관으로 공기가 들어가는 것이다.

72

다음 중 차음평가지수를 나타내는 것은?

① sone
② NRN
③ NRR
④ phon

해설

차음효과 = (NRR − 7) × 0.5

73

소음성 난청에 대한 내용으로 옳지 않은 것은?

① 내이의 세포 변성이 원인이다.

② 음이 강해짐에 따라 정상인에 비해 음이 급격하게 크게 들린다.

③ 청력손실은 초기에 4,000Hz 부근에서 영향이 현저하다.

④ 소음 노출과 관계없이 연령이 증가함에 따라 발생하는 청력장애를 말한다.

해설

④ 소음 노출과 관계없이 연령이 증가함에 따라 발생하는 청력장애는 노인성 난청이다.

75

전리방사선 방어의 궁극적 목적은 가능한 한 방사선에 불필요하게 노출되는 것을 최소화하는 데 있다. 국제방사선방호위원회(ICRP)가 노출을 최소화하기 위해 정한 원칙 세 가지에 해당하지 않는 것은?

① 작업의 최적화

② 작업의 다양성

③ 작업의 정당성

④ 개개인의 노출량의 한계

해설

방사선방호에 관한 ICRP의 세 기본원칙 즉, 정당화(justification), 최적화(optimisation) 및 선량한도 적용(application of dose limits)을 유지하고, 피폭을 주는 방사선원과 피폭을 받는 개인에게 이들 원칙을 적용하는 방법을 명료하게 한다.

74

소음계(sound level meter)로 소음측정 시 A 및 C 특성으로 측정하였다. 만약 C 특성으로 측정한 값이 A 특성으로 측정한 값보다 훨씬 크다면 소음의 주파수영역은 어떻게 추정이 되겠는가?

① 저주파수가 주성분이다.

② 중주파수가 주성분이다.

③ 고주파수가 주성분이다.

④ 중 및 고주파수가 주성분이다.

해설

• 저주파 주성분 : A ≪ C
• 고주파 주성분 : A = C

76

현재 총 흡음량이 1,200sabins인 작업장의 천장에 흡음물질을 첨가하여 2,800sabins을 더할 경우 예측되는 소음감소량(dB)은 약 얼마인가?

① 3.5
② 4.2
③ 4.8
④ 5.2

해설

$$NR(저감량) = 10 \times \log \frac{대책\ 전\ 총흡입력 + 부가된\ 흡입력}{대책\ 전\ 총흡입력}$$

$$= 10 \times \log \frac{1,200 + 2,800}{1,200} = 5.23$$

77

레이노 현상(Raynaud's phenomenon)과 관련이 없는 것은?

① 방사선
② 국소진동
③ 혈액순환장애
④ 저온환경

레이노 현상(Raynaud's phenomenon)은 추위나 스트레스에 의해 손가락이나 발가락, 코, 귀 등의 말초혈관이 수축을 일으키거나 혈액순환 장애를 일으키는 것이다.

78

작업장 내 조명방법에 관한 내용으로 옳지 않은 것은?

① 형광등은 백색에 가까운 빛을 얻을 수 있다.
② 나트륨등은 색을 식별하는 작업장에 가장 적합하다.
③ 수은등은 형광물질의 종류에 따라 임의의 광색을 얻을 수 있다.
④ 시계공장 등 작은 물건을 식별하는 작업을 하는 곳은 국소조명이 적합하다.

② 나트륨등은 색을 식별하는 작업장에 적합하지 않아, 가로등과 같은 실외조명에 쓰인다.

79

럭스(lux)의 정의로 옳은 것은?

① $1m^2$의 평면에 1lm의 빛이 비칠 때의 밝기를 의미한다.
② 1촉광의 광원으로부터 한 단위 입체각으로 나가는 빛의 밝기 단위이다.
③ 지름이 1inch 되는 촛불이 수평 방향으로 비칠 때의 빛의 광도를 나타내는 단위이다.
④ 1lm의 빛이 $1ft^2$의 평면상에 수직 방향으로 비칠 때 그 평면의 빛의 양을 의미한다.

Lux는 빛의 조도를 나타내는 SI 단위로, 1럭스는 $1m^2$당 1lm의 광선속(光線束, "빛줄기 묶음"; 인간이 느끼는 빛의 강도)이 비칠 때의 조도이다.

80

유해한 환경의 산소결핍 장소에 출입 시 착용하여야 할 보호구와 가장 거리가 먼 것은?

① 방독마스크
② 송기마스크
③ 공기호흡기
④ 에어라인마스크

방독마스크는 산소흡입을 방해하므로 산소결핍 장소에서 착용하는 것이 좋지 않다.

81

유해물질의 생리적 작용에 의한 분류에서 질식제를 단순 질식제와 화학적 질식제로 구분할 때 화학적 질식제에 해당하는 것은?

① 수소(H_2) 　　② 메탄(CH_4)

③ 헬륨(He) 　　④ 일산화탄소(CO)

해설

• 화학적 질식제 : 황화수소, 일산화탄소, 오존, 염소 등
• 단순 질식제 : 질소, 헬륨, 아르곤, 이산화탄소, 수소, 메탄 등

82

화학물질 및 물리적 인자의 노출기준에서 근로자가 1일 작업시간 동안 잠시라도 노출되어서는 안 되는 기준을 나타내는 것은?

① TLV-C 　　② TLV-skin

③ TLV-TWA 　　④ TLV-STEL

해설

정의(화학물질 및 물리적 인자의 노출기준 제2조)
"노출기준"이란 근로자가 유해인자에 노출되는 경우 노출기준 이하 수준에서는 거의 모든 근로자에게 건강상 나쁜 영향을 미치지 아니하는 기준을 말하며, 1일 작업시간동안의 시간가중평균노출기준(Time Weighted Average, TWA), 단시간노출기준(Short Term Exposure Limit, STEL) 또는 최고노출기준(Ceiling, C)으로 표시한다.

83

생물학적 모니터링을 위한 시료가 아닌 것은?

① 공기 중 유해인자

② 요 중의 유해인자나 대사산물

③ 혈액 중의 유해인자나 대사산물

④ 호기(exhaled air) 중의 유해인자나 대사산물

해설

생물학적 모니터링은 작업자의 생체시료(혈액, 요, 호기 등) 중의 화학물질 또는 그 대사산물의 정량치로부터 작업자가 섭취한 작업환경 중의 유해물질을 구해서 진정한 폭로 정도, 유해 화학물질의 섭취량을 평가하고, 생체 영향을 추정하는 것이다.

84

흡인분진의 종류에 의한 진폐증의 분류 중 무기성 분진에 의한 진폐증이 아닌 것은?

① 규폐증 　　② 면폐증

③ 철폐증 　　④ 용접공폐증

해설

• 무기성 분진에 의한 진폐증 : 규폐증, 석면폐증, 탄소폐증, 흑연폐증, 용접공폐증 등
• 유기성 분진에 의한 진폐증 : 면폐증, 목재분진폐증, 연초폐증, 모발분진폐증, 설탕폐증 등

85

3가 및 6가크롬의 인체 작용 및 독성에 관한 내용으로 옳지 않은 것은?

① 산업장의 노출의 관점에서 보면 3가크롬이 6가크롬보다 더 해롭다.

② 3가크롬은 피부 흡수가 어려우나 6가크롬은 쉽게 피부를 통과한다.

③ 세포막을 통과한 6가크롬은 세포 내에서 수 분 내지 수 시간 만에 발암성을 가진 3가 형태로 환원된다.

④ 6가에서 3가로의 환원이 세포질에서 일어나면 독성이 적으나 DNA의 근위부에서 일어나면 강한 변이원성을 나타낸다.

해설
① 산업장의 노출의 관점에서 보면 6가크롬이 3가크롬보다 더 해롭다.

86

다음 중 만성중독 시 코, 폐 및 위장의 점막에 병변을 일으키며, 장기간 흡입하는 경우 원발성 기관지암과 폐암이 발생하는 것으로 알려진 대표적인 중금속은?

① 납(Pb)　　　　② 수은(Hg)

③ 크롬(Cr)　　　④ 베릴륨(Be)

해설
③ 크롬 : 점막장애, 피부장애, 발암작용, 호흡기장애

87

독성물질 생체 내 변환에 관한 설명으로 옳지 않은 것은?

① 1상 반응은 산화, 환원, 가수분해 등의 과정을 통해 이루어진다.

② 2상 반응은 2상 반응이 불가능한 물질에 대한 추가적 축합반응이다.

③ 생체변환의 기전은 기존의 화합물보다 인체에서 제거하기 쉬운 대사물질로 변화시키는 것이다.

④ 생체 내 변환은 독성물질이나 약물의 제거에 대한 첫 번째 기전이며, 1상 반응과 2상 반응으로 구분된다.

해설
② 2상 반응은 1상 반응을 거친 물질을 더욱 수용성으로 만드는 포합반응이다.

88

다음 중금속 취급에 의한 대표적인 직업성 질환을 연결한 것으로 서로 관련이 가장 적은 것은?

① 니켈 중독 – 백혈병, 재생불량성 빈혈

② 납 중독 – 골수침입, 빈혈, 소화기장해

③ 수은 중독 – 구내염, 수전증, 정신장해

④ 망간 중독 – 신경염, 신장염, 중추신경장해

해설
① 백혈병, 재생불량성 빈혈은 벤젠 중독에 의한 직업성 질환이다.

89

다음 중 가스상 물질의 호흡기계 축적을 결정하는 가장 중요한 인자는?

① 물질의 농도차
② 물질의 입자분포
③ 물질의 발생기전
④ 물질의 수용성 정도

해설

가스상 물질의 호흡기계 축적을 결정하는 가장 중요한 인자는 물질의 수용성(water solubility)이다.

• 수용성이 큰 물질 : 수용성이 큰 가스상 물질(이산화황, 질소산화물 등)은 대부분 상부호흡기계에 걸림
• 수용성이 낮은 물질 : 오존, 이산화질소, 일산화탄소, 이황화수소 같은 수용성이 작은 가스상 물질들은 폐포까지 들어와 농도 차(concentration gradient)에 의해 주위 혈관으로 확산되어 들어가 전신으로 퍼지게 됨

91

산업안전보건법령상 석면 및 내화성 세라믹 섬유의 노출 기준 표시단위로 옳은 것은?

① %
② ppm
③ 개/cm^3
④ mg/m^3

해설

화학물질의 노출기준(화학물질 및 물리적 인자의 노출기준 [별표 1])
• 23 내화성 세라믹 섬유 - 0.2개/m^3
• 298 석면 - 0.1개/m^3

92

피부독성 반응의 설명으로 옳지 않은 것은?

① 가장 빈번한 피부반응은 접촉성 피부염이다.
② 알레르기성 접촉피부염은 면역반응과 관계가 없다.
③ 광독성 반응은 홍반 · 부종 · 착색을 동반하기도 한다.
④ 담마진 반응은 접촉 후 보통 30~60분 후에 발생한다.

해설

② 알레르기성 접촉피부염은 면역반응과 관계가 있다.

90

중금속에 중독되었을 경우에 치료제로 BAL이나 Ca-EDTA 등 금속배설 촉진제를 투여해서는 안 되는 중금속은?

① 납
② 비소
③ 망간
④ 카드뮴

해설

카드뮴은 BAL이나 Ca-EDTA 등 금속배설 촉진제의 사용을 금지시킨다. 안정을 취하고 산소호흡과 적절한 양의 스테로이드를 투여하는게 효과적이다.

93

산업안전보건법령상 사람에게 충분한 발암성 증거가 있는 물질(1A)에 포함되어 있지 않은 것은?

① 벤지딘(Benzidine)
② 베릴륨(Beryllium)
③ 에틸벤젠(Ethyl benzene)
④ 염화 비닐(Vinyl chloride)

해설

발암성 물질로 확인된 물질(A1)
석면, 우라늄, 6가크롬 화합물, 아크릴로니트릴, 벤지딘, 염화비닐

94

단백질을 침전시키며 thiol(-SH)기를 가진 효소의 작용을 억제하여 독성을 나타내는 것은?

① 수은　　　　　② 구리
③ 아연　　　　　④ 코발트

해설

수은의 독성
- 무기수은염류는 호흡기나 경구적 어느 경로라도 흡수
- 구내염, 근육진전, 수전증, 혈뇨증 등
- 전리된 수은이온은 단백질을 침전시키고 thiol기를 가진 효소작용을 억제

95

동물을 대상으로 약물을 투여했을 때 독성을 초래하지는 않지만 대상의 50%가 관찰 가능한 가역적인 반응이 나타나는 작용량을 무엇이라 하는가?

① LC_{50}　　　　② ED_{50}
③ LD_{50}　　　　④ TD_{50}

해설

② ED_{50} : 실험동물의 50%가 관찰 가능한 가역적인 반응을 나타내는 양
③ LD_{50} : 실험동물의 50%를 죽게 하는 양
④ TD_{50} : 실험동물의 50%에서 심각한 독성반응이 나타나는 양

96

이황화탄소(CS_2)에 중독될 가능성이 가장 높은 작업장은?

① 비료 제조 및 초자공 작업장
② 유리 제조 및 농약 제조 작업장
③ 타르, 도장 및 석유 정제 작업장
④ 인조견, 셀로판 및 사염화탄소 생산 작업장

해설

- 이황화탄소 : 감각 및 운동신경 모두에 침범
- 심한 경우 불안, 분노, 자살성향 등을 보이기도 한다.
- 인조견, 셀로판, 수지와 고무제품의 용제 등에 이용된다.

97

다음 사례의 근로자에게서 의심되는 노출인자는?

41세 A씨는 1990년부터 1997년까지 기계공구제조업에서 산소용접작업을 하다가 두통, 관절통, 전신근육통, 가슴 답답함, 이가 시리고 아픈 증상이 있어 건강검진을 받았다. 건강검진 결과 단백뇨와 혈뇨가 있어 신장질환 유소견자 진단을 받았다. 이 유해인자의 혈중, 소변 중 농도가 직업병 예방을 위한 생물학적 노출기준을 초과하였다.

① 납　　　　　　② 망간
③ 수은　　　　　④ 카드뮴

해설

④ 카드뮴 : 뇨에서 저분자량 단백질

98

유기용제의 중추신경 활성억제의 순위를 큰 것에서부터 작은 순으로 나타낸 것 중 옳은 것은?

① 알켄 > 알칸 > 알코올
② 에테르 > 알코올 > 에스테르
③ 할로겐화합물 > 에스테르 > 알켄
④ 할로겐화합물 > 유기산 > 에테르

해설

중추신경계 자극순서
아민 > 유기산 > 케톤, 알데하이드 > 알코올 > 알칸

99

다음 입자상 물질의 종류 중 액체나 고체의 두 가지 상태로 존재할 수 있는 것은?

① 흄(fume)
② 증기(vapor)
③ 미스트(mist)
④ 스모크(smoke)

100

벤젠을 취급하는 근로자를 대상으로 벤젠에 대한 노출량을 추정하기 위해 호흡기 주변에서 벤젠 농도를 측정함과 동시에 생물학적 모니터링을 실시하였다. 벤젠 노출로 인한 대사산물의 결정인자(determinant)로 옳은 것은?

① 호기 중의 벤젠
② 소변 중의 마뇨산
③ 소변 중의 총페놀
④ 혈액 중의 만델리산

해설

특수건강진단 · 배치전건강진단 · 수시건강진단의 검사항목(산업안전보건법 시행규칙 [별표 24])
41 벤젠 : 혈 중 벤젠 · 소변 중 페놀 · 소변 중 뮤콘산 중 택 1(작업 종료 시 채취)

과년도 기출문제

01

미국산업위생학술원(AAIH)에서 채택한 산업위생전문가의 윤리강령 중 기업주와 고객에 대한 책임과 관계된 윤리강령은?

① 기업체의 기밀은 누설하지 않는다.

② 전문적 판단이 타협의 의하여 좌우될 수 있는 상황에는 개입하지 않는다.

③ 근로자, 사회 및 전문 직종의 이익을 위해 과학적 지식을 공개하고 발표한다.

④ 결과와 결론을 뒷받침할 수 있도록 기록을 유지하고 산업위생사업을 전문가답게 운영, 관리한다.

해설

산업위생전문가의 윤리강령, 기업주와 고객
• 쾌적한 작업환경을 만들기 위하여 산업위생의 이론을 적용하고 책임 있게 행동한다.
• 신뢰를 바탕으로 정직하게 권하고 결과와 개선점을 정확히 보고한다.
• 결론을 뒷받침할 수 있도록 기록을 유지하고 산업위생사업을 전문가답게 운영한다.
• 기업주의 고객보다는 근로자의 건강보호에 궁극적 책임을 둔다.

02

산업안전보건법령상 보건관리자의 자격에 해당되지 않는 것은?

① 「의료법」에 따른 의사

② 「의료법」에 따른 간호사

③ 「국가기술자격법」에 따른 산업위생관리 산업기사 이상의 자격을 취득한 사람

④ 「국가기술자격법」에 따른 대기환경 기사 이상의 자격을 취득한 사람

해설

보건관리자의 자격(산업안전보건법 시행령 [별표 6])
• 법 제143조 제1항에 따른 산업보건지도사 자격을 가진 사람
• 「의료법」에 따른 의사
• 「의료법」에 따른 간호사
• 「국가기술자격법」에 따른 산업위생관리산업기사 또는 대기환경산업기사 이상의 자격을 취득한 사람
• 「국가기술자격법」에 따른 인간공학기사 이상의 자격을 취득한 사람
• 「고등교육법」에 따른 전문대학 이상의 학교에서 산업보건 또는 산업위생 분야의 학위를 취득한 사람(법령에 따라 이와 같은 수준 이상의 학력이 있다고 인정되는 사람을 포함한다)

03

근육과 뼈를 연결하는 섬유조직을 무엇이라 하는가?

① 건(tendon)　　② 관절(joint)

③ 뉴런(neuron)　　④ 인대(ligament)

해설

① 건, 힘줄 : 근육을 뼈에 연결시키는 구조물로써 강한 장력에 견디도록 인대와 매우 비슷한 구조로 되어 있다.

04

다음 중 18세기 영국에서 최초로 보고하였으며, 어린이 굴뚝청소부에게 많이 발생하였고, 원인물질이 검댕(soot)이라고 규명된 직업성 암은?

① 폐암　　　　② 후두암
③ 음낭암　　　④ 피부암

해설
음낭암
영국외과 의사인 Percivall Pott에 의해 인과관계가 밝혀진 직업성 암으로 주로 굴뚝 청소부의 음낭에서 발생하였고 원인물질은 검댕으로 알려져 있다.

05

다음은 직업성 질환과 그 원인이 되는 직업이 가장 적합하게 연결된 것은?

① 평편족 – VDT 작업
② 진폐증 – 고압, 저압작업
③ 중추신경 장해 – 광산작업
④ 목위팔(경견완)증후군 – 타이핑작업

해설
② 진폐증 – 광산작업

06

산업안전보건법령상 제조 등이 금지되는 유해물질이 아닌 것은?

① 석면　　　　　　② 염화비닐
③ β-나프틸아민　　④ 4-니트로디페닐

해설
제조 등이 금지되는 유해물질(산업안전보건법 시행령 제87조)
- β-나프틸아민[91-59-8]과 그 염(β-Naphthylamine and its salts)
- 4-니트로디페닐[92-93-3]과 그 염(4-Nitrodiphenyl and its salts)
- 백연[1319-46-6]을 포함한 페인트(포함된 중량의 비율이 2% 이하인 것은 제외)
- 벤젠[71-43-2]을 포함하는 고무풀(포함된 중량의 비율이 5% 이하인 것은 제외)
- 석면(Asbestos; 1332-21-4 등)
- 폴리클로리네이티드 터페닐(Polychlorinated terphenyls; 61788-33-8 등)
- 황린(黃燐)[12185-10-3] 성냥(Yellow phosphorus match)
- 제1호, 제2호, 제5호 또는 제6호에 해당하는 물질을 포함한 혼합물(포함된 중량의 비율이 1% 이하인 것은 제외)
- 화학물질관리법 제2조 제5호에 따른 금지물질(같은 법 제3조 제1항 제1호부터 제12호까지의 규정에 해당하는 화학물질은 제외)
- 그 밖에 보건상 해로운 물질로서 산업재해보상보험및예방심의위원회의 심의를 거쳐 고용노동부장관이 정하는 유해물질

07

재해발생의 주요 원인에서 불완전한 행동에 해당하는 것은?

① 보호구 미착용
② 방호장치 미설치
③ 시끄러운 주변 환경
④ 경고 및 위험표지 미설치

해설
불완전한 상태
방호장치 미설치, 시끄러운 주변 환경, 경고 및 위험표지 미설치

08

효과적인 교대근무제의 운용방법에 대한 내용으로 옳은 것은?

① 야근근무 종료 후 휴식은 24시간 전후로 한다.
② 야근은 가면(假眠)을 하더라도 10시간 이내가 좋다.
③ 신체적 적응을 위하여 야근근무의 연속일수는 대략 일주일로 한다.
④ 누적 피로를 회복하기 위해서는 정교대 방식보다는 역교대 방식이 좋다.

해설

신체적 적응을 위하여 야근근무의 연속일수는 대략 2~3일로 한다. 누적 피로를 회복하기 위해서는 역교대 방식보다는 정교대 방식이 좋다.

09

산업안전보건법령상 입자상 물질의 농도 평가에서 2회 이상 측정한 단시간 노출농도값이 단시간노출기준과 시간가중평균기준값 사이일 때 노출기준 초과로 평가해야 하는 경우가 아닌 것은?

① 1일 4회를 초과하는 경우
② 15분 이상 연속 노출되는 경우
③ 노출과 노출 사이의 간격이 1시간 이내인 경우
④ 단위작업장소의 넓이가 80m² 이상인 경우

해설

입자상 물질의 농도 평가(작업환경측정 및 정도관리 등에 관한 고시 제34조)
제18조 제2항 또는 제3항에 따른 측정을 한 경우에는 측정시간 동안의 농도를 해당 노출기준과 직접 비교하여 평가하여야 한다. 다만 2회 이상 측정한 단시간 노출농도값이 단시간노출기준과 시간가중평균기준값 사이의 경우로서 다음 각호의 어느 하나에 해당하는 경우에는 노출기준 초과로 평가하여야 한다.
• 15분 이상 연속 노출되는 경우
• 노출과 노출 사이의 간격이 1시간 미만인 경우
• 1일 4회를 초과하는 경우

10

다음 산업위생의 정의 중 ( ) 안에 들어갈 내용으로 볼 수 없는 것은?

> 산업위생이란, 근로자나 일반대중에게 질병, 건강장애 등을 초래하는 작업환경 요인과 스트레스를 ( )하는 과학과 기술이다.

① 보상
② 예측
③ 평가
④ 관리

해설

산업위생이란 근로자나 일반대중에게 질병, 건강장해 등을 초래하는 작업환경 요인과 스트레스를 예측, 측정, 평가하고 관리하는 과학과 기술이다.

11

산업안전보건법령상 영상표시단말기(VDT) 취급 근로자의 작업자세로 옳지 않은 것은?

① 팔꿈치의 내각은 90° 이상이 되도록 한다.
② 근로자의 발바닥 전면이 바닥면에 닿는 자세를 기본으로 한다.
③ 무릎의 내각(Knee Angle)은 90° 전후가 되도록 한다.
④ 근로자의 시선은 수평선상으로부터 10~15° 위로 가도록 한다.

해설

작업자세(영상표시단말기(VDT) 취급근로자 작업관리지침 제6조)
작업자의 시선은 수평선상으로부터 아래로 10~15° 이내일 것

12

직업성 질환에 관한 설명으로 옳지 않은 것은?

① 직업성 질환과 일반 질환은 경계가 뚜렷하다.

② 직업성 질환은 재해성 질환과 직업병으로 나눌 수 있다.

③ 직업성 질환이란 어떤 작업에 종사함으로써 발생하는 업무상 질병을 의미한다.

④ 직업병은 저농도 또는 저수준의 상태로 장시간 걸쳐 반복노출로 생긴 질병을 의미한다.

해설

① 직업성 질환과 일반 질환은 경계가 뚜렷하지 않다.

13

사고예방대책 기본 원리 5단계를 올바르게 나열한 것은?

① 사실의 발견 → 조직 → 분석·평가 → 시정방법의 선정 → 시정책의 적용

② 사실의 발견 → 조직 → 시정방법의 선정 → 시정책의 적용 → 분석·평가

③ 조직 → 사실의 발견 → 분석·평가 → 시정방법의 선정 → 시정책의 적용

④ 조직 → 분석·평가 → 사실의 발견 → 시정방법의 선정 → 시정책의 적용

해설

사고예방대책 기본 원리 5단계

안전조직 → 사실의 발견 → 분석·평가 → 시정책의 선정 → 시정책의 적용

14

유해물질의 생물학적 노출지수 평가를 위한 소변 시료채취방법 중 채취시간에 제한 없이 채취할 수 있는 유해물질은 무엇인가?(단, ACGIH 권장기준이다)

① 벤젠 ② 카드뮴

③ 일산화탄소 ④ 트리클로로에틸렌

해설

특수건강진단·배치 전 건강진단·수시건강진단의 검사 항목(산업안전보건법 시행규칙 [별표 24])

• 11 일산화탄소 : 혈 중 카복시헤모글로빈(작업 종료 후 10~15분 이내에 채취) 또는 호기 중 일산화탄소 농도(작업 종료 후 10~15분 이내, 마지막 호기 채취)

• 17 카드뮴 : 혈 중 카드뮴, 소변 중 카드뮴(제한 없음)

• 41 벤젠 : 혈중 벤젠·소변 중 페놀·소변 중 뮤콘산 중 택 1(작업 종료 시 채취)

• 96 트리클로로에틸렌 : 소변 중 총삼염화물 또는 삼염화초산(주말작업 종료 시 채취)

15

A 유해물질의 노출기준은 100ppm이다. 잔업으로 인하여 작업시간이 8시간에서 10시간으로 늘었다면 이 기준치는 몇 ppm으로 보정해 주어야 하는가?(단, Brief와 Scala의 보정방법을 적용하며 1일 노출시간을 기준으로 한다)

① 60 ② 70

③ 80 ④ 90

해설

Brief와 Scala 보정

8시간 노출기준 TLV × 보정계수 RF

$$= TLV \times \frac{8}{H} \times \frac{24-H}{24-8} = 100 \times \frac{8}{10} \times \frac{24-10}{24-8} = 70$$

16

젊은 근로자의 약한 손(오른손잡이일 경우 왼손)의 힘이 평균 45kp일 경우 이 근로자가 무게 10kg인 상자를 두 손으로 들어 올릴 경우의 작업강도(%MS)는 약 얼마인가?

① 1.1
② 8.5
③ 11.1
④ 21.1

해설

$$작업강도 = \frac{작업\ 시\ 요구하는\ 힘}{근로자가\ 가진\ 최대\ 힘} \times 100$$

$$= \frac{10kg/2(양손)}{45kp} \times 100$$

$$= 11.1\%$$

17

다음 최대 작업역(maximum area)에 대한 설명으로 옳은 것은?

① 작업자가 작업할 때 팔과 다리를 모두 이용하여 닿는 영역
② 작업자가 작업할 때 아래팔을 뻗어 파악할 수 있는 영역
③ 작업자가 작업할 때 상체를 기울여 손이 닿는 영역
④ 작업자가 작업할 때 윗팔과 아래팔을 곧게 펴서 파악할 수 있는 영역

해설

작업자가 작업을 할 때 아래팔을 뻗어 파악할 수 있는 영역은 정상 작업역이다.

18

산업 스트레스의 반응에 따른 심리적 결과에 해당되지 않는 것은?

① 가정문제
② 수면방해
③ 돌발적 사고
④ 성(性)적 역기능

해설

산업 스트레스 반응 결과
- 행동적 결과 : 흡연, 알코올, 폭력, 식욕부진 등
- 심리적 결과 : 가정문제, 수면방해, 성적 역기능
- 생리적 결과 : 심혈관계 질환, 위장관계 질환, 기타 질환

19

전신피로의 원인으로 볼 수 없는 것은?

① 산소공급의 부족
② 작업강도의 증가
③ 혈중포도당 농도의 저하
④ 근육 내 글리코겐 양의 증가

해설

④ 근육 내 글리코겐 양의 감소

20

공기 중의 혼합물로서 아세톤 400ppm(TLV = 750ppm), 메틸에틸케톤 100ppm(TLV = 200ppm)이 서로 상가작용을 할 때 이 혼합물의 노출지수(EI)는 약 얼마인가?

① 0.82
② 1.03
③ 1.10
④ 1.45

해설

$$혼합물노출지수 = \frac{400}{750} + \frac{100}{200} = 1.03$$

21

공기 중에 카본 테트라클로라이드(TLV = 10ppm) 8ppm, 1,2-디클로로에탄(TLV = 50ppm) 40ppm, 1,2-디브로모에탄(TLV = 20ppm) 10ppm으로 오염되었을 때, 이 작업장 환경의 허용기준 농도(ppm)는?(단, 상가작용을 기준으로 한다)

① 24.5
② 27.6
③ 29.6
④ 58.0

해설

- 혼합물노출지수 $= \dfrac{8}{10} + \dfrac{40}{50} + \dfrac{10}{20} = 2.1$

- 보정된 허용농도 $= \dfrac{8 + 40 + 10}{2.1} = 27.6$

22

시간당 200~300kcal의 열량이 소요되는 중등작업 조건에서 WBGT 측정치가 31.1℃일 때 고열작업 노출기준의 작업휴식조건으로 가장 적절한 것은?

① 계속 작업
② 매시간 25%작업, 75%휴식
③ 매시간 50%작업, 50%휴식
④ 매시간 75%작업, 25%휴식

해설

작업휴식시간비	작업강도		
	경작업	중등작업	중작업
계속작업	30.0℃	26.7℃	25.0℃
매시간 75%작업, 25%휴식	30.6℃	28.0℃	25.9℃
매시간 50%작업, 50%휴식	31.4℃	29.4℃	27.9℃
매시간 25%작업, 75%휴식	32.2℃	31.1℃	30.0℃

- 경작업 : 200kcal/hr까지의 열량이 소요되는 작업
- 중등작업 : 200~350kcal/hr까지의 열량이 소요되는 작업
- 중작업 : 350~500kcal/hr까지의 열량이 소요되는 작업

23

다음 중 직독식 기구로만 나열된 것은?

① AAS, ICP, 가스모니터
② AAS, 휴대용 GC, GC
③ 휴대용 GC, ICP, 가스검지관
④ 가스모니터, 가스검지관, 휴대용 GC

해설

직독식 기구
가스 검지관, 입자상 물질 측정기, 가스모니터, 휴대용 GC 등

24

입자상 물질을 채취하는 데 사용하는 여과지 중 막여과지(membrane filter)가 아닌 것은?

① MCE 여과지
② PVC 여과지
③ 유리섬유 여과지
④ PTFE 여과지

해설

막여과지
MCE막 여과지, PCV막 여과지, PTFE막 여과지, 은막 여과지, Nuleopore 여과지

25

연속적으로 일정한 농도를 유지하면서 만드는 방법 중 Dynamic Method에 관한 설명으로 틀린 것은?

① 농도변화를 줄 수 있다.

② 대개 운반용으로 제작된다.

③ 만들기가 복잡하고, 가격이 고가이다.

④ 소량의 누출이나 벽면에 의한 손실은 무시할 수 있다.

해설

Dynamic Method

• 희석 공기와 오염물질을 연속적으로 흘려주어 연속적으로 일정한 농도를 유지하면서 만드는 방법이다.

• 알고 있는 공기 중 농도를 만드는 방법이다.

• 농도변화를 줄 수 있고, 온도, 습도 조절이 가능하다.

• 제조가 어렵고 비용도 많이 든다.

• 다양한 농도 범위에서 제조가 가능하다.

• 가스, 증기, 에어로졸 실험도 가능하다.

• 소량의 누출이나 벽면에 의한 손실은 무시할 수 있다.

• 지속적인 모니터링이 필요하다.

• 매우 일정한 농도를 유지하기가 곤란하다.

26

다음 중 활성탄관과 비교한 실리카겔관의 장점과 가장 거리가 먼 것은?

① 수분을 잘 흡수하여 습도에 대한 민감도가 높다.

② 매우 유독한 이황화탄소를 탈착용매로 사용하지 않는다.

③ 극성물질을 채취한 경우 물, 에탄올 등 다양한 용매로 쉽게 탈착된다.

④ 추출액이 화학분석이나 기기분석에 방해물질로 작용하는 경우가 많지 않다.

해설

① 수분을 잘 흡수하여 습도에 대한 민감도가 낮다.

27

호흡성 먼지에 관한 내용으로 옳은 것은?(단, ACGIH를 기준으로 한다)

① 평균 입경은 1μm이다.

② 평균 입경은 4μm이다.

③ 평균 입경은 10μm이다.

④ 평균 입경은 50μm이다.

해설

• 흡인성 분진 : 100μm

• 흉곽성 분진 : 10μm

• 호흡성 분진 : 4μm

28

셀룰로오스 에스테르막 여과지에 대한 설명으로 틀린 것은?

① 산에 쉽게 용해된다.

② 유해물질이 표면에 주로 침착되어 현미경 분석에 유리하다.

③ 흡습성이 적어 중량분석에 주로 적용된다.

④ 중금석 시료채취에 유리하다.

해설

③ 흡습성이 높아 중량분석에 적합하지 않다.

29

작업장의 유해인자에 대한 위해도 평가에 영향을 미치는 것과 가장 거리가 먼 것은?

① 유해인자의 위해성

② 휴식시간의 배분 정도

③ 유해인자에 노출되는 근로자수

④ 노출되는 시간 및 공간적인 특성과 빈도

해설

오염물질의 독성, 폭로시간과 노출되는 근로자수에 따라 위해도가 평가된다.

30

직경이 $5\mu m$, 비중이 1.8인 원형 입자의 침강속도(cm/min)는?(단, 공기의 밀도는 $0.0012g/cm^3$, 공기의 점도는 1.807×10^{-4}poise이다)

① 6.1

② 7.1

③ 8.1

④ 9.1

해설

$$침강속도(cm/s) = 0.003 \times 비중 \times 입경^2$$
$$= 0.003 \times 1.8 \times 5^2 = 0.135 cm/s \times \frac{60s}{1min}$$
$$= 8.1 cm/min$$

31

어느 작업장의 소음 측정 결과가 다음과 같을 때, 총 음압레벨(dB(A))은?(단, A, B, C 기계는 동시에 작동된다)

- A 기계 : 81dB(A)
- B 기계 : 85dB(A)
- C 기계 : 88dB(A)

① 84.7

② 86.5

③ 88.0

④ 90.3

해설

$$SPL = 10 \times \log(10^{\frac{81}{10}} + 10^{\frac{85}{10}} + 10^{\frac{88}{10}}) = 90.3 dB(A)$$

32

작업환경측정방법 중 소음측정시간 및 횟수에 관한 내용 중 ( ) 안에 들어갈 내용으로 옳은 것은?(단, 고용노동부 고시를 기준으로 한다)

단위작업 장소에서의 소음발생시간이 6시간 이내인 경우나 소음발생원에서의 발생시간이 간헐적인 경우에는 발생시간동안 연속 측정하거나 등간격으로 나누어 ( )회 이상 측정하여야 한다.

① 2

② 3

③ 4

④ 6

해설

측정시간 등(작업환경측정 및 정도관리 등에 관한 고시 제28조)
단위작업 장소에서의 소음발생시간이 6시간 이내인 경우나 소음발생원에서의 발생시간이 간헐적인 경우에는 발생시간동안 연속 측정하거나 등간격으로 나누어 4회 이상 측정하여야 한다.

33

레이저광의 폭로량을 평가하는 사항에 해당하지 않는 항목은?

① 각막 표면에서의 조사량(J/cm^2) 또는 폭로량을 측정한다.

② 조사량의 서한도는 1mm 구경에 대한 평균치이다.

③ 레이저광과 같은 직사광파 형광등 또는 백열등과 같은 확산광은 구별하여 사용해야 한다.

④ 레이저광에 대한 눈의 허용량은 폭로 시간에 따라 수정되어야 한다.

해설

④ 레이저광에 대한 눈의 허용량은 파장에 따라 수정되어야 한다.

34

분석 기기에서 바탕선량(background)과 구별하여 분석될 수 있는 최소의 양은?

① 검출한계 ② 정량한계
③ 정성한계 ④ 정도한계

해설

정량한계란 적절한 정밀도와 정확도를 가진 정량값으로 표현할 수 있는 검체 중 분석대상물질의 최소량 또는 최소농도를 말한다.

35

작업장의 온도 측정결과가 다음과 같을 때, 측정결과의 기하평균은?

(단위 : ℃)
5, 7, 12, 18, 25, 13

① 11.6℃ ② 12.4℃
③ 13.3℃ ④ 15.7℃

해설

기하평균(GM)

$$\log(GM) = \frac{\log x_1 + \log x_2 + \cdots + \log x_n}{n}$$

$$= \frac{(\log 5 + \log 7 + \log 12 + \log 18 + \log 25 + \log 13)}{6}$$

$$= 1.065$$

$$\therefore GM = 10^{1.065} = 11.61$$

36

금속제품을 탈지 세정하는 공정에서 사용하는 유기용제인 트리클로로에틸렌이 근로자에게 노출되는 농도를 측정하고자 한다. 과거의 노출농도를 조사해 본 결과, 평균 50ppm이었을 때, 활성탄관(100mg/50mg)을 이용하여 0.4L/min으로 채취하였다면 채취해야 할 시간(min)은? (단, 트리클로로에틸렌의 분자량은 131.39이고 기체크로마토그래피의 정량한계는 시료당 0.5mg, 1기압, 25℃기준으로 기타 조건은 고려하지 않는다)

① 2.4 ② 3.2
③ 4.7 ④ 5.3

해설

$$50ppm = \frac{0.5mg}{\frac{0.4L}{min} \times x\,min} \times \frac{1mol}{131.39g} \times \frac{24.45L(25℃, 1기압)}{1mol} \times \frac{1,000\mu g}{1mg}$$

$$\therefore x = 4.7min$$

37

5M 황산을 이용하여 0.004M 황산용액 3L를 만들기 위해 필요한 5M 황산의 부피(mL)는?

① 5.6 ② 4.8
③ 3.1 ④ 2.4

해설

$$MV = M'V'$$

$$5M \times x\,mL = 0.004M \times 3,000mL$$

$$\therefore x = 2.4mL$$

38

작업환경공기 중의 물질 A(TLV 50ppm)가 55ppm이고, 물질 B(TLV 50ppm)가 47ppm이며, 물질 C(TLV 50ppm)가 52ppm이었다면, 공기의 노출농도 초과도는?(단, 상가작용을 기준으로 한다)

① 3.62   ② 3.08

③ 2.73   ④ 2.33

해설

$$\frac{55}{50} + \frac{47}{50} + \frac{52}{50} = 3.08$$

39

다음 중 정밀도를 나타내는 통계적 방법과 가장 거리가 먼 것은?

① 오차   ② 산포도

③ 표준편차   ④ 변이계수

해설

① 오차는 정확도와 관련 있다.

40

빛의 파장의 단위로 사용되는 Å(Ångström)을 국제표준단위계(SI)로 나타낸 것은?

① 10^{-6}m   ② 10^{-8}m

③ 10^{-10}m   ④ 10^{-12}m

해설

③ Å : 10^{-10}m

① μm : 10^{-6}m

④ pm : 10^{-12}m

41

두 분지관이 동일 합류점에서 만나 합류관을 이루도록 설계되어 있다. 한쪽 분지관의 송풍량은 200m³/min, 합류점에서의 이 관의 정압은 −34mmH₂O이며, 다른쪽 분지관의 송풍량은 160m³/min, 합류점에서의 이 관의 정압은 −30mmH₂O이다. 합류점에서 유량의 균형을 유지하기 위해서는 압력손실이 더 적은 관을 통해 흐르는 송풍량(m³/min)을 얼마로 해야 하는가?

① 165   ② 170

③ 175   ④ 180

해설

정압비 $= \dfrac{-34}{-30} = 1.13$으로 1.2보다 적으므로

정압이 낮은 쪽의 유량을 증가시켜야 한다.

송풍량2 $=$ 송풍량1 $\times \sqrt{\dfrac{정압_2}{정압_1}}$

$= 160 \times \sqrt{\dfrac{-34}{-30}} = 170\mathrm{m}^3/\mathrm{min}$

42

페인트 도장이나 농약 살포와 같이 공기 중에 가스 및 증기상 물질과 분진이 동시에 존재하는 경우 호흡 보호구에 이용되는 가장 적절한 공기 정화기는?

① 필터

② 만능형 캐니스터

③ 요오드를 입힌 활성탄

④ 금속산화물을 도포한 활성탄

해설

② 만능형 캐니스터 : 방진마스크 + 방독마스크

43

전체환기시설을 설치하기 위한 기본원칙으로 가장 거리가 먼 것은?

① 오염물질 사용량을 조사하여 필요 환기량을 계산한다.
② 공기배출구와 근로자의 작업위치 사이에 오염원이 위치해야 한다.
③ 오염물질 배출구는 가능한 한 오염원으로부터 가까운 곳에 설치하여 점환기 효과를 얻는다.
④ 오염원 주위에 다른 작업공정이 있으면 공기 공급량을 배출량보다 크게 하여 양압을 형성시킨다.

해설
④ 오염원 주위에 다른 작업공정이 있으면 공기 공급량을 배출량보다 크게 하여 음압을 형성시킨다.

44

송풍관(duct) 내부에서 유속이 가장 빠른 곳은?(단, d는 송풍관의 직경을 의미한다)

① 위에서 $1/10 \cdot d$ 지점
② 위에서 $1/5 \cdot d$ 지점
③ 위에서 $1/3 \cdot d$ 지점
④ 위에서 $1/2 \cdot d$ 지점

해설
이론적으로 벽면에서 가장 멀리 떨어진 곳이 마찰력의 영향을 덜 받아 유속이 가장 빠르다.

45

작업장 용적이 $10\text{m} \times 3\text{m} \times 40\text{m}$이고 필요 환기량이 $120\text{m}^3/\text{min}$일 때 시간당 공기교환 횟수는?

① 360회
② 60회
③ 6회
④ 0.6회

해설

$$\frac{10\text{m} \times 3\text{m} \times 40\text{m}}{120\text{m}^3/\text{min}} = 10\text{min}, 6회$$

46

국소배기시설이 희석환기시설보다 오염물질을 제거하는 데 효과적이므로 선호도가 높다. 이에 대한 이유가 아닌 것은?

① 설계가 잘된 경우 오염물질의 제거가 거의 완벽하다.
② 오염물질의 발생 즉시 배기시키므로 필요 공기량이 적다.
③ 오염 발생원의 이동성이 큰 경우에도 적용 가능하다.
④ 오염물질 독성이 클 때도 효과적 제거가 가능하다.

해설
• 희석환기를 적용하는 것이 효과적이다.
• 오염 발생원의 이동성이 큰 경우에도 적용 가능하다.

47

산업안전보건법령상 관리대상 유해물질 관련 국소배기장치 후드의 제어풍속(m/s)의 기준으로 옳은 것은?

① 가스상태(포위식 포위형) : 0.4
② 가스상태(외부식 상방흡인형) : 0.5
③ 입자상태(포위식 포위형) : 1.0
④ 입자상태(외부식 상방흡인형) : 1.5

해설

관리대상 유해물질 관련 국소배기장치 후드의 제어풍속(산업안전보건기준에 관한 규칙 [별표 13])

물질의 상태	후드 형식	제어풍속(m/sec)
가스 상태	포위식 포위형	0.4
	외부식 측방흡인형	0.5
	외부식 하방흡인형	0.5
	외부식 상방흡인형	1.0
입자 상태	포위식 포위형	0.7
	외부식 측방흡인형	1.0
	외부식 하방흡인형	1.0
	외부식 상방흡인형	1.2

48

총흡음량이 900sabins인 소음발생작업장에 흡음재를 천장에 설치하여 2,000sabins 더 추가하였다. 이 작업장에서 기대되는 소음 감소치(NR ; db(A))는?

① 약 3 ② 약 5
③ 약 7 ④ 약 9

해설

$$10 \times \log \frac{(대책전\ 총흡음력 + 부가된\ 흡음력)}{대책전\ 총흡음력}$$

$$= 10 \times \log \frac{900 + 2,000}{900} = 5$$

49

외부식 후드(포집형 후드)의 단점이 아닌 것은?

① 포위식 후드보다 일반적으로 필요송풍량이 많다.
② 외부 난기류의 영향을 받아서 흡인효과가 떨어진다.
③ 근로자가 발생원과 환기시설 사이에서 작업하게 되는 경우가 많다.
④ 기류속도가 후드 주변에서 매우 빠르므로 쉽게 흡인되는 물질의 손실이 크다.

해설

외부식 후드
• 다른 형태에 비해 작업자가 방해를 받지 않고 작업할 수 있다.
• 포위식에 비해 필요송풍량이 많이 소요된다.
• 방해기류의 영향이 작업장 내에 있을 경우 흡인효과가 저하된다.
• 기류 속도가 후드 주변에서 매우 빠르므로 쉽게 확인되는 물질의 손실이 크다.

50

송풍기의 효율이 큰 순서대로 나열된 것은?

① 평판송풍기 > 다익송풍기 > 터보송풍기
② 다익송풍기 > 평판송풍기 > 터보송풍기
③ 터보송풍기 > 다익송풍기 > 평판송풍기
④ 터보송풍기 > 평판송풍기 > 다익송풍기

해설

• 터보형 송풍기 : 장소의 제약을 받지 않으며 송풍기 중 효율이 가장 높으나 소음이 크다.
• 평판형 송풍기 : 65% 효율로 다익팬보다는 약간 높으나 터보팬보다는 낮다.
• 다익형 송풍기 : 설계가 간단하고 회전속도가 작아 소음이 적다. 효율이 낮다.

51

송풍기 입구 전압이 280mmH₂O이고 송풍기 출구 정압이 100mmH₂O이다. 송풍기 출구 속도압이 200mmH₂O일 때, 전압(mmH₂O)은?

① 20 ② 40
③ 80 ④ 180

송풍기유효전압 = 전압출구 − 전압입구
= (정압 + 속도압)출구 − (정압 + 속도압)입구
= (100 + 200)mmH₂O − 280mmH₂O
= 20mmH₂O

52

플레넘형 환기시설의 장점이 아닌 것은?

① 연마분진과 같이 끈적거리거나 보풀거리는 분진의 처리가 용이하다.
② 주관의 어느 위치에서도 분지관을 추가하거나 제거할 수 있다.
③ 주관은 입경이 큰 분진을 제거할 수 있는 침강식의 역할이 가능하다.
④ 분지관으로부터 송풍기까지 낮은 압력손실을 제공하여 운전동력을 최소화할 수 있다.

① 연마분진과 같이 끈적거리거나 보풀거리는 분진의 처리가 곤란하다.

53

레시버식 캐노피형 후드를 설치할 때, 적절한 H/E는?(단, E는 배출원의 크기이고, H는 후드면과 배출원간의 거리를 의미한다)

① 0.7 이하 ② 0.8 이하
③ 0.9 이하 ④ 1.0 이하

54

귀덮개의 차음성능기준상 중심주파수가 1,000Hz인 음원의 차음치(dB)는?

① 10 이상 ② 20 이상
③ 25 이상 ④ 35 이상

방음용 귀마개 또는 귀덮개의 성능기준(보호구 안전인증 고시 [별표 12])

	중심주파수(Hz)	차음치(dB)		
		EP-1 (귀마개 1종)	EP-2 (귀마개 2종)	EM (귀덮개)
차음성능	125	10 이상	10 미만	5 이상
	250	15 이상	10 미만	10 이상
	500	15 이상	10 미만	20 이상
	1,000	20 이상	20 미만	25 이상
	2,000	25 이상	20 이상	30 이상
	4,000	25 이상	25 이상	35 이상
	8,000	20 이상	20 이상	20 이상

55

다음 중 작업장에서 거리, 시간, 공정, 작업자 전체를 대상으로 실시하는 대책은?

① 대체 ② 격리
③ 환기 ④ 개인보호구

56

작업대 위에서 용접할 때 흄(fume)을 포집제거하기 위해 작업 면에 고정된 플랜지가 붙은 외부식 사각형 후드를 설치하였다면 소요 송풍량(m^3/min)은?(단, 개구면에서 작업 지점까지의 거리는 0.25m, 제어속도는 0.5m/s, 후드 개구 면적은 0.5m^2이다)

① 0.281
② 8.430
③ 16.875
④ 26.425

해설

$$Q = 0.5 \times V \times (10 \times X^2 \times A)$$
$$= 0.5 \times 0.5\text{m/s} \times (10 \times (0.25\text{m})^2 + 0.5\text{m}^2)$$
$$= 0.28125\text{m}^3/\text{s} \times \frac{60\text{s}}{\text{min}} = 16.875\text{m}^3/\text{min}$$

57

산업위생보호구의 점검, 보수 및 관리방법에 관한 설명 중 틀린 것은?

① 보호구의 수는 사용하여야 할 근로자의 수 이상으로 준비한다.
② 호흡용 보호구는 사용 전, 사용 후 여재의 성능을 점검하여 성능이 저하된 것은 폐기, 보수, 교환 등의 조치를 취한다.
③ 보호구의 청결 유지에 노력하고, 보관할 때에는 건조한 장소와 분진이나 가스 등에 영향을 받지 않는 일정한 장소에 보관한다.
④ 호흡용 보호구나 귀마개 등은 특정 유해물질 취급이나 소음에 노출될 때 사용하는 것으로서 그 목적에 따라 반드시 공용으로 사용해야 한다.

해설

④ 호흡용 보호구나 귀마개 등은 특정 유해물질 취급이나 소음에 노출될 때 사용하는 것으로서 공용 사용을 금지한다.

58

세정제진장치의 특징으로 틀린 것은?

① 배출수의 재가열이 필요 없다.
② 포집효율을 변화시킬 수 있다.
③ 유출수가 수질오염을 야기할 수 있다.
④ 가연성, 폭발성 분진을 처리할 수 있다.

해설

① 배출수의 재가열이 필요하다.

59

다음은 직관의 압력손실에 관한 설명으로 잘못된 것은?

① 직관의 마찰계수에 비례한다.
② 직관의 길이에 비례한다.
③ 직관의 직경에 비례한다.
④ 속도(관내유속)의 제곱에 비례한다.

해설

③ 직관의 직경에 반비례한다.

60

덕트의 설치 원칙과 가장 거리가 먼 것은?

① 가능한 한 후드와 먼 곳에 설치한다.
② 덕트는 가능한 한 짧게 배치하도록 한다.
③ 밴드의 수는 가능한 한 적게 하도록 한다.
④ 공기가 아래로 흐르도록 하향구배를 만든다.

해설

① 가능한 한 후드와 가까운 곳에 설치한다.

61

다음에서 설명하고 있는 측정기구는?

> 작업장의 환경에서 기류의 방향이 일정하지 않거나 실내 0.2~0.5m/s 정도의 불감기류를 측정할 때 사용되며 온도에 따른 알코올의 팽창, 수축원리를 이용하여 기류속도를 측정한다.

① 풍차풍속계
② 카타(Kata)온도계
③ 가열온도풍속계
④ 습구흑구온도계(WBGT)

해설

카타온도계

유리관에 담긴 알코올의 가열·냉각 시 공기흐름에 따라 가열·냉각 시간이 달라지는 원리를 이용한 온도계이다.

62

진동에 의한 작업자의 건강장해를 예방하기 위한 대책으로 옳지 않은 것은?

① 공구의 손잡이를 세게 잡지 않는다.
② 가능한 한 무거운 공구를 사용하여 진동을 최소화한다.
③ 진동공구를 사용하는 작업시간을 단축시킨다.
④ 진동공구와 손 사이 공간에 방진재료를 채워 놓는다.

해설

② 가능한 한 가벼운 공구를 사용하여 진동을 최소화한다.

63

마이크로파가 인체에 미치는 영향으로 옳지 않은 것은?

① 1,000~10,000Hz의 마이크로파는 백내장을 일으킨다.
② 두통, 피로감, 기억력 감퇴 등의 증상을 유발시킨다.
③ 마이크로파의 열작용에 많은 영향을 받는 기관은 생식기와 눈이다.
④ 중추신경계는 1,400~2,800Hz 마이크로파 범위에서 가장 영향을 많이 받는다.

해설

④ 중추신경계는 300~1,200Hz 마이크로파 범위에서 가장 영향을 많이 받는다.

64

감압에 따르는 조직 내 질소기포 형성량에 영향을 주는 요인인 조직에 용해된 가스량을 결정하는 인자로 가장 적절한 것은?

① 감압 속도
② 혈류의 변화 정도
③ 노출 정도와 시간 및 체내 지방량
④ 폐 내의 이산화탄소 농도

해설

감압에 따르는 조직 내 질소기포 형성량에 영향을 주는 요인인 조직에 용해된 가스량을 결정하는 인자

고기압의 노출 정도, 고기압의 노출시간, 체내 지방량

65

다음 중 전리방사선에 대한 감수성이 가장 낮은 인체조직은?

① 골수
② 생식선
③ 신경조직
④ 임파조직

해설

감수성이 높은 인체조직
골수 > 상피/내피세포 > 근육세포 > 신경조직

66

비전리 방사선 중 유도방출에 의한 광선을 증폭시킴으로서 얻는 복사선으로, 쉽게 산란하지 않으며 강력하고 예리한 지향성을 지닌 것은?

① 적외선
② 마이크로파
③ 가시광선
④ 레이저광선

해설

④ 레이저광선 : 유도방출에 의한 광선 증폭

67

한랭환경에서 발생할 수 있는 건강장해에 관한 설명으로 옳지 않은 것은?

① 혈관의 이상은 저온 노출로 유발되거나 악화된다.
② 참호족과 침수족은 지속적인 국소의 산소결핍 때문이며, 모세혈관벽이 손상되는 것이다.
③ 전신체온강화는 단시간의 한랭폭로에 따른 일시적 체온상실에 따라 발생하는 중증장해에 속한다.
④ 동상에 대한 저항은 개인에 따라 차이가 있으나 중증환자의 경우 근육 및 신경조직 등 심부조직이 손상된다.

해설

③ 전신체온강화는 장시간의 한랭폭로에 따른 일시적 체온상실에 따라 발생한다.

68

일반소음의 차음효과는 벽체의 단위표면적에 대하여 벽체의 무게를 2배로 할 때 또는 주파수가 2배로 증가될 때 차음은 몇 dB 증가하는가?

① 2dB
② 6dB
③ 10dB
④ 15dB

해설

$TL = 20 \times \log(m \times f) - 43 = 20\log2 = 6\text{dB}$

69

3N/m²의 음압은 약 몇 dB의 음압수준인가?

① 95
② 104
③ 110
④ 1,115

$$음압수준 = 20 \times \log\left(\frac{대상음압}{2 \times 10^{-5}}\right)$$

$$= 20 \times \log\frac{3}{2 \times 10^{-5}} = 103.5 \fallingdotseq 104dB$$

71

고열장해에 대한 내용으로 옳지 않은 것은?

① 열경련(heat cramps) : 고온 환경에서 고된 육체적인 작업을 하면서 땀을 많이 흘릴 때 많은 물을 마시지만 신체의 염분 손실을 충당하지 못할 경우 발생한다.
② 열허탈(heat collapse) : 고열작업에 순화되지 못해 말초혈관이 확장되고, 신체 말단에 혈액이 과다하게 저류되어 뇌의 산소부족이 나타난다.
③ 열소모(heat exhaustion) : 과다발한으로 수분/염분손실에 의하여 나타나며, 두통, 구역감, 현기증 등이 나타나지만 체온은 정상이거나 조금 높아진다.
④ 열사병(heat stroke) : 작업환경에서 가장 흔히 발생하는 피부장해로서 땀에 젖은 피부 각질층이 떨어져 땀구멍을 막아 염증성 반응을 일으켜 붉은 구진 형태로 나타난다.

④ 열발진(heat rashes)에 관한 설명이다.

70

손가락의 말초혈관운동의 장애로 인한 혈액순환장애로 손가락의 감각이 마비되고, 창백해지며, 추운 환경에서 더욱 심해지는 레이노(Raynaud) 현상의 주요 원인으로 옳은 것은?

① 진동
② 소음
③ 조명
④ 기압

레이노 현상은 압축공기를 이용한 진동공구, 착암기, 해머 같은 공구를 장시간 사용한 근로자들의 손가락에서 유발한다.

72

이상기압의 대책에 관한 내용으로 옳지 않은 것은?

① 고압실 내의 작업에서는 이산화탄소의 분압이 증가하지 않도록 신선한 공기를 송기한다.
② 고압환경에서 작업하는 근로자에게는 질소의 양을 증가시킨 공기를 호흡시킨다.
③ 귀 등의 장해를 예방하기 위하여 압력을 가하는 속도를 매 분당 $0.8kg/cm^2$ 이하가 되도록 한다.
④ 감압병의 증상이 발생하였을 때에는 환자를 바로 원래의 고압환경 상태로 복귀시키거나, 인공고압실에서 천천히 감압한다.

> **해설**
> ② 고압환경에서 작업하는 근로자에게는 질소의 양을 감소시킨 공기를 호흡시킨다.

73

산소농도가 6% 이하인 공기 중의 산소분압으로 옳은 것은?(단, 표준상태이며, 부피기준이다)

① 45mmHg 이하   ② 55mmHg 이하
③ 65mmHg 이하   ④ 75mmHg 이하

> **해설**
> $0.06 \times 760 = 45.6mmHg$

74

1fc(foot candle)은 약 몇 럭스(lux)인가?

① 3.9   ② 8.9
③ 10.8   ④ 13.4

> **해설**
> 조도값에 10.8을 곱한다.
> 1fc = 10.8lux

75

작업장 내의 직접조명에 관한 설명으로 옳은 것은?

① 장시간 작업에도 눈이 부시지 않는다.
② 조명기구가 간단하고, 조명기구의 효율이 좋다.
③ 벽이나 천장의 색조에 좌우되는 경향이 있다.
④ 작업장 내의 균일한 조도의 확보가 가능하다.

> **해설**
> 간접조명
> • 장시간 작업에도 눈이 부시지 않는다.
> • 벽이나 천장의 색조에 좌우되는 경향이 있다.
> • 작업장 내의 균일한 조도의 확보가 가능하다.

76

고압 환경의 생체작용과 가장 거리가 먼 것은?

① 고공성 폐수종
② 이산화탄소(CO_2) 중독
③ 귀, 부비강, 치아의 압통
④ 손가락과 발가락의 작열통과 같은 산소 중독

> **해설**
> ① 고공성 폐수종은 저압 환경의 생체작용이다.

77

음압이 20N/m²일 경우 음압수준(sound pressure level)은 얼마인가?

① 100dB
② 110dB
③ 120dB
④ 130dB

해설

기준소음 : $2 \times 10^{-5} \text{N/m}^2 = 20 \mu \text{Pa}$

$\text{SPL} = 20 \times \log \dfrac{20 \text{N/m}^2}{(2 \times 10^{-5} \text{N/m}^2)}$

$= 120 \text{dB}$

78

25℃일 때, 공기 중에서 1,000Hz인 음의 파장은 약 몇 m인가?(단, 0℃, 1기압에서의 음속은 331.5m/s이다)

① 0.035
② 0.35
③ 3.5
④ 35

해설

25℃에서의 음속 $= 331.5 \text{m/s} + 0.6 \times 25 = 346.5 \text{m/s}$

파장 $= \dfrac{\text{속도}}{\text{주파수}} = \dfrac{346.5}{1,000} = 0.3465$

79

난청에 관한 설명으로 옳지 않은 것은?

① 일시적 난청은 청력의 일시적인 피로현상이다.
② 영구적 난청은 노인성 난청과 같은 현상이다.
③ 일반적으로 초기청력 손실을 C₅-dip 현상이라 한다.
④ 소음성 난청은 내이의 세포변성을 원인으로 볼 수 있다.

해설

② 영구적 난청은 소음성 난청과 같은 현상이다.

80

다음 전리방사선 중 투과력이 가장 약한 것은?

① 중성자
② γ선
③ β선
④ α선

해설

전리방사선 투과력 : X선 > β선 > α선

81

물질 A의 독성에 관한 인체실험 결과, 안전흡수량이 체중 kg당 0.1mg이었다. 체중이 50kg인 근로자가 1일 8시간 작업할 경우 이 물질의 체내 흡수를 안전흡수량 이하로 유지하려면 공기 중 농도를 몇 mg/m^3 이하로 하여야 하는가?(단, 작업 시 폐환기율은 1.25m^3/h, 체내 잔류율은 1.0으로 한다)

① 0.5 　　　　② 1.0

③ 1.5 　　　　④ 2.0

> **해설**
>
> 안전흡수량 : $50\text{kg} \times \dfrac{0.1\text{mg}}{\text{kg}} = 5\,\text{mg}$
>
> $\dfrac{5\text{mg}}{1.25\text{m}^3/\text{h} \times 8\text{h}} \times 1.0 = 0.5\text{mg/m}^3$

82

소변을 이용한 생물학적 모니터링의 특징으로 옳지 않은 것은?

① 비파괴적 시료채취 방법이다.

② 많은 양의 시료확보가 가능하다.

③ EDTA와 같은 항응고제를 첨가한다.

④ 크레아티닌 농도 및 비중으로 보정이 필요하다.

> **해설**
>
> ③ EDTA와 같은 항응고제를 첨가한다. – 혈액

83

톨루엔(Toluene)의 노출에 대한 생물학적 모니터링 지표 중 소변에서 확인 가능한 대사산물은?

① thiocyante 　　　② glucuronate

③ hippuric acid 　　④ organic sulfate

> **해설**
>
> 소변 중 마뇨산(hippuric acid)이다.

84

생물학적 모니터링 방법 중 생물학적 결정인자로 보기 어려운 것은?

① 체액의 화학물질 또는 그 대사산물

② 표적조직에 작용하는 활성 화학물질의 양

③ 건강상의 영향을 초래하지 않은 부위나 조직

④ 처음으로 접촉하는 부위에 직접 독성영향을 야기하는 물질

> **해설**
>
> 생물학적 모니터링 방법 중 생물학적 결정인자
> • 체액의 화학물질 또는 그 대사산물
> • 표적조직에 작용하는 활성 화학물질의 양
> • 건강상의 영향을 초래하지 않은 부위나 조직

85

작업환경 내의 유해물질과 그로 인한 대표적인 장애를 잘못 연결한 것은?

① 벤젠 – 시신경 장애

② 염화비닐 – 간 장애

③ 톨루엔 – 중추신경계 억제

④ 이황화탄소 – 생식기능 장애

> **해설**
>
> ① 벤젠은 조혈장애와 관련 있다.

86

독성을 지속기간에 따라 분류할 때 만성독성(chronic toxicity)에 해당되는 독성물질 투여(노출)기간은?(단, 실험동물에 외인성 물질을 투여하는 경우로 한정한다)

① 1일 이상~14일 정도

② 30일 이상~60일 정도

③ 3개월 이상~1년 정도

④ 1년 이상~3년 정도

해설

만성독성 시험의 경우 보통 1년의 투여기간을 가지나 필요에 따라 더 짧거나 더 길게 시험할 수 있다

87

단시간 노출기준이 시간가중평균농도(TLV-TWA)와 단기간 노출기준(TLV-STEL) 사이일 경우 충족시켜야 하는 세 가지 조건에 해당하지 않는 것은?

① 1일 4회를 초과해서는 안 된다.

② 15분 이상 지속 노출되어서는 안 된다.

③ 노출과 노출 사이에는 60분 이상의 간격이 있어야 한다.

④ TLV-TWA의 3배 농도에는 30분 이상 노출되어서는 안 된다.

해설

정의(화학물질 및 물리적 인자의 노출기준 제2조)

"단시간노출기준(STEL)"이란 15분간의 시간가중평균노출값으로서 노출농도가 시간가중평균노출기준(TWA)을 초과하고 단시간노출기준(STEL) 이하인 경우에는 1회 노출 지속시간이 15분 미만이어야 하고, 이러한 상태가 1일 4회 이하로 발생하여야 하며, 각 노출의 간격은 60분 이상이어야 한다.

88

직업성 폐암을 일으키는 물질과 가장 거리가 먼 것은?

① 니켈 ② 석면

③ β-나프틸아민 ④ 결정형 실리카

해설

③ β-나프틸아민 : 췌장암, 방광암

89

2000년대 외국인 근로자에게 다발성말초신경병증을 집단으로 유발한 노말헥산(n-hexane)은 체내 대사과정을 거쳐 어떤 물질로 배설되는가?

① 2-hexanone

② 2,5-hexanedione

③ hexachlorophene

④ hexachloroethane

해설

② 노말헥산 : 소변 중 2,5-헥사디온

90

비중격 천공을 유발시키는 물질은?

① 납 ② 크롬

③ 수은 ④ 카드뮴

해설

② 도금, 6가크롬은 비중격 천공을 유발시킨다.

91

진폐증의 독성병리기전과 거리가 먼 것은?

① 천식
② 섬유증
③ 폐 탄력성 저하
④ 콜라겐 섬유 증식

해설

진폐증은 먼지 입자가 폐에 축적되어 생기는 폐질환으로 천식과는 거리가 멀다.

92

중금속 노출에 의하여 나타나는 금속열은 흄 형태의 금속을 흡입하여 발생되는데, 감기증상과 매우 비슷하여 오한, 구토감, 기침, 전신위약감 등의 증상이 있으며 월요일 출근 후에 심해져서 월요일열(monday fever)이라고도 한다. 다음 중 금속열을 일으키는 물질이 아닌 것은?

① 납
② 카드뮴
③ 안티몬
④ 산화아연

해설

금속열을 일으키는 물질
아연, 구리, 망간, 마그네슘, 니켈, 카드뮴, 안티몬

93

독성물질의 생체과정인 흡수, 분포, 생전환, 배설 등에 변화를 일으켜 독성이 낮아지는 길항작용(antagonism)은?

① 화학적 길항작용
② 기능적 길항작용
③ 배분적 길항작용
④ 수용체 길항작용

해설

③ 배분적 길항작용 : 물질의 흡수, 대사들에 영향을 미쳐 표적기관 내 축적기관의 농도가 저하

94

합금, 도금 및 전지 등의 제조에 사용되며, 알레르기 반응, 폐암 및 비강암을 유발할 수 있는 중금속은?

① 비소
② 니켈
③ 베릴륨
④ 안티몬

해설

② 니켈 : 석유의 정제, 니켈도금, 합성촉매제 등에 사용, 소화기 증상, 만성비염, 비중격 천공, 폐암 등

95

독성실험단계에 있어 제1단계(동물에 대한 급성노출시험)에 관한 내용과 가장 거리가 먼 것은?

① 생식독성과 최기형성 독성실험을 한다.
② 눈과 피부에 대한 자극성 실험을 한다.
③ 변이원성에 대하여 1차적인 스크리닝 실험을 한다.
④ 치사성과 기관장해에 대한 양-반응곡선을 작성한다.

해설

① 생식독성과 최기형성 독성실험은 제2단계에 해당한다.

96

암모니아(NH_3)가 인체에 미치는 영향으로 가장 적합한 것은?

① 전구증상 없이 치사량에 이를 수 있으며, 심한 경우 호흡부전에 빠질 수 있다.

② 고농도일 때 기도의 염증, 폐수종, 치아산식증, 위장장해 등을 초래한다.

③ 용해도가 낮아 하기도까지 침투하며, 급성 증상으로는 기침, 천명, 흉부압박감 외에 두통, 오심 등이 온다.

④ 피부, 점막에 작용하며 눈의 결막, 각막을 자극하며 폐부종, 성대경련, 호흡장애 및 기관지경련 등을 초래한다.

해설

암모니아는 수용성으로 용해가 잘 된다.

97

지방족 할로겐화 탄화수소물 중 인체 노출 시, 간의 장해인 중심소엽성 괴사를 일으키는 물질은?

① 톨루엔   ② 노말헥산

③ 사염화탄소   ④ 트리클로로에틸렌

해설

③ 사염화탄소 : 신장 장해 증상, 감뇨, 혈뇨 등이 발생, 간에 대한 독성작용이 강하게 나타난다.

98

납중독을 확인하는 데 이용하는 시험으로 옳지 않은 것은?

① 혈 중 납농도   ② EDTA 흡착능

③ 신경전달속도   ④ 헴(heme)의 대사

해설

납중독 확인시험 사항

혈액 중 납농도, 헴의 대사, 신경전달속도, Ca-EDTA 이동시험

99

유기용제 중 벤젠에 대한 설명으로 옳지 않은 것은?

① 벤젠은 백혈병을 일으키는 원인물질이다.

② 벤젠은 만성장해로 조혈장해를 유발하지 않는다.

③ 벤젠은 빈혈을 일으켜 혈액의 모든 세포성분이 감소한다.

④ 벤젠은 주로 페놀로 대사되며 페놀은 벤젠의 생물학적 노출지표로 이용된다.

해설

② 벤젠은 만성장해로 조혈장해를 유발한다.

100

근로자의 유해물질 노출 및 흡수 정도를 종합적으로 평가하기 위하여 생물학적 측정이 필요하다. 또한 유해물질 배출 및 축적 속도에 따라 시료채취 시기를 적절히 정해야 하는데, 시료채취 시기에 제한을 가장 작게 받는 것은?

① 요 중 납

② 호기 중 벤젠

③ 요 중 총 페놀

④ 혈 중 총 무기수은

해설

일반적으로 중금속은 반감기가 길기 때문에 시료채취 시간에 제한이 없다.

01

산업재해의 원인을 직접 원인(1차 원인)과 간접 원인(2차 원인)으로 구분할 때 직접 원인에 대한 설명으로 옳지 않은 것은?

① 불안전한 상태와 불안전한 행위로 나눌 수 있다.
② 근로자의 신체적 원인(두통, 현기증, 만취상태 등)이 있다.
③ 근로자의 방심, 태만, 무모한 행위에서 비롯되는 인적 원인이 있다.
④ 작업장소의 결함, 보호장구의 결함 등의 물적 원인이 있다.

해설

• 직접적 원인 : 작업환경의 불안전한 환경과 인간의 불안전한 상태에 의한 경우로, 물적 원인과 인적 원인으로 구분할 수 있다.
• 간접적 원인 : 작업장의 환경 및 작업자의 특성에 따라 기술적, 교육적, 신체적, 정신적, 관리적 원인으로 구분할 수 있다.

02

작업장에서 누적된 스트레스를 개인차원에서 관리하는 방법에 대한 설명으로 옳지 않은 것은?

① 신체검사를 통하여 스트레스성 질환을 평가한다.
② 자신의 한계와 문제의 징후를 인식하여 해결방안을 도출한다.
③ 규칙적인 운동을 삼가고 흡연, 음주 등을 통해 스트레스를 관리한다.
④ 명상, 요가 등의 긴장 이완훈련을 통하여 생리적 휴식상태를 점검한다.

해설

③ 규칙적인 운동을 하고 흡연, 음주 등을 삼간다.

03

어느 사업장에서 톨루엔($C_6H_5CH_3$)의 농도가 0℃일 때 100ppm이었다. 기압의 변화 없이 기온이 25℃로 올라갈 때 농도는 약 몇 mg/m^3인가?

① $325mg/m^3$
② $346mg/m^3$
③ $365mg/m^3$
④ $376mg/m^3$

해설

0℃, 1기압일 때, 농도(mg/m^3) = $ppm \times \dfrac{MW}{22.4}$

톨루엔 농도(mg/m^3) = $100ppm \times \dfrac{92}{22.4 \times (\dfrac{273+25}{273})}$

$= 376.26mg/m^3$

04

인체의 항상성(homeostasis) 유지기전의 특성에 해당하지 않는 것은?

① 확산성(diffusion)
② 보상성(compensatory)
③ 자가조절성(self-regulatory)
④ 되먹이기전(feedback mechanism)

해설

인체의 항상성 유지기전의 특성으로는 보상성, 자가조절성, 되먹이기전이 있다.

05

산업안전보건법령상 밀폐공간작업으로 인한 건강장해의 예방에 있어 다음 각 용어의 정의로 옳지 않은 것은?

① "밀폐공간"이란 산소결핍, 유해가스로 인한 화재, 폭발 등의 위험이 있는 장소이다.
② "산소결핍"이란 공기 중의 산소농도가 16% 미만인 상태를 말한다.
③ "적정한 공기"란 산소농도의 범위가 18% 이상, 23.5% 미만, 이산화탄소 농도가 1.5% 미만, 황화수소의 농도가 10ppm 미만인 수준의 공기를 말한다.
④ "유해가스"란 이산화탄소·일산화탄소·황화수소 등의 기체로서 인체에 유해한 영향을 미치는 물질을 말한다.

해설

정의(산업안전보건기준에 관한 규칙 제618조)
"산소결핍"이란 공기 중의 산소농도가 18% 미만인 상태를 말한다.

06

AIHA(American Industrial Hygiene Association)에서 정의하고 있는 산업위생의 범위에 해당하지 않는 것은?

① 근로자의 작업 스트레스를 예측하여 관리하는 기술
② 작업장 내 기계의 품질 향상을 위해 관리하는 기술
③ 근로자에게 비능률을 초래하는 작업환경요인을 예측하는 기술
④ 지역사회 주민들에게 건강장애를 초래하는 작업환경요인을 평가하는 기술

해설

미국산업위생학회(AIHA ; American Industrial Hygiene Association, 1994)의 산업위생의 정의
근로자나 일반 대중(지역주민)에게 질병, 건강장애와 안녕방해, 심각한 불쾌감 및 능률저하 등을 초래하는 작업환경 요인과 스트레스를 예측, 측정, 평가하고 관리하는 과학과 기술이다(예측, 인지(확인), 측정, 평가, 관리 의미와 동일함).
산업위생활동의 기본 4요소 : 예측, 측정, 평가, 관리

07

하인리히의 사고예방대책의 기본원리 5단계를 순서대로 나타낸 것은?

① 조직 → 사실의 발견 → 분석·평가 → 시정책의 선정 → 시정책의 적용
② 조직 → 분석·평가 → 사실의 발견 → 시정책의 선정 → 시정책의 적용
③ 사실의 발견 → 조직 → 분석·평가 → 시정책의 선정 → 시정책의 적용
④ 사실의 발견 → 조직 → 시정책의 선정 → 시정책의 적용 → 분석·평가

해설

하인리히의 사고예방대책의 기본원리 5단계
• 제1단계 : 안전관리조직 구성(조직)
• 제2단계 : 사실의 발견
• 제3단계 : 분석·평가
• 제4단계 : 시정방법(시정책)의 선정
• 제5단계 : 시정책의 적용(대책실시)

08

혈액을 이용한 생물학적 모니터링의 단점으로 옳지 않은 것은?

① 보관, 처치에 주의를 요한다.
② 시료채취 시 오염되는 경우가 많다.
③ 시료채취 시 근로자가 부담을 가질 수 있다.
④ 약물동력학적 변이 요인들의 영향을 받는다.

해설

② 시료채취 시 오염되는 경우가 적다.

09

산업안전보건법령상 위험성 평가를 실시하여야 하는 사업장의 사업주가 위험성 평가의 결과와 조치사항을 기록할 때 포함되어야 하는 사항으로 볼 수 없는 것은?

① 위험성 결정의 내용
② 위험성 평가 대상의 유해·위험요인
③ 위험성 평가에 소요된 기간, 예산
④ 위험성 결정에 따른 조치의 내용

해설

위험성 평가를 실시한 경우 실시내용 및 결과를 기록하고 3년간 보존
• 위험성 평가 대상의 유해·위험 요인
• 위험성 결정의 내용
• 위험성 결정에 따른 조치의 내용
• 위험성 평가를 위해 사전조사한 안전보건정보
• 그 밖에 사업장에서 필요하다고 정한 사항

10

단순반복동작 작업으로 손, 손가락 또는 손목의 부적절한 작업방법과 자세 등으로 손목 부위에 주로 발생하는 근골격계 질환은?

① 테니스엘보
② 회전근개손상
③ 수근관증후군
④ 흉곽출구증후군

해설

근골격계 질환 종류 및 증상

종류	원인	증상
근막통 증후군	근육의 과다 및 반복 사용/부자연스러운 작업자세	근육의 경직 및 통증, 움직임 둔화
요통	중량물 인양 및 옮기는 자세/허리를 비틀거나 구부리는 자세	추간판탈출로 인한 신경 압박 및 허리 부위에 염좌가 발생하여 통증
수근관 증후군	반복적이고 지속적인 손목의 압박 및 굽힘 자세	손가락의 저림 및 감각저하 내상과염/외상과염
내성과염/외상과염	과다한 손목 및 손가락의 동작	팔꿈치 내·외측의 통증
수완진동 증후군	진동공구 사용	손가락의 혈관 수축, 감각 마비, 하얗게 변함

11

작업자의 최대 작업역(maximum area)이란?

① 어깨에서부터 팔을 뻗쳐 도달하는 최대 영역
② 위팔과 아래팔을 상, 하로 이동할 때 닿는 최대 범위
③ 상체를 좌, 우로 이동하여 최대한 닿을 수 있는 범위
④ 위팔을 상체에 붙인 채 아래팔과 손으로 조작할 수 있는 범위

해설

정상작업역은 위팔을 상체에 붙인 채 아래팔과 손으로 조작할 수 있는 범위이다.

12

미국산업위생학술원(AAIH)에서 정한 산업위생전문가들이 지켜야 할 윤리강령 중 전문가로서의 책임에 해당되지 않는 것은?

① 기업체의 기밀을 누설하지 않는다.

② 전문 분야로서의 산업위생 발전에 기여한다.

③ 근로자, 사회 및 전문분야의 이익을 위해 과학적 지식을 공개하고 발표한다.

④ 위험요인의 측정, 평가 및 관리에 있어서 외부의 압력에 굴하지 않고 중립적 태도를 취한다.

해설

산업위생전문가로서의 책임, 미국산업위생학술원(AAIH)

• 성실성과 학문적 실력 면에서 최고 수준을 유지한다.

• 과학적 방법의 적용과 자료의 해석에서 경험을 통한 전문가의 객관성을 유지한다.

• 전문 분야로서의 산업위생을 학문적으로 발전시킨다.

• 근로자, 사회 및 전문 직종의 이익을 위해 과학적 지식을 공개하고 발표한다.

• 산업위생 활동을 통해 얻은 개인 및 기업체의 기밀은 누설하지 않는다.

• 전문적 판단이 타협에 의하여 좌우될 수 있거나 이해관계가 있는 상황에는 개입하지 않는다.

• 쾌적한 작업환경을 만들기 위해 산업위생이론을 적용하고 책임 있게 행동한다.

13

턱뼈의 괴사를 유발하여 영국에서 사용 금지된 최초의 물질은?

① 벤지딘(benzidine)

② 청석면(crocidolite)

③ 적린(red phosphorus)

④ 황린(yellow phosphorus)

해설

공식적으로 턱의 인 괴사로 알려진 인조 턱은 적절한 보호 장치 없이 백린(황린이라고도 함)으로 작업하는 사람들에게 영향을 미치는 직업병이었다. 19세기와 20세기 초 성냥개비 산업의 노동자들에게서 가장 흔히 볼 수 있었다.

14

산업안전보건법령상 강렬한 소음작업에 대한 정의로 옳지 않은 것은?

① 90dB(A) 이상의 소음이 1일 8시간 이상 발생하는 작업

② 105dB(A) 이상의 소음이 1일 1시간 이상 발생하는 작업

③ 110dB(A) 이상의 소음이 1일 30분 이상 발생하는 작업

④ 115dB(A) 이상의 소음이 1일 10분 이상 발생하는 작업

해설

정의(산업안전보건기준에 관한 규칙 제512조)

"강렬한 소음작업"이란 다음 각목의 어느 하나에 해당하는 작업을 말한다.

• 90dB(A) 이상의 소음이 1일 8시간 이상 발생하는 작업

• 95dB(A) 이상의 소음이 1일 4시간 이상 발생하는 작업

• 100dB(A) 이상의 소음이 1일 2시간 이상 발생하는 작업

• 105dB(A) 이상의 소음이 1일 1시간 이상 발생하는 작업

• 110dB(A) 이상의 소음이 1일 30분 이상 발생하는 작업

• 115dB(A) 이상의 소음이 1일 15분 이상 발생하는 작업

15

38세 된 남성근로자의 육체적 작업능력(PWC)은 15kcal/min이다. 이 근로자가 1일 8시간 동안 물체를 운반하고 있으며 이때의 작업대사량이 7kcal/min이고, 휴식 시 대사량이 1.2kcal/min일 경우 이 사람이 쉬지 않고 계속하여 일을 할 수 있는 최대 허용시간(T_{end})은?(단, $\log T_{end} = 3.720 - 0.1949E$이다)

① 7분
② 98분
③ 227분
④ 3,063분

해설

$\log T_{end} = 3.720 - 0.1949E$
$= 3.720 - (0.1949 \times 7)$
$= 2.3557$
$T_{end} = 10^{2.3557} = 226.8 ≒ 227분$

17

온도 25℃, 1기압 하에서 분당 100mL씩 60분 동안 채취한 공기 중에서 벤젠이 3mg 검출되었다면 이때 검출된 벤젠은 약 몇 ppm인가?(단, 벤젠의 분자량은 78이다)

① 11
② 15.7
③ 111
④ 157

해설

$$\text{시료채취량}(L) = \frac{100\text{mL}}{\min} \times 60\min \times \frac{1\text{L}}{1,000\text{mL}} = 6\text{L}$$

0℃, 1기압일 때, 농도(mg/m^3) = $\text{ppm} \times \frac{MW}{22.4}$

$$\text{벤젠농도(ppm)} = \frac{3\text{mg}}{6\text{L}} \times \frac{1,000\text{L}}{\text{m}^3} \times \frac{22.4 \times (\frac{273+25}{273})}{78}$$

$$= 156.7 ≒ 157\text{ppm}$$

16

다음 중 직업병의 발생 원인으로 볼 수 없는 것은?

① 국소 난방
② 과도한 작업량
③ 유해물질의 취급
④ 불규칙한 작업시간

해설

① 국소 난방은 필요에 따라 일부분에 한정하여 이루어지는 난방이다.

18

교대 근무제의 효과적인 운영방법으로 옳지 않은 것은?

① 업무효율을 위해 연속근무를 실시한다.

② 근무 교대시간은 근로자의 수면을 방해하지 않도록 정해야 한다.

③ 근무시간은 8시간을 주기로 교대하며 야간 근무 시 충분한 휴식을 보장해주어야 한다.

④ 교대작업은 피로회복을 위해 역교대 근무 방식보다 전진근무 방식(주간근무 → 저녁근무 → 야간근무 → 주간근무)으로 하는 것이 좋다.

해설

교대작업자의 보건관리지침, 한국산업안전보건공단

교대작업자의 작업설계를 할 때 고려해야 할 권장사항

• 야간작업은 연속하여 3일을 넘기지 않도록 한다.

• 야간반 근무를 모두 마친 후 아침반 근무에 들어가기 전 최소한 24시간 이상 휴식을 하도록 한다.

• 가정생활이나 사회생활을 배려할 때 주중에 쉬는 것보다는 주말에 쉬도록 하는 것이 좋으며 하루씩 띄어 쉬는 것보다는 주말에 이틀 연이어 쉬도록 한다.

• 교대작업자 특히 야간작업자는 주간작업자보다 연간 쉬는 날이 더 많이 있어야 한다.

• 근무반 교대방향은 아침반 → 저녁반 → 야간반으로 정방향 순환이 되게 한다.

• 아침반 작업은 너무 일찍 시작하지 않도록 한다.

• 야간반 작업은 잠을 조금이라도 더 오래 잘 수 있도록 가능한 한 일찍 작업을 끝내도록 한다.

• 교대작업일정을 계획할 때 가급적 근로자 개인이 원하는 바를 고려하도록 한다.

• 교대작업일정은 근로자들에게 미리 통보되어 예측할 수 있도록 한다.

19

다음 물질에 관한 생물학적 노출지수를 측정하려 할 때 시료의 채취시기가 다른 하나는?

① 크실렌

② 이황화탄소

③ 일산화탄소

④ 트리클로로에틸렌

해설

④ 주말작업 종료 시

①, ②, ③ 작업 종료 시

20

심한 작업이나 운동 시 호흡조절에 영향을 주는 요인과 거리가 먼 것은?

① 산소

② 수소이온

③ 혈중 포도당

④ 이산화탄소

해설

호흡조절에 영향을 주는 요인

산소, 수소이온, 이산화탄소

21

어느 작업장에서 소음의 음압수준(dB)을 측정한 결과가 85, 87, 84, 86, 89, 81, 82, 84, 83, 88일 때, 측정결과의 중앙값(dB)은?

① 83.5
② 84.0
③ 84.5
④ 84.9

해설

n개 측정값의 오름차순 중 n이 짝수일 경우는 n/2번째와 (n+2)/2번째의 평균값이다.
n = 10, n/2 = 10/2 = 5, (n+2)/2 = (10+2)/2 = 6,
5번째와 6번째 값의 평균값 = (84+85)dB/2 = 84.5dB

22

직경 25mm 여과지(유효면적 385mm²)를 사용하여 백석면을 채취하여 분석한 결과 단위 시야당 시료는 3.15개, 공시료는 0.05개였을 때 석면의 농도(개/cc)는?(단, 측정시간은 100분, 펌프유량은 2.0L/min, 단위 시야의 면적은 0.00785mm²이다)

① 0.74
② 0.76
③ 0.78
④ 0.80

해설

석면농도(개/cc)

$$= \frac{(C_s - C_b) \times A_s}{A_f \times T \times R \times 1,000(cc/L)}$$

$$= \frac{(3.15 - 0.05)개 \times 385mm^2}{0.00785mm^2 \times 100min \times 2.0L/min \times 1,000cc/L}$$

$$= 0.76개/cc$$

23

측정기구와 측정하고자 하는 물리적 인자의 연결이 틀린 것은?

① 피토관 – 정압
② 흑구온도 – 복사온도
③ 아스만통풍건습계 – 기류
④ 가이거뮬러카운터 – 방사능

해설

③ 아스만통풍건습계 – 습구온도

24

양자역학을 응용하여 아주 짧은 파장의 전자기파를 증폭 또는 발진하여 발생시키며, 단일파장이고 위상이 고르며 간섭현상이 일어나기 쉬운 특성이 있는 비전리방사선은?

① X-ray
② Microwave
③ Laser
④ gamma-ray

해설

레이저란 양자역학을 응용하여 아주 짧은 파장의 전자기파를 증폭 또는 발진하는 장치, 단색성이 뛰어나며 위상이 고르고 간섭현상이 일어나기 쉬우며 퍼지지 않고 직진하며 집광성이 좋고 에너지 밀도가 크다는 것이다.
• 전리방사선
  – 전자기식 방사선(X-선, γ선)
  – 입자 방사선(α선, β선, 중성자)
• 비전리방사선 : 자외선, 가시광선, 적외선, 라디오파, 마이크로파, 저주파, 극저주파, Laser

25

태양광선이 내리쬐지 않는 옥외 장소의 습구흑구온도지수(WBGT)를 산출하는 식은?

① WBGT = 0.7 × 자연습구온도 + 0.3 × 흑구온도
② WBGT = 0.3 × 자연습구온도 + 0.7 × 흑구온도
③ WBGT = 0.3 × 자연습구온도 + 0.7 × 건구온도
④ WBGT = 0.7 × 자연습구온도 + 0.3 × 건구온도

해설

• 태양광선이 내리쬐는 옥외 장소
  WBGT(℃) = 0.7 × 자연습구온도 + 0.2 × 흑구온도 + 0.1 × 건구온도
• 태양광선이 내리쬐지 않는 옥내 또는 옥외 장소
  WBGT(℃) = 0.7 × 자연습구온도 + 0.3 × 흑구온도

26

일정한 온도조건에서 가스의 부피와 압력이 반비례하는 것과 가장 관계가 있는 법칙은?

① 보일의 법칙　　② 샤를의 법칙
③ 라울의 법칙　　④ 게이-루삭의 법칙

해설

보일의 법칙
일정한 온도에서 기체의 부피는 그 압력에 반비례한다.
$PV = k$

27

소음의 단위 중 음원에서 발생하는 에너지를 의미하는 음력(sound power)의 단위는?

① dB　　　　② Phon
③ W　　　　④ Hz

해설

③ 음향출력 : 음원으로부터 단위시간당 방출되는 총 음에너지, W(watt)

28

산업안전보건법령상 유해인자와 단위의 연결이 틀린 것은?

① 소음 – dB
② 흄 – mg/m^3
③ 석면 – 개/cm^3
④ 고열 – 습구·흑구온도지수, ℃

해설

① 소음 – dB(A)

29

작업장의 기본적인 특성을 파악하는 예비조사의 목적으로 가장 적절한 것은?

① 유사노출그룹 설정
② 노출기준 초과여부 판정
③ 작업장과 공정의 특성파악
④ 발생되는 유해인자 특성조사

해설

예비조사의 목적
• 동일노출그룹의 설정과 올바른 시료채취 전략 수립
• 측정목적과 측정대상, 측정장소의 실태에 따라 측정계획을 세워야 하므로 실태 파악을 위해 필요

30

유기용제 취급 사업장의 메탄올 농도 측정결과가 100, 89, 94, 99, 120ppm일 때, 이 사업장의 메탄올 농도 기하평균(ppm)은?

① 99.4 ② 99.9
③ 100.4 ④ 102.3

해설

기하평균(GM)

$$\log(GM) = \frac{\log x_1 + \log x_2 + \cdots + \log x_n}{n}$$

$$= \frac{(\log 100 + \log 89 + \log 94 + \log 99 + \log 120)}{5}$$

$$= 1.9995$$

$$\therefore GM = 10^{1.9995} = 99.88 \fallingdotseq 99.9$$

31

소음의 변동이 심하지 않은 작업장에서 1시간 간격으로 8회 측정한 산술평균의 소음수준이 93.5dB(A)이었을 때, 작업 시간이 8시간인 근로자의 하루 소음노출량(Noise dose ; %)은?(단, 기준소음노출시간과 수준 및 exchange rate은 OHSA 기준을 준용한다)

① 104 ② 135
③ 162 ④ 234

해설

$$TWA = 16.61 \times \log \frac{D(\%)}{100} + 90$$

$$93.5 = 16.61 \times \log \frac{D(\%)}{100} + 90$$

$$\log \frac{D(\%)}{100} = \frac{3.5}{16.61}$$

$$D(\%) = 10^{\frac{3.5}{16.61}} \times 100 = 162.4 \fallingdotseq 162\%$$

32

흡착제를 이용하여 시료채취를 할 때 영향을 주는 인자에 관한 설명으로 틀린 것은?

① 흡착제의 크기 : 입자의 크기가 작을수록 표면적이 증가하여 채취효율이 증가하나 압력강하가 심하다.
② 흡착관의 크기 : 흡착관의 크기가 커지면 전체 흡착제의 표면적이 증가하여 채취용량이 증가하므로 파과가 쉽게 발생되지 않는다.
③ 습도 : 극성 흡착제를 사용할 때 수증기가 흡착되기 때문에 파과가 일어나기 쉽다.
④ 온도 : 온도가 높을수록 기공활동이 활발하여 흡착 능이 증가하나 흡착제의 변형이 일어날 수 있다.

해설

④ 온도 : 온도가 높을수록 흡착대상 물질간 반응속도가 증가하여 흡착능력이 떨어지며 파과되기 쉽다.

33

0.04M HCl이 2% 해리되어 있는 수용액의 pH는?

① 3.1 ② 3.3
③ 3.5 ④ 3.7

해설

$$pH = -\log[H^+]$$

$[H^+] = 0.04M \times 0.02 = 0.0008M$

$pH = -\log[0.0008] = 3.09 \fallingdotseq 3.1$

34

표집효율이 90%와 50%의 임핀저(impinger)를 직렬로 연결하여 작업장 내 가스를 포집할 경우 전체 포집효율 (%)은?

① 93 ② 95
③ 97 ④ 99

해설

전체포집효율(%) $= [\eta_1 + \eta_2(1-\eta_1)] \times 100$
$= [0.9 + 0.5 \times (1-0.9)] \times 100$
$= 95\%$

35

먼지를 크기별 분포로 측정한 결과를 가지고 기하표준편차(GSD)를 계산하고자 할 때 필요한 자료가 아닌 것은?

① 15.9%의 분포를 가진 값
② 18.1%의 분포를 가진 값
③ 50.0%의 분포를 가진 값
④ 84.1%의 분포를 가진 값

해설

기하표준편차(GSD) $= \dfrac{84.1\%에 해당하는 값}{50\%에 해당하는 값}$

$= \dfrac{50\%에 해당하는 값}{15.9\%에 해당하는 값}$

36

복사기, 전기기구, 플라즈마 이온방식의 공기청정기 등에서 공통적으로 발생할 수 있는 유해물질로 가장 적절한 것은?

① 오존 ② 이산화질소
③ 일산화탄소 ④ 포름알데하이드

37

벤젠이 배출되는 작업장에서 채취한 시료의 벤젠농도 분석 결과가 3시간 동안 4.5ppm, 2시간 동안 12.8ppm, 1시간 동안 6.8ppm일 때, 이 작업장의 벤젠 TWA(ppm)는?

① 4.5 ② 5.7
③ 7.4 ④ 9.8

해설

시간가중 평균노출기준

$= \dfrac{C_1 T_1 + C_2 T_2 + \cdots + C_n T_n}{8}$

$= \dfrac{(4.5\text{ppm} \times 3\text{시간}) + (12.8\text{ppm} \times 2\text{시간}) + (6.8\text{ppm} \times 1\text{시간})}{8\text{시간}}$

$= 5.7\text{ppm}$

38

산업안전보건법령상 고열 측정시간과 간격으로 옳은 것은?

① 작업시간 중 노출되는 고열의 평균온도에 해당하는 1시간, 10분 간격
② 작업시간 중 노출되는 고열의 평균온도에 해당하는 1시간, 5분 간격
③ 작업시간 중 가장 높은 고열에 노출되는 1시간, 5분 간격
④ 작업시간 중 가장 높은 고열에 노출되는 1시간, 10분 간격

해설

측정방법 등(작업환경측정 및 정도관리 등에 관한 고시 제31조)
측정기를 설치한 후 충분히 안정화 시킨 상태에서 1일 작업시간 중 가장 높은 고열에 노출되는 1시간을 10분 간격으로 연속하여 측정한다.

39

입자상 물질의 여과원리와 가장 거리가 먼 것은?

① 차단

② 확산

③ 흡착

④ 관성충돌

해설

③ 가스상 물질이 흡착제에 제거되는 원리

40

산화마그네슘, 망간, 구리 등의 금속 분진을 분석하기 위한 장비로 가장 적절한 것은?

① 자외선/가시광선 분광광도계

② 가스크로마토그래피

③ 핵자기공명분광계

④ 원자흡광광도계

해설

원자흡광광도계

이 시험방법은 시료를 적당한 방법으로 해리(解離)시켜 중성원자로 증기화하여 생긴 바닥상태(Ground State)의 원자가 이 원자 증기층을 투과하는 특유 파장의 빛을 흡수하는 현상을 이용하여 광전측광(光電測光)과 같은 개개의 특유 파장에 대한 흡광도를 측정하여 시료 중의 원소(元素) 농도를 정량하는 방법으로 시료 중의 유해중금속 및 기타 원소의 분석에 적용한다.

41

유해물질의 증기 발생률에 영향을 미치는 요소로 가장 거리가 먼 것은?

① 물질의 비중　　② 물질의 사용량

③ 물질의 증기압　　④ 물질의 노출기준

해설

유해물질의 증기 발생률에 영향을 미치는 요소
물질의 비중, 물질의 사용량, 물질의 증기압

42

회전차 외경이 600mm인 원심 송풍기의 풍량은 200m³/min이다. 회전차 외경이 1,000mm인 동류(상사구조)의 송풍기가 동일한 회전수로 운전된다면 이 송풍기의 풍량(m³/min)은?(단, 두 경우 모두 표준공기를 취급한다)

① 333　　　　　　② 556

③ 926　　　　　　④ 2,572

해설

$$Q_2 = Q_1 \times \left(\frac{D_2}{D_1}\right)^3$$
$$= 200\text{m}^3/\text{min} \times \left(\frac{1,000\text{mm}}{600\text{mm}}\right)^3$$
$$= 926\text{m}^3/\text{min}$$

43

후드의 유입계수가 0.82, 속도압이 50mmH₂O일 때 후드의 유입손실(mmH₂O)은?

① 22.4   ② 24.4

③ 26.4   ④ 28.4

해설

$$F = \frac{1}{Ce(\text{유입계수})^2} - 1 = \frac{1}{0.82^2} - 1 = 0.487$$

후드의 압력손실(ΔP) $= F \times VP$
$$= 0.487 \times 50$$
$$= 24.35 \fallingdotseq 24.4 mmH_2O$$

44

길이, 폭, 높이가 각각 25m, 10m, 3m인 실내에 시간당 18회의 환기를 하고자 한다. 직경 50cm의 개구부를 통하여 공기를 공급하고자 하면 개구부를 통과하는 공기의 유속(m/s)은?

① 13.7   ② 15.3

③ 17.2   ④ 19.1

해설

작업장용적 $= 25m \times 10m \times 3m = 750m^3$

18회 환기량 $= 18회/hr \times 750m^3 \times \dfrac{1hr}{3,600s} = 3.75m^3/s$

$Q = A \times V$,

$$V = \frac{Q}{A} = \frac{3.75m^3/s}{\left(\dfrac{3.14 \times (0.5m)^2}{4}\right)} = 19.1m/s$$

45

입자상 물질 집진기의 집진원리를 설명한 것이다. 아래의 설명에 해당하는 집진원리는?

> 분진의 입경이 클 때, 분진은 가스흐름의 궤도에서 벗어나게 된다. 즉 입자의 크기에 따라 비교적 큰 분진은 가스통과 경로를 따라 발산하지 못하고, 작은 분진은 가스와 같이 발산한다.

① 직접차단

② 관성충돌

③ 원심력

④ 확산

해설

② 관성충돌(Internal Impaction)

분진의 입경(질량)이 커서 충분한 관성력이 있을 때, 입자는 가스 흐름의 궤도에서 벗어나 섬유에 충돌·부착된다. 즉 비교적 큰 입자는 가스 통과 경로에 따라 주위에 발산하지 못하고 관성력 때문에 똑바로 진행하여 섬유와 충돌하게 된다.

• 직접차단(Direct Interception)

입자 크기가 상대적으로 작으면 관성도 상대적으로 작아지기 때문에 가스 흐름의 궤도에서 벗어나지 못하고, 가스를 따라 이동하다가 반데르발스 힘에 의하여 섬유에 부착된다. 즉, 입자와 섬유 표면 사이의 거리가 입자의 반경보다 작으면 발생하며, 관성 충돌의 특수한 경우이다.

• 정전기력(Electrical Forces)

가스에는 음전하, 양전하를 포함하고 있고, 중성입자도 자연적으로 발생되는 전하를 띤 가스 이온과 접촉함으로써 어떤 전하를 가질 수 있다. 이때 대전된 입자는 반대 전하로 대전된 섬유 표면에 집진된다.

• 확산(Brownian Diffusion)

가스 중의 입자 농도에 차이가 있으면 입자의 고농도 영역에서 저농도 영역으로 확산·이동하여 농도를 균일화하려고 하는 성질이 있다. 그리고 입자 농도에 차이가 없어도 입자 입경이 미세하면 가스와 같이 불규칙한 운동을 하게 된다. 이 작은 입자들은 가스 이동속도와 다른 자체 속도로 움직이며, 결과적으로 여재를 구성하는 개개 섬유에 접촉·포집된다.

46

철재 연마공정에서 생기는 철가루의 비산을 방지하기 위해 가로 50cm, 높이 20cm인 직사각형 후드를 플랜지를 부착하여 바닥면에 설치하고자 할 때, 필요환기량(m^3/min)은?(단, 제어풍속은 ACGIH 권고치 기준의 하한으로 설정하며, 제어풍속이 미치는 최대거리는 개구면으로부터 30cm라 가정한다)

① 112
② 119
③ 253
④ 238

해설

철연마공정에서 제어풍속기준하한값 : 3.7m/s
작업면, 플랜지 있음

$Q(m^3/min)$
$= 0.5 \times V \times (10X^2 + A) \times 60$
$= 0.5 \times 3.7m/s \times [10 \times (0.3m)^2 + (0.5m \times 0.2m)] \times 60$
$= 111m^3/min$

48

곡관에서 곡률반경비(R/D)가 1.0일 때 압력손실계수 값이 가장 작은 곡관의 종류는?

① 2조각 관
② 3조각 관
③ 4조각 관
④ 5조각 관

해설

덕트 모양	곡률반경					
	0.5	0.75	1.00	1.50	2.00	2.50
이음새 없는 곡관	0.71	0.33	0.22	0.15	0.13	0.12
5조각 관	–	0.46	0.33	0.24	0.19	0.17
4조각 관	–	0.50	0.37	0.27	0.24	0.23
3조각 관	0.9	0.54	0.42	0.34	0.33	0.33

49

작업 중 발생하는 먼지에 대한 설명으로 옳지 않은 것은?

① 일반적으로 특별한 유해성이 없는 먼지는 불활성 먼지 또는 공해성 먼지라고 하며, 이러한 먼지에 노출된 경우 일반적으로 폐용량에 이상이 나타나지 않으며, 먼지에 대한 폐의 조직반응은 가역적이다.
② 결정형 유리규산(free silica)은 규산의 종류에 따라 Cristobalite, Quartz, Tridymite, Tripoli가 있다.
③ 용융규산(fused silica)은 비결정형 규산으로 노출기준은 총먼지로 10mg/m^3이다.
④ 일반적으로 호흡성 먼지란 종말 모세기관지나 폐포 영역의 가스교환이 이루어지는 영역까지 도달하는 미세먼지를 말한다.

해설

③ 용융규산(fused silica)은 비결정형 규산으로 노출기준은 총먼지로 0.1mg/m^3이다.
화학물질의 노출기준(화학물질 및 물리적 인자의 노출기준 [별표 1])
273 산화규소(비결정체 규소, 용융된) – 0.1mg/m^3

47

다음 중 위생보호구에 대한 설명과 가장 거리가 먼 것은?

① 사용자는 손질방법 및 착용방법을 숙지해야 한다.
② 근로자 스스로 폭로대책으로 사용할 수 있다.
③ 규격에 적합한 것을 사용해야 한다.
④ 보호구 착용으로 유해물질로부터의 모든 신체적 장해를 막을 수 있다.

해설

④ 보호구 착용으로 유해물질로부터의 모든 신체적 장해를 막을 수 없다.

50

고열 배출원이 아닌 탱크 위에 한 변이 2m인 정방형 모양의 캐노피형 후드를 3측면이 개방되도록 설치하고자 한다. 제어속도가 0.25m/s, 개구면과 배출원 사이의 높이가 1.0m일 때 필요 송풍량(m³/min)은?

① 2.44
② 146.46
③ 249.15
④ 435.81

3측면 개방외부식 천개형 후드(Thomas식)

$$Q(\text{m}^3/\text{min}) = 60 \times 8.5 \times H^{1.8} \times W^{0.2} \times V_c$$
$$= 60\text{s}/\text{min} \times 8.5 \times (1\text{m})^{1.8} \times (2\text{m})^{0.2} \times 0.25\text{m/s}$$
$$= 146.46\text{m}^3/\text{min}$$

일터에서의 유해·위험 예방조치, 환기장치, 한국산업안전보건공단 후드 형식 및 종류

• 포위식(부스식) : 유해물질의 발생원을 전부 또는 부분적으로 포위하는 후드

포위형　　　장갑부착상자형　　　드래프트 챔버형　　　건축부스형

• 외부식 : 유해물질의 발생원을 포위하지 않고 발생원 가까운 위치에 설치하는 후드

 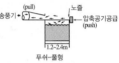

슬로트형　　　그리드형　　　푸쉬-풀형

• 레시버식 : 유해물질이 발생원에서 상승기류, 관성기류 등 일정 방향의 흐름을 가지고 발생할 때 설치하는 후드

그라인더 커버형　　　캐노피형

51

그림과 같은 형태로 설치하는 후드는?

① 레시버식 캐노피형(Receiving Canopy Hoods)
② 포위식 커버형(Enclosures cover Hoods)
③ 부스식 드래프트 챔버형(Booth Draft Chamber Hoods)
④ 외부식 그리드형(Exterior Capturing Grid Hoods)

52

산업안전보건법령상 안전인증 방독마스크에 안전인증 표시 외에 추가로 표시되어야 할 항목이 아닌 것은?

① 포집효율
② 파과곡선도
③ 사용시간 기록카드
④ 사용상의 주의사항

방독마스크의 성능기준(보호구 안전인증 고시 [별표 5])

안전인증 방독마스크에는 규칙 제114조(안전인증의 표시)에 따른 표시 외에 다음의 내용을 추가로 표시해야 한다.

• 파과곡선도
• 사용시간 기록카드
• 정화통의 외부측면의 표시색
• 사용상의 주의사항

53

에틸벤젠의 농도가 400ppm인 1,000m³ 체적의 작업장의 환기를 위해 90m³/min 속도로 외부 공기를 유입한다고 할 때, 이 작업장의 에틸벤젠 농도가 노출기준(TLV) 이하로 감소되기 위한 최소소요시간(min)은?(단, 에틸벤젠의 TLV는 100ppm이고 외부유입공기 중 에틸벤젠의 농도는 0ppm이다)

① 11.8　　　　　② 15.4

③ 19.2　　　　　④ 23.6

해설

$$t = -\frac{V}{Q} \times \ln\left(\frac{C_2}{C_1}\right)$$
$$= -\frac{1,000\text{m}^3}{90\text{m}^3/\text{min}} \times \ln\left(\frac{100\text{ppm}}{400\text{ppm}}\right)$$
$$= 15.4\text{min}$$

54

덕트에서 공기 흐름의 평균속도압이 25mmH₂O였다면 덕트에서의 공기의 반송속도(m/s)는?(단, 공기 밀도는 1.21 kg/m³로 동일하다)

① 10　　　　　② 15

③ 20　　　　　④ 25

해설

$$V = \sqrt{\frac{2 \times g \times VP}{\Upsilon}} = \sqrt{\frac{2 \times 9.8 \times 25}{1.21}} = 20\text{m/s}$$

55

강제환기를 실시할 때 환기효과를 제고시킬 수 있는 방법이 아닌 것은?

① 공기배출구와 근로자의 작업위치 사이에 오염원이 위치하지 않도록 하여야 한다.

② 배출구가 창문이나 문 근처에 위치하지 않도록 한다.

③ 오염물질 배출구는 가능한 한 오염원으로부터 가까운 곳에 설치하여 점환기 효과를 얻는다.

④ 공기가 배출되면서 오염장소를 통과하도록 공기배출구와 유입구의 위치를 선정한다.

해설

① 공기배출구와 근로자의 작업위치 사이에 오염원이 위치해야 한다.

56

전기집진장치의 장·단점으로 틀린 것은?

① 운전 및 유지비가 많이 든다.

② 고온가스처리가 가능하다.

③ 설치 공간이 많이 든다.

④ 압력손실이 낮다.

해설

① 운전 및 유지비가 저렴하지만 설치비용이 많이 든다.

57

산업위생관리를 작업환경관리, 작업관리, 건강관리로 나눠서 구분할 때, 다음 중 작업환경관리와 가장 거리가 먼 것은?

① 유해 공정의 격리
② 유해 설비의 밀폐화
③ 전체환기에 의한 오염물질의 희석 배출
④ 보호구 사용에 의한 유해물질의 인체 침입방지

해설
④ 보호구 사용에 의한 유해물질의 인체 침입방지는 건강관리에 해당한다.

58

국소환기시스템의 슬롯(slot) 후드에 설치된 충만실(plenum chamber)에 관한 설명 중 옳지 않은 것은?

① 후드가 크게 되면 충만실의 공기속도 손실도 고려해야 한다.
② 제어속도는 슬롯속도와는 관계가 없어 슬롯속도가 높다고 흡인력을 증가시키지는 않는다.
③ 슬롯에서의 병목현상으로 인하여 유체의 에너지가 손실된다.
④ 충만실의 목적은 슬롯의 공기유속을 결과적으로 일정하게 상승시키는 것이다.

해설
④ 충만실의 목적은 슬롯의 공기유속을 결과적으로 일정하게 유지시키는 것이다.

59

귀마개에 관한 설명으로 가장 거리가 먼 것은?

① 휴대가 편하다.
② 고온작업장에서도 불편 없이 사용할 수 있다.
③ 근로자들이 착용하였는지 쉽게 확인할 수 있다.
④ 제대로 착용하는 데 시간이 걸리고 요령을 습득해야 한다.

해설
③ 근로자들이 착용하였는지 쉽게 확인할 수 있는 것은 귀덮개이다.

60

덕트 설치 시 고려해야 할 사항으로 가장 거리가 먼 것은?

① 직경이 다른 덕트를 연결할 때는 경사 30° 이내의 테이퍼를 부착한다.
② 곡관의 곡률반경은 최대 덕트 직경의 3.0 이상으로 하며, 주로 4.0을 사용한다.
③ 송풍기를 연결할 때에는 최소 덕트 직경의 6배 정도는 직선구간으로 한다.
④ 가급적 원형덕트를 사용하여 부득이 사각형 덕트를 사용할 경우는 가능한 한 정방형을 사용한다.

해설
② 곡관의 곡률반경은 최소 덕트 직경의 1.5 이상으로 하며, 주로 2.0을 사용한다.

61

귀마개의 차음평가수(NRR)가 27일 경우 이 귀마개의 차음 효과는 얼마인가?(단, OSHA의 계산방법을 따른다)

① 6dB
② 8dB
③ 10dB
④ 12dB

해설

차음효과(dB(A)) = (NRR − 7) × 0.5
= (27 − 7) × 0.5
= 10dB(A)

62

소음성 난청에 영향을 미치는 요소의 설명으로 옳지 않은 것은?

① 음압 수준 : 높을수록 유해하다.
② 소음의 특성 : 저주파음이 고주파음보다 유해하다.
③ 노출시간 : 간헐적 노출이 계속적 노출보다 덜 유해하다.
④ 개인의 감수성 : 소음에 노출된 사람이 똑같이 반응하지는 않으며, 감수성이 매우 높은 사람이 극소수 존재한다.

해설

② 고주파음이 저주파음보다 유해하다.

63

진동 작업장의 환경관리 대책이나 근로자의 건강보호를 위한 조치로 옳지 않은 것은?

① 발진원과 작업자의 거리를 가능한 멀리한다.
② 작업자의 체온을 낮게 유지시키는 것이 바람직하다.
③ 절연패드의 재질로는 코르크, 펠트(felt), 유리섬유 등을 사용한다.
④ 진동공구의 무게는 10kg을 넘지 않게 하며 방진장갑 사용을 권장한다.

해설

② 14℃ 이하의 옥외작업에서는 보온대책이 필요하다.

64

한랭환경에 의한 건강장해에 대한 설명으로 옳지 않은 것은?

① 레이노병과 같은 혈관 이상이 있을 경우에는 증상이 악화된다.
② 2도 동상은 수포와 함께 광범위한 삼출성 염증이 일어나는 경우를 의미한다.
③ 참호족은 지속적인 국소의 영양결핍 때문이며, 한랭에 의한 신경조직의 손상이 발생한다.
④ 전신 저체온의 첫 증상은 억제하기 어려운 떨림과 냉(冷)감각이 생기고 심박동이 불규칙하고 느려지며, 맥박은 약해지고 혈압이 낮아진다.

해설

③ 참호족은 지속적인 국소의 산소결핍 때문이며, 한랭에 의한 신경조직의 손상이 발생한다.

※ 문제 오류로 가답안 발표 시 ③으로 발표되었으나 확정답안 발표 시 ③, ④가 정답처리되었습니다. 여기서는 가답안인 ③을 누르면 정답 처리됩니다.

65

다음 중 피부에 강한 특이적 홍반작용과 색소침착, 피부암 발생 등의 장해를 모두 일으키는 것은?

① 가시광선　　　② 적외선
③ 마이크로파　　④ 자외선

인체 부위에 따른 자외선 영향

인체 부위	증상
눈	• 급성 : 광각막염, 결막염, 백내장 형성 • 만성 : 백내장 형성
피부	• 급성 : 멜라닌 색소와 홍반의 증가, 표피성 조직 성장과 광감성 : 전신성 홍반성 루푸스의 악화 • 만성 : 비흑색종 피부암과 흑색종 피부암
면역	시험 동물에서 신생물 성장에 대한 접촉 과민성, 감수성 억제

66

인체에 미치는 영향이 가장 큰 전신진동의 주파수 범위는?

① 2~100Hz
② 140~250Hz
③ 275~500Hz
④ 4,000Hz 이상

• 초저주파진동(0.01~0.5Hz)
• 전신진동(0.5~100Hz)
• 국소진동(8~1,000Hz)

67

음력이 1.2W인 소음원으로부터 35m되는 자유공간 지점에서의 음압수준(dB)은 약 얼마인가?

① 62　　　　② 74
③ 79　　　　④ 121

$$PWL = 10 \times \log(\frac{P}{P_0}) = 10 \times \log(\frac{1.2}{10^{-12}}),$$

(여기서 P_0는 인간의 가청한계인 10^{-12}W를 기준)

무지향성 점음원(자유공간)

$$SPL = PWL - 20 \times \log\gamma - 11$$
$$= [10 \times \log(\frac{1.2}{10^{-12}})] - 20 \times \log(35) - 11$$
$$= 79dB$$

68

극저주파 방사선(extremely low frequency fields)에 대한 설명으로 옳지 않은 것은?

① 강한 전기장의 발생원은 고전류장비와 같은 높은 전류와 관련이 있으며 강한 자기장의 발생원은 고전압장비와 같은 높은 전하와 관련이 있다.
② 작업장에서 발전, 송전, 전기 사용에 의해 발생되며 이들 경로에 있는 발전기에서 전력선, 전기설비, 기계, 기구 등도 잠재적인 노출원이다.
③ 주파수가 1~3,000Hz에 해당되는 것으로 정의되며, 이 범위 중 50~60Hz의 전력선과 관련한 주파수의 범위가 건강과 밀접한 연관이 있다.
④ 교류전기는 1초에 60번씩 극성이 바뀌는 60Hz의 저주파를 나타내므로 이에 대한 노출평가, 생물학적 및 인체영향 연구가 많이 이루어져 왔다.

① 강한 전기장의 발생원은 고전압장비와 같은 높은 전하와 관련이 있으며 강한 자기장의 발생원은 고전류장비와 같은 높은 전류와 관련이 있다.

69

다음 중 전리방사선의 영향에 대하여 감수성이 가장 큰 인체 내의 기관은?

① 폐　　　　　　　② 혈관
③ 근육　　　　　　④ 골수

해설

전리방사선에 대한 감수성 순서
골수, 흉선 및 림프조직(조혈기관), 눈의 수정체, 임파선 > 상피세포, 내피세포 > 근육세포 > 신경조직

70

1lm의 빛이 1ft^{2}의 평면상에 수직 방향으로 비칠 때 그 평면의 빛 밝기를 나타내는 것은?

① 1lx
② 1candela
③ 1촉광
④ 1foot candle

해설

④ 푸트캔들(Foot candle) : 1lm의 빛이 1ft^{2}의 평면상에 수직으로 비칠 때 그 평면의 밝기

71

인체와 환경 간의 열교환에 관여하는 온열조건 인자로 볼 수 없는 것은?

① 대류　　　　　　② 증발
③ 복사　　　　　　④ 기압

해설

인체와 환경과의 열교환 방정식
$$\Delta S = M - E \pm R \pm C$$
여기서, ΔS : 인체 내 열용량의 변화
$\quad\quad\quad M$: 대사에 의한 체내 열 생산량
$\quad\quad\quad E$: 수분증발에 의한 열 발산
$\quad\quad\quad R$: 복사에 의한 열 득실
$\quad\quad\quad C$: 대류 및 전도에 의한 열 득실

72

감압병의 증상에 대한 설명으로 옳지 않은 것은?

① 관절, 심부 근육 및 뼈에 동통이 일어나는 것을 bends라 한다.
② 흉통 및 호흡곤란은 흔하지 않은 특수형 질식이다.
③ 산소의 기포가 뼈의 소동맥을 막아서 후유증으로 무균성 골괴사를 일으킨다.
④ 마비는 감압증에서 보는 중증 합병증이며 하지의 강직성 마비가 나타나는데 이는 척수나 그 혈관에 기포가 형성되어 일어난다.

해설

③ 질소의 기포가 뼈의 소동맥을 막아서 후유증으로 무균성 골괴사를 일으킨다.

73

작업환경 조건을 측정하는 기기 중 기류를 측정하는 것이 아닌 것은?

① Kata 온도계
② 풍차풍속계
③ 열선풍속계
④ Assmann 통풍건습계

해설

④ Assmann 통풍건습계는 습도 측정에 사용된다.

74

음의 세기(I)와 음압(P) 사이의 관계로 옳은 것은?

① 음의 세기는 음압에 정비례
② 음의 세기는 음압에 반비례
③ 음의 세기는 음압의 제곱에 비례
④ 음의 세기는 음압의 세제곱에 비례

해설

$$I(\text{음의 세기}) = \frac{P(\text{음압})^2}{\rho(\text{매질의 밀도}) \times c(\text{음속})}$$

75

고압환경의 인체작용에 있어 2차적인 가압현상에 대한 내용이 아닌 것은?

① 흉곽이 잔기량보다 적은 용량까지 압축되면 폐압박 현상이 나타난다.
② 4기압 이상에서 공기 중의 질소가스는 마취작용을 나타낸다.
③ 산소의 분압이 2기압을 넘으면 산소 중독증세가 나타난다.
④ 이산화탄소는 산소의 독성과 질소의 마취작용을 증강시킨다.

해설

2차적 가압현상

• 4기압 이상에서 질소 기체의 마취작용에 의해 작업능률 저하 및 의식 없이 웃음이 나오는 다행증이 발생함
• 산소분압이 2기압이 넘으면 산소중독 증세가 나타남. 시력장해, 정신혼란, 근육경련, 수지와 족지의 작열통을 동반하기도 함
• 이산화탄소는 동통성 관절장해를 일으키기도 하고 산소의 독성과 질소의 마취작용을 증가시킴

76

작업장에 흔히 발생하는 일반소음의 차음효과(Transmission loss)를 위해서 장벽을 설치한다. 이때 장벽의 단위 표면적당 무게를 2배씩 증가함에 따라 차음효과는 약 얼마씩 증가하는가?

① 2dB
② 6dB
③ 10dB
④ 16dB

해설

TL(투과손실) $= 20 \times \log(m \times f) - P$,
P : 옥타브보정계수값을 포함하는 파라메터, 48dB
$TL_1 = 20 \times \log(m \times f) - 48$
$TL_2 = 20 \times \log(2m \times f) - 48$
∴ 단위표면적당 무게를 2배 증가시키면,
$\quad 20 \times \log2 = 6$dB만큼 차음효과가 증가한다.

77

산업안전보건법령상 상시 작업을 실시하는 장소에 대한 작업면의 조도 기준으로 옳은 것은?

① 초정밀 작업 : 1,000lx 이상
② 정밀 작업 : 500lx 이상
③ 보통 작업 : 150lx 이상
④ 그 밖의 작업 : 50lx 이상

해설

조도(산업안전보건기준에 관한 규칙 제8조)
사업주는 근로자가 상시 작업하는 장소의 작업면 조도(照度)를 다음의 기준에 맞도록 하여야 한다. 다만, 갱내(坑內) 작업장과 감광재료(感光材料)를 취급하는 작업장은 그러하지 아니하다.
• 초정밀 작업 : 750lx 이상
• 정밀 작업 : 300lx 이상
• 보통 작업 : 150lx 이상
• 그 밖의 작업 : 75lx 이상

78

인간 생체에서 이온화시키는 데 필요한 최소에너지를 기준으로 전리방사선과 비전리방사선을 구분한다. 전리방사선과 비전리방사선을 구분하는 에너지의 강도는 약 얼마인가?

① 7eV
② 12eV
③ 17eV
④ 22eV

해설

전리방사선
어떤 물질을 통과하면서 물질과 반응하여 이온을 생성할 수 있을 만큼의 에너지(최소 12eV)를 가지고 있는 방사선이다.

79

산업안전보건법령상 근로자가 밀폐공간에서 작업을 하는 경우, 사업주가 조치해야 할 사항으로 옳지 않은 것은?

① 사업주는 밀폐공간 작업 프로그램을 수립하여 시행하여야 한다.
② 사업주는 사업장 특성상 환기가 곤란한 경우 방독마스크를 지급하여 착용하도록 하고 환기를 하지 않을 수 있다.
③ 사업주는 근로자가 밀폐공간에서 작업을 하는 경우에 그 장소에 근로자를 입장시킬 때와 퇴장시킬 때마다 인원을 점검하여야 한다.
④ 사업주는 밀폐공간에 관계 근로자가 아닌 사람의 출입을 금지하고, 출입금지 표지를 밀폐공간 근처의 보기 쉬운 장소에 게시하여야 한다.

해설

환기 등(산업안전보건기준에 관한 규칙 제620조)
사업주는 근로자가 밀폐공간에서 작업을 하는 경우에 작업을 시작하기 전과 작업 중에 해당 작업장을 적정공기 상태가 유지되도록 환기하여야 한다. 다만, 폭발이나 산화 등의 위험으로 인하여 환기할 수 없거나 작업의 성질상 환기하기가 매우 곤란한 경우에는 근로자에게 공기호흡기 또는 송기마스크를 지급하여 착용하도록 하고 환기하지 아니할 수 있다.

80

고온환경에서 심한 육체노동을 할 때 잘 발생하며, 그 기전은 지나친 발한에 의한 탈수와 염분소실로 나타나는 건강장해는?

① 열경련(heat cramps)
② 열피로(heat fatigue)
③ 열실신(heat syncope)
④ 열발진(heat rashes)

해설

① 고온 환경에서 심한 육체적 노동을 할 때 잘 발생하며 지나친 발한에 의한 탈수와 염분 소실로 인한 근육경련이 발생한다.

81

호흡기에 대한 자극작용은 유해물질의 용해도에 따라 구분되는데 다음 중 상기도 점막 자극제에 해당하지 않는 것은?

① 염화수소

② 아황산가스

③ 암모니아

④ 이산화질소

해설

상기도 점막 자극제

알데하이드, 암모니아, 염화수소, 불화수소, 아황산가스

82

납중독에 대한 치료방법의 일환으로 체내에 축적된 납을 배출하도록 하는 데 사용되는 것은?

① Ca-EDTA

② DMPS

③ 2-PAM

④ Atropin

해설

납중독의 해독 치료가 필요한 경우 Ca-EDTA(칼슘이디티에이)를 사용하여 몸속의 납을 흡착해서 몸 밖으로 배출시킨다.

83

다음에서 설명하고 있는 유해물질 관리기준은?

> 이것은 유해물질에 폭로된 생체시료 중의 유해물질 또는 그 대사물질 등에 대한 생물학적 감시(monitoring)를 실시하여 생체 내에 침입한 유해물질의 총량 또는 유해물질에 의하여 일어난 생체변화의 강도를 지수로서 표현한 것이다.

① TLV(threshold limit value)

② BEI(biological exposure indices)

③ THP(total health promotion plan)

④ STEL(short term exposure limit)

해설

노동자 건강진단실무 지침 개정, 산업안전보건공단

생물학적 노출지수(폭로지수 : BEI, ACGIH)는 혈액, 소변, 호기, 모발 등의 생체시료로부터 유해물질 그 자체 또는 유해물질의 대사산물 및 생화학적 변화를 반영하는 지표 물질을 이용한다.

84

수치로 나타낸 독성의 크기가 각각 2와 3인 두 물질이 화학적 상호작용에 의해 상대적 독성이 9로 상승하였다면 이러한 상호작용을 무엇이라 하는가?

① 상가작용

② 가승작용

③ 상승작용

④ 길항작용

해설

③ 상승작용 : 독성물질 영향력의 합보다 크게 나타나는 경우

① 상가작용 : 독성물질 영향력의 합으로 나타나는 경우

② 가승작용 : 무독성 물질이 독성물질과 동시에 작용하여 그 영향력이 커지는 경우

④ 길항작용 : 독성물질로 인한 영향이 단독 물질일 때보다 작아지는 경우

85

화학물질 및 물리적 인자의 노출기준상 산화규소 종류와 노출기준이 올바르게 연결된 것은?(단, 노출기준은 TWA 기준이다)

① 결정체 석영 − 0.1mg/m³

② 결정체 트리폴리 − 0.1mg/m³

③ 비결정체 규소 − 0.01mg/m³

④ 결정체 트리디마이트 − 0.01mg/m³

해설

화학물질의 노출기준(화학물질 및 물리적 인자의 노출기준 [별표 1])
- 269 결정체 석영 − 0.05mg/m³
- 271 결정체 트리디마이트 − 0.05mg/m³
- 272 결정체 트리폴리 − 0.1mg/m³
- 273 비결정체 규소 − 0.1mg/m³

86

노출에 대한 생물학적 모니터링의 단점이 아닌 것은?

① 시료채취의 어려움

② 근로자의 생물학적 차이

③ 유기시료의 특이성과 복잡성

④ 호흡기를 통한 노출만을 고려

해설

④ 소화기, 호흡기, 피부에 의한 종합적인 노출평가

87

인체 내 주요 장기 중 화학물질 대사능력이 가장 높은 기관은?

① 폐   ② 간장

③ 소화기관   ④ 신장

해설

간은 많은 대사효소를 포함하고 있어 대사능력이 가장 높은 기관이다.

88

중추신경계에 억제 작용이 가장 큰 것은?

① 알칸족   ② 알켄족

③ 알코올족   ④ 할로겐족

해설

중추신경계 억제작용 순서
할로겐화합물 > 에테르 > 에스테르 > 유기산 > 알코올 > 알켄 > 알칸

89

망간중독에 대한 설명으로 옳지 않은 것은?

① 금속 망간의 직업성 노출은 철강제조 분야에서 많다.

② 망간의 만성중독을 일으키는 것은 2가의 망간화합물이다.

③ 치료제는 Ca−EDTA가 있으며 중독 시 신경이나 뇌세포 손상 회복에 효과가 크다.

④ 이산화망간 흄에 급성 폭로되면 열, 오한, 호흡곤란 등의 증상을 특징으로 하는 금속열을 일으킨다.

해설

③ 납중독에 대한 설명이다.

90

다음 단순 에스테르 중 독성이 가장 높은 것은?

① 초산염

② 개미산염

③ 부틸산염

④ 프로피온산염

91

작업장에서 생물학적 모니터링의 결정인자를 선택하는 기준으로 옳지 않은 것은?

① 검체의 채취나 검사과정에서 대상자에게 불편을 주지 않아야 한다.

② 적절한 민감도(sensitivity)를 가진 결정인자이어야 한다.

③ 검사에 대한 분석적인 변이나 생물학적 변이가 타당해야 한다.

④ 결정인자는 노출된 화학물질로 인해 나타나는 결과가 특이하지 않고 평범해야 한다.

해설

④ 결정인자는 노출된 화학물질로 인해 나타나는 결과가 특이해야 한다.

92

카드뮴의 만성중독 증상으로 볼 수 없는 것은?

① 폐기능 장해　　② 골격계의 장해

③ 신장기능 장해　④ 시각기능 장해

해설

카드뮴은 폐에 대하여 강한 자극작용을 가지고 있어 기도를 통하여 분진이나 증기를 섭취하면 호흡곤란을 수반하는 폐수종이나 화학성 폐렴을 일으킨다. 만성 카드뮴중독에서는 폐기종에 의한 호흡곤란(주로 만성적 기도를 통한 노출에 의함)과 신장장해가 주증상이다.

93

인체에 흡수된 납(Pb) 성분이 주로 축적되는 곳은?

① 간　　　　　　② 뼈

③ 신장　　　　　④ 근육

해설

납은 인간에게 알려진 오래된 금속 중의 하나이며, 체내에 적은 양이 유입되어도 독성이 강한 것으로 알려져 있다. 체내에 흡수된 납은 뼈와 근육조직에 축적되며, 간으로 이동된 납은 담낭을 통해 배설된다.

94

작업자의 소변에서 마뇨산이 검출되었다. 이 작업자는 어떤 물질을 취급하였다고 볼 수 있는가?

① 톨루엔

② 에탄올

③ 클로로벤젠

④ 트리클로로에틸렌

해설

톨루엔에 대한 건강위험평가는 뇨 중 마뇨산, 혈액·호기에서는 톨루엔이 신뢰성 있는 결정인자이다.

95

중금속의 노출 및 독성기전에 대한 설명으로 옳지 않은 것은?

① 작업환경 중 작업자가 흡입하는 금속형태는 흄과 먼지 형태이다.

② 대부분의 금속이 배설되는 가장 중요한 경로는 신장이다.

③ 크롬은 6가크롬보다 3가크롬이 체내 흡수가 많이 된다.

④ 납에 노출될 수 있는 업종은 축전지 제조, 합금업체, 전자산업 등이다.

해설

③ 크롬은 3가크롬보다 6가크롬이 체내흡수가 많이 된다.

96

약품 정제를 하기 위한 추출제 등에 이용되는 물질로 간장, 신장의 암발생에 주로 영향을 미치는 것은?

① 크롬　　　　　② 벤젠

③ 유리규산　　　④ 클로로포름

해설

클로로포름은 자극성이 없는 좋은 냄새와 약간 단맛을 가진 무색의 액체로 흡입하면 현기증, 피로 및 두통이 유발될 수 있다. 장기간 높은 농도의 클로로포름이 함유된 물을 마시거나 음식을 먹거나 공기를 흡입하면 간과 신장이 손상될 수 있다.

97

다음 중 악성 중피종(mesothelioma)을 유발시키는 대표적인 인자는?

① 석면　　　　　② 주석

③ 아연　　　　　④ 크롬

해설

석면은 15~40년의 잠복기를 가지고 있으며 석면 노출에 대한 안전한 계치가 없으며 석면에 노출될 경우 흔히 보이는 임상소견 부위는 흉막이다. 석면의 대표 질환으로는 석면폐증, 원발성 폐암, 원발성 악성중피종을 들 수 있다.

98

유리규산(석영) 분진에 의한 규폐성 결정과 폐포벽 파괴 등 망상내피계 반응은 분진입자의 크기가 얼마일 때 자주 일어나는가?

① $0.1 \sim 0.5 \mu m$

② $2 \sim 5 \mu m$

③ $10 \sim 15 \mu m$

④ $15 \sim 20 \mu m$

해설

유리규산(석영) 분진에 의한 규폐성 결정과 폐포벽 파괴 등 망상내피계 반응은 분진입자의 크기가 $2 \sim 5 \mu m$일 때 자주 일어난다.

99

입자상 물질의 호흡기계 침착기전 중 길이가 긴 입자가 호흡기계로 들어오면 그 입자의 가장자리가 기도의 표면을 스치게 됨으로써 침착하는 현상은?

① 충돌
② 침전
③ 차단
④ 확산

③ 길이가 긴 입자가 호흡기계로 들어오면 그 입자의 가장자리가 기도의 표면을 스치게 됨으로써 침착, 지름에 비해 길이가 긴 석면 섬유와 같은 경우 차단현상에 의해 기관지와 모세기관지 등에 침착될 가능성이 크다.

100

다음에서 설명하는 물질은?

이것은 소방제나 세척액 등으로 사용되었으나 현재는 강한 독성 때문에 이용되지 않으며 고농도의 이 물질에 노출되면 중추신경계 장애 외에 간장과 신장 장애를 유발한다. 대표적인 초기 증상으로는 두통, 구토, 설사 등이 있으며 그 후에 알부민뇨, 혈뇨 및 혈중 urea 수치의 상승 등의 증상이 있다.

① 납
② 수은
③ 황화수은
④ 사염화탄소

④ 간과 신장에 장애를 유발하는 물질이다.

해설

- 근막통증후군 : 근육이 잘못된 자세, 외부의 충격, 과도한 스트레스 등으로 수축되어 굳어지면 근섬유의 일부가 띠처럼 단단하게 변하여 근육의 특정 부위에 압통, 방사통, 목 부위 운동제한, 두통 등의 증상이 나타난다.
- 요추 염좌 : 인대나 근육이 늘어나거나 파열되는 경우를 말한다. 요추염좌는 요통의 가장 흔한 원인 중에 하나로 간주되며 과도한 사용이나 좋지 않은 자세, 외상 등에 의해 생긴다. 연부조직의 상해가 수일에서 수 주 동안 존재한다면 급성으로 보며 이런 염좌가 3달 이상 지속되면 만성으로 본다.

제1과목 | 산업위생학 개론

01

다음 중 최초로 기록된 직업병은?

① 규폐증
② 폐질환
③ 음낭암
④ 납중독

해설
Hippocrates(B.C. 4세기)
- 광산에서의 납중독 보고
- 역사상 최초로 기록된 직업병(납중독)

02

근골격계 질환에 관한 설명으로 옳지 않은 것은?

① 점액낭염(bursitis)은 관절 사이의 윤활액을 싸고 있는 윤활낭에 염증이 생기는 질병이다.
② 건초염(tendosynovitis)은 건막에 염증이 생긴 질환이며, 건염(tendonitis)은 건의 염증으로, 건염과 건초염을 정확히 구분하기 어렵다.
③ 수근관증후군(carpal tunnel syndrome)은 반복적이고, 지속적인 손목의 압박, 무리한 힘 등으로 인해 수근관 내부에 정중신경이 손상되어 발생한다.
④ 요추 염좌(lumbar sprain)는 근육이 잘못된 자세, 외부의 충격, 과도한 스트레스 등으로 수축되어 굳어지면 근섬유의 일부가 띠처럼 단단하게 변하여 근육의 특정 부위에 압통, 방사통, 목 부위 운동제한, 두통 등의 증상이 나타난다.

03

근로자가 노동환경에 노출될 때 유해인자에 대한 해치(Hatch)의 양−반응관계곡선의 기관장해 3단계에 해당하지 않는 것은?

① 보상단계
② 고장단계
③ 회복단계
④ 항상성 유지단계

해설
Hatch의 양−반응관계곡선의 기관장해 3단계
항상성 유지단계, 보상 유지단계, 고장 장애단계

04

산업피로의 용어에 관한 설명으로 옳지 않은 것은?

① 곤비란 단시간의 휴식으로 회복될 수 있는 피로를 말한다.

② 다음 날까지도 피로상태가 계속되는 것을 과로라 한다.

③ 보통 피로는 하룻밤 잠을 자고 나면 다음 날 회복되는 정도이다.

④ 정신피로는 중추신경계의 피로를 말하는 것으로 정밀작업 등과 같은 정신적 긴장을 요하는 작업 시에 발생된다.

해설

① 곤비 : 과로의 축적으로 단시간 휴식을 취하여도 회복될 수 없는 병적인 상태, 심한 노동 후의 피로현상으로 병적 상태를 의미한다.

05

산업안전보건법령에서 정하고 있는 제조 등이 금지되는 유해물질에 해당되지 않는 것은?

① 석면(Asbestos)

② 크롬산 아연(Zinc chromates)

③ 황린 성냥(Yellow phosphorus match)

④ β-나프틸아민과 그 염(β-Naphthylamine and its salts)

해설

제조 등이 금지되는 유해물질(산업안전보건법 시행령 제87조)

법 제117조 제1항 각 호 외의 부분에서 "대통령령으로 정하는 물질"이란 다음의 물질을 말한다.

- β-나프틸아민[91-59-8]과 그 염(β-Naphthylamine and its salts)
- 4-니트로디페닐[92-93-3]과 그 염(4-Nitrodiphenyl and its salts)
- 백연[1319-46-6]을 포함한 페인트(포함된 중량의 비율이 2% 이하인 것은 제외한다)
- 벤젠[71-43-2]을 포함하는 고무풀(포함된 중량의 비율이 5% 이하인 것은 제외한다)
- 석면(Asbestos ; 1332-21-4 등)
- 폴리클로리네이티드 터페닐(Polychlorinated terphenyls ; 61788-33-8 등)
- 황린(黃燐)[12185-10-3] 성냥(Yellow phosphorus match)
- 제1호, 제2호, 제5호 또는 제6호에 해당하는 물질을 포함한 혼합물(포함된 중량의 비율이 1% 이하인 것은 제외한다)
- 「화학물질관리법」 제2조 제5호에 따른 금지물질(같은 법 제3조 제1항 제1호부터 제12호까지의 규정에 해당하는 화학물질은 제외한다)
- 그 밖에 보건상 해로운 물질로서 산업재해보상보험및예방심의위원회의 심의를 거쳐 고용노동부장관이 정하는 유해물질

06

사무실 공기관리 지침에 관한 내용으로 옳지 않은 것은? (단, 고용노동부 고시를 기준으로 한다)

① 오염물질인 미세먼지(PM10)의 관리기준은 $100\mu g/m^3$ 이다.

② 사무실 공기의 관리기준은 8시간 시간가중평균농도를 기준으로 한다.

③ 총부유세균의 시료채취방법은 충돌법을 이용한 부유세균채취기(bioair sampler)로 채취한다.

④ 사무실 공기질의 모든 항목에 대한 측정결과는 측정치 전체에 대한 평균값을 이용하여 평가한다.

해설

측정결과의 평가(사무실 공기관리 지침 제8조)

사무실 공기질의 측정결과는 측정치 전체에 대한 평균값을 제2조의 오염물질별 관리기준과 비교하여 평가한다.

07

산업안전보건법령상 물질안전보건자료 대상물질을 제조·수입하려는 자가 물질안전보건자료에 기재해야 하는 사항에 해당되지 않는 것은?(단, 그 밖에 고용노동부장관이 정하는 사항은 제외한다)

① 응급조치 요령
② 물리·화학적 특성
③ 안전관리자의 직무범위
④ 폭발·화재 시의 대처방법

해설

작성항목(화학물질의 분류·표시 및 물질안전보건자료에 관한 기준 제10조)
물질안전보건자료 작성 시 포함되어야 할 항목 및 그 순서는 다음 각 호에 따른다.
• 화학제품과 회사에 관한 정보
• 유해성·위험성
• 구성성분의 명칭 및 함유량
• 응급조치요령
• 폭발·화재 시 대처방법
• 누출사고 시 대처방법
• 취급 및 저장방법
• 노출방지 및 개인보호구
• 물리화학적 특성
• 안정성 및 반응성
• 독성에 관한 정보
• 환경에 미치는 영향
• 폐기 시 주의사항
• 운송에 필요한 정보
• 법적 규제 현황
• 그 밖의 참고사항

08

산업안전보건법령상 근로자에 대해 실시하는 특수건강진단 대상 유해인자에 해당되지 않는 것은?

① 에탄올(Ethanol)
② 가솔린(Gasoline)
③ 니트로벤젠(Nitrobenzene)
④ 디에틸 에테르(Diethyl ether)

해설

특수건강진단 대상 유해인자(산업안전보건법 시행규칙 [별표 22])
• 가솔린
• 니트로벤젠
• 디에틸 에테르

09

산업피로에 대한 대책으로 옳은 것은?

① 커피, 홍차, 엽차 및 비타민 B_1은 피로 회복에 도움이 되므로 공급한다.
② 신체 리듬의 적응을 위하여 야간 근무는 연속으로 7일 이상 실시하도록 한다.
③ 움직이는 작업은 피로를 가중시키므로 될수록 정적인 작업으로 전환하도록 한다.
④ 피로한 후 장시간 휴식하는 것이 휴식시간을 여러 번으로 나누는 것보다 효과적이다.

해설

• 커피, 홍차, 엽차 및 비타민 B_1은 피로회복에 도움이 되므로 공급한다.
• 작업과정에 적절한 간격으로 휴식기간을 두고 충분한 영양을 취한다.
• 작업환경을 정비, 정돈한다.
• 불필요한 동작을 피하고, 에너지 소모를 적게 한다.
• 동적인 작업을 늘리고 정적인 작업을 줄인다.
• 개인의 숙련도에 따라 작업속도와 작업량을 조절한다.
• 작업시간 중 또는 작업 전후에 간단한 체조나 오락시간을 갖는다.
• 장시간 한 번 휴식하는 것보다 단시간씩 여러 번 나누어 휴식하는 것이 피로회복에 도움이 된다.
• 과중한 육체적 노동은 기계화하여 육체적 부담을 줄인다.
• 충분한 수면은 피로 예방과 회복에 효과적이다.

10

직업성 질환 중 직업상의 업무에 의하여 1차적으로 발생하는 질환은?

① 합병증
② 일반 질환
③ 원발성 질환
④ 속발성 질환

해설

③ 원발성 질환 : 직업상의 업무로 인해 1차적으로 발생한다.

11

재해예방의 4원칙에 해당되지 않는 것은?

① 손실 우연의 원칙
② 예방 가능의 원칙
③ 대책 선정의 원칙
④ 원인 연계의 원칙

해설

재해예방의 4원칙
• 손실 우연의 원칙
• 원인 연계의 원칙
• 예방 가능의 원칙
• 대책 선정의 원칙

12

토양이나 암석 등에 존재하는 우라늄의 자연적 붕괴로 생성되어 건물의 균열을 통해 실내공기로 유입되는 발암성 오염물질은?

① 라돈
② 석면
③ 알레르겐
④ 포름알데하이드

해설

라돈은 토양이나 암석 등에 포함되어 있는 우라늄 또는 토륨의 방사성 붕괴로 인해 생성되는 토양 가스이다.

13

NIOSH에서 제시한 권장무게 한계가 6kg이고, 근로자가 실제 작업하는 중량물의 무게가 12kg일 경우 중량물 취급지수(LI)는?

① 0.5
② 1.0
③ 2.0
④ 6.0

해설

$$LI = \frac{실제\ 작업무게}{RWL} = \frac{12kg}{6kg} = 2.0$$

14

미국산업위생학술원(American Academy of Industrial Hygiene)에서 산업위생 분야에 종사하는 사람들이 반드시 지켜야 할 윤리강령 중 전문가로서의 책임 부분에 해당하지 않는 것은?

① 기업체의 기밀은 누설하지 않는다.
② 근로자의 건강보호 책임을 최우선으로 한다.
③ 전문 분야로서의 산업위생을 학문적으로 발전시킨다.
④ 과학적 방법의 적용과 자료의 해석에서 객관성을 유지한다.

해설

산업위생전문가로서의 책임, 미국산업위생학술원(AAIH)
• 성실성과 학문적 실력 면에서 최고 수준을 유지한다.
• 과학적 방법의 적용과 자료의 해석에서 경험을 통한 전문가의 객관성을 유지한다.
• 전문 분야로서의 산업위생을 학문적으로 발전시킨다.
• 근로자, 사회 및 전문 직종의 이익을 위해 과학적 지식을 공개하고 발표한다.
• 산업위생 활동을 통해 얻은 개인 및 기업체의 기밀은 누설하지 않는다.
• 전문적 판단이 타협에 의하여 좌우될 수 있거나 이해관계가 있는 상황에는 개입하지 않는다.
• 쾌적한 작업환경을 만들기 위해 산업위생이론을 적용하고 책임 있게 행동한다.

15

근육운동을 하는 동안 혐기성 대사에 동원되는 에너지원과 가장 거리가 먼 것은?

① 글리코겐
② 아세트알데하이드
③ 크레아틴인산(CP)
④ 아데노신삼인산(ATP)

해설

혐기성 대사 순서
ATP(아데노신삼인산) → CP(크레아틴인산) → glycogen(글리코겐) or glucose(포도당)

16

산업안전보건법령상 중대재해에 해당되지 않는 것은?

① 사망자가 2명이 발생한 재해
② 상해는 없으나 재산피해 정도가 심각한 재해
③ 4개월의 요양이 필요한 부상자가 동시에 2명이 발생한 재해
④ 부상자 또는 직업성 질병자가 동시에 12명이 발생한 재해

해설

중대재해 범위(산업안전보건법 시행규칙 제3조)
• 사망자가 1명 이상 발생한 재해
• 3개월 이상의 요양이 필요한 부상자가 동시에 2명 이상 발생한 재해
• 부상자 또는 직업성 질병자가 동시에 10명 이상 발생한 재해

17

마이스터(D. Meister)가 정의한 내용으로 시스템으로부터 요구된 작업결과(Performance)와의 차이(Deviation)가 의미하는 것은?

① 인간실수
② 무의식 행동
③ 주변적 동작
④ 지름길 반응

해설

마이스터(Meister, 1971)의 휴먼에러(인간실수) 정의는 다음과 같다. 휴먼에러는 "시스템의 안전, 성능, 효율을 저하시키거나 감소시킬 수 있는 잠재력을 갖고 있는 부적절하거나 원치 않는 인간의 결정 또는 행동으로 어떤 허용범위를 벗어난 일련의 동작이다."라고 하였다.

18

작업대사율이 3인 강한작업을 하는 근로자의 실동률(%)은?

① 50
② 60
③ 70
④ 80

해설

실동률(%) = 85 − (5 × 작업대사율)
= 85 − (5 × 3) = 70%

19

산업위생활동 중 평가(Evaluation)의 주요과정에 대한 설명으로 옳지 않은 것은?

① 시료를 채취하고 분석한다.
② 예비조사의 목적과 범위를 결정한다.
③ 현장조사로 정량적인 유해인자의 양을 측정한다.
④ 바람직한 작업환경을 만드는 최종적인 활동이다.

해설
④ 산업위생활동 중 관리에 대한 설명이다.

20

톨루엔(TLV=50ppm)을 사용하는 작업장의 작업시간이 10시간일 때 허용기준을 보정하여야 한다. OSHA 보정법과 Brief and Scala 보정법을 적용하였을 경우 보정된 허용기준치 간의 차이는?

① 1ppm   ② 2.5ppm
③ 5ppm   ④ 10ppm

해설

• OSHA 보정방법

$$보정된\ 허용농도 = 8시간\ 허용농도 \times \frac{8시간}{노출시간/일}$$

$$= 50ppm \times \frac{8시간}{10시간} = 40ppm$$

• Brief와 Scala 보정방법

보정된 노출기준 = 8시간 노출기준 × 보정계수(RF)
$$= 50ppm \times 0.7 = 35ppm$$

$$RF = \frac{\frac{8}{H} \times (24-H)}{16} = \frac{\frac{8}{10} \times (24-10)}{16} = 0.7$$

보정된 허용기준치 간의 차이 = 40ppm − 35ppm = 5ppm

21

가스상 물질의 분석 및 평가를 위한 열탈착에 관한 설명으로 틀린 것은?

① 이황화탄소를 활용한 용매 탈착은 독성 및 인화성이 크고 작업이 번잡하여 열탈착이 보다 간편한 방법이다.
② 활성탄관을 이용하여 시료를 채취한 경우, 열탈착에 300℃ 이상의 온도가 필요하므로 사용이 제한된다.
③ 열탈착은 용매탈착에 비하여 흡착제에 채취된 일부 분석물질만 기기로 주입되어 감도가 떨어진다.
④ 열탈착은 대개 자동으로 수행되며 탈착된 분석물질이 가스크로마토그래피로 직접 주입되도록 되어 있다.

해설
③ 열탈착은 용매탈착에 비하여 흡착제에 채취된 분석물질이 전량 기기로 주입되어 감도가 높다.

22

정량한계에 관한 설명으로 옳은 것은?

① 표준편차의 3배 또는 검출한계의 5배(또는 5.5배)로 정의

② 표준편차의 3배 또는 검출한계의 10배(또는 10.3배)로 정의

③ 표준편차의 5배 또는 검출한계의 3배(또는 3.3배)로 정의

④ 표준편차의 10배 또는 검출한계의 3배(또는 3.3배)로 정의

해설

환경시험검사, QAQC 핸드북

검정농도(calibration points)와 질량분광(mass spectra)을 완전히 확인할 수 있는 최소수준을 말한다. 일반적으로 방법검출한계와 동일한 수행절차에 의해 수립되며 방법검출한계와 같은 낮은 농도 시료 7~10개를 반복 측정하여 표준편차의 10배에 해당하는 값을 정량한계(LOQ, limit of quantification)로 정의한다.

23

고온의 노출기준을 구분하는 작업강도 중 중등작업에 해당하는 열량(kcal/h)은?(단, 고용노동부 고시를 기준으로 한다)

① 130   ② 221

③ 365   ④ 445

해설

고열작업환경 관리지침, 한국산업안전보건공단

중등작업 : 200~350kcal/h까지의 열량이 소요되는 작업을 말하며 물체를 들거나 밀면서 걸어 다니는 일 등을 뜻함

24

고열(Heat stress) 환경의 온열 측정과 관련된 내용으로 틀린 것은?

① 흑구온도와 기온과의 차를 실효복사온도라 한다.

② 실제 환경의 복사온도를 평가할 때는 평균복사온도를 이용한다.

③ 고열로 인한 환경적인 요인은 기온, 기류, 습도 및 복사열이다.

④ 습구흑구온도지수(WBGT) 계산 시에는 반드시 기류를 고려하여야 한다.

해설

고열작업환경 관리지침, 한국산업안전보건공단

"습구흑구온도지수(Wet-Bulb Globe Temperature, WBGT)"라 함은 근로자가 고열환경에 종사함으로써 받는 열스트레스 또는 위해를 평가하기 위한 도구(단위:℃)로써 기온, 기습 및 복사열을 종합적으로 고려한 지표를 말한다.

25

입경범위가 0.1~0.5μm인 입자상 물질이 여과지에 포집될 경우에 관여하는 주된 메커니즘은?

① 충돌과 간섭   ② 확산과 간섭

③ 확산과 충돌   ④ 충돌

해설

• 입경 0.1μm 미만 : 확산

• 입경 0.1~0.5μm : 확산, 간섭

• 입경 0.5μm 이상 : 충돌, 간섭

26

노출기준이 1ppm인 acrylonitrile을 0.2L/min 유속으로 3.5L 채취 시 분석범위(working range)는 0.7~46ppm이다. 이 물질의 분석 시 정량한계(mg)는?(단, acrylonitrile의 분자량은 53.06g/mol이다)

① 2.45   ② 4.91
③ 5.25   ④ 10.50

27

1% Sodium bisulfite의 흡수액 20mL를 취한 유리제품의 미드젯임핀져를 고속시료포집 펌프에 연결하여 공기시료 0.480m³를 포집하였다. 가시광선흡광광도계를 사용하여 시료를 실험실에서 분석한 값이 표준검량선의 외삽법에 의하여 50μg/mL가 지시되었다. 표준상태에서 시료 포집기간동안의 공기 중 포름알데하이드 증기의 농도(ppm)는?(단, 포름알데하이드 분자량은 30g/mol이다)

① 1.7   ② 2.5
③ 3.4   ④ 4.8

해설

• 포름알데하이드 농도(mg/m³)

$$= \frac{\dfrac{50\mu g}{mL} \times 20mL \times \dfrac{1mg}{1,000\mu g}}{0.480m^3} = 2.083 mg/m^3$$

• 포름알데하이드 농도(ppm)

$$= \frac{2.083mg}{m^3} \times \frac{1mol}{30g} \times \frac{24.45L}{1mol} = 1.7ppm$$

28

고체흡착관의 뒷층에서 분석된 양이 앞층의 25%였다. 이에 대한 분석자의 결정으로 바람직하지 않은 것은?

① 파과가 일어났다고 판단하였다.
② 파과실험의 중요성을 인식하였다.
③ 시료채취과정에서 오차가 발생되었다고 판단하였다.
④ 분석된 앞층과 뒷층을 합하여 분석결과로 이용하였다.

해설

작업환경 측정분석에 대한 일반 기술지침, 한국산업안전보건공단 분석 결과 활성탄관 등 측정매체의 예비층(뒷층)에서 검출된 유해물질의 총량이 본 층(앞층)에서 검출될 양의 10%를 초과하면 파과가 발생한 것으로 간주하여 해당 단위작업장소의 해당 유해물질에 대하여 재측정을 한다.

29

옥내의 습구흑구온도지수(WBGT)를 계산하는 식으로 옳은 것은?

① WBGT = 0.1×자연습구온도 + 0.9×흑구온도
② WBGT = 0.9×자연습구온도 + 0.1×흑구온도
③ WBGT = 0.3×자연습구온도 + 0.7×흑구온도
④ WBGT = 0.7×자연습구온도 + 0.3×흑구온도

해설

• 옥외(태양광선이 내리쬐는 장소)
  WBGT(℃) = 0.7×자연습구온도 + 0.2×흑구온도 + 0.1×건구온도
• 옥내 또는 옥외(태양광선이 내리쬐지 않는 장소)
  WBGT(℃) = 0.7×자연습구온도 + 0.3×흑구온도

30

활성탄관에 대한 설명으로 틀린 것은?

① 흡착관은 길이 7cm, 외경 6mm인 것을 주로 사용한다.
② 흡입구 방향으로 가장 앞쪽에는 유리섬유가 장착되어 있다.
③ 활성탄 입자는 크기가 20~40mesh인 것을 선별하여 사용한다.
④ 앞층과 뒷층을 우레탄 폼으로 구분하며 뒷층이 100mg으로 앞층보다 2배 정도 많다.

해설
④ 앞층과 뒷층을 우레탄 폼으로 구분하며 앞층이 100mg으로 뒷층보다 2배 정도 많다.

31

처음 측정한 측정치는 유량, 측정시간, 회수율, 분석에 의한 오차가 각각 15%, 3%, 10%, 7%이였으나 유량에 의한 오차가 개선되어 10%로 감소되었다면 개선 전 측정치의 누적오차와 개선 후 측정치의 누적오차의 차이(%)는?

① 6.5　　　　　② 5.5
③ 4.5　　　　　④ 3.5

해설
- 누적오차 = $\sqrt{(Ea^2 + Eb^2 + \cdots + En^2)}$
- 개선전누적오차 = $\sqrt{15^2 + 3^2 + 10^2 + 7^2} = 19.57\%$
- 개선후누적오차 = $\sqrt{10^2 + 3^2 + 10^2 + 7^2} = 16.06\%$
- 차이 = (19.57 − 16.06)% = 3.5%

32

산업위생통계에서 적용하는 변이계수에 대한 설명으로 틀린 것은?

① 표준오차에 대한 평균값의 크기를 나타낸 수치이다.
② 통계집단의 측정값들에 대한 균일성, 정밀성 정도를 표현하는 것이다.
③ 단위가 서로 다른 집단이나 특성값의 상호 산포도를 비교하는 데 이용될 수 있다.
④ 평균값의 크기가 0에 가까울수록 변이계수의 의의가 작아지는 단점이 있다.

해설
변이계수는 표준편차의 수치가 평균치에 비해 몇 %가 되느냐로 나타낸다.

33

누적소음노출량 측정기로 소음을 측정할 때의 기기 설정값으로 옳은 것은?(단, 고용노동부 고시를 기준으로 한다)

① Threshold = 80dB, Criteria = 90dB, Exchange Rate = 5dB
② Threshold = 80dB, Criteria = 90dB, Exchange Rate = 10dB
③ Threshold = 90dB, Criteria = 80dB, Exchange Rate = 10dB
④ Threshold = 90dB, Criteria = 80dB, Exchange Rate = 5dB

해설
측정방법(작업환경측정 및 정도관리 등에 관한 고시 제26조)
누적소음노출량 측정기로 소음을 측정하는 경우에는 Criteria는 90dB, Exchange Rate는 5dB, Threshold는 80dB로 기기를 설정할 것

34

석면농도를 측정하는 방법에 대한 설명 중 ( ) 안에 들어갈 적절한 기체는?(단, NIOSH 방법 기준)

> 공기 중 석면농도를 측정하는 방법으로 충전식 휴대용 펌프를 이용하여 여과지를 통하여 공기를 통과시켜 시료를 채취한 다음, 이 여과지에 (A) 증기를 씌우고 (B) 시약을 가한 후 위상차현미경으로 400~450배의 배율에서 섬유수를 계수한다.

① 솔벤트, 메틸에틸케톤
② 아황산가스, 클로로포름
③ 아세톤, 트리아세틴
④ 트리클로로에탄, 트리클로로에틸렌

해설

공기 중 석면농도를 측정하는 방법으로 충전식 휴대용 pump를 이용하여 여과지를 통하여 공기를 통과시켜 시료를 채취한 다음, 이 여과지에 아세톤 증기를 씌우고 트리아세틴 시약을 가한 후 위상차 현미경으로 400~450배의 비율에서 섬유수를 계수한다.

35

방사성 물질의 단위에 대한 설명이 잘못된 것은?

① 방사능의 SI단위는 Becquerel(Bq)이다.
② 1Bq는 3.7×10^{10} dps이다.
③ 물질에 조사되는 선량은 Röntgen(R)으로 표시한다.
④ 방사선의 흡수선량은 Gray(Gy)로 표시한다.

해설

• 1Bq = 2.7×10^{-11}Ci
• 1Ci = 3.7×10^{10}Bq

36

3개의 소음원의 소음수준을 한 지점에서 각각 측정해보니 첫 번째 소음원만 가동될 때 88dB, 두 번째 소음원만 가동될 때 86dB, 세 번째 소음원만이 가동될 때 91dB이었다. 3개의 소음원이 동시에 가동될 때 측정 지점에서의 음압수준(dB)은?

① 91.6
② 93.6
③ 95.4
④ 100.2

해설

$$L_p = 10 \times \log(10^{\frac{L_{p1}}{10}} + 10^{\frac{L_{p2}}{10}} + \cdots + 10^{\frac{L_{pN}}{10}})$$
$$= 10 \times \log(10^{\frac{88}{10}} + 10^{\frac{86}{10}} + 10^{\frac{91}{10}})$$
$$= 93.59 \fallingdotseq 93.6$$

37

채취시료 10mL를 채취하여 분석한 결과 납(Pb)의 양이 $8.5\mu g$이고 Blank 시료도 동일한 방법으로 분석한 결과 납의 양이 $0.7\mu g$이다. 총 흡인 유량이 60L일 때 작업환경 중 납의 농도(mg/m^3)는?(단, 탈착효율은 0.95이다)

① 0.14
② 0.21
③ 0.65
④ 0.70

해설

$$납농도(mg/m^3) = \frac{분석량}{공기채취량 \times 탈착효율}$$
$$= \frac{8.5\mu g - 0.7\mu g}{60L \times 0.95} = 0.14mg/m^3$$

38

작업환경 내 105dB(A)의 소음이 30분, 110dB(A) 소음이 15분, 115dB(A) 5분 발생하였을 때, 작업환경의 소음 정도는?(단, 105, 110, 115dB(A)의 1일 노출허용 시간은 각각 1시간, 30분, 15분이고, 소음은 단속음이다)

① 허용기준 초과
② 허용기준과 일치
③ 허용기준 미만
④ 평가할 수 없음(조건부족)

해설

소음허용기준 $= \dfrac{C_1}{T_1} + \cdots + \dfrac{C_n}{T_n}$

$= \dfrac{30}{60} + \dfrac{15}{30} + \dfrac{5}{15} = 1.33$

∴ 1 이상, 허용기준 초과

39

금속가공유를 사용하는 절단작업 시 주로 발생할 수 있는 공기 중 부유물질의 형태로 가장 적합한 것은?

① 미스트(mist)
② 먼지(dust)
③ 가스(gas)
④ 흄(fume)

해설

금속가공유가 고속절단작업 시 공기 중에 미세한 액체 입자로 분사되고 이것은 미스트나 증기 형태로 발생한다.

40

두 집단의 어떤 유해물질의 측정값이 아래 도표와 같을 때 두 집단의 표준편차의 크기 비교에 대한 설명 중 옳은 것은?

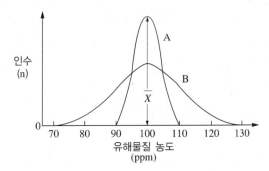

① A 집단과 B 집단은 서로 같다.
② A 집단의 경우가 B 집단의 경우보다 크다.
③ A 집단의 경우가 B 집단의 경우보다 작다.
④ 주어진 도표만으로 판단하기 어렵다.

해설

표준편차는 측정값의 퍼져있는 정도를 말한다.

41

다음 중 특급 분리식 방진마스크의 여과재 분진 등의 포집 효율은?(단, 고용노동부 고시를 기준으로 한다)

① 80% 이상
② 94% 이상
③ 99.0% 이상
④ 99.95% 이상

해설

방진마스크의 성능기준(보호구 안전인증 고시 [별표 4])

형태 및 등급		염화나트륨(NaCl) 및 파라핀 오일(Paraffin oil) 시험(%)
분리식	특급	99.95 이상
	1급	94.0 이상
	2급	80.0 이상
안면부 여과식	특급	99.0 이상
	1급	94.0 이상
	2급	80.0 이상

42

방진마스크에 대한 설명으로 가장 거리가 먼 것은?

① 방진마스크의 필터에는 활성탄과 실리카겔이 주로 사용된다.
② 방진마스크는 인체에 유해한 분진, 연무, 흄, 미스트, 스프레이 입자가 작업자가 흡입하지 않도록 하는 보호구이다.
③ 방진마스크의 종류에는 격리식과 직결식, 면체여과식이 있다.
④ 비휘발성 입자에 대한 보호만 가능하며, 가스 및 증기로부터의 보호는 안 된다.

해설

① 방독마스크의 필터에는 활성탄과 실리카겔이 주로 사용된다.

43

지름이 100cm인 원형 후드 입구로부터 200cm 떨어진 지점에 오염물질이 있다. 제어풍속이 3m/s일 때, 후드의 필요 환기량(m³/s)은?(단, 자유공간에 위치하며 플랜지는 없다)

① 143
② 122
③ 103
④ 83

해설

자유공간 후드, 플랜지 없음
$$Q = V \times (10 \times X^2 + A)$$
$$= 3\text{m/s} \times \left(10 \times 2^2\text{m} + \left(\frac{\pi \times 1\text{m}^2}{4}\right)\right) = 122\text{m}^3/\text{s}$$

44

보호구의 재질과 적용 물질에 대한 내용으로 틀린 것은?

① 면 : 고체상 물질에 효과적이다.
② 부틸(Butyl) 고무 : 극성 용제에 효과적이다.
③ 니트릴(Nitrile) 고무 : 비극성 용제에 효과적이다.
④ 천연고무(Latex) : 비극성 용제에 효과적이다.

해설

④ 천연고무(Latex) : 극성 용제에 효과적이다.

45

국소환기장치 설계에서 제어속도에 대한 설명으로 옳은 것은?

① 작업장 내의 평균유속을 말한다.
② 발산되는 유해물질을 후드로 흡인하는 데 필요한 기류속도이다.
③ 덕트 내의 기류속도를 말한다.
④ 일명 반송속도라고도 한다.

해설

산업환기설비에 관한 기술지침, 산업안전보건공단
"제어풍속"이라 함은 후드 전면 또는 후드 개구면에서 유해물질이 함유된 공기를 당해 후드로 흡입시킴으로써 그 지점의 유해물질을 제어할 수 있는 공기속도를 말한다.

46

흡인 풍량이 200m³/min, 송풍기 유효전압이 150mmH₂O, 송풍기 효율이 80%인 송풍기의 소요 동력(kW)은?

① 4.1
② 5.1
③ 6.1
④ 7.1

해설

$$송풍기 소요동력 = \frac{Q \times \triangle P}{6,120 \times \eta} = \frac{200\text{m}^3/\text{min} \times 150\text{mmH}_2\text{O}}{6,120 \times 0.8}$$
$$= 6.1\text{kW}$$

47

덕트 내 공기흐름에서의 레이놀즈수(Reynolds Number)를 계산하기 위해 알아야 하는 모든 요소는?

① 공기속도, 공기점성계수, 공기밀도, 덕트의 직경
② 공기속도, 공기밀도, 중력가속도
③ 공기속도, 공기온도, 덕트의 길이
④ 공기속도, 공기점성계수, 덕트의 길이

해설

$$Re = \frac{\rho Vd}{\mu}$$

여기서, d : 직경
ρ : 공기밀도
V : 공기속도
μ : 공기점성계수

48

작업환경관리 대책 중 물질의 대체에 해당되지 않는 것은?

① 성냥을 만들 때 백린을 적린으로 교체한다.
② 보온 재료인 유리섬유를 석면으로 교체한다.
③ 야광시계의 자판에 라듐 대신 인을 사용한다.
④ 분체 입자를 큰 입자로 대체한다.

해설

② 보온 재료인 석면을 유리섬유로 교체한다.

49

$7m \times 14m \times 3m$의 체적을 가진 방에 톨루엔이 저장되어 있고 공기를 공급하기 전에 측정한 농도가 300ppm이었다. 이 방으로 10m³/min의 환기량을 공급한 후 노출기준인 100ppm으로 도달하는 데 걸리는 시간(min)은?

① 12
② 16
③ 24
④ 32

해설

$$감소시간(min) = -\frac{V}{Q} \times \ln\left(\frac{C_2}{C_1}\right)$$
$$= -\frac{(7 \times 14 \times 3)m^3}{10m^3/min} \times \ln\left(\frac{100ppm}{300ppm}\right)$$
$$= 32min$$

50

후드의 선택에서 필요 환기량을 최소화하기 위한 방법이 아닌 것은?

① 측면 조절판 또는 커텐 등으로 가능한 공정을 둘러 쌀 것
② 후드를 오염원에 가능한 가깝게 설치할 것
③ 후드 개구부로 유입되는 기류속도 분포가 균일하게 되도록 할 것
④ 공정 중 발생되는 오염물질의 비산속도를 크게할 것

해설

④ 공정 중 발생되는 오염물질의 비산속도를 작게할 것

51

송풍기의 회전수 변화에 따른 풍량, 풍압 및 동력에 대한 설명으로 옳은 것은?

① 풍량은 송풍기의 회전수에 비례한다.
② 풍압은 송풍기의 회전수에 반비례한다.
③ 동력은 송풍기의 회전수에 비례한다.
④ 동력은 송풍기 회전수의 제곱에 비례한다.

해설

① 풍량은 송풍기의 회전수에 비례한다.
② 풍압은 송풍기의 회전수의 제곱에 비례한다.
③, ④ 동력은 송풍기 회전수의 세제곱에 비례한다.

52

1기압에서 혼합기체의 부피비가 질소 71%, 산소 14%, 이산화탄소 15%로 구성되어 있을 때, 질소의 분압(mmH₂O)은?

① 433.2
② 539.6
③ 646.0
④ 653.6

해설

$$질소가스분압(mmHg) = 760mmHg \times 성분비$$
$$= 760mmHg \times 0.71$$
$$= 539.6mmHg$$

53

공기정화장치의 한 종류인 원심력집진기에서 절단입경의 의미로 옳은 것은?

① 100% 분리 포집되는 입자의 최소 크기
② 100% 처리효율로 제거되는 입자크기
③ 90% 이상 처리효율로 제거되는 입자크기
④ 50% 처리효율로 제거되는 입자크기

해설

• 절단입경 : 50% 처리효율로 제거되는 입자크기
• 최소입경 : 100% 처리효율로 제거되는 입자크기

54

작업환경 개선에서 공학적인 대책과 가장 거리가 먼 것은?

① 교육
② 환기
③ 대체
④ 격리

55

유입계수가 0.82인 원형 후드가 있다. 원형 덕트의 면적이 0.0314m²이고 필요 환기량이 30m³/min이라고 할 때, 후드의 정압(mmH₂O)은?(단, 공기밀도는 1.2kg/m³이다)

① 16
② 23
③ 32
④ 37

해설

$$F = \frac{1}{Ce^2} - 1 = \frac{1}{0.82^2} - 1 = 0.487$$

$$v(\text{m/s}) = \frac{\text{필요 환기량}}{\text{덕트 단면적}} = \frac{30\text{m}^3/\text{min}}{0.0314\text{m}^2} \times \frac{1\text{min}}{60s} = 15.92\text{m/s}$$

$$VP = \frac{\gamma v^2}{2g} = \frac{1.2 \times (15.92)^2}{2 \times 9.8} = 15.52\text{mmH}_2\text{O}$$

$$SP_h = VP(1+F) = 15.52\text{mmH}_2\text{O} \times (1+0.487) = 23\text{mmH}_2\text{O}$$

56

방사형 송풍기에 관한 설명과 가장 거리가 먼 것은?

① 고농도 분진함유 공기나 부식성이 강한 공기를 이송시키는 데 많이 이용된다.
② 깃이 평판으로 되어 있다.
③ 가격이 저렴하고 효율이 높다.
④ 깃의 구조가 분진을 자체 정화할 수 있도록 되어 있다.

해설

방사형의 날개로서 평판으로 되어 있고 자기청소(SELF CLEANING)의 특성이 있다. 분진의 누적이 심하고 이로 인해 송풍기 날개의 손상이 우려되며 공장용 송풍기에 적합하다. 그러나, 효율이나 소음 면에서는 다른 송풍기에 비해 좋지 못하다.

57

플랜지 없는 외부식 사각형 후드가 설치되어 있다. 성능을 높이기 위해 플랜지 있는 외부식 사각형 후드로 작업대에 부착했을 때, 필요환기량의 변화로 옳은 것은?(단, 포촉 거리, 개구면적, 제어속도는 같다)

① 기존 대비 10%로 줄어든다.
② 기존 대비 25%로 줄어든다.
③ 기존 대비 50%로 줄어든다.
④ 기존 대비 75%로 줄어든다.

해설

작업면
- 플랜지 없음, $Q = V \times (5 \times X^2 + A)$
- 플랜지 있음, $Q = 0.5 \times V \times (5 \times X^2 + A)$

58

50℃의 송풍관에 15m/s의 유속으로 흐르는 기체의 속도압(mmH₂O)은?(단, 기체의 밀도는 1.293kg/m³이다)

① 32.4
② 22.6
③ 14.8
④ 7.2

해설

$$V = \sqrt{\frac{2 \times g \times VP}{\Upsilon}} = \sqrt{\frac{2 \times 9.8 \times VP}{1.293}} = 15\text{m/s}$$

$$VP = 14.8\text{mmH}_2\text{O}$$

59

온도 50℃인 기체가 관을 통하여 20m³/min으로 흐르고 있을 때, 같은 조건의 0℃에서 유량(m³/min)은?(단, 관내 압력 및 기타 조건은 일정하다)

① 14.7 ② 16.9
③ 20.0 ④ 23.7

해설

$$20 \text{m}^3/\text{min} \times \frac{273}{273+50} = 16.9 \text{m}^3/\text{min}$$

60

원심력 송풍기 중 다익형 송풍기에 관한 설명과 가장 거리가 먼 것은?

① 큰 압력손실에서도 송풍량이 안정적이다.
② 송풍기의 임펠러가 다람쥐 쳇바퀴 모양으로 생겼다.
③ 강도가 크게 요구되지 않기 때문에 적은 비용으로 제작 가능하다.
④ 다른 송풍기와 비교하여 동일 송풍량을 발생시키기 위한 임펠러 회전속도가 상대적으로 낮기 때문에 소음이 작다.

해설

① 큰 압력손실에는 송풍량이 급격하게 떨어진다.

61

진동증후군(HAVS)에 대한 스톡홀름 워크숍의 분류로서 옳지 않은 것은?

① 진동증후군의 단계를 0부터 4까지 5단계로 구분하였다.
② 1단계는 가벼운 증상으로 1개 또는 그 이상의 손가락 끝부분이 하얗게 변하는 증상을 의미한다.
③ 3단계는 심각한 증상으로 1개 또는 그 이상의 손가락 가운뎃마디 부분까지 하얗게 변하는 증상이 나타나는 단계이다.
④ 4단계는 매우 심각한 증상을 대부분의 손가락이 하얗게 변하는 증상과 함께 손끝에서 땀의 분비가 제대로 일어나지 않는 등의 변화가 나타나는 단계이다.

해설

국소진동에 의한 말초신경계 이상(Stockholm Workshop Classification, 1986)

단계	등급	정의
0	–	정상
1	mild	'손가락 하나 혹은 그 이상'의 손가락 끝에 때때로 창백현상이 발생
2	moderate	'손가락 하나 혹은 그 이상'의 중수지골까지 때때로 창백현상이 발생
3	severe	대부분 손가락의 전체 지골에서 종종 창백현상이 발생
4	very severe	stage 3과 피부의 변화까지 있는 경우

62

인체와 작업환경과의 사이에 열교환의 영향을 미치는 것으로 가장 거리가 먼 것은?

① 대류(convection)

② 열복사(radiation)

③ 증발(evaporation)

④ 열순응(acclimatization to heat)

해설

인체와 환경 사이의 열교환 방정식

$\Delta S = M - E \pm R \pm C$

여기서, ΔS : 생체 내 열용량의 변화

$\quad\quad M$: 대사에 의한 체내 열 생산량

$\quad\quad E$: 수분증발에 의한 열 발산

$\quad\quad R$: 복사에 의한 열 득실

$\quad\quad C$: 대류 및 전도에 의한 열 득실

63

비전리방사선의 종류 중 옥외작업을 하면서 콜타르의 유도체, 벤조피렌, 안트라센 화합물과 상호작용하여 피부암을 유발시키는 것으로 알려진 비전리방사선은?

① γ선

② 자외선

③ 적외선

④ 마이크로파

64

소독작용, 비타민 D 형성, 피부색소 침착 등 생물학적 작용이 강한 특성을 가진 자외선(Dorno선)의 파장 범위는 약 얼마인가?

① 1,000~2,800 Å

② 2,800~3,150 Å

③ 3,150~4,000 Å

④ 4,000~4,700 Å

해설

태양으로부터 지구에 도달하는 자외선의 파장은 2,920~4,000 Å 범위 내에 있으며 2,800~3,150 Å 범위의 파장을 가진 자외선을 Dorno 선이라 하며, 소독작용을 비롯하여 비타민 D의 형성, 피부의 색소침착 등 생물학적 작용이 강하다.

65

전리방사선 중 전자기방사선에 속하는 것은?

① α선

② β선

③ γ선

④ 중성자

해설

- 전리방사선
  - 전자기식 방사선(X-Ray, γ입자)
  - 입자 방사선(α입자, β입자, 중성자)
- 비전리방사선 : 자외선, 가시광선, 적외선, 라디오파, 마이크로파, 저주파, 극저주파, Laser

66

다음 중 이상기압의 인체작용으로 2차적인 가압현상과 가장 거리가 먼 것은?(단, 화학적 장해를 말한다)

① 질소 마취

② 산소 중독

③ 이산화탄소의 중독

④ 일산화탄소의 작용

해설

질소기포 형성은 감압환경의 인체작용이다.

67

출력이 10Watt의 작은 점음원으로부터 자유공간의 10m 떨어져 있는 곳의 음압레벨(Sound Pressure Level)은 몇 dB 정도인가?

① 89   ② 99

③ 161   ④ 229

해설

$$PWL = 10 \times \log\left(\frac{P}{P_0}\right) = 10 \times \log\frac{10}{10^{-12}} = 130dB,$$

(여기서 P_0는 인간의 가청한계인 10^{-12}W를 기준)

무지향성 점음원(자유공간)

$$SPL = PWL - 20 \times \log\gamma - 11 = 130 - 20 \times \log(10) - 11$$
$$= 99dB$$

68

1sone이란 몇 Hz에서, 몇 dB의 음압레벨을 갖는 소음의 크기를 말하는가?

① 1,000Hz, 40dB

② 1,200Hz, 45dB

③ 1,500Hz, 45dB

④ 2,000Hz, 48dB

해설

① 1kHz에서 음압레벨이 40dB인 순음의 음의 크기가 1sone이다.

69

자연조명에 관한 설명으로 옳지 않은 것은?

① 창의 면적은 바닥 면적의 15~20% 정도가 이상적이다.

② 개각은 4~5°가 좋으며, 개각이 작을수록 실내는 밝다.

③ 균일한 조명을 요구하는 작업실은 동북 또는 북창이 좋다.

④ 입사각은 28° 이상이 좋으며, 입사각이 클수록 실내는 밝다.

해설

② 개각은 4~5°가 좋으며, 개각이 클수록 실내가 밝다.

70

전신진동 노출에 따른 인체의 영향에 대한 설명으로 옳지 않은 것은?

① 평형감각에 영향을 미친다.

② 산소 소비량과 폐환기량이 증가한다.

③ 작업수행 능력과 집중력이 저하된다.

④ 저속노출 시 레이노증후군(Raynaud's phenomenon)을 유발한다.

해설

국소진동 노출에 따른 인체의 영향

저속노출 시 레이노증후군(Raynaud's phenomenon)을 유발한다.

71

소음에 의한 인체의 장해 정도(소음성 난청)에 영향을 미치는 요인이 아닌 것은?

① 소음의 크기
② 개인의 감수성
③ 소음 발생 장소
④ 소음의 주파수 구성

해설

소음성 난청에 영향을 미치는 요소
소음크기, 개인 감수성, 소음의 주파수 구성, 소음의 발생 특성

72

다음 중 전리방사선에 대한 감수성의 크기를 올바른 순서대로 나열한 것은?

> ㄱ. 상피세포
> ㄴ. 골수, 흉선 및 림프조직(조혈기관)
> ㄷ. 근육세포
> ㄹ. 신경조직

① ㄱ > ㄴ > ㄷ > ㄹ
② ㄱ > ㄹ > ㄴ > ㄷ
③ ㄴ > ㄱ > ㄷ > ㄹ
④ ㄴ > ㄷ > ㄹ > ㄱ

해설

전리방사선에 대한 감수성 순서
골수, 흉선 및 림프조직(조혈기관), 눈의 수정체, 임파선 > 상피세포, 내피세포 > 근육세포 > 신경조직

73

한랭 환경에서 인체의 일차적 생리적 반응으로 볼 수 없는 것은?

① 피부혈관의 팽창
② 체표면적의 감소
③ 화학적 대사작용의 증가
④ 근육긴장의 증가와 떨림

해설

① 피부혈관의 수축

74

10시간 동안 측정한 누적 소음노출량이 300%일 때 측정시간 평균 소음 수준은 약 얼마인가?

① 94.2dB(A)   ② 96.3dB(A)
③ 97.4dB(A)   ④ 98.6dB(A)

해설

$$TWA = 16.61 \times \log \frac{D(\%)}{12.5 \times T} + 90$$

$$= 16.61 \times \log \frac{300}{12.5 \times 10} + 90$$

$$= 96.3dB(A)$$

75

감압에 따른 인체의 기포 형성량을 좌우하는 요인과 가장 거리가 먼 것은?

① 감압속도
② 산소공급량
③ 조직에 용해된 가스량
④ 혈류를 변화시키는 상태

해설

감압 시 조직 내 질소기포 형성량에 영향을 주는 요인
• 조직에 용해된 가스량
• 혈류변화 정도
• 감압속도

76

다음에서 설명하는 고열장해는?

> 이것은 작업환경에서 가장 흔히 발생하는 피부장해로서 땀띠(prickly heat)라고도 말하며, 땀에 젖은 피부 각질층이 떨어져 땀구멍을 막아 한선 내에 땀의 압력으로 염증성 반응을 일으켜 붉은 구진(papules) 형태로 나타난다.

① 열사병(heat stroke)
② 열허탈(heat collapse)
③ 열경련(heat cramps)
④ 열발진(heat rashes)

해설

고열작업환경 관리지침, 한국산업안전보건공단
"열발진(Heat rashes)"은 작업환경에서 가장 흔히 발생하는 피부장해로서 땀띠(prickly heat)라고도 말한다. 땀에 젖은 피부 각질층이 떨어져 땀구멍을 막아 한선 내에 땀의 압력으로 염증성 반응을 일으켜 붉은 구진(papules) 형태로 나타난다. 응급조치로는 대부분 차갑게 하면 소실되지만 깨끗이 하고 건조시키는 것이 좋다.

77

소음의 흡음 평가 시 적용되는 반향시간(reverberation time)에 관한 설명으로 옳은 것은?

① 반향시간은 실내공간의 크기에 비례한다.
② 실내 흡음량을 증가시키면 반향시간도 증가한다.
③ 반향시간은 음압수준이 30dB 감소하는 데 소요되는 시간이다.
④ 반향시간을 측정하려면 실내 배경소음이 90dB 이상 되어야 한다.

해설

반향(echo)이란 소리가 진행하던 중 어떠한 장애물에 부딪쳐서 되울리는 현상을 말한다.

78

1촉광의 광원으로부터 한 단위 입체각으로 나가는 광속의 단위를 무엇이라 하는가?

① 럭스(Lux)
② 램버트(Lambert)
③ 캔들(Candle)
④ 루멘(Lumen)

해설

④ 1촉광의 광원으로부터 단위 입체각으로 나가는 광속의 단위
(1Lumen = 1촉광/입체각)

79

밀폐공간에서 산소결핍의 원인을 소모(consumption), 치환(displacement), 흡수(absorption)로 구분할 때 소모에 해당하지 않는 것은?

① 용접, 절단, 불 등에 의한 연소
② 금속의 산화, 녹 등의 화학반응
③ 제한된 공간 내에서 사람의 호흡
④ 질소, 아르곤, 헬륨 등의 불활성 가스 사용

해설

④ 산소결핍의 원인 중 치환에 해당한다.

80

산업안전보건법령상 이상기압에 의한 건강장해의 예방에 있어 사용되는 용어의 정의로 옳지 않은 것은?

① 압력이란 절대압과 게이지압의 합을 말한다.
② 고압작업이란 고기압에서 잠함공법이나 그 외의 압기공법으로 하는 작업을 말한다.
③ 기압조절실이란 고압작업을 하는 근로자 또는 잠수작업을 하는 근로자가 가압 또는 감압을 받는 장소를 말한다.
④ 표면공급식 잠수작업이란 수면 위의 공기압축기 또는 호흡용 기체통에서 압축된 호흡용 기체를 공급받으면서 하는 작업을 말한다.

해설

정의(산업안전보건기준에 관한 규칙 제522조)
"압력"이란 게이지 압력을 말한다.

81

건강영향에 따른 분진의 분류와 유발물질의 종류를 잘못 짝지은 것은?

① 유기성 분진 – 목분진, 면, 밀가루
② 알레르기성 분진 – 크롬산, 망간, 황
③ 진폐성 분진 – 규산, 석면, 활석, 흑연
④ 발암성 분진 – 석면, 니켈카보닐, 아민계 색소

해설

② 알레르기성 분진 – 꽃가루, 털, 나뭇가루 등

82

다음 중 칼슘대사에 장해를 주어 신결석을 동반한 신증후군이 나타나고 다량의 칼슘배설이 일어나 뼈의 통증, 골연화증 및 골다공증과 같은 골격계 장해를 유발하는 중금속은?

① 망간
② 수은
③ 비소
④ 카드뮴

해설

카드뮴 장해
• 신장기능(단백뇨, 신장후군)
• 골격계(칼슘배설, 철분결핍성 빈혈증, 뼈의 통증 등)
• 폐

83

폐에 침착된 먼지의 정화과정에 대한 설명으로 옳지 않은 것은?

① 어떤 먼지는 폐포벽을 통과하여 림프계나 다른 부위로 들어가기도 한다.
② 먼지는 세포가 방출하는 효소에 의해 용해되지 않으므로 점액층에 의한 방출 이외에는 체내에 축적된다.
③ 폐에 침착된 먼지는 식세포에 의하여 포위되어, 포위된 먼지의 일부는 미세 기관지로 운반되고 점액 섬모운동에 의하여 정화된다.
④ 폐에서 먼지를 포위하는 식세포는 수명이 다한 후 사멸하고 다시 새로운 식세포가 먼지를 포위하는 과정이 계속적으로 일어난다.

해설
② 먼지는 세포가 방출하는 효소에 의해 용해된다.

84

카드뮴이 체내에 흡수되었을 경우 주로 축적되는 곳은?

① 뼈, 근육
② 뇌, 근육
③ 간, 신장
④ 혈액, 모발

해설
직업관련성 만성신장질환 역학적 연구 설계 및 타당성 조사, 한국산업안전보건공단
체내에 축적된 카드뮴은 40~80%가 간과 신장에 축적되고, 신장에만 전체 축적된 체내 카드뮴 중 1/3이 쌓이는 것으로 알려져 있다.

85

생물학적 모니터링(biological monitoring)에 관한 설명으로 옳지 않은 것은?

① 주목적은 근로자 채용 시기를 조정하기 위하여 실시하는 것이다.
② 건강에 영향을 미치는 바람직하지 않은 노출상태를 파악하는 것이다.
③ 최근의 노출량이나 과거로부터 축적된 노출량을 파악한다.
④ 건강상의 위험은 생물학적 검체에서 물질별 결정인자를 생물학적 노출지수와 비교하여 평가된다.

해설
'생물학적 모니터링'은 적절한 참고치와 비교하여 폭로와 건강위해도를 평가하기 위해 조직, 분비물, 배설물, 호기 내의 유해한 화학물질이나 그 대사물들을 측정하고 평가하는 것이다.

86

흡입분진의 종류에 따른 진폐증의 분류 중 유기성 분진에 의한 진폐증에 해당하는 것은?

① 규폐증
② 활석폐증
③ 연초폐증
④ 석면폐증

해설
유기성 분진에 의한 진폐증
면폐증, 설탕폐증, 농부폐증, 목조분진폐증, 연초폐증, 모발분진폐증

87

다음 중 중추신경의 자극작용이 가장 강한 유기용제는?

① 아민
② 알코올
③ 알칸
④ 알데하이드

해설
중추신경계 자극작용 순서
아민류 > 유기산 > 알데하이드 또는 케톤 > 알코올 > 알칸

정답 83 ② 84 ③ 85 ① 86 ③ 87 ①

88

화학물질의 상호작용인 길항작용 중 독성물질의 생체과
정인 흡수, 대사 등에 변화를 일으켜 독성이 감소되는 것
을 무엇이라 하는가?

① 화학적 길항작용　　② 배분적 길항작용
③ 수용체 길항작용　　④ 기능적 길항작용

해설
② 물질의 흡수, 대사 등에 영향을 미쳐 표적 기관 내 축적 기관의
　농도가 저하되는 경우
① 두 화학물질이 반응하여 저독성의 물질을 형성하는 경우
③ 두 화학물질이 같은 수용체에 결합하여 독성이 저하되는 경우
④ 동일한 생리적 기능에 길항작용을 나타내는 경우

89

직업성 천식에 관한 설명으로 옳지 않은 것은?

① 작업 환경 중 천식을 유발하는 대표물질로 톨루엔
　디이소시안산염(TDI), 무수 트리멜리트산(TMA)이
　있다.
② 일단 질환에 이환하게 되면 작업 환경에서 추후 소
　량의 동일한 유발물질에 노출되더라도 지속적으로
　증상이 발현된다.
③ 항원공여세포가 탐식되면 T림프구 중 I형 T림프구
　(type I killer T cell)가 특정 알레르기 항원을 인식
　한다.
④ 직업성 천식은 근무시간에 증상이 점점 심해지고,
　휴일 같은 비근무시간에 증상이 완화되거나 없어지
　는 특징이 있다.

해설
③ 항원공여세포가 탐식되면 T림프구 중 II형 보조 T림프구(type II
　T lymphocyte)가 특정 알레르기 항원을 인식한다.

90

다음 중 납중독에서 나타날 수 있는 증상을 모두 나열한
것은?

> ㄱ. 빈혈
> ㄴ. 신장 장해
> ㄷ. 중추 및 말초신경 장해
> ㄹ. 소화기 장해

① ㄱ, ㄷ　　　　　　② ㄴ, ㄹ
③ ㄱ, ㄴ, ㄷ　　　　④ ㄱ, ㄴ, ㄷ, ㄹ

해설
납중독은 조혈기능 장해가 주요하고, 신장 장해, 중추 및 말초신경
장해, 소화기 장해까지 넓은 범위의 장해를 일으킬 수 있다.

91

이황화탄소를 취급하는 근로자를 대상으로 생물학적 모
니터링을 하는 데 이용될 수 있는 생체 내 대사산물은?

① 소변 중 마뇨산
② 소변 중 메탄올
③ 소변 중 메틸마뇨산
④ 소변 중 TTCA(2-thiothiazolidine-4-carboxylic
　acid)

해설
소변 중 TTCA
소변 중 이황화탄소

92

산업안전보건법령상 다음의 설명에서 ㉠~㉢에 해당하는 내용으로 옳은 것은?

> 단시간노출기준(STEL)이란 (㉠)분간의 시간가중평균노출값으로서 노출농도가 시간가중평균노출기준(TWA)을 초과하고 단시간노출기준(STEL) 이하인 경우에는 1회 노출 지속시간이 (㉡)분 미만이어야 하고, 이러한 상태가 1일 (㉢)회 이하로 발생하여야 하며, 각 노출의 간격은 60분 이상이어야 한다.

① ㉠ : 15, ㉡ : 20, ㉢ : 2
② ㉠ : 20, ㉡ : 15, ㉢ : 2
③ ㉠ : 15, ㉡ : 15, ㉢ : 4
④ ㉠ : 20, ㉡ : 20, ㉢ : 4

해설

정의(화학물질 및 물리적 인자의 노출기준 제2조)
"단시간노출기준(STEL)"이란 15분간의 시간가중평균노출값으로서 노출농도가 시간가중평균노출기준(TWA)을 초과하고 단시간노출기준(STEL) 이하인 경우에는 1회 노출 지속시간이 15분 미만이어야 하고, 이러한 상태가 1일 4회 이하로 발생하여야 하며, 각 노출의 간격은 60분 이상이어야 한다.

93

사염화탄소에 관한 설명으로 옳지 않은 것은?

① 생식기에 대한 독성작용이 특히 심하다.
② 고농도에 노출되면 중추신경계 장애 외에 간장과 신장장애를 유발한다.
③ 신장장애 증상으로 감뇨, 혈뇨 등이 발생하며, 완전 무뇨증이 되면 사망할 수도 있다.
④ 초기 증상으로는 지속적인 두통, 구역 또는 구토, 복부선통과 설사, 간압통 등이 나타난다.

해설

① 간에 대한 독성작용이 특히 심하다.

94

단순 질식제에 해당되는 물질은?

① 아닐린
② 황화수소
③ 이산화탄소
④ 니트로벤젠

해설

단순 질식제
이산화탄소, 메탄, 질소, 수소, 에탄, 프로판, 헬륨

95

상기도 점막 자극제로 볼 수 없는 것은?

① 포스겐
② 크롬산
③ 암모니아
④ 염화수소

해설

- 종말기관지 및 폐포점막 자극제 종류 : 이산화질소, 포스겐($COCl_2$), 염화비소 등
- 상기도 점막 자극제 종류 : 알데하이드, 암모니아, 염화수소, 불화수소, 아황산가스 등
- 상기도 점막 및 폐조직 자극제 종류 : 염소, 불소, 오존 등

96

적혈구의 산소운반 단백질을 무엇이라 하는가?

① 백혈구
② 단구
③ 혈소판
④ 헤모글로빈

해설

④ 헤모글로빈(hemoglobin 또는 haemoglobin)은 적혈구에서 철을 포함하는 붉은 색 단백질로, 산소를 운반하는 역할을 한다.

97

할로겐화탄화수소에 관한 설명으로 옳지 않은 것은?

① 대개 중추신경계의 억제에 의한 마취작용이 나타난다.

② 가연성과 폭발의 위험성이 높으므로 취급 시 주의하여야 한다.

③ 일반적으로 할로겐화탄화수소의 독성 정도는 화합물의 분자량이 커질수록 증가한다.

④ 일반적으로 할로겐화탄화수소의 독성 정도는 할로겐원소의 수가 커질수록 증가한다.

해설

② 화학반응성이 낮고 불연성이다.

98

다음 표는 A 작업장의 백혈병과 벤젠에 대한 코호트 연구를 수행한 결과이다. 이때 벤젠의 백혈병에 대한 상대위험비는 약 얼마인가?

구분	백혈병 발생	백혈병 비발생	합계(명)
벤젠 노출군	5	14	19
벤젠 비노출군	2	25	27
합계	7	39	46

① 3.29   ② 3.55

③ 4.64   ④ 4.82

해설

$$\frac{\text{벤젠 노출군 중 백혈병 발생}}{\text{벤젠 비노출군에서 백혈병 발생}} = \frac{5/19}{2/27} = 3.55$$

99

다음 중 중절모자를 만드는 사람들에게 처음으로 발견되어 hatter's shake라고 하며 근육경련을 유발하는 중금속은?

① 카드뮴   ② 수은

③ 망간   ④ 납

해설

수은중독 때 나타나는 근육경련은 역사적으로 볼 때 중절모자를 만드는 사람들에게 처음으로 발견되었으므로 hatter's shake라고 한다. 수은중독 증상의 근육경련의 대표적인 증상은 Parkinson 증후군으로 머리와 손, 발을 떠는 증상을 나타낸다.

100

유기용제별 중독의 대표적인 증상으로 올바르게 연결된 것은?

① 벤젠 – 간장해

② 크실렌 – 조혈장해

③ 염화탄화수소 – 시신경장해

④ 에틸렌글리콜에테르 – 생식기능장해

해설

① 벤젠 – 조혈장해

③ 염화탄화수소 – 간장해

01

화학물질 및 물리적 인자의 노출기준상 사람에게 충분한 발암성 증거가 있는 물질의 표기는?

① 1A
② 1B
③ 2C
④ 1D

해설

화학물질의 노출기준(화학물질 및 물리적 인자의 노출기준 [별표 1])
발암성 정보물질의 표기는 「화학물질의 분류·표시 및 물질안전보건자료에 관한 기준」에 따라 다음과 같이 표기함
• 1A : 사람에게 충분한 발암성 증거가 있는 물질
• 1B : 시험동물에서 발암성 증거가 충분히 있거나, 시험동물과 사람 모두에서 제한된 발암성 증거가 있는 물질
• 2 : 사람이나 동물에서 제한된 증거가 있지만, 구분1로 분류하기에는 증거가 충분하지 않은 물질

02

미국산업안전보건연구원(NIOSH)에서 제시한 중량물의 들기작업에 관한 감시기준(Action Limit)과 최대허용기준(Maximum Permissible Limit)의 관계를 바르게 나타낸 것은?

① MPL = 5AL
② MPL = 3AL
③ MPL = 10AL
④ MPL = $\sqrt{2}$ AL

해설

• 들기작업감시기준(AL) : 들기작업을 수행할 때 반복적인 과도한 부담을 방지하기 위해 설정된 기준
• 최대허용기준(MPL) : 작업자가 단일작업 또는 반복작업에서 들어올릴 수 있는 무게의 절대한계로, 일반적으로 MPL은 3AL이 성립될 수 있음

03

산업안전보건법령상 작업환경측정에 관한 내용으로 옳지 않은 것은?

① 모든 측정은 지역 시료채취방법을 우선으로 실시하여야 한다.
② 작업환경측정을 실시하기 전에 예비조사를 실시하여야 한다.
③ 작업환경측정자는 그 사업장에 소속된 사람으로 산업위생관리산업기사 이상의 자격을 가진 사람이다.
④ 작업이 정상적으로 이루어져 작업시간과 유해인자에 대한 근로자의 노출 정도를 정확히 평가할 수 있을 때 실시하여야 한다.

해설

① 모든 측정은 개인 시료채취방법으로 실시하고, 곤란한 경우 지역 시료채취방법을 진행한다.

04

근골격계 질환 평가 방법 중 JSI(Job Strain Index)에 대한 설명으로 옳지 않은 것은?

① 특히 허리와 팔을 중심으로 이루어지는 작업 평가에 유용하게 사용된다.

② JSI 평가결과의 점수가 7점 이상은 위험한 작업이므로 즉시 작업개선이 필요한 작업으로 관리기준을 제시하게 된다.

③ 이 기법은 힘, 근육사용 기간, 작업 자세, 하루 작업시간 등 6개의 위험요소로 구성되어, 이를 곱한 값으로 상지질환의 위험성을 평가한다.

④ 이 평가방법은 손목의 특이적인 위험성만을 평가하고 있어 제한적인 작업에 대해서만 평가가 가능하고, 손, 손목 부위에서 중요한 진동에 대한 위험요인이 배제되었다는 단점이 있다.

> **해설**
> ① 특히 손, 손목의 자세 중심으로 이루어지는 작업 평가에 유용하게 사용된다.

05

휘발성 유기화합물의 특징이 아닌 것은?

① 물질에 따라 인체에 발암성을 보이기도 한다.

② 대기 중에 반응하여 광화학 스모그를 유발한다.

③ 증기압이 낮아 대기 중으로 쉽게 증발하지 않고 실내에 장기간 머무른다.

④ 지표면 부근 오존 생성에 관여하여 결과적으로 지구온난화에 간접적으로 기여한다.

> **해설**
> ③ 증기압이 높아 대기 중으로 쉽게 증발한다.

06

체중이 60kg인 사람이 1일 8시간 작업 시 안전흡수량이 1mg/kg인 물질의 체내 흡수를 안전흡수량 이하로 유지하려면 공기 중 유해물질 농도를 몇 mg/m³ 이하로 하여야 하는가?(단, 작업 시 폐환기율은 1.25m³/hr, 체내 잔류율은 1로 가정한다)

① 0.06   ② 0.6

③ 6   ④ 60

> **해설**
> $$SHD = C \times T \times V \times R$$
> $$C(\mathrm{mg/m^3}) = \frac{SHD}{T \times V \times R} = \frac{60\mathrm{kg} \times \dfrac{1\mathrm{mg}}{\mathrm{kg}}}{8\mathrm{h} \times \dfrac{1.25\mathrm{m^3}}{\mathrm{h}} \times 1.0} = 6\mathrm{mg/m^3}$$

07

업무상 사고나 업무상 질병을 유발할 수 있는 불안전한 행동의 직접 원인에 해당되지 않는 것은?

① 지식의 부족   ② 기능의 미숙

③ 태도의 불량   ④ 의식의 우회

> **해설**
> ④ 의식의 우회는 불안전한 행동의 간접 원인이다.

08

산업위생의 목적과 가장 거리가 먼 것은?

① 근로자의 건강을 유지시키고 작업능률을 향상시킴

② 근로자들의 육체적, 정신적, 사회적 건강을 증진시킴

③ 유해한 작업환경 및 조건으로 발생한 질병을 진단하고 치료함

④ 작업환경 및 작업 조건이 최적화되도록 개선하여 질병을 예방함

> **해설**
> ③ 유해한 작업환경 및 조건으로 발생한 질병을 진단하고 예방함

09

교대근무에 있어 야간작업의 생리적 현상으로 옳지 않은 것은?

① 체중의 감소가 발생한다.
② 체온이 주간보다 올라간다.
③ 주간 근무에 비하여 피로를 쉽게 느낀다.
④ 수면 부족 및 식사시간의 불규칙으로 위장장애를 유발한다.

해설
② 체온이 주간보다 내려간다.

11

산업안전보건법령상 작업환경측정 대상 유해인자(분진)에 해당하지 않는 것은?(단, 그 밖에 고용노동부장관이 정하여 고시하는 인체에 해로운 유해인자는 제외한다)

① 면 분진(Cotton dusts)
② 목재 분진(Wood dusts)
③ 지류 분진(Paper dusts)
④ 곡물 분진(Grain dusts)

해설
유해인자(분진)의 종류
면 분진, 목재 분진, 곡물 분진, 석면 분진, 광물성 분진

10

미국에서 1910년 납(lead) 공장에 대한 조사를 시작으로 레이온 공장의 이황화탄소 중독, 구리 광산에서 규폐증, 수은 광산에서의 수은 중독 등을 조사하여 미국의 산업보건 분야에 크게 공헌한 선구자는?

① Leonard Hill
② Max Von Pettenkofer
③ Edward Chadwick
④ Alice Hamilton

해설
Alice Hamilton
• 미국 최초의 산업보건학자, 산업의학자
• 공장의 이황화탄소 중독, 규폐증, 수은 중독

12

RMR이 10인 격심한 작업을 하는 근로자의 실동률(A)과 계속작업의 한계시간(B)으로 옳은 것은?(단, 실동률은 사이또와 오시마식을 적용한다)

① A : 55%, B : 약 7분
② A : 45%, B : 약 5분
③ A : 35%, B : 약 3분
④ A : 25%, B : 약 1분

해설
실동률(%) = $85 - (5 \times R) = 85 - (5 \times 10) = 35\%$
log(계속작업의 한계시간) = $3.724 - 3.25 \times \log(R)$
= $3.724 - 3.25 \times \log 10 = 0.474$
계속작업의 한계시간 = $10^{0.474} = 3$

13

다음 중 산업안전보건법령상 제조 등이 허가되는 유해물질에 해당하는 것은?

① 석면(Asbestos)

② 베릴륨(Beryllium)

③ 황린 성냥(Yellow phosphorus match)

④ β-나프틸아민과 그 염(β-Naphthylamine and its salts)

해설

제조 등이 금지되는 유해물질(산업안전보건법 시행령 제87조)
- β-나프틸아민[91-59-8]과 그 염(β-Naphthylamine and its salts)
- 4-니트로디페닐[92-93-3]과 그 염(4-Nitrodiphenyl and its salts)
- 백연[1319-46-6]을 포함한 페인트(포함된 중량의 비율이 2% 이하인 것은 제외)
- 벤젠[71-43-2]을 포함하는 고무풀(포함된 중량의 비율이 5% 이하인 것은 제외)
- 석면(Asbestos ; 1332-21-4 등)
- 폴리클로리네이티드 터페닐(Polychlorinated terphenyls ; 61788-33-8 등)
- 황린(黃燐)[12185-10-3] 성냥(Yellow phosphorus match)
- 제1호, 제2호, 제5호 또는 제6호에 해당하는 물질을 포함한 혼합물(포함된 중량의 비율이 1% 이하인 것은 제외)
- 「화학물질관리법」제2조 제5호에 따른 금지물질(같은 법 제3조 제1항 제1호부터 제12호까지의 규정에 해당하는 화학물질은 제외)
- 그 밖에 보건상 해로운 물질로서 산업재해보상보험 및 예방심의위원회의 심의를 거쳐 고용노동부장관이 정하는 유해물질

14

직업병 진단 시 유해요인 노출 내용과 정도에 대한 평가 요소와 가장 거리가 먼 것은?

① 성별

② 노출의 추정

③ 작업환경측정

④ 생물학적 모니터링

15

직업적성검사 중 생리적 기능검사에 해당하지 않는 것은?

① 체력검사

② 감각기능검사

③ 심폐기능검사

④ 지각동작검사

해설

심리적 기능검사 : 지능검사, 인성검사, 지각동작검사

16

산업재해 통계 중 재해발생건수(100만 배)를 총 연인원의 근로시간수로 나누어 산정하는 것으로 재해발생의 정도를 표현하는 것은?

① 강도율

② 도수율

③ 발생율

④ 연천인율

해설

$$도수율 = \frac{재해건수}{총 근로시간} \times 1,000,000$$

17

직업병 및 작업관련성 질환에 관한 설명으로 옳지 않은 것은?

① 작업관련성 질환은 작업에 의하여 악화되거나 작업과 관련하여 높은 발병률을 보이는 질병이다.

② 직업병은 일반적으로 단일요인에 의해, 작업관련성 질환은 다수의 원인 요인에 의해서 발병된다.

③ 직업병은 직업에 의해 발생된 질병으로서 직업 환경 노출과 특정 질병 간에 인과관계는 불분명하다.

④ 작업관련성 질환은 작업환경과 업무수행상의 요인들이 다른 위험요인과 함께 질병발생의 복합적 병인 중 한 요인으로서 기여한다.

> **해설**
> ③ 직업병은 직업에 의해 발생된 질병으로서 직업 환경 노출과 특정 질병 간에 인과관계가 분명하다.

18

미국산업위생학술원(AAIH)이 채택한 윤리강령 중 사업주에 대한 책임에 해당되는 내용은?

① 일반 대중에 관한 사항은 정직하게 발표한다.

② 위험 요소와 예방 조치에 관하여 근로자와 상담한다.

③ 성실성과 학문적 실력 면에서 최고 수준을 유지한다.

④ 근로자의 건강에 대한 궁극적인 책임은 사업주에게 있음을 인식시킨다.

> **해설**
> **기업주와 고객에 대한 책임**
> • 정확한 기록을 유지하고 산업위생 전문 부서를 운영·관리한다.
> • 궁극적인 책임은 근로자의 건강 보호이다.
> • 정직하게 권고하고, 권고사항은 정확히 보고한다.

19

단기간의 휴식에 의하여 회복될 수 없는 병적 상태를 일컫는 용어는?

① 곤비
② 과로
③ 국소피로
④ 전신피로

> **해설**
> ① 과로의 축적으로 단시간 휴식을 취하여도 회복될 수 없는 상태로, 심한 노동 후의 피로현상으로 병적 상태를 의미한다.

20

사무실 공기관리 지침상 오염물질과 관리기준이 잘못 연결된 것은?(단, 관리기준은 8시간 시간가중평균농도이며, 고용노동부 고시를 따른다)

① 총부유세균 – $800CFU/m^3$

② 일산화탄소(CO) – 10ppm

③ 초미세먼지(PM2.5) – $50\mu g/m^3$

④ 포름알데하이드(HCHO) – $150\mu g/m^3$

> **해설**
> ④ 포름알데하이드(HCHO) – $100\mu g/m^3$
> **오염물질 관리기준(사무실 공기관리 지침 제2조)**
> 사업주는 쾌적한 사무실 공기를 유지하기 위해 사무실 오염물질을 기준에 따라 관리한다.

21

금속탈지 공정에서 측정한 trichloroethylene의 농도(ppm)가 아래와 같을 때, 기하평균 농도(ppm)는?

> 101, 45, 51, 87, 36, 54, 40

① 49.7

② 54.7

③ 55.2

④ 57.2

해설

기하평균 $= \sqrt[n]{X_1 \times X_2 \times \cdots \times X_n}$
$= \sqrt[7]{101 \times 45 \times 51 \times 87 \times 36 \times 54 \times 40}$
$= 55.2$

22

공기 중 먼지를 채취하여 채취된 입자 크기의 중앙값(median)은 $1.12 \mu m$이고 84%에 해당하는 크기가 $2.68 \mu m$일 때, 기하표준편차 값은?(단, 채취된 입경의 분포는 대수정규분포를 따른다)

① 0.42

② 0.94

③ 2.25

④ 2.39

해설

기하표준편차 $= \dfrac{84.1\%\text{에 해당하는 값}}{50\%\text{에 해당하는 값}} = \dfrac{2.68}{1.12} = 2.39$

23

입경이 $20 \mu m$이고 입자비중이 1.5인 입자의 침강 속도(cm/s)는?

① 1.8

② 2.4

③ 12.7

④ 36.2

해설

침강속도, $V(\text{cm/s}) = 0.003 \times \rho \times d^2$
$= 0.003 \times 1.5 \times 20^2$
$= 1.8\,\text{cm/s}$

24

어느 작업장에서 시료채취기를 사용하여 분진 농도를 측정한 결과 시료채취 전/후 여과지의 무게가 각각 32.4/44.7mg일 때, 이 작업장의 분진 농도(mg/m³)는?(단, 시료채취를 위해 사용된 펌프의 유량은 20L/min이고, 2시간 동안 시료를 채취하였다)

① 5.1

② 6.2

③ 10.6

④ 12.3

해설

$$\dfrac{(44.7 - 32.4)\text{mg}}{\dfrac{20\text{L}}{\text{min}} \times \dfrac{\text{m}^3}{1,000\text{L}} \times 2\text{h} \times \dfrac{60\text{min}}{\text{h}}} = 5.1\,\text{mg/m}^3$$

25

근로자 개인의 청력 손실 여부를 알기 위해 사용하는 청력 측정용 기기는?

① Audiometer

② Noise dosimeter

③ Sound level meter

④ Impact sound level meter

해설

② 소음선량계

③ 소음측정기

④ 충격음 측정기

26

Fick법칙이 적용된 확산포집방법에 의하여 시료가 포집될 경우, 포집량에 영향을 주는 요인과 가장 거리가 먼 것은?

① 공기 중 포집대상물질 농도와 포집매체에 함유된 포집대상물질의 농도 차이
② 포집기의 표면이 공기에 노출된 시간
③ 대상물질과 확산매체와의 확산계수 차이
④ 포집기에서 오염물질이 포집되는 면적

해설

③ 확산물질의 확산계수는 영향을 미치지만, 대상물질과 확산매체와의 확산계수의 차이는 영향이 없다.

27

옥내의 습구흑구온도지수(WBGT)를 산출하는 식은?

① WBGT(℃) = 0.7 × 자연습구온도 + 0.3 × 흑구온도
② WBGT(℃) = 0.4 × 자연습구온도 + 0.6 × 흑구온도
③ WBGT(℃) = 0.7 × 자연습구온도 + 0.1 × 흑구온도 + 0.2 × 건구온도
④ WBGT(℃) = 0.7 × 자연습구온도 + 0.2 × 흑구온도 + 0.1 × 건구온도

해설

• 태양광선이 내리쬐는 옥외 장소
  WBGT(℃) = 0.7 × 자연습구온도 + 0.2 × 흑구온도 + 0.1 × 건구온도
• 태양광선이 내리쬐지 않는 옥내 또는 옥외 장소
  WBGT(℃) = 0.7 × 자연습구온도 + 0.3 × 흑구온도

28

87℃와 동등한 온도는?(단, 정수로 반올림한다)

① 351K   ② 189°F
③ 700°R   ④ 186K

해설

② $(1.8 \times 87) + 32 = 189°F$
① $273 + 87 = 360K$
③ $460 + 189 = 649°R$
• 섭씨(℃) = 1.8(화씨 − 32)
• 화씨(°F) = (1.8 × 섭씨) + 32
• 절대온도(K) = 273 + 섭씨
• 랭킨온도(°R) = 460 + 화씨

29

입자상 물질을 채취하는 방법 중 직경분립충돌기의 장점으로 틀린 것은?

① 호흡기에 부분별로 침착된 입자크기의 자료를 추정할 수 있다.
② 흡입성, 흉곽성, 호흡성 입자의 크기별 분포와 농도를 계산할 수 있다.
③ 시료 채취 준비에 시간이 적게 걸리며 비교적 채취가 용이하다.
④ 입자의 질량크기분포를 얻을 수 있다.

해설

③ 시료 채취 준비 시간이 오래 걸리며 비교적 채취가 까다롭다.

30

공기 중 유기용제 시료를 활성탄관으로 채취하였을 때 가장 적절한 탈착용매는?

① 황산   ② 사염화탄소
③ 중크롬산칼륨   ④ 이황화탄소

해설

활성탄관으로 흡착한 유기용제는 이황화탄소로 탈착하여 분석한다.

31

산업안전보건법령상 소음 측정방법에 관한 내용이다. (Ⓐ) 안에 맞는 내용은?

소음이 1초 이상의 간격을 유지하면서 최대음압 수준이 (Ⓐ)dB(A) 이상의 소음인 경우에는 소음 수준에 따른 1분 동안의 발생횟수를 측정할 것

① 110　　　　　② 120

③ 130　　　　　④ 140

해설

측정방법(작업환경측정 및 정도관리 등에 관한 고시 제26조)
소음이 1초 이상의 간격을 유지하면서 최대음압수준이 120dB(A) 이상의 소음인 경우에는 소음수준에 따른 1분 동안의 발생횟수를 측정할 것

32

산업안전보건법령상 단위작업장소에서 작업근로자수가 17명일 때, 측정해야 할 근로자수는?(단, 시료채취는 개인 시료채취로 한다)

① 1　　　　　② 2

③ 3　　　　　④ 4

해설

④ 기본 2명 + 추가 2명(근로자수 17명인 경우) = 4명
시료채취 근로자수(작업환경측정 및 정도관리 등에 관한 고시 제19조)
단위작업 장소에서 최고 노출근로자 2명 이상에 대하여 동시에 개인 시료채취 방법으로 측정하되, 단위작업 장소에 근로자가 1명인 경우에는 그러하지 아니하며, 동일 작업근로자수가 10명을 초과하는 경우에는 매 5명당 1명 이상 추가하여 측정하여야 한다. 다만, 동일 작업근로자수가 100명을 초과하는 경우에는 최대 시료채취 근로자수를 20명으로 조정할 수 있다.

33

실리카겔과 친화력이 가장 큰 물질은?

① 알데하이드류

② 올레핀류

③ 파라핀류

④ 에스테르류

해설

실리카겔의 친화력
물 > 알코올류 > 알데하이드류 > 케톤류 > 에스테르류 > 방향족 탄화수소류 > 올레핀류 > 파라핀류

34

시료채취방법 중 유해물질에 따른 흡착제의 연결이 적절하지 않은 것은?

① 방향족 유기용제류 – Charcoal tube

② 방향족 아민류 – Silicagel tube

③ 니트로벤젠 – Silicagel tube

④ 알코올류 – Amberlite(XAD-2)

해설

④ 알코올류 – Charcoal tube

35

직독식 기구에 대한 설명과 가장 거리가 먼 것은?

① 측정과 작동이 간편하여 인력과 분석비를 절감할 수 있다.

② 연속적인 시료채취전략으로 작업시간 동안 하나의 완전한 시료채취에 해당된다.

③ 현장에서 실제 작업시간이나 어떤 순간에서 유해인 자의 수준과 변화를 쉽게 알 수 있다.

④ 현장에서 즉각적인 자료가 요구될 때 민감성과 특이 성이 있는 경우 매우 유용하게 사용될 수 있다.

해설

② 직독식 기구는 짧은 시간 순간 농도를 측정한다.

36

측정값이 1, 7, 5, 3, 9일 때, 변이계수(%)는?

① 183

② 133

③ 63

④ 13

해설

산술평균 $= \dfrac{1+7+5+3+9}{5} = 5$

표준편차

$= \sqrt{\dfrac{(1-5)^2+(7-5)^2+(5-5)^2+(3-5)^2+(9-5)^2}{5-1}}$

$= 3.16$

변이계수(%) $= \dfrac{표준편차}{산술평균} \times 100 = \dfrac{3.16}{5} \times 100 = 63\%$

37

어느 작업장에서 작동하는 기계 각각의 소음 측정결과가 아래와 같을 때, 총 음압수준(dB)은?(단, A, B, C 기계는 동시에 작동된다)

A 기계 : 93dB, B 기계 : 89dB, C 기계 : 88dB

① 91.5

② 92.7

③ 95.3

④ 96.8

해설

합성소음도, $L(dB) = 10 \times \log(10^{\frac{L_1}{10}} + 10^{\frac{L_2}{10}} + \cdots + 10^{\frac{L_n}{10}})$

$= 10 \times \log(10^{\frac{93}{10}} + 10^{\frac{89}{10}} + 10^{\frac{88}{10}})$

$= 95.3 dB$

38

검지관의 장·단점에 관한 내용으로 옳지 않은 것은?

① 사용이 간편하고, 복잡한 분석실 분석이 필요 없다.

② 산소결핍이나 폭발성 가스로 인한 위험이 있는 경우 에도 사용이 가능하다.

③ 민감도 및 특이도가 낮고 색변화가 선명하지 않아 판독자에 따라 변이가 심하다.

④ 측정대상물질의 동정이 미리 되어 있지 않아도 측정 을 용이하게 할 수 있다.

해설

④ 측정대상물질의 동정이 미리 되어 있어야 한다.

39

어떤 작업장의 8시간 작업 중 연속음 소음 100dB(A)가 1시간, 95dB(A)가 2시간 발생하고 그 외 5시간은 기준 이하의 소음이 발생되었을 때, 이 작업장의 누적소음도에 대한 노출기준 평가로 옳은 것은?

① 0.75로 기준 이하였다.
② 1.0으로 기준과 같았다.
③ 1.25로 기준을 초과하였다.
④ 1.50으로 기준을 초과하였다.

해설

정의(산업안전보건기준에 관한 규칙 제512조)
"강렬한 소음작업"이란 다음 각목의 어느 하나에 해당하는 작업을 말한다.
• 90dB(A) 이상의 소음이 1일 8시간 이상 발생하는 작업
• 95dB(A) 이상의 소음이 1일 4시간 이상 발생하는 작업
• 100dB(A) 이상의 소음이 1일 2시간 이상 발생하는 작업
• 105dB(A) 이상의 소음이 1일 1시간 이상 발생하는 작업
• 110dB(A) 이상의 소음이 1일 30분 이상 발생하는 작업
• 115dB(A) 이상의 소음이 1일 15분 이상 발생하는 작업

노출기준 $= \dfrac{1}{2} + \dfrac{2}{4} = 1$

40

유해인자에 대한 노출평가방법인 위해도평가(Risk assessment)를 설명한 것으로 가장 거리가 먼 것은?

① 위험이 가장 큰 유해인자를 결정하는 것이다.
② 유해인자가 본래 가지고 있는 위해성과 노출요인에 의해 결정된다.
③ 모든 유해인자 및 작업자, 공정을 대상으로 동일한 비중을 두면서 관리하기 위한 방안이다.
④ 노출량이 높고 건강상의 영향이 큰 유해인자인 경우 관리해야 할 우선순위도 높게 된다.

해설

위해도평가는 노출되는 빈도와 양으로 평가하는 방법이다.

41

호흡기 보호구에 대한 설명으로 옳지 않은 것은?

① 호흡기 보호구를 선정할 때는 기대되는 공기중의 농도를 노출기준으로 나눈 값을 위해비(HR)라 하는데, 위해비보다 할당보호계수(APF)가 작은 것을 선택한다.
② 할당보호계수(APF)가 100인 보호구를 착용하고 작업장에 들어가면 외부 유해물질로부터 적어도 100배만큼의 보호를 받을 수 있다는 의미이다.
③ 보호구를 착용함으로써 유해물질로부터 얼마만큼 보호해주는지 나타내는 것은 보호계수(PF)이다.
④ 보호계수(PF)는 보호구 밖의 농도(C_o)와 안의 농도(C_i)의 비(C_o/C_i)로 표현할 수 있다.

해설

① 호흡기 보호구를 선정할 때는 기대되는 공기 중의 농도를 노출기준으로 나눈 값을 위해비(HR)라 하는데, 위해비보다 할당보호계수(APF)가 큰 것을 선택한다.

42

흡입관의 정압 및 속도압은 −30.5mmH$_2$O, 7.2 mmH$_2$O이고, 배출관의 정압 및 속도압은 20.0 mmH$_2$O, 15mmH$_2$O일 때, 송풍기의 유효전압(mmH$_2$O)은?

① 58.3   ② 64.2
③ 72.3   ④ 81.1

해설

송풍기 전압, $FTP = TP_{out} - TO_∈$
$= (SP_{out} + VP_{out}) - (SP_∈ + VP_∈)$
$= (20 + 15) - (-30.5 + 7.2)$
$= 58.3$

43

환기시설 내 기류가 기본적인 유체역학적 원리에 의하여 지배되기 위한 전제 조건에 관한 내용으로 틀린 것은?

① 환기시설 내외의 열교환은 무시한다.
② 공기의 압축이나 팽창을 무시한다.
③ 공기는 포화 수증기 상태로 가정한다.
④ 대부분의 환기시설에서는 공기 중에 포함된 유해물질의 무게와 용량을 무시한다.

해설
③ 공기는 상대습도로 가정한다.

44

전기도금 공정에 가장 적합한 후드 형태는?

① 캐노피 후드
② 슬롯 후드
③ 포위식 후드
④ 종형 후드

해설
② 슬롯 후드 : 도금조, 용해, 분무도장

45

보호구의 재질에 따른 효과적 보호가 가능한 화학물질을 잘못 짝지은 것은?

① 가죽 – 알코올
② 천연고무 – 물
③ 면 – 고체상 물질
④ 부틸고무 – 알코올

해설
① 가죽 – 알코올 : 용제에는 사용 못함

46

슬롯(Slot) 후드의 종류 중 전원주형의 배기량은 1/4원주형 대비 약 몇 배인가?

① 2배
② 3배
③ 4배
④ 5배

47

터보(Turbo) 송풍기에 관한 설명으로 틀린 것은?

① 후향날개형 송풍기라고도 한다.
② 송풍기의 깃이 회전방향 반대편으로 경사지게 설계되어 있다.
③ 고농도 분진함유 공기를 이송시킬 경우, 집진기 후단에 설치하여 사용해야 한다.
④ 방사날개형이나 전향날개형 송풍기에 비해 효율이 떨어진다.

해설
④ 원심력식 송풍기 중 터보(Turbo) 송풍기의 효율이 가장 좋다.

48

밀도가 1.225kg/m³인 공기가 20m/s의 속도로 덕트를 통과하고 있을 때 동압(mmH₂O)은?

① 15 　　　　　　② 20
③ 25 　　　　　　④ 30

해설

속도압, $VP = \dfrac{\gamma V^2}{2g} = \dfrac{1.225 \times 20^2}{2 \times 9.8} = 25\text{mmH}_2\text{O}$

49

정압회복계수가 0.72이고 정압회복량이 7.2mmH₂O인 원형 확대관의 압력손실(mmH₂O)은?

① 4.2 　　　　　　② 3.6
③ 2.8 　　　　　　④ 1.3

해설

정압회복량 = 동압차이 − 압력손실

$= \dfrac{\text{압력손실}}{(1 - \text{정압회복계수})} - \text{압력손실}$

압력손실 $= \dfrac{\text{정압회복량}}{\dfrac{1}{1 - \text{정압회복계수}} - 1} = \dfrac{7.2\text{mmH}_2\text{O}}{\dfrac{1}{1 - 0.72} - 1}$

$= 2.8\text{mmH}_2\text{O}$

50

유기용제 취급 공정의 작업환경 관리대책으로 가장 거리가 먼 것은?

① 근로자에 대한 정신건강관리 프로그램 운영
② 유기용제의 대체사용과 작업공정 배치
③ 유기용제 발산원의 밀폐등 조치
④ 국소배기장치의 설치 및 관리

해설

① 유기용제 취급작업의 올바른 작업방법에 대한 교육 운영

51

송풍기의 풍량조절기법 중에서 풍량(Q)을 가장 크게 조절할 수 있는 것은?

① 회전수 조절법
② 안내익 조절법
③ 댐퍼부착 조절법
④ 흡입압력 조절법

해설

풍량은 회전수에 비례하고 풍압은 회전수제곱에 비례하므로, 풍량을 크게 조절하기 위해서는 회전수를 조절하는 것이 가장 효과적이다. 댐퍼는 풍량을 줄일 때 효과적이다.

52

회전차 외경이 600mm인 원심 송풍기의 풍량은 200m³/min이다. 회전차 외경이 1,200mm인 동류(상사구조)의 송풍기가 동일한 회전수로 운전된다면 이 송풍기의 풍량(m³/min)은?(단, 두 경우 모두 표준공기를 취급한다)

① 1,000 　　　　　　② 1,200
③ 1,400 　　　　　　④ 1,600

해설

$Q_2 = Q_1 \times \left(\dfrac{D_2}{D_1}\right)^3 \times \left(\dfrac{N_2}{N_1}\right)$

$= 200\text{m}^3/\text{min} \times \left(\dfrac{1,200\text{mm}}{600\text{mm}}\right)^3 \times 1 = 1,600\text{m}^3/\text{min}$

53

송풍기 축의 회전수를 측정하기 위한 측정기구는?

① 열선풍속계(Hot wire anemometer)

② 타코미터(Tachometer)

③ 마노미터(Manometer)

④ 피토관(Pitot tube)

해설

① 풍속측정기구

③, ④ 압력측정기구

54

20℃, 1기압에서 공기유속은 5m/s, 원형덕트의 단면적은 1.13m²일 때, Reynolds 수는?(단, 공기의 점성계수는 1.8×10^{-5}kg/s·m이고, 공기의 밀도는 1.2kg/m³이다)

① 4.0×10^5

② 3.0×10^5

③ 2.0×10^5

④ 1.0×10^5

해설

$$A = \frac{\pi \times d^2}{4}, d = \sqrt{\frac{4 \times 1.13}{\pi}} = 1.20m$$

레이놀즈 수, $Re = \dfrac{\rho Vd}{\mu} = \dfrac{Vd}{v}$

$$= \frac{1.2kg/m^3 \times 5m/s \times 1.20m}{1.8 \times 10^{-5}kg/s \cdot m} = 4.0 \times 10^5$$

55

유해물질별 송풍관의 적정 반송속도로 옳지 않은 것은?

① 가스상 물질 : 10m/s

② 무거운 물질 : 25m/s

③ 일반 공업물질 : 20m/s

④ 가벼운 건조 물질 : 30m/s

해설

④ 가벼운 건조 물질 : 15m/s

56

신체 보호구에 대한 설명으로 틀린 것은?

① 정전복은 마찰에 의하여 발생되는 정전기의 대전을 방지하기 위하여 사용된다.

② 방열의에는 석면제나 섬유에 알루미늄 등을 증착한 알루미나이즈 방열의가 사용된다.

③ 위생복(보호의)에서 방한복, 방한화, 방한모는 −18℃ 이하인 급냉동 창고 하역작업 등에 이용된다.

④ 안면 보호구에는 일반 보호면, 용접면, 안전모, 방진마스크 등이 있다.

해설

④ 안면 보호구에는 일반 보호면, 용접면 등이 있다.

57

국소환기시설 설계에 있어 정압조절평형법의 장점으로 틀린 것은?

① 예기치 않은 침식 및 부식이나 퇴적문제가 일어나지 않는다.

② 설치된 시설의 개조가 용이하여 장치변경이나 확장에 대한 유연성이 크다.

③ 설계가 정확할 때에는 가장 효율적인 시설이 된다.

④ 설계 시 잘못 설계된 분지관 또는 저항이 제일 큰 분지관을 쉽게 발견할 수 있다.

해설

② 설치된 시설의 개조가 용이하지 않으며 장치변경이나 확장에 대한 유연성이 적다.

59

심한 난류상태의 덕트 내에서 마찰계수를 결정하는 데 가장 큰 영향을 미치는 요소는?

① 덕트의 직경

② 공기점토와 밀도

③ 덕트의 표면조도

④ 레이놀즈수

해설

③ 덕트의 표면조도는 내벽이 거칠수록 마찰손실을 증가시켜 마찰계수를 커지게 한다. 레이놀즈수도 중요한 역할을 하지만 조도가 더 큰 영향을 미친다.

58

전체 환기의 목적에 해당되지 않는 것은?

① 발생된 유해물질을 완전히 제거하여 건강을 유지·증진한다.

② 유해물질의 농도를 희석시켜 건강을 유지·증진한다.

③ 실내의 온도와 습도를 조절한다.

④ 화재나 폭발을 예방한다.

해설

① 발생된 유해물질을 완전히 제거할 수는 없다.

60

호흡용 보호구 중 방독/방진마스크에 대한 설명 중 옳지 않은 것은?

① 방진마스크의 흡기저항과 배기저항은 모두 낮은 것이 좋다.

② 방진마스크의 포집효율과 흡기저항 상승률은 모두 높은 것이 좋다.

③ 방독마스크는 사용 중에 조금이라도 가스냄새가 나는 경우 새로운 정화통으로 교체하여야 한다.

④ 방독마스크의 흡수제는 활성탄, 실리카겔, soda-lime 등이 사용된다.

해설

② 방진마스크의 포집효율이 높고 흡기저항 상승률은 낮은 것이 좋다.

61

다음 파장 중 살균작용이 가장 강한 자외선의 파장 범위는?

① 220~234nm
② 254~280nm
③ 290~315nm
④ 325~400nm

해설

종류	파장	작용
UV-A	315~400nm	피부의 색소 침착
UV-B	280~315nm	• 소독작용, 비타민 D 형성 등 인체에 유익한 영향 • 홍반, 각막염, 피부암 유발
UV-C	100~280 nm	살균작용

62

산업안전보건법령상 고온의 노출기준 중 중등작업의 계속작업 시 노출기준은 몇 ℃(WBGT)인가?

① 26.7
② 28.3
③ 29.7
④ 31.4

해설

구분	경작업	중등작업	중작업
계속작업	30.0	26.7	25.0
매시간 75%작업, 25%휴식	30.6	28.0	25.9
매시간 50%작업, 50%휴식	31.4	29.4	27.9
매시간 25%작업, 75%휴식	32.2	31.1	30.0

63

다음 중 레이노 현상(Raynaud's phenomenon)의 주요 원인으로 옳은 것은?

① 국소진동
② 전신진동
③ 고온환경
④ 다습환경

해설

레이노병

국소진동에 지속적으로 노출된 근로자에게 발생할 수 있으며, 말초혈관 장해로 손가락이 창백해지고 통증을 느끼는 질환이다.

64

일반소음에 대한 차음효과는 벽체의 단위표면적에 대하여 벽체의 무게가 2배 될 때마다 약 몇 dB씩 증가하는가?(단, 벽체 무게 이외의 조건은 동일하다)

① 4
② 6
③ 8
④ 10

해설

20log2 = 6.02dB

65

전기성 안염(전광선 안염)과 가장 관련이 깊은 비전리 방사선은?

① 자외선
② 적외선
③ 가시광선
④ 마이크로파

해설

① 전기용접, 자외선 살균취급자 등에서 자외선에 의한 전기성 안염 발생

66

한랭노출 시 발생하는 신체적 장해에 대한 설명으로 옳지 않은 것은?

① 동상은 조직의 동결을 말하며, 피부의 이론상 동결 온도는 약 –1℃ 정도이다.
② 전신 체온강하는 장시간의 한랭노출과 체열상실에 따라 발생하는 급성 중증 장해이다.
③ 참호족은 동결 온도 이하의 찬공기에 단기간의 접촉으로 급격한 동결이 발생하는 장해이다.
④ 침수족은 부종, 저림, 작열감, 소양감 및 심한 동통을 수반하며, 수포, 궤양이 형성되기도 한다.

해설

③ 참호족은 동결 온도 이하의 찬공기에 장기간의 접촉으로 급격한 동결이 발생하는 장해이다.

67

산업안전보건법령상 "적정한 공기"에 해당하지 않는 것은?(단, 다른 성분의 조건은 적정한 것으로 가정한다)

① 이산화탄소 농도 1.5% 미만
② 일산화탄소 농도 100ppm 미만
③ 황화수소 농도 10ppm 미만
④ 산소 농도 18% 이상 23.5% 미만

해설

정의(산업안전보건기준에 관한 규칙 제618조)
"적정공기"란 산소농도의 범위가 18% 이상, 23.5% 미만, 이산화탄소의 농도가 1.5% 미만, 일산화탄소의 농도가 30ppm 미만, 황화수소의 농도가 10ppm 미만인 수준의 공기를 말한다.

68

인체와 작업환경 사이의 열교환이 이루어지는 조건에 해당되지 않는 것은?

① 대류에 의한 열교환
② 복사에 의한 열교환
③ 증발에 의한 열교환
④ 기온에 의한 열교환

해설

인체와 환경과의 열교환 방정식
$\Delta S = M - E \pm R \pm C$
여기서, ΔS : 인체 내 열용량의 변화
　　　　M : 대사에 의한 체내 열 생산량
　　　　E : 수분증발에 의한 열 발산
　　　　R : 복사에 의한 열 득실
　　　　C : 대류 및 전도에 의한 열 득실

69

심한 소음에 반복 노출되면, 일시적인 청력변화는 영구적 청력변화로 변하게 되는데, 이는 다음 중 어느 기관의 손상으로 인한 것인가?

① 원형창　　　　　② 삼반규반
③ 유스타키오관　　④ 코르티기관

해설

코르티기관은 달팽이관에 위치하여 청각정보를 신경신호로 변환하는 역할을 한다. 코르티기관의 손상은 영구적 청력 상실의 주요 원인이다.

70

방진재료로 적절하지 않은 것은?

① 방진고무　　　　② 코르크
③ 유리섬유　　　　④ 코일 용수철

해설

진동방지 방진재료
금속스프링, 방진고무, 코르크, 펠트, 공기스프링

71

전리방사선이 인체에 미치는 영향에 관여하는 인자와 가장 거리가 먼 것은?

① 전리작용　　　　② 피폭선량
③ 회절과 산란　　　④ 조직의 감수성

해설

전리방사선이 인체에 미치는 영향에 관여하는 인자 : 전리작용, 피폭선량(방사선량), 노출 경로, 노출 시간, 노출 에너지, 조직의 감수성(개인의 민감성)

72

산업안전보건법령상 소음작업의 기준은?

① 1일 8시간 작업을 기준으로 80dB(A) 이상의 소음이 발생하는 작업

② 1일 8시간 작업을 기준으로 85dB(A) 이상의 소음이 발생하는 작업

③ 1일 8시간 작업을 기준으로 90dB(A) 이상의 소음이 발생하는 작업

④ 1일 8시간 작업을 기준으로 95dB(A) 이상의 소음이 발생하는 작업

해설

정의(산업안전보건기준에 관한 규칙 제512조)

"소음작업"이란 1일 8시간 작업을 기준으로 85dB(A) 이상의 소음이 발생하는 작업을 말한다.

73

비전리 방사선이 아닌 것은?

① 적외선   ② 레이저

③ 라디오파   ④ 알파(α)선

해설

④ 전리방사선 – 알파(α)선

74

음원으로부터 40m 되는 지점에서 음압수준이 75dB로 측정되었다면 10m 되는 지점에서의 음압수준(dB)은 약 얼마인가?

① 84   ② 87

③ 90   ④ 93

해설

$$dB1 = dB2 + 20 \times \log\left(\frac{d2}{d1}\right) = 75 + 20 \times \log\left(\frac{40\text{m}}{10\text{m}}\right) = 87\text{dB}$$

75

산업안전보건법령상 정밀작업을 수행하는 작업장의 조도 기준은?

① 150lx 이상

② 300lx 이상

③ 450lx 이상

④ 750lx 이상

해설

조도(산업안전보건기준에 관한 규칙 제8조)

사업주는 근로자가 상시 작업하는 장소의 작업면 조도(照度)를 다음의 기준에 맞도록 하여야 한다. 다만, 갱내(坑內) 작업장과 감광재료(感光材料)를 취급하는 작업장은 그러하지 아니하다.

• 초정밀작업 : 750lx 이상
• 정밀작업 : 300lx 이상
• 보통작업 : 150lx 이상
• 그 밖의 작업 : 75lx 이상

76

고압환경의 2차적인 가압현상 중 산소 중독에 관한 내용으로 옳지 않은 것은?

① 일반적으로 산소의 분압이 2기압을 넘으면 산소 중독증세가 나타난다.

② 산소 중독에 따른 증상은 고압산소에 대한 노출이 중지되면 멈추게 된다.

③ 산소의 중독작용은 운동이나 중등량의 이산화탄소의 공급으로 다소 완화될 수 있다.

④ 수지와 족지의 작열통, 시력장해, 정신혼란, 근육경련 등의 증상을 보이며 나아가서는 간질 모양의 경련을 나타낸다.

해설

③ 이산화탄소의 증가는 산소의 독성과 질소의 마취작용을 촉진시킨다.

77

빛과 밝기에 관한 설명으로 옳지 않은 것은?

① 광도의 단위로는 칸델라(candela)를 사용한다.
② 광원으로부터 한 방향으로 나오는 빛의 세기를 광속이라 한다.
③ 루멘(Lumen)은 1촉광의 광원으로부터 단위 입체각으로 나가는 광속의 단위이다.
④ 조도는 어떤 면에 들어오는 광속의 양에 비례하고, 입사면의 단면적에 반비례한다.

해설
② 광원으로부터 한 방향으로 나오는 빛의 세기를 광도라 한다.

78

감압병의 예방대책으로 적절하지 않은 것은?

① 호흡용 혼합가스의 산소에 대한 질소의 비율을 증가시킨다.
② 호흡기 또는 순환기에 이상이 있는 사람은 작업에 투입하지 않는다.
③ 감압병 발생 시 원래의 고압환경으로 복귀시키거나 인공 고압실에 넣는다.
④ 고압실 작업에서는 이산화탄소의 분압이 증가하지 않도록 신선한 공기를 송기한다.

해설
① 호흡용 혼합가스의 산소에 대한 질소의 비율을 감소시킨다.

79

이상기압의 영향으로 발생되는 고공성 폐수종에 관한 설명으로 옳지 않은 것은?

① 어른보다 아이들에게서 많이 발생된다.
② 고공 순화된 사람이 해면에 돌아올 때에도 흔히 일어난다.
③ 산소공급과 해면 귀환으로 급속히 소실되며, 증세가 반복되는 경향이 있다.
④ 진해성 기침과 과호흡이 나타나고 폐동맥 혈압이 급격히 낮아진다.

해설
④ 저산소상태에 반응하여 폐혈관이 수축하면 폐동맥의 저항이 증가하고 이로 인해 폐동맥 혈압이 상승한다.

80

1,000Hz에서의 음압레벨을 기준으로 하여 등청감곡선을 나타내는 단위로 사용되는 것은?

① mel
② bell
③ sone
④ phon

해설
• 1phon = 1,000Hz = 1dB
• 1sone = 100Hz = 40dB

81

다음 중 무기연에 속하지 않는 것은?

① 금속연
② 일산화연
③ 사산화삼연
④ 4메틸연

해설

④ 4메틸연은 유기연이다.

82

접촉에 의한 알레르기성 피부감작을 증명하기 위한 시험으로 가장 적절한 것은?

① 첩포시험
② 진균시험
③ 조직시험
④ 유발시험

해설

① 알레르기성 접촉 피부염의 감각물질을 색출하는 임상시험

83

피부는 표피와 진피로 구분하는데, 진피에만 있는 구조물이 아닌 것은?

① 혈관
② 모낭
③ 땀샘
④ 멜라닌 세포

해설

④ 멜라닌 세포는 진피와 표피에 존재한다.

84

근로자의 소변 속에서 마뇨산(hippuric acid)이 다량검출 되었다면 이 근로자는 다음 중 어떤 유해물질에 폭로되었다고 판단되는가?

① 클로로포름
② 초산메틸
③ 벤젠
④ 톨루엔

해설

④ 혈액, 호기의 톨루엔, 뇨 중 마뇨산, 작업종료 시

85

카드뮴의 중독, 치료 및 예방대책에 관한 설명으로 옳지 않은 것은?

① 소변 속의 카드뮴 배설량은 카드뮴 흡수를 나타내는 지표가 된다.
② BAL 또는 Ca-EDTA 등을 투여하여 신장에 대한 독작용을 제거한다.
③ 칼슘대사에 장해를 주어 신결석을 동반한 증후군이 나타나고 다량의 칼슘배설이 일어난다.
④ 폐활량 감소, 잔기량 증가 및 호흡곤란의 폐증세가 나타나며, 이 증세는 노출기간과 노출농도에 의해 좌우된다.

해설

② BAL 또는 Ca-EDTA 등을 투여하면 신장에 독성작용이 더욱 심해진다.

86

접촉성 피부염의 특징으로 옳지 않은 것은?

① 작업장에서 발생빈도가 높은 피부질환이다.
② 증상은 다양하지만 홍반과 부종을 동반하는 것이 특징이다.
③ 원인물질은 크게 수분, 합성화학물질, 생물성 화학물질로 구분할 수 있다.
④ 면역학적 반응에 따라 과거 노출경험이 있어야만 반응이 나타난다.

해설

④ 면역학적 반응에 따라 과거 노출경험이 없어도 반응이 나타난다.

87

대사과정에 의해서 변화된 후에만 발암성을 나타내는 간접 발암원으로만 나열된 것은?

① benzo(a)pyrene, ethylbromide
② PAH, methyl nitrosourea
③ benzo(a)pyrene, dimethyl sulfate
④ nitrosamine, ethyl methanesulfonate

해설

대사과정에 의해서 변화된 후에만 발암성을 나타내는 간접 발암원
PAH, nitrosamine, benzo(a)pyrene, ethylbromide

88

직업성 피부질환에 영향을 주는 직접적인 요인에 해당되는 것은?

① 연령   ② 인종
③ 고온   ④ 피부의 종류

해설

간접요인 : 연령 및 성별, 인종, 피부 종류, 땀, 계절, 온도, 습도, 비직업성 피부질환의 공존

89

호흡기계로 들어온 입자상 물질에 대한 제거기전의 조합으로 가장 적절한 것은?

① 면역작용과 대식세포의 작용
② 폐포의 활발한 가스교환과 대식세포의 작용
③ 점액 섬모운동과 대식세포에 의한 정화
④ 점액 섬모운동과 면역작용에 의한 정화

해설

폐포 내 존재하는 대식세포는 미세한 입자상 물질을 포식하여 제거하는 역할을 한다.

90

노말헥산이 체내 대사과정을 거쳐 변환되는 물질로 노말헥산에 폭로된 근로자의 생물학적 노출지표로 이용되는 물질로 옳은 것은?

① hippuric acid
② 2,5-hexanedione
③ hydroquinone
④ 9-hydroxyquinoline

해설

노말헥산, 뇨 중 노말헥산, 뇨 중 2,5-hexandione, 작업종료 시

91

근로자가 1일 작업시간동안 잠시라도 노출되어서는 안 되는 기준을 나타내는 것은?

① TLV-C ② TLV-STEL

③ TLV-TWA ④ TLV-skin

해설

최고노출기준(C)
1일 작업시간동안 잠시라도 노출되어서는 안 되는 기준

92

대상 먼지와 침강속도가 같고, 밀도가 1이며 구형인 먼지의 직경으로 환산하여 표현하는 입자상 물질의 직경을 무엇이라 하는가?

① 입체적 직경 ② 등면적 직경

③ 기하학적 직경 ④ 공기역학적 직경

해설

공기역학적 직경
단위밀도가 1g/cm^{3}인 구형 입자와 같은 침강속도를 갖는 구형입자의 직경이다.

93

다음 중 규폐증(silicosis)을 일으키는 원인 물질과 가장 관계가 깊은 것은?

① 매연 ② 암석분진

③ 일반부유분진 ④ 목재분진

해설

규폐증은 규사 등의 먼지가 폐에 쌓여 흉터가 생기는 질환이다.

94

방향족 탄화수소 중 만성노출에 의한 조혈장해를 유발시키는 것은?

① 벤젠 ② 톨루엔

③ 클로로포름 ④ 나프탈렌

해설

① 벤젠 중독 시 초기에는 빈혈, 백혈구 및 혈소판이 감소 - 백혈병

95

금속열에 관한 설명으로 옳지 않은 것은?

① 금속열이 발생하는 작업장에서는 개인 보호용구를 착용해야 한다.

② 금속 흄에 노출된 후 일정 시간의 잠복기를 지나 감기와 비슷한 증상이 나타난다.

③ 금속열은 일주일 정도가 지나면 증상은 회복되나 후유증으로 호흡기, 시신경 장애 등을 일으킨다.

④ 아연, 마그네슘 등 비교적 용점이 낮은 금속의 제련, 용해, 용접 시 발생하는 산화금속 흄을 흡입할 경우 생기는 발열성 질병이다.

해설

③ 금속열은 하루 정도가 지나면 증상은 회복되나 후유증으로 호흡기, 시신경 장애 등을 일으킨다.

96

납이 인체에 흡수됨으로 초래되는 결과로 옳지 않은 것은?

① δ-ALAD 활성치 저하
② 혈청 및 요중 δ-ALA 증가
③ 망상적혈구수의 감소
④ 적혈구 내 프로토폴피린 증가

> **해설**
> ③ 망상적혈구수의 증가

97

유해물질의 경구투여용량에 따른 반응범위를 결정하는 독성검사에서 얻은 용량-반응곡선(dose-response curve)에서 실험동물군의 50%가 일정시간 동안 죽는 치사량을 나타내는 것은?

① LC_{50}
② LD_{50}
③ ED_{50}
④ TD_{50}

> **해설**
> 위해분석 용어 해설집, 식품의약품안전청
> 반수치사용량(LD_{50}) : 시험물질을 실험동물에 투여하였을 때 실험동물의 50%가 죽는 투여량으로 보통 체중 kg당 mg으로 나타낸다.

98

카드뮴에 노출되었을 때 체내의 주요 축적 기관으로만 나열한 것은?

① 간, 신장
② 심장, 뇌
③ 뼈, 근육
④ 혈액, 모발

> **해설**
> ① 체내에 흡수된 카드뮴은 혈액을 거쳐 2/3는 간과 신장으로 이동한다.

99

인체 내에서 독성이 강한 화학물질과 무독한 화학물질이 상호작용하여 독성이 증가되는 현상을 무엇이라 하는가?

① 상가작용
② 상승작용
③ 가승작용
④ 길항작용

> **해설**
> ③ 가승작용 : 무독성물질이 독성물질과 동시에 작용하여 그 영향력이 커지는 경우
> ① 상가작용 : 독성물질 영향력의 합으로 나타나는 경우
> ② 상승작용 : 독성물질 영향력의 합보다 크게 나타나는 경우
> ④ 길항작용(상쇄작용) : 독성물질로 인한 영향이 단독 물질일 때보다 작아지는 경우

100

무색의 휘발성 용액으로서 도금 사업장에서 금속표면의 탈지 및 세정용, 드라이클리닝, 접착제 등으로 사용되며, 간 및 신장 장해를 유발시키는 유기용제는?

① 톨루엔
② 노르말헥산
③ 클로르포름
④ 트리클로로에틸렌

01

중량물 취급으로 인한 요통발생에 관여하는 요인으로 볼 수 없는 것은?

① 근로자의 육체적 조건
② 작업빈도와 대상의 무게
③ 습관성 약물의 사용 유무
④ 작업습관과 개인적인 생활태도

해설

요통 발생에 관여하는 주된 요인
• 작업습관과 개인적인 생활태도
• 작업빈도, 물체의 위치와 무게 및 크기 등과 같은 물리적 환경요인
• 근로자의 육체적 조건
• 올바르지 못한 작업 방법 및 자세

02

산업위생의 기본적인 과제에 해당하지 않는 것은?

① 작업환경이 미치는 건강장애에 관한 연구
② 작업능률 저하에 따른 작업조건에 관한 연구
③ 작업환경의 유해물질이 대기오염에 미치는 영향에 관한 연구
④ 작업환경에 의한 신체적 영향과 최적환경의 연구

해설

산업위생의 영역 중 기본과제
• 작업능력의 향상과 저하에 따른 작업조건 및 정신적 조건의 연구
• 최적 작업환경 조성에 관한 연구 및 유해 작업환경에 의한 신체적 영향 연구
• 노동력의 재생산과 사회경제적 조건에 관한 연구

03

작업 시작 및 종료 시 호흡의 산소소비량에 대한 설명으로 옳지 않은 것은?

① 산소소비량은 작업부하가 계속 증가하면 일정한 비율로 계속 증가한다.
② 작업이 끝난 후에도 맥박과 호흡수가 작업개시 수준으로 즉시 돌아오지 않고 서서히 감소한다.
③ 작업부하 수준이 최대 산소소비량 수준보다 높아지게 되면, 젖산의 제거 속도가 생성 속도에 못 미치게 된다.
④ 작업이 끝난 후에 남아 있는 젖산을 제거하기 위해서는 산소가 더 필요하며, 이때 동원되는 산소소비량을 산소부채(oxygen debt)라 한다.

해설

① 작업 대사량이 증가하면 산소소비량도 비례하여 계속 증가하나 작업 대사량이 일정 한계를 넘으면 산소소비량은 증가하지 않는다.

04

38세 된 남성 근로자의 육체적 작업능력(PWC)은 15kcal/min이다. 이 근로자가 1일 8시간 동안 물체를 운반하고 있으며 이때의 작업 대사량은 7kcal/min이고, 휴식 시 대사량은 1.2kcal/min이다. 이 사람의 적정 휴식시간과 작업시간의 배분(매시간별)은 어떻게 하는 것이 이상적인가?

① 12분 휴식, 48분 작업

② 17분 휴식, 43분 작업

③ 21분 휴식, 39분 작업

④ 27분 휴식, 33분 작업

해설

$$T_{rest}(\%) = \left[\frac{PWC의 \ \frac{1}{3} - 작업대사량}{휴식대사량 - 작업대사량} \right] \times 100$$

$$= \frac{(15 \times \frac{1}{3}) - 7}{1.2 - 7} \times 100 = 34.5\%$$

휴식시간 = 60분 × 0.345 ≒ 21분, 작업시간 = 39분

05

산업위생의 역사에 있어 주요 인물과 업적의 연결이 올바른 것은?

① Percival Pott – 구리광산의 산 증기 위험성 보고

② Hippocrates – 역사상 최초의 직업병(납중독) 보고

③ G. Agricola – 검댕에 의한 직업성 암의 최초 보고

④ Bernardino Ramazzini – 금속 중독과 수은의 위험성 규명

해설

• Galen : 구리광산의 산 증기 위험성 보고
• Percival Pott : 검댕에 의한 직업성 암의 최초 보고
• Alice Hamilton : 금속 중독과 수은의 위험성 규명

06

산업안전보건법령상 자격을 갖춘 보건관리자가 해당 사업장의 근로자를 보호하기 위한 조치에 해당하는 의료행위를 모두 고른 것은?(단, 보건관리자는 의료법에 따른 의사로 한정한다)

> 가. 자주 발생하는 가벼운 부상에 대한 치료
> 나. 응급처치가 필요한 사람에 대한 처치
> 다. 부상·질병의 악화를 방지하기 위한 처치
> 라. 건강진단 결과 발견된 질병자의 요양지도 및 관리

① 가, 나

② 가, 다

③ 가, 다, 라

④ 가, 나, 다, 라

해설

보건관리자의 업무 등(산업안전보건법 시행령 제22조)
해당 사업장의 근로자를 보호하기 위한 다음의 조치에 해당하는 의료행위
• 자주 발생하는 가벼운 부상에 대한 치료
• 응급처치가 필요한 사람에 대한 처치
• 부상·질병의 악화를 방지하기 위한 처치
• 건강진단 결과 발견된 질병자의 요양 지도 및 관리
• 위 항목의 의료행위에 따르는 의약품의 투여

07

온도 25℃, 1기압하에서 분당 100mL씩 60분 동안 채취한 공기 중에서 벤젠이 5mg 검출되었다면 검출된 벤젠은 약 몇 ppm인가?(단, 벤젠의 분자량은 78이다)

① 15.7

② 26.1

③ 157

④ 261

해설

시료채취량(mL) $= \frac{100mL}{min} \times 60min = 6,000mL = 6L$

시료채취량 온·보정

$6L \times \frac{273}{273 + 25} \times \frac{760}{760} = 5.5L$

벤젠(ppm) $= \frac{5mg}{5.5L} \times \frac{1,000\mu g}{1mg} \times \frac{1mol}{78g} \times \frac{22.4L}{1mol} = 261ppm$

08

산업위생전문가들이 지켜야 할 윤리강령에 있어 전문가로서의 책임에 해당하는 것은?

① 일반 대중에 관한 사항은 정직하게 발표한다.
② 위험요소와 예방조치에 관하여 근로자와 상담한다.
③ 과학적 방법의 적용과 자료의 해석에서 객관성을 유지한다.
④ 위험요인의 측정, 평가 및 관리에 있어서 외부의 압력에 굴하지 않고 중립적 태도를 취한다.

해설

산업위생전문가로서의 책임, 미국산업위생학술원(AAIH)
• 성실성과 학문적 실력 면에서 최고 수준을 유지한다.
• 과학적 방법의 적용과 자료의 해석에서 경험을 통한 전문가의 객관성을 유지한다.
• 전문 분야로서의 산업위생을 학문적으로 발전시킨다.
• 근로자, 사회 및 전문 직종의 이익을 위해 과학적 지식을 공개하고 발표한다.
• 산업위생 활동을 통해 얻은 개인 및 기업체의 기밀은 누설하지 않는다.
• 전문적 판단이 타협에 의하여 좌우될 수 있거나 이해관계가 있는 상황에는 개입하지 않는다.
• 쾌적한 작업환경을 만들기 위해 산업위생이론을 적용하고 책임 있게 행동한다.

09

어떤 플라스틱 제조 공장에 200명의 근로자가 근무하고 있다. 1년에 40건의 재해가 발생하였다면 이 공장의 도수율은?(단, 1일 8시간, 연간 290일 근무기준이다)

① 200
② 86.2
③ 17.3
④ 4.4

해설

$$도수율 = \frac{재해 \ 발생건수}{연간 \ 근로시간수} \times 10^6$$

$$= \frac{40}{290 \times 8 \times 200} \times 10^6 = 86.2$$

10

산업스트레스에 대한 반응을 심리적 결과와 행동적 결과로 구분할 때 행동적 결과로 볼 수 없는 것은?

① 수면 방해
② 약물 남용
③ 식욕 부진
④ 돌발 행동

해설

• 행동적 입장 : 흡연, 알코올 남용, 약물 남용, 행동과 감정의 격렬성, 식욕부진, 과도한 소화제 남용 등
• 심리적 입장 : 수면 방해, 가정 문제, 기능 저하 등

11

산업안전보건법령상 충격소음의 강도가 130dB(A)일 때 1일 노출회수 기준으로 옳은 것은?

① 50
② 100
③ 500
④ 1,000

해설

정의(산업안전보건기준에 관한 규칙 제512조)
"충격소음작업"이란 소음이 1초 이상의 간격으로 발생하는 작업으로서 다음의 어느 하나에 해당하는 작업을 말한다.
• 120dB(A)을 초과하는 소음이 1일 1만회 이상 발생하는 작업
• 130dB(A)을 초과하는 소음이 1일 1천회 이상 발생하는 작업
• 140dB(A)을 초과하는 소음이 1일 1백회 이상 발생하는 작업

12

다음 중 일반적인 실내공기질 오염과 가장 관련이 적은 질환은?

① 규폐증(silicosis)
② 가습기 열(humidifier fever)
③ 레지오넬라병(legionnaires disease)
④ 과민성 폐렴(hypersensitivity pneumonitis)

해설

과민성 질환(과민성 폐렴, 가습기 열, 알레르기성 비염) 같은 알레르기 반응과 레지오넬라증 같은 감염증을 일으키기도 한다.

13

물체의 실제 무게를 미국 NIOSH의 권고 중량물한계기준(RWL : recommended weight limit)으로 나누어 준 값을 무엇이라 하는가?

① 중량상수(LC)

② 빈도승수(FM)

③ 비대칭승수(AM)

④ 중량물 취급지수(LI)

해설

중량물 취급지수(LI : Lifting Index)

들기 지수(LI : Lifting Index)는 실제 작업물의 무게와 RWL의 비(ratio)로서, 특정 작업에서의 육체적 스트레스의 상대적인 양이다.

LI = 실제 작업 무게/RWL

14

산업안전보건법령상 사업주가 위험성 평가의 결과와 조치사항을 기록·보존할 때 포함되어야 할 사항이 아닌 것은?(단, 그 밖에 위험성 평가의 실시내용을 확인하기 위하여 필요한 사항은 제외한다)

① 위험성 결정의 내용

② 유해위험방지계획서 수립 유무

③ 위험성 결정에 따른 조치의 내용

④ 위험성 평가 대상의 유해·위험요인

해설

위험성 평가 실시내용 및 결과의 기록·보존(산업안전보건법 시행규칙 제37조)

사업주가 법 제36조 제3항에 따라 위험성 평가의 결과와 조치사항을 기록·보존할 때에는 다음의 사항이 포함되어야 한다.

• 위험성 평가 대상의 유해·위험요인

• 위험성 결정의 내용

• 위험성 결정에 따른 조치의 내용

• 그 밖에 위험성 평가의 실시내용을 확인하기 위하여 필요한 사항으로서 고용노동부장관이 정하여 고시하는 사항

15

다음 중 규폐증을 일으키는 주요 물질은?

① 면분진

② 석탄분진

③ 유리규산

④ 납흄

해설

결정형 유리규산은 국제암연구소(IARC)에서 지정한 제1군 발암물질로 결정 구조가 폐에 만성적인 염증을 일으켜 폐암을 유발할 수 있다. 또한, 이러한 만성 염증 반응은 진폐증의 원인이 되어 진폐증의 일종인 규폐증(Silicosis)이 발병한다.

16

화학물질 및 물리적 인자의 노출기준 고시상 다음 ( )에 들어갈 유해물질들 간의 상호작용은?

> (노출기준 사용상의 유의사항) 각 유해인자의 노출기준은 해당 유해인자가 단독으로 존재하는 경우의 노출기준을 말하며, 2종 또는 그 이상의 유해인자가 혼재하는 경우에는 각 유해인자의 ( )으로 유해성이 증가할 수 있으므로 법에 따라 산출하는 노출기준을 사용하여야 한다.

① 상승작용

② 강화작용

③ 상가작용

④ 길항작용

해설

노출기준 사용상의 유의사항(화학물질 및 물리적 인자의 노출기준 제3조)

각 유해인자의 노출기준은 해당 유해인자가 단독으로 존재하는 경우의 노출기준을 말하며, 2종 또는 그 이상의 유해인자가 혼재하는 경우에는 각 유해인자의 상가작용으로 유해성이 증가할 수 있으므로 제6조에 따라 산출하는 노출기준을 사용하여야 한다.

17

A 사업장에서 중대 재해인 사망사고가 1년간 4건 발생하였다면 이 사업장의 1년간 4일 미만의 치료를 요하는 경미한 사고 건수는 몇 건이 발생하는지 예측되는가?(단, Heinrich의 이론에 근거하여 추정한다)

① 116　　　　　　　② 120

③ 1,160　　　　　　④ 1,200

해설

하인리히 법칙

1개의 대형사고가 일어난 경우 그 배경에는 대형사고로 이어지지 않았던 29개의 경미한 사고가 있으며 다시 그 전에는 사건으로 이어지지 않았던 300건 이상의 이상징후가 존재한다.

대형사고 : 경미한 사고 = 1 : 29,

4 : 경미한 사고 = 1 : 29

경미한 사고 = 116

18

교대작업이 생기게 된 배경으로 옳지 않은 것은?

① 사회 환경의 변화로 국민생활과 이용자들의 편의를 위한 공공사업의 증가

② 의학의 발달로 인한 생체주기 등의 건강상 문제 감소 및 의료기관의 증가

③ 석유화학 및 제철업 등과 같이 공정상 조업중단이 불가능한 산업의 증가

④ 생산설비의 완전가동을 통해 시설투자비용을 조속히 회수하려는 기업의 증가

해설

교대작업이 생기게 된 배경

• 사회적 이유 : 최근 산업화 및 사회 환경의 변화로 의료, 방송, 신문, 통신 등 국민 생활과 이용자들의 편의를 위한 공공사업의 증가

• 기술적 이유 : 석유정제, 석유화학 및 제철업 등과 같이 공정상 조업중단이 불가능한 산업의 증가

• 경제적 이유 : 생산설비의 완전가동을 통해 시설투자 비용을 조속히 회수하려는 기업의 증가

19

작업장에 존재하는 유해인자와 직업성 질환의 연결이 옳지 않은 것은?

① 망간 - 신경염

② 무기 분진 - 진폐증

③ 6가크롬 - 비중격천공

④ 이상기압 - 레이노병

해설

④ 이상기압으로 인한 질환으로는 폐수종이 있다.

20

심한 노동 후의 피로 현상으로 단기간의 휴식에 의해 회복될 수 없는 병적 상태를 무엇이라 하는가?

① 곤비　　　　　　　② 과로

③ 전신피로　　　　　④ 국소피로

해설

• 피로 : 하룻밤 자고 나면 다음 날 회복이 가능한 정도

• 전신피로 : 몸 전체에 발생하는 전신적인 피로증상

• 국소피로 : 팔, 다리의 근육에 계속적으로 반복 운동 시 발생하는 피로

• 과로 : 다음 날까지도 피로상태가 계속 유지되는 상태, 단기간 휴식으로 회복될 수 있으며 발병단계는 아님

• 곤비 : 과로의 축적으로 단시간 휴식을 취하여도 회복될 수 없는 병적인 상태, 심한 노동 후의 피로현상으로 병적 상태를 의미

21

고체 흡착제를 이용하여 시료채취를 할 때 영향을 주는 인자에 관한 설명으로 틀린 것은?

① 오염물질 농도 : 공기 중 오염물질의 농도가 높을수록 파과 용량은 증가한다.

② 습도 : 습도가 높으면 극성 흡착제를 사용할 때 파과 공기량이 적어진다.

③ 온도 : 일반적으로 흡착은 발열 반응이므로 열역학적으로 온도가 낮을수록 흡착에 좋은 조건이다.

④ 시료 채취유량 : 시료 채취유량이 높으면 쉽게 파과가 일어나나 코팅된 흡착제인 경우는 그 경향이 약하다.

해설

④ 시료 채취유량이 높고 코팅된 흡착제일수록 파과가 일어나기 쉽다.

22

불꽃방식의 원자흡광광도계의 특징으로 옳지 않은 것은?

① 조작이 쉽고 간편하다.

② 분석시간이 흑연로장치에 비하여 적게 소요된다.

③ 주입 시료액의 대부분이 불꽃 부분으로 보내지므로 감도가 높다.

④ 고체 시료의 경우 전처리에 의하여 매트릭스를 제거해야 한다.

해설

③ 흑연로장치의 감도가 더 좋다.

23

산업안전보건법령상 소음의 측정시간에 관한 내용 중 A에 들어갈 숫자는?

> 단위작업 장소에서 소음 수준은 규정된 측정위치 및 지점에서 1일 작업시간 동안 A시간 이상 연속 측정하거나 작업시간을 1시간 간격으로 나누어 A회 이상 측정하여야 한다. 다만, ……(후략)

① 2   ② 4
③ 6   ④ 8

해설

측정시간 등(작업환경측정 및 정도관리 등에 관한 고시 제28조)
단위작업 장소에서 소음수준은 규정된 측정위치 및 지점에서 1일 작업시간 동안 6시간 이상 연속 측정하거나 작업시간을 1시간 간격으로 나누어 6회 이상 측정하여야 한다. 다만, 소음의 발생특성이 연속음으로서 측정치가 변동이 없다고 자격자 또는 지정측정기관이 판단한 경우에는 1시간 동안을 등간격으로 나누어 3회 이상 측정할 수 있다.

24

산업안전보건법령상 다음과 같이 정의되는 용어는?

> 작업환경측정·분석 결과에 대한 정확성과 정밀도를 확보하기 위하여 작업환경측정기관의 측정·분석능력을 확인하고, 그 결과에 따라 지도·교육 등 측정·분석능력 향상을 위하여 행하는 모든 관리적 수단

① 정밀관리   ② 정확관리
③ 적정관리   ④ 정도관리

해설

정의(작업환경측정 및 정도관리 등에 관한 고시 제2조)
"정도관리"란 법 제126조 제2항에 따라 작업환경측정·분석 결과에 대한 정확성과 정밀도를 확보하기 위하여 작업환경측정기관의 측정·분석능력을 확인하고, 그 결과에 따라 지도·교육 등 측정·분석능력 향상을 위하여 행하는 모든 관리적 수단을 말한다.

25

한 근로자가 하루 동안 TCE에 노출되는 것을 측정한 결과가 아래와 같을 때, 8시간 시간가중 평균치(TWA ; ppm)는?

측정시간	노출농도(ppm)
1시간	10.0
2시간	15.0
4시간	17.5
1시간	0.0

① 15.7 ② 14.2

③ 13.8 ④ 10.6

해설

시간가중 평균노출기준

$$= \frac{C_1 T_1 + C_2 T_2 + \cdots + C_n T_n}{8}$$

$$= \frac{(10.0ppm \times 1시간) + (15.0ppm \times 2시간) + (17.5ppm \times 4시간) + (0.0ppm \times 1시간)}{8시간}$$

$$= 13.75 \fallingdotseq 13.8ppm$$

26

피토관(Pitot tube)에 대한 설명 중 옳은 것은?(단, 측정 기체는 공기이다)

① Pitot tube의 정확성에는 한계가 있어 정밀한 측정에서는 경사마노미터를 사용한다.

② Pitot tube를 이용하여 곧바로 기류를 측정할 수 있다.

③ Pitot tube를 이용하여 총압과 속도압을 구하여 정압을 계산한다.

④ 속도압이 25mmH₂O일 때 기류속도는 28.58m/s 이다.

해설

② Pitot tube를 이용하여 곧바로 기류를 측정할 수 없다.

③ Pitot tube를 이용하여 정압과 속도압을 구하여 총압을 계산한다.

④ 속도압이 25mmH₂O일 때 기류속도는 20.12m/s이다.

27

산업안전보건법령상 작업환경측정 대상이 되는 작업장 또는 공정에서 정상적인 작업을 수행하는 동일 노출집단의 근로자가 작업을 하는 장소를 지칭하는 용어는?

① 동일작업 장소 ② 단위작업 장소

③ 노출측정 장소 ④ 측정작업 장소

해설

정의(작업환경측정 및 정도관리 등에 관한 고시 제2조)

"단위작업 장소"란 규칙 제186조 제1항에 따라 작업환경측정대상이 되는 작업장 또는 공정에서 정상적인 작업을 수행하는 동일 노출집단의 근로자가 작업을 하는 장소를 말한다.

28

근로자가 일정시간 동안 일정 농도의 유해물질에 노출될 때 체내에 흡수되는 유해물질의 양은 아래의 식을 적용하여 구한다. 각 인자에 대한 설명이 틀린 것은?

$$체내 흡수량(mg) = C \times T \times R \times V$$

① C : 공기 중 유해물질 농도

② T : 노출시간

③ R : 체내 잔류율

④ V : 작업공간 내 공기의 부피

해설

④ 폐환기율, 호흡률

29

고열(Heat stress)의 작업환경 평가와 관련된 내용으로 틀린 것은?

① 가장 일반적인 방법은 습구흑구온도(WBGT)를 측정하는 방법이다.

② 자연습구온도는 대기온도를 측정하긴 하지만 습도와 공기의 움직임에 영향을 받는다.

③ 흑구온도는 복사열에 의해 발생하는 온도이다.

④ 습도가 높고 대기 흐름이 적을 때 낮은 습구온도가 발생한다.

해설

④ 습도가 높고 대기 흐름이 적을 때 높은 습구온도가 발생한다.

30

같은 작업 장소에서 동시에 5개의 공기 시료를 동일한 채취조건하에서 채취하여 벤젠에 대해 아래의 도표와 같은 분석결과를 얻었다. 이 때 벤젠농도 측정의 변이계수(CV%)는?

공기시료번호	벤젠농도(ppm)
1	5.0
2	4.5
3	4.0
4	4.6
5	4.4

① 8% ② 14%

③ 56% ④ 96%

해설

$$평균 = \frac{5.0+4.5+4.0+4.6+4.4}{5} = 4.5$$

표준편차

$$\sqrt{\frac{\begin{matrix}(4.5-5.0)^2+(4.5-4.5)^2+(4.0-4.5)^2\\+(4.6-4.5)^2+(4.4-4.5)^2\end{matrix}}{4}} = 0.36$$

$$변이계수(\%) = \frac{표준편차}{산술평균} \times 100 = \frac{0.36}{4.5} \times 100 = 8\%$$

31

작업장 내 다습한 공기에 포함된 비극성 유기 증기를 채취하기 위해 이용할 수 있는 흡착제의 종류로 가장 적절한 것은?

① 활성탄(Activated charcoal)

② 실리카겔(Silica Gel)

③ 분자체(Molecular sieve)

④ 알루미나(Alumina)

해설

① 미세공 탄소질 흡착제, 활성탄의 표면은 소수성을 띠기 때문에 소수성 유기물 분자에 대해 고도의 흡착능력을 가진다. 탄화수소에 대하여 탄소수가 클수록 잘 흡착한다.

② 친수성의 제습제로 널리 사용, 극성 기체의 선택적 흡착과 내화학성으로 촉매 담지체로 많이 사용, 습도가 증가하면 흡착 능력이 급속하게 감소한다.

④ 다공성의 흡착제, 표면이 친수성이기 때문에 극성 기체를 선택적으로 흡착할 수 있다.

32

산업안전보건법령상 가스상 물질의 측정에 관한 내용 중 일부이다. ( )에 들어갈 내용으로 옳은 것은?

검지관 방식으로 측정하는 경우에는 1일 작업시간 동안 1시간 간격으로 ( )회 이상 측정하되 측정 시간마다 2회 이상 반복 측정하여 평균값을 산출하여야 한다. 다만, ……(후략)

① 2 ② 4

③ 6 ④ 8

해설

검지관 방식의 측정(작업환경측정 및 정도관리 등에 관한 고시 제25조)
검지관 방식으로 측정하는 경우에는 1일 작업시간 동안 1시간 간격으로 6회 이상 측정하되 측정시간마다 2회 이상 반복 측정하여 평균값을 산출하여야 한다. 다만, 가스상 물질의 발생시간이 6시간 이내일 때에는 작업시간 동안 1시간 간격으로 나누어 측정하여야 한다.

33

벤젠과 톨루엔이 혼합된 시료를 길이 30cm, 내경 3mm인 충진관이 장치된 기체크로마토그래피로 분석한 결과가 아래와 같을 때, 혼합 시료의 분리효율을 99.7%로 증가시키는 데 필요한 충진관의 길이(cm)는?(단, N, H, L, W, R_s, t_R은 각각 이론단수, 높이(HETP), 길이, 봉우리 너비, 분리계수, 머무름 시간을 의미하며, 문자 위 "-(bar)"는 평균값을, 하첨자 A와 B는 각각의 물질을 의미하며, 분리효율이 99.7%가 되기 위한 R_s는 1.50이다)

- 크로마토그램 결과

분석물질	머무름 시간 (Retention time)	봉우리 너비 (Peak width)
벤젠	16.4분	1.15분
톨루엔	17.6분	1.25분

- 크로마토그램 관계식

$$N = 16\left(\frac{t_R}{W}\right)^2, \quad H = \frac{L}{N}$$

$$R_s = \frac{2(t_{RA} - t_{RB})}{W_A + W_B}, \quad \frac{\overline{N_1}}{\overline{N_2}} = \frac{R_{s1}^{\ 2}}{R_{s2}^{\ 2}}$$

① 60
② 62.5
③ 67.5
④ 72.5

해설

$$R_{s1} = \frac{2 \times (17.6 - 16.4)}{1.15 + 1.25} = 1$$

$$\overline{N_1} = \frac{\left(16 \times \left(\frac{17.6}{1.25}\right)^2\right) + \left(16 \times \left(\frac{16.4}{1.15}\right)^2\right)}{2}$$

$$= \frac{3,171.94 + 3,253.96}{2}$$

$$= 3,212.95$$

$$H = \frac{30}{3,212.65} = 0.00934$$

$$\frac{3,212.65}{\overline{N_2}} = \frac{1^2}{1.5^2}, \ \overline{N_2} = 7228.46, \ L_2 = 0.00934 \times 7228.46 = 67.5$$

34

단위작업 장소에서 소음의 강도가 불규칙적으로 변동하는 소음을 누적소음 노출량측정기로 측정하였다. 누적소음 노출량이 300%인 경우, 시간가중평균 소음수준(dB(A))은?

① 92
② 98
③ 103
④ 106

해설

$$TWA(\text{dB(A)}) = 16.61 \times \log\left(\frac{D}{100}\right) + 90$$

$$= 16.61 \times \log\left(\frac{300}{100}\right) + 90$$

$$= 98\text{dB(A)}$$

35

공장에서 A용제 30%(노출기준 1,200mg/m³), B용제 30%(노출기준 1,400mg/m³) 및 C용제 40%(노출기준 1,600mg/m³)의 중량비로 조성된 액체용제가 증발되어 작업 환경을 오염시킬 때, 이 혼합물의 노출기준(mg/m³)은?(단, 혼합물의 성분은 상가 작용을 한다)

① 1,400
② 1,450
③ 1,500
④ 1,550

해설

$$혼합물의 \ 노출기준(\text{mg/m}^3) = \frac{1}{\dfrac{0.3}{1,200} + \dfrac{0.3}{1,400} + \dfrac{0.4}{1,600}}$$

$$= 1,400\text{mg/m}^3$$

36

WBGT 측정기의 구성요소로 적절하지 않은 것은?

① 습구온도계   ② 건구온도계

③ 카타온도계   ④ 흑구온도계

해설

WBGT는 Wet-Bulb Globe Temperature(습구흑구온도)의 약칭으로, 아래의 측정장치의 3종류로 측정값(흑구온도, 습구온도 및 건구온도)을 바탕으로 산출

37

유량, 측정시간, 회수율 및 분석에 의한 오차가 각각 18%, 3%, 9%, 5%일 때, 누적 오차(%)는?

① 18   ② 21

③ 24   ④ 29

해설

$$E_c(\%) = \sqrt{E_1^2 + E_2^2 + \cdots + E_n^2}$$
$$= \sqrt{18^2 + 3^2 + 9^2 + 5^2} = 21\%$$

38

흡광광도법에 관한 설명으로 틀린 것은?

① 광원에서 나오는 빛을 단색화 장치를 통해 넓은 파장 범위의 단색 빛으로 변화시킨다.

② 선택된 파장의 빛을 시료액 층으로 통과시킨 후 흡광도를 측정하여 농도를 구한다.

③ 분석의 기초가 되는 법칙은 비어-램버트의 법칙이다.

④ 표준액에 대한 흡광도와 농도의 관계를 구한 후, 시료의 흡광도를 측정하여 농도를 구한다.

해설

분광광도법

광원에서 나오는 넓은 파장의 빛을 단색 복사선으로 바꿔 원하는 파장의 빛만 사용할 수 있게 한다.

39

작업환경 중 분진의 측정 농도가 대수정규분포를 할 때, 측정 자료의 대표치에 해당되는 용어는?

① 기하평균치   ② 산술평균치

③ 최빈치   ④ 중앙치

해설

① 산업위생 분야에서는 작업환경측정 결과가 대수정규분포를 하는 경우 대표값으로서 기하평균을, 산포도로서 기하표준편차를 널리 사용한다.

40

진동을 측정하기 위한 기기는?

① 충격측정기(Impulse meter)

② 레이저판독판(Laser readout)

③ 가속측정기(Accelerometer)

④ 소음측정기(Sound level meter)

해설

③ 진동 또는 구조물의 운동 가속을 측정하는 장치이다.

41

국소배기 시설에서 장치 배치 순서로 가장 적절한 것은?

① 송풍기 → 공기정화기 → 후드 → 덕트 → 배출구

② 공기정화기 → 후드 → 송풍기 → 덕트 → 배출구

③ 후드 → 덕트 → 공기정화기 → 송풍기 → 배출구

④ 후드 → 송풍기 → 공기정화기 → 덕트 → 배출구

해설

국소배기장치의 설계 순서

후드 형식 선정 → 제어속도 결정 → 소요풍속 계산 → 반응속도 결정 → 배관내경 선출 → 후드의 크기 결정 → 배관의 배치와 설치장소 선정 → 공기정화장치 선정 → 국소배기 계통도와 배치도 작성 → 총 압력손실량 계산 → 송풍기 선정

42

금속을 가공하는 음압수준이 98dB(A)인 공정에서 NRR이 17인 귀마개를 착용했을 때의 차음효과(dB(A))는?(단, OSHA의 차음효과 예측방법을 적용한다)

① 2   ② 3

③ 5   ④ 7

해설

$$\text{차음효과(dB(A))} = (NRR - 7) \times 0.5$$
$$= (17 - 7) \times 0.5$$
$$= 5dB(A)$$

43

다음 중 중성자의 차폐(shielding) 효과가 가장 적은 물질은?

① 물   ② 파라핀

③ 납   ④ 흑연

해설

• 중성자 차폐 : 물, 폴리에틸렌, 파라핀, 붕소함유물질, 콘크리트 등

• 감마선 : 철, 납 등

44

테이블에 붙여서 설치한 사각형 후드의 필요환기량 Q (m^3/min)를 구하는 식으로 적절한 것은?(단, 플랜지는 부착되지 않았고, $A(m^2)$는 개구면적, $X(m)$는 개구부와 오염원 사이의 거리, $V(m/s)$는 제어 속도를 의미한다)

① $Q = V \times (5X^2 + A)$

② $Q = V \times (7X^2 + A)$

③ $Q = 60 \times V \times (5X^2 + A)$

④ $Q = 60 \times V \times (7X^2 + A)$

해설

작업면

• 플랜지 없음, $Q(m^3/min) = V \times (5X^2 + A) \times 60$

• 플랜지 있음, $Q(m^3/min) = 0.5 \times V \times (10X^2 + A) \times 60$

45

원심력집진장치에 관한 설명 중 옳지 않은 것은?

① 비교적 적은 비용으로 집진이 가능하다.
② 분진의 농도가 낮을수록 집진효율이 증가한다.
③ 함진가스에 선회류를 일으키는 원심력을 이용한다.
④ 입자의 크기가 크고 모양이 구체에 가까울수록 집진
    효율이 증가한다.

해설
② 분진의 농도와는 관계 없다.

46

직경이 38cm, 유효높이 2.5m의 원통형 백필터를 사용하여 60m³/min의 함진 가스를 처리할 때 여과속도(cm/s)는?

① 25
② 32
③ 50
④ 64

해설
여과면적 $= \pi \times D \times L$
$\quad\quad = \pi \times 38cm \times 250cm$
$\quad\quad = 29,845.13cm^2$

여과속도 $= \dfrac{총처리가스량}{총여과면적}$

$\quad\quad = \dfrac{\dfrac{60m^3}{min} \times \dfrac{1min}{60s} \times \dfrac{1,000,000cm^3}{1m^3}}{29,845.13cm^2} = 33.5cm/s$

47

표준상태(STP ; 0℃, 1기압)에서 공기의 밀도가 1.293 kg/m³일 때, 40℃, 1기압에서 공기의 밀도(kg/m³)는?

① 1.040
② 1.128
③ 1.185
④ 1.312

해설
$1.293kg/m^3 \times \dfrac{273}{273+40} \times \dfrac{760}{760} = 1.128kg/m^3$

48

국소배기장치로 외부식 측방형 후드를 설치할 때, 제어 풍속을 고려하여야 할 위치는?

① 후드의 개구면
② 작업자의 호흡 위치
③ 발산되는 오염 공기 중의 중심 위치
④ 후드의 개구면으로부터 가장 먼 작업 위치

해설
산업환기설비에 관한 기술지침, 한국산업안전보건공단
• 포위식 또는 부스식 후드에서는 후드의 개구면에서의 풍속
• 외부식 또는 리시버식 후드에서는 유해물질의 가스·증기 또는 분진이 빨려들어가는 범위에서 해당 개구면으로부터 가장 먼 작업 위치에서의 풍속

49

작업장에서 작업 공구와 재료 등에 적용할 수 있는 진동대책과 가장 거리가 먼 것은?

① 진동공구의 무게는 10kg 이상 초과하지 않도록 만들어야 한다.
② 강철로 코일 용수철을 만들면 설계를 자유롭게 할 수 있으나 oil damper 등의 저항요소가 필요할 수 있다.
③ 방진 고무를 사용하면 공진 시 진폭이 지나치게 커지지 않지만 내구성, 내약품성이 문제가 될 수 있다.
④ 코르크는 정확하게 설계할 수 있고 고유진동수가 20Hz 이상이므로 진동방지에 유용하게 사용할 수 있다.

해설
④ 코르크는 재질이 일정하지 않고 여러 가지로 균일하지 않아 정확한 설계가 불가능하며, 고유진동수는 10Hz 전후이다.

50

여과 집진 장치의 여과지에 대한 설명으로 틀린 것은?

① 0.1μm 이하의 입자는 주로 확산에 의해 채취된다.
② 압력강하가 적으면 여과지의 효율이 크다.
③ 여과지의 특성을 나타내는 항목으로 기공의 크기, 여과지의 두께 등이 있다.
④ 혼합섬유 여과지로 가장 많이 사용되는 것은 microsorban 여과지이다.

해설
④ 가장 많이 사용하는 여과지는 Polyester 계열이다.

51

일반적인 후드 설치의 유의사항으로 가장 거리가 먼 것은?

① 오염원 전체를 포위시킬 것
② 후드는 오염원에 가까이 설치할 것
③ 오염 공기의 성질, 발생상태, 발생원인을 파악할 것
④ 후드의 흡인 방향과 오염 가스의 이동 방향은 반대로 할 것

해설
④ 후드의 흡인 방향과 오염 가스의 이동 방향을 같은 방향으로 할 것

52

앞으로 구부리고 수행하는 작업공정에서 올바른 작업 자세라고 볼 수 없는 것은?

① 작업점의 높이는 팔꿈치보다 낮게 한다.
② 바닥의 얼룩을 닦을 때에는 허리를 구부리지 말고 다리를 구부려서 작업한다.
③ 상체를 구부리고 작업을 하다가 일어설 때는 무릎을 굴절시켰다가 다리 힘으로 일어난다.
④ 신체의 중심이 물체의 중심보다 뒤쪽에 있도록 한다.

해설
④ 신체의 중심이 물체의 중심에 위치하도록 한다.

53

호흡기 보호구의 사용 시 주의사항과 가장 거리가 먼 것은?

① 보호구의 능력을 과대평가하지 말아야 한다.

② 보호구 내 유해물질 농도는 허용기준 이하로 유지해야 한다.

③ 보호구를 사용할 수 있는 최대 사용가능농도는 노출기준에 할당보호계수를 곱한 값이다.

④ 유해물질의 농도가 즉시 생명에 위태로울 정도인 경우는 공기 정화식 보호구를 착용해야 한다.

해설

④ 유해물질의 농도가 즉시 생명에 위태로울 정도인 경우는 공기 공급식 보호구를 착용해야 한다.

54

흡인구와 분사구의 등속선에서 노즐의 분사구 개구면 유속을 100%라고 할 때 유속이 10% 수준이 되는 지점은 분사구 내경(d)의 몇 배 거리인가?

① 5d

② 10d

③ 30d

④ 40d

55

방진마스크의 성능 기준 및 사용 장소에 대한 설명 중 옳지 않은 것은?

① 방진마스크 등급 중 2급은 포집효율이 분리식과 안면부 여과식 모두 90% 이상이어야 한다.

② 방진마스크 등급 중 특급의 포집효율은 분리식의 경우 99.95% 이상, 안면부 여과식의 경우 99.0% 이상이어야 한다.

③ 베릴륨 등과 같이 독성이 강한 물질들을 함유한 분진이 발생하는 장소에서는 특급 방진마스크를 착용하여야 한다.

④ 금속흄 등과 같이 열적으로 생기는 분진이 발생하는 장소에서는 1급 방진마스크를 착용하여야 한다.

해설

방진마스크 성능기준(보호구 안전인증 고시 [별표 4])

방진마스크 등급 중 2급은 포집효율이 분리식과 안면부 여과식 모두 80% 이상이어야 한다.

56

레시버식 캐노피형 후드 설치에 있어 열원 주위 상부의 퍼짐 각도는?(단, 실내에는 다소의 난기류가 존재한다)

① 20°

② 40°

③ 60°

④ 90°

해설

고온의 배기를 포집하기 위한 캐노피 후드는 열원으로부터 대류에 의하여 상승하는 열기류가 위로 올라갈수록 주위로부터 유도기류를 빨아들이면서 퍼진다. 열기류는 열원의 바로 위에서 조금 확산되고 다음에 다소 수축했다가 다시 넓게 퍼지면서 상승한다. 이 경우 주위에 커다란 난기류가 없으면 퍼지는 각도가 약 20° 내외이다. 실제로는 아무리 바람이 적은 실내에서도 다소의 난기류가 있기 때문에 그 영향을 고려하여 캐노피 후드는 열원의 주위에 퍼짐 각도 40°를 갖는(열원의 주위에 높이 0.8배의 덮개를 더한다) 크기로 한다.

57

국소배기 시설의 투자비용과 운전비를 적게 하기 위한 조건으로 옳은 것은?

① 제어속도 증가
② 필요송풍량 감소
③ 후드개구면적 증가
④ 발생원과의 원거리 유지

해설

송풍량은 동력과 직접적으로 연관되고 동력은 투자비용과 운전비용에 직접적으로 연관된다.

58

정상류가 흐르고 있는 유체 유동에 관한 연속 방정식을 설명하는 데 적용된 법칙은?

① 관성의 법칙
② 운동량의 법칙
③ 질량보존의 법칙
④ 점성의 법칙

해설

③ 연속 방정식은 질량보존의 법칙을 유체에 적용한 식이다.

59

공기 중의 포화증기압이 1.52mmHg인 유기용제가 공기 중에 도달할 수 있는 포화농도(ppm)는?

① 2,000
② 4,000
③ 6,000
④ 8,000

해설

$$\frac{1.52\text{mmHg}}{760\text{mmHg}} \times 1,000,000 = 2,000\text{ppm}$$

60

표준공기(21℃)에서 동압이 5mmHg일 때 유속(m/s)은?

① 9
② 15
③ 33
④ 45

해설

760mmHg = 10,332mmH₂O

1mmHg = 13.5947mmH₂O

5mmHg = 13.5947mmH₂O×5

= 67.9735mmHg

$$V = \sqrt{\frac{2 \times g \times VP}{\Upsilon}} = \sqrt{\frac{2 \times 9.8 \times 67.9735}{1.2}} = 33\text{m/s}$$

61

일반적으로 전신진동에 의한 생체반응에 관여하는 인자와 가장 거리가 먼 것은?

① 온도
② 진동 강도
③ 진동 방향
④ 진동수

해설

진동에 의한 생체반응 관여인자 – 진동 강도, 진동수, 진동 방향, 진동 폭로시간

62

반향시간(reverberation time)에 관한 설명으로 옳은 것은?

① 반향시간과 작업장의 공간부피만 알면 흡음량을 추정할 수 있다.
② 소음원에서 소음발생이 중지된 후 소음의 감소는 시간의 제곱에 반비례하여 감소한다.
③ 반향시간은 소음이 닿는 면적을 계산하기 어려운 실외에서의 흡음량을 추정하기 위하여 주로 사용한다.
④ 소음원에서 발생하는 소음과 배경소음간의 차이가 40dB인 경우에는 60dB만큼 소음이 감소하지 않기 때문에 반향시간을 측정할 수 없다.

해설

• 반향 시간 : 소음이 닿는 면적을 계산하기 쉬운 실내에서의 흡음량을 추정하기 위하여 주로 사용한다.
• 반향 : 소리가 진행하던 중 어떠한 장애물에 부딪쳐서 되울리는 증상이다.

63

산업안전보건법령상 이상기압과 관련된 용어의 정의가 옳지 않은 것은?

① 압력이란 게이지 압력을 말한다.
② 표면공급식 잠수작업은 호흡용 기체통을 휴대하고 하는 작업을 말한다.
③ 고압작업이란 고기압에서 잠함공법이나 그 외의 압기공법으로 하는 작업을 말한다.
④ 기압조절실이란 고압작업을 하는 근로자가 가압 또는 감압을 받는 장소를 말한다.

해설

정의(산업안전보건기준에 관한 규칙 제522조)
• 표면공급식 잠수작업 : 수면 위의 공기압축기 또는 호흡용 기체통에서 압축된 호흡용 기체를 공급받으면서 하는 작업
• 스쿠버 잠수작업 : 호흡용 기체통을 휴대하고 하는 작업

64

빛과 밝기의 단위에 관한 설명으로 옳지 않은 것은?

① 반사율은 조도에 대한 휘도의 비로 표시한다.
② 광원으로부터 나오는 빛의 양을 광속이라고 하며 단위는 루멘을 사용한다.
③ 입사면의 단면적에 대한 광도의 비를 조도라 하며 단위는 촉광을 사용한다.
④ 광원으로부터 나오는 빛의 세기를 광도라고 하며 단위는 칸델라를 사용한다.

해설

③ 조도는 입사면의 단면적에 대한 광속의 비를 의미한다.

65

전리방사선의 종류에 해당하지 않는 것은?

① γ선   ② 중성자

③ 레이저   ④ β선

해설

전리방사선
- 전자기방사선 : X-ray, γ선
- 입사방사선 : α입자, β입자, 중성자

66

다음 중 방사선에 감수성이 가장 큰 인체조직은?

① 눈의 수정체   ② 뼈 및 근육조직

③ 신경조직   ④ 결합조직과 지방조직

해설

전리방사선에 대한 감수성 순서
골수, 흉선 및 림프조직(조혈기관), 눈의 수정체, 임파선 > 상피세포, 내피세포 > 근육세포 > 신경조직

67

산소결핍이 진행되면서 생체에 나타나는 영향을 순서대로 나열한 것은?

> ㉠ 가벼운 어지러움
> ㉡ 사망
> ㉢ 대뇌피질의 기능 저하
> ㉣ 중추성 기능장애

① ㉠ → ㉢ → ㉣ → ㉡

② ㉠ → ㉣ → ㉢ → ㉡

③ ㉢ → ㉠ → ㉣ → ㉡

④ ㉢ → ㉣ → ㉠ → ㉡

해설

산소결핍이 진행되면서 생체에 나타나는 영향
가벼운 어지러움 → 대뇌피질의 기능 저하 → 중추성 기능장애 → 사망

68

자외선으로부터 눈을 보호하기 위한 차광보호구를 선정하고자 하는데 차광도가 큰 것이 없어 2개를 겹쳐서 사용하였다. 각각의 보호구의 차광도가 6과 3이었다면 2개를 겹쳐서 사용한 경우의 차광도는?

① 6   ② 8

③ 9   ④ 18

69

체온의 상승에 따라 체온조절중추인 시상하부에서 혈액온도를 감지하거나 신경망을 통하여 정보를 받아들여 체온 방산작용이 활발해지는 작용은?

① 정신적 조절작용(spiritual thermoregulation)

② 화학적 조절작용(chemical themoregulation)

③ 생물학적 조절작용(biological thermoregulation)

④ 물리적 조절작용(physical thermoregulation)

해설

체온은 물리적·화학적으로 조절된다.
물리적 조절은 대사량의 변화 없이 시상하부에서 혈액 온도를 감지하여 체온 방산작용이 활발해지는 작용이고, 화학적 조절은 대사작용이 일어나면서 체온이 조절되는 작용을 말한다.

70

다음 중 진동에 의한 장해를 최소화시키는 방법과 거리가 먼 것은?

① 진동의 발생원을 격리시킨다.

② 진동의 노출시간을 최소화시킨다.

③ 훈련을 통하여 신체의 적응력을 향상시킨다.

④ 진동을 최소화하기 위하여 공학적으로 설계 및 관리한다.

해설

진동에 의한 건강장해 예방

• 진동에 의한 건강장해를 최소화하는 공학적인 방안은 진동의 댐핑과 격리이다.

• 진동 댐핑이란 고무 등 탄성을 가진 진동흡수재를 부착하여 진동을 최소화하는 것이고 진동 격리란 진동 발생원과 작업자 사이의 진동 노출 경로를 어긋나게 하는 것이다.

• 이러한 공학적인 방안은 진동의 특성, 흡수재의 특성, 작업장 여건 등을 고려하여 신중히 검토한 후 적용하여야 한다.

• 전동 수공구는 적절하게 유지보수하고 진동이 많이 발생되는 기구는 교체한다.

• 작업시간은 매 1시간 연속 진동노출에 대하여 10분 휴식을 한다.

• 지지대를 설치하는 등의 방법으로 작업자가 작업공구를 가능한 적게 접촉하게 한다.

• 작업자가 적정한 체온을 유지할 수 있게 관리한다.

• 손은 따뜻하고 건조한 상태를 유지한다.

• 가능한 공구는 낮은 속력에서 작동될 수 있는 것을 선택한다.

• 방진장갑 등 진동보호구를 착용하여 작업한다.

• 손가락의 진통, 무감각, 창백화 현상이 발생되면 즉각 전문의료인에게 상담한다.

• 니코틴은 혈관을 수축시키기 때문에 진동공구를 조작하는 동안 금연한다.

• 관리자와 작업자는 국소진동에 대하여 건강상 위험성을 충분히 알고 있어야 한다.

71

저온 환경에 의한 장해의 내용으로 옳지 않은 것은?

① 근육 긴장이 증가하고 떨림이 발생한다.

② 혈압은 변화되지 않고 일정하게 유지된다.

③ 피부 표면의 혈관들과 피하조직이 수축된다.

④ 부종, 저림, 가려움, 심한 통증 등이 생긴다.

해설

② 혈압은 일시적으로 상승한다.

72

작업장의 조도를 균등하게 하기 위하여 국소조명과 전체 조명이 병용될 때, 일반적으로 전체조명의 조도는 국부조명의 어느 정도가 적당한가?

① $\frac{1}{20} \sim \frac{1}{10}$

② $\frac{1}{10} \sim \frac{1}{5}$

③ $\frac{1}{5} \sim \frac{1}{3}$

④ $\frac{1}{3} \sim \frac{1}{2}$

해설

국부조명 활용 시 전체조명의 조도는 국부조명의 10% 이상을 유지하도록 권고한다.

73

다음 중 소음에 의한 청력장해가 가장 잘 일어나는 주파수 대역은?

① 1,000Hz

② 2,000Hz

③ 4,000Hz

④ 8,000Hz

해설

③ 소음성 난청은 초기 저음역(500Hz, 1,000Hz, 2,000Hz)에서보다 고음역(3,000Hz, 4,000Hz, 6,000Hz)에서 청력손실이 현저히 나타나고, 특히 4,000Hz에서 심하다.

74

다음 중 감압과정에서 감압속도가 너무 빨라서 나타나는 종격기종, 기흉의 원인이 되는 것은?

① 질소

② 이산화탄소

③ 산소

④ 일산화탄소

해설

압력이 증가하면서 과량 용해되어 있던 질소가 기체 상태로 변하면서 기포가 축적되고 기흉의 원인이 되기도 한다.

75

음향 출력이 1,000W인 음원이 반자유공간(반구면파)에 있을 때 20m 떨어진 지점에서의 음의 세기는 약 얼마인가?

① 0.2W/m^2 ② 0.4W/m^2

③ 2.0W/m^2 ④ 4.0W/m^2

해설

음향출력, $W = I \times S$
반자유공간(반구면파)
표면적, $S = 2\pi r^2$
음의 세기, $I = \dfrac{W}{2\pi r^2} = \dfrac{1{,}000\text{W}}{2 \times \pi \times 20^2\text{m}^2} = 0.4\text{W/m}^2$

76

다음에서 설명하는 고열 건강장해는?

> 고온 환경에서 강한 육체적 노동을 할 때 잘 발생하며,
> 지나친 발한에 의한 탈수와 염분 소실이 발생하며 수의근의
> 유통성 경련증상이 나타나는 것이 특징이다.

① 열성 발진(heat rashes)

② 열사병(heat stroke)

③ 열피로(heat fatigue)

④ 열경련(heat cramps)

해설

④ 고온 환경에서 심한 육체적 노동을 할 때 잘 발생하며 지나친 발한에
   의한 탈수와 염분 소실로 인한 근육경련이 발생한다.
① 피부가 땀에 오래 젖어서 생기는 것으로 고온, 다습하고 통풍이
   잘 되지 않는 환경에서 작업할 때 많이 발생한다.
② 땀을 많이 흘려 수분과 염분 손실이 많을 때 발생하며 현기증, 두통,
   경련 등을 일으킨다.
③ 고열에 미순화된 작업자가 장기간 고열환경에서 정적인 작업 시
   나타나며 대량의 발한으로 혈액이 농축되어 심장에 부담 증가, 혈
   류분포의 이상 때문에 발생한다.

77

마이크로파와 라디오파에 관한 설명으로 옳지 않은 것은?

① 마이크로파의 주파수 대역은 100~3,000MHz 정도이
   며, 국가(지역)에 따라 범위의 규정이 각각 다르다.

② 라디오파의 파장은 1MHz와 자외선 사이의 범위를
   말한다.

③ 마이크로파와 라디오파의 생체작용 중 대표적인 것
   은 온감을 느끼는 열작용이다.

④ 마이크로파의 생물학적 작용은 파장뿐만 아니라 출
   력, 노출 시간, 노출된 조직에 따라 다르다.

해설

비전리전자기파 측정 및 평가에 관한 지침, 한국산업안전보건공단
파장이 10MHz와 적외선 사이의 범위를 무선주파수(radio frequency,
RF)라고 한다.

78

18℃ 공기 중에서 800Hz인 음의 파장은 약 몇 m인가?

① 0.35   ② 0.43

③ 3.5   ④ 4.3

해설

공기의 경우 소리의 속도, $c(\text{m/s}) = 20.05 \times T^{\frac{1}{2}}$
18℃ 공기 소리의 속도
$c(\text{m/s}) = 20.05 \times (273 + 18)^{\frac{1}{2}} = 342\text{m/s}$

파장, $\lambda(\text{m}) = \dfrac{\text{소리의 속도, } c(\text{m/s})}{\text{주파수, } f(\text{Hz})} = \dfrac{342}{800} = 0.427 ≒ 0.43$

79

음압이 2배로 증가하면 음압레벨(sound pressure level)은 몇 dB 증가하는가?

① 2
② 3
③ 6
④ 12

해설

$$SIL = 10 \times \log\left(\frac{P^2}{P_0^2}\right) = 20 \times \log\left(\frac{P}{P_0}\right)$$

$P = P_0 \times 2$일 때,

$$SIL = 20 \times \log\left(\frac{2P_0}{P_0}\right) = 6$$

80

고압 환경의 영향 중 2차적인 가압 현상(화학적 장해)에 관한 설명으로 옳지 않은 것은?

① 4기압 이상에서 공기 중의 질소 가스는 마취 작용을 나타낸다.
② 이산화탄소의 증가는 산소의 독성과 질소의 마취작용을 촉진시킨다.
③ 산소의 분압이 2기압을 넘으면 산소 중독증세가 나타난다.
④ 산소 중독은 고압산소에 대한 노출이 중지되어도 근육경련, 환청 등 후유증이 장기간 계속된다.

해설

④ 사람이 절대압 1기압 이상의 고압 환경에 노출되면 치통, 부비강 통증 등 기계적 장애와 질소 마취, 산소 중독 등 화학적 장애를 일으킬 수 있다.

81

산업안전보건법령상 사람에게 충분한 발암성 증거가 있는 유해물질에 해당하지 않는 것은?

① 석면(모든 형태)
② 크롬광 가공(크롬산)
③ 알루미늄(용접 흄)
④ 황화니켈(흄 및 분진)

해설

화학물질의 노출기준(화학물질 및 물리적 인자의 노출기준 [별표 1])
- 298 석면(모든 형태) : 발암성 1A
- 537 크롬광 가공(크롬산) : 발암성 1A
- 727 황화니켈(흄 및 분진) : 발암성 1A, 생식세포 변이원성 2

82

다음 설명에 해당하는 중금속은?

- 뇌홍의 제조에 사용
- 소화관으로는 2~7% 정도의 소량 흡수
- 금속 형태는 뇌, 혈액, 심근에 많이 분포
- 만성 노출 시 식욕부진, 신기능부전, 구내염 발생

① 납(Pb)
② 수은(Hg)
③ 카드뮴(Cd)
④ 안티몬(Sb)

해설

- 무기수은 : 뇌홍 제조, 형광등, 체온계 등 제조에 사용
- 구내염, 정신이상, 시신경 장애 등 발생, 만성 노출 시 식욕부진, 신기능부전, 구내염 발생

83

골수 장애로 재생불량성 빈혈을 일으키는 물질이 아닌 것은?

① 벤젠(benzene)
② 2-브로모프로판(2-bromopropane)
③ TNT(trinitrotoluene)
④ 2,4-TDI(Toluene-2,4-diisocyanate)

84

호흡성 먼지(Respirable particulate mass)에 대한 미국 ACGIH의 정의로 옳은 것은?

① 크기가 $10 \sim 100 \mu m$로 코와 인후두를 통하여 기관지나 폐에 침착한다.
② 폐포에 도달하는 먼지로 입경이 $7.1 \mu m$ 미만인 먼지를 말한다.
③ 평균 입경이 $4 \mu m$이고, 공기역학적 직경이 $10 \mu m$ 미만인 먼지를 말한다.
④ 평균 입경이 $10 \mu m$인 먼지로 흉곽성(thoracic) 먼지라고도 한다.

85

무기성 분진에 의한 진폐증이 아닌 것은?

① 규폐증(silicosis)
② 연초폐증(tabacosis)
③ 흑연폐증(graphite lung)
④ 용접공폐증(welder's lung)

86

생물학적 모니터링에 관한 설명으로 옳지 않은 것을 모두 고른 것은?

(A) : 생물학적 검체인 호기, 소변, 혈액 등에서 결정인자를 측정하여 노출 정도를 추정하는 방법이다.
(B) : 결정인자는 공기 중에서 흡수된 화학물질이나 그것의 대사산물 또는 화학물질에 의해 생긴 비가역적인 생화학적 변화이다.
(C) : 공기 중의 농도를 측정하는 것이 개인의 건강위험을 보다 직접적으로 평가할 수 있다.
(D) : 공기 중 노출기준이 설정된 화학물질의 수만큼 생물학적 노출기준(BEI)이 있다.

① (A), (B), (C) 　② (A), (C), (D)
③ (B), (C), (E) 　④ (B), (D), (E)

87

체내에 노출되면 metallothionein이라는 단백질을 합성하여 노출된 중금속의 독성을 감소시키는 경우가 있는데 이에 해당되는 중금속은?

① 납　　　　　　　② 니켈
③ 비소　　　　　　④ 카드뮴

해설

카드뮴의 인체 내 축적
• 체내에 흡수된 카드뮴은 혈액을 거쳐 2/3는 간과 신장으로 이동
• 흡수된 카드뮴은 혈장단백질과 결합하여 최종적으로 신장에 축적
• 체내에 노출되면 metallothionein이라는 단백질을 합성하여 노출된 중금속의 독성을 감소
• 혈중, 소변 중 농도가 직업병 예방을 위한 생물학적 노출기준을 초과

88

산업안전보건법령상 다음 유해물질 중 노출기준(ppm)이 가장 낮은 것은?(단, 노출기준은 TWA기준이다)

① 오존(O_3)　　　　② 암모니아(NH_3)
③ 염소(Cl_2)　　　　④ 일산화탄소(CO)

해설

화학물질의 노출기준(화학물질 및 물리적 인자의 노출기준 [별표 1])
• 389 암모니아(NH_3) : 25ppm
• 420 염소(Cl_2) : 0.5ppm
• 447 오존(O_3) : 0.08ppm
• 491 일산화탄소(CO) : 30ppm

89

유해인자에 노출된 집단에서의 질병 발생률과 노출되지 않은 집단에서 질병 발생률과의 비를 무엇이라 하는가?

① 교차비　　　　　　② 발병비
③ 기여위험도　　　　④ 상대위험도

해설

④ 상대위험도 : 유해인자에 노출된 집단에서의 질병 발생률과 노출되지 않은 집단에서 질병 발생률과의 비

90

수은중독의 예방대책이 아닌 것은?

① 수은 주입과정을 밀폐공간 안에서 자동화한다.
② 작업장 내에서 음식물 섭취와 흡연 등의 행동을 금지한다.
③ 수은 취급 근로자의 비점막 궤양 생성 여부를 면밀히 관찰한다.
④ 작업장에 흘린 수은은 신체가 닿지 않는 방법으로 즉시 제거한다.

해설

③ 크롬 취급 근로자의 비점막 궤양 생성 여부를 면밀히 관찰한다.

91

일산화탄소 중독과 관련이 없는 것은?

① 고압산소실
② 카나리아새
③ 식염의 다량투여
④ 카복시헤모글로빈(carboxyhemoglobin)

해설

③ 식염의 다량투여 – 고온장애

92

유해물질이 인체에 미치는 영향을 결정하는 인자와 가장 거리가 먼 것은?

① 개인의 감수성
② 유해물질의 독립성
③ 유해물질의 농도
④ 유해물질의 노출시간

해설

유해물질에 의한 유해성을 지배하는 인자
• 공기 중 농도
• 폭로시간(노출시간)
• 작업강도
• 기상조건
• 개인의 감수성

93

벤젠의 생물학적 지표가 되는 대사물질은?

① Phenol
② Coproporphyrin
③ Hydroquinone
④ 1, 2, 4-Trihydroxybenzene

해설

특수건강진단·배치전건강진단·수시건강진단의 검사항목(산업안전 보건법 시행규칙 [별표 24])

41 벤젠 : 혈중 벤젠·소변 중 페놀·소변 중 뮤콘산 중 택 1(작업 종료 시 채취)

94

유기용제의 흡수 및 대사에 관한 설명으로 옳지 않은 것은?

① 유기용제가 인체로 들어오는 경로는 호흡기를 통한 경우가 가장 많다.
② 대부분의 유기용제는 물에 용해되어 지용성 대사산물로 전환되어 체외로 배설된다.
③ 유기용제는 휘발성이 강하기 때문에 호흡기를 통하여 들어간 경우에 다시 호흡기로 상당량이 배출된다.
④ 체내로 들어온 유기용제는 산화, 환원, 가수분해로 이루어지는 생전환과 포합체를 형성하는 포합반응인 두 단계의 대사과정을 거친다.

해설

② 유기용제의 특성에 따라 배출되는 특성이 다르지만 물에 용해되어 체외로 배설되는 것은 수용성 유기용제이다.

95

다핵방향족 탄화수소(PAHs)에 대한 설명으로 옳지 않은 것은?

① 벤젠고리가 2개 이상이다.
② 대사가 활발한 다핵 고리화합물로 되어 있으며 수용성이다.
③ 시토크롬(cytochrome) P-450의 준개체단에 의하여 대사된다.
④ 철강 제조업에서 석탄을 건류할 때나 아스팔트를 콜타르 피치로 포장할 때 발생된다.

해설

PAHs
• 벤젠고리 2개 이상으로 20여 가지 이상
• 방향족 고리로 구성되어있으며 대사가 거의 없다.
• 철강 제조업 코크스 공정, 담배연소, 아스팔트, 굴뚝
• 비극성, 지용성
• 시토크롬 P-450의 준개체단에 의하여 대사된다.

96

증상으로는 무력증, 식욕감퇴, 보행장해 등의 증상을 나타내며, 계속적인 노출 시에는 파킨슨증후군을 초래하는 유해물질은?

① 망간　　　　　② 카드뮴

③ 산화칼륨　　　④ 산화마그네슘

해설

① 망간은 주로 중추신경 장애, 정신 장애, 호흡기 장애, 파킨슨증후군을 일으킨다.

97

다음 중 중추신경 활성 억제 작용이 가장 큰 것은?

① 알칸　　　　　② 알코올

③ 유기산　　　　④ 에테르

해설

중추신경계 억제작용 순서

할로겐화합물 > 에테르 > 에스테르 > 유기산 > 알코올 > 알켄
> 알칸

98

산업안전보건법령상 '기타 분진'의 산화규소 결정체 함유율과 노출기준으로 옳은 것은?

① 함유율 : 0.1% 이상, 노출기준 : $5mg/m^3$

② 함유율 : 0.1% 이하, 노출기준 : $10mg/m^3$

③ 함유율 : 1% 이상, 노출기준 : $5mg/m^3$

④ 함유율 : 1% 이하, 노출기준 : $10mg/m^3$

해설

화학물질 및 물리적 인자의 노출기준(화학물질의 노출기준 [별표 1])
731 기타 분진(산화규소 결정체 1% 이하) – $10mg/m^3$

99

단순 질식제로 볼 수 없는 것은?

① 오존

② 메탄

③ 질소

④ 헬륨

해설

단순 질식제

원래 가스 그 자체는 독작용이 없으나 공기 중에 많이 존재하면 산소 분압을 저하시켜 조직에 필요한 산소공급의 부족을 초래하는 물질(H_2, N_2, He, CH_4, C_2H_6, CO_2 등)

100

금속의 일반적인 독성작용 기전으로 옳지 않은 것은?

① 효소의 억제

② 금속평형의 파괴

③ DNA 염기의 대체

④ 필수 금속성분의 대체

해설

금속 독성작용

효소 억제, 필수금속 평형 파괴, 필수 금속성분 대체, 술피드릴기와의 친화성

96 ① 97 ④ 98 ④ 99 ① 100 ③　정답

01

현재 총 흡음량이 1,200sabins인 작업장의 천장에 흡음 물질을 첨가하여 2,400sabins를 추가할 경우 예측되는 소음감음량(NR)은 약 몇 dB인가?

① 2.6   ② 3.5

③ 4.8   ④ 5.2

해설

$$
\text{소음감음량(NR)} = 10 \times \log \frac{A_2}{A_1}
$$
$$
= 10 \times \log \frac{(1,200 + 2,400)\text{sabins}}{1,200\text{sabins}}
$$
$$
= 4.77
$$

02

젊은 근로자에 있어서 약한 쪽 손의 힘은 평균 45kp라고 한다. 이러한 근로자가 무게 8kg인 상자를 양손으로 들어 올릴 경우 작업강도(%MS)는 약 얼마인가?

① 17.8%   ② 8.9%

③ 4.4%   ④ 2.3%

해설

$$
\text{작업강도(\%MS)} = \frac{\text{RF}}{\text{MS}} \times 100 = \frac{4}{45} \times 100 = 8.9\%\text{MS}
$$

여기서, RF : 45kg 상자를 두 손으로 들어 올리므로 한 손에 미치는
힘은 8kg/2 = 4kg

MS : 약한 쪽 손의 힘(45kp)

03

누적외상성 질환(CTDs) 또는 근골격계 질환(MSDs)에 속하는 것으로 보기 어려운 것은?

① 건초염(Tendosynoitis)

② 스티븐존슨증후군(Stevens Johnson syndrome)

③ 손목뼈터널증후군(Carpal tunnel syndrome)

④ 기용터널증후군(Guyon tunnel syndrome)

해설

② 스티븐존슨증후군은 피부의 탈락을 유발하는 심각한 피부 점막 전
신 질환이다. (출처 : 서울대학교병원 의학정보)

04

심리학적 적성검사에 해당하는 것은?

① 지각동작검사   ② 감각기능검사

③ 심폐기능검사   ④ 체력검사

해설

심리학적 적성검사
- 지능검사
- 지각동작검사
- 인성검사
- 기능검사

05

산업위생의 네 가지 주요 활동에 해당하지 않는 것은?

① 예측   ② 평가

③ 관리   ④ 제거

해설

산업위생의 활동 기본 4요소 : 예측, 측정, 평가, 관리

06

사고예방대책의 기본원리 5단계를 순서대로 나열한 것으로 옳은 것은?

① 사실의 발견 → 조직 → 분석 → 시정책(대책)의 선정 → 시정책(대책)의 적용

② 조직 → 분석 → 사실의 발견 → 시정책(대책)의 선정 → 시정책(대책)의 적용

③ 조직 → 사실의 발견 → 분석 → 시정책(대책)의 선정 → 시정책(대책)의 적용

④ 사실의 발견 → 분석 → 조직 → 시정책(대책)의 선정 → 시정책(대책)의 적용

해설

사고예방대책 원리의 5단계
- 1단계 : 안전조직
- 2단계 : 사실의 발견
- 3단계 : 평가, 분석
- 4단계 : 시정책의 선정
- 5단계 : 시정책의 적용

07

산업안전보건법령상 보건관리자의 자격 기준에 해당하지 않는 사람은?

① 「의료법」에 따른 의사

② 「의료법」에 따른 간호사

③ 「국가기술자격법」에 따른 환경기능사

④ 「산업안전보건법」에 따른 산업보건지도사

해설

보건관리자의 자격(산업안전보건법 시행령 [별표 6])
- 법 제143조 제1항에 따른 산업보건지도사 자격을 가진 사람
- 「의료법」에 따른 의사
- 「의료법」에 따른 간호사
- 「국가기술자격법」에 따른 산업위생관리산업기사 또는 대기환경산업기사 이상의 자격을 취득한 사람
- 「국가기술자격법」에 따른 인간공학기사 이상의 자격을 취득한 사람
- 「고등교육법」에 따른 전문대학 이상의 학교에서 산업보건 또는 산업위생 분야의 학위를 취득한 사람(법령에 따라 이와 같은 수준 이상의 학력이 있다고 인정되는 사람을 포함한다)

08

근육운동의 에너지원 중 혐기성 대사의 에너지원에 해당되는 것은?

① 지방

② 포도당

③ 단백질

④ 글리코겐

해설

혐기성 대사 순서
ATP(아데노신삼인산) → CP(크레아틴인산) → glycogen(글리코겐) or glucose(포도당)

09

산업재해의 기본원인을 4M(Management, Machine, Media, Man)이라고 할 때 다음 중 Man(사람)에 해당되는 것은?

① 안전교육과 훈련의 부족

② 인간관계·의사소통의 불량

③ 부하에 대한 지도·감독부족

④ 작업자세·작업동작의 결함

해설

② Man
①, ③ Management
④ Media

10

직업성 질환의 범위에 해당되지 않는 것은?

① 합병증

② 속발성 질환

③ 선천적 질환

④ 원발성 질환

해설

직업성 질병
업무수행 과정에서 물리적 인자, 화학물질, 분진, 병원체, 신체에 부담을 주는 업무 등 근로자의 건강에 장해를 일으킬 수 있는 요인을 취급하거나 그에 노출되어 발생한 질병이다.

11

18세기에 Percivall Pott가 어린이 굴뚝청소부에게서 발견한 직업성 질환은?

① 백혈병　　　　② 골육종
③ 진폐증　　　　④ 음낭암

해설

Percivall Pott(1717~1788)는 어린이 굴뚝 청소부에게 많이 발생하던 음낭암의 원인 물질을 검댕(soot)이라고 규명하였다.

12

산업 피로의 대책으로 적합하지 않은 것은?

① 불필요한 동작을 피하고 에너지 소모를 적게 한다.
② 작업과정에 따라 적절한 휴식시간을 가져야 한다.
③ 작업능력에는 개인별 차이가 있으므로 각 개인마다 작업량을 조정해야 한다.
④ 동적인 작업은 피로를 더 하게 하므로 가능한 한 정적인 작업으로 전환한다.

해설

④ 정적인 작업과 동적인 작업을 혼합하는 것이 좋다.

13

미국산업위생학술원(AAIH)에서 채택한 산업위생 분야에 종사하는 사람들이 지켜야 할 윤리강령에 포함되지 않는 것은?

① 국가에 대한 책임
② 전문가로서의 책임
③ 일반 대중에 대한 책임
④ 기업주와 고객에 대한 책임

해설

윤리적 행위의 기준, 미국산업위생학술원(AAIH)
• 산업위생 전문가로서의 책임
• 근로자에 대한 책임
• 사업주(기업주)와 고객에 대한 책임
• 일반 대중에 대한 책임

14

사무실 공기관리 지침상 근로자가 건강장해를 호소하는 경우 사무실 공기관리 상태를 평가하기 위해 사업주가 실시해야 하는 조사 항목으로 옳지 않은 것은?

① 사무실 조명의 조도 조사
② 외부의 오염물질 유입경로 조사
③ 공기정화시설 환기량의 적정 여부 조사
④ 근로자가 호소하는 증상(호흡기, 눈, 피부 자극 등)에 대한 조사

해설

사무실 공기관리 상태평가(사무실 공기관리 지침 제4조)
• 근로자가 호소하는 증상(호흡기, 눈・피부 자극 등) 조사
• 공기정화설비의 환기량이 적정한지 여부 조사
• 외부의 오염물질 유입경로 조사
• 사무실 내 오염원 조사 등

15

ACGIH에서 제정한 TLVs(Threshold Limit Values)의 설정 근거가 아닌 것은?

① 동물실험자료
② 인체실험자료
③ 사업장 역학조사
④ 선진국 허용기준

해설

설정근거 : 화학물질 구조의 유사성, 동물실험자료, 인체실험자료, 사업장 역학조사

16

다음 중 점멸-융합 테스트(Flicker test)의 용도로 가장 적합한 것은?

① 진동 측정
② 소음 측정
③ 피로도 측정
④ 열중증 판정

해설

③ 플리커 검사 : 점멸융합주파수 테스트라고도 하며, 피로의 정도를 측정한다.

17

산업안전보건법령상 물질안전보건자료 작성 시 포함되어야 할 항목이 아닌 것은?(단, 그 밖의 참고사항은 제외한다)

① 유해성·위험성
② 안정성 및 반응성
③ 사용빈도 및 타당성
④ 노출방지 및 개인보호구

해설

물질안전보건자료(MSDS)는 물질의 취급 시 주의해야 할 사항과 관련된 정보에 대한 자료로 사용빈도와 타당성은 연관이 없다.

작성항목(화학물질의 분류·표시 및 물질안전보건자료에 관한 기준 제10조)

• 화학제품과 회사에 관한 정보
• 유해성·위험성
• 구성성분의 명칭 및 함유량
• 응급조치요령
• 폭발·화재 시 대처방법
• 누출사고 시 대처방법
• 취급 및 저장방법
• 노출방지 및 개인보호구
• 물리화학적 특성
• 안정성 및 반응성
• 독성에 관한 정보
• 환경에 미치는 영향
• 폐기 시 주의사항
• 운송에 필요한 정보
• 법적 규제 현황
• 그 밖의 참고사항

18

직업병의 원인이 되는 유해요인, 대상 직종과 직업병 종류의 연결이 잘못된 것은?

① 면분진 – 방직공 – 면폐증
② 이상기압 – 항공기조종 – 잠함병
③ 크롬 – 도금 – 피부점막 궤양, 폐암
④ 납 – 축전지제조 – 빈혈, 소화기장애

해설

잠수병은 흔히 '감압병' 혹은 '잠함병'이라고도 불리며, 갑작스러운 압력 저하로 혈액 속에 녹아 있는 기체가 폐를 통해 나오지 못하고 혈관 내에서 기체 방울을 형성해 혈관을 막는 증상이다. 다이빙에 있어서 가장 큰 위험요소로 알려진 증상이다.

19

산업안전보건법령상 특수건강진단 대상자에 해당하지 않는 것은?

① 고온환경 하에서 작업하는 근로자
② 소음환경 하에서 작업하는 근로자
③ 자외선 및 적외선을 취급하는 근로자
④ 저기압 하에서 작업하는 근로자

해설

고용노동부령으로 정하는 유해인자에 노출되는 업무(이하 "특수건강진단대상업무"라 한다)에 종사하는 근로자를 말한다.
특수건강진단 대상 유해인자(산업안전보건법 시행규칙 [별표 22])
• 화학적 인자 : 유기화합물, 금속류, 산 및 알카리류, 가스 상태 물질류, 시행령 제88조에 따른 허가 대상 유해물질, 금속가공유
• 분진 : 곡물 분진, 광물성 분진, 면 분진, 목재 분진, 용접 흄, 유리섬유, 석면 분진
• 물리적 인자 : 소음, 진동, 방사선, 고기압, 저기압, 유해광선
• 야간작업

20

방직공장의 면분진 발생 공정에서 측정한 공기 중 면 분진 농도가 2시간은 $2.5mg/m^3$, 3시간은 $1.8mg/m^3$, 3시간은 $2.6mg/m^3$일 때, 해당 공정의 시간가중평균노출기준 환산값은 약 얼마인가?

① $0.86mg/m^3$
② $2.28mg/m^3$
③ $2.35mg/m^3$
④ $2.60mg/m^3$

해설

"시간가중평균노출기준(TWA)"이란 1일 8시간 작업을 기준으로 하여 유해인자의 측정치에 발생시간을 곱하여 8시간으로 나눈 값을 말하며, 다음 식에 따라 산출한다.

$$시간가중평균노출기준 = \frac{C_1 T_1 + C_2 T_2 + \cdots + C_n T_n}{8}$$

$$= \frac{(2.5mg/m^3 \times 2시간) + (1.8mg/m^3 \times 3시간) + (2.6mg/m^3 \times 3시간)}{8시간}$$

$$\fallingdotseq 2.28mg/m^3$$

21

작업환경측정치의 통계처리에 활용되는 변이계수에 관한 설명과 가장 거리가 먼 것은?

① 평균값의 크기가 0에 가까울수록 변이계수의 의의는 작아진다.
② 측정단위와 무관하게 독립적으로 산출되며 백분율로 나타낸다.
③ 단위가 서로 다른 집단이나 특성값의 상호산포도를 비교하는 데 이용될 수 있다.
④ 편차의 제곱 합들의 평균값으로 통계집단의 측정값들에 대한 균일성, 정밀도 정도를 표현한다.

해설

변이계수(%) = (표준편차/산술평균)×100, 통계집단의 측정값들에 대한 균일성, 정밀도 정도를 표현한다.

22

산업안전보건법령상 1회라도 초과 노출되어서는 안 되는 충격소음의 음압수준(dB(A)) 기준은?

① 120
② 130
③ 140
④ 150

해설

충격소음의 노출기준(화학물질 및 물리적 인자의 노출기준 [별표 2의 2])

1일 노출횟수	충격소음의 강도 dB(A)
100	140
1,000	130
10,000	120

주 : 1. 최대 음압수준이 140dB(A)를 초과하는 충격소음에 노출되어서는 안 됨
　　2. 충격소음이라 함은 최대음압수준에 120dB(A) 이상인 소음이 1초 이상의 간격으로 발생하는 것을 말함

23

예비조사 시 유해인자 특성파악에 해당되지 않는 것은?

① 공정보고서 작성
② 유해인자의 목록 작성
③ 월별 유해물질 사용량 조사
④ 물질별 유해성 자료 조사

해설

화학물질 목록은 사용 부서 또는 공정명, 화학물질명(상품명), 제조/사용 여부, 사용 용도, 월취급량, 유소견자 발생 여부 및 MSDS 보유현황 등의 내용을 포함한다.

24

분석에서 언급되는 용어에 대한 설명으로 옳은 것은?

① LOD는 LOQ의 10배로 정의하기도 한다.
② LOQ는 분석결과가 신뢰성을 가질 수 있는 양이다.
③ 회수율(%)은 $\dfrac{첨가량}{분석량} \times 100$으로 정의된다.
④ LOQ란 검출한계를 말한다.

해설

① LOQ는 표준편차의 10배로 정의하기도 한다.
③ 회수율(%)은 $\dfrac{분석량}{첨가량} \times 100$으로 정의된다.
④ LOQ란 정량한계를 말한다.

25

작업환경 내 유해물질 노출로 인한 위험성(위해도)의 결정 요인은?

① 반응성과 사용량
② 위해성과 노출요인
③ 노출기준과 노출량
④ 반응성과 노출기준

해설

작업환경 유해 · 위험성 평가

유해인자가 본래 가지고 있는 위해성과 노출요인에 의해 결정된다.

26

AIHA에서 정한 유사노출군(SEG)별로 노출농도 범위, 분포 등을 평가하며 역학조사에 가장 유용하게 활용되는 측정방법은?

① 진단모니터링
② 기초모니터링
③ 순응도(허용기준 초과여부)모니터링
④ 공정안전조사

해설

기초모니터링

질병감시시스템, 생물학적 모니터링, 환경모니터링 행동 및 사회적 모니터링, 데이터분석 및 모델링 등으로 구성되어 있다.

27

알고 있는 공기 중 농도를 만드는 방법인 Dynamic Method
에 관한 내용으로 틀린 것은?

① 만들기가 복잡하고 가격이 고가이다.

② 온습도 조절이 가능하다.

③ 소량의 누출이나 벽면에 의한 손실은 무시할 수 있다.

④ 대개 운반용으로 제작하기가 용이하다.

해설

Dynamic Method

- 희석 공기와 오염물질을 연속적으로 흘려주어 연속적으로 일정한
  농도를 유지하면서 만드는 방법이다.
- 알고 있는 공기 중 농도를 만드는 방법이다.
- 농도변화를 줄 수 있고, 온도, 습도 조절이 가능하다.
- 제조가 어렵고 비용도 많이 든다.
- 다양한 농도 범위에서 제조가 가능하다.
- 가스, 증기, 에어로졸 실험도 가능하다.
- 소량의 누출이나 벽면에 의한 손실은 무시할 수 있다.
- 지속적인 모니터링이 필요하다.
- 매우 일정한 농도를 유지하기가 곤란하다.

28

기체크로마토그래피 검출기 중 PCBs나 할로겐 원소가 포
함된 유기계 농약 성분을 분석할 때 가장 적당한 것은?

① NPD(질소 인 검출기)

② ECD(전자포획 검출기)

③ FID(불꽃 이온화 검출기)

④ TCD(열전도 검출기)

해설

② ECD는 할로겐화 탄화수소, 오존, 황화합물 등에 민감도가 매우
   높다. 전자친화력이 있는 화합물에만 감응한다. 탄화수소, 알코올,
   케톤 등에는 감도가 낮다.

29

호흡성 먼지(PRM)의 입경(μm) 범위는?(단, 미국 ACGIH
정의 기준)

① 0~10

② 0~20

③ 0~25

④ 10~100

해설

ACGIH의 평균 입경

- IPM(흡입성 입자상 물질) : 100μm(입경 범위 : 0~100μm)
- TPM(흉곽성 입자상 물질) : 10μm(입경 범위 : 0~25μm)
- RPM(호흡성 입자상 물질) : 4μm(입경 범위 : 0~10μm)

30

원자흡광광도계의 표준시약으로서 적당한 것은?

① 순도가 1급 이상인 것

② 풍화에 의한 농도변화가 있는 것

③ 조해에 의한 농도변화가 있는 것

④ 화학변화 등에 의한 농도변화가 있는 것

해설

표준시료(유해화학물질공정시험기준 ES 08103)

표준시료는 순도가 높은 표준용 시약을 정확히 달아 목적원소의 농도
를 단계적으로 용해 희석하여 여러 개의 표준용액을 만든다. 시약은
적어도 1급 이상의 것을 사용하며 특히 풍화, 조해, 화학변화 등에 의
한 농도의 변화가 없는 것이어야 한다.

31

공기 중 acetone 500ppm, sec-butyl acetate 100ppm 및 methyl ketone 150ppm이 혼합물로서 존재할 때 복합노출지수(ppm)는?(단, acetone, sec-butyl acetate 및 methyl ethyl ketone의 TLV는 각각 750, 200, 200ppm이다)

① 1.25
② 1.56
③ 1.74
④ 1.92

해설

복합노출지수 $= \dfrac{500}{750} + \dfrac{100}{200} + \dfrac{150}{200} = 1.92$

32

화학공장의 작업장 내에 Toluene 농도를 측정하였더니 5, 6, 5, 6, 6, 6, 4, 8, 9, 20ppm일 때, 측정치의 기하표준편차(GSD)는?

① 1.6
② 3.2
③ 4.8
④ 6.4

해설

- 기하평균(GM)

$$\log(GM) = \dfrac{\log x_1 + \log x_2 + \cdots + \log x_n}{n}$$

$$= \dfrac{\begin{pmatrix}\log5 + \log6 + \log5 + \log6 + \log6 + \\ \log6 + \log4 + \log8 + \log9 + \log20\end{pmatrix}}{10} = 0.8271$$

- 기하표준편차(GSD)

$$\log(GSD) = \sqrt{\dfrac{\begin{array}{c}(\log x_1 - \log GM)^2 + (\log x_2 - \log GM)^2 + \cdots \\ + (\log x_n - \log GM)^2\end{array}}{n-1}}$$

$$= \sqrt{\dfrac{\begin{pmatrix}(\log5 - 0.8271)^2 + (\log6 - 0.8271)^2 + \\ (\log5 - 0.8271)^2 + (\log6 - 0.8271)^2 + \\ (\log6 - 0.8271)^2) + (\log6 - 0.8271)^2 + \\ (\log4 - 0.8271)^2 + (\log8 - 0.8271)^2 + \\ (\log9 - 0.8271)^2 + (\log20 - 0.8271)^2)\end{pmatrix}}{10-1}}$$

$$= 0.19425$$

$$GSD = 10^{0.19425} = 1.6$$

33

고열장해와 가장 거리가 먼 것은?

① 열사병
② 열경련
③ 열호족
④ 열발진

해설

고열작업환경 관리지침, 한국산업안전보건공단
"고열"이라 함은 열에 의하여 근로자에게 열경련·열탈진 또는 열사병 등의 건강장해를 유발할 수 있는 더운 온도를 말한다.

34

산업안전보건법령상 누적소음노출량 측정기로 소음을 측정하는 경우의 기기설정값은?

- Criteria (Ⓐ)dB
- Exchange Rate (Ⓑ)dB
- Threshold (Ⓒ)dB

① Ⓐ : 80, Ⓑ : 10, Ⓒ : 90
② Ⓐ : 90, Ⓑ : 10, Ⓒ : 80
③ Ⓐ : 80, Ⓑ : 4, Ⓒ : 90
④ Ⓐ : 90, Ⓑ : 5, Ⓒ : 80

해설

측정방법(작업환경측정 및 정도관리 등에 관한 고시 제26조)
누적소음노출량 측정기로 소음을 측정하는 경우에는 Criteria는 90dB, Exchange Rate는 5dB, Threshold는 80dB로 기기를 설정할 것

35

직경분립충돌기에 관한 설명으로 틀린 것은?

① 흡입성, 흉곽성, 호흡성 입자의 크기별 분포와 농도를 계산할 수 있다.

② 호흡기의 부분별로 침착된 입자 크기를 추정할 수 있다.

③ 입자의 질량크기분포를 얻을 수 있다.

④ 되튐 또는 과부하로 인한 시료 손실이 비교적 정확한 측정이 가능하다.

해설

④ 되튐 또는 과부하로 인한 시료 손실이 없어 비교적 정확한 측정이 가능하다.

36

옥외(태양광선이 내리쬐지 않는 장소)의 온열조건이 아래와 같을 때, WBGT(℃)는?

- 건구온도 : 30℃
- 흑구온도 : 40℃
- 자연습구온도 : 25℃

① 26.5   ② 29.5

③ 33   ④ 55.5

해설

옥내 또는 옥외(태양광선이 내리쬐지 않는 장소)

WBGT(℃) = 0.7 × 자연습구온도 + 0.3 × 흑구온도
= 0.7 × 25 + 0.3 × 40
= 29.5

37

여과지에 관한 설명으로 옳지 않은 것은?

① 막 여과지에서 유해물질은 여과지 표면이나 그 근처에서 채취된다.

② 막 여과지는 섬유상 여과지에 비해 공기저항이 심하다.

③ 막 여과지는 여과지 표면에 채취된 입자의 이탈이 없다.

④ 섬유상 여과지는 여과지 표면뿐 아니라 단면 깊게 입자상 물질이 들어가므로 더 많은 입자상 물질을 채취할 수 있다.

해설

③ 막 여과지는 여과지 표면에 채취된 입자들이 이탈되는 경향이 있다.

38

어느 작업장에서 A 물질의 농도를 측정한 결과가 아래와 같을 때, 측정 결과의 중앙값(median ; ppm)은?

(단위 : ppm)
23.9, 21.6, 22.4, 24.1, 22.7, 25.4

① 22.7   ② 23.0

③ 23.3   ④ 23.9

해설

n개 측정값의 오름차순 중 n이 짝수일 경우는 n/2번째와 (n + 2)/2번째의 평균값이다.

n = 6, n/2 = 6/2 = 3, (n + 2)/2 = (6 + 2)/2 = 4,

3번째와 4번째 값의 평균값 = (22.7 + 23.9)ppm/2
= 23.3ppm

39

복사선(Radiation)에 관한 설명 중 틀린 것은?

① 복사선은 전리작용의 유무에 따라 전리복사선과 비전리복사선으로 구분한다.

② 비전리복사선에는 자외선, 가시광선, 적외선 등이 있고, 전리복사선에는 X선, γ선 등이 있다.

③ 비전리복사선은 에너지 수준이 낮아 분자구조나 생물학적 세포조직에 영향을 미치지 않는다.

④ 전리복사선이 인체에 영향을 미치는 정도에 복사선의 형태, 조사량, 신체조직, 연령 등에 따라 다르다.

> **해설**
> ③ 비전리 복사선도 세포조직에 영향을 주는 에너지를 지니고 있다.

40

산업안전보건법령에서 사용하는 용어의 정의로 틀린 것은?

① 신뢰도란 분석치가 참값에 얼마나 접근하였는가 하는 수치상의 표현을 말한다.

② 가스상 물질이란 화학적 인자가 공기 중으로 가스·증기의 형태로 발생되는 물질을 말한다.

③ 정도관리란 작업환경측정·분석 결과에 대한 정확성과 정밀도를 확보하기 위하여 작업환경측정기관의 측정·분석능력을 확인하고, 그 결과에 따라 지도·교육 등 측정·분석능력 향상을 위하여 행하는 모든 관리적 수단을 말한다.

④ 정밀도란 일정한 물질에 대해 반복측정·분석을 했을 때 나타나는 자료 분석치의 변동 크기가 얼마나 작은가 하는 수치상의 표현을 말한다.

> **해설**
> ① 정확도에 관한 설명이다.

제**3**과목 | **작업환경 관리대책**

41

후드 제어속도에 대한 내용 중 틀린 것은?

① 제어속도는 오염물질의 증발속도와 후드 주위의 난기류 속도를 합한 것과 같아야 한다.

② 포위식 후드의 제어속도를 결정하는 지점은 후드의 개구면이 된다.

③ 외부식 후드의 제어속도를 결정하는 지점은 유해물질이 흡인되는 범위 안에서 후드의 개구면으로부터 가장 멀리 떨어진 지점이 된다.

④ 오염물질의 발생상황에 따라서 제어속도는 달라진다.

> **해설**
> 관리대상 유해물질 관련 국소배기장치 후드의 제어풍속(산업안전보건기준에 관한 규칙 [별표 13])
> "제어풍속"이란 국소배기장치의 모든 후드를 개방한 경우의 제어풍속으로서 다음에 따른 위치에서의 풍속을 말한다.
> • 포위식 후드에서는 후드 개구면에서의 풍속
> • 외부식 후드에서는 해당 후드에 의하여 관리대상 유해물질을 빨아들이려는 범위 내에서 해당 후드 개구면으로부터 가장 먼 거리의 작업 위치에서의 풍속

42

전기 집진장치에 대한 설명 중 틀린 것은?

① 초기 설치비가 많이 든다.

② 운전 및 유지비가 비싸다.

③ 가연성 입자의 처리가 곤란하다.

④ 고온가스를 처리할 수 있어 보일러와 철강로 등에 설치할 수 있다.

> **해설**
> ② 전기 집진장치는 운전 및 유지비가 저렴하다.

43

후드의 유입계수 0.86, 속도압 25mmH₂O일 때 후드의 압력손실(mmH₂O)은?

① 8.8   ② 12.2

③ 15.4   ④ 17.2

해설

$$F = \frac{1}{C^2} - 1 = \frac{1}{0.86^2} - 1 = 0.352$$
$$\triangle P = F \times VP = 0.352 \times 25mmH_2O = 8.8mmH_2O$$

44

국소배기시스템 설계과정에서 두 덕트가 한 합류점에서 만났다. 정압(절대치)이 낮은 쪽 대 정압이 높은 쪽의 정압비가 1:1.1로 나타났을 때, 적절한 설계는?

① 정압이 낮은 쪽의 유량을 증가시킨다.

② 정압이 낮은 쪽의 덕트 직경을 줄여 압력손실을 증가시킨다.

③ 정압이 높은 쪽의 덕트 직경을 늘려 압력손실을 감소시킨다.

④ 정압의 차이를 무시하고 높은 정압을 지배정압으로 계속 계산해 나간다.

해설

① 일반적으로 정압비가 1.2 이하일 때는 정압이 낮은 쪽의 유량을 증가시켜 압력을 조정하지만 정압비가 1.2보다 클 경우는 정압이 낮은 쪽을 재설계해야 한다.

45

어떤 사업장의 산화규소 분진을 측정하기 위한 방법과 결과가 아래와 같을 때, 다음 설명 중 옳은 것은?(단, 산화규소(결정체 석영)의 호흡성 분진 노출 기준은 0.045mg/m³이다)

시료 채취 방법 및 결과		
사용장치	시료채취시간(min)	무게측정결과(μg)
10mm 나일론 사이클론(1.7Lpm)	480	38

① 8시간 시간가중평가노출기준을 초과한다.

② 공기채취유량을 알 수가 없어 농도계산이 불가능하므로 위의 자료로는 측정 결과를 알 수가 없다.

③ 산화규소(결정체 석영)는 진폐증을 일으키는 분진이므로 흡입성 먼지를 측정하는 것이 바람직하므로 먼지 시료를 채취하는 방법이 잘못됐다.

④ 38μg은 0.038mg이므로 단시간 노출 기준을 초과하지 않는다.

해설

$$시간가중평균노출기준(TWA) = \frac{C_1 T_1 + C_2 T_2 + \cdots + C_n T_n}{8}$$

$$= \frac{(2.5mg/m^3 \times 2시간) + (1.8mg/m^3 \times 3시간) + (2.6mg/m^3 \times 3시간)}{8시간}$$

$$1.7L/min \times 480min = 816L$$

$$TWA = \frac{\frac{38\mu g}{816L} \times 480min \times \frac{1시간}{60min} \times \frac{1,000L}{1m^3} \times \frac{1mg}{1,000\mu g}}{8시간}$$

$$= 0.0465mg/m^3$$

46

마스크 본체 자체가 필터 역할을 하는 방진마스크의 종류는?

① 격리식 방진마스크

② 직결식 방진마스크

③ 안면부 여과식 마스크

④ 전동식 마스크

- 안면부 여과식 마스크 : 여과재로 된 안면부와 머리끈으로 구성되며 여과재인 안면부에 의해 분진 등을 여과한 깨끗한 공기가 흡입되고 체내의 공기는 여과재인 안면부를 통해 외기 중으로 배기되는 것으로(배기밸브가 있는 것은 배기밸브를 통하여 배출) 부품이 교환될 수 없는 것을 말한다.
- 격리식 방진마스크 : 안면부, 여과재, 연결관, 흡기밸브, 배기밸브 및 머리끈으로 구성되며 여과재에 의해 분진 등이 제거된 깨끗한 공기를 연결관으로 통하여 흡기밸브로 흡입되고 체내의 공기는 배기밸브를 통하여 외기 중으로 배출하게 되는 것으로 부품을 자유롭게 교환할 수 있는 것을 말한다.
- 직렬식 방진마스크 : 안면부, 여과재, 흡기밸브, 배기밸브 및 머리끈으로 구성되며 여과재에 의해 분진 등이 제거된 깨끗한 공기가 흡기밸브를 통하여 흡입되고 체내의 공기는 배기밸브를 통하여 외기 중으로 배출하게 되는 것으로 부품을 자유롭게 교환할 수 있는 것을 말한다.

47

샌드 블라스트(sand blast) 그라인더 분진 등 보통 산업분진을 덕트로 운반할 때의 최소설계속도(m/s)로 가장 적절한 것은?

① 10   ② 15

③ 20   ④ 25

산업환기설비에 관한 기술지침, 한국산업안전보건공단

[표 3] 유해물질의 덕트 내 반송속도

유해물질 발생형태	유해물질 종류	반송속도 (m/sec)
증기, 가스, 연기	모든 증기, 가스 및 연기	5.0~10.0
흄	아연흄, 산화알미늄 흄, 용접흄 등	10.0~12.5
미세하고 가벼운 분진	미세한 면분진, 미세한 목분진, 종이분진 등	12.5~15.0
건조한 분진이나 분말	고무분진, 면분진, 가죽분진, 동물털 분진 등	15.0~20.0
일반 산업분진	그라인더 분진, 일반적인 금속분말분진, 모직물분진, 실리카분진, 주물분진, 석면분진 등	17.5~20.0
무거운 분진	젖은 톱밥분진, 입자가 혼입된 금속분진, 샌드 블라스트 분진, 주절보링분진, 납분진 등	20.0~22.5
무겁고 습한 분진	습한 시멘트분진, 작은 칩이 혼입된 납분진, 석면 덩어리 등	22.5 이상

48

입자의 침강속도에 대한 설명으로 틀린 것은?(단, 스토크스 식을 기준으로 한다)

① 입자 직경의 제곱에 비례한다.

② 공기와 입자 사이의 밀도차에 반비례한다.

③ 중력가속도에 비례한다.

④ 공기의 점성계수에 반비례한다.

② 공기와 입자 사이의 밀도차에 비례한다.

$$V_s = \frac{g(\rho_s - \rho)d^2}{18\mu}$$

49

어떤 공장에서 1시간에 0.2L의 벤젠이 증발되어 공기를 오염시키고 있다. 전체환기를 위해 필요한 환기량(m^3/s)은?(단, 벤젠의 안전계수, 밀도 및 노출 기준은 각각 6, 0.879g/mL, 0.5ppm이며, 환기량은 21℃, 1기압을 기준으로 한다)

① 82
② 91
③ 146
④ 181

$$\text{사용량}(g/hr) = \frac{0.2L}{1hr} \times \frac{0.879g}{mL} \times \frac{1,000mL}{1L} = 175.8g/hr$$

발생률(G, L/hr)

273K : 22.4L = (273 + 21)K : x, x = 24.1L

78.11g : 24.1L = 175.8g/hr : G,

$$G(L/hr) = \frac{24.1L \times 175.8g/hr}{78.11g} = 54.24L/hr$$

필요환기량(Q) = $\dfrac{G}{TLV} \times K$

$$= \frac{54.24L/hr \times 1,000mL/L \times 1hr/3,600s}{0.5mL/m^3} \times 6 = 181m^3/s$$

50

환기 시스템에서 포착속도(capture velocity)에 대한 설명 중 틀린 것은?

① 먼지나 가스의 성상, 확산조건, 발생원 주변 기류 등에 따라서 크게 달라질 수 있다.
② 제어풍속이라고도 하며 후드 앞 오염원에서의 기류로서 오염 공기를 후드로 흡인하는 데 필요하며, 방해기류를 극복해야 한다.
③ 유해물질의 발생기류가 높고 유해물질이 활발하게 발생할 때는 대략 15~20m/s이다.
④ 유해물질이 낮은 기류로 발생하는 도금 또는 용접 작업공정에서는 대략 0.5~1.0m/s이다.

작업조건	작업공정 사례	제어속도 (m/sec)
움직이지 않는 공기 중으로 속도 없이 배출됨	탱크에서 증발, 탈지 등	0.3~0.5
약간의 공기 움직임이 있고 낮은 속도로 배출됨	스프레이 도장, 용접, 도금, 저속 컨베이어 운반	0.5~1.0
발생기류가 높고 유해물질이 활발하게 발생함	스프레이도장, 용기충진, 컨베이어 적재, 분쇄기	1.0~2.5
고속기류 내로 높은 초기 속도로 배출됨	회전연삭, 블라스팅	2.5~10.0

51

국소배기시설에서 필요 환기량을 감소시키기 위한 방법으로 틀린 것은?

① 후드 개구면에서 기류가 균일하게 분포되도록 설계한다.
② 공정에서 발생 또는 배출되는 오염물질의 절대량을 감소시킨다.
③ 포집형이나 레시버형 후드를 사용할 때에는 가급적 후드를 배출 오염원에 가깝게 설치한다.
④ 공정 내 측면부착 차폐막이나 커튼 사용을 줄여 오염물질의 희석을 유도한다.

필요 환기량을 감소시키는 방법
• 가능한 한 오염물질 발생원에 가까이 설치한다(포집형 및 레시버형 후드).
• 제어속도는 작업조건을 고려하여 적정하게 선정한다.
• 작업에 방해되지 않도록 설치하여야 한다.
• 오염물질 발생특성을 충분히 고려하여 설계하여야 한다.
• 가급적이면 공정을 많이 포위한다.
• 후드 개구면에서 기류가 균일하게 분포되도록 설계한다.
• 공정에서 발생 또는 배출되는 오염물질의 절대량을 감소시킨다.

52

다음 중 도금조와 사형주조에 사용되는 후드 형식으로 가장 적절한 것은?

① 부스식
② 포위식
③ 외부식
④ 장갑부착상자식

해설

③ 도금조 및 사형주조 공정상 작업에 방해가 없는 외부식 후드를 선정한다.

53

차음 보호구인 귀마개(Ear Plug)에 대한 설명으로 가장 거리가 먼 것은?

① 차음 효과는 일반적으로 귀덮개보다 우수하다.
② 외청도에 이상이 없는 경우에 사용이 가능하다.
③ 더러운 손으로 만짐으로써 외청도를 오염시킬 수 있다.
④ 귀덮개와 비교하면 제대로 착용하는 데 시간은 걸리나 부피가 작아서 휴대하기가 편리하다.

해설

장점	단점
• 부피가 작아 휴대가 쉽다. • 안경과 안전모 등에 방해가 되지 않는다. • 고온작업에서도 사용 가능하다. • 좁은 장소에서도 사용 가능하다. • 귀덮개보다 가격이 저렴하다.	• 귀에 질병이 있는 사람은 착용 불가능하다. • 여름에 땀이 많이 날 때는 외의도에 염증 유발 가능성이 많다. • 제대로 착용하는 데 시간이 걸리며 요령을 습득하여야 한다. • 귀덮개보다 차음효과가 일반적으로 떨어지며, 개인차가 크다. • 더러운 손으로 만짐으로써 외청도를 오염시킬 수 있다.

54

760mmH₂O를 mmHg로 환산한 것으로 옳은 것은?

① 5.6
② 56
③ 560
④ 760

해설

760mmHg = 10,332mmH$_2$O
1mmH$_2$O = 0.073557878mmHg,
760mmH$_2$O = 0.073557878mmHg × 760 = 56mmHg

55

정압이 −1.6cmH₂O이고, 전압이 −0.7cmH₂O로 측정되었을 때, 속도압(VP ; cmH₂O)과 유속(u ; m/s)은?

① VP : 0.9, u : 3.8
② VP : 0.9, u : 12
③ VP : 2.3, u : 3.8
④ VP : 2.3, u : 12

해설

전압 = 동압 + 정압
−0.7cmH$_2$O = 동압 − 1.6cmH$_2$O
동압 = 0.9cmH$_2$O = 9mmH$_2$O

$$V = \sqrt{\frac{2 \times g \times VP}{\Upsilon}} = \sqrt{\frac{2 \times 9.8 \times 9}{1.2}} = 12\text{m/s}$$

56

사이클론 설계 시 블로우다운 시스템에 적용되는 처리량으로 가장 적절한 것은?

① 처리 배기량의 1~2%
② 처리 배기량의 5~10%
③ 처리 배기량의 40~50%
④ 처리 배기량의 80~90%

해설

블로우다운(blow down) 효과
사이클론의 분진퇴적함(dust box) 또는 멀티사이클론의 호퍼(hopper)로부터 처리 가스량의 5~10%를 흡입하여 난류현상을 억제시킴으로써 선회기류의 흐트러짐을 방지하고 집진된 분진의 비산을 방지하는 방법이다.

57

레시버식 캐노피형 후드의 유량비법에 의한 필요 송풍량 (Q)을 구하는 식에서 "A"는?(단, q는 오염원에서 발생하는 오염기류의 양을 의미한다)

$$Q = q + (1 + "A")$$

① 열상승 기류량　　② 누입한계 유량비
③ 설계 유량비　　　④ 유도 기류량

해설

후드 주변에 난기류가 형성되지 않은 경우(이상상태)
리시버식 후드의 필요송풍량
= 오염원에서 발생하는 오염기류의 양 × (1 + 누입한계유량비)

58

방진마스크에 대한 설명 중 틀린 것은?

① 공기 중에 부유하는 미세입자 물질을 흡입함으로써 인체에 장해의 우려가 있는 경우에 사용한다.
② 방진마스크의 종류에는 격리식과 직결식이 있고, 그 성능에 따라 특급, 1급 및 2급으로 나누어진다.
③ 장시간 사용 시 분진의 포집 효율이 증가하고 압력강하는 감소한다.
④ 베릴륨, 석면 등에 대해서는 특급을 사용하여야 한다.

해설

③ 장시간 사용 시 분진의 포집 효율이 감소하고 압력강하는 증가한다.

59

오염물질의 농도가 200ppm까지 도달하였다가 오염물질 발생이 중지되었을 때, 공기 중 농도가 200ppm에서 19ppm으로 감소하는 데 걸리는 시간(min)은?(단, 환기를 통한 오염물질의 농도는 시간에 대한 지수함수(1차 반응)로 근사된다고 가정하고 환기가 필요한 공간의 부피는 3,000m³, 환기 속도는 1.17m³/s이다)

① 89　　　　　　② 101
③ 109　　　　　④ 115

해설

$$t = -\frac{V}{Q}\ln\left(\frac{C_2}{C_1}\right) = -\frac{3,000\mathrm{m}^3}{1.17\mathrm{m}^3/\sec \times 60\sec/\min} \times \ln\left(\frac{19}{200}\right)$$
$$= 101\min$$

60

길이가 2.4m, 폭이 0.4m인 플랜지 부착 슬롯형 후드가 바닥에 설치되어 있다. 포촉점까지의 거리가 0.5m, 제어속도가 0.4m/s일 때 필요 송풍량(m³/min)은?

① 20.2　　　　　② 46.1
③ 80.6　　　　　④ 161.3

해설

개구면의 세로/가로비율(W/L) = 0.4m/2.4m = 0.17
0.17 ≤ 0.2 이하
외부식, 바닥에 설치한 플랜지 부착 슬롯형
Q(m³/min) = 60 × 1.6 × L × V × X
　　　　　 = 60 × 1.6 × 2.4m × 0.4m/s × 0.5m
　　　　　 = 46.1m³/min

61

전기성 안염(전광선 안염)과 가장 관련이 깊은 비전리 방사선은?

① 자외선 　　　　　② 적외선
③ 가시광선 　　　　④ 마이크로파

해설

① 전기용접, 자외선 살균 취급자 등에서 발생되는 자외선에 의해 전광선 안염인 급성 각막염이 유발될 수 있다.

62

방사선의 투과력이 큰 것에서부터 작은 순으로 올바르게 나열한 것은?

① X > β > γ 　　　② X > β > α
③ α > X > γ 　　　④ γ > α > β

해설

인체 투과력 순서
중성자 > X선 or γ선 > β선 > α선

63

소음에 의한 인체의 장해(소음성 난청)에 영향을 미치는 요인이 아닌 것은?

① 소음의 크기 　　　② 개인의 감수성
③ 소음 발생 장소 　　④ 소음의 주파수 구성

해설

소음성 난청에 영향을 미치는 요인
• 소리의 강도와 크기
• 주파수
• 매일 노출되는 시간
• 총작업시간
• 개인적 감수성

64

일반적으로 눈을 부시게 하지 않고 조도가 균일하여 눈의 피로를 줄이는 데 가장 효과적인 조명 방법은?

① 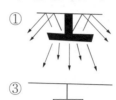 　　②

③ 　　④

해설

간접 조명
광속의 90~100%를 위로 향해 발산하여 천장, 벽에서 확산시켜 균일한 조명도를 얻을 수 있다. 눈부심이 없고, 균일한 조도를 얻을 수 있다.

65

도르노선(Dorno-ray)에 대한 내용으로 옳은 것은?

① 가시광선의 일종이다.
② 280~315Å 파장의 자외선을 의미한다.
③ 소독작용, 비타민 D 형성 등 생물학적 작용이 강하다.
④ 절대온도 이상의 모든 물체는 온도에 비례하여 방출한다.

해설

도르노선(Dorno-ray)
280~315nm의 파장을 갖는 자외선을 의미하며, 인체에 유익한 작용을 하여 건강선(생명선)이라고도 한다. 또한, 소독작용, 비타민 D 형성, 피부의 색소침착 등 생물학적 작용이 강하다.

66

산업안전보건법령상 충격소음의 노출기준과 관련된 내용으로 옳은 것은?

① 충격소음의 강도가 120dB(A)일 경우 1일 최대 노출회수는 1,000회이다.

② 충격소음의 강도가 130dB(A)일 경우 1일 최대 노출회수는 100회이다.

③ 최대 음압수준이 135dB(A)를 초과하는 충격소음에 노출되어서는 안 된다.

④ 충격소음이란 최대 음압수준에 120dB(A) 이상인 소음이 1초 이상의 간격으로 발생하는 것을 말한다.

해설

충격소음의 노출기준(화학물질 및 물리적 인자의 노출기준 [별표 2의 2])
충격소음이라 함은 최대음압수준에 120dB(A) 이상인 소음이 1초 이상의 간격으로 발생하는 것을 말함

67

감압에 따른 인체의 기포 형성량을 좌우하는 요인과 가장 거리가 먼 것은?

① 감압속도

② 산소공급량

③ 조직에 용해된 가스량

④ 혈류를 변화시키는 상태

해설

감압 시 조직 내 질소기포 형성량에 영향을 주는 요인
• 조직에 용해된 가스량
• 혈류 변화 정도
• 감압속도

68

작업환경측정 및 정도관리 등에 관한 고시상 고열 측정방법으로 옳지 않은 것은?

① 예비조사가 목적인 경우 검지관방식으로 측정할 수 있다.

② 측정은 단위작업 장소에서 측정대상이 되는 근로자의 주 작업 위치에서 측정한다.

③ 측정기의 위치는 바닥 면으로부터 50cm 이상 150cm 이하의 위치에서 측정한다.

④ 측정기를 설치한 후 충분히 안정화 시킨 상태에서 1일 작업시간 중 가장 높은 고열에 노출되는 1시간을 10분 간격으로 연속하여 측정한다.

해설

측정기기, 측정방법(작업환경측정 및 정도관리 등에 관한 고시 제30조, 제31조)
• 고열은 습구흑구온도지수(WBGT)를 측정할 수 있는 기기 또는 이와 동등 이상의 성능을 가진 기기를 사용한다(제30조).
• 고열 측정은 다음의 방법에 따른다(제31조).
　– 측정은 단위작업 장소에서 측정대상이 되는 근로자의 주 작업 위치에서 측정한다.
　– 측정기의 위치는 바닥 면으로부터 50cm 이상, 150cm 이하의 위치에서 측정한다.
　– 측정기를 설치한 후 충분히 안정화 시킨 상태에서 1일 작업시간 중 가장 높은 고열에 노출되는 1시간을 10분 간격으로 연속하여 측정한다.

69

지적환경(optimum working environment)을 평가하는 방법이 아닌 것은?

① 생산적(productive) 방법

② 생리적(physiological) 방법

③ 정신적(psychological) 방법

④ 생물역학적(biomechanical) 방법

> **해설**
>
> 지적환경 평가방법(최적의 작업환경 평가방법)
> • 물리적 평가
> • 정신적(심리적) 평가
> • 사회적 환경 평가
> • 생산적(생산성) 성과 평가
> • 생리적(안전 및 건강) 평가

70

한랭작업과 관련된 설명으로 옳지 않은 것은?

① 저체온증은 몸의 심부온도가 35℃ 이하로 내려간 것을 말한다.

② 손가락의 온도가 내려가면 손동작의 정밀도가 떨어지고 시간이 많이 걸려 작업능률이 저하된다.

③ 동상은 혹심한 한랭에 노출됨으로써 피부 및 피하조직 자체가 동결하여 조직이 손상되는 것을 말한다.

④ 근로자의 발이 한랭에 장기간 노출되고 동시에 지속적으로 습기나 물에 잠기게 되면 '선단자람증'의 원인이 된다.

> **해설**
>
> ④ 근로자의 발이 한랭에 장기간 노출되고 동시에 지속적으로 습기나 물에 잠기게 되면 '참호족'의 원인이 된다.

71

다음 방사선 중 입자 방사선으로만 나열된 것은?

① α선, β선, γ선

② α선, β선, X선

③ α선, β선, 중성자

④ α선, β선, γ선, X선

> **해설**
>
> 전리방사선
> • 전자기식 방사선(X-Ray, γ입자)
> • 입자 방사선(α입자, β입자, 중성자)

72

다음 계측기기 중 기류 측정기가 아닌 것은?

① 흑구온도계

② 카타온도계

③ 풍차풍속계

④ 열선풍속계

> **해설**
>
> 기기측정기기 종류
> 피토관, 회전날개형 풍속계, 그네날개형 풍속계, 열선풍속계, 카타온도계, 풍향풍속계, 풍차풍속계

73

다음은 빛과 밝기의 단위를 설명한 것으로 ㉠, ㉡에 해당하는 용어로 옳은 것은?

> 1lm의 빛이 1ft^{2}의 평면상에 수직 방향으로 비칠 때, 그 평면의 빛의 양, 즉 조도를 (㉠)(이)라 하고, 1m^{2}의 평면에 1lm의 빛이 비칠 때의 밝기를 1(㉡)(이)라고 한다.

① ㉠ : 캔들(Candle), ㉡ : 럭스(Lux)

② ㉠ : 럭스(Lux), ㉡ : 캔들(Candle)

③ ㉠ : 럭스(Lux), ㉡ : 푸트캔들(Footcandle)

④ ㉠ : 푸트캔들(Footcandle), ㉡ : 럭스(Lux)

> **해설**
>
> • 푸트캔들(Footcandle) : 1lm의 빛이 1ft^{2}의 면적에 비칠 때의 밝기
> • 럭스(Lux) : 1lm의 빛이 1m^{2}의 평면상에 수직으로 비칠 때 그 평면의 밝기

74

고압 환경에서의 2차적 가압현상(화학적 장해)에 의한 생체 영향과 거리가 먼 것은?

① 질소 마취　　　② 산소 중독

③ 질소기포 형성　　④ 이산화탄소 중독

해설

③ 질소기포 형성은 감압환경의 인체작용이다.

75

다음 중 공장 내부에 기계 및 설비가 복잡하게 설치되어 있는 경우에 작업장 기계에 의한 흡음이 고려되지 않아 실제 흡음보다 과소평가되기 쉬운 흡음 측정방법은?

① Sabin method

② Reverberation time method

③ Sound power method

④ Loss due to distance method

해설

Sabin method는 실내 부피와 실내 표면의 흡음계수를 고려하여 총흡음량을 계산하는 방식이다.

76

작업자 A의 4시간 작업 중 소음 노출량이 76%일 때, 측정 시간에 있어서 평균치는 약 몇 dB(A)인가?

① 88　　　　② 93

③ 98　　　　④ 103

해설

$$TWA(\text{dB(A)}) = 16.61 \times \log\left(\frac{D(\%)}{12.5 \times T}\right) + 90$$
$$= 16.61 \times \log\left(\frac{76}{12.5 \times 4}\right) + 90$$
$$= 93$$

77

진동이 인체에 미치는 영향에 관한 설명으로 옳지 않은 것은?

① 맥박수가 증가한다.

② 1~3Hz에서 호흡이 힘들고 산소 소비가 증가한다.

③ 13Hz에서 허리, 가슴 및 등 쪽에 감각적으로 가장 심한 통증을 느낀다.

④ 신체의 공진형상은 앉아 있을 때가 서 있을 때보다 심하게 나타난다.

해설

③ 6Hz에서 허리, 가슴 및 등 쪽에 감각적으로 가장 심한 통증을 느낀다.

78

공장 내 각기 다른 3대의 기계에서 각각 90dB(A), 95dB(A), 88dB(A)의 소음이 발생된다면 동시에 기계를 가동시켰을 때의 합산 소음(dB(A))은 약 얼마인가?

① 96　　　　② 97

③ 98　　　　④ 99

해설

$$L_p = 10 \times \log(10^{\frac{L_{p1}}{10}} + 10^{\frac{L_{p2}}{10}} + \cdots + 10^{\frac{L_{pN}}{10}})$$
$$= 10 \times \log(10^{\frac{90}{10}} + 10^{\frac{95}{10}} + 10^{\frac{88}{10}})$$
$$= 96.8$$

79

사람이 느끼는 최소 진동 역치로 옳은 것은?

① 35±5dB

② 45±5dB

③ 55±5dB

④ 65±5dB

해설

③ 사람이 느낄 수 있는 최소 진동의 역치값은 55±5dB이다.

80

산업안전보건법령상 적정 공기의 범위에 해당하는 것은?

① 산소농도 18% 미만

② 일산화탄소 농도 50ppm 미만

③ 이산화탄소 농도 10% 미만

④ 황화수소 농도 10ppm 미만

해설

정의(산업안전보건기준에 관한 규칙 제618조)

"적정공기"란 산소농도의 범위가 18% 이상, 23.5% 미만, 이산화탄소의 농도가 1.5% 미만, 일산화탄소의 농도가 30ppm 미만, 황화수소의 농도가 10ppm 미만인 수준의 공기를 말한다.

81

규폐증(silicosis)에 관한 설명으로 옳지 않은 것은?

① 직업적으로 석영 분진에 노출될 때 발생하는 진폐증의 일종이다.

② 석면의 고농도분진을 단기적으로 흡입할 때 주로 발생되는 질병이다.

③ 채석장 및 모래분사 작업장에 종사하는 작업자들이 잘 걸리는 폐질환이다.

④ 역사적으로 보면 이집트의 미라에서도 발견되는 오래된 질병이다.

해설

② 규폐증은 자각증상 없이 서서히 진행된다.

82

입자상 물질의 하나인 흄(fume)의 발생기전 3단계에 해당하지 않는 것은?

① 산화   ② 입자화

③ 응축   ④ 증기화

해설

흄의 발생기전

• 1단계 : 금속의 증기화

• 2단계 : 증기물의 산화

• 3단계 : 산화물의 응축

83

다음 중 20년간 석면을 사용하여 자동차 브레이크 라이닝과 패드를 만들었던 근로자가 걸릴 수 있는 대표적인 질병과 거리가 가장 먼 것은?

① 폐암
② 석면폐증
③ 악성중피종
④ 급성골수성백혈병

해설

석면은 15~40년의 잠복기를 가지고 있으며 석면 노출에 대한 안전한 계치가 없으며 석면에 노출될 경우 흔히 보이는 임상소견 부위는 흉막이다. 석면의 대표 질환으로는 석면폐증, 원발성 폐암, 원발성 악성중피종을 들 수 있다.

84

유해물질의 생체 내 배설과 관련된 설명으로 옳지 않은 것은?

① 유해물질은 대부분 위(胃)에서 대사된다.
② 흡수된 유해물질은 수용성으로 대사된다.
③ 유해물질의 분포량은 혈중농도에 대한 투여량으로 산출된다.
④ 유해물질의 혈장농도가 50%로 감소하는 데 소요되는 시간을 반감기라고 한다.

해설

① 유해물질은 대부분 간에서 대사된다.

85

다음 중 조혈장기에 장해를 입히는 정도가 가장 낮은 것은?

① 망간
② 벤젠
③ 납
④ TNT

해설

① 망간은 주로 중추신경 장애, 정신 장애, 호흡기 장애, 파킨슨증후군을 일으킨다.

86

화학물질을 투여한 실험동물의 50%가 관찰 가능한 가역적인 반응을 나타내는 양을 의미하는 것은?

① ED_{50}
② LC_{50}
③ LE_{50}
④ TE_{50}

해설

① 최소작용량으로 약물을 투여한 동물의 50%가 일정한 반응을 나타내는 양이다.

87

금속의 독성에 관한 일반적인 특성을 설명한 것으로 옳지 않은 것은?

① 금속의 대부분은 이온 상태로 작용된다.
② 생리과정에 이온 상태의 금속이 활용되는 정도는 용해도에 달려 있다.
③ 금속이온과 유기화합물 사이의 강한 결합력은 배설율에도 영향을 미치게 한다.
④ 용해성 금속염은 생체 내 여러 가지 물질과 작용하여 수용성 화합물로 전환된다.

해설

④ 용해성 금속염은 비수용성 화합물로 전환된다.

88

작업자가 납 흄에 장기간 노출되어 혈액 중 납의 농도가 높아졌을 때 일어나는 혈액 내 현상이 아닌 것은?

① K^+와 수분이 손실된다.

② 삼투압에 의하여 적혈구가 위축된다.

③ 적혈구 생존시간이 감소한다.

④ 적혈구 내 전해질이 급격히 증가한다.

해설

④ 적혈구 내 전해질이 급격히 감소한다.

89

화학물질의 생리적 작용에 의한 분류에서 종말기관지 및 폐포점막 자극제에 해당되는 유해가스는?

① 불화수소

② 이산화질소

③ 염화수소

④ 아황산가스

해설

• 종말기관지 및 폐포점막 자극제 종류 : 이산화질소, 포스겐($COCl_2$), 염화비소 등

• 상기도 점막 자극제 종류 : 알데하이드, 암모니아, 염화수소, 불화수소, 아황산가스 등

• 상기도 점막 및 폐조직 자극제 종류 : 염소, 불소, 오존 등

90

단시간노출기준(STEL)은 근로자가 1회 몇 분 동안 유해인자에 노출되는 경우의 기준을 말하는가?

① 5분   ② 10분

③ 15분   ④ 30분

해설

정의(화학물질 및 물리적 인자의 노출기준 제2조)

"단시간노출기준(STEL)"이란 15분간의 시간가중평균노출값으로서 노출농도가 시간가중평균노출기준(TWA)을 초과하고 단시간노출기준(STEL) 이하인 경우에는 1회 노출 지속시간이 15분 미만이어야 하고, 이러한 상태가 1일 4회 이하로 발생하여야 하며, 각 노출의 간격은 60분 이상이어야 한다.

91

폴리비닐 중합체를 생산하는 데 많이 쓰이며, 간 장해와 발암작용이 있다고 알려진 물질은?

① 납   ② PCB

③ 염화비닐   ④ 포름알데하이드

해설

유기용제별 대표적 특이증상

• 벤젠 : 조혈 장애

• 염화탄화수소 : 간 장애

• 이황화탄소 : 중추신경 및 말초신경 장애, 생식기능 장애

• 메탄올 : 시신경 장애

• 메틸부틸케톤 : 말초신경 장애

• 노말헥산 : 다발성 신경 장애

• 에틸렌글리콜에테르: 생식기 장애

• 알코올, 에테르류, 케톤류 : 마취작용

• 염화비닐 : 간 장애

• 톨루엔 : 중추신경 장애

92

알레르기성 접촉 피부염에 관한 설명으로 옳지 않은 것은?

① 알레르기성 반응은 극소량 노출에 의해서도 피부염이 발생할 수 있는 것이 특징이다.

② 알레르기 반응을 일으키는 관련 세포는 대식세포, 림프구, 랑거한스세포로 구분된다.

③ 항원에 노출되고 일정 시간이 지난 후에 다시 노출되었을 때 세포 매개성 과민반응에 의하여 나타나는 부작용의 결과이다.

④ 알레르기원에 노출되고 이 물질이 알레르기원으로 작용하기 위해서는 일정 기간이 소요되며 그 기간을 휴지기라 한다.

해설

④ 알레르기원에서 노출되고 이 물질이 알레르기원으로 작용하기 위해서는 일정 기간이 소요되는데 이 기간(2~3주)을 유도기라고 한다.

93

망간중독에 관한 설명으로 옳지 않은 것은?

① 호흡기 노출이 주경로이다.

② 언어장애, 균형감각상실 등의 증세를 보인다.

③ 전기용접봉 제조업, 도자기 제조업에서 빈번하게 발생된다.

④ 만성중독은 3가 이상의 망간화합물에 의해서 주로 발생한다.

해설

④ 만성중독을 일으키는 것은 2가 망간화합물이고, 3가 이상의 망간화합물은 부식성을 나타낼 뿐이다.

94

남성 근로자의 생식독성 유발요인이 아닌 것은?

① 풍진   ② 흡연
③ 망간   ④ 카드뮴

해설

남성 근로자의 생식독성 유발 유해인자

고온, X선, 납, 카드뮴, 망간, 수은, 항암제, 마취제, 알킬화제, 이황화탄소, 염화비닐, 음주, 흡연, 마약, 호르몬제, 마이크로파 등

95

연(납)의 인체 내 침입 경로 중 피부를 통하여 침입하는 것은?

① 일산화연   ② 4-메틸연
③ 아질산연   ④ 금속연

해설

무기 납(inorganic lead)은 호흡기, 입, 피부 등으로 흡수될 수 있고, 유기 납(organic lead)은 피부를 통하여 잘 흡수된다.

96

산업역학에서 상대위험도의 값이 1인 경우가 의미하는 것은?

① 노출되면 위험하다.

② 노출되어서는 절대 안 된다.

③ 노출과 질병 발생 사이에는 연관이 없다.

④ 노출되면 질병에 대하여 방어 효과가 있다.

해설

③ 상대위험도가 1이면 두 범주형 변수(질병, 위험인자) 간에 연관성이 없음을 의미한다.

97

유해물질과 생물학적 노출 지표와의 연결이 잘못된 것은?

① 벤젠 - 소변 중 페놀
② 크실렌 - 소변 중 카테콜
③ 스티렌 - 소변 중 만델린산
④ 퍼클로로에틸렌 - 소변 중 삼염화초산

해설

② 소변 중 메틸마뇨산

98

다음 설명에 해당하는 중금속의 종류는?

> 이 중금속 중독의 특징적인 증상은 구내염, 정신증상, 근육 진전이다. 급성중독 시 우유나 계란의 흰자를 먹이며, 만성 중독 시 취급을 즉시 중지하고 BAL을 투여한다.

① 납   ② 크롬
③ 수은   ④ 카드뮴

해설

③ 수은중독의 특징적인 현상이다.

99

납에 노출된 근로자가 납중독 되었는지를 확인하기 위하여 소변을 시료로 채취하였을 경우 측정할 수 있는 항목이 아닌 것은?

① δ-ALA
② 납 정량
③ coproporphyrin
④ protoporphyrin

해설

납중독 확인은 혈중 징크 프로토포르피린 측정이다.

100

다음 중 중추신경 억제작용이 가장 큰 것은?

① 알칸
② 에테르
③ 알코올
④ 에스테르

해설

중추신경계 억제작용 순서
할로겐화합물 > 에테르 > 에스테르 > 유기산 > 알코올·알켄 > 알칸

과년도 기출복원문제

※ 2023년부터는 CBT(컴퓨터 기반 시험)로 진행되어 수험자의 기억에 의해 문제를 복원하였습니다. 실제 시행문제와 일부 상이할 수 있음을 알려드립니다.

제1과목 | 산업위생학 개론

01

미국산업위생학술원(AAIH)은 산업위생 분야에 종사하는 사람들이 지켜야 할 윤리강령을 채택하였다. 다음 중 윤리강령의 내용과 거리가 먼 것은?

① 기업주와 고객에 대한 책임
② 근로자에 대한 책임
③ 일반 대중에 대한 책임
④ 환경관리에 대한 책임

해설

산업위생전문가 윤리강령, 미국산업위생학술원(AAIH)
• 전문가로서의 책임
• 근로자에 대한 책임
• 일반 대중에 대한 책임
• 기업주와 고객에 대한 책임

02

젊은 근로자에 있어서 약한 쪽 손의 힘은 평균 40kP이라고 한다. 이러한 근로자가 무게 10kg인 상자를 양손으로 들어 올릴 경우 작업강도(%MS)는 약 얼마인가?

① 25.0% ② 21.3%
③ 17.8% ④ 12.5%

해설

$$작업강도(\%MS) = \frac{RF}{MS} \times 100 = \frac{5}{40} \times 100 = 12.5\%MS$$

여기서, RF : 45kg 상자를 두 손으로 들어 올리므로 한 손에 미치는 힘은 10kg/2 = 5kg
MS : 약한 쪽 손의 힘(40kp)

03

미국정부산업위생전문가협의회(ACGIH)에 의한 작업강도 구분에서 "심한작업(heavy work)"에 속하는 것은?

① 150~200kcal/h까지의 작업
② 200~350kcal/h까지의 작업
③ 350~500kcal/h까지의 작업
④ 500~750kcal/h까지의 작업

해설

구분	소비열량(kcal/hr)
경작업	200kcal/hr 이하
중등도작업	200~350kcal/hr 이하
심한작업	350~500kcal/hr 이하

04

산업보건에 관하여 실제로 효과를 거둔 최초의 법률로서 1833년 제정된 공장법(Factories Act)의 내용 중 틀린 것은?

① 18세 미만 근로자의 야간작업을 금지한다.
② 근로자에게 교육을 시키도록 의무화한다.
③ 주간 작업시간을 48시간으로 제한한다.
④ 작업할 수 있는 연령을 16세 이상으로 제한한다.

해설

④ 작업할 수 있는 연령을 13세 이상으로 제한한다.

정답 1 ④ 2 ④ 3 ③ 4 ④

05

최대작업역(maximum area)에 대한 설명으로 가장 적절한 것은?

① 작업자가 작업할 때 팔과 다리를 모두 이용하여 닿는 영역
② 작업자가 작업할 때 아래팔을 뻗어 파악할 수 있는 영역
③ 작업자가 작업할 때 위팔과 아래팔을 곧게 펴서 파악할 수 있는 영역
④ 작업자가 작업할 때 상체를 기울여 닿는 영역

06

300명이 근무하는 A 작업장에서 연간 50건의 재해발생으로 70명의 사상자가 발생하였다. 이 사업장의 연간 근로시간수가 700,000시간이었다면 도수율은 약 얼마인가?

① 32.5
② 71.4
③ 78.6
④ 85.7

해설

$$도수율 = \frac{재해\ 발생건수}{연간\ 근로시간수} \times 10^6 = \frac{50}{700,000} \times 10^6 = 71.4$$

07

다음 중 근육노동을 할 때 특히 공급하여야 할 비타민의 종류로 가장 적절한 것은?

① 비타민 A
② 비타민 B_1
③ 비타민 D
④ 비타민 E

해설

근육노동을 하는 근로자에게 비타민 B_1을 공급하는 이유는 호기적 산화를 도와 근육의 열량공급을 원활하게 해주기 때문이다.

08

산업안전보건법상 산업보건지도사의 직무에 해당하지 않는 것은?

① 작업환경의 평가 및 개선 지도
② 근로자 건강진단에 따른 사후관리 지도
③ 유해·위험의 방지대책에 관한 평가·지도
④ 작업환경 개선과 관련된 계획서 및 보고서의 작성

해설

산업안전지도사 등의 직무(산업안전보건법 제142조)
산업보건지도사는 다음의 직무를 수행한다.
• 작업환경의 평가 및 개선 지도
• 작업환경 개선과 관련된 계획서 및 보고서의 작성
• 근로자 건강진단에 따른 사후관리 지도
• 직업성 질병 진단(「의료법」 제2조에 따른 의사인 산업보건지도사만 해당한다) 및 예방 지도
• 산업보건에 관한 조사·연구
• 그 밖에 산업보건에 관한 사항으로서 대통령령으로 정하는 사항

09

온도 25℃, 1기압에서 분당 150mL씩 60분 동안 채취한 공기 중에서 벤젠이 5mg 검출되었다. 검출된 벤젠은 약 몇 ppm인가?(단, 벤젠의 분자량은 78이다)

① 160ppm

② 164ppm

③ 172ppm

④ 174ppm

해설

$$C(ppm) = \frac{\text{분석 농도(mg)}}{\text{시료채취량(m}^3)} \times \frac{24.45L(25℃, 1기압)}{\text{분자량}}$$

$$= \frac{5mg}{150mL/min \times 60min \times \dfrac{m^3}{1,000,000mL}} \times \frac{24.45}{78}$$

$$= 174ppm$$

10

산업위생관리 측면에서 피로의 예방 대책으로 적절하지 않은 것은?

① 작업과정에 적절한 간격으로 휴식시간을 둔다.

② 각 개인에 따라 작업량을 조절한다.

③ 개인의 숙련도 등에 따라 작업속도를 조절한다.

④ 동적인 작업을 모두 정적인 작업으로 전환한다.

해설

④ 동적인 작업을 늘리고, 정적인 작업을 줄인다.

11

다음 중 산업안전보건법상 "물질안전보건자료의 작성과 비치가 제외되는 대상물질"로 옳지 않은 것은?

① 「식품위생법」에 의한 식품 및 식품첨가물

② 「농약관리법」에 의한 농약

③ 「대기관리법」에 의한 대기오염물질

④ 「폐기물관리법」에 의한 폐기물

해설

물질안전보건자료의 작성·제출 제외 대상 화학물질 등(산업안전보건법 시행령 제86조)

- 「건강기능식품에 관한 법률」 제3조 제1호에 따른 건강기능식품
- 「농약관리법」 제2조 제1호에 따른 농약
- 「마약류 관리에 관한 법률」 제2조 제2호 및 제3호에 따른 마약 및 향정신성의약품
- 「비료관리법」 제2조 제1호에 따른 비료
- 「사료관리법」 제2조 제1호에 따른 사료
- 「생활주변방사선 안전관리법」 제2조 제2호에 따른 원료물질
- 「생활화학제품 및 살생물제의 안전관리에 관한 법률」 제3조 제4호 및 제8호에 따른 안전확인대상생활화학제품 및 살생물제품 중 일반소비자의 생활용으로 제공되는 제품
- 「식품위생법」 제2조 제1호 및 제2호에 따른 식품 및 식품첨가물
- 「약사법」 제2조 제4호 및 제7호에 따른 의약품 및 의약외품
- 「원자력안전법」 제2조 제5호에 따른 방사성 물질
- 「위생용품 관리법」 제2조 제1호에 따른 위생용품
- 「의료기기법」 제2조 제1항에 따른 의료기기
- 「첨단재생의료 및 첨단바이오의약품 안전 및 지원에 관한 법률」 제2조 제5호에 따른 첨단바이오의약품
- 「총포·도검·화약류 등의 안전관리에 관한 법률」 제2조 제3항에 따른 화약류
- 「폐기물관리법」 제2조 제1호에 따른 폐기물
- 「화장품법」 제2조 제1호에 따른 화장품
- 제1호부터 제15호까지의 규정 외의 화학물질 또는 혼합물로서 일반소비자의 생활용으로 제공되는 것(일반소비자의 생활용으로 제공되는 화학물질 또는 혼합물이 사업장 내에서 취급되는 경우를 포함한다)
- 고용노동부장관이 정하여 고시하는 연구·개발용 화학물질 또는 화학제품. 이 경우 법 제110조 제1항부터 제3항까지의 규정에 따른 자료의 제출만 제외된다.
- 그 밖에 고용노동부장관이 독성·폭발성 등으로 인한 위해의 정도가 적다고 인정하여 고시하는 화학물질

12

육체적 작업능력(PWC)이 20kcal/min인 근로자가 1일 8시간 동안 물체를 운반하고 있다. 이때 작업대사량은 8kcal/min이고 휴식 시의 대사량이 3kcal/min이라면 이 근로자의 시간당 휴식시간과 작업시간의 배분으로 가장 적절한 것은?(단, Hertig식 적용)

① 매시간 약 16분 휴식을 취하고 44분 작업한다.
② 매시간 약 20분 휴식을 취하고 40분 작업한다.
③ 매시간 약 24분 휴식을 취하고 36분 작업한다.
④ 매시간 약 28분 휴식을 취하고 32분 작업한다.

해설

$$T_{\text{rest}}(\%) = \left[\frac{PWC의 \frac{1}{3} - 작업대사량}{휴식대사량 - 작업대사량} \right] \times 100$$

$$= \left[\frac{20 \times \frac{1}{3} - 8}{3 - 8} \right] \times 100$$

$$= 26.67\%$$

60분 × 0.2667 = 16분
작업시간 = 60분 − 16분 = 44분

13

피로는 그 정도에 따라 보통 3단계로 나눌 수 있는데 피로도가 증가하는 순으로 옳게 배열된 것은?

① 곤비상태 → 보통피로 → 과로
② 보통피로 → 과로 → 곤비상태
③ 보통피로 → 곤비상태 → 과로
④ 곤비상태 → 과로 → 보통피로

해설

피로도가 증가하는 순서
보통 피로(하룻밤을 지내고 완전히 회복되는 피로) → 과로(다음 날까지 계속되는 피로) → 곤비(과로의 축적으로 단시간 휴식으로 회복될 수 없는 발병단계의 피로)

14

작업대사율(RMR)이 2인 작업에서의 실동율(實動率)로 옳은 것은?(단, 일본의 사이또와 오시마식을 적용한다)

① 65%   ② 75%
③ 85%   ④ 95%

해설

실동률(%) = 85 − (5 × R)
= 85 − (5 × 2)
= 75%

15

중량물 취급작업 시 NIOSH에서 제시하고 있는 최대허용기준(MPL)에 대한 설명으로 옳지 않은 것은?(단, AL은 감시기준이다)

① MPL은 3AL에 해당되는 값으로 정신물리학적 연구결과, 남성 근로자의 25% 미만과 여성 근로자의 1% 미만에서만 MPL 수준의 작업을 수행할 수 있었다.
② 노동생리학적 연구결과, MPL에 해당되는 작업이 요구하는 에너지 대사량은 5kcal/min을 초과하였다.
③ 인간공학적 연구결과 MPL에 해당되는 작업은 L_5/S_1 디스크에 3,400N의 압력이 부과되어 대부분의 근로자들이 이 압력에 견딜 수 없었다.
④ 역학조사 결과 MPL을 초과하는 작업에서는 대부분의 근로자들에게 근육, 골격 장애가 나타났다.

해설

③ 인간공학적 연구결과 MPL에 해당되는 작업은 L_5/S_1 디스크에 6,400N의 압력이 부과되어 대부분의 근로자들이 이 압력을 견딜 수 없었다.

16

공기 중에 아세톤(TLV=750ppm) 300ppm과 톨루엔 (TLV=100ppm) 30ppm, 헵탄(TLV=50ppm) 10ppm이 각각 노출되어 있는 실내 작업장에서 노출 기준의 초과 여부를 평가한 결과로 옳은 것은?

① 복합노출지수가 약 0.9이므로 노출 기준 미만이다.
② 복합노출지수가 약 10.8이므로 노출 기준 미만 이다.
③ 복합노출지수가 약 0.9이므로 노출 기준을 초과하 였다.
④ 복합노출지수가 약 10.8이므로 노출 기준을 초과하 였다.

해설

$$노출지수(EI) = \frac{C_1}{TLV_1} + \frac{C_2}{TLV_2} + \cdots + \frac{C_n}{TLV_n}$$

$$= \frac{300}{750} + \frac{30}{100} + \frac{10}{50} = 0.9$$

노출지수가 1을 초과하면 노출 기준을 초과한다고 평가

17

산업안전보건법에 따라 사업주가 허가대상 유해물질을 제조 하거나 사용하는 작업장의 보기 쉬운 장소에 반드시 게시하 여야 하는 내용으로 옳지 않은 것은?

① 관리대상 유해물질의 물리적·화학적 특성
② 응급조치와 긴급 방재 요령
③ 인체에 미치는 영향
④ 착용하여야 할 보호구

해설

명칭 등의 게시(산업안전보건기준에 관한 규칙 제442조)
사업주는 관리대상 유해물질을 취급하는 작업장의 보기 쉬운 장소에 다음의 사항을 게시하여야 한다. 다만, 법 제114조 제2항에 따른 작업 공정별 관리요령을 게시한 경우에는 그러하지 아니하다.
• 관리대상 유해물질의 명칭
• 인체에 미치는 영향
• 취급상 주의사항
• 착용하여야 할 보호구
• 응급조치와 긴급 방재 요령

18

다음 중 바람직한 교대제에 대한 설명으로 옳지 않은 것은?

① 2교대 시 4조로 편성한다.
② 야간근무의 연속 일수는 2~3일로 한다.
③ 야간 후 다음 반으로 가는 간격은 48시간으로 한다.
④ 각 반의 근무시간은 8시간으로 한다.

해설

① 2교대 시 3조로 편성한다.

19

산업안전보건법상 석면의 작업환경측정결과 노출 기준을 초과하였을 때 향후 측정 주기는 어떻게 되는가?

① 3개월에 1회 이상

② 6개월에 1회 이상

③ 1년에 1회 이상

④ 2년에 1회 이상

해설

작업환경측정 주기 및 횟수(산업안전보건법 시행규칙 제190조)
사업주는 작업장 또는 작업공정이 신규로 가동되거나 변경되는 등으로 제186조에 따른 작업환경측정 대상 작업장이 된 경우에는 그 날부터 30일 이내에 작업환경측정을 하고, 그 후 반기(半期)에 1회 이상 정기적으로 작업환경을 측정해야 한다. 다만, 작업환경측정 결과가 다음의 어느 하나에 해당하는 작업장 또는 작업공정은 해당 유해인자에 대하여 그 측정일부터 3개월에 1회 이상 작업환경측정을 해야 한다. 별표 21 제1호에 해당하는 화학적 인자(고용노동부장관이 정하여 고시하는 물질만 해당한다)의 측정치가 노출 기준을 초과하는 경우(별표 21 작업환경측정 대상 유해인자, 마. 석면 분진)

20

하인리히의 재해구성 비율을 기준으로 하여 어느 사업장에서 사망 또는 중상이 3건 발생하였을 때 경상의 재해자는 몇 명인가?

① 29건

② 87건

③ 300건

④ 900건

해설

하인리히의 법칙(1 : 29 : 300의 법칙)
산업재해가 발생하여 사망자가 1명 나오면 그 전에 같은 원인으로 발생한 경상자가 29명, 같은 원인의 잠재적 부상자가 300명 있었다는 법칙
1(사망 또는 중상) : 29(경상) : 300(무상해사고) = 3 : 87 : 900

21

분광광도계를 이용하여 미지시료에 대한 농도를 측정하고자 한다(암모니아, ppm). 표준검량곡선이 $y = 0.2x + 0.02$이며, 미지시료의 흡광도가 0.15이다. 이때 미지시료의 농도로 옳은 것은?

① 0.05ppm   ② 0.35ppm

③ 0.65ppm   ④ 0.95ppm

해설

$y = 0.2x + 0.02$,

$0.15 = 0.2x + 0.02$

$x = 0.65ppm$

22

입자상 물질 시료채취용 여과지에 대한 설명으로 옳지 않은 것은?

① 유리섬유 여과지는 흡습성이 적고 열에 약하다.

② MCE 여과지는 흡습성이 높아 중량분석에 적합하지 않다.

③ PVC 여과지는 흡습성이 적고 가볍다.

④ 은막 여과지는 코크스 제조공정에서 발생되는 오븐 배출물질 채취에 사용된다.

해설

① 유리섬유 여과지는 흡습성이 적고 열에 강하다.

23

다음은 소음측정에 관한 내용이다. ㉠+㉡의 합으로 옳은 것은?(단, 고용노동부 고시 기준)

> 누적소음노출량 측정기로 소음을 측정하는 경우에는 Criteria는 (㉠)dB, Exchange Rate는 (㉡)dB, Threshold는 (㉢)dB로 기기를 설정할 것

① 85   ② 95
③ 100   ④ 170

해설

측정방법(작업환경측정 및 정도관리 등에 관한 고시 제26조)
누적소음노출량 측정기로 소음을 측정하는 경우에는 Criteria는 90dB, Exchange Rate는 5dB, Threshold는 80dB로 기기를 설정할 것
∴ 90 + 5 = 95

24

어느 작업장에 toluene의 농도를 측정한 결과가 5ppm, 5ppm, 4ppm, 3ppm, 3ppm이었다면 이 측정값들의 기하평균(ppm)으로 옳은 것은?

① 3.9   ② 4.7
③ 5.1   ④ 5.5

해설

$$\log(\text{GM}) = \frac{\log 5 + \log 5 + \log 4 + \log 3 + \log 3}{5} = 0.5908$$

$$\text{GM} = 10^{0.5908} = 3.9\text{ppm}$$

25

수은의 노출 기준은 0.05mg/m³이고 증기압은 0.025 mmH₂O인 경우 VHR(Vapor Hazard Ratio)로 옳은 것은?(단, 25℃, 1기압 수준, 수은 원자량 200.59)

① 334   ② 351
③ 388   ④ 397

해설

$760\text{mmHg} = 10,332\text{mmH}_2\text{O}$

$$0.025\text{mmH}_2\text{O} \times \frac{760\text{mmHg}}{10,332\text{mmH}_2\text{O}} = 0.00184\text{mmHg}$$

$$C(\text{포화농도, ppm}) = \frac{\text{화학물질의 증기압(mmHg)}}{760} \times 10^6$$

$$= \frac{0.00184\text{mmHg}}{760} \times 10^6$$

$$= 2.42\text{ppm}$$

$$\text{VHR} = \frac{C(\text{포화농도})}{TLV(\text{노출기준})} = \frac{2.42}{0.05\text{mg/m}^3 \times \frac{24.45}{200.59}}$$

$$= 397$$

26

석면측정방법인 전자현미경법에 관한 설명으로 옳지 않은 것은?

① 공기 중 석면시료분석에 정확한 방법이다.
② 석면의 감별분석이 가능하다.
③ 분석비가 비싸고 분석시간이 많이 소요된다.
④ 위상차현미경으로 볼 수 있는 가는 섬유는 관찰할 수 없다.

해설

④ 위상차현미경으로 볼 수 없는 가는 섬유를 관찰할 수 있다.

27

온열 조건을 평가하는 데 습구흑구온도지수(WBGT)를 사용한다. 태양광이 있는 실외에서 측정결과가 다음과 같은 경우 습구흑구온도지수(WBGT)로 옳은 것은?

- 건구온도 : 30℃
- 자연습구온도 : 35℃
- 흑구온도 : 51℃

① 34.7 ℃

② 36.3 ℃

③ 37.7 ℃

④ 39.8 ℃

해설

옥외의 WBGT(℃)
= (0.7 × 자연습구온도) + (0.2 × 흑구온도) + (0.1 × 건구온도)
= (0.7 × 35) + (0.2 × 51) + (0.1 × 30)
= 37.7℃

28

다음 중 측정기구보정을 위한 1차 표준기구로만 짝지어진 것은?

① 비누거품미터, 폐활량계, 가스치환병

② 가스치환병, 피토튜브, 열선기류계

③ 비누거품미터, 폐활량계, 건식가스미터

④ 흑연피스톤미터, 피토튜브, 오리피스미터

해설

2차 표준기구 : 로터미터, 습식테스트미터, 건식가스미터, 오리피스미터, 열선기류계

29

3개의 소음원의 소음 수준을 한 지점에서 각각 측정해보니 첫 번째 소음원만 가동될 때 88dB, 두 번째 소음원만 가동될 때 86dB, 세 번째 소음원만 가동될 때 90dB이었다. 3개의 소음원이 동시에 가동될 때 그 지점에서의 음압 수준으로 옳은 것은?

① 91.6dB

② 93.1dB

③ 95.4dB

④ 100.2dB

해설

$$L_{합} = 10\log(10^{\frac{L_1}{10}} + 10^{\frac{L_2}{10}} + \cdots + 10^{\frac{L_n}{10}})$$
$$= 10\log(10^{\frac{88}{10}} + 10^{\frac{86}{10}} + 10^{\frac{90}{10}})$$
$$= 93.1$$

30

어떤 작업장에서 하이볼륨시료채취기(High volume sampler)를 사용하여 1.5m³/min의 유속에서 1시간 동안 시료를 채취하였다. 여과지(filter paper)에 채취된 구리 성분을 전처리 과정을 거쳐 산(acid)과 증류수 용액 100mL로 추출하였다. 이 용액의 15mL를 취하여 250mL 용기에 넣고 증류수를 더 하여 250mL가 되게 하여 분석한 결과 9.80mg/L이었다. 작업장 공기 내의 납 농도는 몇 mg/m³인가?(단, 납의 원자량은 207이고 100% 추출된다고 가정한다)

① 0.107

② 0.181

③ 0.254

④ 0.330

해설

채취량(m³) = 1.5m³/min × 60min = 90m³
$$\frac{9.80mg}{L} \times 0.250L = 2.45mg,$$
15mL : 2.45mg = 100mL : xmg,
$x = 16.3mg$
$$\frac{16.3mg}{90m^3} = 0.181$$

31

가스상 물질에 대한 시료채취 방법 중 '순간시료채취 방법'을 사용할 수 없는 경우'와 가장 거리가 먼 것은?

① 유해물질의 농도가 시간에 따라 변할 때
② 시간가중평균치를 구하고자 할 때
③ 공기 중 유해물질의 농도가 낮을 때
④ 반응성이 없는 가스상 유해물질일 때

해설

④ 순간시료채취 – 반응성이 없는 가스상 유해물질일 때 사용할 수 있다.

32

입자상 물질의 채취를 위한 직경분립충돌기의 장점으로 옳지 않은 것은?

① 입자별 동시 채취로 시료채취 준비 및 채취 시간을 단축할 수 있다.
② 흡입성, 흉곽성, 호흡성 입자의 크기별로 분포와 농도를 계산할 수 있다.
③ 호흡기의 부분별로 침착된 입자크기의 자료를 추정할 수 있다.
④ 입자의 질량크기분포를 얻을 수 있다.

해설

① 직경분립충돌기는 채취 시간이 길고 시료의 되튐 현상이 발생할 수 있다.

33

분석치에 대한 정확성과 정밀도를 확보하기 위하여 지정 측정기관의 작업환경측정·분석능력을 평가하고, 그 결과에 따라 지도·교육 그 밖에 측정·분석능력 향상을 위하여 행하는 모든 관리적 수단으로 알맞은 것은?

① 분석관리   ② 평가관리
③ 측정관리   ④ 정도관리

해설

정의(작업환경측정 및 정도관리 등에 관한 고시 제2조)
"정도관리"란 법 제126조 제2항에 따라 작업환경측정·분석 결과에 대한 정확성과 정밀도를 확보하기 위하여 작업환경측정기관의 측정·분석능력을 확인하고, 그 결과에 따라 지도·교육 등 측정·분석능력 향상을 위하여 행하는 모든 관리적 수단을 말한다.

34

다음은 가스상 물질의 측정횟수에 관한 내용이다. ( ) 안에 내용으로 옳은 것은?

> 가스상 물질을 검지관방식으로 측정하는 경우에는 1일 작업시간 동안 1시간 간격으로 ( ) 이상 측정하되 측정시간마다 2회 이상 반복 측정하여 평균값을 산출하여야 한다.

① 2회   ② 4회
③ 6회   ④ 8회

해설

검지관방식의 측정(작업환경측정 및 정도관리 등에 관한 고시 제25조)
검지관방식으로 측정하는 경우에는 1일 작업시간 동안 1시간 간격으로 6회 이상 측정하되 측정시간마다 2회 이상 반복 측정하여 평균값을 산출하여야 한다. 다만, 가스상 물질의 발생시간이 6시간 이내일 때에는 작업시간 동안 1시간 간격으로 나누어 측정하여야 한다.

35

빛의 강도가 I_0인 단색광이 어떤 시료용액을 통과할 때 그 빛의 50%가 흡수된 경우 흡광도로 옳은 것은?

① 0.3　　　　　　② 0.5

③ 0.7　　　　　　④ 0.8

해설

흡광도 $= \log \dfrac{I_0}{I} = \log \dfrac{100}{50} = 0.3$

36

가스크로마토그래피의 검출기 종류와 검출기에 관한 설명으로 옳지 않은 것은?

① 전자포획검출기 – 유기염소계 농약 등과 같은 할로겐 화합물을 함유한 물질에 대해 선택적으로 높은 감도를 나타내는 검출기

② 열전도도검출기 – 운반기체와 시료의 열전도도 차이를 측정하여 분석하는 방법

③ 불꽃광도검출기 – 유기화합물 중에 N, P를 함유하고 있는 화합물을 선택적으로 이온화시키는 선택성 검출기

④ 불꽃이온화검출기 – 수소, 공기 불꽃에 의해 이온화되는 모든 물질을 검출하는 검출기

해설

③ 질소인검출기는 유기화합물 중에 N, P를 함유하고 있는 화합물을 선택적으로 이온화시키는 선택성 검출기이다.

37

흉곽성 먼지(TPM)의 50%가 침착되는 평균 입자의 크기로 옳은 것은?(단, ACGIH 기준)

① $0.5\mu m$

② $2\mu m$

③ $4\mu m$

④ $10\mu m$

해설

- 흡입성 입자상 물질 : $100\mu m$
- 흉곽성 입자상 물질 : $10\mu m$
- 호흡성 입자상 물질 : $4\mu m$

38

흡착관을 이용하여 시료를 포집할 때 고려해야 할 사항으로 거리가 먼 것은?

① 파과현상이 발생할 경우 오염물질의 농도를 과대평가할 수 있으므로 주의해야 한다.

② 포집 시료의 보관 및 저장 시 흡착물질의 이동현상(migration)이 일어날 수 있으며 파과현상과 구별하기 힘들다.

③ 작업환경 측정 시 많이 사용하는 흡착관은 앞 층이 100mg, 뒤 층이 50mg으로 되어 있는데 오염물질에 따라 다른 크기의 흡착제를 사용하기도 한다.

④ 실리카겔은 극성물질을 강하게 흡착하므로 작업장에 여러 종류의 극성물질이 공존할 때는 극성이 강한 물질이 극성이 약한 물질을 치환하게 된다.

해설

① 파과현상이 발생할 경우 오염물질의 농도를 과소평가할 수 있으므로 주의해야 한다.

39

누적소음노출량(D : %)을 적용하여 시간가중평균소음수준[TWA : db(A)]을 산출하는 공식으로 옳은 것은?

① $TWA = 16.61\log(D/100) + 80$

② $TWA = 16.61\log(D/100) + 90$

③ $TWA = 18.81\log(D/100) + 80$

④ $TWA = 18.81\log(D/100) + 90$

해설

시간가중평균소음수준(TWA)

$$= 16.61\log\left[\frac{D(\%)}{100}\right] + 90[\text{dB(A)}]$$

40

어느 사업장에서 사용하는 유기용제인 Trichloroethylene 의 근로자 노출농도를 측정하고자 한다. 과거의 노출농도를 조사해 본 결과, 평균 40ppm이었다. 활성탄관(100mg/50mg)을 이용하여 0.2L/min으로 채취하였다. 채취해야 할 최소한의 시간으로 옳은 것은?(단, Trichloroethylene 의 분자량 : 131.39g/mol, 25℃, 1기압, 가스크로마토그래피의 정량한계 : 0.4mg)

① 9.3min

② 12.3min

③ 15.3min

④ 18.3min

해설

$$40\text{ppm} = \frac{0.4\text{mg}}{\dfrac{0.2\text{L}}{\text{min}} \times x\,\text{min}} \times \frac{1\text{mol}}{131.39\text{g}} \times \frac{24.45\text{L}(25℃, \ 1기압)}{1\text{mol}}$$

$$\times \frac{1,000\mu g}{1\text{mg}}$$

$x = 9.3\text{min}$

41

공기 중의 사염화탄소 농도가 0.2%라면 정화통의 사용 가능 시간으로 옳은 것은?(단, 사염화탄소 0.5%에서 100 분간 사용 가능한 정화통 기준)

① 160분

② 190분

③ 220분

④ 250분

해설

$$\text{사용 가능 시간} = \frac{\text{표준유효시간} \times \text{시험가스 농도}}{\text{공기 중 유해가스 농도}}$$

$$= \frac{0.5 \times 100}{0.2}$$

$$= 250분$$

42

어느 관내의 속도압이 7.8mmH₂O일 때 유속(m/min)으로 옳은 것은?(단, 공기의 밀도 1.21 kg/m³)

① 452

② 517

③ 593

④ 675

해설

유입계수(Ce) 구하기

$$\text{유입계수}(Ce) = \sqrt{\frac{2 \times g(9.81) \times VP(\text{동압, mmH}_2\text{O})}{\gamma(\text{공기밀도})}}$$

$$= \sqrt{\frac{2 \times 9.81 \times 7.8}{1.21}}$$

$$= 11.246\text{m/s}$$

$11.246\text{m/s} \times 60\text{s/min} = 675\text{m/min}$

43

메탄올이 10m × 14m × 2m의 체적을 가진 방에 저장되어 있으며 공기를 공급하기 전에 측정한 농도는 500ppm이었다. 이 방으로 환기량을 25m³/min을 공급한 후 노출 기준인 100ppm으로 달성되는 데 걸리는 시간으로 옳은 것은?

① 약 13분　　　　② 약 18분
③ 약 23분　　　　④ 약 28분

해설

농도 C_1으로부터 C_2까지 감소하는 데 걸린 시간(t)

$$t = -\frac{V(작업장의\ 용적,\ m^3)}{Q'(유효환기량,\ m^3/min)}\left[\ln\left(\frac{C_2}{C_1}\right)\right]$$

$$= -\frac{10m \times 14m \times 2m}{25m^3/min} \times \ln\left(\frac{100}{500}\right)$$

$$= 18min$$

44

작업장에 직경 5μm이면서 비중이 3.5인 입자와 직경이 6μm이면서 비중이 2.0인 입자가 있다. 작업장 높이가 5m일 때 모든 입자가 가라앉는 최소시간은?

① 약 24분　　　　② 약 32분
③ 약 39분　　　　④ 약 71분

해설

직경이 5μm인 경우,
침강속도(V, cm/s) = 0.003 × ρ(입자비중)×[d(입자직경, μm)]²
　　　　　　　 = 0.003 × 3.5 × 5²
　　　　　　　 = 0.2625cm/s,

최소시간 = $\frac{500cm}{0.2625cm/s}$ = 1,904.76s × $\frac{1min}{60s}$ = 31.75min

직경이 6μm인 경우,
V = 0.003 × 2.0 × 6²
　 = 0.216cm/s

최소시간 = $\frac{500cm}{0.216cm/s}$ = 2,314.81s × $\frac{1min}{60s}$ = 38.58min

모든 입자가 가라앉는 최소시간은 약 39분이다.

45

용접 흄이 발생하는 공정의 작업대에 부착 고정하여 개구면적이 0.4m²인 측방 외부식 테이블상 플랜지 부착 장방형 후드를 설치하고자 한다. 제어속도가 0.5m/s, 소요송풍량이 70.5m³/min이라면, 발생원으로부터 어느 정도 떨어진 위치에 후드를 설치해야 하는가?

① 0.556m　　　　② 0.656m
③ 0.756m　　　　④ 0.856m

해설

측방외부식 테이블상 플랜지 부착 장방형 후드
Q(m³/min) = 60 × 0.5 × V_c(제어속도, m/s) × [10(X(후드중심선으로부터 발생원까지의 거리))² + A(개구면적, m²)]
70.5m³/min = 60 × 0.5 × 0.5m/s × (10 × X^2 + 0.4m²)
X^2 = 0.43
X = 0.656m

46

공기가 20℃의 송풍관 내에서 30m/sec의 유속으로 흐르는 상태에서는 속도압은?(단, 공기밀도는 1.2kg/m³로 한다)

① 약 15mmH₂O　　　　② 약 25mmH₂O
③ 약 45mmH₂O　　　　④ 약 55mmH₂O

해설

VP(동압, mmH₂O) = $\dfrac{\gamma(공기밀도) \times (V(유속,\ m/s))^2}{2 \times g(9.81)}$

$$= \frac{1.2 \times (30m/s)^2}{2 \times 9.81}$$

$$= 55.04mmH_2O$$

47

8시간의 작업에서 측정된 공기 중 톨루엔의 농도는 6.0 mg/m³이다. 공기 중 톨루엔의 노출 기준은 5.0mg/m³이고 시료 채취 및 분석오차(SAE)는 0.23이다. 하한치(LCL) 값과 근로자의 노출농도가 노출 기준의 초과 여부가 바르게 짝지어진 것은?

① 0.97, 초과하지 않는다.

② 0.97, 초과한다.

③ 1.2, 초과하지 않는다.

④ 1.2, 초과한다.

해설

$Y, 표준화값 = \dfrac{X_1(시간가중평균값)}{허용기준} = \dfrac{6.0}{5.0} = 1.2$

$$\begin{aligned} LCL(하한치\ 계산) &= Y - SAE \\ &= 1.2 - 0.23 \\ &= 0.97 \end{aligned}$$

48

국소환기 시스템의 덕트 설계에 있어서 덕트 합류 시 균형 유지방법인 '설계에 의한 정압균형 유지법'의 장단점으로 옳지 않은 것은?

① 최대저항경로 선정이 잘못되면 설계 시 발견할 수 없다.

② 설계가 복잡하고 시간이 걸린다.

③ 설계 시 잘못된 유량의 조정이 어렵다.

④ 임의의 유량을 조절하기가 용이하다.

해설

① 최대저항경로 선정이 잘못되어도 설계 시 쉽게 발견할 수 있다.

49

층류와 난류 흐름을 판별하는 데 중요한 역할을 하는 레이놀즈수를 알맞게 나타낸 것은?

① $\dfrac{관성력}{점성력}$

② $\dfrac{관성력}{중력}$

③ $\dfrac{관성력}{탄성력}$

④ $\dfrac{압축력}{관성력}$

해설

① 레이놀즈수 $= \dfrac{관성력}{점성력}$

50

송풍기의 동작점에 관한 설명으로 가장 옳은 것은?

① 송풍기의 성능곡선과 시스템 동력곡선이 만나는 점

② 송풍기의 성능곡선과 시스템 요구곡선이 만나는 점

③ 송풍기의 정압곡선과 시스템 효율곡선이 만나는 점

④ 송풍기의 정압곡선과 시스템 동압곡선이 만나는 점

해설

② 송풍기의 동작점은 송풍기의 성능곡선과 시스템 요구곡선이 만나는 점이다. 이 점에서 송풍기는 시스템에서 필요로 하는 공기 흐름과 압력을 제공할 수 있다(성능곡선은 송풍기의 공기 흐름과 압력을 나타내는 곡선, 시스템 요구곡선은 시스템에서 필요로 하는 공기 흐름과 압력을 나타내는 곡선).

51

다음의 보호장구의 재질 중 극성 용제에 효과적인 것은?
(단, 극성 용제에는 알코올, 물, 케톤류 등을 포함한다)

① Neoprene 고무
② Nitrile 고무
③ Butyl 고무
④ Vitron

해설

③ Butyl 고무는 극성 용제에 효과적인 보호장구이다.

52

사이클론의 설계 시에 블로다운 시스템(Blowdown system)을 설치하면 집진효율을 증가시킬 수 있다. 일반적인 블로다운량은?

① 처리가스량의 1~5%
② 처리가스량의 5~10%
③ 처리가스량의 10~15%
④ 처리가스량의 15~20%

해설

블로다운 시스템은 사이클론 내부에 쌓인 먼지를 제거하기 위해 사용되는 시스템으로 사이클론 내부 압력을 갑자기 낮추어 먼지를 제거하는 방식이다. 일반적으로 처리가스량의 5~10% 정도를 블로다운 시스템으로 처리하는 것이 적절하다.

53

산업용 피부보호제에 관한 설명 중 틀린 것은?

① 피부에 직접 유해물질이 닿지 않도록 하는 방법으로 고안된 것이다.
② 피막 형성 보호제는 분진, 유리섬유 등에 대한 장해 예방 등에 사용된다.
③ 광과민성 물질에 대한 피부보호제는 주로 적외선, 즉 열선에 대한 장해 예방에 사용된다.
④ 사용물질에 따라 지용성 물질, 광과민성 물질에 대한 피부보호제, 수용성 피부보호제, 피막 형성 피부보호제 중 선택하여 사용한다.

해설

③ 광과민성 물질에 대한 피부보호제는 주로 자외선에 대한 장해 예방에 사용된다.

54

방진 재료로 사용하는 방진 고무의 장점이 아닌 것은?

① 동적배율이 낮아 스프링 상수의 선택범위가 좁다.
② 고무 자체의 내부마찰에 의해 저항을 얻을 수 있고, 고주파 진동의 차진에 양호하다.
③ 공기 중의 오존에 의해 산화된다.
④ 내부마찰에 의한 발열 때문에 열화되고, 내유성 및 내열성이 약하다.

해설

① 방진 고무는 스프링 상수를 광범위하게 선택할 수 있다.

55

A 물질의 증기압이 62mmHg일때, 포화증기 농도(%)로 옳은 것은?(단, 표준상태를 기준으로 한다)

① 8.3%

② 9.3%

③ 10.3%

④ 11.3%

해설

$$포화농도(\%) = \frac{증기압}{760} \times 10^2 = \frac{62}{760} \times 10^2 = 8.16\%$$

56

재순환 공기의 CO_2 농도는 1,000ppm이고, 급기의 CO_2 농도는 700ppm이었다. 급기 중의 외부 공기 포함량으로 옳은 것은?(단, 외부 공기의 CO_2 농도는 350ppm이다)

① 약 26%   ② 약 36%

③ 약 46%   ④ 약 56%

해설

급기 중 재환순량(%)

$$= \frac{급기\ 공기중\ CO_2\ 농도 - 외부\ 공기중\ CO_2\ 농도}{재순환\ 공기중\ CO_2\ 농도 - 외부\ 공기중\ CO_2\ 농도} \times 100$$

$$= \frac{700 - 350}{1,000 - 350} \times 100$$

$$= 53.85\%$$

급기 중 외부공기포함량(%) = 100 - 급기 중 재순환량(%)

$$= 100 - 53.85$$

$$= 46.15\%$$

57

회전차 외경이 500mm인 원심송풍기의 풍량은 200m³/min이다. 회전차 외경이 1,500mm인 동류(상사구조)의 송풍기가 동일한 회전수로 운전된다면 이 송풍기의 풍량은?(단, 두 경우 모두 표준 공기를 취급한다)

① 약 600m³/min

② 약 1,000m³/min

③ 약 1,800m³/min

④ 약 5,400m³/min

해설

$$Q_2 = Q_1 \times \left(\frac{D_2}{D_1}\right)^3 \times \left(\frac{N_2}{N_1}\right)$$

$$= 200\text{m}^3/\text{min} \times \left(\frac{1,500\text{mm}}{500\text{mm}}\right)^3 \times 1 = 5,400\text{m}^3/\text{min}$$

58

보호구의 보호 정도와 한계를 나타나는 데 필요한 보호계수를 산정하는 공식으로 옳은 것은?(단, 보호계수 = PF, 보호구 밖의 농도 = C_0, 보호구 안의 농도 = C_1)

① $PF = C_0/C_1$

② $PF = (C_1/C_0) \times 100$

③ $PF = (C_0/C_1) \times 0.5$

④ $PF = (C_1/C_0) \times 0.5$

해설

① 보호계수(PF) $= \dfrac{보호구\ 밖의\ 농도(C_0)}{보호구\ 안의\ 농도(C_1)}$

59

원심력 송풍기 중 후향날개형 송풍기에 관한 설명으로 옳지 않은 것은?

① 고농도 분진함유 공기 이송 시에 집진기 전단에 설치한다.

② 회전날개가 회전 방향 반대편으로 경사지게 설계되어 있어 충분한 압력을 발생시킬 수 있다.

③ 방사날개형, 전향날개형에 비하여 효율이 좋다.

④ 고농도 분진함유 공기 이송 시에 집진기 전단에 설치한다.

해설

① 고농도 분진함유 공기 이송 시에 집진기 후단에 설치한다.

60

보호장구의 재질과 적용 화학물질에 관한 내용으로 옳지 않은 것은?

① Butyl 고무는 극성 용제에 효과적으로 적용할 수 있다.

② 면은 용제에는 사용하지 못 한다.

③ 천연고무는 절단 및 찰과상 예방에 좋으며 수용성 용액, 극성 용제에 효과적으로 적용할 수 있다.

④ Vitron은 구조적으로 강하며 극성 용제에 효과적으로 사용할 수 있다.

해설

④ Vitron은 비극성 용제에 효과적이다.

61

다음 중 고온에 순화되는 과정(생리적 변화)으로 틀린 것은?

① 간 기능이 저하된다.

② 체표면의 한선의 수가 감소한다.

③ 위액 분비가 줄고 산도가 감소되어 식욕부진, 소화불량이 유발된다.

④ 처음에는 에너지 대사량이 증가하고 체온이 상승하나 후에 근육이 이완하고 열 생산도 정상으로 된다.

해설

② 체표면의 한선의 수가 증가한다.

62

다음 중 체열의 생산과 방산이 평형을 이룬 상태에서 생체와 환경 사이의 열교환을 열역학적으로 가장 올바르게 나타낸 것은?(단, $\triangle S$는 생체열용량의 변화, M은 체내열생산량, R은 복사에 의한 열의 득실, E는 증발에 의한 열방산, C는 대류에 의한 열의 득실을 나타낸다)

① $\triangle S = M \pm C \pm R - E$

② $\triangle S = M \pm C \pm E - R$

③ $\triangle S = M \pm E \pm R - C$

④ $\triangle S = M \pm E \pm C - R$

해설

열평형 방정식

$\triangle S = M \pm C \pm R - E$

63

다음 중 일반적인 작업장의 인공조명 시 고려사항으로 적절하지 않은 것은?

① 조명도를 균등히 유지할 것
② 경제적이며 취급이 용이할 것
③ 가급적 직접조명이 되도록 설치할 것
④ 폭발성 또는 발화성이 없으며 유해가스를 발생하지 않을 것

해설

③ 가급적 간접조명이 되도록 설치할 것

64

주물사, 고온가스를 취급하는 공정에 환기시설을 설치하고자 할 때, 덕트의 재료로 가장 적당한 것은?

① 아연도금 합금
② 스테인리스스틸 강판
③ 중질 콘크리트
④ 흑피강판

해설

주물사, 고온가스를 취급하는 공정의 덕트의 재질은 흑피강판이 적정하다.

65

땀이 나지 않더라도 피부표면과 호흡기를 통하여 수분이 증발하는데 이를 불감발한이라 한다. 땀과 구별되는 불감발한의 발생 정도로 옳은 것은?

① 약 2.4L/day
② 약 1.2L/day
③ 약 0.6L/day
④ 약 0.3L/day

해설

불감발한은 땀과는 달리 피부표면과 호흡기를 통해 증발하기 때문에 땀과 구별되며 일반적으로 약 0.6L/day 정도 발생한다.

66

열경련(Heat Cramps)에 대한 설명 중 가장 옳은 것은?

① 체온의 상승은 거의 볼 수 없다.
② 땀을 많이 흘려 수분과 염분 손실이 많을 때 발생하며 두통, 구역감, 현기증, 무기력증, 갈증 등의 증상이 나타난다.
③ 땀이 나지 않아 뜨거운 마른 피부가 되어 체온이 41℃ 이상 상승한다.
④ 고온환경에서 심한 육체적 노동을 함으로써 수의근에 통증이 있는 경련을 일으키는 고열장해이다.

해설

열경련(Heat cramps)
고온환경에서 심한 육체적 노동을 함으로써 수의근에 통증이 있는 경련을 일으키는 고열장해를 말한다. 다량의 발한에 의해 염분이 상실되었음에도 이를 보충해 주지 못했을 때 일어난다. 작업에 자주 사용되는 사지나 복부의 근육이 동통을 수반해 발작적으로 경련을 일으킨다. 응급조치로는 0.1%의 식염수를 먹여 시원한 곳에서 휴식시킨다.

67

질소 마취작용이 나타나는 기압 기준으로 옳은 것은?

① 2기압 이상
② 3기압 이상
③ 4기압 이상
④ 5기압 이상

해설

4기압 이상에서 공기 중의 질소가스는 마취작용을 나타낸다.

68

다음 중 전리방사선과 비전리방사선의 경계가 되는 에너지 강도로 가장 적절한 것은?

① 약 1,200eV
② 약 120eV
③ 약 12eV
④ 약 1.2eV

해설

전리방사선과 비전리방사선의 경계가 되는 에너지 강도는 12eV이다.

69

A 작업장의 음압 수준이 100dB(A)이고, 근로자는 귀덮개(NRR = 20)를 착용하고 있다. 현장에서 근로자가 노출되는 음압 수준은 약 얼마인가?(단, OSHA의 계산방법을 사용한다)

① 93.5dB(A)
② 95.5dB(A)
③ 97.5dB(A)
④ 99.5dB(A)

해설

차음효과 = (NRR − 7) × 0.5
$\qquad$ = (20 − 7) × 0.5
$\qquad$ = 6.5
노출되는 음압 수준 = 작업장 음압 수준 − 차음효과
$\qquad\qquad\qquad$ = 100 − 6.5
$\qquad\qquad\qquad$ = 93.5dB(A)

70

빛과 밝기의 단위에 관한 내용으로 맞는 것은?

① Lumen : 1촉광의 광원으로부터의 단위 입체각으로 나가는 광속의 단위
② 반사율 : 평면에서 반사되는 밝기
③ Lux : 1lm의 빛이 1m의 평면상에 수직으로 비칠 때 그 평면의 밝기
④ Foot-candle : 단위평면적에서 발산 또는 반사되는 광량

해설

밝기의 단위
• 루멘(Lumen) : 1촉광의 광원으로부터의 단위 입체각으로 나가는 광속의 단위(1Lumen = 1촉광/입체각)
• 반사율 : 평면에서 반사되는 밝기(조도에 대한 휘도의 비)
• 럭스(Lux) : 1lm의 빛이 1m의 평면상에 수직으로 비칠 때 그 평면의 밝기(Lux = Lumen/m²)
• 푸트캔들(Footcandle) : 1lm의 빛이 1ft²의 면적에 비칠 때의 밝기
• 휘도 : 단위평면적에서 발산 또는 반사되는 광량(눈으로 느끼는 광원)

71

n-Hexane에 폭로된 근로자의 생물학적 노출 지표로 이용되는 물질과 n-Hexane의 채취 시기로 옳은 것은?

① 2,5-hexanedione, 작업 중 시료채취
② 2,5-hexanedione, 작업 종료 시 시료채취
③ hippuric acid, 작업 중 시료채취
④ 9hippuric acid, 작업 종료 시 시료채취

해설

특수건강진단 · 배치전건강진단 · 수시건강진단의 검사항목(산업안전보건법 시행규칙 [별표 24])
노말헥산, 뇨 중 n-헥산, 뇨 중 2,5-hexanedione, 작업 종료 시 시료채취

72

산업안전보건법령상 적정한 공기에 해당하는 것은?(단, 다른 성분의 조건은 적정한 것으로 가정한다)

① 이산화탄소가 1.0%인 공기
② 산소농도가 15%인 공기
③ 산소농도가 25%인 공기
④ 황화수소 농도가 20ppm인 공기

해설

정의(산업안전보건기준에 관한 규칙 제618조)
"적정공기"란 산소농도의 범위가 18% 이상, 23.5% 미만, 이산화탄소의 농도가 1.5% 미만, 일산화탄소의 농도가 30ppm 미만, 황화수소의 농도가 10ppm 미만인 수준의 공기를 말한다.

73

다음 중 음의 세기 레벨을 나타내는 dB의 계산식으로 옳은 것은?(단, I_0 = 기준음향의 세기, I = 발생음의 세기)

① $dB = 10 \times \log\left(\dfrac{I}{I_0}\right)$

② $dB = 20 \times \log\left(\dfrac{I}{I_0}\right)$

③ $dB = 10 \times \log\left(\dfrac{I_o}{I}\right)$

④ $dB = 20 \times \log\left(\dfrac{I_o}{I}\right)$

해설

음의 세기 레벨(SIL)

$$SIL = 10 \times \log\left(\frac{I}{I_0}\right) = 10 \times \log\left(\frac{I}{10^{-12}}\right)$$

74

다음 중 레이노(Raynaud)증후군의 발생 가능성이 가장 큰 작업은?

① 공기 해머(hammer) 작업
② 보일러 수리 및 가동
③ 인쇄작업
④ 용접작업

해설

① 공기 해머 작업은 진동이 발생하여 손가락의 혈관을 수축시키고 혈액순환을 방해하기 때문에 레이노증후군의 발생 가능성이 크다.

75

충격소음의 노출 기준에서 충격소음의 강도와 1일 노출 횟수가 잘못 연결된 것은?

① 120dB(A) : 10,000회
② 130dB(A) : 1,000회
③ 140dB(A) : 100회
④ 150dB(A) : 10회

해설

정의(산업안전보건기준에 관한 규칙 제512조)
"충격소음작업"이란 소음이 1초 이상의 간격으로 발생하는 작업으로서 다음 각 목의 어느 하나에 해당하는 작업을 말한다.
• 120dB(A)을 초과하는 소음이 1일 1만회 이상 발생하는 작업
• 130dB(A)을 초과하는 소음이 1일 1천회 이상 발생하는 작업
• 140dB(A)을 초과하는 소음이 1일 1백회 이상 발생하는 작업

76

10시간 동안 측정한 소음노출량이 200%일 때 증가음압 레벨(Ieq)로 옳은 것은?

① 93.4dB
② 96.3dB
③ 97.4dB
④ 98.6dB

해설

$$TWA = 16.61 \times \log\left(\frac{D(\%)}{12.5 \times T}\right) + 90$$
$$= 16.61 \times \log\left(\frac{200}{12.5 \times 10}\right) + 90 = 93.4dB$$

77

다음 중 동상의 종류와 증상이 잘못 연결된 것은?

① 1도 : 발적
② 2도 : 수포 형성과 염증
③ 3도 : 피부와 피하조직 괴사, 감각 소실
④ 4도 : 출혈

해설

④ 하얀 반점이 생기고 피부가 검푸른 색으로 변함. 근육, 인대가 얼어 붙는 현상으로 동상 부위를 절단해야 하는 일이 생길 수 있음

78

다음 중 저압 환경에 대한 직업성 질환의 내용으로 옳지 않은 것은?

① 고산병을 일으킨다.
② 폐수종을 일으킨다.
③ 신경장애를 일으킨다.
④ 질소가스에 대한 마취작용이 원인이다.

해설

④ 질소가스에 대한 마취작용은 고압 환경에서의 직업성 질환이다.

79

다음 중 저기압이 인체에 미치는 영향으로 옳지 않은 것은?

① 급성 고산병은 극도의 우울증, 두통, 식욕상실을 보이는 임상증세군이며 가장 특징적인 것은 흥분성이다.
② 고공성 폐수종은 어린아이보다 순화적응속도가 느린 어른에게 많이 일어난다.
③ 급성 고산병 증상은 48시간 내에 최고조에 달하였다가 2~3일이면 소실된다.
④ 고공성 폐수종은 진행성 기침과 호흡곤란이 나타나고, 폐동맥의 혈압이 상승한다.

해설

② 고공성 폐수종은 어른보다 순화적응속도가 느린 어린이에게 많이 일어난다.

80

전리방사선의 단위 중 조직(또는 물질)의 단위 질량당 흡수된 에너지로 옳은 것은?

① Gy(Gray)
② R(Röntgen)
③ Sv(Sivert)
④ Bq(Becpuerel)

해설

① 흡수선량의 단위로 그레이(Gray, Gy)가 사용되며, 1Gy는 1주울/킬로그램(J/kg)이다.

흡수선량
물질의 단위 질량당 흡수된 방사선의 에너지를 말한다.

81

유기성 분진에 의한 진폐증은 어느 것인가?

① 탄소폐증　　　　② 규폐증
③ 활석폐증　　　　④ 농부폐증

해설

유기성 분진에 의한 진폐증 : 농부폐증, 면폐증, 연초폐증, 설탕폐증, 목재분진폐증, 모발분진폐증

82

진폐증을 잘 일으키는 석면분진의 크기는?

① 길이가 5~8μm 보다 길고, 두께가 0.25~1.5μm 보다 얇은 것
② 길이가 5~8μm 보다 짧고, 두께가 0.25~1.5μm 보다 얇은 것
③ 길이가 5~8μm 보다 길고, 두께가 0.25~1.5μm 보다 두꺼운 것
④ 길이가 5~8μm 보다 짧고, 두께가 0.25~1.5μm 보다 두꺼운 것

83

중독 증상으로 파킨슨증후군 소견이 나타날 수 있는 중금속으로 옳은 것은?

① 납　　　　　　② 카드뮴
③ 크롬　　　　　④ 망간

해설

④ 망간 : 파킨슨증후군

84

다음 중 동물실험을 통하여 산출한 독물량의 한계치(NOED ; No-Observable Effect Dose)를 사람에게 적용하기 위하여 인간의 안전폭로량(SHD)을 계산할 때 안전계수와 함께 활용되는 항목으로 옳은 것은?

① 체중　　　　　② 축적도
③ 평균수명　　　④ 감응도

해설

동물실험을 통하여 산출한 독물량의 한계치(NOED ; No-Observable Effect Dose)를 사람에게 적용하기 위하여 인간의 안전폭로량(SHD)을 계산할 때 안전계수와 체중을 고려한다.

85

유기성 분진에 의한 것으로 체내반응보다는 직접적인 알레르기 반응을 일으키며 특히 호열성 방선균류의 과민증상이 많은 진폐증으로 알맞은 것은?

① 규폐증　　　　　② 석면폐증
③ 면폐증　　　　　④ 농부폐증

해설

④ 농부폐증에 대한 설명이다.

86

작업자가 납 흄에 장기간 노출되어 혈액 중 납의 농도가 높아졌을 때 일어나는 혈액 내 현상으로 옳지 않은 것은?

① K^+와 수분이 손실된다.

② 삼투압에 의하여 적혈구가 위축된다.

③ 적혈구 생존시간이 감소한다.

④ 적혈구 내 전해질이 급격히 증가한다.

해설

혈액 중에 납 농도가 높아지면 포타슘(K)과 수분의 손실을 가져와서 삼투압이 증가함으로 적혈구가 위축된다. 그 결과 적혈구의 생존기간이 단축되고 파괴가 촉진된다.

87

생물학적 모니터링 측정에 대한 설명과 가장 거리가 먼 것은?

① 근로자의 유해물질에 대한 노출 정도를 소변, 호기, 혈액 중에서 그 물질이나 대사산물을 측정함으로써 노출 정도를 추정하는 방법이다.

② 최근의 노출량이나 과거로부터 축적된 노출량을 직접적으로 파악한다.

③ 건강상의 위험은 생물학적 정체에서 물질별 결정인자를 생물학적 노출지수와 비교하여 평가한다.

④ 근로자 보호를 위한 모든 개선 대책을 적절히 평가한다.

해설

② 최근의 노출량이나 과거로부터 축적된 노출량을 간접적으로 파악한다.

88

동물실험에서 구해진 역치량을 사람에게 외삽하여 "사람에게 안전한 양"으로 추정한 것을 SHD(Safe Human Dose)라고 하는데 SHD 계산에 활용되지 않는 항목은?

① 배설률   ② 노출시간

③ 호흡률   ④ 폐흡수비율

해설

체내흡수량, SHD(mg)

$= C$(공기 중 유해물질농도, mg/m^3) $\times T$(노출시간, hr) $\times$
$\quad V$(폐환기율, m^3/hr) $\times R$(체내잔류율)

89

어떤 물질의 독성에 관한 인체실험 결과 안전흡수량이 체중 1kg당 0.2mg이었다. 체중이 60kg인 근로자가 1일 8시간 작업할 경우 이 물질의 체내흡수를 안전흡수량 이하로 유지하려면 공기 중 농도를 얼마 이하로 하여야 하는가?(단, 작업 시 폐환기율은 $1.3m^3/h$, 체내 잔류율은 1.0으로 한다)

① $0.52mg/m^3$

② $1.15mg/m^3$

③ $1.57mg/m^3$

④ $2.02mg/m^3$

해설

체내흡수량(mg) $= C(mg/m^3) \times T \times V \times R$

$0.2mg/kg \times 60kg = C(mg/m^3) \times 8 \times 1.3 \times 1.0$

$C(mg/m^3) = 1.15$

90

다음 중 남성 근로자의 생식독성 유발시키는 유해인자와 가장 거리가 먼 것은?

① 염산
② 흡연
③ 염화비닐
④ 망간

해설

남성 근로자의 생식독성 유발 유해인자

고온, X선, 납, 카드뮴, 망간, 수은, 항암제, 마취제, 알킬화제, 이황화탄소, 염화비닐, 음주, 흡연, 마약, 마이크로파 등

91

다음 중 탄화수소계 유기용제에 관한 설명으로 옳지 않은 것은?

① 지방족 탄화수소 중 탄소수가 4개 이하인 것은 단순 질식제로서의 역할 외에는 인체에 거의 영향이 없다.
② 할로겐화 탄화수소의 독성의 정도는 할로겐원소의 수가 많을수록 증가한다.
③ 방향족 탄화수소의 대표적인 것은 톨루엔, 크실렌 등이 있으며, 고농도에서는 주로 중추신경계에 영향을 미친다.
④ 방향족 탄화수소 중 저농도에서 장기간 노출되면 조혈장해를 일으키는 대표적인 것이 톨루엔이다.

해설

③ 방향족 탄화수소 중 저농도에서 장기간 노출되면 조혈장해를 일으키는 대표적인 것이 벤젠이다.

92

메탄올이 독성을 나타내는 대사 단계로 옳은 것은?

① 메탄올 → 포름알데하이드 → 포름산 → 물
② 메탄올 → 아세트알데하이드 → 포름알데하이드 → 물
③ 메탄올 → 포름알데하이드 → 포름산 → 이산화탄소
④ 메탄올 → 아세트알데하이드 → 포름알데하이드 → 이산화탄소

해설

메탄올 대사 단계

메탄올 → 포름알데하이드 → 포름산 → 이산화탄소

93

다음 중 인체의 세포 내 호흡을 방해하는 화학적 질식성 물질로 옳은 것은?

① 메탄
② 아르곤
③ 메탄
④ 일산화탄소

해설

화학성 질식제

혈액 중의 혈색소와 결합하여 산소운반능력을 방해하거나, 조직 중의 산화효소 기능을 저하시켜 뇌로 보내는 산소를 감소시키는 물질(황화수소, 일산화탄소, 오존, 염소 등)

94

다음 중 화학물질인 "톨루엔"의 영향에 대한 생물학적 모니터링 대상으로 옳은 것은?

① 적혈구에서의 ZPP
② 요에서의 마뇨산
③ 요에서의 저분자량 단백질
④ 혈액에서의 메타헤로글로빈

해설

② 톨루엔 – 뇨 중 마뇨산

95

유기용제 중독을 스크린하는 다음 검사법의 민감도(sensitivity)는 얼마인가?

구 분		실제값(질병)		합 계
		양 성	음 성	
검사법	양 성	A	B	A+B
	음 성	C	D	C+D
합 계		A+C	B+D	

① A/(A+B)
② A(A+C)
③ D(B+D)
④ D(C+D)

해설

② 민감도 = A(A + C)

96

다음 중 수은 중독환자의 치료 방법으로 적합하지 않은 것은?

① Ca-EDTA 투여
② BAL(Britich Anti-Lewisite) 투여
③ N-acetyl-D-penicillamine 투여
④ 우유와 달걀의 흰자를 먹인 후 위 세척

해설

① Ca-EDTA 투여는 납 중독환자의 치료 방법이다.

97

다음 중 국제암연구위원회(IARC)의 발암물질에 대한 Group의 구분과 정의가 올바르게 연결된 것은?

① Group 1 – 인체 발암성 가능 물질
② Group 2A – 인체 발암성 예측/추정 물질
③ Group 3 – 인체 비발암성 추정 물질
④ Group 4 – 인체 발암성 미분류 물질

해설

• Group 1 – 인체 발암 물질
• Group 2A – 인체 발암성 예측/추정 물질
• Group 2B – 인체 발암성 가능 물질
• Group 3 – 인체 발암성 미분류 물질
• Group 4 – 인체 비발암성 추정 물질

98

소변 중 화학물질 A의 농도는 30mg/mL, 단위 시간당 배설되는 소변의 부피는 1.5mL/min, 혈장 중 화학물질 A의 농도가 0.2mg/mL라면 단위 시간당 화학물질 A의 제거율(mL/min)로 옳은 것은?

① 195   ② 205

③ 215   ④ 225

해설

단위시간당제거율(mL/min)

$$= 단위시간당\ 배설되는\ 소변의\ 부피 \times \frac{소변\ 농도}{혈장\ 농도}$$

$$= 1.5\text{mL/min} \times \frac{30\text{mg/mL}}{0.2\text{mg/mL}} = 225\text{mL/min}$$

99

다음 중 유해화학물질의 노출 기준을 정하고 있는 기관과 노출 기준 명칭이 연결이 바르게 된 것은?

① NIOSH : PEL

② AIHA : MAC

③ OSHA : REL

④ ACGIH : TLV

해설

국가	허용 기준
미국정부산업위생전문가협의회	TLV
미국산업안전보건청	PEL
미국국립산업안전보건연구원	REL
미국산업위생학회	WEL
독일	MAK
영국 보건안전청	WEL
스웨덴	OEL
한국	화학물질 및 물리적 인자의 노출 기준

100

단위 작업장의 공기 중에 질산과 카드뮴이 동시에 발생되어 작업자가 노출되었을 때 이들은 어떤 작용을 나타내는가?

① 상승작용

② 복합작용

③ 길항작용

④ 독립작용

해설

질산과 카드뮴은 서로 다른 독성을 가지고 있으며, 각각 독립적으로 작용한다.

01

미국산업안전보건연구원(NIOSH)에서 제시한 중량물의 들기작업에 관한 감시기준(Action Limit)과 최대허용기준(Maximum Permissible Limit)의 관계를 바르게 나타낸 것은?

① MPL = 5AL
② MPL = 3AL
③ MPL = 10AL
④ MPL = $\sqrt{2}$ AL

해설
- 들기작업감시기준(AL) : 들기작업을 수행할 때 반복적인 과도한 부담을 방지하기 위해 설정된 기준
- 최대허용기준(MPL) : 작업자가 단일작업 또는 반복작업에서 들어 올릴 수 있는 무게의 절대한계로, 일반적으로 MPL은 3AL이 성립될 수 있음

02

어떤 플라스틱 제조 공장에 150명의 근로자가 근무하고 있다. 1년에 40건의 재해가 발생하였다면 이 공장의 도수율로 옳은 것은?(단, 1일 8시간, 연간 300일 근무기준이다)

① 111.1
② 86.2
③ 17.3
④ 4.4

해설

$$도수율 = \frac{재해 \ 발생건수}{연간 \ 근로시간수} \times 10^6 = \frac{40}{150 \times 8 \times 300} \times 10^6 = 111.1$$

03

38세 된 남성 근로자의 육체적 작업능력(PWC)은 20kcal/min이다. 이 근로자가 1일 8시간 동안 물체를 운반하고 있으며 이때의 작업 대사량은 10kcal/min이고, 휴식 시 대사량은 1kcal/min이다. 이 사람의 적정 휴식시간과 작업시간의 배분(매시간별)은 어떻게 하는 것이 이상적인가?

① 22분 휴식 38분 작업
② 27분 휴식 33분 작업
③ 32분 휴식 28분 작업
④ 37분 휴식 23분 작업

해설

$$T_{rest} (\%) = \left[\frac{PWC의 \ \frac{1}{3} - 작업대사량}{휴식대사량 - 작업대사량} \right] \times 100$$

$$= \frac{20 \times \frac{1}{3} - 10}{1 - 10} \times 100 = 37.037\%$$

60분 × 0.37037 = 22.22분
작업시간 = 60분 − 22.22분 = 37.78분

04

교대근무에 있어 야간작업의 생리적 현상으로 옳지 않은 것은?

① 체중의 증가가 발생한다.
② 체온이 주간보다 내려간다.
③ 주간 근무에 비하여 피로를 쉽게 느낀다.
④ 수면 부족 및 식사시간의 불규칙으로 위장장애를 유발한다.

해설
① 체중의 감소가 발생한다.

05

사무실 공기관리 지침상 오염물질과 관리기준이 잘못 연결된 것은?(단, 관리기준은 8시간 시간가중평균농도이며, 고용노동부 고시를 따른다)

① 곰팡이 – 800CFU/m^3

② 일산화탄소(CO) – 10ppm

③ 미세먼지(PM2.5) – 100$\mu g/m^3$

④ 포름알데하이드(HCHO) – 100$\mu g/m^3$

해설

오염물질 관리기준(사무실 공기관리 지침 제2조)
• 곰팡이 – 500CFU/m^3

06

다음 중 사망 또는 영구 전노동 불능일 때 근로손실일수는 며칠로 산정하는가?(단, 산정기준은 국제노동기구의 기준을 따른다)

① 3,000일   ② 4,000일

③ 5,000일   ④ 7,500일

해설

• 사망, 영구 전노동 불능상태 신체장해등급은 1~2등급이다.
• 사망 및 1, 2, 3급의 근로손실일수는 7,500일이다.

07

물체의 실제 무게를 미국 NIOSH의 권고중량물한계기준(RWL)으로 나누어 준 값을 무엇이라 하는가?

① 중량상수(LC)   ② 빈도승수(FM)

③ 비대칭승수(AM)   ④ 중량물 취급지수(LI)

해설

④ 중량물 취급지수(LI) = $\dfrac{\text{실제 작업무게}}{\text{권고중량물한계기준(RWL)}}$

08

산업안전보건법에서 정하는 중대재해라고 볼 수 없는 것은?

① 사망자가 1명 이상 발생한 재해

② 재산피해액 5천만원 이상의 재해

③ 부상자 또는 직업성 질병자가 동시에 10명 이상 발생한 재해

④ 3개월 이상의 요양을 요양이 필요한 부상자가 동시에 2명 이상 발생한 재해

해설

정의(산업안전보건법 제2조)
"중대재해"란 산업재해 중 사망 등 재해 정도가 심하거나 다수의 재해자가 발생한 경우로서 고용노동부령으로 정하는 재해를 말한다.
중대재해의 범위(산업안전보건법 시행규칙 제3조)
• 사망자가 1명 이상 발생한 재해
• 3개월 이상의 요양이 필요한 부상자가 동시에 2명 이상 발생한 재해
• 부상자 또는 직업성 질병자가 동시에 10명 이상 발생한 재해

09

작업환경측정기관이 산업안전보건법에 따라 작업환경측정을 한 경우, 시료채취를 마친 날부터 며칠 이내에 결과를 관할 지방고용노동관서장에게 제출하여야 하는가? (단, 제출 기간의 연장은 고려하지 않는다)

① 30일   ② 60일

③ 90일   ④ 120일

해설

작업환경측정결과의 보고(작업환경측정 및 정도관리 등에 관한 고시 제39조)
사업장 위탁측정기관이 작업환경측정을 실시하였을 경우에는 측정을 완료한 날부터 30일 이내에 작업환경측정결과표 2부를 작성하여 1부는 사업장 위탁측정기관이 보관하고 1부는 사업주에게 송부하여야 한다.

10

재해 예방의 4원칙에 대한 설명으로 옳지 않은 것은?

① 재해 발생에는 반드시 그 원인이 있다.

② 재해가 발생하면 반드시 손실도 발생한다.

③ 재해는 원인 제거를 통하여 예방이 가능하다.

④ 재해 예방을 위한 가능한 안전대책은 반드시 존재한다.

해설

손실 우연의 법칙

재해 발생과 손실 발생은 우연적이므로 사고 발생 자체의 방지가 이루어져야 한다. 사고의 결과로 생기는 손실은 우연히 발생한다.

11

산업안전보건법에 따라 사업주는 잠함(潛艦) 또는 잠수작업 등 높은 기압에서 하는 작업에 종사하는 근로자에 대하여 몇 시간을 초과하여 근로하게 해서는 안 되는가?

① 1일 6시간, 1주 34시간

② 1일 8시간, 1주 34시간

③ 1일 6시간, 1주 40시간

④ 1일 8시간, 1주 40시간

해설

유해 · 위험작업에 대한 근로시간 제한 등(산업안전보건법 시행령 제99조, 법 제139조)

• 법 제139조 제1항에서 "높은 기압에서 하는 작업 등 대통령령으로 정하는 작업"이란 잠함(潛函) 또는 잠수작업 등 높은 기압에서 하는 작업을 말한다(제99조).

• 사업주는 유해하거나 위험한 작업으로서 높은 기압에서 하는 작업 등 대통령령으로 정하는 작업에 종사하는 근로자에게는 1일 6시간, 1주 34시간을 초과하여 근로하게 해서는 안 된다(법 제139조).

12

산업재해로 인하여 부상자 1인당 직접비용으로 400만원이 지출되었다면 총 재해손실비는 얼마인가?

① 800만원   ② 1,200만원

③ 1,600만원   ④ 2,000만원

해설

직접비 : 간접비 = 1 : 4

총재해손실비 = 직접비 + 간접비

= 400만원 + (400만원 × 4)

= 2,000만원

13

전신피로 정도를 평가하기 위해 작업 직후의 심박수를 측정한다. 작업종료 후 30~60초, 60~90초, 150~180초 사이의 평균 맥박수를 각각 $HR_{30\sim60}$, $HR_{60\sim90}$, $HR_{150\sim180}$ 이라 할 때 심한 전신피로 상태로 판단되는 경우는?

① $HR_{60\sim90}$이 110을 초과하고, $HR_{150\sim180}$과 $HR_{30\sim60}$ 차이가 10 미만인 경우

② $HR_{60\sim90}$이 110을 초과하고, $HR_{150\sim180}$과 $HR_{30\sim60}$ 차이가 10 이상인 경우

③ $HR_{30\sim60}$이 110을 초과하고, $HR_{150\sim180}$과 $HR_{60\sim90}$ 차이가 10 미만인 경우

④ $HR_{30\sim60}$이 110을 초과하고, $HR_{150\sim180}$과 $HR_{60\sim90}$ 차이가 10 이상인 경우

해설

심한 전신피로 상태

$HR_{30\sim60}$이 110을 초과하고, $HR_{150\sim180}$과 $HR_{60\sim90}$ 차이가 10 미만인 경우이다.

14

다음 중 물질안전보건자료의 작성 원칙에 관한 설명으로 옳지 않은 것은?

① 물질안전보건자료의 작성단위는 계량에 관한 법률이 정하는 바에 의한다.

② 물질안전보건자료는 한글로 작성하는 것을 원칙으로 하되 화학물질명, 외국기관명 등의 고유명사는 영어로 표기할 수 있다.

③ 각 작성항목은 빠짐없이 작성하여야 하며, 부득이 어느 항목에 대해 관련 정보를 얻을 수 없는 경우에는 공란으로 둔다.

④ 외국어로 되어있는 물질안전보건자료를 번역하는 경우에는 자료의 신뢰성이 확보될 수 있도록 최초 작성기관명 및 시기를 함께 기재하여야 한다.

해설

작성원칙(화학물질의 분류·표시 및 물질안전보건자료에 관한 기준 제11조)

- 물질안전보건자료는 한글로 작성하는 것을 원칙으로 하되 화학물질명, 외국기관명 등의 고유명사는 영어로 표기할 수 있다.
- 외국어로 되어있는 물질안전보건자료를 번역하는 경우에는 자료의 신뢰성이 확보될 수 있도록 최초 작성기관명 및 시기를 함께 기재하여야 하며, 다른 형태의 관련 자료를 활용하여 물질안전보건자료를 작성하는 경우에는 참고문헌의 출처를 기재하여야 한다.
- 물질안전보건자료의 작성단위는 계량에 관한 법률이 정하는 바에 의한다.
- 각 작성항목은 빠짐없이 작성하여야 한다. 다만, 부득이 어느 항목에 대해 관련 정보를 얻을 수 없는 경우에는 작성란에 "자료 없음"이라고 기재하고, 적용이 불가능하거나 대상이 되지 않는 경우에는 작성란에 "해당 없음"이라고 기재한다.

15

산업안전보건법령상 작업환경측정 대상 유해인자(분진)에 해당하지 않는 것은?(단, 그 밖에 고용노동부장관이 정하여 고시하는 인체에 해로운 유해인자는 제외한다)

① 면분진

② 목재분진

③ 지류분진

④ 유리섬유

해설

특수건강진단 대상 유해인자(산업안전보건법 시행규칙[별표 22])

광물성 분진, 곡물 분진, 면 분진, 목재 분진, 석면 분진, 용접 흄, 유리섬유

16

산업안전보건법상 "충격소음작업"이라 함은 몇 dB 이상의 소음을 1일 100회 이상 발생하는 작업을 말하는가?

① 110

② 120

③ 130

④ 140

해설

정의(산업안전보건기준에 관한 규칙 제512조)

"충격소음작업"이란 소음이 1초 이상의 간격으로 발생하는 작업으로서 다음 각 목의 어느 하나에 해당하는 작업을 말한다.

- 120dB(A)을 초과하는 소음이 1일 1만회 이상 발생하는 작업
- 130dB(A)을 초과하는 소음이 1일 1천회 이상 발생하는 작업
- 140dB(A)을 초과하는 소음이 1일 1백회 이상 발생하는 작업

17

다음 중 피로물질이라고 할 수 없는 것은?

① 크레아틴
② 시스테인
③ 초성포도당
④ 글리코겐

해설

피로물질
크레아틴, 젖산, 초성포도당, 시스테인 등이다.

18

물체무게가 5kg이고, 중량물 취급작업의 권고기준이 10kg일 때 NIOSH의 중량물 취급지수(LI, Lifting Index)는 얼마인가?

① 15
② 5
③ 2
④ 0.5

해설

NIOSH의 중량물 취급지수, LI

$$= \frac{물체무게(kg)}{RWL(중량물\ 취급작업의\ 권고기준,\ kg)} = \frac{5kg}{10kg} = 0.5$$

19

에틸벤젠(TLV=100ppm)을 사용하는 작업장의 작업시간이 9시간일 때에는 허용기준을 보정하여야 한다. OSHA 보정방법과 Brief and Scala 보정방법을 적용하였을 때 두 보정된 허용기준치 간의 차이는 약 얼마인가?

① 2.2ppm   ② 3.3ppm
③ 4.2ppm   ④ 5.6ppm

해설

• OSHA보정법칙

$$보정된\ 허용농도 = 8시간\ 허용농도 \times \frac{8시간}{노출시간/일}$$

$$= 100 \times \frac{8}{9} = 88.89ppm$$

• Brief and Scala보정법

$$RF = \frac{8}{H} \times \frac{24-H}{16} = \frac{8}{9} \times \frac{24-9}{16} = 0.8333$$

$$보정된\ 노출지수 = TLV \times RF$$
$$= 100 \times 0.8333$$
$$= 83.33ppm$$

∴ $88.89 - 83.33 = 5.56$

20

RMR이 5인 격심한 작업을 하는 근로자의 실동률(A)과 계속 작업의 한계시간(B)으로 옳은 것은?(단, 실동률은 사이또와 오시마식을 적용한다)

① A : 60%, B : 약 28분
② A : 75%, B : 약 28분
③ A : 60%, B : 약 24분
④ A : 75%, B : 약 24분

해설

실동률(%) = $85 - (5 \times RMR) = 85 - (5 \times 5) = 60\%$
계속 작업 한계시간, CMT
$\log CMT = 3.724 - 3.25 \times \log RMR$
$= 3.724 - 3.25 \times \log 5$
$= 1.45$
CMT = 28분

21

입경이 $25\mu m$이고 입자 비중이 1.5인 입자의 침강 속도
(cm/s)로 옳은 것은?

① 1.8　　　　　② 2.8

③ 3.8　　　　　④ 4.8

> **해설**
>
> 입자크기가 1~50μm인 경우 적용
> V, 침강속도(cm/s) = 0.003×(ρ, 입자비중)×(d, 입자직경, μm)^2
> 　　　　　　　　= 0.003 × 1.5 × (25)^2 = 2.8cm/s

22

고온의 노출 기준을 구분하는 작업강도 중 중등작업에 해
당하는 열량(kcal/h)은?(단, 고용노동부 고시를 기준으
로 한다)

① 169　　　　　② 212

③ 361　　　　　④ 445

> **해설**
>
> 고열작업환경 관리지침, 한국산업안전보건공단
> • 경작업 : 200kcal/h까지의 열량이 소요되는 작업
> • 중등작업 : 200~350kcal/h까지의 열량이 소요되는 작업
> • 중작업 : 350~500kcal/h까지의 열량이 소요되는 작업

23

시료 채취 전의 유량은 30.5L/min이고, 시료채취 후의
유량은 32.5L/min이었다. 시료 채취가 10분 동안 시행되
었다면 시료채취에 사용된 공기의 부피(L)로 옳은 것은?

① 약 295　　　　② 약 305

③ 약 315　　　　④ 약 325

> **해설**
>
> $\dfrac{(30.5+32.5)\text{L/min}}{2}\times 10\text{min} = 315\text{L}$

24

85℃와 동등한 온도로 옳은 것은?

① 85K

② 188°F

③ 645°R

④ 355K

> **해설**
>
> 절대온도(K) = 273 + 섭씨온도 = 273 + 85 = 358K
> 화씨온도(°F) = $\left(\dfrac{9}{5}\times\text{섭씨온도}\right)+32$
> 　　　　　　 = $\left(\dfrac{9}{5}\times 85\right)+32 = 185°F$
> 랜킨온도(°R) = 460 + 화씨온도
> 　　　　　　 = 460 + 185 = 645°R

25

옥내의 습구흑구온도지수(WBGT)를 계산하는 식으로 옳
은 것은?

① WBGT = 0.7 × 자연습구온도 + 0.2 × 건구온도 +
　0.1 × 흑구온도

② WBGT = 0.7 × 자연습구온도 + 0.3 × 건구온도

③ WBGT = 0.7 × 자연습구온도 + 0.2 × 흑구온도 +
　0.1 × 건구온도

④ WBGT = 0.7 × 자연습구온도 + 0.3 × 흑구온도

> **해설**
>
> 옥내의 습구흑구온도지수(WBGT)
> WBGT(℃) = 0.7 × 자연습구온도 + 0.3 × 흑구온도

26

작업장 내의 오염물질 측정 방법인 검지관법에 관한 설명으로 옳지 않은 것은?

① 민감도가 낮다.

② 특이도가 낮다.

③ 측정 대상 오염물질의 동정 없이 간편하게 측정할 수 있다.

④ 맨홀, 밀폐공간에서의 산소가 부족하거나 폭발성 가스로 인하여 안전이 문제가 될 때 유용하게 사용될 수 있다.

해설

③ 검지관은 미리 측정대상물질의 동정이 되어 있어야 측정이 가능하다.

27

작업장의 소음 측정 시 소음계의 청감보정회로로 옳은 것은?

① A 특성

② B 특성

③ C 특성

④ D 특성

해설

측정방법(작업환경측정 및 정도관리 등에 관한 고시 제26조) 소음계의 청감보정회로는 A 특성으로 할 것

28

유사노출그룹(HEG)에 관한 내용으로 옳지 않은 것은?

① 시료채취수를 경제적으로 하는 데 목적이 있다.

② 유사노출그룹은 우선 유사한 유해인자별로 구분한 후 유해인자의 동질성을 보다 확보하기 위해 조직을 분석한다.

③ 역학조사를 수행할 때 사건이 발생된 근로자가 속한 유사노출그룹의 노출농도를 근거로 노출원인 및 농도를 추정할 수 있다.

④ 유사노출그룹은 노출되는 유해인자의 농도와 특성이 유사하거나 동일한 근로자 그룹을 말하며 유해인자의 특성이 동일하다는 것은 노출되는 유해인자가 동일하고 농도가 일정한 변이 내에서 통계적으로 유사하다는 의미이다.

해설

② 유사노출그룹은 우선 유사한 조직, 공정으로 구분한 후 유해인자의 동질성을 확보하기 위해 업무내용을 분석한다.

29

다음 중 시료의 보관 및 운반방법에 대한 설명으로 알맞지 않은 것은?

① 여과지 : 시료채취가 완료되면 원래 여과지가 장착되었던 카세트에 장착하여 보관한다.

② 액체시료 : 시료채취 후 바로 용액을 임핀저에서 다른 유리병으로 옮긴 후 운반한다.

③ 고체흡착관 : 플라스틱 마개를 개봉한 후 운반하며, 특히 여름철처럼 온도가 높을 경우 냉동 보관한다.

④ 고형시료 : 공기와 분리하여 보관한다.

해설

③ 플라스틱 마개로 밀봉 후 운반하며, 특히 여름철처럼 온도가 높을 경우 냉장 보관한다.

30

Lambert-Beer 법칙을 이용하는 분광 광도계법(spectro-photometric Method)에서 흡광도가 2배일 때 시료 농도는 몇 배가 되는가?(단, 흡광계수(absorptivity)와 셀(cell)의 길이는 일정하다고 가정한다)

① 1/2배 ② 1배
③ 2배 ④ 4배

해설

흡광도(A) = ζ(몰흡광계수) $\times$ L(cell의 길이) $\times$ C(농도)
흡광도와 농도는 비례한다.

31

빛의 파장 단위로 사용되는 Å(Angstrom)을 국제표준 단위계(SI)로 나타낸 것은?

① 10^{-6}m ② 10^{-8}m
③ 10^{-10}m ④ 10^{-12}m

해설

Å(Angstrom) = 10^{-10}m

32

작업장의 이산화탄소(CO_2)를 분석한 결과 25℃ 1기압에서 100ppm이었다. 이것은 몇 mg/m^{3}인가?

① 1,964.3mg/m^3 ② 1,825.7mg/m^3
③ 1,799.6mg/m^3 ④ 1,760.0mg/m^3

해설

$$\text{mg/m}^3 = \text{ppm} \times \frac{\text{분자량}}{24.45\text{L}(25℃, 1\text{기압})}$$
$$= 1,000\text{ppm} \times \frac{44}{24.45}$$
$$= 1,799.6\text{mg/m}^3$$

33

시료 채취에 사용하지 않은 동일한 여과지에 첨가된 양과 분석량의 비로 나타내며, 여과지를 이용하여 채취한 금속을 분석하는 데 보정하기 위해 행하는 실험은?

① 독성실험 ② 안전성 실험
③ 회수율 실험 ④ 탈착효율 실험

해설

③ 회수율 실험 : 시료 채취에 사용하지 않은 동일한 여과지에 첨가된 양과 분석량의 비로 나타내며, 여과지를 이용하여 채취한 금속을 분석하는 데 보정하기 위해 행하는 실험이다.

34

작업환경 공기를 측정하였더니 TLV가 50ppm인 트리클로로에틸렌이 20ppm, TLV가 25ppm인 클로로포름이 20ppm, TLV가 100ppm인 테트라클로로에틸렌이 80ppm이었다. 이러한 작업환경 공기의 허용농도는?(단, 상가작용 기준)

① 50ppm
② 60ppm
③ 70ppm
④ 80ppm

해설

$$\text{노출지수} = \frac{C_1}{TLV_1} + \frac{C_2}{TLV_2} + \cdots + \frac{C_n}{TLV_n}$$
$$= \frac{20}{50} + \frac{20}{25} + \frac{80}{100}$$
$$= 2$$

$$\text{혼합물질의 허용농도} = \frac{\text{혼합물의 공기중 농도}}{\text{노출지수}}$$
$$= \frac{20 + 20 + 80}{2} = 60\text{ppm}$$

35

다음 중 계통오차의 특징이 아닌 것은?

① 참값과 측정치 간에 일정한 차이가 있음을 나타낸다.

② 대부분의 경우 오차의 원인을 찾아낼 수 있으며, 크기와 부호를 추정 및 보정할 수 있다.

③ 계통오차가 작을 때는 정확하다고 한다.

④ 측정횟수를 될 수 있는 대로 많이 하여 오차의 분포를 살펴 가장 확실한 값을 추정할 수 있다.

해설

임의오차

측정횟수를 될 수 있는 대로 많이 하여 오차의 분포를 살펴 가장 확실한 값을 추정할 수 있다.

36

Hexane의 부분압이 150mmHg(OEL 500ppm)이었을 때 증기화위험지수는?

① 395   ② 405

③ 415   ④ 425

해설

최고농도, $C(\text{ppm}) = \dfrac{\text{화학물질의 증기압}}{760} \times 10^6$

증기화위험지수

$$VHR = \frac{C}{TLV} = \frac{\left(\dfrac{150\text{mmHg}}{760\text{mmHg}} \times 10^6\right)}{500} = 394.7 ≒ 395$$

37

톨루엔의 과거 노출농도를 조사해본 결과, 평균 60ppm이었다. 활성탄관을 이용하여 0.2L/분으로 채취하였다. 가스크로마토그래피의 정량한계는 시료당 0.25mg이다. 채취하여야 할 최소한의 시간(분)으로 옳은 것은?(단, 25℃, 1기압 기준, 톨루엔 분자량 : 92.14)

① 5.5분

② 6.5분

③ 9.5분

④ 13.5분

해설

$$60\text{ppm} = \frac{0.25\text{mg}}{\dfrac{0.2\text{L}}{\min} \times x\min} \times \frac{1\text{mol}}{92.14\text{g}} \times \frac{24.45\text{L}(25℃, 1기압)}{1\text{mol}}$$

$$\times \frac{1,000\mu g}{1\text{mg}}$$

$x = 5.5\text{min}$

38

입자상 물질 채취를 위하여 사용되는 직경분립충돌기의 장점 또는 단점으로 틀린 것은?

① 호흡기의 부분별로 침착된 입자크기의 자료를 추정할 수 있다.

② 되튐으로 인한 시료의 손실이 일어나 과대분석결과를 초래할 수 있다.

③ 입자의 질량크기 분포를 얻을 수 있다.

④ 시료채취가 까다롭고 비용이 많이 든다.

해설

② 되튐으로 인한 시료의 손실이 일어나 과소분석결과를 초래할 수 있다.

39

작업환경측정 단위로 알맞지 않는 것은?

① 미스트, 흄 등의 농도는 ppm, mg/m³으로 표시한다.
② 소음 수준의 측정단위는 dB(A)로 표시한다.
③ 석면의 농도표시는 섬유개수(개수/m³)로 표시한다.
④ 고온(복사열 포함)은 습구흑구온도지수를 구하여 섭씨온도(℃)로 표시한다.

해설

단위(작업환경측정 및 정도관리 등에 관한 고시 제20조)
석면의 농도 표시는 cm³당 섬유개수(개/cm³)로 표시한다.

40

다음 중 흑구온도의 측정시간 기준으로 옳은 것은?(단, 직경이 15cm인 흑구온도계 기준)

① 5분 이상
② 10분 이상
③ 15분 이상
④ 25분 이상

해설

구분	측정기기	측정시간
습구온도	0.5℃ 간격의 눈금이 있는 아스만통풍건습계, 자연습구온도를 측정할 수 있는 기기 또는 이와 동등 이상의 성능이 있는 측정기기	아스만통풍건습계 : 25분 이상 자연습구온도계 : 5분 이상
흑구 및 습구흑구 온도	직경이 5cm 이상되는 흑구온도계 또는 습구흑구온도를 동시에 측정할 수 있는 기기	직경이 15cm일 경우 25분 이상 직경이 7.5cm 또는 5cm일 경우 5분 이상

41

벤젠 2L가 모두 증발하였다면 벤젠이 차지하는 부피는? (단, 벤젠의 비중은 0.88이고 분자량은 78, 21℃, 1기압)

① 176L
② 258L
③ 325L
④ 544L

해설

$$2,000\text{mL} \times \frac{0.88\text{g}}{\text{mL}} = 1,760\text{g}$$

$$1,760\text{g} \times \frac{1\text{mol}}{78\text{g}} = 22.564\text{mol}$$

$$PV = nRT,$$

$$V = \frac{nRT}{P}$$

$$= \frac{22.564\text{mol} \times 0.082\text{L} \cdot \text{atm/mol} \cdot \text{K} \times (273+21)\text{K}}{1\text{atm}}$$

$$= 544\text{L}$$

42

후드 입구유속을 균일하게 형성하기 위한 방법이 아닌 것은?

① 슬롯 설치
② 곡관 사용
③ 테이퍼 설치
④ 분리날개 설치

해설

② 곡관을 사용하면 유속이 불규칙하다.

43

송풍량이 150m^3/min이고 전압(총압)이 60mmH$_2$O이다. 송풍기의 소요동력은?(단, 송풍기 효율이 1.1이다)

① 약 1.3kW

② 약 2.3kW

③ 약 3.3kW

④ 약 4.3kW

해설

소요동력(kW)

$= \dfrac{Q(송풍량, \text{ m}^3/\text{min}) \times \Delta P(송풍기유효전압, \text{ mmH}_2\text{O})}{6{,}120 \times \eta(송풍기효율, \text{ \%})}$

$\quad \times \alpha(안전인자, \text{ \%})$

$= \dfrac{150 \times 60}{6{,}120 \times 1.1} \times 1$

$= 1.34$

44

방독마스크의 정화통 외부 측면의 색으로 옳지 않은 것은?

① 유기가스용 – 회색

② 일산화탄소용 – 적색

③ 암모니아용 – 백색

④ 아황산가스용 – 황적색

해설

③ 암모니아용 – 녹색

45

방진마스크에 관한 설명으로 옳지 않은 것은?

① 흡기밸브는 미약한 호흡에 대하여 확실하고 예민하게 작동하여야 한다.

② 방진마스크에 사용하는 금속 부품은 부식되지 않아야 한다.

③ 전면형의 경우 사용할 때 충격을 받을 수 있는 부품은 충격 시에 마찰 스파크가 발생되어 가연성의 가스 혼합물을 점화시킬 수 있는 알루미늄, 마그네슘, 티타늄 또는 이의 합금으로 만들어서는 안 된다.

④ 배기밸브는 방진마스크의 내부와 외부의 압력이 같을 경우 항상 열려 있어야 한다.

해설

④ 배기밸브는 방진마스크의 내부와 외부의 압력이 같을 경우 항상 닫혀 있어야 한다.

46

덕트의 속도압이 40mmH$_2$O, 후드의 압력손실이 10mmH$_2$O일 때 후드의 유입계수(Ce)는?

① 0.29

② 0.49

③ 0.69

④ 0.89

해설

압력손실(ΔP) $= F$(압력손실계수) $\times VP$(mmH$_2$O)

$10 = 40 \times F$, $F = 0.25$

유입계수(Ce) $= \sqrt{\dfrac{1}{1+F}} = \sqrt{\dfrac{1}{1+0.25}} = 0.89$

47

안전모의 사용방법 및 보관방법에 관한 설명으로 옳지 않은 것은?

① 3회 이상 충격을 받은 것은 폐기할 것
② 어떤 이유라도 모체에 흠집을 만들지 않을 것
③ 플라스틱 모체는 자외선 등에 열화되기 쉽기 때문에 정해진 시기에 교체할 것
④ 안전모를 차에 싣고 다닐 때에는 햇빛이 비치는 창 밑에 두어서는 안 된다.

해설
① 1회라도 충격을 받은 것은 폐기할 것

48

어떤 작업장의 음압수준이 90dB(A)이고 근로자가 NRR이 31인 귀마개를 착용하고 있다면 노출되는 음압수준[dB(A)]은?

① 78dB(A)　　　　② 68dB(A)
③ 58dB(A)　　　　④ 48dB(A)

해설
차음효과 = (NRR−7) × 0.5 = (31 − 7) × 0.5 = 12dB
노출되는 음압수준 = 작업장음압수준 − 차음효과
　　　　　　　　 = 90 − 12 = 78dB(A)

49

에틸벤젠을 취급하는 근로자의 보호구 밖에서 측정한 에틸벤젠 농도가 50ppm이었고, 보호구 안의 농도가 5ppm으로 나왔다면 보호계수 값은?(단, 표준상태 기준)

① 50　　　　　　② 10
③ 5　　　　　　　④ 0.1

해설

$$보호계수 = \frac{보호구 \ 밖의 \ 농도}{보호구 \ 안의 \ 농도} = \frac{50}{5} = 10$$

50

덕트설치의 주요원칙으로 틀린 것은?

① 가능한 한 길이는 짧게 하고 굴곡부의 수는 적게 할 것
② 송풍기를 연결할 때는 최소 덕트 직경의 6배 정도 직선구간을 확보할 것
③ 수분이 응측될 경우 덕트 내로 들어가지 않도록 경사나 배수구를 마련할 것
④ 덕트의 마찰계수는 크게 하고, 분지관을 가급적 적게 할 것

해설
④ 덕트의 마찰계수는 작게 하고, 분지관을 가급적 적게 할 것

51

2개의 집진장치를 직렬로 연결하였다. 집진 효율 60%인 사이클론을 전처리 장치로 사용하고 전기집진장치를 후처리 장치로 사용한다. 총 집진 효율이 97%라면 전기집진장치의 집진 효율(%)로 옳은 것은?

① 90.5　　　　　② 92.5
③ 94.5　　　　　④ 96.5

해설

$$총집진율, \ \eta_T(\%) = \eta_1 + \eta_2\left(1 - \frac{\eta_1}{100}\right)$$

$$97 = 60 + \eta_2\left(1 - \frac{60}{100}\right)$$

$$\eta_2 = 92.5\%$$

52

국소배기장치의 설계에서 제어속도를 결정할 때 고려할 사항과 가장 거리가 먼 것은?

① 오염물질의 비산방향
② 작업장 내의 방해기류
③ 오염물질의 성상
④ 오염물질의 허용농도

53

작업환경관리의 원칙 중 대치에 관한 내용으로 가장 거리가 먼 것은?

① 유기합성 용매로 벤젠을 사용하던 것을 지방족 화합물로 전환한다.
② 아조염료의 합성에서 원료로 디클로로벤지딘을 사용하던 것을 벤지딘으로 바꾼다.
③ 분체의 원료는 입자를 큰 것으로 바꾼다.
④ 금속제품 도장용으로 유기용제를 수용성 도료로 전환한다.

54

강제환기를 실시할 때 환기효과를 제고하기 위해 따르는 원칙으로 옳지 않은 것은?

① 공기배출구와 근로자의 작업위치 사이에 오염원이 위치하여야 한다.
② 오염물질 배출구는 가능한 한 오염원으로부터 가까운 곳에 설치하여 '점환기' 현상을 방지한다.
③ 배출공기를 보충하기 위하여 청정공기를 공급한다.
④ 오염원 주위에 다른 작업공정이 있으면 공기배출량을 공급량보다 약간 크게 하여 음압을 형성하여 주위 근로자에게 오염물질이 확산되지 않도록 한다.

55

실험실에서 독성이 강한 시약을 다루는 작업을 한다면 어떤 후드를 설치하여야 하는가?

① 외부식 후드
② 포위식 후드
③ 포집형 후드
④ 캐노피 후드

56

다음 중 귀마개에 관한 설명으로 옳지 않은 것은?

① 휴대가 편하다.

② 고온작업장에서도 불편 없이 사용할 수 있다.

③ 근로자들이 보호구를 착용하였는지 쉽게 확인할 수 있다.

④ 제대로 착용하는 데 시간이 걸리고 요령을 습득해야 한다.

해설

③ 귀덮개에 관한 설명이다.

57

작업환경 개선을 위한 물질의 대치로 옳지 않은 것은?

① 고소음 송풍기를 저소음 송풍기로 교체

② 금속제품 이송 시 롤러의 재질을 철제에서 고무나 플라스틱으로 교체

③ 가연성 물질 저장 시 유리병을 철제통으로 교체

④ 염화탄화수소 취급장에서 폴리비닐알코올 장갑 대신 네오프렌 장갑을 사용

해설

④ 염화탄화수소 취급장에서 네오프렌 장갑 대신 폴리비닐알코올 장갑을 사용한다.

58

움직이지 않는 공기 중으로 속도 없이 배출되는 작업조건 (작업공정 : 탱크에서 증발)의 제어속도 범위로 가장 적절한 것은?(단, ACGIH 권고 기준)

① 0.1~0.3m/s

② 0.3~0.5m/s

③ 0.5~1.0m/s

④ 1.0~1.5m/s

해설

ACGIH에서 권고하는 제어속도 범위(단위 : m/sec)

작업조건	작업공정 사례	제어속도
움직이지 않는 공기 중으로 속도 없이 배출됨	탱크에서 증발, 탈지 등	0.25~0.5
약간의 공기 움직임이 있고 낮은 속도로 배출됨	스프레이 도장, 용접, 도금, 저속 컨베이어 운반	0.5~1.0
발생기류가 높고 유해물질이 활발하게 발생함	스프레이도장, 용기 충진, 컨베이어 적재, 분쇄기	1.0~2.5
고속기류 내로 높은 초기 속도로 배출됨	회전연삭, 블라스팅	2.5~10.0

※ 제어속도 범위는 다음과 같은 경우를 고려하여 사용할 것

범위의 낮은 쪽	범위의 높은 쪽
• 작업장 내 기류가 낮거나 포착하기 좋을 때 • 유해물질이 저독성일 때 • 물품생산이 간헐적이고 생산량이 적을 때 • 대형후드로 유동 공기량이 많을 때	• 작업장 내에 방해기류가 존재할 때 • 유해물질이 고독성일 때 • 생산량이 많고 유해물질 사용량이 많을 때 • 소형 후드로 국소적일 때

59

송풍기의 회전수를 2배 증가시키면 동력을 몇 배 증가하겠는가?

① 2배

② 4배

③ 8배

④ 16배

해설

$$\frac{kW_2}{kW_1} = \left(\frac{N_2}{N_1}\right)^3,$$

동력은 회전수 증가의 세제곱에 비례한다.

$2^3 = 8$

60

전기집진장치의 장점으로 옳지 않은 것은?

① 압력손실이 낮고 대용량의 가스 처리가 가능하다.

② 광범위한 온도 범위에서 적용이 가능하며, 폭발성 가스의 처리도 가능하다.

③ 부식성 가스와 분진을 중화시킬 수 있다.

④ 넓은 범위의 입경과 분진농도에 집진효율이 높다.

해설

③ 부식성 가스와 분진을 중화시킬 수 있는 것은 세정식 집진장치이다.

61

소음성 난청에 대한 설명으로 옳은 것은?

① 소음성 난청은 주로 주파수 2,000Hz 영역에서 시작하여 전 영역으로 파급된다.

② 과거의 소음성 난청으로 인해 소음 노출에 더 민감하게 반응한다.

③ 소음노출이 중단되어도 소음 노출 결과로 인한 청력손실이 진행한다.

④ 거의 항상 양측성이며, 처음 중음부에서 시작되어 고음부 순서로 파급된다.

해설

① 소음성 난청은 주로 주파수 4,000Hz 영역에서 시작하여 전 영역으로 파급된다.

② 과거의 소음성 난청으로 인해 소음 노출에 더 민감하게 반응하지 않는다.

③ 소음노출이 중단되었을 때 소음 노출 결과로 인한 청력손실이 진행하지 않는다.

62

다음은 진동수에 따른 구분을 나타낸 것이다. ㉠ + ㉡의 합으로 옳은 것은?

| • 인간이 느끼는 최소 진동역치 : (㉠)±5dB |
| • 국소진동 진동수 : (㉡)~1,500Hz |

① 63

② 65

③ 67

④ 69

해설

• 인간이 느끼는 최소 진동역치 : 55±5dB

• 국소진동 진동수 : 8~1,500Hz

∴ 55 + 8 = 63

63

불감기류에 대한 설명으로 옳지 않은 것은?

① 0.5m/s 미만의 기류
② 실내에 항상 존재
③ 한랭에 대한 저항을 약화시킴
④ 신진대사 촉진

해설

③ 한랭에 대한 저항을 강화시킨다.

64

감압에 따른 기포형성량을 좌우하는 요인으로 옳지 않은 것은?

① 감압속도
② 체내 가스의 팽창 정도
③ 조직에 용해된 가스량
④ 혈류를 변화시키는 상태

해설

감압에 따른 기포형성량을 좌우하는 요인
조직에 용해된 가스량, 혈류를 변화시키는 상태, 감압속도

65

전리방사선을 인체 투과력이 큰 것에서부터 작은 순서대로 나열한 것 중 옳은 것은?

① γ선 > β선 > α선
② β선 > γ선 > α선
③ α선 > β선 > γ선
④ α선 > γ선 > β선

해설

인체 투과력 순서
중성자 > X선 or γ선 > β선 > α선

66

산소농도가 5% 이하인 공기 중의 산소분압(mmHg)으로 옳은 것은?(단, 표준상태)

① 45   ② 38
③ 31   ④ 24

해설

$$산소분압(mmHg) = 기압(mmHg) \times \frac{산소농도(\%)}{100}$$

$$= 760 \times \frac{5}{100}$$

$$= 38mmHg$$

67

어느 공장으로부터 4m 떨어진 지점에서 소음도는 59dB이었다. 8m 떨어진 지점의 소음도는?

① 33dB
② 43dB
③ 53dB
④ 63dB

해설

$$SPL_1 - SPL_2 = 20 \times \log \frac{r_2}{r_1}$$

$$59 - SPL_2 = 20 \times \log \frac{8}{4}$$

$$SPL_2 = 53dB$$

68

재질이 일정하지 않고 균일하지 않아 정확한 설계가 곤란하며 처짐을 크게 할 수 없고 고유진동수가 10Hz 전후밖에 되지 않아 진동방지라기보다는 고체음의 전파방지에 유익한 방진재료는?

① 방진고무
② 코르크
③ 공기용수철
④ felt

69

방음벽 설계 시 유의사항 중 옳지 않은 것은?

① 음원의 지향성과 크기에 대한 상세한 조사를 실시한다.
② 벽의 길이는 점음원일 경우 벽 높이의 5배 이상으로 하는 것이 바람직하다.
③ 벽의 투과손실은 회절감쇠치보다 최소한 10dB 이상 크게 하는 것이 바람직하다.
④ 벽에 의한 실용적인 삽입손실값의 한계는 점음원일 경우 25dB 정도이다.

해설
③ 벽의 투과손실은 회절감쇠치보다 최소한 5dB 이상 크게 하는 것이 바람직하다.

70

현재 총흡음량이 1,000sabins인 작업장에 흡음물질을 보강하여 3,000sabins을 더할 경우, 총 소음감음량(NR)은 약 몇 dB인가?

① 6
② 8
③ 10
④ 12

해설

$$소음감음량(NR) = 10 \times \log \frac{대책전\ 흡음력 + 부가된\ 흡음력}{대책전\ 흡음력}$$

$$= 10 \times \log \frac{1,000 + 3,000}{1,000}$$

$$= 6dB$$

71

자연조명에 관한 설명으로 틀린 것은?

① 창의 면적은 바닥면적의 15~20%가 이상적이다.
② 균일한 조명을 요하는 작업실은 남향이 좋다.
③ 개각은 4~5° 정도가 좋은데 개각이 클수록 실내는 밝다.
④ 횡으로 긴 창보다 종으로 넓은 창이 채광에 유리하다.

해설
② 균일한 조명을 요하는 작업실은 북향이 좋다.

72

다음 중 고온에서의 생리적 변화로 알맞지 않은 것은?

① 간 기능이 저하된다.

② 체표면에 한선의 수가 증가한다.

③ 위액분비가 늘고 산도가 증가하여 식욕부진, 소화불량을 유발한다.

④ 알도스테론의 분비가 증가되어 염분의 배설량이 억제된다.

해설

③ 위액분비가 줄고 산도가 감소하여 식욕부진, 소화불량을 유발한다.

73

산업안전보건법령에서 정하는 일일 8시간 기준의 소음노출 기준과 ACGIH 노출 기준의 비교 및 각각의 기준에 대한 노출 시간 반감에 따른 소음변화율을 비교한 [표] 중 올바르게 구분한 것은?

구분	노출 기준		소음변화율	
	국내	ACGIH	국내	ACGIH
①	90dB	85dB	5dB	3dB
②	90dB	90dB	3dB	5dB
③	85dB	85dB	5dB	3dB
④	85dB	90dB	3dB	5dB

해설

• 우리나라 노출 기준 : 8시간 노출에 대한 기준 90dB(5dB 변화율)

• ACGIH 노출 기준 : 8시간 노출에 대한 기준 85dB(3dB 변화율)

74

청력손실이 500Hz에서 12dB, 1,000Hz에서 14dB, 2,000Hz에서 12dB, 4,000Hz에서 20dB일 때 6분법에 의한 평균 청력손실로 옳은 것은?

① 14　　　　　② 16

③ 18　　　　　④ 20

해설

6분법

평균청력손실 $= \dfrac{a + 2b + 2c + d}{6}$ (dB) $= 14$dB

여기서, a : 옥타브랜드중심주파수 500Hz에서의 청력손실(dB)
　　　　b : 옥타브랜드중심주파수 1,000Hz에서의 청력손실(dB)
　　　　c : 옥타브랜드중심주파수 2,000Hz에서의 청력손실(dB)
　　　　d : 옥타브랜드중심주파수 4,000Hz에서의 청력손실(dB)

75

눈이 부시게 하지 않고 조도가 균일하나 기구효율이 나쁘며 설치가 복잡하고, 실내의 입체감이 작아지는 단점이 있는 조명으로 옳은 것은?

① 직접조명　　　　② 국소조명

③ 전반조명　　　　④ 간접조명

76

다음 설명 중 (   ) 안에 알맞은 내용으로 나열한 것은?

> 깊은 물에서 올라오거나 감압실 내에서 감압을 하는 도중에 폐압박의 경우와는 반대로 폐 속의 공기가 팽창한다. 이때는 감압에 의한 (㉠)과 (㉡)의 두 가지 건강상 문제가 발생한다.

① ㉠ 가스팽창, ㉡ 질소기포형성
② ㉠ 가스팽창, ㉡ 산소 중독
③ ㉠ 폐수종, ㉡ 질소기포형성
④ ㉠ 폐수종, ㉡ 산소 중독

`해설`

① 깊은 물에서 올라오거나 감압실 내에서 감압을 하는 도중에 폐압박의 경우와는 반대로 폐 속의 공기가 팽창한다. 이때는 감압에 의한 가스팽창과 질소기포형성 두 가지의 건강상 문제가 발생한다.

77

다음 중 산소결핍이 진행되면서 생체에 나타나는 영향을 순서대로 나열한 것은?

> ㉠ 가벼운 어지러움
> ㉡ 사망
> ㉢ 대뇌피질의 기능 저하
> ㉣ 중추성 기능장애

① ㉠ → ㉢ → ㉣ → ㉡
② ㉠ → ㉣ → ㉢ → ㉡
③ ㉢ → ㉣ → ㉠ → ㉡
④ ㉢ → ㉠ → ㉣ → ㉡

`해설`

산소결핍이 진행되면서 생체에 나타나는 영향
가벼운 어지러움 → 대뇌피질의 기능 저하 → 중추성 기능장애 → 사망

78

산업안전보건법상의 이상기압에 대한 설명으로 옳지 않은 것은?

① 이상기압이란 압력이 cm^2당 5kg 이상인 기압을 말한다.
② 사업주는 기압조절실 내의 이산화탄소로 인한 건강장해를 방지하기 위하여 이산화탄소의 분압이 cm^2당 0.005kg을 초과하지 않도록 환기 등 그 밖에 필요한 조치를 해야 한다.
③ 사업주는 기압조절실에서 고압작업자에게 가압을 하는 경우 1분 cm^2당 0.8kg 이하의 속도로 가압해야 한다.
④ 사업주는 근로자가 고압작업에 종사하는 경우에 작업실 공기의 부피가 근로자 1인당 $4m^3$ 이상이 되도록 해야 한다.

`해설`

정의(산업안전보건기준에 관한 규칙 제522조)
"고압작업"이란 고기압(압력이 cm^2당 1kg 이상인 기압을 말한다. 이하 같다)에서 잠함공법(潛函工法)이나 그 외의 압기공법(壓氣工法)으로 하는 작업을 말한다.

79

소음성 난청 중 청력장해(C₅-dip)가 가장 심해지는 소음의 주파수는?

① 2,000Hz
② 4,000Hz
③ 6,000Hz
④ 8,000Hz

해설

② 소음성 난청 중 청력장해(C_5-dip)가 가장 심해지는 소음의 주파수는 4,000Hz이다.

80

산업안전보건법상 산소결핍, 유해가스로 인한 화재·폭발 등의 위험이 있는 밀폐공간 내에서 작업할 때의 조치사항으로 적합하지 않은 것은?

① 사업주는 밀폐공간 보건작업 프로그램을 수립하여 시행하여야 한다.
② 사업주는 밀폐공간에는 관계 근로자가 아닌 사람의 출입을 금지하고, 그 내용을 밀폐공간 근처의 보기 쉬운 장소에 게시하여야 한다.
③ 사업주는 근로자가 밀폐공간에서 작업을 하는 경우에 방독마스크, 사다리 및 섬유로프 등 비상시에 근로자를 피난시키거나 구출하기 위하여 필요한 기구를 갖추어 두어야 한다.
④ 사업주는 근로자가 밀폐공간에서 작업을 하는 경우에 그 장소에 근로자를 입장시킬 때와 퇴장시킬 때마다 인원을 점검하여야 한다.

해설

대피용 기구의 비치(산업안전보건기준에 관한 규칙 제625조)
사업주는 근로자가 밀폐공간에서 작업을 하는 경우에 공기호흡기 또는 송기마스크, 사다리 및 섬유로프 등 비상시에 근로자를 피난시키거나 구출하기 위하여 필요한 기구를 갖추어 두어야 한다.

81

다음 중 단순 질식제로만 이루어진 것은?

① 이산화탄소, 질소가스, 일산화탄소
② 수소가스, 황화수소, 메탄가스
③ 헬륨, 메탄가스, 아세틸렌
④ 프로판, 시안화수소, 수소가스

해설

단순 질식제
이산화탄소, 메탄가스, 질소가스, 수소가스, 프로판, 아세틸렌, 헬륨 등

82

화학적 질식제(chemical asphyxiant)에 심하게 노출되었을 경우 사망에 이르게 되는 이유로 옳지 않은 것은?

① 폐에서 산소를 제거하기 때문
② 심장의 기능을 저하시키기 때문
③ 폐 속으로 들어가는 산소의 활용을 방해하기 때문
④ 신진대사 기능을 높여 가용한 산소가 부족해지기 때문

해설

② 화학적 질식제는 혈액 중의 혈색소와 결합하여 산소운반능력을 방해하여 질식시키는 물질을 말한다.

83

금속이 용해되어 액상 물질로 되고 이것이 가스상 물질로 기화된 후 다시 응축되어 고체미립자로 된 것을 무엇이라고 하는가?

① 먼지
② 미스트
③ 흄
④ 스모그

84

다음 중 납중독에서 나타날 수 있는 증상을 모두 나열한 것은?

| ㉠ 빈혈 |
| ㉡ 소화기장애 |
| ㉢ 신장장애 |
| ㉣ 잇몸에 특징적인 연선 |

① ㉠, ㉢
② ㉠, ㉣
③ ㉠, ㉡, ㉣
④ ㉠, ㉡, ㉢, ㉣

해설

납중독에서 나타날 수 있는 증상
빈혈, 소화기장애, 신장장애, 잇몸에 특징적인 연선

85

다음 중 크롬 및 크롬중독에 관한 설명으로 옳지 않은 것은?

① 3가크롬은 피부흡수가 어려우나, 6가크롬은 쉽게 피부를 통과한다.
② 크롬 폭로 시 노출을 즉시 중단시키고 EDTA를 복용하여야 한다.
③ 산업장에서 노출의 관점으로 보면 3가크롬보다 6가크롬이 더욱 해롭다고 할 수 있다.
④ 배설은 주로 소변을 통해 배설되며 대변으로는 소량 배출된다.

해설

② 크롬 폭로 시 노출을 즉시 중단시켜야 하며, BAL, Ca-EDTA를 복용은 효과가 없다.

86

다음 중 포름알데하이드에 대한 설명으로 옳지 않은 것은?

① 매우 자극적인 냄새가 나는 무색의 액체로 인화되기 쉽고, 폭발 위험성이 있다.
② 눈과 코를 자극하며, 동물실험 결과 발암성이 있다.
③ 건축물에 사용되는 단열재와 섬유옷감에서 주로 발생한다.
④ 메탄올을 산화시켜 얻은 기체로 산화성이 강하다.

해설

④ 메탄올을 산화시켜 얻은 기체로 환원성이 강하다.

87

독성실험의 용어에 관한 설명 중 옳은 것은?

① LC_{50} : 실험동물군의 50%가 일정기간 동안에 죽는 치사량
② LD_{50} : 실험동물군을 상대로 기체상태의 독성물질을 호흡시켜 50%가 죽는 농도
③ ED_{50} : 약물을 투여한 동물의 50%가 일정한 반응을 일으키는 양을 의미
④ TL_{50} : 시험 유기체의 50%에서 심각한 독성반응을 나타내는 양

해설

- LC_{50} : 실험동물군을 상대로 기체상태의 독성물질을 호흡시켜 50%가 죽는 농도
- LD_{50} : 실험동물군의 50%가 일정기간 동안에 죽는 치사량
- TD_{50} : 시험 유기체의 50%에서 심각한 독성반응을 나타내는 양
- TL_{50} : 시험 유기체의 50%가 살아남는 독성반응을 나타내는 양

88

다음 표는 어느 작업장의 백혈병과 벤젠에 대한 코호트연구를 수행한 결과이다. 이때 벤젠의 백혈병에 대한 상대위험비는 약 얼마인가?

구분	백혈병	백혈병 없음	합계
벤젠의 노출	6	15	21
벤젠 비노출	4	25	29
합계	10	40	50

① 2.50　　　　② 2.07
③ 1.00　　　　④ 0.83

해설

상대위험비 $= \dfrac{\text{노출군에서 질병발생률}}{\text{비노출군에서 질병발생률}} = \dfrac{6/21}{4/29} = 2.07$

89

다음 중 피부 표피의 설명으로 옳지 않은 것은?

① 혈관 및 림프관이 분포한다.
② 대부분 각질세포로 구성한다.
③ 멜라닌세포와 랑거한스세포가 존재한다.
④ 각화세포를 결합하는 조직은 케라틴 단백질이다.

해설

① 진피증에 관한 설명이다.

90

혈액을 이용한 생물학적 모니터링의 장단점으로 옳지 않은 것은?

① 시료채취과정에서 오염될 가능성이 적다.
② 분석방법 선택 시 특정 물질의 단백질 결합을 고려해야 한다.
③ 생물학적 기준치는 동맥혈을 기준으로 하며, 정맥혈에는 적용할 수 없다.
④ 시료채취 시 근로자가 부담을 가질 수 있다.

해설

③ 생물학적 기준치는 정맥혈을 기준으로 하며, 동맥혈에는 적용할 수 없다.

91

유해물질의 농도를 C, 노출 기간을 t라 하였을 경우 유해물질지수 K에 대한 표현으로 적당한 것은?

① $K = C \times t$　　　　② $K = C \times \dfrac{1}{t}$
③ $K = \sqrt{C \times t}$　　　　④ $K = t \times \dfrac{1}{C}$

해설

$K = C \times t$

92

다음 중 톨루엔의 생물학적 노출지표로 이용되는 대사산물은?

① 뇨 중 톨루엔　　② 뇨 중 만델린산
③ 뇨 중 마뇨산　　④ 뇨 중 메탄올

해설

톨루엔의 생물학적 노출지표로 이용되는 대사산물
뇨 중 마뇨산, 혈액, 호기 중 톨루엔

93

어떤 물질의 독성에 관한 인체실험 결과 안전흡수량이 체중 1kg당 0.5mg이었다. 체중이 60kg인 근로자가 1일 8시간 작업할 경우, 이 물질의 체내흡수를 안전흡수량 이하로 유지하려면 공기 중 농도를 얼마 이하로 하여야 하는가?(단, 작업 시 폐환기율은 1.5m³/h, 체내 잔류율은 1.0으로 한다)

① 1.5 mg/m³　　② 2.5 mg/m³
③ 3.5 mg/m³　　④ 4.5 mg/m³

해설

체내흡수량(mg) $= C(\text{mg/m}^3) \times T \times V \times R$
$0.5\text{mg/kg} \times 60\text{kg} = C(\text{mg/m}^3) \times 8 \times 1.5 \times 1.0$
$C(\text{mg/m}^3) = 2.5$

94

유기용제의 종류에 따른 중추신경계 억제작용을 큰 것부터 작은 것으로 순서대로 나타낸 것은?

① 에테르 > 유기산 > 에스테르 > 알칸
② 에스테르 > 알코올 > 유기산 > 알켄
③ 에테르 > 유기산 > 알코올 > 알칸
④ 할로겐화합물 > 에스테르 > 에테르 > 알켄

해설

중추신경계 억제작용 순서
할로겐화합물 > 에테르 > 에스테르 > 유기산 > 알코올 > 알켄 > 알칸

95

납중독을 확인하는 데 이용하는 시험으로 옳지 않은 것은?

① 혈액 중 납 농도
② EDTA 흡착능
③ 헴(heme)의 대사
④ 신경전달속도

해설

납중독 확인시험 사항
혈액 중 납 농도, 헴의 대사, 신경전달속도, Ca-EDTA 이동시험

96

다핵방향족 탄화수소(PAHs)에 대한 설명으로 옳지 않은 것은?

① 벤젠고리가 3개 이상이다.
② 방향족 고리로 구성되어 있으며 대사가 거의 없다.
③ 시토크롬(cytochrome) P-450의 준개체단에 의하여 대사된다.
④ 철강 제조업에서 석탄을 건류할 때나 아스팔트를 콜타르 피치로 포장할 때 발생된다.

해설

PAHs
• 벤젠고리 2개 이상으로 20여 가지 이상
• 방향족 고리로 구성되어 있으며 대사가 거의 없음
• 철강 제조업 코크스 공정, 담배연소, 아스팔트, 굴뚝
• 비극성, 지용성
• 시토크롬 P-450의 준개체단에 의하여 대사

97

생물학적 모니터링을 위한 시료로 옳지 않은 것은?

① 호기(exhaled air) 중의 유해인자나 대사산물
② 혈액 중의 유해인자나 대사산물
③ 요 중의 유해인자나 대사산물
④ 공기 중의 바이오 에어로졸

해설

생물학적 모니터링을 위한 시료
호기(exhaled air) 중의 유해인자나 대사산물, 혈액 중의 유해인자나 대사산물, 요 중의 유해인자나 대사산물

98

유기용제의 중추신경계에 대한 일반적인 독성작용에 관한 설명으로 옳지 않은 것은?

① 탄화사슬의 길이가 길수록 유기화학물질의 중추신경 억제효과는 증가한다.
② 유기분자의 중추신경 억제특성은 할로겐화로 크게 증가한다.
③ 불포화화합물은 포화화합물보다 더운 강력한 중추신경 억제물질이다.
④ 탄소길이가 증가하면 지용성이 감소하고 수용성이 증가한다.

해설

④ 탄소길이가 증가하면 수용성이 감소하고 지용성이 증가한다.

99

폐 조직이 정상이면서 간질반응이 경미하고 망상섬유를 나타내는 진폐증을 비교원성 진폐증이라고 한다. 다음 중 비교원성 진폐증이 아닌 것은?

① 칼륨폐증
② 바륨폐증
③ 주석폐증
④ 석면폐증

해설

비교원성 진폐증
용접공폐증, 주석폐증, 바륨폐증, 칼륨폐증

100

먼지가 호흡기계로 들어올 때 인체가 가지고 있는 방어기전으로 가장 옳은 것은?

① 점액 섬모운동, 폐포의 대식세포의 작용
② 점액 섬모운동, 폐 내의 대사작용
③ 폐포의 활발한 가스교환, 폐포의 대식세포의 작용
④ 폐포의 활발한 가스교환, 폐 내의 대사작용

해설

먼지가 호흡기계로 들어올 때 인체가 가지고 있는 방어기전
점액 섬모운동, 폐포의 대식세포의 작용

정답 97 ④ 98 ④ 99 ④ 100 ①

01

전신피로가 나타날 때 발생하는 생리학적 현상이 아닌 것은?

① 혈중 젖산 농도의 증가
② 혈중 포도당 농도의 저하
③ 산소 소비량의 지속적 증가
④ 근육 내 글리코겐 양의 감소

해설

전신피로의 원인
• 산소 공급 부족
• 혈중 포도당 농도 저하
• 혈중 젖산 농도 증가
• 작업 강도의 증가
• 근육 내 글리코겐 양의 감소

02

각 국가 및 기관에서 사용하는 노출기준의 용어가 틀린 것은?

① 미국 : PEL(Permissible Exposure Limits)
② 영국 : WEL(Workplace Exposure Limits)
③ 독일 : MAK(Maximum Concentration Values)
④ 스웨덴 : REL(Recommended Exposure Limits)

해설

국가	허용 기준
미국정부산업위생전문가협의회	TLV
미국산업안전보건청	PEL
미국국립산업안전보건연구원	REL
미국산업위생학회	WEL
독일	MAK
영국 보건안전청	WEL
스웨덴	OEL
한국	화학물질 및 물리적 인자의 노출 기준

03

단순 질식제가 아닌 것은?

① 수소가스
② 헬륨가스
③ 질소가스
④ 암모니아 가스

해설

단순질식제
메탄, 질소, 수소, 이산화탄소, 에탄, 프로판, 에틸렌, 아세틸렌, 헬륨, 아르곤

04

직업병과 관련 직종의 연결이 틀린 것은?

① 잠함병 – 제련공
② 면폐증 – 방직공
③ 백내장 – 초자공
④ 소음성난청 – 조선공

해설

① 잠함병 – 잠수부

05

자극취가 있는 무색의 수용성 가스로 건축물에 사용되는 단열재와 섬유 옷감에서 주로 발생되고, 눈과 코를 자극하며 동물실험 결과 발암성이 있는 것으로 나타난 실내공기 오염물질은?

① 벤젠
② 황산화물
③ 라돈
④ 포름알데하이드

해설

포름알데하이드
자극취가 있는 무색의 수용성 가스로 건축물에 사용되는 단열재와 섬유 옷감에서 주로 발생되고, 눈과 코를 자극하며 동물실험 결과 발암성이 있는 것으로 나타난 실내공기 오염물질이다.

06

피로의 일반적인 정의와 거리가 가장 먼 것은?

① 작업능률이 떨어진다.
② "고단하다"는 주관적인 느낌이 있다.
③ 생체기능의 변화를 가져오는 현상이다.
④ 체내에서의 화학적 에너지가 증가한다.

해설

피로 증상 : "고단하다"는 주관적인 느낌이 있으면서, 작업능률이 떨어지고, 생체기능의 변화를 가져오는 현상이다.

07

육체적 작업능력(PWC)이 16kcal/min인 근로자가 물체 운반작업을 하고 있다. 작업대사량은 7kcal/min, 휴식 시의 대사량이 2.0kcal/min일 때 휴식 및 작업시간을 가장 적절히 배분한 것은?(단, Hertig식을 이용하며, 1일 8시간 작업기준이다)

① 매시간 약 5분 휴식하고, 55분 작업한다.
② 매시간 약 10분 휴식하고, 50분 작업한다.
③ 매시간 약 15분 휴식하고, 45분 작업한다.
④ 매시간 약 20분 휴식하고, 40분 작업한다.

해설

$$T_{rest}(\%) = \frac{PWC의 \frac{1}{3} - 작업대사량}{휴식대사량 - 작업대사량} \times 100$$

$$= \frac{16 \times \frac{1}{3} - 7}{2 - 7} \times 100$$

$$= 33.3\%$$

• 휴식시간 = 60분 × 0.333 = 20분
• 작업시간 = 60분 – 20분 = 40분

08

유해물질의 허용농도의 종류 중 근로자가 1일 작업시간동안 잠시라도 노출되어서는 안 되는 기준을 나타내는 것은?

① PEL
② TLV-TWA
③ TLV-C
④ TLV-STEL

해설

정의(화학물질 및 물리적 인자의 노출기준 제2조)
"최고노출기준(C)"이란 근로자가 1일 작업시간동안 잠시라도 노출되어서는 안 되는 기준을 말하며, 노출기준 앞에 "C"를 붙여 표시한다.

09

작업장에서의 소음수준 측정방법으로 틀린 것은?

① 소음계의 청감보정회로는 A 특성으로 한다.
② 소음계 지시침의 동작은 빠른(fast) 상태로 한다.
③ 소음계의 지시치가 변동하지 않는 경우에는 해당 지시치를 그 측정점에서의 소음수준으로 한다.
④ 소음이 1초 이상의 간격을 유지하면서 최대음압수준이 120dB(A) 이상의 소음인 경우에는 소음수준에 따른 1분 동안의 발생횟수를 측정한다.

해설

작업장에서의 소음측정 및 평가방법, 한국산업안전보건공단
소음계의 지시침의 동작은 느린(Slow) 상태로 한다.

10

어떤 작업의 강도를 알기 위하여 작업대사율(RMR)을 구하려고 한다. 작업 시 소요된 열량이 5,000kcal, 기초대사량이 1,200kcal, 안정 시 열량이 기초대사량의 1.2배인 경우 작업대사율은 약 얼마인가?

① 1   ② 2
③ 3   ④ 4

해설

$$작업대사율(R) = \frac{작업\ 시\ 대사량 - 안정\ 시\ 대사량}{기초대사량}$$
$$= \frac{5,000 - (1,200 \times 1.2)}{1,200}$$
$$= 3$$

11

상시근로자수가 600명인 A 사업장에서 연간 25건의 재해로 30명의 사상자가 발생하였다. 이 사업장의 도수율은 약 얼마인가?(단, 1일 9시간씩 1개월에 20일을 근무하였다)

① 17.36   ② 19.29
③ 20.83   ④ 23.15

해설

$$도수율 = \frac{재해발생건수}{연근로시간수} \times 10^6$$
$$= \frac{25}{600 \times 9 \times 20 \times 12} \times 10^6$$
$$= 19.29$$

12

육체적 근육노동 시 특히 주의하여 보급해야 할 비타민의 종류는?

① 비타민 B_1 ② 비타민 B_2
③ 비타민 B_6 ④ 비타민 B_{12}

해설

① 비타민 B_1 : 호기적 산소를 도와서 근육의 열량 공급을 원활하게 해주기 때문에 근육노동에 있어서 특히 주의해서 보충해주어야 한다.

13

1,000Hz에서 읍압수준(dB)을 기준으로 하여 등감곡선을 나타내는 단위를 무엇이라고 하는가?

① Hz   ② sone
③ phon   ④ cone

해설

1,000Hz에서 읍압수준(dB)을 기준으로 하여 등감곡선을 나타내는 단위를 phon이라 한다.

14

작업장에 존재하는 유해인자와 직업성 질환의 연결이 잘못된 것은?

① 망간 – 신경염
② 분진 – 규폐증
③ 이상기압 – 잠함병
④ 6가 크롬 – 레이노씨병

해설
④ 6가 크롬 – 비중격천공

15

재해의 지표로 이용되는 지수의 계산식으로 틀린 것은?

① 재해율 $= \dfrac{\text{재해자수}}{\text{전 근로자수}} \times 100$

② 강도율 $= \dfrac{\text{근로손실일수}}{\text{연간 근로시간수}} \times 1,000$

③ 도수율 $= \dfrac{\text{재해 발생건수}}{\text{연간 평균 근로자수}} \times 1,000$

④ 연천인율 $= \dfrac{\text{연간 재해자수}}{\text{연간 평균 근로자수}} \times 1,000$

해설

도수율 $= \dfrac{\text{재해 건수}}{\text{연근로시간수}} \times 1,000,000$

16

산업피로의 예방과 대책으로 적절하지 않은 것은?

① 충분한 수면을 취한다.
② 작업환경을 정리정돈한다.
③ 너무 정적인 작업은 동적인 작업으로 전환한다.
④ 휴식은 한 번에 장시간 동안 하는 것이 바람직하다.

해설
장시간 한 번 휴식하는 것보다 단시간 여러 번 나누어 휴식하는 것이 피로회복에 도움이 된다.

17

가스크로마토그래피에서 컬럼의 역할은?

① 전개가스의 예열
② 가스전개와 시료의 혼합
③ 용매 탈착과 시료의 혼합
④ 시료 성분의 분배와 분리

해설
혼합 시료를 각각의 단일 성분으로 분리하는 역할을 한다.

18

재해율의 종류 중 천인율에 관한 설명으로 틀린 것은?

① 천인율 $= \dfrac{\text{재해자수}}{\text{평균 근로자수}} \times 1,000$

② 근무시간이 다른 타업종 간의 비교가 용이하다.
③ 각 사업장 간의 재해상황을 비교하는 자료로 활용된다.
④ 1년 동안 근로자 1,000명에 대하여 발생한 재해자수를 연천인율이라 한다.

해설
② 근무시간이 다른 타업종 간의 비교를 할 수 없다.

19

다음 중 저산소증에 관한 설명으로 옳지 않은 것은?

① 산소결핍에 가장 민감한 조직은 뇌이며, 특히 대뇌 피질이다.

② 예방대책으로 환기, 산소농도측정, 보호구 착용 등이 있다.

③ 작업장 내 산소농도가 5%라면 혼수, 호흡감소 및 정지, 6~5분 후 심장이 정지한다.

④ 정상공기의 산소함유량은 21% 정도이며 질소가 78%, 탄소가스가 1% 정도를 차지하고 있다.

해설

④ 정상공기의 산소함유량은 21% 정도이며 질소가 78%, 아르곤이 1% 정도를 차지하고 있다.

20

공기밀도에 관한 설명으로 틀린 것은?

① 공기 $1m^3$와 물 $1m^3$의 무게는 다르다.

② 온도가 상승하면 공기가 팽창하여 밀도가 작아진다.

③ 고공으로 올라갈수록 압력이 낮아져 공기는 팽창하고 밀도는 작아진다.

④ 다른 모든 조건이 일정할 경우 공기밀도는 절대온도에 비례하고 압력에 반비례한다.

해설

④ 다른 모든 조건이 일정할 경우 공기밀도는 절대온도에 반비례하고 압력에 비례한다.

21

다음 중 가스크로마토그래피에서 인접한 두 피크를 다르다고 인식하는 능력을 의미하는 것은?

① 분해능   ② 분배계수

③ 분리관의 효율   ④ 상대머무름시간

해설

① 분해능 : 가스크로마토그래피에서 인접한 두 피크를 다르다고 인식하는 능력을 의미한다.

22

유해물질 농도를 측정한 결과 벤젠 6ppm(노출기준 10ppm), 톨루엔 64ppm(노출기준 100ppm), n-헥산 12ppm(노출기준 50ppm)이었다면, 이들 물질의 복합 노출지수(Exposure Index)는?(단, 상가 작용을 한다고 가정한다)

① 1.26   ② 1.48

③ 1.64   ④ 1.82

해설

$$복합노출지수 = \frac{C_1}{TLV_1} + \frac{C_2}{TLV_2} + \cdots + \frac{C_n}{TLV_n} = \frac{6}{10} + \frac{64}{100} + \frac{12}{50}$$
$$= 1.48$$

23

다음 중 실내의 기류측정에 가장 적합한 온도계는?

① 건구온도계   ② 흑구온도계

③ 카타온도계   ④ 습구온도계

해설

③ 카타온도계 : 알코올의 강하시간을 측정하여 실내 기류를 파악하고 온열 환경 영향 평가를 하는 온도계

24

다음 중 가스크로마토그래피(GC)를 이용하여 유기용제를 분석할 때 가장 많이 사용하는 검출기는?

① 불꽃이온화검출기

② 전자포획검출기

③ 불꽃광도검출기

④ 열전도도검출기

해설

① 불꽃이온화검출기 : 유기용제 분석

② 전자포획검출기 : 할로겐 화합물

③ 불꽃광도검출기 : 황 또는 인 함유 화합물

④ 열전도도검출기 : 무기가스 및 소형 탄화수소 분자

25

원자흡광분석기에서 어떤 시료를 통과하여 나온 빛의 세기가 시료를 주입하지 않고 측정한 빛의 세기의 50%일 때 흡광도는 약 얼마인가?

① 0.1

② 0.3

③ 0.5

④ 0.7

해설

$$흡광도(A) = \log \frac{1}{투과율} = \log \frac{1}{0.5} = 0.3$$

26

습구흑구온도지수(WBGT)를 사용하여 옥외작업장의 고온 허용기준을 산출하는 공식은?(단, 태양광선이 내리쬐지 않는 장소)

① (0.7 × 자연습구온도) + (0.2 × 흑구온도) + (0.1 × 건구온도)

② (0.7 × 자연습구온도) + (0.2 × 건구온도) + (0.1 × 흑구온도)

③ (0.7 × 자연습구온도) + (0.3 × 흑구온도)

④ (0.7 × 자연습구온도) + (0.3 × 건구온도)

해설

태양광선이 내리쬐지 않는 옥외 장소

WBGT(℃) = 0.7 × 자연습구온도 + 0.3 × 흑구온도

27

방사선 작업 시 작업자의 실질적인 방사선 노출량을 평가하기 위해 사용되는 것은?

① 필름뱃지(Film badge) ② Lux meter

③ 개인시료 포집장치   ④ 상대농도 측정계

해설

필름뱃지(Film badge)

필름은 cellulose acetate base에 유제를 양면 또는 단면에 바른 것이고 유제는 주로 결정입자를 양질의 gelatin에 현탁시킨 것이다. 방사선 작업 시 작업자의 실질적인 방사선 노출량을 평가하기 위해 사용된다.

28

1촉광의 광원으로부터 한 단위 입체각으로 나가는 광속의 단위는?

① Lumen   ② Foot Candle

③ Lambert   ④ Candle

해설

① Lumen : 1촉광의 광원으로부터 단위 입체각으로 나가는 광속의 단위

29

석면의 공기 중 농도를 표현하는 표준 단위로 사용하는 것은?

① ppm
② $\mu m/m^3$
③ 개/cm^3
④ mg/m^3

해설

석면의 공기 중 농도를 표현하는 표준 단위 : 개/cm^3

30

어떤 분석방법의 검출한계가 0.15mg일 때 정량한계로 가장 적합한 것은?

① 0.3mg
② 0.45mg
③ 0.9mg
④ 1.5mg

해설

정량한계 = 검출한계 × 3 = 0.15 × 3 = 0.45

31

산에 쉽게 용해되므로 입자상 물질 중의 금속을 채취하여 원자흡광법으로 분석하는 데 적당하며, 석면의 현미경분석을 위한 시료채취에도 이용되는 막여과지는?

① MCE 여과지
② PVC 여과지
③ 섬유상 여과지
④ PTFE 여과지

해설

MCE 여과지
• 산에 쉽게 용해된다.
• 입자상 물질 중의 금속을 채취하여 원자흡광법으로 분석하는 데 적정하다.
• 석면, 유리섬유 등 현미경 분석을 위한 시료채취에 이용된다.
• 원료인 셀룰로오스가 흡습성이 크기 때문에 입자상 물질에 대한 중량분석에는 적합하지 않다.

32

입자상 물질의 채취방법 중 직경분립충돌기의 장점과 가장 거리가 먼 것은?

① 입자의 크기분포를 얻을 수 있다.
② 준비시간이 간단하며 소요비용이 저렴하다.
③ 호흡기의 부분별로 침착된 입자크기의 자료를 추정할 수 있다.
④ 흡입성, 흉곽성, 호흡성 입자의 크기별로 분포와 농도를 계산할 수 있다.

해설

② 직경분립충돌기는 채취 준비시간이 과다하고, 비용이 많이 든다.

33

음력이 1.0W인 작은 점음원으로부터 500m 떨어진 곳의 음압레벨은 약 몇 dB(A)인가?(단, 기준음력은 10~12W이다)

① 50
② 55
③ 60
④ 65

해설

• 음향파워레벨, PWL

$$PWL = 10 \times \log\left(\frac{W}{W_0}\right) = 10 \times \log\left(\frac{1.0}{10^{-12}}\right) = 120(dB)$$

• SPL과 PWL의 관계식, 점음원
$$SPL = PWL - 20 \times \log(\gamma, \text{소음원으로부터의 거리(m)}) - 11$$
$$= 120 - 20 \times \log 500 - 11$$
$$= 55$$

34

여과에 의한 입자의 채취 중 공기의 흐름 방향이 바뀔 때 입자상 물질이 계속 같은 방향으로 유지하려는 원리는?

① 확산

② 차단

③ 관성충돌

④ 중력침강

35

다음 중 활성탄으로 시료채취 시 가장 많이 사용되는 탈착 용매는?

① 헥산

② 에탄올

③ 이황화탄소

④ 클로로포름

36

총 먼지 채취 전 여과지의 질량은 15.51mg이고 2.0L/분으로 7시간 시료 채취 후 여과지의 질량은 19.95mg이었다. 이때 공기 중 총 먼지농도(mg/m³)는?(단, 기타 조건은 고려하지 않음)

① 5.17

② 5.29

③ 5.62

④ 5.93

37

0℃, 760mmHg인 작업장에 메탄올(CH₃OH이 260mg/m³)이 있다면, 이는 몇 ppm인가?

① 2.9ppm

② 11.6ppm

③ 182ppm

④ 260ppm

38

공기 중 입자상 물질은 여러 기전에 의해 여과지에 채취된다. 차단, 간섭 기전에 영향을 미치는 요소와 가장 거리가 먼 것은?

① 입자 크기

② 입자 밀도

③ 여과지의 공경(막 여과지)

④ 여과지의 고형분(solidity)

39

뢴트겐(R) 단위(1R)의 정의로 옳은 것은?

① $2.58 \times 10^{-4}/C/kg$

② $4.58 \times 10^{-4}/C/kg$

③ $2.58 \times 10^{4}/C/kg$

④ $4.58 \times 10^{4}/C/kg$

해설

$1R = 2.58 \times 10^{-4}/C/kg$

40

유량, 측정시간, 회수율에 의한 오차가 각각 5%, 3%, 5%일 때 누적오차(%)는?

① 6.2

② 7.7

③ 8.9

④ 11.4

해설

누적오차 $= \sqrt{5^2 + 3^2 + 5^2} = 7.7\%$

41

전리 방사선은 생체에 대하여 파괴적으로 작용하므로 엄격한 허용기준이 제정되어 있다. 전리 방사선으로만 짝지어진 것은?

① α선, 중성자, x–선

② β선, 레이저, 자외선

③ α선, 라디오파, x–선

④ β선, 중성자, 극저주파

해설

전리방사선

• 전자기방사선 : x–선, 감마선

• 입자방사선 : α선, β선, 중성자

42

출력이 0.01W인 기계에서 나오는 음향파워레벨(PWL, dB)은?

① 80　　　　　　② 90

③ 100　　　　　④ 110

해설

$PWL = 10 \times \log\dfrac{W}{W_0} = 10 \times \log\dfrac{0.01}{10^{-12}} = 100$

43

물질안전보건자료(MSDS)를 작성해야 하는 건강장해 물질이 아닌 것은?

① 금수성 물질　　　② 부식성 물질

③ 과민성 물질　　　④ 변이원성 물질

해설

물질안전보건자료(MSDS)를 작성해야 하는 건강장해 물질

고독성 물질, 독성 물질, 유해물질, 부식성 물질, 자극성 물질, 과민성 물질, 발암성 물질, 변이원성 물질

44

청력보호구의 차음효과를 높이기 위한 내용으로 틀린 것은?

① 귀덮개 형식의 보호구는 머리카락이 길 때와 안경테가 굵거나 잘 부착되지 않을 때에는 사용하지 않는다.

② 청력보호구를 잘 고정시켜서 보호구 자체의 진동을 최소한으로 한다.

③ 청격보호구는 다기공의 재료로 만들어 흡음효과를 최대한 높이도록 한다.

④ 청력보호구는 머리의 모양이나 귓구멍에 잘 맞는 것을 사용한다.

해설

③ 청력보호구는 기공이 많은 재료를 선택하지 않아야 한다.

45

동일한 작업장 내에서 서로 비슷한 인체 부위에 영향을 주는 유독성 물질을 여러 가지 사용하는 경우에 인체에 미치는 작용으로 옳은 것은?

① 독립작용

② 상가작용

③ 대사작용

④ 길항작용

해설

② 상가작용 : 동일한 작업장 내에서 서로 비슷한 인체 부위에 영향을 주는 유독성 물질을 여러 가지 사용하는 경우에 인체에 미치는 작용

46

연료, 합성고무 등의 원료로 사용되며 저농도로 장기간 폭로 시 혈액장애, 간장장애를 일으키고 재생불량성 빈혈, 백혈병을 일으키는 유해화학 물질은?

① 노르말핵산

② 벤젠

③ 사염화탄소

④ 알킬수은

해설

② 벤젠 : 조혈장애, 빈혈, 백혈병 등을 일으키는 유해화학 물질로 연료, 합성고무 등의 원료로 사용된다.

47

암석을 채석하는 근로자들에게서 유리규산으로 발생되고, 증상으로는 발열, 호흡부전 등이 관찰되며 폐암, 결핵과 같은 질환에 이환될 가능성이 있는 것은?

① 면폐증

② 규폐증

③ 석면폐증

④ 용접폐증

해설

② 규폐증 : 채석, 채광

48

대기의 이산화탄소 농도가 0.03%, 실내 이산화탄소의 농도가 0.3%일 때, 한 사람의 시간당 이산화탄소 배출량이 21L라면, 1인 1시간당 필요환기량(m^3/hr · 인)은 약 얼마인가?

① 5.4

② 7.8

③ 9.2

④ 11.4

해설

$$필요환기량(m^3/hr \cdot 인) = \frac{CO_2 \text{ 발생량}(m^3/hr)}{\text{실내 } CO_2 \text{ 기준농도(\%)} - \text{실외 } CO_2 \text{ 기준농도(\%)}}$$

$$= \frac{21L/hr \cdot 인}{0.003 - 0.0003} \times \frac{m^3}{1,000L}$$

$$= 7.8m^3/hr \cdot 인$$

49

페인트 공장에 설치된 국소배기 장치의 풍량이 적정한지 타코메타를 이용하여 측정하고자 하였다. 설계 당시의 사양을 보니 풍량(Q)은 40m³/min, 회전수는 1,120rpm이었으나 실제 측정하였더니 회전수가 1,000rpm이었다. 이때 실제 풍량은 약 얼마인가?

① $20.4\text{m}^3/\text{min}$

② $22.6\text{m}^3/\text{min}$

③ $26.3\text{m}^3/\text{min}$

④ $35.7\text{m}^3/\text{min}$

해설

풍량은 회전속도비에 비례

$$\frac{Q_2}{Q_1} = \frac{N_2}{N_1}$$

$$\frac{40\text{m}^3/\text{min}}{x\,\text{m}^3/\text{min}} = \frac{1,120\text{rpm}}{1,000\text{rpm}}, \; x = 35.7\text{m}^3/\text{min}$$

50

자유공간에 떠 있는 직경 20cm인 원형개구후드의 개구면으로부터 20cm 떨어진 곳의 입자를 흡인하려고 한다. 제어풍속을 0.8m/s으로 할 때 속도압(mmH₂O)은 약 얼마인가?(단, 기체 조건의 21℃, 1기압 상태이다)

① 7.4   ② 10.2

③ 12.5   ④ 15.6

해설

원형개구후드, 자유공간

$Q = 60 \times (V_c, \text{제어속도}) \times (10 \times (X, \text{후드에서 발생원까지의 거리})^2 + A)$

$\quad = 60\text{s/min} \times 0.8\text{m/s} \times (10 \times (0.2\text{m})^2 + \pi(0.1\text{m})^2)$

$\quad = 20.71\text{m}^3/\text{min}$

$Q = AV, \; V = \dfrac{Q}{A} = \dfrac{20.71\text{m}^3/\text{min}}{\pi(0.1\text{m})^2} \times \dfrac{\text{min}}{60\text{s}} = 10.98\text{m/s}$

$VP = \dfrac{\gamma \times V^2}{2 \times g} = \dfrac{1.2 \times (10.98)^2}{2 \times 9.8} = 7.4$

51

중력집진장치에서 집진효율을 향상시키는 방법으로 틀린 것은?

① 침강 높이를 크게 한다.

② 수평 도달거리를 길게 한다.

③ 처리가스 배기속도를 작게 한다.

④ 침강식 내의 배기 기류를 균일하게 한다.

해설

① 중력집진장치에서 집진효율을 향상시키기 위해서는 침강 높이를 낮게 한다.

52

정압과 속도압에 관한 설명으로 틀린 것은?

① 속도압은 언제나 (−) 값이다.

② 정압과 속도압의 합이 전압이다.

③ 정압 < 대기압이면 (−) 압력이다.

④ 정압 > 대기압이면 (+) 압력이다.

해설

① 속도압은 공기흐름으로 인하여 (+) 압력이 발생한다.

53

방독마스크의 유해인자와 카트리지 색깔의 연결이 틀린 것은?

① 유기용제 − 흑색

② 암모니아 − 녹색

③ 일산화탄소 − 청색

④ 아황산가스 − 황적색

해설

③ 일산화탄소 − 적색

54

다음의 성분과 용도를 가진 보호 크림은?

- 성분 : 정제 벤드나이드겔, 염화비닐수지
- 용도 : 분진, 전해약품 제조, 원료취급 작업

① 피막형 크림   ② 차광 크림

③ 소수성 크림   ④ 친수성 크림

해설

피막형 크림

적용 화학물질이 정제 벤드나이드겔, 염화비닐수지이며 분진, 전해약품 제조, 원료취급 작업에서 주로 사용되는 보호크림이다.

55

공학적 작업환경관리 대책 중 격리에 해당하지 않는 것은?

① 저장탱크들 사이에 도랑 설치

② 소음 발생, 작업장에 근로자용 부스 설치

③ 유해한 작업을 별도로 모아 일정한 시간에 처리

④ 페인트 분사공정을 함침 작업으로 실시

해설

대치 : 페인트 분사공정을 함침 작업으로 실시

56

귀마개에 NRR = 30이라고 적혀 있었다면 귀마개의 차음효과는 약 몇 dB(A)인가?(단, 미국 OSHA의 산정기준에 따른다)

① 11.5   ② 13.5

③ 15.0   ④ 23.0

해설

차음효과 = (NRR − 7) × 0.5 = (30 − 7) × 0.5 = 11.5

57

다음 중 분진작업장의 작업환경관리 대책과 가장 거리가 먼 것은?

① 습식작업

② 발산원 밀폐

③ 방독마스크 착용

④ 국소배기장치 설치

해설

분진작업장의 작업환경관리 대책

습식작업, 발산원 밀폐, 방진마스크 착용, 국소배기장치 설치

58

용해로에 레시버식 캐노피형 국소배기장치를 설치한다. 열상승기류량 Q_1은 30m^3/min, 누입한계유량비 K_L은 2.5라고 할 때 소요송풍량은?(단, 난기류가 없다고 가정한다)

① 105m^3/min

② 125m^3/min

③ 225m^3/min

④ 285m^3/min

해설

난기류가 없을 경우

Q_t(필요소요송풍량) = Q_1(열상승기류량) + Q_2(온도기류량)

$$= Q_1\left(1 + \frac{Q_2}{Q_1}\right)$$
$$= Q_1(1 + K_L)$$
$$= 30 \times (1 + 2.5)$$
$$= 105\text{m}^3/\text{min}$$

59

환기시스템에서 덕트의 마찰손실에 대한 설명으로 틀린 것은?(단, Darcy-Weisbach 방정식 기준이다)

① 마찰손실은 덕트의 길이에 비례한다.
② 마찰손실은 덕트 직경에 반비례한다.
③ 마찰손실을 속도 제곱에 반비례한다.
④ 마찰손실은 Moody chart에서 구한 마찰계수를 적용하여 구한다.

해설

압력손실(ΔP) = (F, 압력손실계수) × (VP, 속도압)

$$VP(속도압) = \frac{\gamma \times (V, 공기속도)^2}{2 \times (g, 중력가속도)}$$

60

여과집진장치의 포집원리와 가장 거리가 먼 것은?

① 확산
② 관성충돌
③ 원심력
④ 직접차단

해설

여과집진장치의 포집원리 : 관성충돌, 직접차단, 확산, 정전기력

61

알데하이드(지방족)를 다루는 작업장에서 사용하는 장갑의 재질로 가장 적절한 것은?

① 네오프렌   ② PVC
③ 니트릴   ④ 부틸

해설

부틸고무는 염기, 알코올, 아민, 아미드, 글리콜에테르, 니트로화합물, 알데하이드에 강하다.

62

고압환경에서 발생되는 2차적인 가압현상(화학적 장해)에 해당하지 않는 것은?

① 일산화탄소 중독
② 질소 마취
③ 이산화탄소 중독
④ 산소 중독

해설

2차적인 가압현상(화학적 장해) : 질소 마취, 이산화탄소 중독, 산소 중독

63

유기용제의 생물학적 모니터링에서 유기용제의 소변 중 대사산물의 짝이 잘못 이루어진 것은?

① 톨루엔 : 마뇨산
② 스티렌 : 삼염화초산
③ 크실렌 : 메틸마뇨산
④ 노말헥산 : 2,5-헥사디온

해설

② 스티렌 : 만델린산

64

다음 중 저산소 상태에서 발생할 수 있는 질병으로 가장 적절한 것은?

① Hypoxia
② Crowd poison
③ Oxygen poison
④ Caisson disease

해설

① Hypoxia : 저산소증, 신체의 특정 부위나 전반이 적절한 산소 공급을 받지 못하는 증상

65

다음 입자상 물질 중 노출 기준의 단위가 나머지와 다른 것은?(단, 고용노동부 고시를 기준으로 한다)

① 석면   ② 증기
③ 흄   ④ 미스트

해설

작업환경측정 및 정도관리 등에 관한 고시
화학적 인자의 가스, 증기, 분진, 흄(fume), 미스트(mist) 등의 농도는 피피엠(ppm) 또는 m^3당 mg(mg/m^3)으로 표시한다. 다만, 석면의 농도 표시는 cm^3당 섬유개수(개/cm^3)로 표시한다.

66

다음 중 저온에서 발생될 수 있는 장해와 가장 거리가 먼 것은?

① 폐수종
② 참호족
③ 알러지 반응
④ 상기도 손상

해설

① 폐수종 : 저압환경에서 발생하는 질병

67

다음 중 소음에 대한 설명과 가장 거리가 먼 것은?

① 소음성 난청은 특히 4,000Hz에서 가장 현저한 청력 손실이 일어난다.
② 1kHz의 순음과 같은 크기로 느끼는 각 주파수별 음압레벨을 연결한 선을 등청감곡선이라고 한다.
③ A 특성치와 C 특성치 간의 차이가 크면 저주파음이고, 차이가 작으면 고주파음이다.
④ 청감보정회로는 A, B, C 특성으로 구분하고, A 특성은 30폰, B 특성은 70폰, C 특성은 100폰의 음의 크기에 상응하도록 주파수에 따른 반응을 보정하여 각각 측정한 음압수준이다.

해설

청감보정회로는 A, B, C 특성으로 구분하고, A 특성은 40폰, B특성은 70폰, C 특성은 100폰의 음의 크기에 상응하도록 주파수에 따른 반응을 보정하여 각각 측정한 음압수준이다.

68

음의 실측치가 2.0N/m^2일 때 음압수준(SPL)은 몇 dB인가?(단, 기준음압은 0.00002N/m^2이다)

① 1
② 10
③ 100
④ 1,000

해설

소음의 음압수준(SPL) 산정식

$$SPL = 20 \times \log \frac{P(\text{대상음의 음압})}{P_0(\text{기준음압})} = 20 \times \log \frac{2.0}{0.00002} = 100$$

69

흡음재의 종류 중 다공질 재료에 해당되지 않는 것은?

① 암면
② 펠트(felt)
③ 석고보드
④ 발포 수지재료

해설

다공질 재료 : 유리면, 암면, 발포재, 각종 섬유, 철물, 펠트

70

저온환경에서 나타나는 일차적인 생리적 반응이 아닌 것은?

① 체표면적의 증가
② 피부혈관의 수축
③ 근육긴장의 증가와 떨림
④ 화학적 대사작용의 증가

해설

① 체표면적의 감소

71

감압병의 예방 및 치료의 방법으로 옳지 않은 것은?

① 감압이 끝날 무렵에 순수한 산소를 흡입시키면 예방적 효과와 함께 감압시간을 단축시킬 수 있다.
② 잠수 및 감압방법은 특별히 잠수에 익숙한 사람을 제외하고는 1분에 10m 정도씩 잠수하는 것이 안전하다.
③ 고압환경에서 작업 시 질소를 헬륨으로 대치하면 성대에 손상을 입힐 수 있으므로 할로겐 가스로 대치한다.
④ 감압병의 증상을 보일 경우 환자를 인공적 고압실에 넣어 혈관 및 조직 속에 발생한 질소의 기포를 다시 용해시킨 후 천천히 감압한다.

해설

③ 고압환경에서 작업 시 질소를 헬륨으로 대치한다.

72

작업환경 조건을 측정하는 기기 중 기류를 측정하는 것이 아닌 것은?

① Kata 온도계
② 풍차풍속계
③ 열선풍속계
④ Assmann 통풍건습계

해설

④ Assmann 통풍건습계 : 습도 측정

73

작업장에 흔히 발생하는 일반 소음의 차음효과(transmission loss)를 위해서 장벽을 설치한다. 이때 장벽의 단위 표면적당 무게를 2배씩 증가함에 따라 차음효과는 약 얼마씩 증가하는가?

① 2dB
② 6dB
③ 10dB
④ 16dB

해설

TL(투과손실) $= 20 \times \log(m \times f) - P$
(P : 옥타브보정계수값을 포함하는 파라미터, 48dB)
$TL_1 = 20 \times \log(m \times f) - 48$
$TL_2 = 20 \times \log(2m \times f) - 48$
∴ 단위표면적당 무게를 2배 증가시키면,
   $20 \times \log 2 = 6dB$만큼 차음효과가 증가한다.

74

인체와 환경 간의 열교환에 관여하는 온열조건 인자로 볼 수 없는 것은?

① 대류
② 증발
③ 복사
④ 기압

75

고온환경에서 심한 육체노동을 할 때 잘 발생하며, 그 기전은 지나친 발한에 의한 탈수와 염분소실로 나타나는 건강장해는?

① 열경련(heat cramps)
② 열피로(heat fatigue)
③ 열실신(heat syncope)
④ 열발진(heat rashes)

76

인간 생체에서 이온화시키는 데 필요한 최소에너지를 기준으로 전리방사선과 비전리방사선을 구분한다. 전리방사선과 비전리방사선을 구분하는 에너지의 강도는 약 얼마인가?

① 7eV
② 12eV
③ 17eV
④ 22eV

77

감압병의 증상에 대한 설명으로 옳지 않은 것은?

① 관절, 심부 근육 및 뼈에 동통이 일어나는 것을 bends라 한다.
② 흉통 및 호흡곤란은 흔하지 않은 특수형 질식이다.
③ 산소의 기포가 뼈의 소동맥을 막아서 후유증으로 무균성 골괴사를 일으킨다.
④ 마비는 감압증에서 보는 중증 합병증이며 하지의 강직성 마비가 나타나는데 이는 척수나 그 혈관에 기포가 형성되어 일어난다.

78

덕트 설치 시 고려해야 할 사항으로 가장 거리가 먼 것은?

① 직경이 다른 덕트를 연결할 때는 경사 30° 이내의 테이퍼를 부착한다.
② 곡관의 곡률반경은 최대 덕트 직경의 3.0 이상으로 하며 주로 4.0을 사용한다.
③ 송풍기를 연결할 때에는 최소 덕트 직경의 6배 정도는 직선 구간으로 한다.
④ 가급적 원형덕트를 사용하여 부득이 사각형 덕트를 사용할 경우는 가능한 한 정방형을 사용한다.

79

인체에 미치는 영향이 가장 큰 전신진동의 주파수 범위는?

① 2~100Hz

② 140~250Hz

③ 275~500Hz

④ 4,000Hz 이상

해설

· 초저주파진동(0.01~0.5Hz)

· 전신진동(0.5~100Hz)

· 국소진동(8~1,000Hz)

80

음력이 1.2W인 소음원으로부터 35m되는 자유공간 지점에서의 음압수준(dB)은 약 얼마인가?

① 62

② 74

③ 79

④ 121

해설

$$PWL = 10 \times \log\left(\frac{P}{P_0}\right) = 10 \times \log\left(\frac{1.2}{10^{-12}}\right)$$

(여기서 P_0는 인간의 가청한계인 10^{-12}W를 기준)

무지향성 점음원

$$SPL = PWL - 20 \times \log r - 11$$
$$= \left[10 \times \log\left(\frac{1.2}{10^{-12}}\right)\right] - 20 \times \log(35) - 11$$
$$= 79dB$$

81

다음 중 금속에 장기간 노출되었을 때 발생할 수 있는 건강장애가 틀리게 연결된 것은?

① 납 – 빈혈

② 크롬 – 운동장애

③ 망간 – 보행장애

④ 수은 – 뇌신경세포 손상

해설

② 크롬 – 폐암, 피부점막 궤양, 비중격 천공, 비강암

82

다음 중 수은의 중독에 따른 대책으로 가장 거리가 먼 것은?

① BAL을 투여한다.

② EDTA를 투여한다.

③ 우유와 계란의 흰자를 먹는다.

④ 만성 중독의 경우 수은취급을 즉시 중지한다.

해설

수은의 특징적인 증상은 구내염, 정신증상, 근육진전이라 할 수 있으며 급성중독의 치료로는 우유나 계란의 흰자를 먹으며, 만성중독의 치료로는 취급을 즉시 중지하고, BAL을 투여한다.

83

산업환경에서 고열의 노출을 제한하는 데 가장 일반적으로 사용되는 지표는?(단, 고용노동부 고시를 기준으로 한다)

① 수정감각온도

② 습구흑구온도지수

③ 8시간 발한 예측치

④ 건구온도, 흑구온도

해설

화학물질 및 물리적 인자의 노출기준

고온의 노출기준 표시단위는 습구흑구온도지수(이하 "WBGT"라 한다)를 사용하며 다음의 식에 따라 산출한다.

• 옥외(태양광선이 내리쬐는 장소) : WBGT($^\circ$C) = 0.7 × 자연습구온도 + 0.2 × 흑구온도 + 0.1 × 건구온도

• 옥내 또는 옥외(태양광선이 내리쬐지 않는 장소) : WBGT($^\circ$C) = 0.7 × 자연습구온도 + 0.3 × 흑구온도

84

자외선에 대한 설명 중 옳지 않은 것은?

① 100~400nm의 파장 값을 갖는다.

② 400nm의 파장은 주로 피부암을 유발한다.

③ 구름이나 눈에 반사되며, 대기오염의 지표로도 사용된다.

④ 일명 화학선이라고 하며 광화학반응으로 단백질과 핵산분자의 파괴, 변성작용을 한다.

해설

② 280~320nm의 파장은 주로 피부암을 유발한다.

85

투명한 휘발성 액체로 페인트, 시너, 잉크 등의 용제로 사용되며 장기간 노출될 경우 말초신경장해가 초래되어 사지의 지각상실과 신근마비 등 다발성 신경장해를 일으키는 파라핀계 탄화수소의 대표적인 유해물질은?

① 벤젠　　　　　　　② 노말헥산

③ 톨루엔　　　　　　④ 클로로포름

해설

① 벤젠 – 조혈장애

② 노말헥산 – 다발성 신경장애

③ 톨루엔 – 중추신경장애

86

급성 전신중독을 유발하는 데 있어 그 독성이 가장 강한 방향족 탄화수소는?

① 벤젠(Benzene)

② 크실렌(Xylene)

③ 톨루엔(Toluene)

④ 에틸렌(Ethylene)

해설

톨루엔 > 크실렌 > 벤젠

87

무기성분진에 의한 진폐증에 해당하는 것은?

① 면폐증　　　　　　② 농부폐증

③ 규폐증　　　　　　④ 목재분진폐증

해설

무기성 분진에 의한 진폐증

규폐증, 규조토폐증, 탄소폐증, 탄광부 진폐증, 용접공폐증, 석면폐증, 활석폐증, 철폐증, 베릴륨폐증, 흑연폐증, 주석폐증, 칼륨폐증, 바륨폐증

88

직업성 천식을 유발하는 대표적인 물질로 나열된 것은?

① 알루미늄, 2-Bromopropane

② TDI(Toluene Diisocyanate), Asbestos

③ 실리카, DBCP(1,2-dibromo-3-chloropropane)

④ TDI(Toluene Diisocyanate), TMA(Trimellitic Anhydride)

해설

• 직업성 천식
 직업성 천식은 직업상 취급하는 물질이나 작업 과정 중에 생산되는 중간물질 또는 최종 산물이 원인으로 관여하는, 즉 직업으로 인해 발생하는 천식으로 정의한다.

• 직업성 천식의 원인물질
 백금, 니켈, 크롬, 알루미늄, 산화무수물, 송진 연무, TDI(Toluene Diisocyanate), TMA(Trimellitic Anhydride), Formaldehyde, Persulphates, 밀가루, 커피가루, 목제분진, 동물 분비물, 털 등

90

작업환경에서 발생될 수 있는 망간에 관한 설명으로 옳지 않은 것은?

① 주로 철합금으로 사용되며, 화학공업에서는 건전지 제조업에 사용된다.

② 만성노출 시 언어가 느려지고 무표정하게 되며, 파킨슨증후군 등의 증상이 나타나기도 한다.

③ 망간은 호흡기, 소화기 및 피부를 통하여 흡수되며, 이 중에서 호흡기를 통한 경로가 가장 많고 위험하다.

④ 급성중독 시 신장장애를 일으켜 요독증(uremia)으로 8~10일 이내 사망하는 경우도 있다.

해설

④ 크롬 : 급성중독 시 신장장애를 일으켜 요독증(uremia)으로 8~10일 이내 사망하는 경우도 있다.

89

중금속과 중금속이 인체에 미치는 영향을 연결한 것으로 옳지 않은 것은?

① 크롬 – 폐암

② 수은 – 파킨슨병

③ 납 – 소아의 IQ 저하

④ 카드뮴 – 호흡기의 손상

해설

② 망간 – 파킨슨병

91

니트로벤젠의 화학물질의 영향에 대한 생물학적 모니터링 대상으로 옳은 것은?

① 요에서의 마뇨산

② 적혈구에서의 ZPP

③ 요에서의 저분자량 단백질

④ 혈액에서의 메트헤모글로빈

해설

• 톨루엔 – 뇨 중 마뇨산

• 니트로벤젠 – 혈 중 메타헤모글로빈

92

생물학적 모니터링에 대한 설명으로 옳지 않은 것은?

① 화학물질의 종합적인 흡수 정도를 평가할 수 있다.
② 노출기준을 가진 화학물질의 수보다 BEI를 가지는 화학물질의 수가 더 많다.
③ 생물학적 시료를 분석하는 것은 작업환경 측정보다 훨씬 복잡하고 취급이 어렵다.
④ 근로자의 유해인자에 대한 노출 정도를 소변, 호기, 혈액 중에서 그 물질이나 대사산물을 측정함으로써 노출 정도를 추정하는 방법을 의미한다.

> **해설**
> ② 노출기준을 가진 화학물질의 수보다 BEI를 가지는 화학물질의 수가 더 적다.

93

납중독에 대한 치료방법의 일환으로 체내에 축적된 납을 배출하도록 하는 데 사용되는 것은?

① CaEDTA　　　　② DMPS
③ 2-PAM　　　　　④ Atropin

> **해설**
> **납중독** : 해독 치료가 필요한 경우 Ca-EDTA(칼슘이디티에이)를 사용하여 몸속의 납을 흡착해서 몸 밖으로 배출시킨다.

94

카드뮴의 만성중독 증상으로 볼 수 없는 것은?

① 폐기능 장해　　　② 골격계의 장해
③ 신장기능 장해　　④ 시각기능 장해

> **해설**
> 카드뮴은 폐에 대하여 강한 자극작용을 가지고 있어 기도를 통하여 분진이나 증기를 섭취하면 호흡곤란을 수반하는 폐수종이나 화학성 폐렴을 일으킨다. 만성 카드뮴중독에서는 폐기종에 의한 호흡곤란(주로 만성적 기도를 통한 노출에 의함)과 신장장해가 주증상이다.

95

중추신경계에 억제 작용이 가장 큰 것은?

① 알칸족
② 알켄족
③ 알코올족
④ 할로겐족

> **해설**
> **중추신경계 억제작용 순서**
> 할로겐화합물 > 에테르 > 에스테르 > 유기산 > 알코올 > 알켄 > 알칸

96

약품 정제를 하기 위한 추출제 등에 이용되는 물질로 간장, 신장의 암 발생에 주로 영향을 미치는 것은?

① 크롬
② 벤젠
③ 유리규산
④ 클로로포름

> **해설**
> 클로로포름은 자극성이 없는 좋은 냄새와 약간 단맛을 가진 무색의 액체로 흡입하면 현기증, 피로 및 두통이 유발될 수 있다. 장기간 높은 농도의 클로로포름이 함유된 물을 마시거나 음식을 먹거나 공기를 흡입하면 간과 신장이 손상될 수 있다.

97

유리규산(석영) 분진에 의한 규폐성 결정과 폐포벽 파괴 등 망상내피계 반응은 분진입자의 크기가 얼마일 때 자주 일어나는가?

① 0.1~0.5μm

② 2~5μm

③ 10~15μm

④ 15~20μm

해설

유리규산(석영) 분진에 의한 규폐성 결정과 폐포벽 파괴 등 망상내피계 반응은 분진입자의 크기가 2~5μm일 때 자주 일어난다.

98

다음 중 악성중피종(mesothelioma)을 유발시키는 대표적인 인자는?

① 석면

② 주석

③ 아연

④ 크롬

해설

석면은 15~40년의 잠복기를 가지고 있으며 석면 노출에 대한 안전한 계치가 없으며 석면에 노출될 경우 흔히 보이는 임상소견 부위는 흉막이다. 석면의 대표 질환으로는 석면폐증, 원발성 폐암, 원발성 악성중피종을 들 수 있다.

99

작업자의 소변에서 마뇨산이 검출되었다. 이 작업자는 어떤 물질을 취급하였다고 볼 수 있는가?

① 톨루엔

② 에탄올

③ 클로로벤젠

④ 트리클로로에틸렌

해설

톨루엔에 대한 건강위험평가는 뇨 중 마뇨산, 혈액·호기에서는 톨루엔이 신뢰성 있는 결정인자이다.

100

다음에서 설명하고 있는 유해물질 관리기준은?

> 이것은 유해물질에 폭로된 생체시료 중의 유해물질 또는 그 대사물질 등에 대한 생물학적 감시(monitoring)를 실시하여 생체 내에 침입한 유해물질의 총량 또는 유해물질에 의하여 일어난 생체변화의 강도를 지수로서 표현한 것이다.

① TLV(threshold limit value)

② BEI(biological exposure indices)

③ THP(total health promotion plan)

④ STEL(short term exposure limit)

해설

노동자 건강진단 실무지침 개선, 산업안전보건공단

생물학적 노출지수(폭로지수 : BEI, ACGIH)는 혈액, 소변, 호기, 모발 등의 생체시료로부터 유해물질 그 자체 또는 유해물질의 대사산물 및 생화학적 변화를 반영하는 지표 물질을 이용한다.

최근 기출복원문제

제1과목 | 산업위생학 개론

01

작업장에서 누적된 스트레스를 개인차원에서 관리하는 방법에 대한 설명으로 옳지 않은 것은?

① 신체검사를 통하여 스트레스성 질환을 평가한다.
② 자신의 한계와 문제의 징후를 인식하여 해결방안을 도출한다.
③ 규칙적인 운동을 삼가고 흡연, 음주 등을 통해 스트레스를 관리한다.
④ 명상, 요가 등의 긴장 이완훈련을 통하여 생리적 휴식상태를 점검한다.

해설
③ 규칙적인 운동을 하고 흡연, 음주 등을 삼간다.

02

어느 사업장에서 톨루엔($C_6H_5CH_3$)의 농도가 0℃일 때 100ppm이었다. 기압의 변화 없이 기온이 25℃로 올라갈 때 농도는 약 몇 mg/m^3인가?

① $325mg/m^3$
② $346mg/m^3$
③ $365mg/m^3$
④ $376mg/m^3$

해설
0℃, 1기압일 때, 농도$(mg/m^3) = ppm \times \dfrac{MW}{22.4}$

톨루엔농도$(mg/m^3) = 100ppm \times \dfrac{92}{22.4 \times \left(\dfrac{273+25}{273}\right)}$

$= 376.26mg/m^3$

03

하인리히의 사고예방대책의 기본원리 5단계를 순서대로 나타낸 것은?

① 조직 → 사실의 발견 → 분석·평가 → 시정책의 선정 → 시정책의 적용
② 조직 → 분석·평가 → 사실의 발견 → 시정책의 선정 → 시정책의 적용
③ 사실의 발견 → 조직 → 분석·평가 → 시정책의 선정 → 시정책의 적용
④ 사실의 발견 → 조직 → 시정책의 선정 → 시정책의 적용 → 분석·평가

해설
하인리히의 사고예방대책의 기본원리 5단계
• 제1단계 : 안전관리조직 구성(조직)
• 제2단계 : 사실의 발견
• 제3단계 : 분석·평가
• 제4단계 : 시정방법(시정책)의 선정
• 제5단계 : 시정책의 적용(대책실시)

04

작업자의 최대 작업역(maximum area)이란?

① 어깨에서부터 팔을 뻗쳐 도달하는 최대 영역
② 위팔과 아래팔을 상, 하로 이동할 때 닿는 최대 범위
③ 상체를 좌, 우로 이동하여 최대한 닿을 수 있는 범위
④ 위팔을 상체에 붙인 채 아래팔과 손으로 조작할 수 있는 범위

해설
정상작업역 : 위팔을 상체에 붙인 채 아래팔과 손으로 조작할 수 있는 범위

05

다음 중 직업병의 발생 원인으로 볼 수 없는 것은?

① 국소 난방 ② 과도한 작업량
③ 유해물질의 취급 ④ 불규칙한 작업시간

해설

① 국소 난방 : 필요에 따라 일부분에 한정하여 이루어지는 난방

06

온도 25℃, 1기압 하에서 분당 100mL씩 60분 동안 채취한 공기 중에서 벤젠이 3mg 검출되었다면 이때 검출된 벤젠은 약 몇 ppm인가?(단, 벤젠의 분자량은 78이다)

① 11 ② 15.7
③ 111 ④ 157

해설

시료채취량(L) $= \dfrac{100mL}{min} \times 60min \times \dfrac{1L}{1,000mL} = 6L$

0℃, 1기압일 때, 농도(mg/m³) $= ppm \times \dfrac{MW}{22.4}$

벤젠농도(ppm) $= \dfrac{3mg}{6L} \times \dfrac{1,000L}{m^3} \times \dfrac{22.4 \times \left(\dfrac{273+25}{273}\right)}{78}$

$\quad\quad = 157ppm$

07

세계 최초로 보고된 "직업성 암"에 관한 내용으로 틀린 것은?

① 보고된 병명은 진폐증이다.
② 18세기 영국에서 보고되었다.
③ Percivall Pott에 의하여 규명되었다.
④ 발병자는 어린이 굴뚝청소부로 원인물질은 검댕 (soot)이었다.

해설

① 보고된 병명은 음낭암이다.

08

어떤 작업의 강도를 알기 위하여 작업 시 소요된 열량을 파악한 결과 3,500kcal로 나타났다. 기초대사량이 1,300kcal, 안정 시 열량이 기초대사량의 1.2배인 경우 작업대사율(RMR)은 약 얼마인가?

① 0.82
② 1.22
③ 1.31
④ 1.49

해설

작업대사율(R) $= \dfrac{\text{작업 시 대사량} - \text{안정 시 대사량}}{\text{기초대사량}}$

$\quad\quad = \dfrac{3,500 - (1,300 \times 1.2)}{1,300} = 1.49$

09

동작경제의 원칙에 해당하지 않는 것은?

① 작업비용 산정의 원칙
② 신체의 사용에 관한 원칙
③ 작업장의 배치에 관한 원칙
④ 공구 및 설비 디자인에 관한 원칙

해설

동작경제의 3원칙
신체의 사용에 관한 원칙, 작업장의 배치에 관한 원칙, 공구 및 설비 디자인에 관한 원칙

10

산업피로를 측정할 때 전신피로를 측정하는 객관적인 방법은 무엇인가?

① 근력
② 근전도
③ 심전도
④ 작업종료 후 회복 시의 심박수

해설

작업 후 회복기의 심박수(heart rate, beat/min)를 측정 후 평가

• $HR_{30\sim60}$: 작업종료 후 30~60초 사이의 평균 맥박 수
• $HR_{60\sim90}$: 작업종료 후 60~90초 사이의 평균 맥박 수
• $HR_{150\sim180}$: 작업종료 후 150~180초 사이의 평균 맥박 수

11

작업 강도가 높은 근로자의 근육에 호기적 산화로 연소를 도와주는 영양소는?

① 비타민 A
② 비타민 B_1
③ 비타민 D
④ 비타민 E

해설

② 비타민 B_1 : 호기적 산소를 도와서 근육의 열량 공급을 원활하게 해주기 때문에 근육노동에 있어서 특히 주의해서 보충해주어야 한다.

12

미국산업위생학술원(AAIH)에서 채택한 산업위생전문가의 윤리강령에 포함되지 않는 것은?

① 국가에 대한 책임
② 전문가로서의 책임
③ 근로자에 대한 책임
④ 일반대중에 대한 책임

해설

산업위생전문가의 윤리강령, 미국산업위생학술원(AAIH)

• 산업위생 전문가로서의 책임
• 근로자에 대한 책임
• 사업주(기업주)와 고객에 대한 책임
• 일반 대중에 대한 책임

13

산업위생의 정의에 대한 설명으로 틀린 것은?

① 직업병을 판정하는 분야도 포함된다.
② 작업환경관리는 산업위생의 중요한 분야이다.
③ 유해요인을 예측, 인지, 평가, 관리하는 학문이다.
④ 근로자와 일반 대중에 대한 건강장애를 예방한다.

해설

① 직업병을 판정하는 분야는 산업의학에 해당된다.

14

산업안전보건법령상 시간당 200~350kcal의 열량이 소요되는 작업을 매시간 50%작업, 50%휴식시의 고온노출기준(WBGT)은?

① 26.7℃
② 28.0℃
③ 28.4℃
④ 29.4℃

해설

작업휴식시간비	작업강도		
	경작업	중등작업	중작업
계속작업	30.0℃	26.7℃	25.0℃
매시간 75%작업, 25%휴식	30.6℃	28.0℃	25.9℃
매시간 50%작업, 50%휴식	31.4℃	29.4℃	27.9℃
매시간 25%작업, 75%휴식	32.2℃	31.1℃	30.0℃

여기서, 경작업 : 200kcal/hr까지의 열량이 소요되는 작업
중등작업 : 200~350kcal/hr까지의 열량이 소요되는 작업
중작업 : 350~500kcal/hr까지의 열량이 소요되는 작업

15

연평균 근로자수가 5,000명인 사업장에서 1년 동안에 125건의 재해로 인하여 250명의 사상자가 발생하였다면, 이 사업장의 연천인율은 얼마인가?(단, 이 사업장의 근로자 1인당 연간 근로시간은 2,400시간이다)

① 10
② 25
③ 50
④ 200

해설

$$연천인율 = \frac{재해자수}{연평균\ 근로자수} \times 1,000$$
$$= \frac{250}{5,000} \times 1,000 = 50$$

16

재해예방의 4원칙에 대한 설명으로 옳지 않은 것은?

① 재해 발생에는 반드시 그 원인이 있다.
② 재해가 발생하면 반드시 손실도 발생한다.
③ 재해는 원인 제거를 통하여 예방이 가능하다.
④ 재해 예방을 위한 가능한 안전대책은 반드시 존재한다.

해설

재해예방의 4원칙
• 손실 우연의 원칙 : 사고의 결과 생기는 손실은 우연히 발생한다.
• 예방 가능의 원칙 : 천재지변을 제외한 모든 재해는 예방 가능하다.
• 대책 선정의 원칙 : 재해는 적합한 대책이 선정되어야 한다.
• 원인 연계의 원칙 : 재해는 직접 원인과 간접 원인이 연계되어 일어난다.

17

작업환경측정기관이 작업환경측정을 한 경우 결과를 시료채취를 마친 날부터 며칠 이내에 관할 지방고용노동관서의 장에게 제출하여야 하는가?(단, 제출기간의 연장은 고려하지 않는다)

① 30일
② 60일
③ 90일
④ 120일

해설

작업환경측정결과의 보고(작업환경측정 및 정도관리 등에 관한 고시 제39조)
사업장 위탁측정기관이 법 제125조 제3항에 따라 작업환경측정을 실시하였을 경우에는 측정을 완료한 날부터 30일 이내에 규칙 별지 제83호 서식의 작업환경측정결과표 2부를 작성하여 1부는 사업장 위탁측정기관이 보관하고 1부는 사업주에게 송부하여야 한다.

18

작업자세는 피로 또는 작업능률과 밀접한 관계가 있는데, 바람직한 작업자세의 조건으로 보기 어려운 것은?

① 정적 작업을 도모한다.
② 작업에 주로 사용하는 팔은 심장 높이에 두도록 한다.
③ 작업물체와 눈과의 거리는 명시거리로 30cm 정도를 유지토록 한다.
④ 근육을 지속적으로 수축시키기 때문에 불안정한 자세는 피하도록 한다.

해설

① 정적 작업과 동적 작업을 혼합하는 것이 바람직하다.

19

지능검사, 기능검사, 인성검사는 직업 적성검사 중 어느 검사항목에 해당되는가?

① 감각적 기능검사

② 생리적 적성검사

③ 신체적 적성검사

④ 심리적 적성검사

해설

생리적 적성검사 : 지능검사, 기능검사, 인성검사

20

근로자에 있어서 약한 손(왼손잡이의 경우 오른손)의 힘은 평균 45kp라고 한다. 이 근로자가 무게 18kg인 박스를 두 손으로 들어 올리는 작업을 할 경우의 작업강도(%MS)는?

① 15%

② 20%

③ 25%

④ 30%

해설

$$\frac{(18/2)}{45} \times 100 = 20\%$$

제2과목 | 작업위생 측정 및 평가

21

태양광선이 내리쬐지 않는 옥외 장소의 습구흑구온도지수(WBGT)를 산출하는 식은?

① WBGT = 0.7 × 자연습구온도 + 0.3 × 흑구온도

② WBGT = 0.3 × 자연습구온도 + 0.7 × 흑구온도

③ WBGT = 0.3 × 자연습구온도 + 0.7 × 건구온도

④ WBGT = 0.7 × 자연습구온도 + 0.3 × 건구온도

해설

• 태양광선이 내리쬐는 옥외 장소

  WBGT(℃) = 0.7 × 자연습구온도 + 0.2 × 흑구온도 + 0.1 × 건구온도

• 태양광선이 내리쬐지 않는 옥내 또는 옥외 장소

  WBGT(℃) = 0.7 × 자연습구온도 + 0.3 × 흑구온도

22

일정한 온도조건에서 가스의 부피와 압력이 반비례하는 것과 가장 관계가 있는 법칙은?

① 보일의 법칙   ② 샤를의 법칙

③ 라울의 법칙   ④ 게이-루삭의 법칙

해설

① 보일의 법칙 : 일정한 온도에서 기체의 부피는 그 압력에 반비례한다.

23

산업안전보건법령상 유해인자와 단위의 연결이 틀린 것은?

① 소음 - dB

② 흄 - mg/m^3

③ 석면 - 개/cm^3

④ 고열 - 습구흑구온도지수, ℃

해설

① 소음 - dB(A)

24

유기용제 취급 사업장의 메탄올 농도 측정 결과가 100, 89, 94, 99, 120ppm일 때, 이 사업장의 메탄올 농도 기하평균(ppm)은?

① 99.4

② 99.9

③ 100.4

④ 102.3

해설

기하평균(GM)

$$\log(GM) = \frac{\log x_1 + \log x_2 + \cdots + \log x_n}{n}$$

$$= \frac{(\log 100 + \log 89 + \log 94 + \log 99 + \log 120)}{5}$$

$$= 1.9994$$

$$GM = 10^{1.9994} = 99.9$$

25

흡착제를 이용하여 시료채취를 할 때 영향을 주는 인자에 관한 설명으로 틀린 것은?

① 흡착제의 크기 : 입자의 크기가 작을수록 표면적이 증가하여 채취효율이 증가하나 압력강하가 심하다.

② 흡착관의 크기 : 흡착관의 크기가 커지면 전체 흡착제의 표면적이 증가하여 채취용량이 증가하므로 파과가 쉽게 발생되지 않는다.

③ 습도 : 극성 흡착제를 사용할 때 수증기가 흡착되기 때문에 파과가 일어나기 쉽다.

④ 온도 : 온도가 높을수록 기공활동이 활발하여 흡착능이 증가하나 흡착제의 변형이 일어날 수 있다.

해설

④ 온도 : 온도가 높을수록 흡착대상 물질 간 반응속도가 증가하여 흡착능력이 떨어지며 파과되기 쉽다.

26

표집효율이 90%와 50%의 임핀저(impinger)를 직렬로 연결하여 작업장 내 가스를 포집할 경우 전체 포집효율(%)은?

① 93

② 95

③ 97

④ 99

해설

전체포집효율(%) $= [\eta_1 + \eta_2 \, (1 - \eta_1)] \times 100$

$= [0.9 + 0.5 \times (1 - 0.9)] \times 100$

$= 95\%$

27

벤젠이 배출되는 작업장에서 채취한 시료의 벤젠농도 분석 결과가 3시간 동안 4.5ppm, 2시간 동안 12.8ppm, 1시간 동안 6.8ppm일 때, 이 작업장의 벤젠 TWA(ppm)는?

① 4.5

② 5.7

③ 7.4

④ 9.8

해설

시간가중평균노출기준

$$= \frac{C_1 T_1 + C_2 T_2 + \cdots + C_n T_n}{8}$$

$$= \frac{(4.5ppm \times 3\text{시간}) + (12.8ppm \times 2\text{시간}) + (6.8ppm \times 1\text{시간})}{8\text{시간}}$$

$$= 5.7ppm$$

28

측정 전 여과지의 무게는 0.40mg, 측정 후의 무게는 0.50mg이며, 공기채취유량을 2.0L/min으로 6시간 채취하였다면 먼지의 농도는 약 몇 mg/m³인가?(단, 공시료는 측정 전후의 무게 차이가 없다)

① 0.139
② 1.139
③ 2.139
④ 3.139

해설

$$농도(mg/m^3) = \frac{\text{시료 채취 후 여과지 무게} - \text{시료 채취 전 여과지 무게}}{\text{공기채취량}}$$

$$= \frac{(0.5 - 0.4)mg}{2L/min \times 6hr \times \frac{60min}{1hr}} \times \frac{1{,}000L}{1m^3}$$

$$= 0.139mg/m^3$$

29

알고 있는 공기 중 농도를 만드는 방법인 Dynamic Method에 관한 내용으로 옳지 않은 것은?

① 온습도 조절이 가능하다.
② 만들기 용이하고 가격이 저렴하다.
③ 다양한 농도 범위 제조가 가능하다.
④ 소량의 누출이나 벽면에 의한 손실을 무시할 수 있다.

해설

② 제조가 어렵고 비용이 많이 든다.

30

다음 중 1차 표준기구와 가장 거리가 먼 것은?

① 폐활량계
② 가스치환병
③ 건식가스미터
④ 유리피스톤미터

해설

1차 표준기구 : 비누거품기구, 폐활량계, 가스치환병, 유리피스톤미터, 흑연피스톤미터, 피토튜브

31

다음 중 불꽃방식의 원자흡광광도계(AAS)의 장단점에 관한 설명으로 가장 거리가 먼 것은?

① 작업환경 중 유해금속 분석을 할 수 있다.
② 분석시간이 흑연로 장치에 비하여 적게 소요된다.
③ 고체 시료의 경우 전처리에 의하여 매트릭스를 제거해야 한다.
④ 적은 양의 시료를 가지고 동시에 많은 금속을 분석할 수 있다.

해설

유도결합 플라즈마 : 적은 양의 시료를 가지고 동시에 많은 금속을 분석할 수 있다.

32

아스만통풍건습계의 습구온도 측정시간 기준으로 옳은 것은?(단, 고용노동부 고시를 기준으로 한다)

① 5분 이상
② 10분 이상
③ 15분 이상
④ 25분 이상

해설

구분	측정기기	측정시간
습구온도	0.5℃ 간격의 눈금이 있는 아스만통풍건습계, 자연습구온도를 측정할 수 있는 기기 또는 이와 동등 이상의 성능이 있는 측정기기	• 아스만통풍건습계 : 25분 이상 • 자연습구온도계 : 5분 이상

33

다음 중 가스크로마토그래피에서 이동상으로 사용되는 운반기체의 설명과 가장 거리가 먼 것은?

① 운반기체는 주로 질소와 헬륨이 사용된다.

② 운반기체를 기기에 연결시킬 때 누출 부위가 없어야 하고 불순물을 제거할 수 있는 트랩을 장치한다.

③ 운반기체의 선택은 분석기기 지침서나 NIOSH 공정 시험법에서 추천하는 가스를 사용하는 것이 바람직하다.

④ 운반기체는 검출기·분리관 및 시료에 영향을 주지 않도록 불활성이고 수분이 5% 미만으로 함유되어 있어야 한다.

해설

④ 운반기체는 검출기·분리관 및 시료에 영향을 주지 않도록 불활성 이고 순도는 99.99% 이상이어야 한다.

34

실리카겔관이 활성탄관에 비해 갖는 장점으로 옳지 않은 것은?

① 활성탄관에 비해서 수분을 잘 흡수한다.

② 유독한 이황화탄소를 탈착용매로 사용하지 않는다.

③ 극성물질을 채취한 경우 물, 메탄올 등 다양한 용매로 쉽게 탈착된다.

④ 추출액이 화학분석이나 기기분석에 방해물질로 작용하는 경우가 많지 않다.

해설

① 활성탄관에 비해서 수분을 잘 흡수하는 단점이 있다.

35

오염물질이 흡착관의 앞층에 포함된 다음 뒷층에 흡착되기 시작되어 기류를 따라 흡착관을 빠져나가는 현상은?

① 파과

② 흡착

③ 흡수

④ 탈착

해설

① 파과 : 흡착관에 흡착된 유해물질이 흡착관을 빠져나가는 현상, 뒷층에서 앞층의 양을 비교하여 파과 여부를 결정

36

순수한 물 1.0L는 몇 mole인가?

① 35.6

② 45.6

③ 55.6

④ 65.6

해설

순수한 물 1L의 질량 = 1,000mL × 1g/mL = 1,000g

물 1,000g의 몰수 = $1,000g \times \dfrac{1mol}{18g}$ = 55.6mol

37

공기 흡입유량, 측정시간, 회수율 및 시료분석 등에 의한 오차가 각각 10%, 5%, 11%, 4%일 때의 누적오차 약 몇 %인가?

① 16.2　　　　　② 18.4

③ 20.2　　　　　④ 22.4

해설

누적오차(%) $= \sqrt{10^2 + 5^2 + 11^2 + 4^2} = 16.2$

38

톨루엔을 활성탄관을 이용하여 0.2L/분으로 30분 동안 시료를 포집하여 분석한 결과 활성탄관의 앞 층에서 1.2mg, 뒷층에서 0.1mg씩 검출되었을 때, 공기 중 톨루엔의 농도는 약 몇 mg/m³인가?(단, 파과, 공시료는 고려하지 않고, 탈착효율은 100%이다)

① 113

② 138

③ 183

④ 217

해설

흡착관이용 채취 시 농도계산

$$C(mg/m^3) = \frac{(W_f + W_b) - (B_f + B_b)}{V \times 탈착효율}$$

$$= \frac{(1.2 + 0.1)mg}{0.2L/min \times 30min} \times \frac{1,000L}{m^3}$$

$$= 217mg/m^3$$

39

금속 도장 작업장의 공기 중에 혼합된 기체의 농도와 TLV가 다음 표와 같을 때, 이 작업장의 노출지수(EI)는 얼마인가?(단, 상가 작용 기준이며 농도 및 TLV의 단위는 ppm이다)

기체명	기체의 농도	TLV
Toluene	55	100
MIBK	25	50
Acetone	280	750
MEK	90	200

① 1.573

② 1.673

③ 1.773

④ 1.873

해설

$$노출지수 = \frac{C_1}{TLV_1} + \frac{C_2}{TLV_2} + \cdots + \frac{C_n}{TLV_n}$$

$$= \frac{55}{100} + \frac{25}{50} + \frac{280}{750} + \frac{90}{200}$$

$$= 1.873$$

40

공장 내 지면에 설치된 한 기계로부터 10m 떨어진 지점의 소음이 70dB(A)일 때, 기계의 소음이 50dB(A)로 들리는 지점은 기계에서 몇 m 떨어진 곳인가?(단, 점음원을 기준으로 하고, 기타 조건은 고려하지 않는다)

① 50

② 100

③ 200

④ 400

해설

$$dB2 = dB1 - 20 \times \log\left(\frac{d2}{d1}\right)$$

$$50 = 70 - 20 \times \log\left(\frac{x}{10}\right), \ x = 100$$

41

유해물질의 증기 발생률에 영향을 미치는 요소로 가장 거리가 먼 것은?

① 물질의 비중
② 물질의 사용량
③ 물질의 증기압
④ 물질의 노출기준

해설

유해물질의 증기 발생률에 영향을 미치는 요소 : 물질의 비중, 물질의 사용량, 물질의 증기압

42

후드의 유입계수가 0.82, 속도압이 50mmH₂O일 때 후드의 유입손실(mmH₂O)은?

① 22.4
② 24.4
③ 26.4
④ 28.4

해설

$$F = \frac{1}{Ce(유입계수)^2} - 1 = \frac{1}{0.82^2} - 1 = 0.487$$

후드의 압력손실(ΔP) $= F \times VP$
$$= 0.487 \times 50$$
$$= 24.35 \fallingdotseq 24.4\text{mmH}_2\text{O}$$

43

길이, 폭, 높이가 각각 25m, 10m, 3m인 실내에 시간당 18회의 환기를 하고자 한다. 직경 50cm의 개구부를 통하여 공기를 공급하고자 하면 개구부를 통과하는 공기의 유속(m/s)은?

① 13.7
② 15.3
③ 17.2
④ 19.1

해설

작업장용적 $= 25\text{m} \times 10\text{m} \times 3\text{m} = 750\text{m}^3$

18회 환기량 $= 18회/\text{hr} \times 750\text{m}^3 \times \dfrac{1\text{hr}}{3,600\text{s}} = 3.75\text{m}^3/\text{s}$

$Q = A \times V$,

$$V = \frac{Q}{A} = \frac{3.75\text{m}^3/\text{s}}{\left(\dfrac{3.14 \times (0.5\text{m})^2}{4}\right)} = 19.1\text{m/s}$$

44

다음 중 위생보호구에 대한 설명과 가장 거리가 먼 것은?

① 사용자는 손질방법 및 착용방법을 숙지해야 한다.
② 근로자 스스로 폭로대책으로 사용할 수 있다.
③ 규격에 적합한 것을 사용해야 한다.
④ 보호구 착용으로 유해물질로부터의 모든 신체적 장해를 막을 수 있다.

해설

④ 보호구 착용으로 유해물질로부터의 모든 신체적 장해를 막을 수 없다.

45

덕트에서 공기 흐름의 평균속도압이 25mmH₂O였다면 덕트에서의 공기의 반송속도(m/s)는?(단, 공기밀도는 1.21kg/m³로 동일하다)

① 10
② 15
③ 20
④ 25

해설

$$V = \sqrt{\frac{2 \times \text{g} \times VP}{\Upsilon}} = \sqrt{\frac{2 \times 9.8 \times 25}{1.21}} = 20\text{m/s}$$

46

귀마개에 관한 설명으로 가장 거리가 먼 것은?

① 휴대가 편하다.
② 고온작업장에서도 불편 없이 사용할 수 있다.
③ 근로자들이 착용하였는지 쉽게 확인할 수 있다.
④ 제대로 착용하는 데 시간이 걸리고 요령을 습득해야
　 한다.

해설

귀덮개 : 근로자들이 착용하였는지 쉽게 확인할 수 있다.

47

전기집진장치의 장·단점으로 틀린 것은?

① 운전 및 유지비가 많이 든다.
② 고온가스처리가 가능하다.
③ 설치 공간이 많이 든다.
④ 압력손실이 낮다.

해설

① 운전 및 유지비가 저렴하지만 설치비용이 많이 든다.

48

고압작업장에서 감압병을 예방하기 위해서 질소 대신에
무엇으로 대체된 가스를 흡입하도록 해야 하는가?

① 헬륨
② 메탄
③ 아산화질소
④ 일산화질소

해설

고압환경에서 작업할 때는 질소를 헬륨으로 대치한 공기를 호흡시키
도록 한다.

49

다음 중 피부를 통하여 인체로 침입하는 대표적인 유해물
질은?

① 라듐
② 카드뮴
③ 무기수은
④ 사염화탄소

해설

사염화탄소 : 피부로부터 흡수되어 전신중독을 일으킬 수 있는 물질,
고농도에 노출 시 간장이나 신장장애를 유발, 초기증상으로 지속적인
두통, 구역 및 구토, 간 부위의 압통 등의 증상을 일으키는 할로겐화
탄화수소

50

고열장해 중 신체의 염분 손실을 충당하지 못할 때 발생
하며, 이 질환을 가진 사람은 혈중 염분의 농도가 매우
낮기 때문에 염분 관리가 중요하다. 다음 중 이 장해는
무엇인가?

① 열발진
② 열경련
③ 열허탈
④ 열사병

해설

② 열경련 : 신체의 염분 손실이 주요 원인

51

입경이 10μm이고 비중 1.2인 입자의 침강속도는 약 몇 cm/s인가?

① 0.28   ② 0.32

③ 0.36   ④ 0.40

해설

$$\begin{aligned}
\text{침강속도} &= 0.003 \times \rho \times d^2 \\
&= 0.003 \times 1.2 \times 10^2 \\
&= 0.36
\end{aligned}$$

52

방진마스크의 여과효율을 검정할 때 일반적으로 사용하는 먼지는 약 몇 μm인가?

① 0.03   ② 0.3

③ 3   ④ 30

해설

방진마스크의 여과효율을 검정할 때는 채취효율이 가장 낮은 크기의 먼지를 사용한다. 방진마스크의 여과효율을 검정할 때 국제적으로 사용하는 먼지의 크기는 0.3μm이다.

53

자유 공간에 떠있는 직경 20cm인 원형개구후드의 개구면으로부터 20cm 떨어진 곳의 입자를 흡인하려고 한다. 제어풍속을 0.8m/s로 할 때, 덕트에서의 속도(m/s)는 약 얼마인가?

① 7   ② 11

③ 15   ④ 18

해설

$$\begin{aligned}
Q &= V_c \times [(10X^2 + A)] = 0.8\text{m/s} \times [(10 \times (0.2)^2) + (3.14 \times (0.1)^2)] \\
&= 0.3451\text{m}^3/\text{min}
\end{aligned}$$

$$Q = A \times V$$

$$20.71\text{m}^3/\text{min} \times \frac{1\text{min}}{60s} = (3.14 \times (0.1)^2) \times V(\text{m/s})$$

$$\therefore\ V = 11\text{m/s}$$

54

다음 중 가압현상에 따른 결과와 가장 거리가 먼 것은?

① 질소 마취
② 산소 중독
③ 질소 기포 형성
④ 이산화탄소 중독

해설

질소 기포 형성은 감압환경의 인체작용이다.

55

전리방사선의 단위로서 피조사체 1g에 대하여 100erg의 에너지가 흡수되는 것은?

① rad
② Ci
③ R
④ IR

해설

1rad는 피조사체의 종류에 관계 없이 물질 1g당 100erg의 방사선 에너지를 흡수하였을 때를 의미한다.

56

속도압은 Pd, 비중량은 γ, 수두는 h, 중력가속도를 g라 할 때, 유체의 관내 속도를 구하는 식으로 맞는 것은?

① $\dfrac{\gamma \times h^2}{2 \times g}$

② $\sqrt{\dfrac{2 \times g \times P_d}{\gamma}}$

③ $\dfrac{\gamma \times P_d^2}{2 \times g}$

④ $\sqrt{\dfrac{4 \times g \times h}{\gamma}}$

해설

유체의 관내속도

$$V = \sqrt{\dfrac{2 \times g(\text{중력가속도}) \times P_d(\text{속도압})}{\gamma(\text{비중량})}}$$

57

압력손실계수 F, 속도압 P_{v1}이 각각 0.59, 10mmH$_2$O이고 유입 계수 Ce, 속도압 P_{v2}가 각각 0.92, 10mmH$_2$O인 후드 2개의 전체압력손실은 약 얼마인가?

① 5mmH$_2$O

② 8mmH$_2$O

③ 15mmH$_2$O

④ 20mmH$_2$O

해설

압력손실계수$(F) = \dfrac{1}{Ce^2} - 1 = \dfrac{1}{0.92^2} - 1 = 0.18$

압력손실$(\varDelta P) = \varDelta P_1 + \varDelta P_2$
$= F_1 \times VP_1 + F_2 \times VP_2$
$= 0.59 \times 10 + 0.18 \times 10 ≒ 8$

58

세정집진장치 중 물을 가압·공급하여 함진배기를 세정하는 방법과 가장 거리가 먼 것은?

① 충진탑

② 벤츄리 스크러버

③ 분무탑

④ 임펠러형 스크러버

해설

가압수식 : 물을 가압, 공급하여 함진가스를 세정하는 방식, 벤츄리 스크러버, 충진탑, 분무탑 등이 있다.

59

전기집진장치의 장점으로 옳지 않은 것은?

① 가연성 입자의 처리에 효율적이다.

② 넓은 범위의 입경과 분진농도에 집진효율이 높다.

③ 압력손실이 낮으므로 송풍기의 가동비용이 저렴하다.

④ 고온 가스를 처리할 수 있어 보일러와 철강로 등에 설치할 수 있다.

해설

① 가연성 입자의 처리가 곤란하다.

60

호흡기 보호구의 밀착도 검사(fit test)에 대한 설명이 잘못된 것은?

① 정량적인 방법에는 냄새, 맛, 자극물질 등을 이용한다.

② 밀착도 검사란 얼굴 피부 접촉면과 보호구 안면부가 적합하게 밀착되는지를 측정하는 것이다.

③ 밀착도 검사를 하는 것은 작업자가 작업장에 들어가기 전 누설 정도를 최소화시키기 위함이다.

④ 어떤 형태의 마스크가 작업자에게 적합한지 마스크를 선택하는 데 도움을 주어 작업자의 건강을 보호한다.

해설

① 정성적인 방법에는 냄새, 맛, 자극물질 등을 이용한다.

61

귀마개의 차음평가수(NRR)가 27일 경우 이 귀마개의 차음효과는 얼마인가?(단, OSHA의 계산방법을 따른다)

① 6dB(A)

② 8dB(A)

③ 10dB(A)

④ 12dB(A)

해설

차음효과(dB(A)) = (NRR − 7) × 0.5 = (27 − 7) × 0.5 = 10dB(A)

62

진동 작업장의 환경관리 대책이나 근로자의 건강보호를 위한 조치로 옳지 않은 것은?

① 발진원과 작업자의 거리를 가능한 멀리한다.

② 작업자의 체온을 낮게 유지시키는 것이 바람직하다.

③ 절연패드의 재질로는 코르크, 펠트(felt), 유리섬유 등을 사용한다.

④ 진동공구의 무게는 10kg을 넘지 않게 하며 방진장갑 사용을 권장한다.

해설

② 14℃ 이하의 옥외작업에서는 보온대책이 필요하다.

63

다음 중 전리방사선의 영향에 대하여 감수성이 가장 큰 인체 내의 기관은?

① 폐

② 혈관

③ 근육

④ 골수

해설

전리방사선에 대한 감수성 순서

골수, 흉선 및 림프조직(조혈기관), 눈의 수정체, 임파선 > 상피세포, 내피세포 > 근육세포 > 신경조직

64

1lm의 빛이 1ft²의 평면상에 수직 방향으로 비칠 때 그 평면의 빛 밝기를 나타내는 것은?

① 1lux

② 1candela

③ 1촉광

④ 1foot candle

해설

푸트캔들(Footcandle) : 1lm의 빛이 1ft²의 평면상에 수직으로 비칠 때 그 평면의 밝기

65

오염물질을 후드로 유입하는 데 필요한 기류의 속도는?

① 반송속도

② 속도압

③ 제어속도

④ 개구면속도

해설

③ 제어속도 : 오염물질을 후드로 유입하는 데 필요한 기류의 속도

66

전체환기의 직접적인 목적과 가장 거리가 먼 것은?

① 화재나 폭발을 예방한다.

② 온도와 습도를 조절한다.

③ 유해물질의 농도를 감소시킨다.

④ 발생원에서 오염물질을 제거할 수 있다.

해설

국소배기장치 : 발생원에서 오염물질을 제거할 수 있다.

67

소음의 음압이 20N/m²일 때 음압수준은 약 몇 dB(A)인가?(단, 기준음압은 0.00002N/m²를 적용한다)

① 80   ② 100

③ 120   ④ 140

해설

소음의 음압수준(SPL) 산정식

$$SPL = 20 \times \log \frac{P(대상음의\ 음압)}{P_0(기준음압)} = 20 \times \log \frac{2.0}{0.00002} = 100$$

68

진동은 수직진동, 수평진동으로 나누어지는데 인간에게 민감하게 반응을 보이며 영향이 큰 진동수는 수직진동과 수평진동에서 각각 몇 Hz인가?

① 수직진동 : 4.0~8.0, 수평진동 : 2.0 이하

② 수직진동 : 2.0 이하, 수평진동 : 4.0~8.0

③ 수직진동 : 8.0~10.0, 수평진동 : 4.0 이하

④ 수직진동 : 4.0 이하, 수평진동 : 8.0~10.0

해설

• 수직진동 : 4.0~8.0

• 수평진동 : 2.0 이하

69

다음 중 조도에 관한 설명과 가장 거리가 먼 것은?

① 1Foot candle은 10.8Lux이다.

② 단위로는 룩스(Lux)를 사용한다.

③ 광원의 밝기는 거리의 2승에 역비례한다.

④ 단위 평면적에서 발산 또는 반사되는 광량 즉 눈으로 느끼는 광원 또는 반사체의 밝기를 말한다.

해설

광도 : 단위 평면적에서 발산 또는 반사되는 광량 즉 눈으로 느끼는 광원 또는 반사체의 밝기를 말한다.

70

작업장 내 열부하량이 15,000kcal/h이며, 외기온도는 22℃, 작업장 내의 온도는 32℃이다. 이때 전체환기를 위한 필요환기량은 얼마인가?

① 83m³/h

② 833m³/h

③ 4,500m³/h

④ 5,000m³/h

해설

발열 시 필요환기량

$$Q(\text{m}^3/\text{h}) = \frac{H_s(작업장내\ 열부하량(\text{kcal/h}))}{0.3 \times \triangle t}$$

$$= \frac{15,000}{0.3 \times (32-22)}$$

$$= 5,000\text{m}^3/\text{h}$$

71

90° 곡관의 반경비가 2.0일 때 압력손실계수는 0.27이다. 속도압이 14mmH₂O라면 곡관의 압력손실(mmH₂O)은?

① 7.6   ② 5.5

③ 3.8   ④ 2.7

해설

$$압력손실 = \left(\epsilon \times \frac{\theta}{90}\right) \times VP = \left(0.27 \times \frac{90}{90}\right) \times 14 = 3.8$$

72

덕트(duct)의 압력손실에 관한 설명으로 옳지 않은 것은?

① 직관에서의 마찰손실과 형태에 따른 압력손실로 구분할 수 있다.

② 압력손실은 유체의 속도압에 반비례한다.

③ 덕트 압력손실은 배관의 길이와 정비례한다.

④ 덕트 압력손실은 관직경과 반비례한다.

해설

② 압력손실은 유체의 속도압 제곱에 비례한다.

73

강제환기의 효과를 제고하기 위한 원칙으로 틀린 것은?

① 오염물질 배출구는 가능한 한 오염원으로부터 가까운 곳에 설치하여 점 환기 현상을 방지한다.

② 공기배출구와 근로자의 작업위치 사이에 오염원이 위치하여야 한다.

③ 공기가 배출되면서 오염장소를 통과하도록 공기배출구와 유입구의 위치를 선정한다.

④ 오염원 주위에 다른 작업 공정이 있으면 공기배출량을 공급량보다 약간 크게 하여 음압을 형성하여 주위 근로자에게 오염물질이 확산되지 않도록 한다.

해설

① 오염물질 배출구는 가능한 한 오염원으로부터 가까운 곳에 설치하여 점 환기 현상을 극대화시킨다.

74

진동 발생원에 대한 대책으로 가장 적극적인 방법은?

① 발생원의 격리

② 보호구 착용

③ 발생원의 제거

④ 발생원의 재배치

해설

진동 발생원에 대한 대책으로 가장 적극적인 방법은 발생원의 제거이다.

75

이상기압에 의하여 발생하는 직업병에 영향을 미치는 유해인자가 아닌 것은?

① 산소(O₂)

② 이산화황(SO₂)

③ 질소(N₂)

④ 이산화탄소(CO₂)

해설

이산화황은 무색의 자극적인 냄새가 나는 독성이 강한 가스로, 호흡기계 질환을 유발하는 주요 대기오염 물질이다.

76

태양으로부터 방출되는 복사 에너지의 52% 정도를 차지하고 피부조직 온도를 상승시켜 충혈, 혈관 확장, 각막손상, 두부장해를 일으키는 유해광선은?

① 자외선
② 적외선
③ 가시광선
④ 마이크로파

해설

적외선(52%), 가시광선(34%), 자외선(5%)

77

음(sound)에 관한 설명으로 옳지 않은 것은?

① 음(음파)이란 대기압보다 높거나 낮은 압력의 파동이고, 매질을 타고 전달되는 진동에너지이다.
② 주파수란 1초 동안에 음파로 발생되는 고압력 부분과 저압력 부분을 포함한 압력 변화의 완전한 주기를 말한다.
③ 음의 단위는 물리적 단위를 쓰는 것이 아니라 감각수준인 데시벨(dB)이라는 무차원의 비교단위를 사용한다.
④ 사람이 대기압에서 들을 수 있는 음압은 0.000002 N/m^2에서부터 $20N/m^2$까지 광범위한 영역이다.

해설

④ 사람이 대기압에서 들을 수 있는 음압은 0.0002N/m^2에서부터 $20N/m^2$까지 광범위한 영역이다.

78

빛에 관한 설명으로 옳지 않은 것은?

① 광원으로부터 나오는 빛의 세기를 조도라 한다.
② 단위 평면적에서 발산 또는 반사되는 광량을 휘도라 한다.
③ 루멘은 1촉광의 광원으로부터 단위 입체각으로 나가는 광속의 단위이다.
④ 조도는 어떤 면에 들어오는 광속의 양에 비례하고, 입사면의 단면적에 반비례한다.

해설

① 광원으로부터 나오는 빛의 세기를 광도라 한다.

79

이온화 방사선과 비이온화 방사선을 구분하는 광자에너지는?

① 1eV
② 4eV
③ 12.4eV
④ 15.6eV

해설

생체를 이온화시키는 데 최소에너지를 방사선을 구분하는 에너지 경계선으로 한다. 따라서, 12eV 이상의 광자에너지를 가지는 경우 이온화 방사선이라 부른다.

80

채광계획에 관한 설명으로 옳지 않은 것은?

① 창의 면적은 방바닥 면적의 15~20%가 이상적이다.
② 조도의 평등을 요하는 작업실은 남향으로 하는 것이 좋다.
③ 실내 각점의 개각은 4~5°, 입사각은 28° 이상이 되어야 한다.
④ 유리창은 청결한 상태여도 10~15% 조도가 감소되는 점을 고려한다.

해설

② 조도의 평등을 요하는 작업실은 북향, 남북향으로 하는 것이 좋다.

81

호흡기에 대한 자극작용은 유해물질의 용해도에 따라 구분되는데 다음 중 상기도 점막 자극제에 해당하지 않는 것은?

① 염화수소
② 아황산가스
③ 암모니아
④ 이산화질소

해설

상기도 점막 자극제 : 알데하이드, 암모니아, 염화수소, 불화수소, 아황산가스

82

다음에서 설명하고 있는 유해물질 관리기준은?

이것은 유해물질에 폭로된 생체시료 중의 유해물질 또는 그 대사물질 등에 대한 생물학적 감시(monitoring)를 실시하여 생체 내에 침입한 유해물질의 총량 또는 유해물질에 의하여 일어난 생체변화의 강도를 지수로서 표현한 것이다.

① TLV(threshold limit value)
② BEI(biological exposure indices)
③ THP(total health promotion plan)
④ STEL(short term exposure limit)

해설

노동자 건강진단실무 지침 개정, 산업안전보건공단
생물학적 노출지수(폭로지수 : BEI, ACGIH)는 혈액, 소변, 호기, 모발 등의 생체시료로부터 유해물질 그 자체 또는 유해물질의 대사산물 및 생화학적 변화를 반영하는 지표 물질을 이용한다.

83

노출에 대한 생물학적 모니터링의 단점이 아닌 것은?

① 시료 채취의 어려움
② 근로자의 생물학적 차이
③ 유기시료의 특이성과 복잡성
④ 호흡기를 통한 노출만을 고려

해설

④ 소화기, 호흡기, 피부에 의한 종합적인 노출평가

84

기관지와 폐포 등 폐 내부의 공기통로와 가스교환 부위에 침착되는 먼지로서 공기역학적 지름이 $30\mu m$ 이하의 크기를 가지는 것은?

① 흉곽성 먼지
② 호흡성 먼지
③ 흡입성 먼지
④ 침착성 먼지

해설

• 흡입성 분진 : $100\mu m$
• 흉곽성 분진 : $10\mu m$
• 호흡성 분진 : $4\mu m$

85

어떤 물질의 독성에 관한 인체실험 결과 안전흡수량이 체중 1kg당 0.15mg이었다. 체중이 70kg인 근로자가 1일 8시간 작업할 경우, 이 물질의 체내 흡수를 안전흡수량 이하로 유지하려면, 공기 중 농도를 약 얼마 이하로 하여야 하는가?(단, 작업 시 폐환기율(또는 호흡률)은 1.3m³/h, 체내 잔류율은 1.0으로 한다)

① 0.52mg/m³

② 1.01mg/m³

③ 1.57mg/m³

④ 2.02mg/m³

해설

체내흡수량(mg) = C(mg/m³) × V(m³/h) × R

$$\frac{0.15mg}{kg} \times 70kg = Cmg/m^3 \times 8h \times 1.3m^3/h \times 1.0$$

∴ C = 1.01mg/m³

86

먼지가 호흡기계로 들어올 때 인체가 가지고 있는 방어기전으로 가장 적정하게 조합된 것은?

① 면역작용과 폐내의 대사 작용

② 폐포의 활발한 가스교환과 대사 작용

③ 점액 섬모운동과 가스교환에 의한 정화

④ 점액 섬모운동과 폐포의 대식세포의 작용

해설

호흡기계는 위험에 방어하는 기전 5가지 : 점액분비, 섬모운동, 대식세포, 계면활성제, 기침

87

유기용제의 중추신경 활성억제의 순위를 큰 것에서부터 작은 순으로 나타낸 것 중 옳은 것은?

① 알켄 > 알칸 > 알코올

② 에테르 > 알코올 > 에스테르

③ 할로겐화합물 > 에스테르 > 알켄

④ 할로겐화합물 > 유기산 > 에테르

해설

중추신경계 자극순서
아민 > 유기산 > 케톤, 알데하이드 > 알코올 > 알칸

88

다음 사례의 근로자에게서 의심되는 노출인자는?

> 41세 A씨는 1990년부터 1997년까지 기계공구제조업에서 산소 용접작업을 하다가 두통, 관절통, 전신근육통, 가슴답답함, 이가 시리고 아픈 증상이 있어 건강검진을 받았다. 건강검진 결과 단백뇨와 혈뇨가 있어 신장질환 유소견자 진단을 받았다. 이 유해인자의 혈중, 소변 중 농도가 직업병 예방을 위한 생물학적 노출 기준을 초과하였다.

① 납

② 망간

③ 수은

④ 카드뮴

해설.

④ 카드뮴 : 뇨에서 저분자량 단백질

89

동물을 대상으로 약물을 투여했을 때 독성을 초래하지는 않지만 대상의 50%가 관찰 가능한 가역적인 반응이 나타나는 작용량을 무엇이라 하는가?

① LC_{50}
② ED_{50}
③ LD_{50}
④ TD_{50}

해설

② ED_{50}은 실험동물의 50%가 관찰 가능한 가역적인 반응을 나타내는 양
③ LD_{50}은 실험동물의 50%를 죽게 하는 양
④ TD_{50}은 실험동물의 50%에서 심각한 독성반응이 나타나는 양

90

벤젠을 취급하는 근로자를 대상으로 벤젠에 대한 노출량을 추정하기 위해 호흡기 주변에서 벤젠 농도를 측정함과 동시에 생물학적 모니터링을 실시하였다. 벤젠 노출로 인한 대사산물의 결정인자(determinant)로 옳은 것은?

① 호기 중의 벤젠
② 소변 중의 마뇨산
③ 소변 중의 총페놀
④ 혈액 중의 만델리산

해설

벤젠 노출로 인한 대사산물 결정인자 : 혈 중 벤젠·소변 중 페놀·소변 중 뮤콘산, 작업 종료 시 채취

91

산업안전보건법령상 사람에게 충분한 발암성 증거가 있는 물질(1A)에 포함되어 있지 않은 것은?

① 벤지딘(Benzidine)
② 베릴륨(Beryllium)
③ 에틸벤젠(Ethyl benzene)
④ 염화 비닐(Vinyl chloride)

해설

발암성 물질로 확인된 물질(A1)
석면, 우라늄, 6가크롬 화합물, 아크릴로니트릴, 벤지딘, 염화비닐 등

92

피부독성 반응의 설명으로 옳지 않은 것은?

① 가장 빈번한 피부반응은 접촉성 피부염이다.
② 알레르기성 접촉피부염은 면역반응과 관계가 없다.
③ 광독성 반응은 홍반·부종·착색을 동반하기도 한다.
④ 담마진 반응은 접촉 후 보통 30~60분 후에 발생한다.

해설

② 알레르기성 접촉피부염은 면역반응과 관계가 있다.

93

다음 중 만성중독 시 코, 폐 및 위장의 점막에 병변을 일으키며, 장기간 흡입하는 경우 원발성 기관지암과 폐암이 발생하는 것으로 알려진 대표적인 중금속은?

① 납(Pb)
② 수은(Hg)
③ 크롬(Cr)
④ 베릴륨(Be)

해설

③ 크롬 : 점막장애, 피부장애, 발암작용, 호흡기장애

94

유해물질의 생리적 작용에 의한 분류에서 질식제를 단순 질식제와 화학적 질식제로 구분할 때 화학적 질식제에 해당하는 것은?

① 수소(H_2)

② 메탄(CH_4)

③ 헬륨(He)

④ 일산화탄소(CO)

해설

• 화학적 질식제 : 황화수소, 일산화탄소, 오존, 염소 등

• 단순 질식제 : 질소, 헬륨, 아르곤, 이산화탄소, 수소, 메탄 등

96

소변 중 화학물질 A의 농도는 28mg/mL, 단위시간(분)당 배설되는 소변의 부피는 1.5mL/min, 혈장 중 화학물질 A의 농도가 0.2mg/mL라면 단위시간(분)당 화학물질 A의 제거율(mL/min)은 얼마인가?

① 120

② 180

③ 210

④ 250

해설

단위시간당 제거율(mL/min)

$$= \text{단위시간당 배설되는 소변의 부피} \times \frac{\text{소변농도}}{\text{혈장농도}}$$

$$= 1.5\text{mL/min} \times \frac{28\text{mg/mL}}{0.2\text{mg/mL}} = 210\text{mL/min}$$

95

다음 중 피부의 색소침착(pigmentation)이 가능한 표피층 내의 세포는?

① 기저세포

② 멜라닌세포

③ 각질세포

④ 피하지방세포

해설

② 멜라닌은 인간의 피부, 모발, 눈의 다양한 음영과 색을 내는 색소로, 색(색소침착)은 피부의 멜라닌 양으로 결정된다.

97

다음 중 다핵방향족 탄화수소(PAHs)에 대한 설명으로 틀린 것은?

① 철강제조업의 석탄 건류공정에서 발생된다.

② PAHs의 대사에 관여하는 효소는 시토크롬 P-448이다.

③ PAHs의 배설을 쉽게 하기 위하여 수용성으로 대사된다.

④ 벤젠고리가 2개 이상인 것으로 톨루엔이나 크실렌 등이 있다.

해설

④ 벤젠고리가 2개 이상인 것으로 나프탈렌, 벤조피렌 등이 있다.

98

다음 중 중금속에 의한 폐기능의 손상에 관한 설명으로 틀린 것은?

① 철폐증(siderosis)은 철분진 흡입에 의한 암 발생 (A1)이며, 중피종과 관련이 없다.

② 화학적 폐렴은 베릴륨, 산화카드뮴 에어로졸 노출에 의하여 발생하며 발열, 기침, 폐기종이 동반된다.

③ 금속열은 금속이 용융점 이상으로 가열될 때 형성되는 산화금속을 흄 형태로 흡입할 경우 발생한다.

④ 6가크롬은 폐암과 비강암 유발인자로 작용한다.

해설

① 철폐증(siderosis)은 철분진 흡입에 의한 암 발생(A1)이며, 중피종과 관련이 있다.

99

동물실험에서 구해진 역치량을 사람에게 외삽하여 "사람에게 안전한 양"으로 추정한 것을 SHD(Safe Human Dose)라고 하는데 SHD 계산에 필요하지 않은 항목은?

① 배설률

② 노출시간

③ 호흡률

④ 폐흡수비율

해설

체내흡수량, SHD

체내흡수량(mg) $= C \times T \times V \times R$

여기서, C(mg/m^3) : 유해물질농도

　　　　T(hr) : 노출시간

　　　　V(m^3/hr) : 호흡률

　　　　R : 체내잔류율

100

다음 중 조혈장해를 일으키는 물질은?

① 납

② 망간

③ 수은

④ 우라늄

해설

① 납은 조혈기계(빈혈), 신경계, 신장계, 소화기계, 심혈관계 등에 다양한 도 범위에서 인체에 영향을 미친다.

교육은 우리 자신의 무지를 점차 발견해 가는 과정이다.

– 윌 듀란트 –

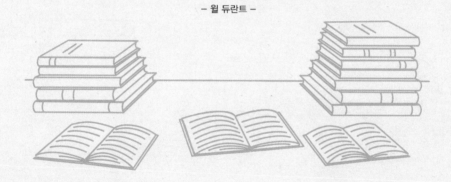

교육이란 사람이 학교에서 배운 것을 잊어버린 후에 남은 것을 말한다.

– 알버트 아인슈타인 –

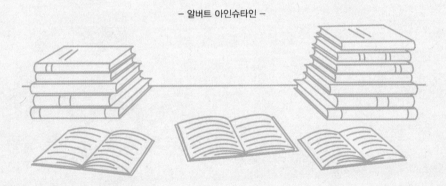

기출이 답이다 산업위생관리기사 필기

초 판 발 행	2025년 01월 10일 (인쇄 2024년 08월 28일)
발 행 인	박영일
책 임 편 집	이해욱
편 저	김영호 · 김혜경
편 집 진 행	윤진영 · 김지은
표지디자인	권은경 · 길전홍선
편집디자인	정경일 · 박동진
발 행 처	(주)시대고시기획
출 판 등 록	제10-1521호
주 소	서울시 마포구 큰우물로 75 [도화동 538 성지 B/D] 9F
전 화	1600-3600
팩 스	02-701-8823
홈 페 이 지	www.sdedu.co.kr

I S B N	979-11-383-7664-8(13550)
정 가	30,000원